Handbuch der Fledermäuse

Europa und Nordwestafrika

CHRISTIAN DIETZ
DIETMAR NILL
OTTO VON HELVERSEN

CHRISTIAN DIETZ
DIETMAR NILL
OTTO VON HELVERSEN

Handbuch der Fledermäuse

Europa und Nordwestafrika

KOSMOS

Inhalt

Linke Seite. Jagende Blasius-Hufeisennase. Foto: C. Dietz

Dieses Buch ist
DAGMAR UND OTTO VON HELVERSEN gewidmet.

▶

DAGMAR VON HELVERSEN, verstorben am 20. Juli 2003 und OTTO VON HELVERSEN verstorben am 02. März 2009 waren kluge Wissenschaftler, begeisterte Biologen und liebten die Fledermäuse aus tiefstem Herzen. Sie waren Vorbilder für eine ganze Generation von Fledermausforschern, hervorragende Lehrer und gute Freunde.

Geleitwort

Schon beim ersten Durchblättern dieses Buches merkt man: Hier haben sich drei Autoren zusammengefunden, die mit Engagement und Leidenschaft den Fledermäusen auf der Spur sind. Einmal CHRISTIAN DIETZ, ein begabter, kommunikativer Freilandforscher und kritischer Beobachter, der gerade am Anfang seiner wissenschaftlichen Laufbahn steht. Dann OTTO VON HELVERSEN, ein erfolgreicher Universitätsprofessor mit langer Berufserfahrung, der über Jahrzehnte hinweg im Feld und im Labor an Fledermäusen geforscht und viele spannende Projekte organisiert und geleitet hat. Wenn dazu als Dritter DIETMAR NILL, einer der besten Tierfotografen, seinen Beitrag leistet, können wir sicher sein, dass nicht nur ein kompetentes, sondern auch ein ästhetisch schönes Werk als wichtiges Instrument zur Förderung der Forschung und des Schutzes der Fledermäuse entstanden ist. Unsere Nachtflieger sind nicht leicht zu beobachten, schon gar nicht aus der Nähe. Die zahlreichen erstaunlichen, oft einzigartigen Bilddokumente in diesem Buch lassen erahnen, wie viel Aufwand und Mühe deren Entstehung gefordert haben muss.

Würde MARTIN EISENTRAUT, der große Pionier der deutschen Fledermausforschung, noch leben, dann hätte ich gerne mit ihm dieses prächtige Buch angeschaut. Bevor er nach Bonn wechselte, lernte ich ihn 1957 als Lehrling im Museum für Naturkunde in Stuttgart kennen. Ich präparierte für ihn Fledermäuse, die er in Kamerun gesammelt hatte. Bereits 1932 begann Eisentraut mit Aluminiumklammern Fledermäuse individuell zu markieren. In den folgenden Jahrzehnten gelangen mit dieser Methode aufregende Wiederfunde, die nicht nur weite Migrationen, sondern auch eine unterschiedliche Mobilität der Arten, ja sogar der Geschlechter belegten. Wertvolle Einblicke in die Strukturen der Populationen wurden erarbeitet. Verwirrend wurde es allerdings, als man merkte, dass es Zwillingsarten gibt, die man lange nicht erkannt hatte und die nur schwer nach äußeren Merkmalen zu unterscheiden sind. Genetische Untersuchungen haben in den letzten Jahren dazu beigetragen, viele Unsicherheiten zu klären, aber auch zahlreiche weitere kryptische Arten zu entdecken. In diesem Buch werden nun die neuen Methoden und aktuellste Resultate verständlich beschrieben. Es wird gezeigt, dass erfolgreiche Feldforschung heute zu einem guten Teil durch Laborforschung ergänzt wird. Mit molekulargenetischen Analysen ist es jetzt möglich, Aussagen über Herkunft, Verwandtschaft oder Durchmischung von Populationen zu erhalten. Zweifellos bleiben aber auch in Zukunft einige klassische Forschungsmethoden, wie eben die individuelle Markierung, unentbehrlich.

Viel hat sich also in den letzten Jahren im Wissensbild dieser Tiergruppe verändert. Auch erfahrene Kenner haben immer wieder Zweifel, ob sie ihre Daten und Beobachtungen noch richtig interpretieren. Dieses Buch hilft bei einer Neuorientierung.

Da das Werk nicht nur Fachleute ansprechen will, sondern ebenso Amateure und Naturfreunde, ist es wertvoll, dass hier auf wesentliche Grundlagen und Begriffe zur Biologie und zum Schutz der Fledermäuse, aber auch auf spezielle Fachthemen wie die Echoortung ausführlich eingegangen wird.

Ich wünsche diesem Buch eine weite Verbreitung und dass es viele interessierte Leser für den Schutz unserer faszinierenden Fledermäuse sensibilisieren und gewinnen möge.

Dr. h.c. JÜRGEN GEBHARD, Basel

im Januar 2007

Vorwort
zur ersten Auflage

Mit diesem Buch wollten wir uns einen lang gehegten Traum erfüllen und ein Buch schreiben, das in die Biologie, Verbreitung und Gefährdung der Fledermäuse Europas und Nordwestafrikas einführt und das aktuelle Wissen zu allen im Gebiet vorkommenden Arten zusammenfasst. Fledermäuse erfreuen sich zunehmender Beliebtheit und viele Menschen interessieren sich für ihre Biologie. Da die Forschung rasant voranschreitet und in den letzten Jahren zahlreiche Arten neu entdeckt wurden, ist es oft schwer, den Überblick zu behalten. Dabei wollen wir mit diesem Buch helfen und auf aktuellem Stand Informationen bieten. Dennoch zeigt die Entdeckung neuer Arten mitten in Europa, einem seit Jahrhunderten intensiv erforschten Raum, wie wenig wir über Fledermäuse tatsächlich wissen und wie weit wir von einem umfassenden Verständnis der Ökologie, Verhaltensbiologie und Biogeographie entfernt sind. Dem wollen wir insofern Rechnung tragen, als wir versucht haben, offene Fragen zu formulieren und so zu gezielten Forschungen anzuspornen.

Wie wichtig ein möglichst umfassendes Wissen über Fledermäuse ist, zeigt die Gefährdung vieler Arten. Oftmals ist es kaum möglich, über allgemeine Aussagen zu möglichen Gefährdungsursachen hinaus konkrete Vorschläge für Schutzmaßnahmen zu machen. Im Spannungsfeld steigender Artenzahlen durch die Entdeckung neuer Fledermausarten und einer zunehmenden Gefährdung durch Lebensraumverluste und einer Verinselung geeigneter Lebensräume durch Siedlungen, Verkehr und intensive Landwirtschaft ist es mehr denn je erforderlich, das vorhandene Wissen zu bündeln und gezielt an offenen Fragen zu arbeiten, die helfen könnten, Fledermäuse zu schützen.

Wir haben versucht, einerseits eine möglichst breite Leserschaft anzusprechen und für Fledermäuse zu begeistern, andererseits auch für Fachleute durch das Einarbeiten aktuellster Forschungsergebnisse und unveröffentlichter Daten ein spannendes Buch zu schaffen. Aufgrund unserer eigenen Forschungstätigkeiten in Bulgarien und Griechenland und der tatkräftigen Unterstützung von Kollegen, die selber jahrelang auf der Balkanhalbinsel geforscht haben, mögen vor allem die Artkapitel manchmal allzu „Balkan-lastig“ erscheinen. Wir hoffen jedoch sehr, dass gerade dies unserem Buch zur Stärke gereicht und es auch für Fachleute interessant macht, da wir somit einen Bereich Europas abdecken, der in vielen anderen Werken vernachlässigt wurde. Daher war es uns auch ein großes Anliegen, Teile Nordafrikas mit abzuhandeln, einen Bereich, in dem sich die Erforschung von Fledermäusen erst am Anfang befindet und der durch andere Lebensräume spannende Vergleiche zulässt.

Uns ist vollauf bewusst, dass unser Buch, so aktuell die Angaben zur Ökologie und Verbreitung der Arten momentan auch sein mögen, in wenigen Jahren veraltet sein wird. Wo immer möglich haben wir offene Fragen aufgezeigt und hoffen, dass zumindest ein Teil in den nächsten Jahren beantwortet werden kann und uns alle einem umfassenden Verständnis der Fledermausfauna Europas und Nordwestafrikas näher bringt.

Dank

Das vorliegende Buch wäre ohne die große Unterstützung zahlreicher Freunde und Kollegen niemals fertig geworden, und wir bedanken uns herzlich bei allen, die uns immer wieder Mut gemacht haben. Wir wollen uns insbesondere bei I. Dietz / Horb und C. Koch-v. Helversen / Erlangen für die Unterstützung und das Einbringen ihres Fledermauswissens bedanken. Wir danken allen Mitgliedern des Lehrstuhls für Tierphysiologie der Universität Tübingen und des Lehrstuhls für Zoologie II der Universität Erlangen für ihre Hilfe und dafür, dass sie uns viele andere Aufgaben und Tätigkeiten abgenommen haben.

Die wundervollen Zeichnungen der Fledermäuse verdanken wir R. Roesler / London (GB), für ihre mit viel Feingefühl ausgeführten Zeichnungen und die gute Zusammenarbeit danken wir ihr herzlich. Unser Dank gilt auch R. Britz / London (GB) für die Unterstützung bei der Erstellung der Zeichnungen. Für die graphische Bearbeitung der Abbildungen, die Erstellung der Sonagramme und vielerlei weitere Hilfe bedanken wir uns bei M. Bauer / Erlangen. Den Fotografen D. Cordes / Erlangen, B. Fenton / London (Kanada), A. Kiefer / Mainz, E. Levin / Tel Aviv (Israel), T. Pröhl / Schmölln, J. Sachteleben / München, B. Siemers / Gilching, D. Trujillo / Los Realejos (ES) und I. Wolz / Neunkirchen danken wir für die Bereitstellung ihrer Aufnahmen. Das Teilkapitel Beutespektrum wurde dankenswerterweise von I. Wolz / Neunkirchen erstellt.

Die allgemeinen Kapitel wurden von C. Koch-v. Helversen und F. Mayer / Erlangen und die Artkapitel von K. Koselj / Tübingen, I. Dietz / Horb und L. Dietz / Horb in akribischer und zeitraubender Weise überarbeitet, mit zahllosen Anmerkungen versehen und sowohl fachlich als auch stilistisch erheblich verbessert, wofür wir uns ganz herzlich bedanken möchten.

Für die intensiven Diskussionen und ihre stete Bereitschaft, uns über alle Neuerungen der Fledermaussystematik auf dem Laufenden zu halten und zahllose DNA-Proben von Fledermäusen zu analysieren, bedanken wir uns herzlich bei F. Mayer / Erlangen und A. Kiefer / Mainz. Für die kritische Durchsicht von Manuskriptteilen, intensive Diskussionen zu einzelnen Arten und deren Biologie und das Überlassen unveröffentlichter Daten danken wir M. Biedermann / Schweina, T. Blohm / Prenzlau, R. Brinkmann / Gundelfingen, A. Demetropoulos / Nicosia (Zypern), P. Estok / Eger (HU), J. Fahr / Ulm, G. Heise / Prenzlau, I. Kaipf / Tübingen, I. Karst / Erfurt, A. Kiefer / Mainz, Y. Le Bris / Glénac (F), C. Harrje / Kiel, A. Le Houédec / Saint Aubin du Comier (F), E. Levin / Tel Aviv (Israel), F. Mayer / Erlangen, M. Mucedda / Sassari (I), H. Nicolaou / Nicosia (Zypern), I. Niermann / Hannover, B. Ohlendorf / Stolberg, E. Papadatou / Athen (GR), B. Petrov / Sofia (BG), H. Pieper / Kiel, K. Piksa / Krakau (PL), P. Presetnik / Ljubljana (SLO), G. Reiter / Alkoven (A), S. Roué / Besançon (F), K. Safi / Zürich (CH), K. Sachanowicz / Toru ń (PL), W. Schorcht / Walldorf und A. Tsoar / Jerusalem (Israel).

Bei unseren Exkursionen und Forschungsaufenthalten waren uns viele Personen behilflich und wir möchten allen herzlich danken, die mit uns die Nächte verbracht, uns Untertage begleitet oder in anderer Weise vielfältig unterstützt haben, insbesondere O. Behr / Erlangen, A. Boonman / Marseille (F), K. Christov / Burgas (BG), K. Echle / Freiburg, H. Geiger / Erfurt, R. Güttinger / Wattwil (CH), U. Häussler / Hohenstein, U. Hofmeister / Berlin, M. Holderied / Leeds (GB), T. Ivanova / Rousse (BG), M. Jerabek / Elsbethen (A), I. Kaipf / Tübingen, E. Kalko / Ulm, V. Kati / Joannina (GR), U. Marckmann / Erlangen, F. Matt / Erlangen, K. Meakin / Leeds (GB), D. Merdschanova / Sofia (BG), S. Merdschanov / Sofia (BG), A. Nagel / Münsingen, R. Nagel / Stuttgart, L. Oussouilh / Agadir (Marokko), E. Papadatou / Athen (GR), A. Petrinjak / Ljubljana (SLO), B. Petrov / Sofia (BG), W. Pflästerer / Tübingen, K. und T. Pröhl / Schmölln, V. Runkel / Erlangen, A. Schaub / Tübingen, H.-U. Schnitzler / Tübingen, B. Siemers / Gilching, N. Simov / Sofia (BG), D. von Staden / Tübingen, S. Teixeira / Funchal (P) und M. Zagmajster / Ljubljana (SLO).

Für die Genehmigung Grafiken und Abbildungen abdrucken zu dürfen, danken wir M. Braun / Bruchsal, R. Hutterer / Bonn, E. Kalko / Ulm, G. Neuweiler / München, H.-U. Schnitzler / Tübingen und B. Siemers / Gilching.

Einen ganz besonderen Dank richten wir an T. Baethmann, R. Gerstle und S. Tommes vom Kosmos-Verlag für die Kompetenz und Geduld, mit der sie uns bei der Erstellung des Buches unterstützt haben.

Christian Dietz, Horb
Otto von Helversen, Erlangen
Dietmar Nill, Öschingen

im Dezember 2006

Lebensform Fledermaus

Fledermäuse gehören zu den Säugetieren und weisen dementsprechend alle Merkmale auf, die typisch für Säugtiere sind: Sie sind gleichwarm, besitzen ein Fell, äußere Ohrmuscheln, gebären lebende Junge und säugen sie. Sie besitzen ein typisches Säugetiergebiss und das Kiefergelenk gleicht dem der anderen Säugetiere.

Fledermäuse besitzen aber einige ungewöhnliche Anpassungen, die sie von allen anderen Säugetieren unterscheiden.

Aktiver Flug

Als einzige Gruppe der Säugetiere haben die Fledermäuse die Fähigkeit zum aktiven Flug entwickelt. Flughörnchen (Sciuridae) und Flugbeutler (Petauridae und Acrobatidae) sind ebenso wie die merkwürdigen Riesengleitflieger (Dermoptera) Südostasiens zwar fähig, von einem Baum abzuspringen und dann weite Strecken mit ihren zwischen Armen und Beinen ausgespannten fallschirmartigen Flughäuten durch die Luft zu gleiten, aber sie können nicht aktiv durch Flügelschlagen wieder an Höhe gewinnen. Das ist den Fledermäusen und den Flughunden vorbehalten, bei denen die Finger in die Flughäute integriert sind. Aus diesem Grund hat die Ordnung der Fledertiere den Namen *Chiroptera* – „Handflügler" erhalten.

Hohes Lebensalter

Fledermäuse können für ihre Größe ein extrem hohes Lebensalter erreichen. Sie können rund zehnmal so lang leben wie eine gleichgroße Maus oder Spitzmaus. Diese Langlebigkeit verdanken sie letztlich der Eroberung einer ökologischen Nische mit äußerst geringem Feindrisiko und einer damit einhergehenden niedrigen Sterberate: Ihre nächtliche Aktivität und Flugfähigkeit ermöglicht ihnen, den meisten Feinden zu entkommen. Während es zahlreiche Fressfeinde von Mäusen und Spitzmäusen gibt, von Fuchs, Marder oder Wildkatze bis hin zu Greifvögeln und Eulen, gibt es nur sehr wenige auf Fledermäuse spezialisierte Beutegreifer.

Lange Lebensfähigkeit der Spermien

Während Spermien bei anderen Säugetieren nur wenige Tage überleben, haben Fledermäuse Mechanismen entwickelt, die es den Spermien ermöglichen, über viele Monate hinweg befruchtungsfähig zu bleiben. Dies erlaubt den Männchen bereits lange, bevor sie zur Kopulation kommen, Sperma in den Nebenhoden zu speichern. Darüber hinaus erlaubt diese Besonderheit den Fledermäusen der gemäßigten Breiten eine Paarung schon im Sommer oder frühen Herbst, während die Ovulation und Befruchtung der Eizelle erst im nächsten Frühjahr stattfinden. Die Spermien bleiben den Winter über im Uterus des Weibchens am Leben und stehen so bei dem erst nach dem Winterschlaf stattfindenden Eisprung sofort zur Verfügung. Die Embryonalentwicklung kann dadurch in der ohnehin sehr kurzen Vegetationsperiode ohne Zeitverluste durch die Partnersuche sofort mit dem Ende des Winterschlafes beginnen.

Echoortung

Fledermäuse haben, einmalig unter den Landtieren, ein neues System der Orientierung entwickelt und bis zur Perfektion gebracht, die Ultraschall-Echoorientierung. Diese hat sie unabhängig vom Sehen und damit vom Tageslicht gemacht und erlaubt die Beutesuchte bei Nacht. Wir Menschen – *Augen*tiere, die wir sind – können uns nur schwer vorstellen, wie es möglich ist, dass Fledermäuse sich nur mit Hilfe der von der Umwelt zurückgeworfenen Echos ihrer selbst ausgestoßenen Rufe orientieren. Sie sind dabei in schnellem Flug nicht nur in der Lage, auch kleinen Hindernissen auszuweichen, sondern detektieren, erkennen, lokalisieren und erbeuten gleichzeitig fliegende Insekten. Selbst unbewegte Objekte, wie z.B. Blüten, können sie trotz der vielen weiteren Echos, die in der dichten Vegetation tropischer Regenwälder von der Umwelt zurückgeworfen werden, anhand ihrer räumlichen Gestalt erkennen.

Bild 1. Fledermäuse können aktiv fliegen und so auch enge Lücken mühelos durchqueren, hier ein Alpenlangohr *(Plecotus macrobullaris)*. Foto: D. Nill.

Vielzahl verschiedener ökologischer Nischen

Schließlich hat keine der anderen Säugetierordnungen eine derartige Vielzahl verschiedener ökologischer Nischen erobert. Unter den Fledermäusen der Tropen gibt es nicht nur Insektenjäger, sondern auch Fleisch-, Früchte- und Blattfresser, ja sogar einige Arten, die sich auf den Fischfang spezialisiert haben oder zu hochangepassten „Blutsaugern“, besser Blutleckern, geworden sind, denen es gelingt, anderen Warmblütern nachts kleine Wunden zuzufügen und das austretende Blut aufzulecken. Wieder andere tropische Fledermäuse kann man als die „Kolibris der Nacht“ bezeichnen: Sie ernähren sich von Nektar und Blütenpollen, den sie im Schwirrflug nächtlich geöffneten Blüten entnehmen. Dabei sind sie die wichtigsten Bestäuber zahlreicher tropischer Pflanzen geworden, die sich ihrerseits in einer langen Koevolution an die Bestäubung durch Fledermäuse angepasst haben.

Diese fünf Besonderheiten der Fledermäuse, die sie vor allen anderen Säugetieren auszeichnen, werden im Mittelpunkt der folgenden allgemeinen Kapitel stehen.

Bild 2. Im Flug sind bei der Bechsteinfledermaus *(Myotis bechsteinii)* die großen zwischen den Extremitäten und dem Schwanz aufgespannten Flughäute gut zu erkennen. Foto: D. Nill

Bauplan der Fledermäuse

Viele Fledermäuse sind Leichtgewichte, was sich besonders in einer relativ geringen Körpergröße äußert. Die Spannweite der Flügel täuscht hingegen ein wesentlich größeres Tier vor und die meisten Menschen sind vom geringen Gewicht überrascht, wenn sie eine Fledermaus in der Hand halten.

Die größten Fledertiere der Welt sind Flughunde der Gattung *Pteropus,* sie erreichen eineinhalb Kilogramm Gewicht bei Flügelspannweiten von etwa 1,70 m. Die Mehrzahl der Fledermausarten ist allerdings sehr viel kleiner, so ist auch das kleinste Säugetier der Welt eine Fledermaus: die nur in Südostasien vorkommende Hummelfledermaus *(Craseonycteris thonglongyai)* mit einem Gewicht von kaum drei Gramm. Mit solch einer geringen Größe ist wahrscheinlich die Untergrenze des physiologisch Möglichen erreicht, kleinere Säugetiere kann es vermutlich nicht geben, da ihre relative Oberfläche und damit der Energieverlust zu groß werden würde. Das höchstmögliche Körpergewicht wird wohl durch die Fähigkeit zum aktiven Flug begrenzt. Sehr große Vögel, seien es Geier, Pelikane oder Störche, können zwar ebenfalls aktiv fliegen, verbrauchen dabei aber enorm viel Energie. Nur durch die Fähigkeit lange Strecken zu segeln, ist bei ihrer Größe der Flug energetisch überhaupt möglich. Für einen Insektenjäger oder einen in Baumwipfeln lebenden Früchtefresser ist Segelfliegen aber keine Option, zumal nachts die für große Flieger notwendige Thermik fehlt.

Die Flügel sind sicher das auffälligste Merkmal der Fledermäuse und die mit dem Flug zusammenhängenden Besonderheiten werden in einem separaten Kapitel (s. S. 28) behandelt. Die Flughäute der Fledermäuse werden zwischen dem Körper, den Extremitäten und dem Schwanz aufgespannt (Bilder 2 und 3). Insbesondere die Mittelhand- und Fingerknochen sind stark verlängert, der zugrunde liegende fünfstrahlige Aufbau der Säugetiergliedmaßen (pentadactyle Säugetierextremität) ist jedoch deutlich zu erkennen.

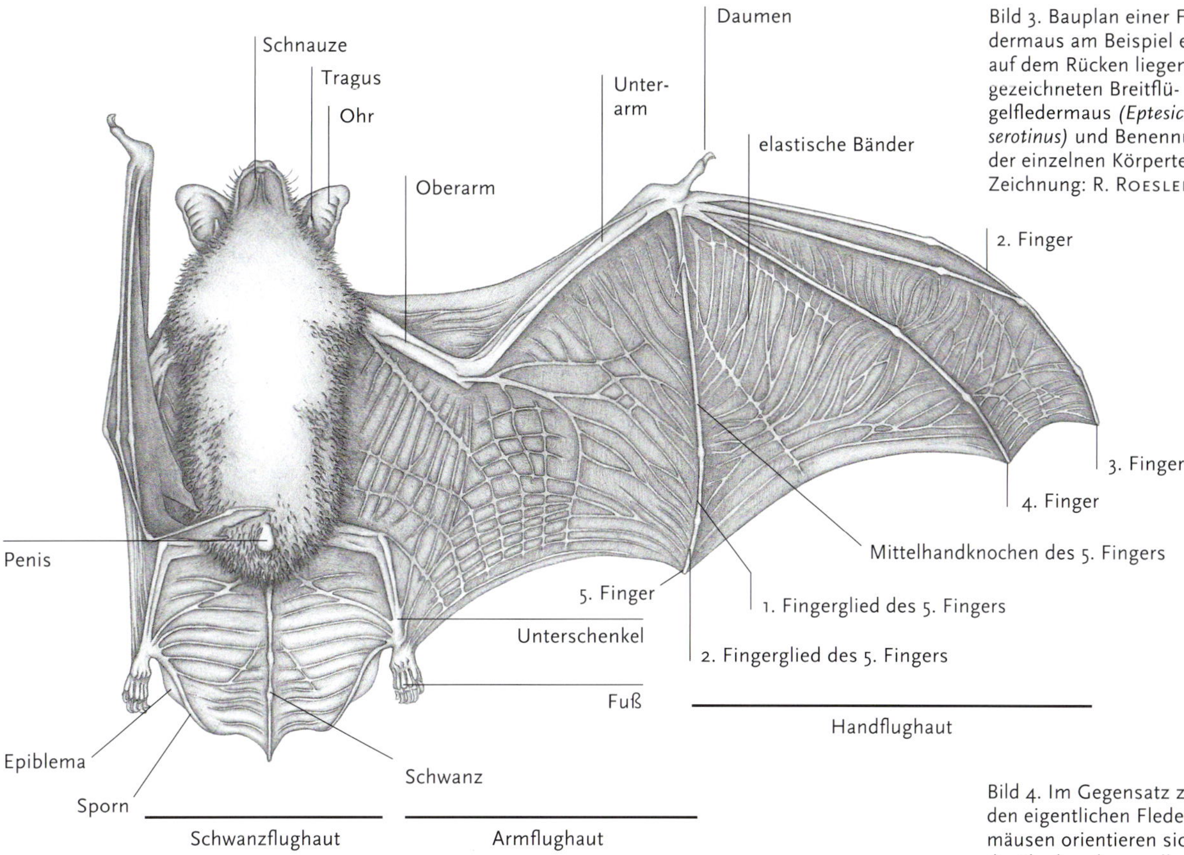

Bild 3. Bauplan einer Fledermaus am Beispiel einer auf dem Rücken liegend gezeichneten Breitflügelfledermaus *(Eptesicus serotinus)* und Benennung der einzelnen Körperteile. Zeichnung: R. Roesler

Wie bei anderen Säugetieren auch ist der Körper der Fledermäuse dicht behaart, um die aktive Thermoregulation zu verbessern. Einige Wüstenfledermäuse haben ein sehr kurzes Fell und ausgedehnte nackte Hautpartien. Die in den gemäßigten Breiten vorkommenden Arten haben dagegen ein meist dichtes Fell. Die Flughäute, Teile des Gesichts und die Ohren sind unbehaart, bzw. nur von feinen Härchen bedeckt. Der Haarwechsel findet bei den erwachsenen Fledermäusen einmal im Jahr, beginnend meist im Spätsommer, statt. Die nachwachsenden Fellpartien sind oft dunkler als das ältere, zumeist ausgebleichte Haarkleid.

Kopf und Schädel der Fledermäuse

Bereits an den offensichtlichen Merkmalen am Kopf lassen sich zwei große Gruppen der Fledertiere unterscheiden: die Flughunde mit großen Augen und kleinen Ohren sowie die kleinäugigen und großohrigen Fledermäuse. Diese Unterschiede sind so einprägsam, dass sie seit den Anfängen der zoologischen Systematik zur Unterscheidung dieser beiden Großgruppen herangezogen wurden. Es blieb der

Bild 4. Im Gegensatz zu den eigentlichen Fledermäusen orientieren sich die Flughunde vor allem optisch, sie haben daher große Augen und die Ohren sind wie bei diesem Nilflughund *(Rousettus aegyptiacus)* einfach gebaut. Foto: C. Dietz

Bild 5. Im Porträt einer Fledermaus fallen besonders die im Vergleich zu den relativ kleinen Augen großen Ohren auf, hier bei einem Mausohr aus der Osttürkei (*Myotis myotis macrocephalicus*). Foto: C. Dietz

modernen, auf genetischen Merkmalen basierenden Systematik vorbehalten, diesen Irrtum aufzuklären [allg. Lit. 141]. Die ausgeprägten Unterschiede im Bau der Ohren und der Größe der Augen sind Anpassungen an die jeweils genutzte Art und Weise der Raumorientierung und können nur bedingt zur Klärung der Verwandtschaftsverhältnisse herangezogen werden.

Die großen Augen der Flughunde (Bild 4) zeigen bereits, dass sie sich vorrangig optisch orientieren und auch ihre Nahrung, meist Früchte, visuell aufspüren. Nur einige Arten der Gattung *Rousettus* haben eine einfache, auf Zungenklicks basierende Echoortung entwickelt. Diese ermöglicht ihnen tiefe Höhlen als Quartiere zu nutzen, die den anderen sich rein optisch orientierenden Flughunden nicht zugänglich sind.

Bei den eigentlichen Fledermäusen fallen hingegen am Kopf vor allem die Ohren (Bild 5), bei manchen Arten auch die Nasenaufsätze, auf. Im Zusammenhang mit der Entwicklung einer spezialisierten Echoortung (s. S. 32) bestand ein hoher Selektionsdruck auf die Entwicklung bestens angepasster Empfänger für die Ortungslaute, die Ohren sind entsprechend vielgestaltig. Bei den meisten Fledermausarten sind die Ohren sehr beweglich, je nach Erregungszustand des Tieres können sie steil aufgerichtet oder leicht gekrümmt werden. Nur bei wenigen Arten können sie regelrecht eingefaltet werden, vor allem bei den Langohrfledermäusen der Gattung *Plecotus*.

Unter dem Fell und der Haut des Kopfes setzen außen am Schädel massige Muskelpakete an (Bild 6). Neben einer kräftigen Nackenmuskulatur, die den Kopf beim Flug stützt und gerade hält, sind besonders die Kiefermuskeln ausgeprägt. Sie ermöglichen kräftige Kaubewegungen, das seitliche Verschieben des Kiefers zum Abscheren und Zerteilen von Nahrung und das Ergreifen und Festhalten wehrhafter Beute.

Unter dem Muskelgewebe liegt der Schädel (Bild 7), der, wie für ein Säugetier typisch, ein spezialisiertes Gebiss aufweist. Je nach der Ernährungsweise der Fledermausart können die Zähne und auch die Kiefer ganz unterschiedlich ausgeprägt sein. Die Zähne der fruchtfressenden Arten, wie beispielsweise vieler Flughunde, haben nur flache Höcker. Blütenbesuchende bzw. nektarfressende Fledermäuse haben das Gebiss sogar weitgehend reduziert und die

▲ Bild 6. Am abgebalgten Kopf des Mausohrs *(Myotis myotis)* fallen der große Kehlkopf und die kräftigen Muskelpakete auf, die vom Unterkiefer an den Oberschädel ziehen. Foto: C. Dietz

▲▲ Bild 7. Das kräftige Gebiss des Mausohrs *(Myotis myotis)* mit den langen Eckzähnen und den mit vielen Scherflächen versehenen Backen- und Vorbackenzähnen stellen eine Anpassung an die Insektennahrung dar. Foto: C. Dietz

Kiefer sind zart gebaut. Bei den insekten- oder fleischfressenden Arten ähnelt das Gebiss dem eines Raubtieres mit zahlreichen Höckern, Scherkanten und kräftigen Eckzähnen. Alle europäischen Fledermausarten sind insektivor, für zumindest zwei von ihnen, den Riesenabendsegler *(Nyctalus lasiopterus)* und die Langfußfledermaus *(Myotis capaccinii)* sind auch Wirbeltiere als zusätzliche Nahrung bekannt geworden, im ersten Falle Vögel, im zweiten Kleinfische. Die Unterschiede in der Ernährungsweise äußern sich selbst innerhalb der insektivoren Fledermäuse am Schädelbau und in der Art der Bezahnung (Bild 8). Den Fledermäusen ist ein Grundbauplan im Gebiss gemeinsam, der sich in der Zahnformel

$$\frac{2-1-3-3}{3-1-3-3} = 38 \text{ Zähne}$$

niederschlägt und sich so auch bei den einheimischen *Myotis*-Arten findet. Die obere Zahlenreihe steht dabei für den Ober-, die untere für den Unterkiefer. Die erste Spalte gibt die Zahl der Incisiven (Schneidezähne), die zweite der Canini (Eckzähne), die dritte der Prämolaren (Vorbackenzähne) und die vierte der Molaren (Backenzähne) an. Bei den meisten Arten ist die Zahl der Zähne jedoch reduziert, was häufig mit einer Verkürzung der Zahnreihen oder einer Reduktion des Prämaxillare einhergeht. Die Zahnleisten der gegenüberliegenden Zähne greifen so passgenau ineinander, dass vielfältige Schneidkanten gebildet werden, die ein Zerteilen harter Insekten ermöglichen. Als Anpassung an die Nahrung sind die Zähne einem hohen Selektionsdruck ausgesetzt, daher haben sich im Laufe der Evolution vielfältige Besonderheiten ausgebildet (Bild 8). So sind bei nahe verwandten und äußerlich sehr ähnlichen Fledermausarten Merkmale an Gebiss und Zähnen ein guter Weg, sie trotz aller äußerer Übereinstimmung auseinanderhalten zu können. Als Merkmale werden die Längen der Zahnreihen, die relativen Höhen einzelner Zähne zueinander oder die Ausprägung von Höckern einzelner Zähne herangezogen.

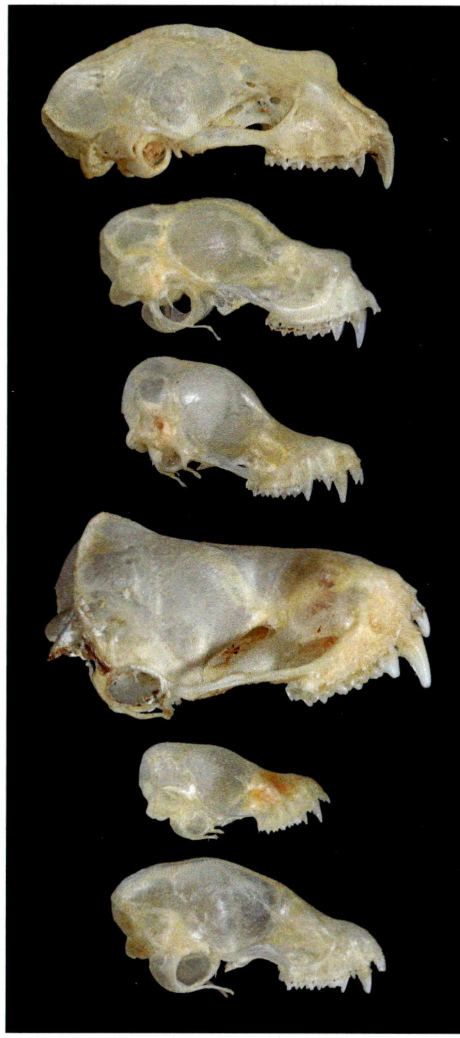

Bild 8. Sechs Fledermausschädel. Von oben: Große Hufeisennase (*Rhinolophus ferrumequinum*), Kleine Mausschwanzfledermaus (*Rhinopoma cystops*), Wimperfledermaus (*Myotis emarginatus*), Riesenabendsegler (*Nyctalus lasiopterus*), Mückenfledermaus (*Pipistrellus pygmaeus*) und Libysches Langohr (*Plecotus gaisleri*). Foto: C. Dietz.

Weitere Besonderheiten im Bauplan

Wie bei allen Organismen sind auch bei den Fledermäusen alle Bereiche des Körpers in ihrem Bau an die Funktion beziehungsweise die Lebensweise angepasst. So stellt der relativ große Magen, in dem viel Beute eingelagert werden kann, eine Anpassung an die kurze Zeit hoher Beuteverfügbarkeit in der Nacht dar. Dahingegen ermöglicht der kurze Darm eine schnelle Verdauung und damit ein niedriges Fluggewicht.

Allen Fledermäusen gemeinsam ist die Art zu hängen – mit dem Kopf nach unten. Dies erfordert Anpassungen im Kreislaufsystem, aber auch im Skelett- und Muskelaufbau. Ein ermüdungsfreies Hängen wird über einen raffinierten Mechanismus am Fuß erreicht: Die Sehnen der Zehen rasten im Hängen über Sehnensperren ein, wodurch auch über lange Zeiträume, wie im Winterschlaf, keine Muskelkraft mehr benötigt wird.

Evolution der Fledermäuse

Fossilgeschichte

Die Fledermäuse haben sich offenbar bereits gegen Ende der Kreidezeit, vor etwa 70 Millionen Jahren, von den übrigen Säugetieren getrennt. Während die Vögel am Tag bereits den Luftraum beherrschten, ist es den Fledermäusen gelungen, die den Säugetieren ohnehin näher liegende Nische der Nacht zu erobern. Die ältesten vollständigen Fossilien von Fledermäusen stammen aus dem frühen Eozän Nordamerikas und Europas und sind damit etwa 50 Millionen Jahre alt. Vor allem die Fossilien aus den Ölschiefern der Grube Messel bei Darmstadt sind weltberühmt geworden (Bild 10). Die eozänen Fledermäuse waren bereits Insektenjäger, wie unsere heutigen einheimischen Arten. Die Fossilien sind zum Teil so gut erhalten, dass sich in den Mägen noch deren Inhalt, vor allem Schmetterlingsschuppen, nachweisen ließ. Dem Forschungsteam des Senkenbergmuseums gelang es auch, über genaue Messungen der Ohrkapseln nachzuweisen, dass sich die fossilen Fledermäuse der Grube Messel bereits mit Ultraschall orientiert haben müssen.

Interessanterweise zeigen manche der eozänen insektenfressenden Fledermäuse (sowohl *Icaronycteris* aus Wyoming in den USA als auch *Archaeonycteris* aus Messel) noch ein ursprüngliches Merkmal, das heute nur noch bei den Flughunden vorkommt: Nicht nur der Daumen, sondern auch der „Zeigefinger" weist eine Kralle auf. Dieses Merkmal hat vielleicht den frühen Fledermäusen das Klettern in Bäumen oder in Felsspalten erleichtert.

Das Eozän, vor etwa 56 bis 36 Millionen Jahren, war eine Zeit rapider Evolution der Säugetiere. Damals entstanden viele der Gruppen, die den heutigen Familien der Säugetiere entsprechen. Auch für die Fledermäuse war das Eozän der „big bang" ihrer Evolution, denn schon in dieser vergleichsweise kurzen Zeit erfolgte ihre adaptive Radiation (Artaufspaltungen und Anpassung an den Lebensraum) in die verschiedensten ökologischen Nischen. Am Ende des Eozäns waren daher die meisten Familien und damit auch die verschiedenen Lebensformtypen der Fledermäuse im Wesentlichen ausgereift (Bild 11).

Bild 10. *Palaeochiropteryx tupaiodon*, eine eozäne Fledermaus aus der Grube Messel lebte vor ca. 50 Millionen Jahren. Foto: D. Nill

Mit modernen molekulargenetischen Methoden kann man nicht nur die Verwandtschaft der Arten und damit ihren Stammbaum untersuchen, sondern über die Anzahl der Mutationsschritte auch abschätzen, wie lange die Aufspaltung zurückliegt. So zeigt Bild 11 einen Stammbaum aller heutigen Fledermausfamilien, der auf molekulargenetischen Befunden beruht. Auch dieser Stammbaum zeigt eindrücklich die rapide Aufspaltung der Fledermäuse zu Beginn des Eozäns in alle heute existierenden Großgruppen.

Bild 9. Ausschnitt einer Kolonie der Bechsteinfledermaus *(Myotis bechsteinii)*. Foto: D. Nill.

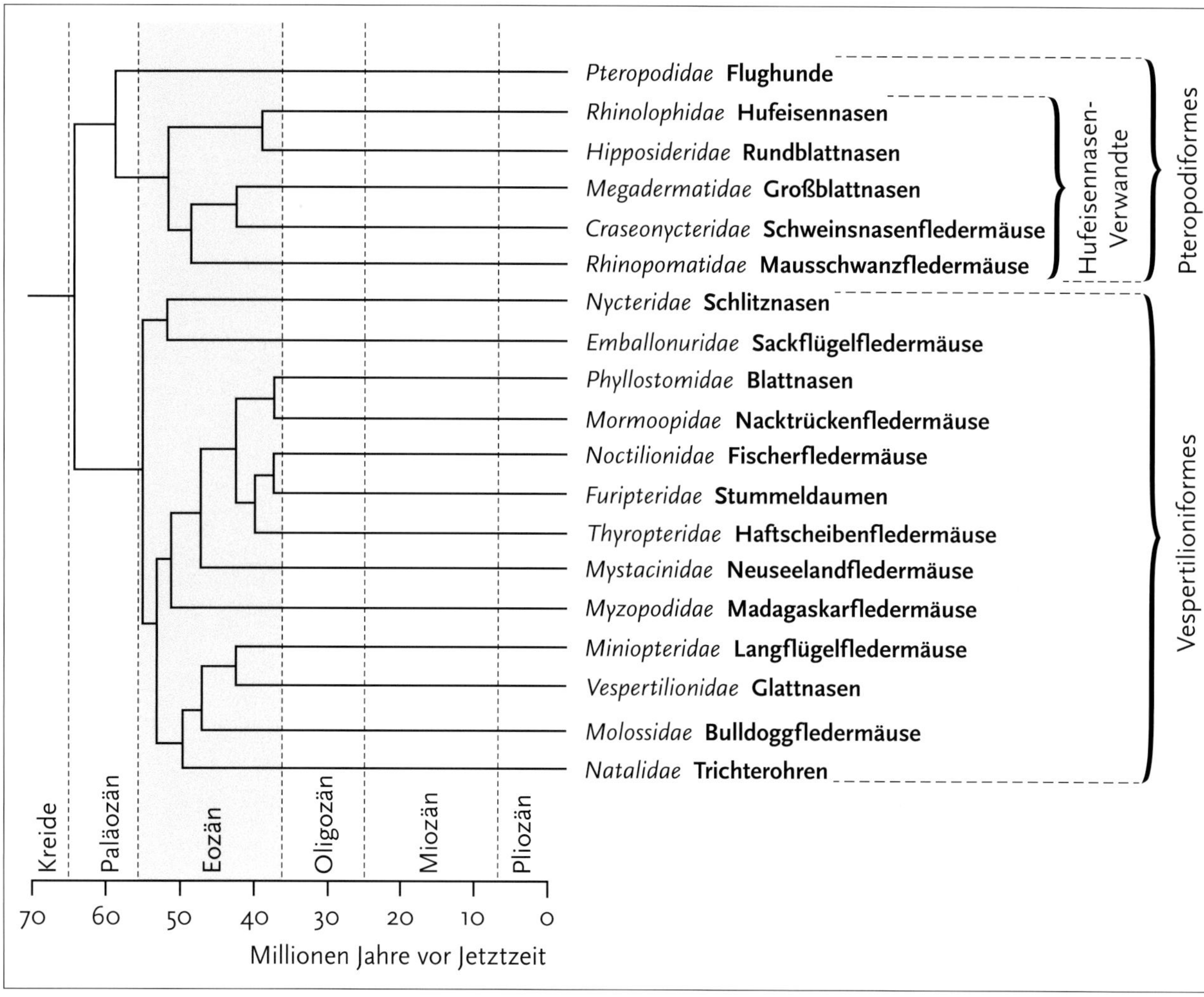

Bild 11. Ein Stammbaum der Fledermäuse nach den Ergebnissen molekulargenetischer Untersuchungen. Die beiden großen Gruppen der Chiroptera, die Pteropodiformes mit den Flughunden und den Hufeisennasen-Verwandten, und die Vespertilioniformes, die die meisten kleinen echoortenden Fledermäuse umfassen, haben sich vermutlich bereits gegen Ende der Kreidezeit getrennt. Im Eozän erfolgte die Aufspaltung in so gut wie alle heute noch vorhandenen Familien. Verändert nach allg. Lit. 127. Grafik: M. Bauer

Stammbaum der Fledermäuse

Weltweit sind derzeit über 1100 Fledermausarten beschrieben [allg. Lit. 126]. Damit sind die Fledertiere nach den Nagetieren die zweitgrößte Säugetierordnung unseres Planeten. Es ist durchaus wahrscheinlich, dass es in Wahrheit noch deutlich mehr Fledermausarten gibt, die sich aber morphologisch so ähnlich sehen, dass man sie bisher nicht als eigenständige Arten erkannt hat. Gründliche morphologische, ökologische und vor allem molekulargenetische Untersuchungen zeigen immer wieder, dass vorher nicht unterschiedene, „kryptische“ Formen in Wahrheit verschiedene Arten sind, die keinen gemeinsamen Genpool haben. So wurden allein in Europa in den letzten zehn Jahren sieben vorher nicht erkannte Arten neu entdeckt.

Nach der heute gültigen systematischen Gliederung sind diese über 1100 Arten innerhalb der Ordnung der Fledertiere [allg. Lit. 54, 126, 127] in 19 Familien gegliedert. Bei zwei Familien wird zur Zeit noch kontrovers diskutiert, ob sie tatsächlich als eigenständig gewertet werden sollten (Miniopteridae und Hipposideridae). In dem in Bild 11 dargestellten Stammbaum sind alle diese Familien aufgeführt. Nur drei dieser Familien, die Glattnasenfledermäuse (Vespertilionidae), die Bulldoggfledermäuse (Molossidae) und die Sackflügelfledermäuse (Emballonuridae) kommen sowohl in der Alten als auch in der Neuen Welt vor. Die Familien der in der Alten Welt verbreiteten Hufeisennasen (Rhinolophidae) und der Rundblattnasen (Hipposideridae), die südamerikanischen Blattnasenfledermäuse (Phyllostomidae), die Glattnasenfledermäuse (Vespertilionidae) und die Bulldoggfledermäuse (Molossidae) sind große und artenreiche Familien, sie umfassen die Mehrzahl aller Fledermaus-Arten. Daneben gibt es aber auch einige kleine Familien, wie die südostasiatischen Craseonycteridae die nur eine einzige Art beinhaltet. Die Mystacinidae aus Neuseeland, die madagassischen Myzopodidae und die drei südamerikanischen Familien Thyropteridae, Furipteridae und Noctilionidae enthalten jeweils nur zwei Arten und die ebenfalls südamerikanische Familie der Natalidae nur vier Arten.

Die Verwandtschaftsbeziehungen zwischen den Fledermausfamilien konnten erst in den letzten Jahren durch umfangreiche molekulargenetische Vergleiche geklärt werden [allg. Lit. 127, 141]. Während man lange Zeit glaubte, die sich optisch orientierenden Flughunde und die sich mit Ultraschall orientierenden eigentlichen Fledermäuse seien die zwei großen „Schwestergruppen" der Chiroptera, erbrachten die neuen molekulargenetischen Studien ein zunächst überraschendes Ergebnis: Die Verwandten der Hufeisennasen (einschließlich der Megadermatidae, der Rhinopomatidae und von *Craseonycteris*) sind näher mit den Flughunden verwandt als mit den übrigen echoortenden Fledermäusen. Erst diese beiden Gruppen zusammen, Flughunde und Hufeisennasenverwandte, die man als „Pteropodiformes" zusammenfassen kann, sind die Schwestergruppe der „Vespertilioniformes", also der meisten echoortenden Fledermäuse.

Das hat die interessante Konsequenz, dass die Echoorientierung der Fledermäuse entweder zweimal unabhängig voneinander erfunden worden sein muss, einmal bei den Hufeisennasen und einmal bei den Vespertilioniden, oder aber dass die Echoorientierung in der Evolution der Flughunde wieder aufgegeben wurde. Darüber diskutieren Wissenschaftler derzeit heftig. Vieles spricht dafür, dass die Wahrheit dazwischen liegt: Wahrscheinlich war die Echoorientierung zum Zeitpunkt der Aufspaltung noch nicht so perfektioniert, dass sie auch zum Erkennen unbewegter Objekte nahe am Hintergrund, wie Früchten und Blumen inmitten von Baumästen, Zweigen und Blättern, dienen konnte. Ein Insekt im freien Luftraum ist viel leichter mit Hilfe der Echoortung zu detektieren, weil das Echo nicht von Störechos überlagert wird. Vermutlich haben die Flughunde also mit der Spezialisierung aufs Früchtefressen eine noch nicht perfekte Echoorientierung wieder aufgegeben, während die insektenjagenden Gruppen ihre Echoortung perfektionierten. Bei den früchtefressenden Blattnasenfledermäusen Südamerikas war dann die Echoorientierung schon so weit entwickelt, dass sie auch zum Erkennen und Lokalisieren ruhender Objekte eingesetzt werden konnte.

Taxonomie

Verschiedene Fledermausarten können sich sehr ähnlich sein und sind äußerlich oder sogar nach dem Schädelbau und anderen Skelettmerkmalen nicht leicht zu unterscheiden. Dies spiegelt die teilweise bewegte Geschichte der Artabgrenzung der Fledermäuse wider: Manche Autoren beschrieben selbst in einer einzigen Publikation mehrere verschiedene Varianten derselben Art neu und verteilten damit neue Namen, die von anderen Autoren wieder eingezogen und synonymisiert werden mussten. So zählt eine erste große Revision der paläarktischen Fledermausarten im Jahr 1951 [allg. Lit. 33] allein für die Zwergfledermaus 19 verschiedene Namen auf, die alle in das Verzeichnis der ungültigen Synonyme versetzt wurden. (Im Prinzip hat seit Linné immer derjenige Name Priorität, der in der ersten Beschreibung einer Art vergeben wurde). Manchmal ist es aber nicht leicht festzustellen, was der richtige Name ist, und gelegentlich können sich die Wissenschaftler nicht einigen, welcher Name zu benutzen ist. Vor allem wenn die Typusexemplare, die für jede neue Art in einem Museum hinterlegt werden müssen, verloren gegangen sind und die Beschreibungen keine eindeutigen Merkmale enthalten, kann eine Einigung schwierig sein. In solchen Fällen entscheidet die Internationale Nomenklatur-Kommission. So wurden z.B. für die Zweifarbfledermaus

Kasten 1

Molekulare Taxonomie und „minimum spanning tree“

Die Erbinformation ist als Sequenz von vier möglichen Basen auf der DNA der Chromosomen wie in einer Perlenkette niedergelegt. Ein Gen codiert dabei in den meisten Fällen für die Aminosäure-Sequenz eines Proteins.

Die Sequenzierung von Genen wurde vor allem durch die Entdeckung einer Methode, einen bestimmten Abschnitt der DNA im Reagenzglas selektiv zu vervielfachen, möglich. Diese Methode, die PCR (Polymerase Chain-Reaction), öffnete das Tor auch zur molekulargenetischen Untersuchung von phylogenetischen und taxonomischen Fragestellungen.

Untersucht man die Basensequenz in einem Abschnitt eines Gens bei vielen Individuen einer Population, so findet man oft Unterschiede in den Basenpaaren an bestimmten Positionen, die man daher – in Hinsicht auf die Unterscheidung – als „informative Positionen“ bezeichnet. Die unterschiedlichen Basensequenzen nennt man „Haplotypen“. Verschiedene Haplotypen unterscheiden sich also in mindestens einer Basenposition, oft auch in mehreren oder vielen.

Eine übersichtliche Darstellung der Haplotypen einer Population bietet ein „Haplotypen-Netzwerk“, der „minimum spanning tree“ (Bild 12), in dem die Abstände verschiedener Haplotypen als diejenige Anzahl von einzelnen Punktmutationen (= Basensubstitutionen) eingetragen sind, die mindestens notwendig wäre, um den einen Haplotyp in den anderen zu überführen.

Im Falle des Vergleichs nah verwandter Arten, wie der Zwergfledermaus (*Pipistrellus pipistrellus*) und der Mückenfledermaus (*Pipistrellus pygmaeus*), erkennt man, dass weit größere Abstände zwischen allen Haplotypen der beiden Arten als zwischen den Haplotypen der Individuen einer Art liegen.

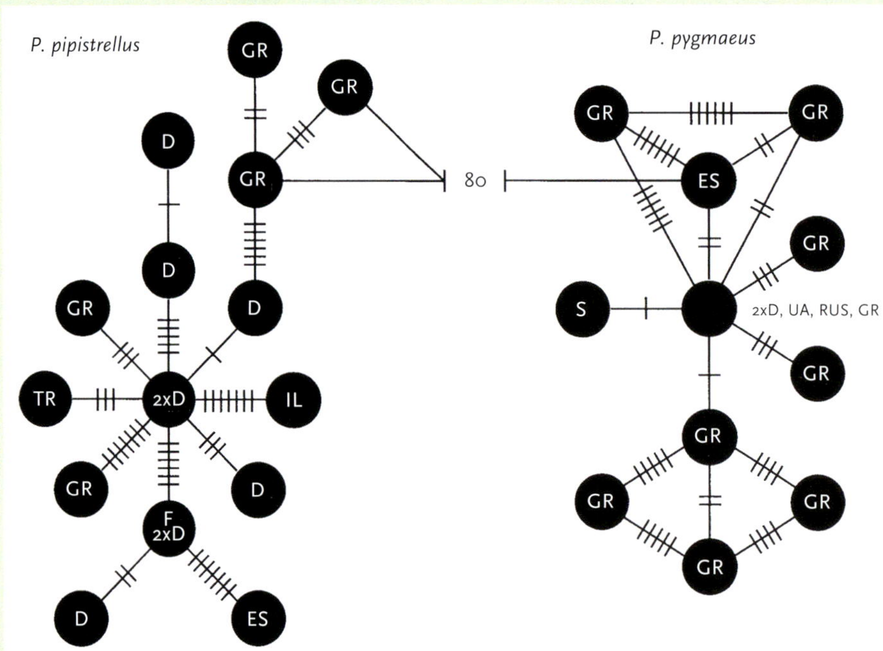

Bild 12. Ein „minimum spanning tree“ (siehe Kasten 1) von Zwerg- und Mückenfledermaus (*Pipistrellus pipistrellus* und *P. pygmaeus*). Diese beiden Arten werden erst seit etwa 10 Jahren unterschieden. Kreise bedeuten Sequenztypen (Haplotypen), Striche bedeuten den Austausch einzelner Basen, die Abkürzungen in den Kreisen kennzeichnen die Herkunftsländer der untersuchten Individuen. Untersucht wurde das mitochondriale Gen ND1. Zwischen den beiden Arten bestehen sehr viel größere Unterschiede als zwischen den Haplotypen innerhalb einer Art. Nach allg. Lit. 78. Grafik: F. Mayer

der Name *Vespertilio murinus* anstelle von *Vespertilio discolor* oder für die Mückenfledermaus der Name *Pipistrellus pygmaeus* anstelle von *Pipistrellus mediterraneus* einmal und für immer festgelegt.

Wenn eine Revision der Arten lange Listen an synonymen Namen ergeben hatte, stellte sich freilich manchmal später wieder heraus, dass unter den in die Synonyme-Liste gestellten Namen doch auch verschiedene Arten verborgen waren. So wurde um 1960 das Graue Langohr *(Plecotus austriacus)* allein durch den genauen Vergleich der Morphologie und der Lebensweise mit dem Braunen Langohr *(Plecotus auritus)* wiederentdeckt [allg. Lit. 7]. Nur wenig später wurden auch Bartfledermaus *(Myotis mystacinus)* und Brandtfledermaus *(Myotis brandtii)* wieder als verschiedene Arten getrennt [allg. Lit. 37]. In beiden Fällen waren die Arten jahrzehntelang miteinander verwechselt worden.

Molekulargenetik

Erst die Anwendung molekulargenetischer Verfahren hat es in den letzten zehn Jahren erlaubt, ein genaueres Bild der Artenzahl und der Verwandtschaft der verschiedenen Arten aufzubauen, und dieser Prozess ist auch heute noch im Gange.

Für molekulargenetische Studien müssen zunächst Gene ausgewählt werden, die man relativ leicht fassen, d.h. mit Hilfe der PCR vervielfältigen kann (s. Kasten 1). In vielen Untersuchungen wurden mitochondriale Gene gewählt (also Gene aus dem DNA-Strang der Mitochondrien). Die Sequenzunterschiede zwischen den „Haplotypen" (s. Kasten 1) solcher Gene stellen Merkmale dar, die die morphologischen Artmerkmale ergänzen. Sie haben den Vorteil, dass mehr spezifische Unterscheidungsmerkmale vorhanden sind. Freilich macht es auch mehr Mühe, diese vielen Daten zu analysieren. Während man morphologische Merkmale oft mit einem einzigen Blick erkennen kann, erfordert eine molekulargenetische Unterscheidung ein Labor.

Für die Untersuchung braucht man Gewebeproben der Fledermaus. Dazu genügt ein winziges Stück aus der Flughaut. Da Fledermäuse sich ohnehin oft an Hindernissen ihre Flughäute verletzen, haben sie ein sehr schnelles Regenerationsvermögen für kleine Löcher in ihrer Flughaut entwickelt, und die kleinen Wunden, die durch die Entnahme der Gewebeproben entstehen, wachsen in kürzester Zeit wieder zu.

In den letzten Jahren hat sich die Anzahl der in Europa nachgewiesenen Fledermausarten aufgrund dieser genaueren Analysemethoden deutlich erhöht. So wurde die Mückenfledermaus *(Pipistrellus pygmaeus)* von der Zwergfledermaus *(P. pipistrellus)* abgetrennt, die Nymphenfledermaus *(Myotis alcathoe)* von der Bartfledermaus *(M. mystacinus)*, das Punische Mausohr *(Myotis punicus)* vom Kleinen Mausohr *(M. oxygnathus)* und in der Gattung der Langohrfledermäuse *(Plecotus)* wurden gleich drei neue Arten entdeckt, das Alpenlangohr *(Plecotus macrobullaris)*, das Balkanlangohr *(Plecotus kolombatovici)* und das Sardische Langohr *(Plecotus sardus)*. Diese Arten werden im speziellen Teil besprochen, und der Bestimmungsschlüssel gibt Hilfen, wie man auch die bisher nur molekulargenetisch abgetrennten Arten erkennen kann. Es ist durchaus zu erwarten, dass noch einige weitere bisher unerkannte Fledermausarten in Europa vorkommen. Mit noch höherer Wahrscheinlichkeit gilt dies für die anatolische und die nordafrikanische Fauna.

Während der Drucklegung der ersten Auflage dieses Buches im Frühjahr 2007 ergaben sich Hinweise auf sechs neue Fledermausarten in Europa (*Myotis cf. escalerai, Myotis spp.* aus der *M. nattereri*-Linie, *Eptesicus isabellinus, Pipistrellus lepidus, Hypsugo caucasicus, Plecotus begognae*) und fünf weitere Arten in angrenzenden Regionen [allg. Lit. 77, 159]. Dabei zeigt sich jedoch zunehmend, dass sich die oftmals engverwandten Zwillingsarten genetisch zwar sicher trennen lassen, der letztendliche Nachweis über eine strikte reproduktive Isolation aber nur in Bereichen des sympatrischen (gemeinsamen) Vorkommens erbracht werden kann. Viele derzeit noch offene Fragen der systematischen Gliederung sind eng mit dem jeweils angewandten Artkonzept verknüpft, die Diskussionen darüber beschäftigen derzeit zahllose Wissenschaftler.

Artenvielfalt der Fledermäuse

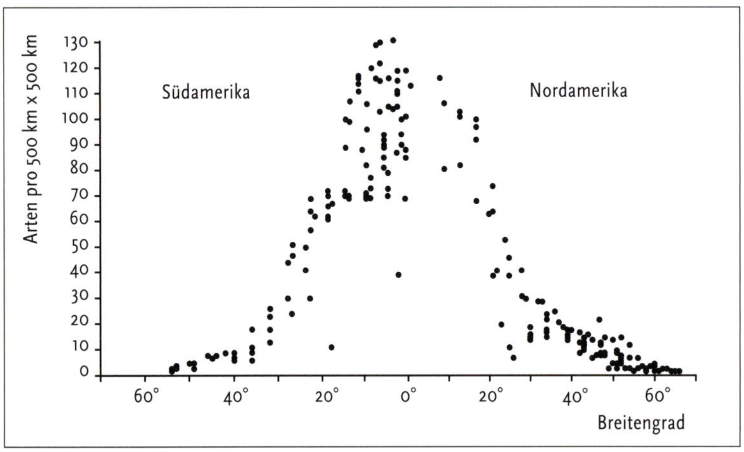

Bild 13. Die Anzahl der Fledermausarten innerhalb von 500 x 500 km großen Quadraten in Abhängigkeit von der geographischen Breite in der Neuen Welt. Die deutliche Zunahme der Artenzahl in Richtung zu den Tropen hin ist erkennbar. Verändert nach allg. Lit. 146. Grafik: R. M. Willig

Bild 14. Die Anzahl der Familien, der Gattungen und der Arten der Fledermäuse nimmt auch in Europa von Norden nach Süden zu. Als Beispiele wurden vier Gebiete annähernd gleicher Flächengröße gewählt, deren Lage sich im mittleren Breitengrad um jeweils 10° unterscheidet. Grafik: M. Bauer

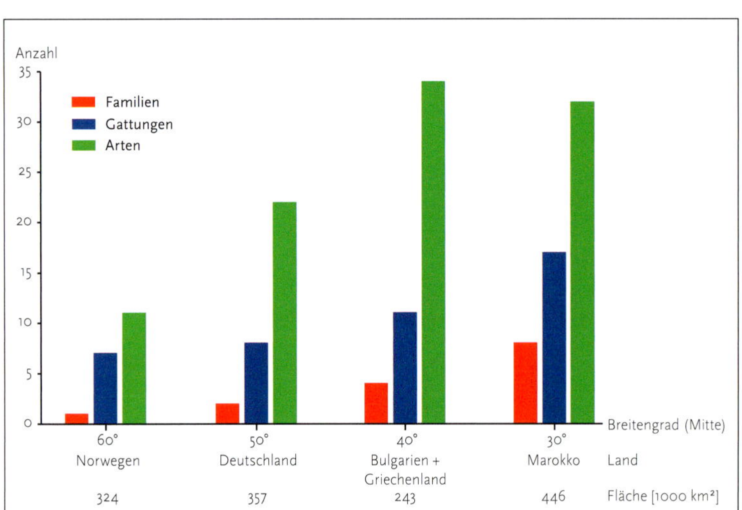

Die Artendiversität (Artenvielfalt) in den Tropen ist in vielen Tier- und Pflanzengruppen unvergleichlich viel höher als in den gemäßigten Breiten. Das gilt auch für die Fledermäuse: Ihr Hauptverbreitungsgebiet sind eindeutig die Tropen. Während etwa in Costa Rica auf einem Quadrat von 500 mal 500 Kilometern bis zu 130 Arten sympatrisch (gemeinsam) vorkommen können, sind es in Kanada oder Argentinien nur sehr viel weniger (Bild 13). Diese Abnahme der Artendiversität von den Äquatorregionen zu den Polen hin gilt auch für Europa. Die in diesem Buch behandelten 55 Arten sind vergleichsweise wenig, wenn man sie mit der Gesamtanzahl von 1100 Fledermausarten vergleicht. Und selbst innerhalb Europas gibt es einen Diversitätsgradienten von Nord nach Süd (Bild 14).

Noch auffälliger ist die viel geringere Anzahl ökologischer Nischen, die von den Fledermäusen Europas – verglichen etwa mit den südamerikanischen Tropen – besetzt wird. In Europa gibt es, wenn man die Nahrungsnischen betrachtet, im Wesentlichen nur insektenfressende Fledermäuse. Vom Riesenabendsegler *(Nyctalus lasiopterus)* weiß man allerdings seit wenigen Jahren, dass er neben Insekten auch Vögel fängt, und die Langfußfledermaus *(Myotis capaccinii)* ist in der Lage, auch kleine Fische zu erbeuten. Auf Zypern kommt der Nilflughund *(Rousettus aegyptiacus)* vor, der ein reiner Früchtefresser ist. Alle anderen Fledermausarten Europas ernähren sich von Insekten und anderen Gliedertieren.

Wie können in Europa dennoch relativ viele insektenjagende Fledermausarten gemeinsam vorkommen, ohne sich zu sehr Konkurrenz um die Nahrung zu machen? Die Einnischung dieser Arten betrifft durchaus auch ihr Beutespektrum, das sich allein aufgrund des verschiedenen „Designs" ihrer Ortungsrufe und ihrer Jagdstrategien von Art zu Art unterscheidet: Das Beutespektrum wird beeinflusst von der Größe der Fledermausart, von der Manövrierfähigkeit während des Fluges, von der Art der beflogenen Lebensräume, von der relativen Größe der Ohren und der Frequenz und dem Design der Echoortungs-Signale.

Der globale Diversitätsgradient

Weshalb ist die Vielfalt der Arten und Nischen in den Tropen so viel höher? Was ist der Grund für diesen „globalen Diversitätsgradienten"? Ist die Artendiversität höher, weil der tatsächliche Bereich vorhandener ökologischer Lizenzen so viel größer ist? Oder ist ein bestimmter, vielleicht durch physikalische Grenzen vorgegebener Parameterbereich nur intensiver genutzt?

Intensiver genutzt könnte er einmal infolge „enger geschachtelter" Nischen sein, wodurch in denselben „Großnischen-Bereich" mehr „Fein-Nischen" einzelner Arten passen würden. Andererseits könnte es in den Tropen eine größere Toleranz in Hinsicht auf die Überlappung von Nischen geben: Wenn die Nischen verschiedener Arten sich stärker überlappen würden, könnten ebenfalls mehr Arten gemeinsam im gleichen Habitat vorkommen.

Schon eine relativ oberflächliche Betrachtung zeigt, dass der Parameterbereich, der die ökologischen Nischen der Fledermäuse kennzeichnet, in den Tropen größer als in den gemäßigten Zonen der Erde sein muss: Die Spannweite im Gewicht zwischen der mit nur 3 g Gewicht kleinsten tropischen Fledermaus, der Hummelfledermaus, und den größten tropischen Fledermäusen, den Flughunden mit bis zu 1500 g Gewicht oder der südamerikanischen Raubfledermaus *Vampyrum spectrum*, ist wesentlich größer als in Europa, wo der Größenklassenbereich nur von etwa 5 g (Zwergfledermaus) bis etwa 50 g (Riesenabendsegler) reicht.

Symbiosen wie die zwischen Blumenfledermäusen und fledermausbestäubten Blüten ließen sich von vornherein in den gemäßigten Breiten nur schwer verwirklichen. Auch in den Tropen können Blumenfledermäuse nur da vorkommen, wo es ganzjährig Blüten gibt, die genügend Nektar und Pollen bieten – und umgekehrt können fledermausbestäubte Pflanzen nur da existieren, wo es zumindest zur Blütezeit der betreffenden Pflanzenart auch Blumenfledermäuse gibt. Die enorme Diversität der tropischen Lebensgemeinschaften

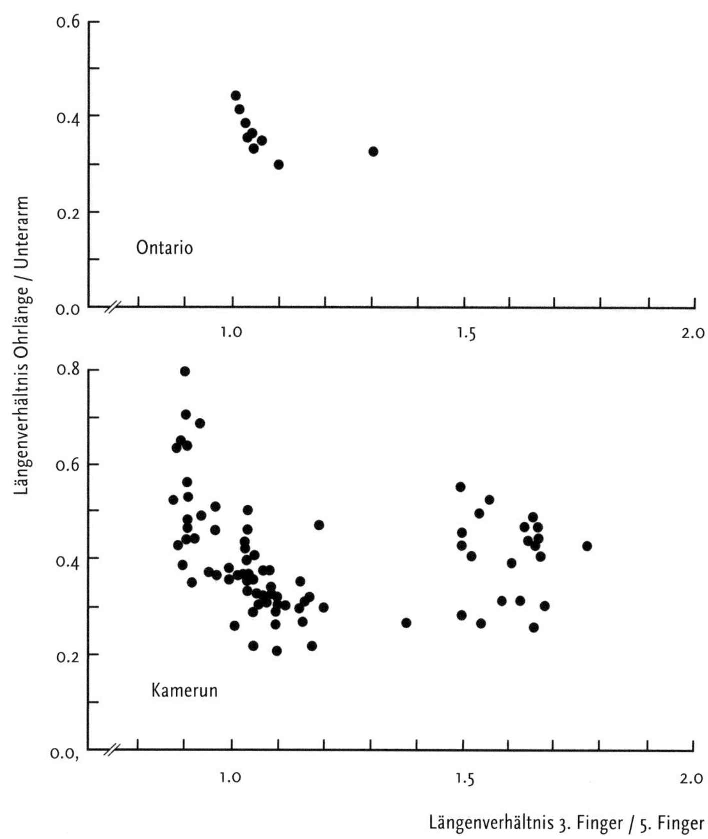

Bild 15. Vergleich der zwei wichtigsten Nischendimensionen der Fledermäuse (Hören und Manövrierfähigkeit des Fluges: relative Größe der Ohren und relative Breite der Flügel) für ein Land der gemäßigten Breiten (Ontario in Kanada) und Kamerun im tropischen Westafrika. Nach allg. Lit. 35. Grafik: M. B. Fenton

potenziert sich dadurch in einer gewissen Weise selbst: Da wo es schon viele verschieden eingenischte Arten gibt, entstehen immer neue und noch komplexere Lebensmöglichkeiten.

Dieses Phänomen zeigt sich auch innerhalb der großen Nahrungsnischen der Fledermäuse. Wenn man die Echoorientierung und die Flugfähigkeit als die beiden wichtigsten Nischenparameter der insektenjagenden Fledermäuse betrachtet, so kann man versuchen, einfache Parameter zu ihrer Beschreibung heranzuziehen. So ergibt ein Vergleich der relativen Größe der Ohren (als Maß für die Empfindlichkeit des Hörsystems) mit dem Längenverhältnis von drittem und fünftem Finger (als Maß für die Breite der Flügel und damit für die Manövrierfähigkeit im Flug) der Fledermäuse verschiedener Gebiete, dass sich die Dichte und die Überlappung der Nischen kaum unterscheiden. Dagegen ändert sich

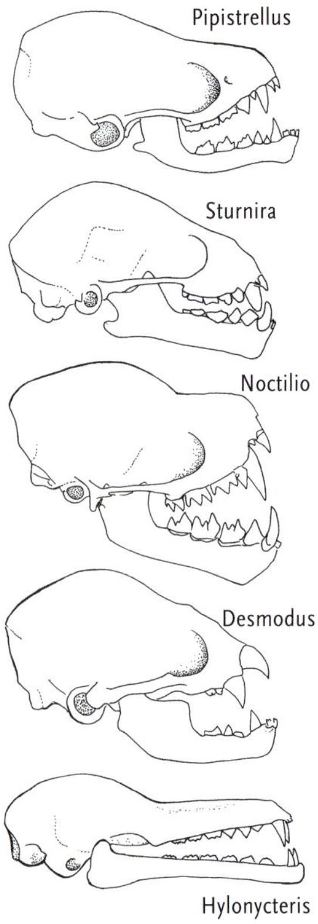

Bild 16. Von oben nach unten: ein Insektenfresser (Zwergfledermaus, *Pipistrellus pipistrellus*), ein Früchtefresser (Blattnasenfledermaus *Sturnira*), ein Fischjäger (Fischerfledermaus, *Noctilio leporinus*), ein Blutlecker (Echter Vampir, *Desmodus rotundus*) und eine Blumenfledermaus (*Hylonycteris underwoodi*). Zeichnung: O. VON HELVERSEN

vor allem der insgesamt mögliche Parameterbereich, den insektenfressende Fledermäuse abdecken (Bild 15).

Diese Beispiele belegen eindrücklich, welche Mechanismen die enorme Artenvielfalt der Tropen ermöglichen – und vielleicht auch, wie sehr deshalb auch uns Europäer, Bewohner der gemäßigten und nördlichen Breiten, der Schutz dieser enormen Lebensvielfalt der Tropen – der Regenwälder und ebenso der tropischen Savannen und Gebirgswälder – angeht.

Vielfalt an Formen und Arten

Die Fledermäuse könnten einem als weitgehend einheitliche Gruppe kleiner Säugetiere mit einem dichten Fell und mit Flügeln erscheinen. Tatsächlich hat sich aber keine andere Ordnung der Säugetiere eine so große Fülle ökologischer Nischen erschlossen wie die Fledermäuse. Besonders augenfällig ist dies in den Tropen, wo die Vielfalt kaum überschaubar ist.

Auch in den Tropen ernähren sich viele Fledermausarten im Wesentlichen von Insekten. Dazu gehören beispielsweise die Sackflügelfledermäuse (Emballonuridae), in Bezug auf ihre Echoorientierung und Morphologie relativ ursprüngliche Fledermäuse (Bild 17). Manche Arten dieser Familie haben eigenartige Duftsäcke in den Flughautmembranen, in denen sie Düfte speichern, die bei der Balz der Männchen eine wichtige Rolle spielen. Ihre Jagdweise ähnelt einheimischen insektenfressenden Fledermäusen.

Die Rundblattnasen (Hipposideridae) sind eine Familie hoch spezialisierter Insektenjäger (Bild 18). Dank ihrer den Hufeisennasenfledermäusen ähnlichen Ortungsrufe können sie flügelschlagende oder auch nur mit den Flügeln vibrierende Insekten aufspüren, selbst wenn diese nah an der Vegetation oder gar in der Vegetation sitzen.

Auch in anderen Fledermausfamilien bilden Insekten die Hauptnahrung, so bei einigen Arten der Altwelt-Blattnasen (Megadermatidae), die in die weitere Verwandtschaft der Hufeisennasenfledermäuse gehören (Bild 19). Der größere Indische Falsche Vampir (*Megaderma lyra*), jagt nicht nur nach Insekten, sondern ergänzt sein Nahrungsspektrum durch Amphibien, Reptilien und kleine Säugetiere, er ist also nicht rein insektivor.

Die nach den Insektenjägern umfangreichste Gruppe der Fledermäuse sind die Früchtefresser. Zu ihnen gehören nahezu alle der in der Alten Welt verbreiteten Flughunde (im bearbeiteten Gebiet nur der Nilflughund). In der Neuen Welt wird diese Nische vor allem von den Blattnasenfledermäusen (Phyllostomidae) belegt (Bild 21). Die Früchtefresser können eine Vielzahl verschiedener Früchte als Nahrungsbasis nutzen und wechseln ihre Nahrung entsprechend der Verfügbarkeit im Laufe eines Jahres. In fruchtarmen Zeiten hat man beobachtet, dass sich manche Arten auch von den jungen, frisch entfalteten Blättern mancher Bäume ernähren.

Wahrscheinlich ausgehend von kräftigen Insektenjägern haben sich eine ganze Reihe von Fledermäusen auch auf die Jagd von Reptilien, Amphibien, teilweise sogar Vögeln spezialisiert. Ein Beispiel ist die Fransenlippenfledermaus (*Trachops cirrhosus*), ein hoch spezialisierter Froschjäger (Bild 24). Diese Art erbeutet besonders häufig männliche Frösche, die sich durch

Bild 17. *Peropteryx macrotis*, eine Vertreterin der Sackflügelfledermäuse (Emballonuridae) aus Venezuela. Foto: O. VON HELVERSEN

Bild 18. Ein Insektenjäger aus Südostasien ist die Diadem-Rundblattnase *(Hipposideros diadema)*, ein Vertreter der Rundblattnasen (Hipposideridae). Foto: D. Nill

Bild 19. Der „Kleine Falsche Vampir" *(Megaderma spasma)*, ist eine insektenfressende Art aus der Familie der Altwelt-Blattnasen (Megadermatidae) aus Südostasien. Foto: O. von Helversen

ihr Quaken verraten haben. Anscheinend lernen die Fledermäuse die Gesänge der verschiedenen Froscharten ihres Habitates kennen, vermeiden die schlecht schmeckenden giftigen Froscharten, während sie andere als schmackhaft empfinden.

Fast noch erstaunlicher, als dass manche Fledermäuse vom Insektenfang zur Jagd auf kleine Wirbeltiere übergehen konnten, ist die Spezialisation auf den Fischfang. Vor allem die Fischerfledermaus *(Noctilio leporinus)* aus Südamerika ist ein spezialisierter Fischjäger geworden, der mit seinen riesigen Hinterfüßen ins Wasser greifend auf oberflächennahe Fische Jagd macht (Bild 25). Wahrscheinlich erkennt er Fischschwärme an dem leichten Kräuseln der Wasseroberfläche, wenn diese nachts – da

Bild 20. Eine Gruppe der neotropischen Blattnasenfledermaus *Uroderma bilobatum*, einer Fledermaus, die sich selbst „Zelte" baut, indem sie an großen Blättern von Bananen oder manchen Palmen, die Blattrippen durchbeißt. Dadurch senken sich die Blattränder ähnlich wie ein Zelt und die Fledermäuse haben einen regensicheren Platz. Foto: D. Nill

Bild 21. Die Jamaica-Fruchtfledermaus *(Artibeus jamaicensis)*, eine Blattnasenfledermaus, ist ein Liebhaber vieler verschiedener Früchte, insbesondere verschiedener Feigenarten. Foto: D. Nill

sie ja sonst, wenn Seeschwalben und Eisvögel schlafen, keine Feinde haben – ganz nah an die Wasseroberfläche kommen. Die großen Fischerfledermäuse kann man manchmal sogar über stilleren Meeresbuchten im Mondlicht mit ruhigen Flügelschlägen ihre Kreise dicht über der Wasserfläche ziehen sehen.

Ebenso faszinierend ist die Spezialisation der echten Vampirfledermäuse Südamerikas: Die häufigste Art ist der Gemeine Vampir *(Desmodus rotundus)* (Bild 26). Sie beißt mit ihren rasiermesserscharfen

▸ Bild 22. Charakteristisch für die Blattnasenfledermäuse (Phyllostomidae) ist der Nasenaufsatz, wie bei dieser Zwergfruchtfledermaus (*Artibeus phaeotis*). Foto: R. Simon

▸▸ Bild 23. Nasenaufsatz der Kalifornia-Großohrfledermaus (*Macrotus californicus*). Foto R. Simon

▸▸▸ Bild 24. Die Fransenlippenfledermaus *(Trachops cirrhosus)*, gehört ebenfalls zu den Blattnasenfledermäusen, ist aber ein hochspezialisierter Froschjäger, der seine Beute an deren Quaken erkennt und daran sogar giftige und schmackhafte Froscharten unterscheiden kann. Foto: D. Nill

Bild 25. Die Fischerfledermaus *(Noctilio leporinus)* aus Südamerika ist daran angepasst, mit ihren großen Füßen nahe an der Wasseroberfläche schwimmende Beute zu ertasten und zu fangen. Foto: D. Nill

Bild 26. Der Echte Vampir *(Desmodus rotundus)* ist auf die Aufnahme von Blut als Nahrung spezialisiert. Mit den scharfen Schneidezähnen fügt er seinen Opfern kleinste Wunden zu und leckt das austretende Blut. Foto: D. Nill

Zähnen schlafenden Großtieren, meist Pferden oder Kühen, eine kleine Wunde in die Haut, oft im Halsbereich. Da der Speichel gerinnungshemmende Substanzen enthält, kann das Blut als winziges Rinnsal aus der Wunde austreten und – unbemerkt vom Opfer – vorsichtig aufgeleckt werden. Die Zähne der echten Vampirfledermaus sind so scharf wie Rasierklingen (Bild 27), weil sie sich gegenseitig wie an einem Schleifstein schärfen. Dadurch spürt das Opfer den Biss häufig überhaupt nicht. Der Blutverlust ist so geringfügig, dass er wohl keine große Bedeutung hat. Gefährlich ist nur die Übertragung von Krankheiten von Beutetier zu Beutetier, besonders der Tollwut.

Ganz besonders faszinierende Fledermäuse sind auch die kleinen schwirrfliegenden Blumenfledermäuse Süd- und Mittelamerikas, die sich von Nektar ernähren. Einige hoch spezialisierte Arten ernähren sich ausschließlich von Nektar und Pollen der von ihnen besuchten Blüten – sie sind also in ihrer ganzen Lebensweise auf den Blütenbesuch abgestimmt (Bild 28). Als „Kolibris der Nacht“ sind sie fähig, im Schwirrflug vor den Blüten zu rütteln, während sie den Nektar auflecken. Beim Besuch verschiedener Pflanzen übertragen sie den Pollen in ihrem Fell von den Staubgefäßen der einen Pflanze auf die Narbe anderer Blüten. Viele tropische Pflanzen haben sich im Verlauf ihrer Evolution ihrerseits auf den Besuch durch Fledermäuse spezialisiert und sind „Fledermausblumen“ geworden, die nun auf die Bestäubung durch diese Tiergruppe angewiesen sind.

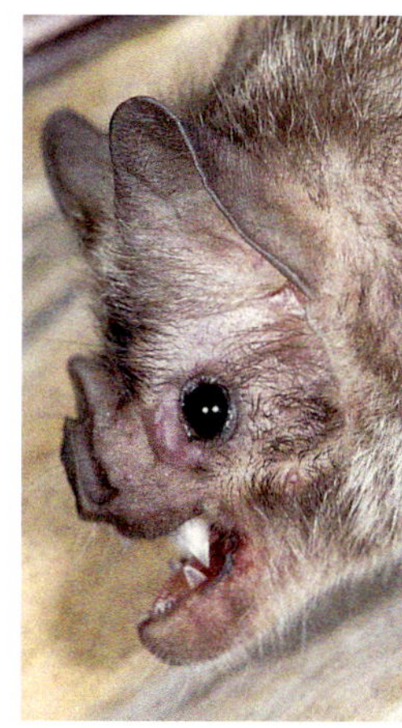

Bild 27. Das Gebiss des Echten Vampirs *(Desmodus rotundus)* lässt die rasiermesserscharfen Zähne, die sich gegenseitig schärfen, erkennen. Blutreste der letzten Mahlzeit lassen sich noch im Mundwinkel dieses während der Jagd gefangenen Tieres erkennen. Foto: O. von Helversen

Bild 28. Eine Große Antillen-Langzungen-Fledermaus (*Monophyllus redmani*) beim Necktartrinken an der Blüte des Brasilholzes (*Caesalpinia bahamensis*). Dabei berührt der Bauch die Staubgefässe und die Pollen werden auf andere Blüten übertragen. Foto: R. Simon

Flug der Fledermäuse

Fast alle Besonderheiten der Fledermäuse hängen in irgendeiner Weise mit ihrer Fähigkeit zu fliegen zusammen – entweder, weil sie Anpassungen an das Fliegen sind, oder weil sie erst durch die Flugfähigkeit ermöglicht wurden – oder umgekehrt, weil sie durch das Fliegen nicht möglich sind bzw. dadurch limitiert (begrenzt) sind. Fledermäuse sind die einzigen Säugetiere, die zum „aktiven Flug“ fähig sind, sie können also nicht nur segeln oder gleiten, sondern aktiv Höhe gewinnen.

Bild 29. Vergleich der Flügel von Flugsaurier, Vogel und Fledermaus. Verändert nach allg. Lit. 87. Grafik: W. Lang

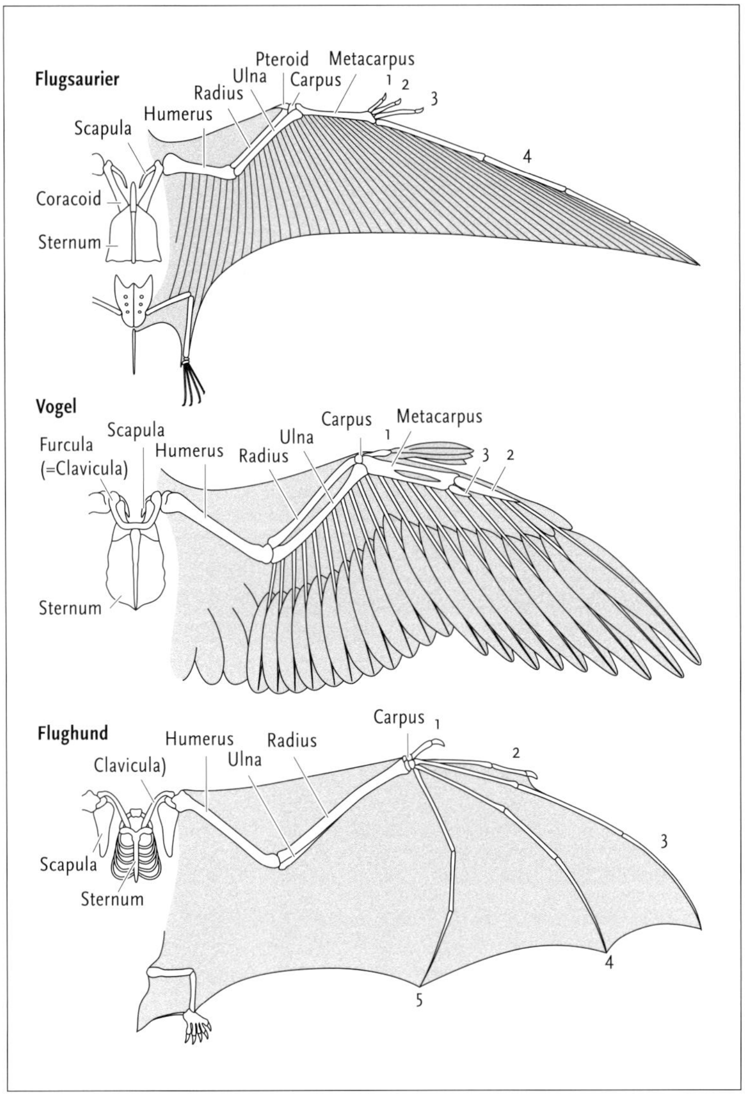

Welche Vorteile bietet der aktive Flug, obwohl er die energieaufwändigste Möglichkeit der Fortbewegung darstellt? Um in der Evolution zu entstehen, musste diese Fortbewegungsweise von Anfang an Vorteile bieten. Dabei war es den ersten flugfähigen Säugetieren im Paläozän durch den neu erworbenen Flug vermutlich nicht einmal möglich, eine neue Nahrungsnische, den Fang fliegender Insekten, zu erschließen. Denn die ersten Phasen der Evolution des Fluges müssen über den Gleitflug erfolgt sein, und dieser ist nicht geeignet, um im Fluge Insekten zu erbeuten.

Seit einiger Zeit zeichnet sich für die Wissenschaftler immer klarer ab: Der Flug ist zwar die energieaufwändigste Form der Bewegung **pro Zeiteinheit**, aber die sparsamste Form der Fortbewegung **pro zurückgelegter Distanz**, und das war ihr primärer Selektionsvorteil. Ein Früchtefresser wie etwa ein Affe muss einen Baum erklettern, dann wieder absteigen, einen neuen Baum suchen, diesen besteigen usw. und dazwischen muss er unter Umständen weite Strecken auf dem Boden zurücklegen. Ein Flughund kann leicht von seinem Tagesquartier aus einen Fruchtbaum erreichen, der einen oder mehrere Kilometer entfernt ist, innerhalb weniger Minuten kann er viele verschiedene mögliche Fruchtbäume daraufhin kontrollieren, ob sie Früchte haben, und wenn sie geleert sind, kann er ebenso schnell den nächsten Baum voll Früchten besuchen. Die Evolution des Fluges war also zunächst eine Evolution in Richtung auf eine energetisch sparsame Fortbewegung. Eine solche ist vor allem wichtig für Tiere, die von einem bestimmten konstanten Quartier aus, z.B. einer Höhle, bei ihren Nahrungsexkursionen weite Strecken zurücklegen müssen, dann aber immer wieder in dasselbe Quartier zurückkehren („central place foraging“).

Unter den Wirbeltieren ist der aktive Flug dreimal unabhängig „erfunden“ worden, bei den Flugsauriern, bei den Vögeln und bei den Fledermäusen. Alle nutzen

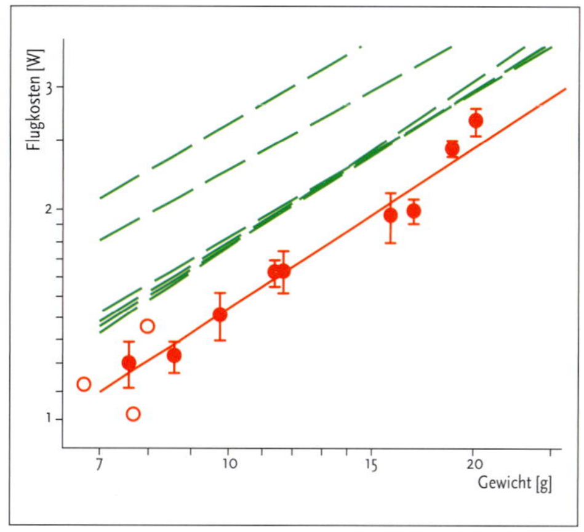

Bild 30. Flugkosten (in Watt) als Funktion des Körpergewichtes bei Vögeln (unterbrochene Geraden aus verschiedenen Modellen) und für Fledermäuse (Messwerte vor allem für Blumenfledermäuse). Fledermäuse fliegen anscheinend „billiger" als Vögel. Nach allg. Lit. 148. Grafik: Y. WINTER

ihre Vorderextremitäten als Flügel (s. Bild 29), die dementsprechend aus einander homologen (einander entsprechenden) Elementen aufgebaut sind, den Elementen der „pentadactylen Extremität" der Wirbeltiere. Allerdings wurden die verschiedenen Elemente auf ganz unterschiedliche Weise genutzt. Bei den Flugsauriern wurde die Flughaut z.B. durch den vierten Finger aufgespannt, bei den Vögeln wurden Fingerglieder und Mittelhandknochen weitgehend reduziert – an ihre Stelle traten die Federn, bei den Fledermäusen werden die Flughäute zwischen vier Fingern (nur der Daumen blieb frei), den Hinterbeinen und dem Schwanz aufgespannt. Die Flügel von Flugsaurier, Vogel und Fledermaus sind einander also insofern homolog, als sie der Vorderextremität des Wirbeltierbauplans entsprechen, aber sie sind völlig unabhängig und konvergent (parallel zueinander) entstanden, wenn man ihre Funktion als Flügel betrachtet.

Der Flug der Fledermäuse scheint im Vergleich mit Vögeln manchmal ungeschickter und weniger elegant – und in der Tat können Fledermäuse nicht wie ein Mäusebussard segeln oder Geschwindigkeiten wie ein Wanderfalke erreichen. Der Flug der Fledermäuse ist dank der großen Flughäute aber ausgesprochen wendig, sie können innerhalb kürzester Zeit bremsen oder die Flugrichtung ändern (Bild 32). In Hinsicht auf ihre Manövrierfähigkeit sind sie Vögeln eindeutig überlegen.

Interessanterweise hat sich herausgestellt, dass Fledermäuse, verglichen mit Vögeln und Insekten, auch in Hinsicht auf die Effizienz des Energieeinsatzes besonders gut wegkommen [allg. Lit. 144, 148]. Bild 30 zeigt die Flugkosten für eine Reihe von Fledermäusen verschiedenen Gewichtes im Vergleich mit Vögeln. Dabei hat sich gezeigt, dass Fledermäuse durchweg „billiger", also energieeffizienter fliegen können als Vögel. Besonders ausgeprägt ist das beim Flug auf der Stelle, also beim Rütteln. Bild 31 zeigt den Energieaufwand verschieden schwerer blütenbesuchender, besonders an den Rüttelflug angepasster Tiere. Sowohl Schwärmer (Sphingidae), als auch Kolibris und Blumenfledermäuse können vor Blüten schwirrfliegend in der Luft stehen, während sie den Nektar saugen oder lecken. Dabei zeigt sich einerseits, dass die Kosten für den Rüttelflug natürlich mit dem Körpergewicht ansteigen – das gilt für alle drei Gruppen. Zusätzlich hat sich aber auch gezeigt, dass dabei die Fledermäuse den energetisch effektivsten Flug haben: Dieselbe Leistung für den Flug auf der Stelle (1,1 Watt) wird von einem 3 g schweren Schwärmer, einem mehr als 4 g schweren Kolibri und einer mit 6,5 g nochmals deutlich schwereren Fledermaus benötigt.

U. NORBERG, die sich in vielen Arbeiten mit der Flug-Biophysik der Fledermäuse befasst hat, sagt mit Recht: „Die Aerodynamik ist noch keine exakte Wissenschaft, sie ist zu sehr abhängig von Annahmen, Vereinfachungen und Schätzwerten" [allg. Lit. 87]. Viele Fragen des Fledermausfluges sind bisher nicht quantitativ beantwortbar. Warum reißt etwa trotz der hohen Anstellwinkel beim Rüttelflug einer Fledermaus die Strömung nicht ab? Offensichtlich ist die Bewegung gerade so schnell, dass sie

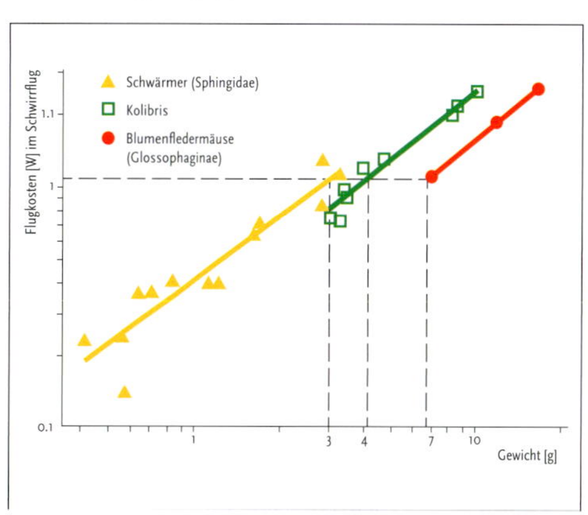

Bild 31. Flugkosten (in Watt) im Schwirrflug vor der Blüte, in Abhängigkeit vom Körpergewicht, bei Schwärmern, Kolibris und Blumenfledermäusen. Am effizientesten rütteln die Blumenfledermäuse. Nach allg. Lit. 144.

Bild 32. Eine Zweifarbfledermaus *(Vespertilio murinus)* im Flug. Foto: D. NILL

dem Abreißen der Strömung zuvorkommt und so ein Abstürzen verhindert.

Wenn Aerodynamik und Energetik des Fledermausfluges auch noch keine quantitative Berechnung im Einzelfall zulassen, so zeigen die generellen Konzepte doch viele interessante Anpassungen auf. Bild 33 gibt den Zusammenhang zwischen den Flugkosten und der Fluggeschwindigkeit wieder. Die für den Flug benötigte aerodynamische Leistung setzt sich aus drei Komponenten zusammen, einmal der durch den Flügelschlag induzierten Leistung, die Hub und Schub erzeugt *(Pi)*, ferner der sogenannten „parasitischen" Leistung *Ppar*, der Leistung, die notwendig ist, um den Reibungswiderstand des Körpers zu überwinden, und schließlich *Ppro*, die sogenannte Profilleistung, die den Reibungswiderstand der Flügel beschreibt. Während *Ppro* und *Ppar* mit steigender Geschwindigkeit zunehmen, ist *Pi* bei niedriger Geschwindigkeit am größten. Insgesamt ergibt sich in der Summe also als Funktion der Fluggeschwindigkeit eine Leistung, die einen annähernd U-förmigen Verlauf hat.

Welche Fluggeschwindigkeit soll eine Fledermaus für ihren Jagdflug wählen? Sie könnte mit derjenigen Geschwindigkeit fliegen, die am wenigsten Energie kostet, Vmp („minimum power"). Wenn sie hingegen mit möglichst wenig Energieaufwand von ihrem Quartier in ein Jagdgebiet gelangen möchte, so müsste sie die davon verschiedene, deutlich höhere Geschwindigkeit Vmr („maximum range") wählen – genauso, wie man beim Autofahren nicht bei derjenigen Geschwindigkeit am wenigsten Benzin/km verbraucht, bei der der Motor mit dem geringsten Benzinverbrauch läuft. Die Geschwindigkeit, bei der sie die längste Strecke mit einem geringstmöglichen Aufwand fliegen kann, ergibt sich aus dem Punkt, an dem eine Tangente vom Nullpunkt aus die Kurve in Bild 33 berührt.

Die bisherigen Abschätzungen zeigen allerdings, dass Fledermäuse meistens sogar noch schneller fliegen, als es dieser Überlegung entspricht, also noch schneller als Vmr. Vielleicht ist das Sparen von Energie nicht so wichtig, wenn der erhöhte Energieverbrauch aufgewogen wird durch

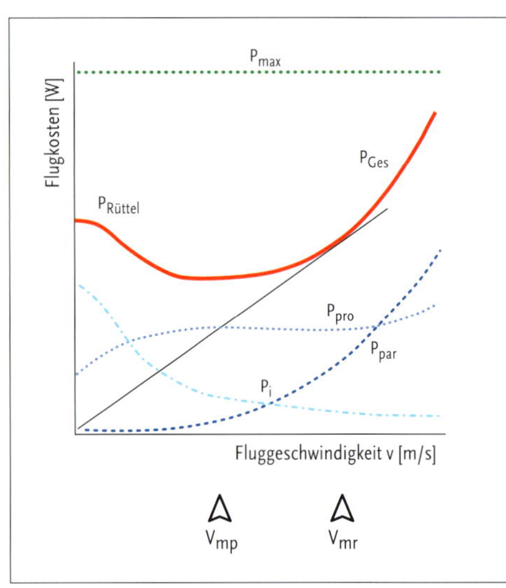

Bild 33. Ein generelles Modell für die Flugkosten eines fliegenden Tieres in Abhängigkeit von der Fluggeschwindigkeit. Dabei stehen Pmax für die maximale Leistung, PRüttel für die beim Rüttelflug erbrachte Leistung, PGes für die Gesamtleistung, Pi für die durch den Flügelschlag induzierte Leistung, PPro für die Profilleistung bzw. den Reibungswiderstand der Flügel und PPar für die parasitische Leistung bzw. den Reibungswiderstand des Körpers. Die Fluggeschwindigkeit *Vmp* (mp = „minimum power") ist diejenige Geschwindigkeit, bei der pro Zeiteinheit die geringsten Kosten entstehen, die Geschwindigkeit *Vmr* (mr = „maximum range") diejenige, bei der eine bestimmt Distanz am energieeffizientesten überwunden werden kann. Nach allg. Lit. 91, 92. Grafik: M. BAUER

einen größeren Gewinn, etwa eine größere Wahrscheinlichkeit, Beute zu machen oder auch ein geringeres Risiko, von einem Raubfeind erwischt zu werden.

Für die meisten kleinen Fledermausarten gilt, dass die Fluggeschwindigkeiten zwischen 5 und 8 m/s liegen, das entspricht etwa 18 bis 29 km/h. Schnell fliegende Arten, wie die Bulldoggfledermaus *(Tadarida teniotis)* oder der Abendsegler *(Nyctalus noctula)*, erreichen deutlich höhere Geschwindigkeiten von zumindest 50 km/h [allg. Lit. 21]. Wenn ein Abendsegler sich, nach dem Entdecken eines größeren Insektes unter ihm, über seine Schulter abrollend in die Tiefe stürzt, erreicht er mit Sicherheit noch viel höhere Geschwindigkeiten.

In Hinsicht auf Manövrierfähigkeit und Fluggeschwindigkeit haben sich die Fledermäuse je nach ihrem Jagdhabitat und ihrer Jagdstrategie ganz verschieden eingenischt. Neben einer Vielfalt von Flügelformen gibt es auch auffällige Unterschiede in der Größe der Schwanzflughaut, und bei manchen Arten befindet sich an dem Sporn, der die Schwanzflughaut abstützt, noch ein kleiner Hautlappen, das Epiblema (Bild 34), das durch einen kleinen Querbalken als Muskelansatz das schnelle Aufspannen der Schwanzflughaut durch eine Auswärtsbewegung des Spornbeins erlaubt. Auffällig und auch anschaulich leicht verständlich sind die Anpassungen der Flügelform an den Flugstil: Für einen manövrierfähigen Flug benötigt man breite Flügel und eine geringe Flächenbelastung, für einen schnellen und energiesparenden Flug vor allem schmale, lange Flügel.

Bild 35 zeigt, dass der Großteil der europäischen Arten in dieser Hinsicht einen Kompromiss gewählt hat, eine dichte Punktwolke ist bei mittleren Flügelbreiten und mittleren Flächenbelastungen zu finden. Nur wenige Arten liegen weit außerhalb dieser Häufung am rechten Rand: Das sind die schnellen und hochfliegenden Arten, die Bulldoggfledermaus *(Tadarida teniotis)*, die drei Abendsegler der Gattung *Nyctalus*, und – in Nordafrika – die Kleine Mausschwanzfledermaus *(Rhinopoma cystops)*. Auch die Langflügelfledermaus *(Miniopterus schreibersii)* gehört hierher, wenn auch wohl aus anderen Gründen. Langflügelfledermäuse können zwar auch hoch und schnell fliegen, meist aber jagen sie in einem „taubenartigen", eher langsamen Flug, wobei wohl die große Schwanzflughaut und die ganz anders als bei den Vespertilioniden geformte lange Flügelspitze einen besonderen Flugstil ermöglicht.

Einen extrem manövrierfähigen Flugstil, ganz am linken Rand in Bild 35, hat die Kleine Hufeisennase *(Rhinolophus hipposideros)*. Mit ihren extrem breiten Flügeln und dem geringen Körpergewicht kann diese Art durch die kleinsten Lücken in der Vegetation mit Leichtigkeit hindurchtauchen und rüttelnd Insekten vom Boden oder von Blättern aufnehmen.

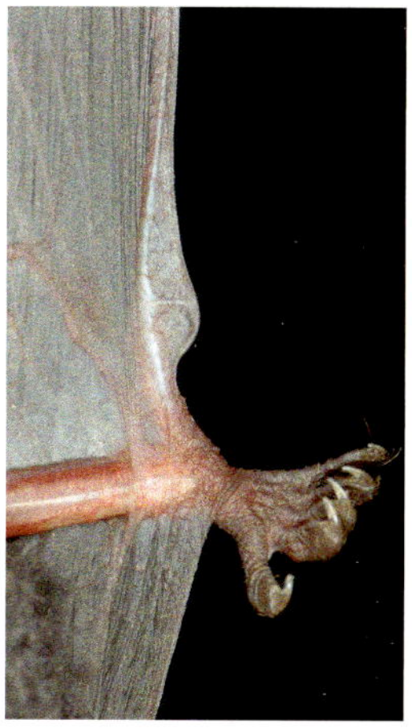

Bild 34. Das Epiblema ist ein kleiner Hautlappen an dem von der Ferse ausgehenden Spornbein vieler Fledermausarten wie bei diesem Kleinabendsegler *(Nyctalus leisleri)*. Das Epiblem bietet einen Ansatz für einen Muskel, der die Schwanzflughaut aufklappt. Es ist besonders ausgeprägt bei schnellfliegenden Arten, die trotzdem schnell bremsen können. Foto: C. Dietz

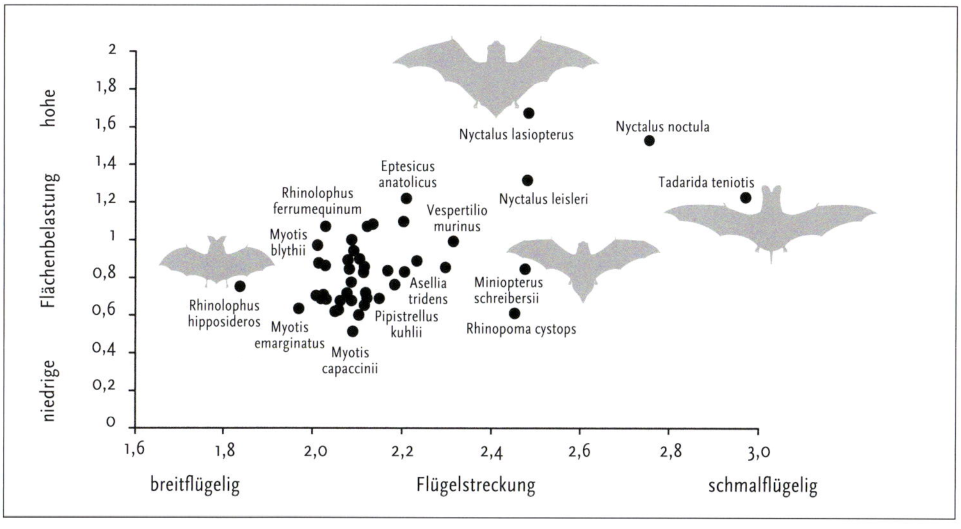

Bild 35. Das Diagramm zeigt die Beziehung relativer Flächenbelastung (Gewicht pro Flügelfläche) und Flügelstreckung (Verhältnis von Flügellänge zu Flügelbreite) für die europäischen Fledermäuse. Ein großer Teil der Arten liegt mit seinen Werten nah beieinander. Extrem langflügelig sind die Abendsegler *(Nyctalus)* und die Bulldoggfledermaus *(Tadarida teniotis)*, besonders breitflügelig ist die Kleine Hufeisennase *(Rhinolophus hipposideros)*. Grafik: M. Bauer

Echoorientierung

Entdeckung der Echoorientierung

Schon vor mehr als 200 Jahren zeigte L. Spallanzani, italienischer Gelehrter und Bischof in Pavia, in einem genialen Experiment, dass Fledermäuse auch in absoluter Dunkelheit, also unabhängig von ihrem Sehvermögen, Hindernissen ohne Schwierigkeiten ausweichen und sich in einer unbekannten Umgebung schnell und sicher orientieren: Er spannte dünne Drähte in einem abdunkelbaren Raum und versah sie mit kleinen Glöckchen. Während in dem Raum freigelassene Eulen, sobald es vollständig dunkel war, bei jedem Flugversuch gegen die Drähte stießen und die Glöckchen zum Läuten brachten, waren Fledermäuse auch unter diesen Bedingungen noch in der Lage, den Drähten auszuweichen. Blendete er die Fledermäuse, verringerte dies ihr Orientierungsvermögen nicht, verklebte er ihnen jedoch die Ohren oder das Maul, so stießen sie an die Drähte, als ob sie nun nicht mehr „sehen" könnten. Spallanzani klebte sogar kleine Röhrchen in die Ohren der Fledermäuse: Ließ er die Röhrchen offen, zeigten die Tiere ein einwandfreies Orientierungsvermögen, verschloss er sie jedoch mit kleinen Stopfen, wirkten die Fledermäuse desorientiert und stießen an die Drähte.

Interessanterweise war Spallanzani aber nicht mutig genug, um aus diesen Ergebnissen den Schluss zu ziehen, dass Fledermäuse sich über die Wahrnehmung der Echos von für uns Menschen unhörbaren Rufen orientieren. Er beendete seine Experimente mit einem zwar richtigen, aber ziemlich ratlosen Tagebucheintrag im Jahr 1794: „... so können also geblendete Fledermäuse ihre Ohren benutzen, wenn sie nachts Insekten fangen... Diese Entdeckung ist unglaublich." [allg. Lit. 87]. Dennoch vermutete er, die Fledermäuse könnten sich eher durch eine Art „Ferntastsinn" auf ihren sensiblen Flughäuten orientiert haben. Offenbar übernahm er diese Hypothese von George Cuvier, dem bedeutendsten und einflussreichsten Zoologen seiner Zeit, der zwar gar nicht selbst mit Fledermäusen experimentiert hatte, dessen Meinung man um 1790 aber wohl nicht widersprechen durfte. Dieser Fehlschluss ist auch deshalb bemerkenswert, weil blinde Menschen, die größere Gegenstände, wie zum Beispiel Wände, über die Echos lauter Geräusche wahrnehmen können, glauben, wenn man sie danach fragt, sie hätten deren Nähe über ein feines Gefühl in der Haut des Gesichtes erspürt.

So blieb es D. Griffin fast 150 Jahre später vorbehalten, die Ultraschall-Echoorientierung der Fledermäuse zu entdecken. Erst in der Zeit vor dem zweiten Weltkrieg war die Technik so weit, Schallwellen aufzuzeichnen, deren Frequenzen über denen des vom menschliche Ohr hörbaren Bereichs liegen. Griffin brachte im Jahre 1938, noch als Student, Fledermäuse vor ein von dem Physiker G.W. Pierce gebautes Mikrofon und zeigte, dass Fledermäuse kurze, klickende Rufe von sich geben, die zwar für uns unhörbar sind, in Wirklichkeit aber enorme Schalldruckpegel besitzen.

Eigentlich ist es erstaunlich, dass erst die Entwicklung der Ultraschall-Mikrofone die Entdeckung der Echoortung ermöglicht hat, denn manche Fledermäuse, wie z.B. der Abendsegler *(Nyctalus noctula)* oder im Mittelmeergebiet die Bulldoggfledermaus *(Tadarida teniotis)*, rufen für junge Menschen, vor allem für Kinder und für jüngere Frauen, durchaus hörbar. Wahrscheinlich waren die Wissenschaftler, die sich mit der Orientierung der Fledermäuse beschäftigten, dafür zu alt – das menschliche Gehör verliert im Alter zunehmend seine Fähigkeit, die hohen Frequenzen wahrzunehmen.

Eine Ausnahme davon scheint allerdings der niederländische Zoologe S. Dijkgraaf gewesen zu sein: 1943 veröffentlichte er eine Notiz, dass er bei einer kleinen *Myotis*-Art ein leises Ticken gehört habe, 1946 eine Arbeit, in der er die Experimente Spallan-

Bild 36. Jungtier der Kleinen Hufeisennase *(Rhinolophus hipposideros)* an einem Nachthangplatz. Jungtiere müssen die Anwendung der Echoortung schnell erlernen, um selbstständig jagen zu können; dieses Tier gähnt, die Hufeisennasen stoßen die Echoortungslaute durch die Nase aus. Foto: D. NILL

ZANI's weiterführte. DIJKGRAAFS Annahme, dass das von ihm gehörte Tier eine Wimperfledermaus war, ist aufgrund der bei dieser Art auftretenden ausgesprochen hohen Endfrequenzen der Ortungsrufe allerdings eher unwahrscheinlich, es könnte sich vielleicht um die sehr ähnliche Fransenfledermaus *(Myotis nattereri)* gehandelt haben, die besonders tief in den menschlichen Hörbereich hinabreichende Ortungsrufe ausstößt. Bei seinen Versuchen stellte DIJKGRAAF fest, dass die Fledermaus kaum mehr abfliegen wollte und wie in SPALLANZANIS Experimenten die Fähigkeit verlor, beim Flug Hindernisse zu vermeiden, wenn er sie durch ein Überkleben des Maules mit einem Klebeband am Rufen hinderte.

So wurde die „unglaubliche" Fähigkeit der Fledermäuse, sich über die Wahrnehmung der Echos von selbst erzeugten Ultraschall-Lauten zu orientieren, erst seit der Mitte des letzten Jahrhunderts wirklich bekannt und intensiv erforscht.

Der Ausdruck „Echoorientierung“ oder „Echoortung“, der sich im Deutschen – im Anschluss an das englische „echolocation“ – eingebürgert hat, beschreibt nur einen kleinen Teil der Fähigkeiten, die die Fledermäuse mit diesem System einer aktiven akustischen Bildwahrnehmung erreicht haben. „Orientierung“ und „Ortung“ beschreiben viel zu wenig: Fledermäuse können Gegenstände nicht nur detektieren und orten, ihre gesamte Orientierung in der Welt, nicht nur bei der Beutejagd, beruht auf ihrer Fähigkeit, die von ihren Rufen zurückkehrenden Echos zentralnervös zu verarbeiten und auszuwerten. „Echo-Bildhören“ wäre eher ein adäquater Ausdruck für diese Leistung. Denn Fledermäuse unterscheiden auch Formen und Oberflächenstrukturen und „erkennen“ damit die sie interessierenden Objekte ihrer Umwelt – wie z.B. Fruchtfresser die Bäume und die Früchte, von denen sie leben, oder tropische Blumenfledermäuse die verschiedenen, von ihnen ausgebeuteten, an den Besuch und die Bestäubung durch Fledermäuse angepassten Blumen.

Das Prinzip der akustischen Echoortung

Die Echoortung ist, zumindest der Theorie nach, einfach; sie ähnelt dem Radar, nur dass Schallwellen anstelle von elektromagnetischer Strahlung benutzt werden, weshalb in der Technik auch der Ausdruck „Sonar“ verwendet wird. Eine Sender/Empfängerkombination erzeugt kurze Lautpulse, die vom Sender abgestrahlt und vom Empfänger als zurückkehrendes Echo registriert werden können. Die Lautpulse müssen kurz sein, da der Empfänger während der Aussendungszeit übersteuert ist und die wesentlich leiseren Echos während dieser Zeit nicht aufnehmen kann. Aus der Laufzeit ergibt sich die Entfernung eines den Schall reflektierenden Gegenstandes. Je genauer die Laufzeit gemessen werden kann, umso genauer ist die Entfernung bekannt. Die genaueste mögliche Messung einer Laufzeit wird durch das informationstheoretische Verfahren der Kreuzkorrelation ermöglicht (siehe Kasten 2). Manche Näherungsverfahren erbringen fast gleichwertige Leistungen, sodass man sich durchaus vorstellen kann, dass im Gehirn einer Fledermaus neuronale Rechenoperationen durchgeführt werden, die im Resultat einer Kreuzkorrelation entsprechen.

Während die Entfernung einer echogebenden Struktur also sehr genau gemessen werden kann, ist die Bestimmung der Richtung, aus der das Echo zurückkommt, wesentlich schwieriger. Im Prinzip gibt es mehrere Möglichkeiten, die Richtung zu bestimmen: Entweder benutzt man einen eng gebündelten Strahl, mit dem die Umwelt abgetastet werden kann, so dass Echos nur aus der Richtung zurückkommen können, in die der Schallstrahl gerichtet wurde, oder man benötigt mehrere Empfänger, um aus den Laufzeitunterschieden zwischen ihnen die Richtung zu berechnen. Wenn man „breitbandige“ Signale einsetzt (Signale, die einen größeren Frequenzbereich abdecken) und für verschiedene Frequenzen richtungsabhängige Filter einbaut, kann man auch die „Klangfarbe“ des Echos zur Richtungsbestimmung nutzen. Wie im Folgenden genauer erklärt, haben verschiedene Fledermäuse unterschiedliche Kombinationen dieser drei Möglichkeiten gewählt.

Das Grundproblem, nach dem die Richtung, aus der ein Echo zurückkehrt, wesentlich schwieriger und wesentlich ungenauer zu ermitteln ist als die Entfernung des reflektierenden Objektes, bleibt jedoch bestehen. Vergleicht man die „Sehwelt“ von uns Menschen oder z.B. auch eines Vogels mit der „Hörwelt“ einer Fledermaus, so ergibt sich also ein entscheidender Unterschied: Während die von unseren Augen vermittelte „Sehwelt“ über die zweidimensionale Retina eine sehr genaue Analyse aller Richtungen erlaubt, aber nur eine relativ ungenaue Abschätzung der Entfernungen, ist dies bei der „Hörwelt“ der Fledermäuse umgekehrt: Fledermäuse leben gewissermaßen im Mittelpunkt einer „zwiebelschaligen Welt“, bei der die Entfernungen sehr genau bekannt sind, die Rich-

Kasten 2

Einige informationstheoretische Begriffe

Kreuzkorrelation F(τ) zweier Zeitfunktionen g(t) und f(t)

$$F(\tau) = \int g(t) \cdot f(t+\tau) \cdot dt$$

Die Kreuzkorrelation misst den Einfluss einer Zeitverschiebung $\triangle t = \tau$ auf die Übereinstimmung bzw. Ähnlichkeit zweier Zeitfunktionen. Wenn f(t) die Zeitfunktion des ausgesandten Rufes beschreibt und g(t) die Zeitfunktion des Echos, so kennzeichnet ein scharf ausgeprägtes Maximum von F(τ) also diejenige Zeitverschiebung $\triangle t$, die eine maximale Übereinstimmung des Funktionsverlaufes von Ruf und Echo ergibt und ermittelt damit die Laufzeit des Schalls.

Impulsfunktion des Echos: das Echo eines kurzen (theoretisch unendlich kurzen) Klicks.

Spektrum: Frequenz-Zusammensetzung eines Lautes. Das Spektrum eines Echos lässt sich durch eine Fourier-Analyse der Impulsfunktion des Echos errechnen. Subjektiv wird das Spektrum eines Lautes als Klangfarbe („Tonhöhen-Zusammensetzung") wahrgenommen. Verschiedene Klangfarben entstehen, wenn im Innenohr verschiedene Gebiete der Basilarmembran gereizt werden.

tungen der Gegenstände aber nur schwer und ungenau zu ermitteln sind. Wenn man den reißenden und sicheren Flug einer Fledermaus in einer hindernisreichen Welt wie der dichten Vegetation eines tropischen Regenwaldes mit der Fähigkeit von Vögeln vergleicht, in eben derselben Umgebung zu manövrieren, so wird man kaum einen Unterschied in Präzision und Sicherheit finden. Offensichtlich ist das Gehirn der Fledermäuse imstande, aus den mithilfe der Echoortung erlangten Daten ein ebenso vollständiges und präzises Bild der räumlichen Struktur der Umwelt aufzubauen, wie wir Menschen und viele andere Wirbeltiere es mit Hilfe der Augen können. Wie das möglich ist, ist immer noch ein unverstandenes, informationstheoretisches und physiologisches Rätsel.

Ortungsrufe der Fledermäuse

Die Ortungsrufe der Fledermäuse werden nicht anders als die Laute anderer Säugetiere erzeugt, indem Luft mit hohem Druck über die Stimmlippen gepresst wird und diese damit in Schwingungen versetzt werden. Die Stimmlippen der Fledermäuse sind klein und straff gespannt und können dadurch sehr hohe Frequenzen erzeugen. Diese Schwingungen werden anschließend in Resonanzkammern im Nasen- und Rachenraum verstärkt und frequenzgefiltert. Die Ortungsrufe sind fast immer frequenzmodulierte Sinustöne, die eine oder wenige Oberwellen besitzen können. Welche Oberwelle am lautesten abgestrahlt wird, entscheidet die Frequenzfilterung in den Resonanzkammern. Die Rufe können enorme Lautstärken aufweisen. Im freien Flug wurden Lautstärken von mehr als 130 dB SPL, bezogen auf einen Abstand von 10 cm vor dem Maul, gemessen. (Zum Vergleich: Die Schmerzgrenze beim Menschen liegt in dem für ihn hörbaren Bereich gerade bei diesem Wert, bei etwa 130 dB SPL; derartige Lautstärken können – im Hörbereich des Menschen abgestrahlt – bereits dauerhafte Schäden des Gehörs verursachen; auch Fledermäuse dürften deshalb wohl kaum noch lauter rufen).

Die meisten Glattnasenfledermäuse (Vespertilionidae) betonen die Grundschwingung – oft so sehr, dass fast nur diese den Ortungsruf ausmacht. Die Hufeisennasen (Rhinolophidae) und viele tropische Arten weiterer Familien betonen die erste Oberwelle (die zweite Harmonische) und unterdrücken die Grundschwingung. Manche Arten, wie z.B. die Langohren (Gattung *Plecotus*), verwenden mehrere Harmonische. Bild 37 zeigt die wichtigsten Typen von Ortungsrufen bei europäischen Fleder-

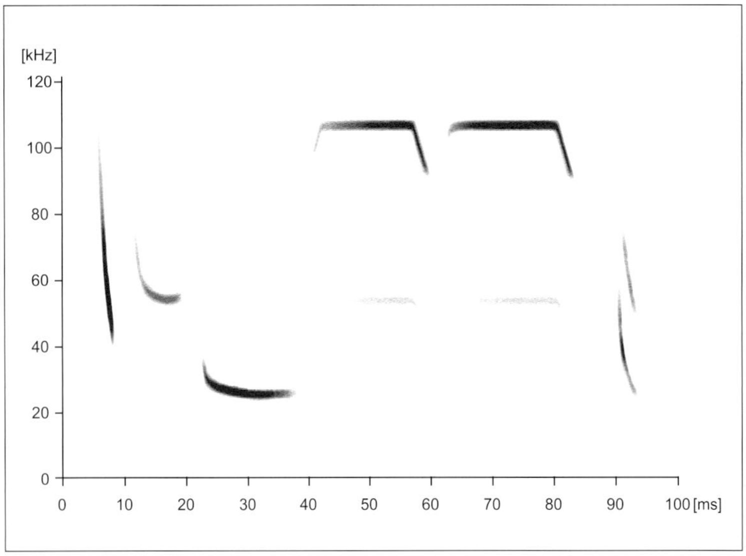

Bild 37. Spektrogramme der Echoortungslaute verschiedener Fledermausarten. Aufgetragen ist der zeitliche Verlauf der Frequenz. Von links nach rechts: Nymphenfledermaus *(Myotis alcathoe)*, Mückenfledermaus *(Pipistrellus pygmaeus)*, Kleinabendsegler *(Nyctalus leisleri)*, Mittelmeerhufeisennase *(Rhinolophus euryale)* und Braunes Langohr *(Plecotus auritus)*. Grafik: M. Bauer

mäusen: Hufeisennasen (Rhinolophidae) senden frequenzkonstante („CF" = constant frequency) Rufe aus, die nur am Anfang und am Ende einen scharfen Frequenz-Anstieg bzw. -Abfall aufweisen, der auf das ruckartige An- und Entspannen der Stimmbänder zurückgeht (Bild 37 Mitte). Diese Laute können sehr lang sein, häufig länger als 50 ms.

Glattnasenfledermäuse (Vespertilionidae) nutzen grundsätzlich frequenzmodulierte („FM") Rufe, die bei hohen Frequenzen beginnen und bei niedrigeren enden. Diese Rufe können in ihrer Frequenz steil moduliert sein, wie bei den Arten der Gattung *Myotis*, oder sie können zum Rufende hin zunehmend flacher werden, wie z.B. bei Kleinabendsegler *(Nyctalus leisleri)* und Mückenfledermaus *(Pipistrellus pygmaeus)* (Bild 37). Wenn diese Arten in hindernisarmer Umgebung hoch in der Luft fliegen (im „Suchflug" oder im „Transferflug") verringern sie oft die Steilheit der Frequenzmodulation, bis die Rufe nur noch ganz flach moduliert oder annähernd frequenzkonstant werden. Solche Rufe hat man daher als „quasi-frequenzkonstant" (qCF) bezeichnet. Neben der Rufdauer und der Frequenz der Ortungsrufe ist die Bandbreite ein besonders wichtiger Parameter, also der insgesamt im Ruf enthaltene Frequenzbereich. Breitbandige Rufe entstehen entweder, wenn bereits die Grundschwingung einen sehr weiten Frequenzbereich überstreicht, wie z.B. bei der Nymphenfledermaus *(Myotis alcathoe)* (Bild 37 ganz links), oder wenn mehrere Harmonische jeweils übereinander liegende Frequenzbereiche abdecken, wie beim Braunen Langohr *(Plecotus auritus)* (Bild 37 ganz rechts).

Ein grundsätzliches Problem der aktiven akustischen Bilderkennung ist die geringe Intensität der Echos. Mittelgroße Insekten können eine „target strength" („Rückstrahlstärke") von etwa –30 dB haben, das heißt, dass das zurückgeworfene Echo um 30 dB leiser ist, als der das Objekt treffende Schall, und dies ohne die Berücksichtigung der Dämpfung auf dem Weg von der Fledermaus zum Beutetier. Der Ruf sollte daher eine möglichst große Lautstärke haben. Das hat aber zur Folge, dass die Fledermaus während des Rufens ihre eigenen Ohren derartig „zudröhnt", dass sie ein gleichzeitig zurückkehrendes Echo nicht wahrnehmen kann. Die Überlappung von Ruf und Echo führt also zu einem „blinden Fenster" vor der Fledermaus. Eine kleine Rechnung (Bild 38) ergibt: Der Ruf einer Fledermaus sei 5 ms lang, ein typischer Wert für viele kleine Fledermausarten. Bei einer Schallgeschwindigkeit von 340 m/s (also auch mm/ms) läuft der Schall in dieser Zeit, hin und zurück, insgesamt 1700 mm. Also kann die Fledermaus nur weiter als etwa 85 cm entfernte Beutetiere detektieren. Hinzu kommt noch ein hörphysiologischer Effekt, den man „forward masking" nennt: Laute Hörereignisse maskieren danach eintreffende Hörereignisse, indem sie die Hörschwelle erhöhen, womit dieses „blinde Fenster" sogar noch etwas vergrößert wird.

Das Problem der Überlappung von Ruf und Echo bei der Detektierung von Hindernissen und Beutetieren lässt sich auf zwei Weisen lösen. Die am meisten genutzte ist eine Verkürzung der Rufdauer, wobei allerdings die insgesamt zurückkehrende Schallenergie verringert wird. Da das Objekt in diesem Fall aber bereits relativ nah ist, spielt das keine große Rolle, weil die Dämpfung des Schalls nur noch gering ist. Bei einer Verkürzung des Rufes auf 1 ms würde das „blinde Fenster" also noch etwa 17 cm Entfernung vor dem Maul betragen. Manche Fledermäuse können ihre Rufe in

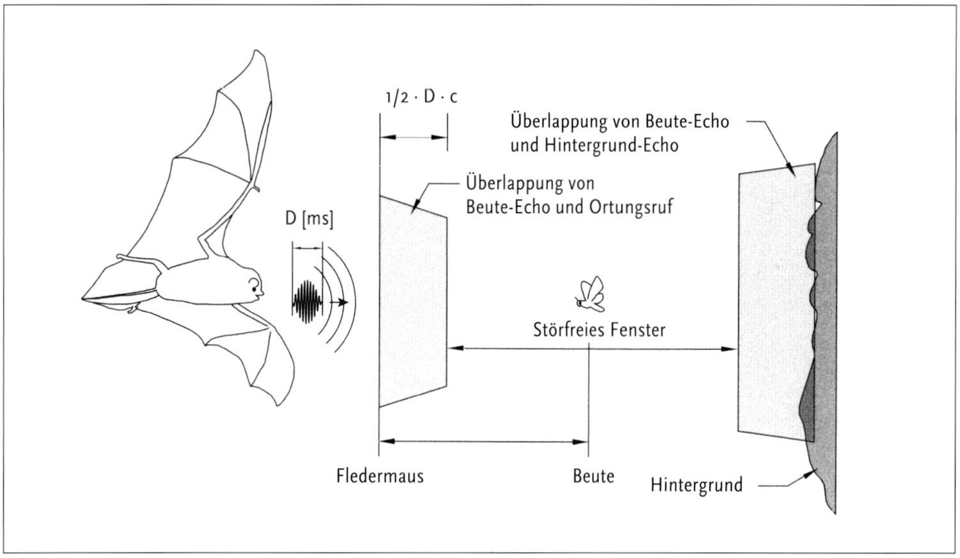

Bild 38. Vor jeder echoortenden Fledermaus erstreckt sich ein „blindes Fenster", da das zurückkehrende Echo eintrifft, während die Fledermaus noch ruft. Ein ähnlicher Bereich, in dem die Fledermaus leise Echos kaum wahrnehmen kann, erstreckt sich vor jedem laut reflektierenden Hintergrund. Nur dazwischen liegt ein „störfreies Fenster" (clutter free window), in dem die Fledermaus auch die leisen Echos kleiner Insekten wahrnehmen kann. Grafik: M. BAUER & O. VON HELVERSEN.

der letzten Phase vor dem Fang bis auf etwa 0,3 ms verkürzen, was einem blinden Fenster von nur noch ca. 5–6 cm entspricht. Dann ergreifen sie in den nächsten Millisekunden die Beute mit Maul, Schwanzflughaut oder Flügeln. Wenn sie einem Beutetier näher und näher kommen, verkürzen sie die Rufdauer Schritt für Schritt und vermeiden damit fast bis zum letzten Moment eine Überlappung von Ruf und Echo, wie E. KALKO gezeigt hat (Bild 39). Eine zweite, ganz andersartige Lösung des Problems haben die Hufeisennasen gefunden (s. S. 38).

Die Überlappung von Ruf und Echo ist nicht das einzige Problem, denn es besteht auch die Gefahr, dass die leisen Echos von Insekten von viel lauteren Echos, z.B. von einer Wand oder einem Baum, überlagert und dadurch unkenntlich werden (Bild 38). Hier gelten zunächst dieselben Überlegungen: Ein zu erkennendes Objekt, das nur ein leises Echo erzeugt, darf sich nicht zu nah vor einer Struktur befinden, die ein sehr lautes Echo erzeugt. Bei einer Rufdauer von 5 ms würde dieser von Störechos (sogenannter „clutter") überlagerte Bereich also wiederum rund 85 cm betragen. Auch hierbei kommt ein hörphysiologischer Effekt, das „backward masking", erschwerend hinzu, denn für das Gehör werden leise Ereignisse auch dann maskiert, wenn sie direkt vor einem darauf folgenden sehr lauten Hörereignis auftreten. Für die Fledermaus bleibt bei der Jagd also nur ein beschränktes störungsfreies Fenster zwischen dem durch die Überlagerung des Echos mit dem eigenen Ruf und dem durch die Überlagerung mit lauten Hintergrundechos gestörten Bereichen, ein sogenanntes „clutter freies" Fenster.

Immerhin lässt sich die Entfernung eines ein Echo zurückwerfenden Objektes, von den Problemen der Störung abgesehen, durch Kreuzkorrelation oder ähnliche Verfahren sehr genau aus der Laufzeit bestimmen. Wie verschiedene Experimente gezeigt haben, liegt diese Genauigkeit im Bereich weniger Millimeter.

Sehr viel schwieriger und ungenauer ist die Bestimmung der Richtung, aus der ein Echo zurückkommt. Der Abstand der Ohren – der zudem noch viel kleiner als beim Menschen ist – ist als Basis für die Messung des Zeitunterschieds eintreffender Echos ungünstig. Nimmt man einmal

Bild 39. Wenn eine Zwergfledermaus *(Pipistrellus pipistrellus)* sich einem Beutetier nähert, verkürzt sie kontinuierlich ihre Rufe, um eine Überlappung von Ruf und Echo gerade noch zu vermeiden. Verändert nach allg. Lit. 62. Grafik: W. LANG

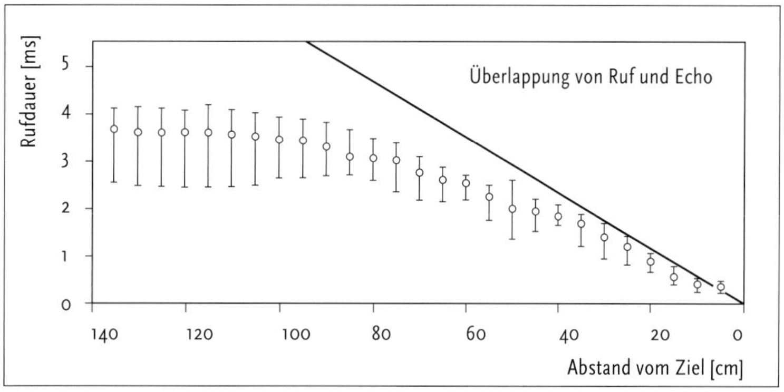

einen Ohrabstand von 8 mm an, so würde genau von rechts oder links eintreffender Schall einen Zeitunterschied $\triangle t$ von etwa 24 µs erzeugen, den die Fledermaus wohl gerade noch wahrnehmen würde, wenn man annimmt, ihr Hörsystem habe eine ähnliche Zeitauflösung wie unser menschliches Gehör. Aber zum „Bildhören", selbst einem groben, müsste sie Winkelunterschiede von wenigen Grad, mindestens etwa 5° oder 10° zwischen zwei Objekten unterscheiden. Bei 10° (sin (10°) = 0.17) würde der Zeitunterschied nur noch rund 4 µs betragen, was wohl unter der Grenze des physiologisch Wahrnehmbaren liegt. Daher kann die Messung von Laufzeitunterschieden zwischen den Ohren vielleicht einen gewissen Beitrag zum Richtungshören liefern, aber allein keine genaue Richtungsbestimmung ermöglichen. Eine neuronale Auswertung der Phasen-Unterschiede ist bei den hohen Ultraschall-Frequenzen ebenfalls nicht möglich.

Da eine Fledermaus im Flug nicht nur Information über Gegenstände genau in Flugrichtung, sondern auch von den Seitenbereichen sowie von oben und unten benötigt, sind die Schallkeulen der meisten Fledermäuse, wenn man einmal von den Hufeisennasen absieht, relativ breit. Die komplizierte Form der Ohrmuscheln erlaubt den Fledermäusen über ein „Raumrichtungs-spezifisches Frequenzfilter" aus der Klangfarbe der Echos auch die Richtung zu erschließen, aus der ein Echo zurückkehrt: Die Ohrmuscheln sind so gebaut, dass dem eintreffenden Schall über Interferenzen zwischen verschiedenen möglichen Wegen zum Trommelfell ein richtungsspezifisches Frequenzspektrum aufmoduliert wird. Auf diese Weise werden manche Frequenzen verstärkt und andere ausgelöscht beziehungsweise in ihrer Amplitude vermindert. Dabei spielt vor allem der Tragus (= Ohrdeckel), eine wichtige Rolle. Seine Form, wie überhaupt die Form der Ohren, ist auffällig artverschieden, offenbar sind sie bei jeder Fledermausart exakt an die neuronale Auswertung der Hörsignale im Gehirn angepasst. Dieses Verfahren zu nutzen ist allerdings nur solchen Fledermausarten möglich, die über hinreichend breitbandige Ortungsrufe verfügen.

Bild 40. Große Hufeisennase *(Rhinolophus ferrumequinum)* im Beuteanflug. Der eng gebündelte Strahl der Echoortungslaute ist dabei genau auf die Beute ausgerichtet. Foto: D. Nill

Eine Besonderheit: Die Echoortung der Hufeisennasen

Der komplizierte Aufsatz auf der Nase, der den Hufeisennasen *(Rhinolophidae)* ihren Namen gegeben hat, weist bereits darauf hin, dass diese Fledermäuse ihre Ortungsrufe durch die Nasenlöcher und nicht über das Maul ausstoßen. Obwohl die Hufeisennasen eine eigene, den Flughunden verwandte Evolutionslinie darstellen und damit vielleicht einige ihrer Besonderheiten besser verständlich werden, haben sie das Ausstoßen der Rufe über die Nase mit vielen anderen Fledermausfamilien, z.B. den tropischen Blattnasenfledermäusen und den europäischen Langohren (Gattung *Plecotus*) gemein. Vermutlich war der Selektionsdruck, auch beim Verzehren eines größeren Beutetiers „mit vollem Mund" präzise Ortungsrufe ausstoßen zu können, für diese konvergente Entwicklung nicht ohne Bedeutung.

Das Aussenden der Rufe aus zwei benachbarten Nasenlöchern innerhalb eines Schalltrichters ermöglicht eine Bündelung und wesentlich genauere Ausrichtung des Schallstrahles. Da die Ortungsrufe eine konstante, genau eingehaltene Frequenz haben, bleibt auch die Wellenlänge λ der Schallwellen über den ganzen Ruf konstant. Wenn nun die Nasenlöcher, aus denen zwei kohärente Schallwellen austreten, den Abstand λ/2 haben, löschen sich die Schallwellen in beide seitlichen Richtungen durch Interferenz vollständig aus und die gesamte Schallenergie wird nach vorne gebündelt. Zusammen mit dem hufeisenförmigen Schalltrichter können die Hufeisennasen also einen ziemlich eng gebündelten Schallstrahl erzeugen (Bild 41). Eine weitere hohe Richtungsselektivität kommt durch ihre beweglichen Ohren zustande, mit denen sie in blitzschnellen Bewegungen ihre Umgebung abtasten können. Um die Änderung des Echos bei einer Ohrbewegung erfassen zu können, müssen ihre Rufe viel länger andauern und möglichst schnell wiederholt werden. D.h. der sogenannte „duty cycle", das Verhältnis von Ruf zu Rufpause, muss hoch sein.

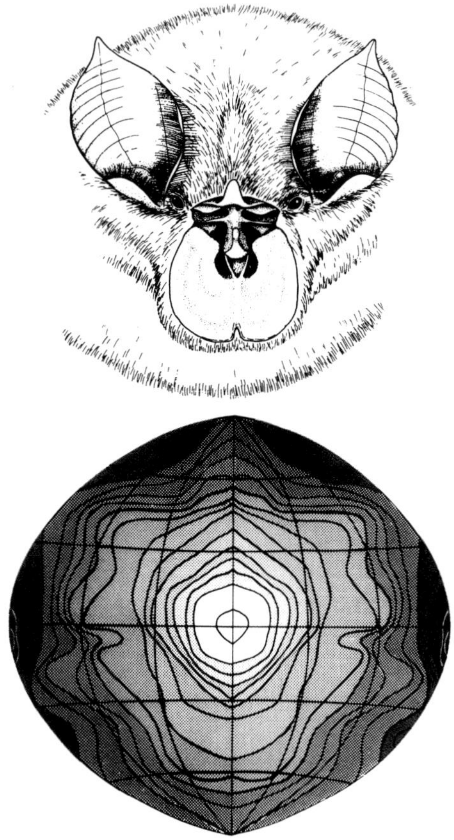

Bild 41. Schallkeule einer Großen Hufeisennase *(Rhinolophus ferrumequinum)* von vorn gesehen – je heller der Grauton umso höher die Intensität des Rufes. Darüber das Gesicht einer Hufeisennase – man erkennt den Schalltrichter, der den aus den beiden Nasenlöchern ausgestoßenen Schall nach vorn fokussiert. Grafik: G. NEUWEILER

Die große Dauer der Rufe und der hohe duty cycle setzen voraus, dass Hufeisennasen die Echos ihrer Umgebung auch während des Rufens hören können. Dafür haben sie ungewöhnliche Anpassungen entwickelt.

Bild 42 zeigt die Hörschwellenkurve einer Großen Hufeisennase. Man erkennt bei etwa 82 kHz einen in diesem Bereich sehr niedrigen Schwellenverlauf, bei dieser Frequenz weist das Gehör also eine extrem hohe Empfindlichkeit auf. In den benachbarten Frequenzbereichen ist die Schwelle dagegen hoch und die Empfindlichkeit dementsprechend gering. Wenn eine Hufeisennase fliegt, führt der Dopplereffekt dazu, dass die Echos mit einer deutlich höheren Frequenz zurückkommen als der, mit der die Rufe ausgesandt wurden. Große Hufeisennasen können nun je nach Fluggeschwindigkeit mit einer Frequenz von 77–81 kHz rufen, ohne dass sie dabei selber viel hören, da sie für diese Frequenz relativ unempfindlich sind. Die zurückkehrenden Echos haben aufgrund des Dopplereffektes aber eine höhere Frequenz und fallen damit in den empfindlichsten Hörbereich.

Beim ruhigen Hängen hat eine Hufeisennase diese Möglichkeit allerdings nicht, dann muss sie bei derjenigen Fre-

Bild 42. Hörschwelle einer Großen Hufeisennase *(Rhinolophus ferrumequinum)*. Die gerade noch wahrnehmbare Schallintensität ist als Funktion der Schallfrequenz aufgetragen. Man erkennt ein schmales Band extremer Empfindlichkeit bei etwa 82–83 kHz und direkt darunter ein Band besonders niedriger Empfindlichkeit, also hoher Schwelle. Nach allg. Lit. 87.

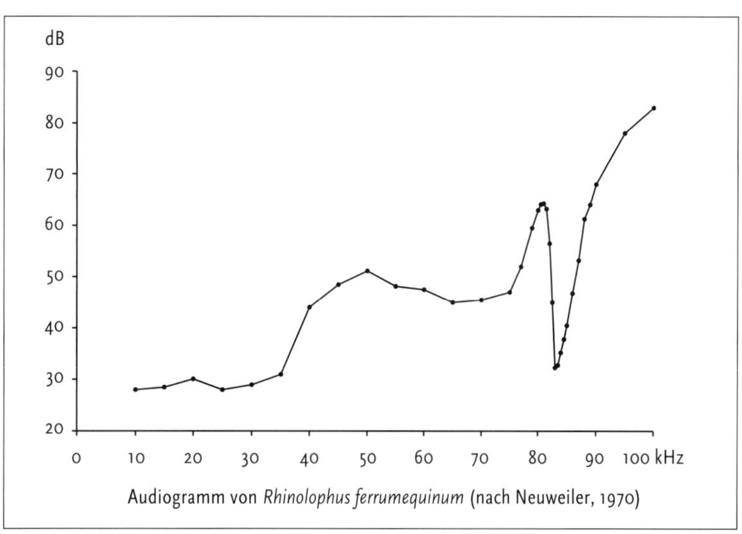

Kasten 3

Der Dopplereffekt

Der Dopplereffekt tritt auf, wenn sich Sender und Empfänger relativ zueinander bewegen. Bewegt sich z. B. ein Empfänger in eine Schallwelle hinein, auf den Sender zu, so trifft er schneller hintereinander auf die Wellenberge, wodurch sich die wahrgenommene Frequenz (f) erhöht.

Bei bewegtem Empfänger gilt:
$f\,(\text{beim Beobachter}) = f_{abgesandt} + df$
$df = f_{abgesandt} \cdot v/c$

wobei df die Frequenzänderung, v die Bewegungsgeschwindigkeit des Empfängers, und c die Schallgeschwindigkeit bedeutet.

Bei bewegter Schallquelle gilt:
$f\,(\text{beim Beobachter}) = f_{abgesandt} + df$
$df = f_{abgesandt} \cdot 1/(1 - v/c)$

Bei einer rufenden Fledermaus (bewegter Sender), die außerdem in das Echo, welches von einem Objekt reflektiert wird, hineinfliegt (bewegter Empfänger), gilt annähernd

$df = 2 \cdot f \cdot v/c$

Bei einer für Fledermäuse durchaus typischen Fluggeschwindigkeit von ca. 5 m/s beträgt die Frequenzänderung also rund 3%, was z. B. bei einer Ruffrequenz von 100 kHz immerhin 3 kHz ergibt.

quenz rufen, bei der auch ihr Hörsystem am empfindlichsten ist. Bild 43 zeigt den Verlauf der ausgesandten Ruffrequenzen einer Großen Hufeisennase (*Rhinolophus ferrumequinum*) beim Flug von einem Hangplatz zu einem anderen. Während des Fluges wird die Ruffrequenz um etwa 2–3 kHz abgesenkt. Experimente haben gezeigt, dass die ausgesandte Frequenz von der Fledermaus jeweils exakt so eingestellt wird, dass das zurückkehrende Echo genau in den Bereich ihrer höchsten akustischen Empfindlichkeit fällt.

Anpassungen des Innenohrs bei Hufeisennasen

Neben den hörphysiologischen Spezialanpassungen zeigen besonders die Hufeisennasen eine wichtige morphologische Anpassung des Innenohres. Der Schneckengang des Innenohres, die Cochlea, ist bei den meisten Säugetieren innerhalb der Bulla tympani mit dem Felsenbein des Schädels fest verwachsen. Bei den Fledermäusen, besonders den Hufeisennasen, hingegen ist die Bulla tympani nur über weiche bindegewebige Schichten so am Schädel befestigt, dass eine möglichst geringe Schallübertragung über den Knochen erfolgen kann (Bild 44).

Die nur weiche Aufhängung der Cochlea hat wiederum zur Folge, dass bei den Schädeln von Hufeisennasen, die man z. B. auf dem Boden einer Quartierhöhle finden kann, meistens die Bullae tympani fehlen, weil die bindegewebigen Strukturen zersetzt sind. Die Bullae tympani kann man also isoliert finden und wie der Name „Cochlea" = Schnecke schon sagt, gleichen sie kleinen Schneckenhäusern (Bild 44). Daraus ergab sich in der Geschichte der Zoologie ein besonders schönes Beispiel für eine Verwechslung (Bild 45). Der berühmte Schneckenforscher C. Boettger beschrieb 1962 eine neue Wurmschnecken-Art aus einer Höhle auf Kreta [allg. Lit. 13]. Dabei

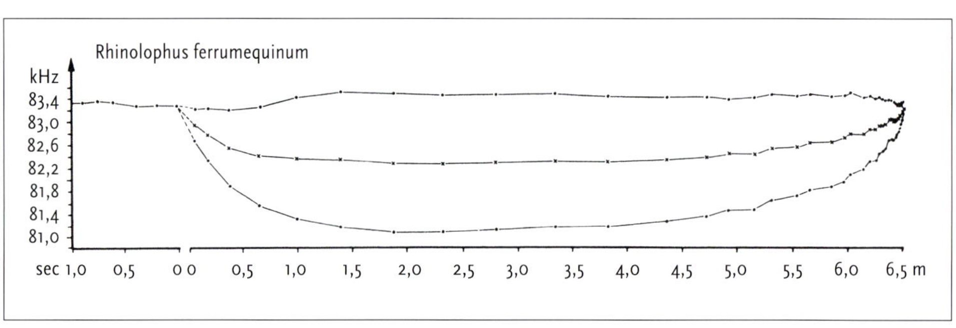

Bild 43. Ortungsfrequenz einer Großen Hufeisennase (*Rhinolophus ferrumequinum*) während ihres Fluges von einem Hangplatz zu einem 6,5 m entfernten Ziel. Die Hufeisennase ruft zunächst bei der Frequenz, bei der ihr Gehör am empfindlichsten ist, bei rund 83,3 kHz. Sobald sie fliegt, erhöht der Dopplereffekt die Frequenz des zurückkehrenden Echos; sie senkt daraufhin ihre Ruffrequenz ab bis auf rund 81 kHz (untere Kurve). In diesem Frequenzbereich ist ihr Gehör unempfindlich, und ihr Ruf stört den Empfang der Echos wenig. Die zurückkommenden Echos hingegen, deren Frequenzen in der obersten Kurve wiedergegeben sind, fallen auf die empfindlichste Frequenz um 83,4 kHz. Die mittlere Kurve gibt die Frequenz an, die von einem stationären Mikrofon gemessen wurde. Grafik: H.-U. Schnitzler.

fiel ihm bereits auf, dass von den beiden Typus-Exemplaren das eine rechts gewunden, das andere links gewunden war, was bei Schnecken sehr ungewöhnlich ist, ohne allerdings seinen Verdacht zu erregen. Wenig später sah er sich dann allerdings gezwungen, in derselben Zeitschrift eine kleinlaute Berichtigung abzudrucken [allg. Lit. 14]: C. Boettger hatte die Bullae tympani einer Großen Hufeisennase *(Rhinolophus ferrumequinum)* als neue Schneckenart beschrieben!

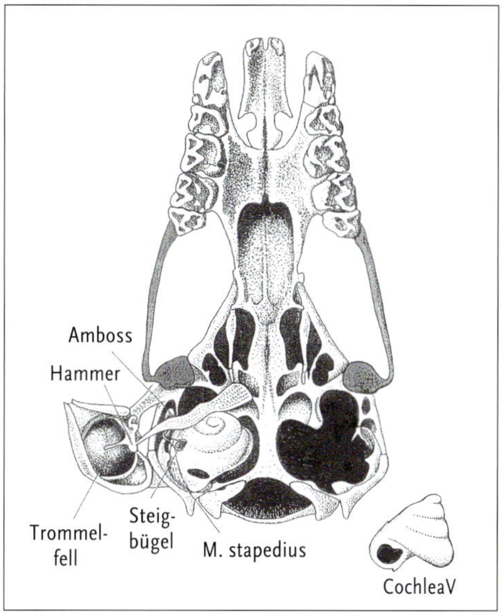

Bild 44. Schädel einer Großen Hufeisennase *(Rhinolophus ferrumequinum)* von der Unterseite. Eine Bulla tympani mit der Cochlea ist bereits aus dem verwitternden Schädel gefallen, da sie nicht von Knochensubstanz, wie bei anderen Säugetieren, sondern nur von Bindegewebe gehalten wird. Verändert nach allg. Lit. 87.

Bild 45. Titelblatt einer Veröffentlichung des berühmten Schneckenforschers Caesar Boettger, in der er eine neue Wurmschnecke aus einer Höhle auf Kreta beschrieb. Leider saß er dabei einem Irrtum auf; tatsächlich hatte er die beiden Cochleae einer Großen Hufeisennase gefunden. Nach allg. Lit. 13.

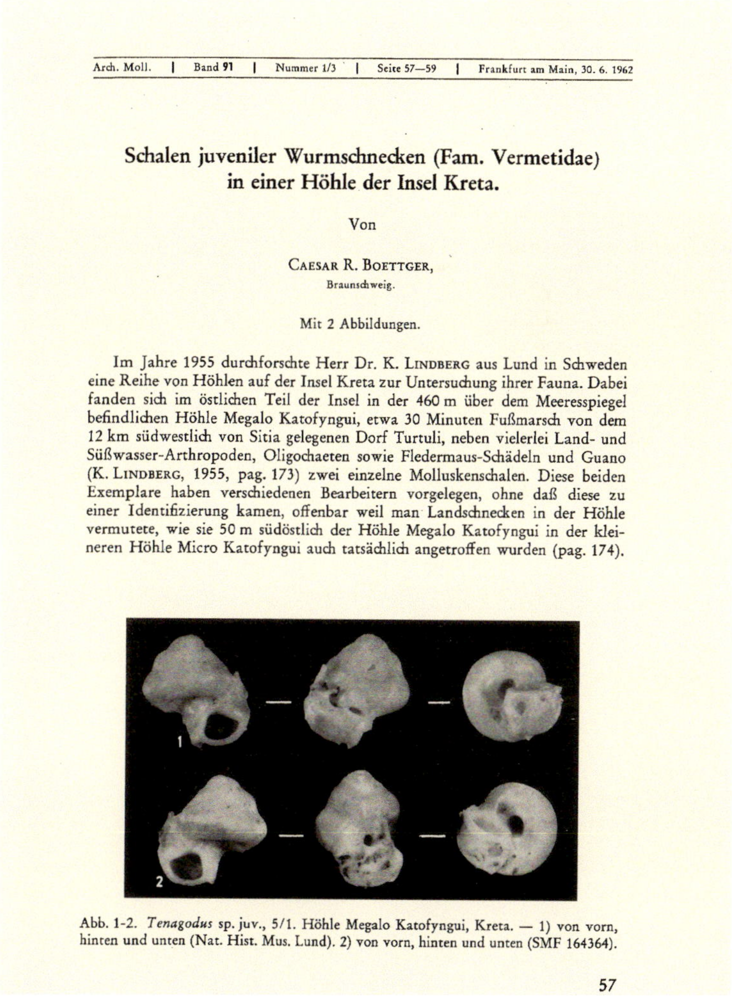

Arch. Moll. | Band 91 | Nummer 1/3 | Seite 57—59 | Frankfurt am Main, 30. 6. 1962

Schalen juveniler Wurmschnecken (Fam. Vermetidae) in einer Höhle der Insel Kreta.

Von

Caesar R. Boettger,
Braunschweig.

Mit 2 Abbildungen.

Im Jahre 1955 durchforschte Herr Dr. K. Lindberg aus Lund in Schweden eine Reihe von Höhlen auf der Insel Kreta zur Untersuchung ihrer Fauna. Dabei fanden sich im östlichen Teil der Insel in der 460 m über dem Meeresspiegel befindlichen Höhle Megalo Katofyngui, etwa 30 Minuten Fußmarsch von dem 12 km südwestlich von Sitia gelegenen Dorf Turtuli, neben vielerlei Land- und Süßwasser-Arthropoden, Oligochaeten sowie Fledermaus-Schädeln und Guano (K. Lindberg, 1955, pag. 173) zwei einzelne Molluskenschalen. Diese beiden Exemplare haben verschiedenen Bearbeitern vorgelegen, ohne daß diese zu einer Identifizierung kamen, offenbar weil man Landschnecken in der Höhle vermutete, wie sie 50 m südöstlich der Höhle Megalo Katofyngui in der kleineren Höhle Micro Katofyngui auch tatsächlich angetroffen wurden (pag. 174).

1
2

Abb. 1-2. *Tenagodus* sp. juv., 5/1. Höhle Megalo Katofyngui, Kreta. — 1) von vorn, hinten und unten (Nat. Hist. Mus. Lund). 2) von vorn, hinten und unten (SMF 164364).

57

Ruf-„Design“ und ökologische Anpassung an Habitat und Jagdweise

Warum rufen verschiedene Fledermausarten so verschieden und nicht alle gleich? Man könnte ja denken, dass es eine optimale Lösung für das zugrunde liegende physikalische und informationstheoretische Problem der Echoortung geben müsste. Eine Antwort auf diese Frage lässt sich zumindest teilweise verstehen, wenn man die physikalischen Grenzbedingungen der Echoortung betrachtet (s. auch Kasten 4).

Variable 1: Die Frequenz der Ortungslaute

Die Frequenz einer Schallwelle bestimmt die mögliche Auflösung von Strukturen, da auch Schall um Hindernisse gebeugt und nicht reflektiert wird, wenn diese in der Größenordnung der Wellenlänge oder kleiner als diese sind. So wie das Elektronenmikroskop dem Lichtmikroskop in der Auflösung weit überlegen ist, weil die genutzten Wellenlängen viel kleiner sind als die von Licht, so kann eine mit einer Frequenz von 200 kHz rufende Rundblattnasenfledermaus (Hipposideridae) noch mehr als zehnmal kleinere Strukturen auflösen als etwa die Bulldoggfledermaus *(Tadarida teniotis)*, die bei etwa 13 kHz ruft.

Dass nicht alle Fledermäuse bei sehr hohen Frequenzen rufen, liegt an der mit der Frequenz drastisch anwachsenden atmosphärischen Dämpfung bei der Schallausbreitung in Luft (s. Kasten 4). Hohe Frequenzen haben daher nur ganz geringe

Bild 46. Schnauze der Langflügelfledermaus *(Miniopterus schreibersii)*. Foto: C. Dietz

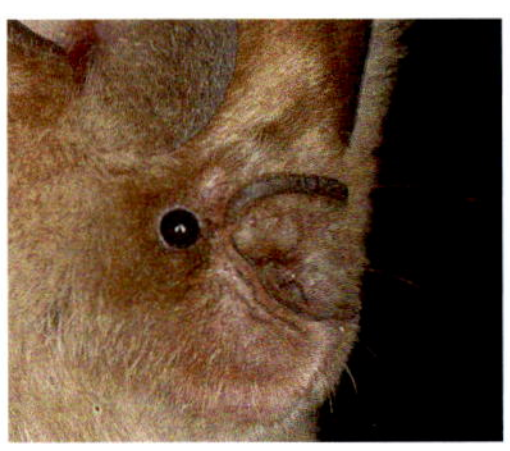

Bild 47. Schnauze der Kleinen Rundblattnase *(Hipposideros tephrus)*. Foto: C. Dietz

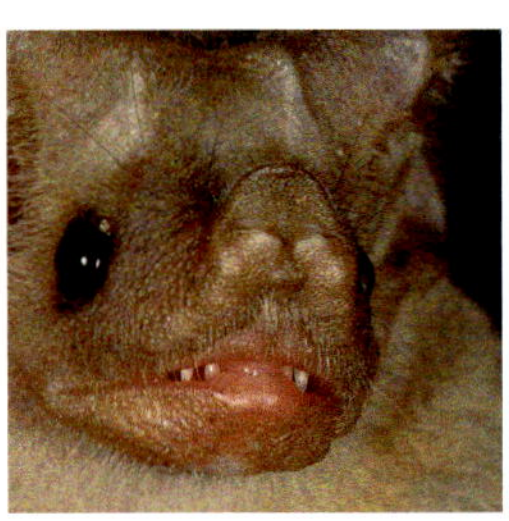

Bild 48. Schnauze der Kleinen Mausschwanzfledermaus *(Rhinopoma cystops)*. Foto: C. Dietz

Bild 49. Schnauze der Mehely-Hufeisennase *(Rhinolophus mehelyi)*. Foto: C. Dietz

Kasten 4

Was ist Schall?

Unter Schall versteht man Druckschwankungen, die sich als eine Longitudinalwelle in der Luft (oder einem anderen Medium) fortpflanzen, und zwar mit einer festen Ausbreitungsgeschwindigkeit c. Unter einem Ton versteht man eine Schallwelle mit einer einzigen Schwingungsfrequenz, die man in Hz (Hertz = Anzahl der Schwingungen pro Sekunde) misst. Frequenz f und Wellenlänge λ der Schwingung hängen über die Gleichung $c = \gamma \cdot \lambda$ zusammen. Laute sind Schallereignisse, die aus verschiedenen Frequenzen zusammengesetzt sind.

Die Schallgeschwindigkeit in Luft hängt von Temperatur und Luftfeuchte ab, bei 25 °C und 50 % RF (= relative Luftfeuchte) beträgt sie rund 340 m/s (also auch 340 mm/ms). Eine Schallwelle von 10000 Hz (= 10 kHz) hat also eine Wellenlänge von 34 mm, eine Schallwelle von 100 kHz eine Wellenlänge von 3,4 mm.

Die Energie einer Schallwelle ist dem Quadrat der Schalldruckamplitude proportional. Die Lautstärke gibt man meist als Logarithmus der Energie in dB an: 1 dB = 10 log (Schallenergie) = 20 log (Schalldruck), relativ zur einem Schalldruck von $2 \cdot 10^{-5}$ N/m2, der annähernd der Hörschwelle des Menschen entspricht. Um diesen Bezug auf die Hörschwelle des Menschen zu kennzeichnen, spricht man bei Lautstärken von dB SPL (sound pressure level).

Wenn eine Schallwelle sich ausbreitet, verteilt sich ihre Energie auf eine immer größere Fläche. Daher nimmt die Schallenergie mit dem Quadrat der Entfernung ab. Die Schalldruckamplitude hingegen nimmt folglich linear mit der Entfernung ab, also um 6 dB für jede Verdopplung der Entfernung.

Neben dieser sogenannten „geometrischen Abschwächung" wird die Schalldruckamplitude bei ihrer Ausbreitung auch allmählich niedriger, weil sie Energie an die Luft verliert („atmosphärische Dämpfung"). Die atmosphärische Dämpfung (oder Attenuation) einer Schallwelle hängt stark von der Frequenz, aber darüber hinaus auch von Temperatur und Luftfeuchte ab. Hohe Frequenzen werden viel stärker gedämpft als niedrige Frequenzen (weshalb der Donner „grollt", obwohl am Ort des Einschlagens eines Blitzes eher ein helles Krachen zu hören ist).

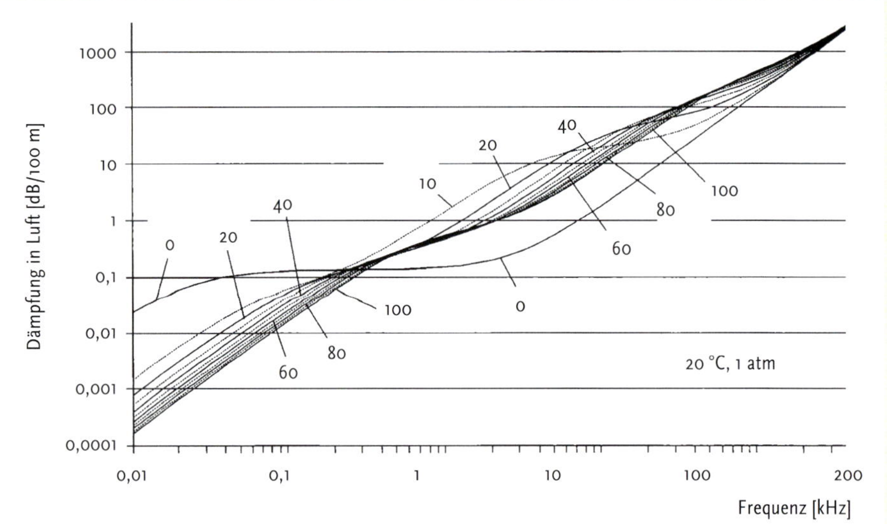

Bild 50. Abhängigkeit der atmosphärischen Abschwächung von der Frequenz zwischen 10 Hz und 200 kHz bei einer logarithmischen Auftragung beider Achsen. Eine Temperatur von 20 °C und ein Luftdruck von 1 atm wurde als konstant angenommen, die Kurven für verschiedene Relative Luftfeuchten sind eingetragen. Die Dämpfung – selbst bereits in einem logarithmischen Maßstab als dB/100 m gemessen – ändert sich in diesem Frequenzbereich um mehr als sieben Zehnerpotenzen! Nach allg. Lit. 34.

Reichweiten und können nur eingesetzt werden, wo dies keine Rolle spielt – z.B. weil die Art ohnehin immer nur in dichter Vegetation jagt.

Variable 2: Die Bandbreite der Ortungslaute

Ein weiterer entscheidender Parameter ist die Bandbreite des Ortungssignals. Alle Energie in einem schmalen Frequenzband zu sammeln hat den Vorteil, dass dann die Hörsinneszellen einer einzigen Frequenzgruppe im Innenohr gereizt werden und diese Erregungen summiert werden können, was eine höhere Empfindlichkeit ermöglicht. Die Verwendung eines immer gleichen schmalen Frequenzbandes eröffnet auch der Evolution des Gehörsystems neue Möglichkeiten der Spezialisierung auf dieses Frequenzband.

Ein breitbandiges Signal hingegen reizt viele Frequenzgruppen im Innenohr. Dadurch kann die Zeitverschiebung zwischen Ruf und Echo, auch zwischen verschiedenen Echos, gewissermaßen parallel an verschiedenen Stellen der Basilarmembran gemessen werden, sodass eine der Kreuzkorrelation vergleichbare Genauigkeit erreicht wird. Breitbandige Signale haben noch einen weiteren entscheidenden Vorteil: Sie erlauben eine Spektralanalyse in dem vom Signal eingesetzten Bereich des Spektrums. Durch Interferenz entstehende Kerben im Spektrum (sogenannte „notches") können entweder auf verschiedene Fronten, von denen Echos erzeugt wurden, hinweisen und damit wichtige Information über die Struktur eines Objektes enthalten, oder sie können durch die Form der Ohrmuschel erzeugt werden und damit Rückschlüsse auf die Richtung zulassen, aus der das Echo eintrifft.

Variable 3: Die Rufdauer

Schließlich können Fledermäuse die Dauer des ausgesandten Rufes variieren. Lange Rufe erhöhen die Wahrscheinlichkeit, ein interessantes Echosignal zu detektieren, indem sie das Signal/Rauschverhältnis verbessern. Besonders für Insektenjäger kann es wichtig sein, die periodischen Lautstärke-Spitzen („glints") zu entdecken, die bei fliegenden Beuteinsekten einmal pro Flügelschlag durch ein direktes Zurückspiegeln des Echos von den Flügeln entstehen. Ein Nachteil langer Rufe allerdings liegt in der Gefahr, während des Rufes zurückkehrende Echos zu überhören.

„Design" der Ortungslaute

Aus diesen Überlegungen ergibt sich, dass es sehr wohl verständlich ist, dass die ökologische Einnischung der Fledermäuse zu ganz verschiedenen Typen von Ortungsrufen geführt hat. Eine Fledermaus, die vorwiegend im freien Luftraum hoch über der Vegetation jagt und – mit hoher Geschwindigkeit fliegend – vor allem schon auf weite Entfernung mögliche Hindernisse und relativ große Beutetiere orten möchte, sollte lange Rufe von geringer Bandbreite mit eher niedriger Frequenz verwenden. Eine Fledermaus, die meistens in relativ dichter Vegetation jagt und der es vor allem darauf ankommt, Insekten auch vor dem Hintergrund dieser Vegetation zu entdecken, sollte hochfrequente Rufe mit einer großen Bandbreite einsetzen.

Es ist auch verständlich, dass im Allgemeinen größere Fledermäuse Rufe mit einer tieferen Frequenz haben, denn sie sind eher an größeren Beutetieren interessiert. Kleine Arten hingegen müssen auch noch kleinere Insekten detektieren und erkennen, wofür sie höhere Frequenzen benötigen, und können dafür eher auf eine große Reichweite verzichten (s. dazu auch Bild 187, S. 125). Natürlich spielt auch die allometrische Beziehung (Proportionsänderung) zwischen der Körpergröße und der Kehlkopfgröße, die wiederum längere Stimmbänder bedingt, eine Rolle. Aber es gibt durchaus Ausnahmen von dieser Regel: So hat die Mehely-Hufeisennase *(Rhinolophus mehelyi)*, obwohl die zweitgrößte der europäischen Hufeisennasen, eine sehr hohe Ruffrequenz um 110 kHz, die sich bereits mit derjenigen der kleinsten und leichtesten unserer Arten, der Kleinen Hufeisennase *(Rhinolophus hipposideros)* überschneidet. Auch die Langflügelfledermaus *(Miniopterus schreibersii)* hat eine unerwartet hohe Ruffrequenz, was mit der hohen

Bild 51. Schnauze der Bulldoggfledermaus *(Tadarida teniotis)*. Foto: C. Dietz

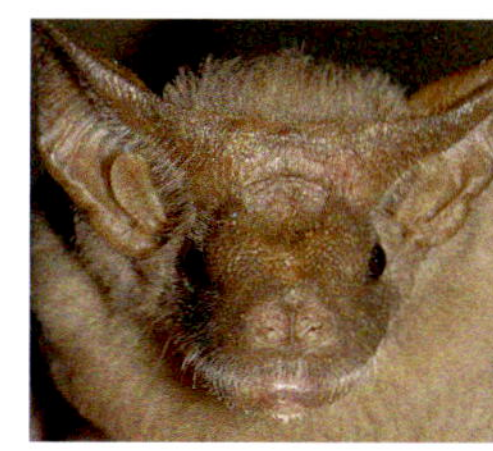

Bild 52. Schnauze der Großen Mausschwanzfledermaus *(Rhinopoma microphyllum)*. Foto: C. Dietz

Bild 53. Schnauze der Wüsten-Weißrandfledermaus *(Pipistrellus deserti)*. Foto: C. Dietz

Bild 54. Schnauze des Wüsten-Langohrs *(Plecotus christii)*. Foto: C. Dietz

Bild 55. Ohr der Mittelmeer-Hufeisennase *(Rhinolophus euryale)*. Foto: C. Dietz

Folgerate ihrer Ortungsrufe zusammenzuhängen scheint.

Die Ortungsrufe der Fledermäuse sind nicht nur artspezifisch verschieden, sondern jede Art passt ihre Rufe auch der jeweiligen Flug- und Jagdsituation an. Ein charakteristisches Beispiel ist in Bild 57 anhand einer Serie von Ortungsrufen der Mückenfledermaus *(Pipistrellus pygmaeus)* dargestellt. Wenn sie fern von der Vegetation entweder nur von ihrem Quartier in ein Jagdgebiet fliegt („Transferflug") oder noch auf der Suche nach einem geeigneten Jagdgebiet ist und noch kein Beutetier entdeckt hat („Suchflug") ruft sie mit relativ langen, fast frequenzkonstanten qCF-Rufen bei meist 52–56 kHz (Bild 57). Kommt sie näher an Hindernissen, z.B. einer Hauswand oder Bäumen, vorbei, verwendet sie Rufe mit größerer Bandbreite, die bei über 100 kHz beginnen können, aber ebenfalls bei 52–56 kHz in einen flacher frequenzmodulierten Teil auslaufen. Hat sie ein mögliches Beuteinsekt detektiert, beginnt die „Annäherungsphase": Die Rufe werden steiler und kürzer, die Bandbreite wird weiter erhöht, und die Rufe werden mehrmals pro Flügelschlag ausgestoßen. Erst beim unmittelbaren Fangversuch beginnt eine Serie von kurz hintereinander mit hoher Folgefrequenz ausgestoßenen, extrem verkürzten Rufen. Diese Serie von Rufen nennt man „Endgruppe" oder „final buzz". Danach folgt meist eine Rufpause – die Fledermaus hat entweder das Insekt gefangen oder es im letzten Moment verfehlt – und dann setzen neue Ortungsrufe ein, die in ihrem Rhythmus und Frequenzverlauf meist denen in der Annäherungsphase gleichen.

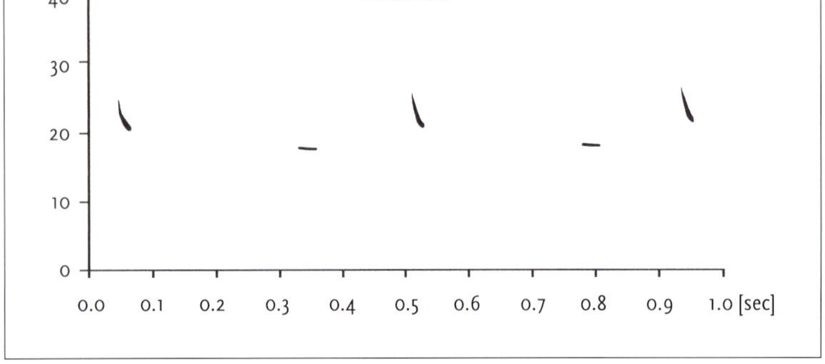

Bild 56. Typische Rufserie eines hoch fliegenden Abendseglers *(Nyctalus noctula)*. Es folgen sich jeweils ein etwas tieffrequenterer Ruf (im Detektor wie ein „plop" klingend) und ein etwas höherfrequenter, auch etwas stärker modulierter Ruf (der eher wie „plip" klingt). Auf diese Weise sind auch spät zurückkehrende Echos durch ihre Frequenz markiert und können dem richtigen Ruf zugeordnet werden. Grafik: M. Bauer

Flügelschlag und Ortungsruf

Die meisten Fledermäuse haben die Folgefrequenz ihrer Rufe an ihren Flügelschlagrhythmus angepasst und rufen zumindest in der Suchphase einmal pro Flügelschlag. Der Ortungsruf wird normalerweise während des Flügelabschlags ausgestoßen; vermutlich erleichtert die Kontraktion der großen Flugmuskeln das Auspressen der Luft aus der Lunge und somit wird keine zusätzliche Energie für den Ruf benötigt. Erst wenn in der Annäherungsphase häufiger nacheinander Informationen über ein Objekt benötigt werden, folgen einander mehrere Rufe während eines Flügelschlags.

Bei Fledermausarten, die besonders weit reichende Rufe (also relativ lange, frequenzkonstante und tieffrequente Rufe) verwenden, ergibt sich daraus ein weiteres Problem: Was ist, wenn das Echo eines Objektes, z.B. eines großen Gegenstandes, einer Wand oder eines Waldrandes, das zwar weit entfernt ist, aber seiner Größe wegen ein sehr lautes Echo erzeugt, erst nach einer Flügelschlagperiode, also erst nach einem neuen Ruf, eintrifft? Ein solches Echo wird der großen Entfernung wegen recht leise sein, aber womöglich bereits kurz nach dem Ende des zweiten Rufes ankommen. Für die Fledermaus besteht in diesem Fall eine Verwechslungsgefahr: Ein ähnliches Echo würde sie ja auch von einem kleinen, aber nahen Hindernis, vielleicht einem Dornzweig, erhalten und in diesem Falle müsste sie sofort bremsen oder ausweichen, um eine Kollision zu verhindern.

Um diese unangenehme Situation zu vermeiden, haben einige schnell fliegende Arten zwei verschiedene Strategien zur Verfügung: Entweder lassen sie in einer solchen Situation bei jedem zweiten Flügelschlag den Ortungsruf aus, oder sie markieren die Echos ihrer Rufe dadurch, dass sie bei jedem zweiten Ruf eine andere Frequenz verwenden, sodass sie Echos, die noch aus dem vorhergehenden Rufzyklus stammen, sofort an ihrer Frequenz erkennen können. Das ist der Grund für das bekannte „plip – plop" des Abendseglers, bei dem sich in dieser Jagdsituation im Suchflug stets ein etwas niedrigerer und ein etwas höher frequenter Ortungsruf abwechseln (s. Bild 56).

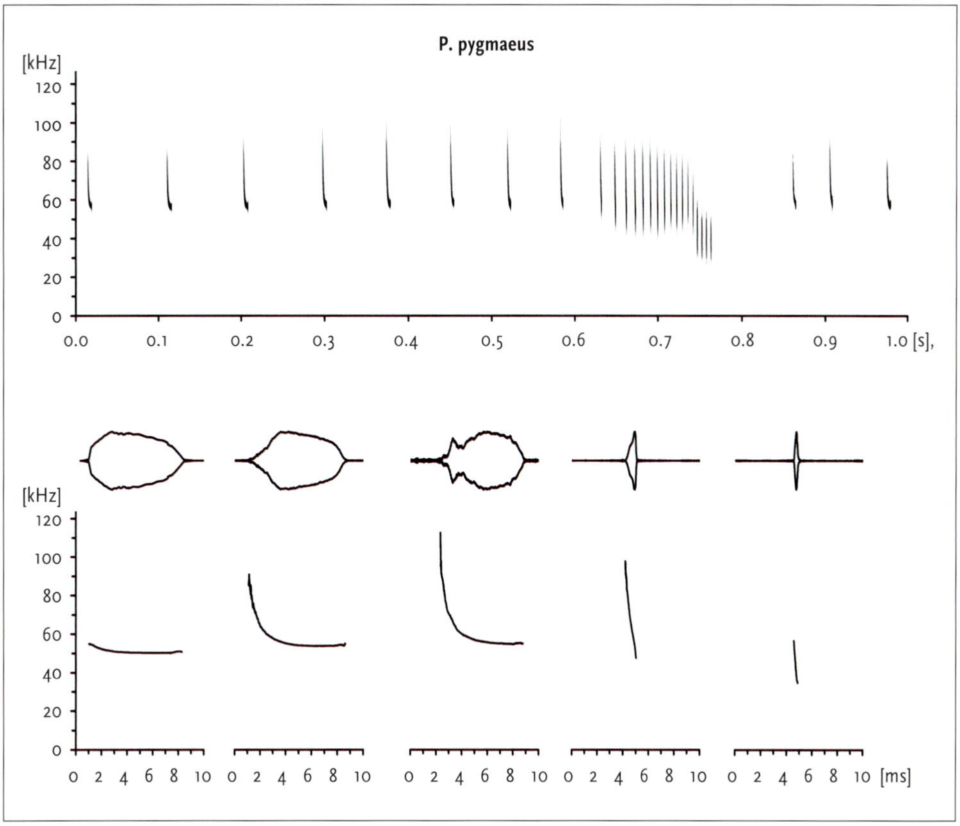

Bild 57. Annäherung und Beutefang bei einer Mückenfledermaus *(Pipistrellus pygmaeus)*. Die Ortungsrufe werden in der Annäherungsphase immer steiler und breitbandiger, und ihre Folgefrequenz erhöht sich. Dann folgt die „Endgruppe", der final buzz, mit zwei in ihrer Frequenz verschiedenen, extrem kurzen Ruftypen. In der unteren Zeile ist je ein Ortungsruf aus der Suchphase, der frühen und der etwas späteren Annäherungsphase und den beiden Teilen des final buzzes etwas stärker zeitgedehnt dargestellt. Grafik: M. Bauer

Bild 58. Ohr des Balkan-Langohrs *(Plecotus kolombatovici)*. Foto: C. Dietz

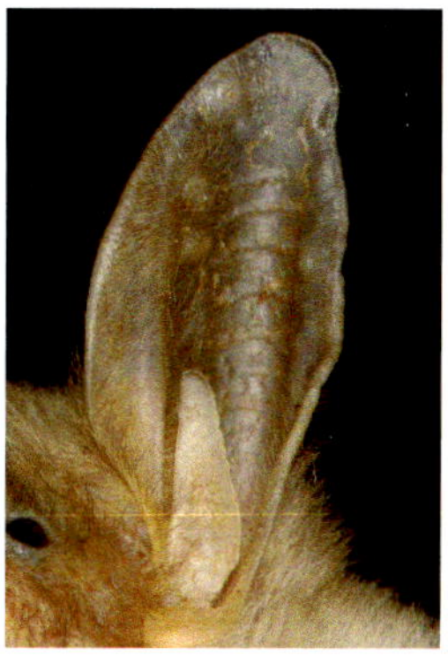

Bild 59. Ohr des Mausohrs *(Myotis myotis)*. Foto: C. Dietz

Kasten 5

Physikalische Parameter, die das „Design" von Ortungsrufen bestimmen

		Vorteile	Nachteile
Rufdauer	lang	hoher Störabstand des Echos, da viel Energie aufintegrierbar ist, Flügelschlag von Beuteinsekten detektierbar	Überlappung von Echos naher Objekte mit dem Ruf – „blindes Fenster" sehr groß
	kurz	„blindes Fenster" klein, exaktere Messung der Laufzeit und Distanz	geringerer Störabstand
Frequenz	hoch	hohe Auflösung von Strukturen	starke Dämpfung in Luft begrenzt Reichweite
	niedrig	große Reichweite, da atmosphärische Dämpfung geringer	schlechte Auflösung von Strukturen
Bandbreite	groß	Frequenzspektrum des Echos auswertbar (Richtung, Struktur), Kreuzkorrelation von Ruf und Echo genauer	keine Spezialisierung des Gehörs auf bestimmte Frequenzen möglich, weniger Energie in einer Frequenzgruppe
	gering	Gehör kann für die Ruffrequenz besonders empfindlich sein, Dopplereffekt nutzbar	Spektrum des Echos enthält keine Information über Richtung, Entfernung und Objektstruktur

Bild 60. Ohr der Kleinen Mausschwanzfledermaus *(Rhinopoma cystops)*. Foto: C. DIETZ

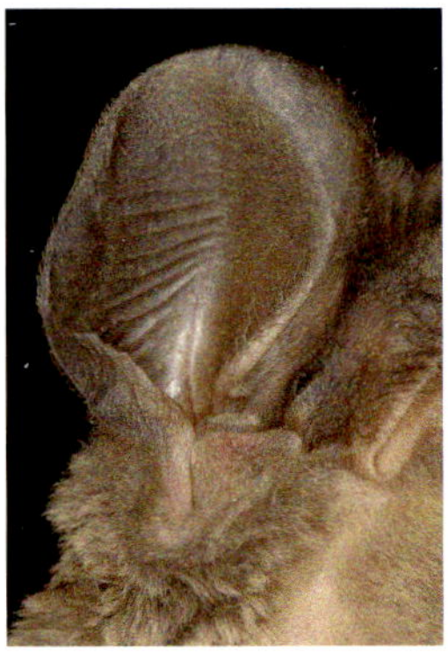

Bild 61. Ohr der Bulldoggfledermaus *(Tadarida teniotis)*. Foto: C. DIETZ

Bild 62. Ohr der Nordfledermaus *(Eptesicus nilssonii)*. Foto: C. DIETZ

Evolution der Echoortung

Wie mag ein so ungeheuer komplexes und dennoch präzises Ortungssystem in der Evolution entstanden sein? Auf eine solche Frage kann man nur durch vergleichende Beobachtung eine Antwort suchen. Auf eine Spur führt die folgende Beobachtung: Zwei nicht näher verwandte Vogelarten haben ebenfalls eine Echoortung entwickelt, wenn auch eine weit primitivere als die der Fledermäuse. Dies sind einerseits die Guacharos, die Fettschwalme der Gattung *Steatornis*, die A. v. HUMBOLDT in einigen großen Höhlen Venezuelas entdeckte. Diese großen, mit den Nachtschwalben verwandten Vögel nisten tief im Inneren geräumiger Höhlen und ernähren sich vor allem von Palmfrüchten, von denen selbst die Jungen so fett werden, dass die Indianer sie zu Hunderten fingen und ihr Fett über kleinen Feuern ausließen, um es für Lampen zu verwenden. Um sich in der Dunkelheit der großen Höhlen, in denen sie in Wandnischen ihre Nester bauen, zurechtzufinden, stoßen sie ständig laute Schreie aus und orientieren sich mit Hilfe der Echos. Die zweite Vogelart, die ein System der Echoortung entwickelt hat, sind die Salangane Südostasiens, die ebenfalls in großen dunklen Höhlen leben und an die Wände ihre kleinen, aus dem eigenen Speichel hergestellten Nester kleben. Dies sind die „Schwalbennester", die auf chinesischen Märkten als besondere Delikatesse gelten. Auch die Salangane (Gattung *Collocalia*) haben für die Orientierung in den dunklen Höhlen eine Echoortung mit Lauten entwickelt, die auch für den Menschen im hörbaren Bereich liegt.

Die einzigen weiteren landlebenden Säuger, die unabhängig von den anderen Fledermäusen eine Echoortung, allerdings mit durch Zungenschnalzen erzeugten Lauten entwickelt haben, die Flughunde der Gattung *Rousettus*, leben ebenfalls in Höhlen. Es spricht also vieles dafür, dass der entscheidende Selektionsdruck für die Entwicklung einer Echoortung von der Notwendigkeit ausgegangen ist, sich in dunklen Höhlen zu orientieren. Auch die ausgedehnten, Schall gut reflektierenden Höhlenwände und die Stille, die in Höhlen herrscht, dürften die Evolution einer akustischen Orientierung über Echos erleichtert haben.

Ungeklärt ist die Frage, ob die Flughunde eine akustische Ortung – vielleicht auch nur eventuelle Ansätze dazu – wieder verloren haben, was wohl die sparsamste Erklärung ist, oder ob die Hufeisennasen-Verwandten ihre Echoortung konvergent zu den Vespertilioniformes neu entwickelt haben. Die eozänen Fledermäuse (*Icaronycteris* und die eozänen Fledermäuse der Grube Messel) haben jedenfalls, nach dem Bau und der Größe ihrer Ohrkapseln zu urteilen, bereits über eine Ultraschall-Echoorientierung verfügt.

Eine Vorstellung, wie sich die Echoorientierung innerhalb der Fledermäuse entwickelt haben könnte, ist in der nebenstehenden Abbildung skizziert (Bild 65). Wenn man davon ausgeht, dass die gemeinsamen Vorfahren der Pteropodiformes und der Vespertilioniformes bereits über eine, vielleicht noch einfache, Echoorientierung verfügt haben, dann fällt auf, dass die beiden hinsichtlich ihrer Echoortungssignale am ursprünglichsten wirkenden Familien aus den beiden basalen Ästen des Stammbaums, die Hipposideriden und die Emballonuriden, relativ ähnliche Rufe haben: nicht allzu lange, mehr oder weniger frequenzkonstante, oft über mehrere Harmonische verfügende Rufe mit einem kurzen Anstieg der Frequenz zu Beginn des Rufes und einem kurzen abfallenden Frequenzteil am Ende des Rufes. Solche Rufe würde man auch erwarten, wenn ein Säugetier einen lauten Ton erzeugen will und dabei seine Stimmlippen für kurze Zeit anspannt. Auch die ursprünglichste lebende Fledermausart, die neuseeländische *Mystacina*, hat ähnliche Rufe.

Rufe dieses Typs könnten einerseits weiterentwickelt worden sein in die Richtung der Hufeisennasen (Rhinolophidae), durch Ausnützen der konstanten Frequenz für eine Dopplereffekt-Kompensation mit all ihren schon beschriebenen Vorteilen, was dann vor allem zu einer Verlängerung der Ortungsrufe, einem hohen „duty cycle" und die Beschränkung auf eine einzige Harmonische führen müsste, genau wie es bei den Hufeisennasen der Fall ist. Sowohl die heutigen Emballonuriden als auch die Rhinolophiden benutzen dafür die erste Oberwelle und unterdrücken die Grundschwingung.

Für diejenigen Fledermäuse, die in ihrer Evolution nicht auf die „geniale Idee“ der Hufeisennasen gekommen sind, hat der ursprüngliche Ruftyp den Nachteil, dass er, auch bei Einsatz vieler Harmonischer, nicht wirklich breitbandig wird. Wenn man solche Rufe in ihrer Frequenz moduliert, dann decken solche Rufe ein breites Frequenzband vollständig ab, sobald sich die Harmonischen überlappen. Genau das ist in Ansätzen bei den Rhinopomatiden, bei *Mystacina* und bei *Craseonycteris* der Fall. Bei den Megadermatiden und bei vielen Vespertilioniformes ist dies offensichtlich parallel bis zur Perfektion weiterentwickelt worden. Manche Glattnasenfledermäuse (Vespertilionidae) haben diesen Ruftyp beibehalten, so z.B. die Langohren (Gattung *Plecotus*), ebenso die meisten Blattnasenfledermäuse der Neuen Welt (Phyllostomidae). Die meisten Glattnasenfledermäuse dagegen haben sich auf das Ausstoßen der Grundschwingung (und damit ein Wegfiltern der oberen Harmonischen) spezialisiert und dabei aber ganz verschieden steil modulierte Rufe entwickelt. Ihre Ortungsrufe reichen von schmalbandigen, flach modulierten bis zu extrem breitbandigen, steil modulierten Rufen. Auch einige wenige Blattnasen benutzen solche Rufe, deren Grundfrequenz betont ist, z.B. die Arten der Gattung *Phyllonycteris*. Manche andere Verwandten der Blattnasen haben aus dem Grundtyp eher hufeisennasenartige Rufe entwickelt, wie z.B. die Fischerfledermaus (Gattung *Noctilio*) oder sekundär auch die Schnurrbartfledermaus (*Pteronotus parnellii*).

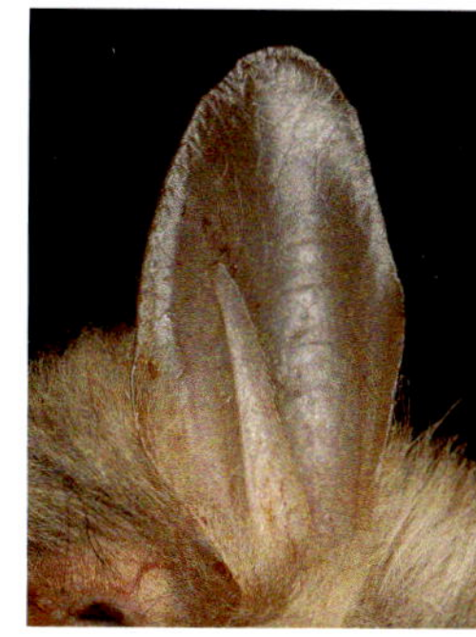

Bild 63. Ohr der Fransenfledermaus *(Myotis nattereri)*. Foto: C. Dietz

Bild 64. Ohr der Langflügelfledermaus *(Miniopterus schreibersii)*. Foto: C. Dietz

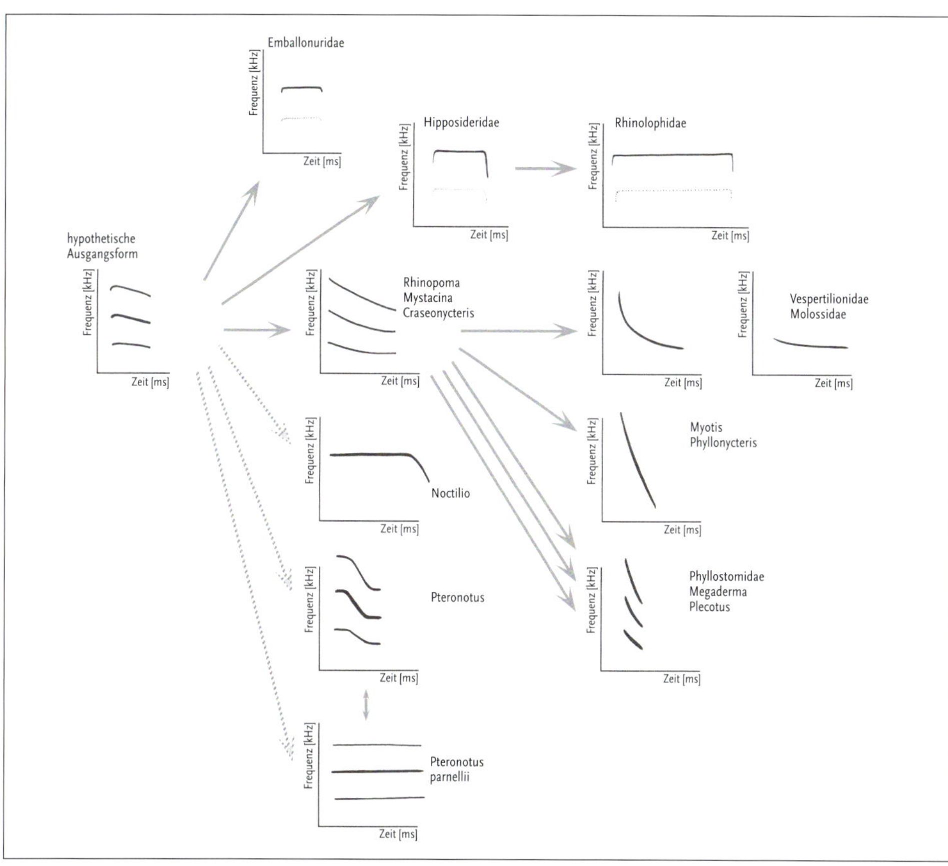

Bild 65. Eine Hypothese zur Evolution der Echoortungslaute. Ausgangsform dürfte ein schwach frequenzmodulierter Ruf mit mehreren Harmonischen gewesen sein, wie er heute noch bei *Rhinopoma*, *Mystacina*, *Craseonycteris* vorkommt. Auch die Emballonuriden und die Hipposideriden haben ähnliche Rufe. Von solchen ausgehend entwickelten sich die speziellen Ortungsrufe der Rhinolophiden. Aber ebenso entstanden aus diesem Ruftyp auch die Rufe der Vespertilioniden und Molossiden, die nur eine Harmonische benutzen, wie auch konvergent die immer wieder entwickelten multiharmonischen Ortungsrufe von *Plecotus*, den meisten Phyllostomiden und den Megadermatiden. Eine eigene Entwicklungslinie führt zu den Noctilioniden und den Mormoopiden. Grafik: M. Bauer

Jagd und Beutefang

Fledermäuse jagen zumeist in der Nacht und nutzen dabei die große Empfindlichkeit ihres Gehörs – sei es, um die Geräusche von Beutetieren, etwa das Summen einer Fliege oder das Rascheln eines Laufkäfers im Laub zu hören – oder um die Echos der selbst ausgesandten Ultraschall-Laute auszuwerten. Sie benötigen zur Orientierung zwar kein Licht, sind aber keineswegs blind. Vermutlich können sie, auch in dunklen Nächten, die Horizontkonturen von Wäldern und Bergen wahrnehmen, und vielleicht nutzen sie die Horizontlandmarken und den Mond auch für die Fernorientierung.

Es gibt einige wenige Beobachtungen, dass Fledermäuse ihre Augen auch bei der Jagd einsetzen: So bevorzugten Langohren solche Futterschälchen mit Mehlwürmern, die ein wenig beleuchtet waren, vor denen, die in völliger Dunkelheit standen [allg. Lit. 31]. Nordfledermäuse wurden sogar dabei beobachtet, wie sie in der Dämmerung die auffällig weißen Männchen des Hopfenbohrers *(Hepialus humuli)*, die oft im hohen Gras schwärmen, optisch erkannten und jagten [allg. Lit. 32, 108].

Normalerweise jagen Fledermäuse aber mithilfe des Gehörsinnes. Wenn man, was manchmal in der Dämmerung möglich ist, Schwalben und Fledermäuse gemeinsam bei der Insektenjagd beobachtet, dann fällt vor allem auf, dass Schwalben einzelne Insekten fast immer im Horizontalflug oder leicht nach oben fliegend erbeuten. Fledermäuse stürzen sich hingegen oft von oben im Sturzflug auf größere Beuteinsekten. Das hängt sicherlich damit zusammen, dass Schwalben Beutetiere mit den Augen detektieren – daher sehen sie die Insekten am besten gegen den hellen Himmel über der Horizontlinie. Für eine echoortende Fledermaus hingegen ist es gleichgültig, ob ein Objekt sich über oder unter ihr befindet. Allein wichtig ist, dass es sich im störechofreien Fenster befindet. Wenn das Insekt unterhalb der Fledermaus fliegt, ist es sogar leichter zu erbeuten, weil die Fledermaus im Sturzflug höhere Geschwindigkeiten erreichen kann.

Warum sind Fledermäuse fast ausschließlich nachtaktiv? Nur selten kann man Fledermäuse auch am Tag jagen sehen, zum Beispiel, wenn sie nach einer längeren Schlechtwetterperiode aus Hunger schon sehr früh ausfliegen, oder im Herbst, wenn Abendsegler in großen Höhen schon in der Spätnachmittagssonne hoch am Himmel zu jagen beginnen, um sich noch mehr Winterspeck anzufressen. Aber es gibt trotz der großen Zahl der Fledermausarten weltweit keine größtenteils tagaktive Fledermaus. Dafür hat man mehrere Erklärungen diskutiert, so den Feinddruck durch Greifvögel, die Konkurrenz mit den tagaktiven Vögeln und die Gefahr der Überhitzung bei Sonnenlicht, da die großen Flughautflächen sehr viel Wärme absorbieren [allg. Lit. 132].

Fledermäuse sind Greifvögeln gegenüber ziemlich hilflos. Wenn man in Europa einem Wanderfalken *(Falco peregrinus)*, der auf Abendsegler Jagd macht, in Südamerika einem der auf Fledermäuse spezialisierten Fledermausfalken *(Falco rufigularis)* oder an einer Höhle in Borneo einem Fledermausaar *(Macheiramphus alcinus)* zuschaut, dann hat man den Eindruck, als ob es für die Greifvögel ein Kinderspiel sei, eine Fledermaus nach der anderen im Flug zu erbeuten. Es sieht so aus, als ob die Fledermäuse einen von hinten angreifenden Falken einfach überhaupt nicht bemerken können. Vermutlich ist die Echoorientierung dafür ungeeignet. Dass Fledermäuse leichte Beute sind, scheinen viele Greifvögel zu wissen, denn wenn man eine Fledermaus einmal am Tag aufstöbert und sie auffliegt, ohne gleich wieder ein Versteck zu finden, so wird sie, wenn ein Falke oder ein Sperber zugegen ist, meist sofort attackiert.

Häufig sieht man auch Singvögel, z.B. Schwalben, auf ausnahmsweise einmal am Tag fliegende Fledermäuse hassen. Felsenschwalben *(Ptyonoprogne rupestris)* attackierten einmal einen Riesenabendsegler *(Nyctalus lasiopterus)* so heftig, dass dieser sich mit Sturzflügen in Sicherheit bringen musste [eigene Beobachtung].

Wenn der Feinddruck durch Greifvögel der Hauptgrund für die nächtliche Lebensweise der Fledermäuse ist, müssten sie in Gegenden, wo es nur wenige Greifvögel gibt, zumindest teilweise tagaktiv sein. Ein solchermaßen greifvogelfreies Gebiet sind die Azoren-Inseln. Hier gibt es nur wenige fledermausjagenden Greifvögel. Tatsächlich kann man den Azorenabendsegler *(Nyctalus azoreum)* viel häufiger auch einmal am Tag beobachten als seinen nächsten Verwandten auf dem europäischen Festland, den Kleinabendsegler *(Nyctalus leisleri)*. Dennoch zeigen detaillierte Studien dass die Hauptjagdzeit auch des Azoren-Abendseglers in der Nacht liegt [allg. Lit. 59]. Aber warum fliegen Fledermäuse dann bevorzugt in der Nacht?

Vielleicht liegt es daran, dass Fledermäuse nachts einfach viel mehr Beute finden, weil die Konkurrenz mit den Vögeln wegfällt. Ein weiterer Faktor, der vor allem von J. R. Speakman in die Diskussion gebracht wurde, ist die Möglichkeit einer Überhitzung des Fledermauskörpers durch die Absorption des Sonnenlichtes auf den großen Flügeln, die nicht durch Fell geschützt sind und eine sehr große Oberfläche darstellen [allg. Lit. 132]. Strahlungsmessungen zeigen, dass die Flügel tatsächlich eine sehr hohe Lichtabsorption und damit verbundene Wärmeaufnahme zeigen, die über die Abgabe von Wärme an die vorbeistreichende Luft hinausgeht. Aber vermutlich lässt sich das eher als eine sekundäre, erst nachträgliche Anpassung an die Nachtaktivität interpretieren, die in der Evolution der Fledermäuse zunächst von den bereits genannten Selektionsfaktoren, Gefahr durch Greifvögel und Nahrungskonkurrenz mit Vögeln, erzwungen wurde.

Wenn Fledermäuse sich auch im Wesentlichen „aktiv akustisch“ orientieren und so mithilfe des Echo-„Bildhörens“ ihre Beute aufspüren, so orten viele Fledermäuse ihre Beutetiere auch „passiv akustisch“. Viele Insekten erzeugen ja selbst Geräusche und das ausgezeichnete Gehör der Fledermäuse nimmt natürlich auch diese Geräusche wahr. Besonders gefährdet sind dabei na-

Bild 66. Braune Langohren (*Plecotus auritus*) sind sehr wendige Flieger und machen ihre Beute, meist Nachtfalter, auch nahe an der Vegetation. Foto: D. Nill

türlich diejenigen Insekten, die selbst eine innerartliche akustische Kommunikation benutzen: vor allem Grillen und Heuschrecken. Singende Laubheuschrecken-Männchen verstummen, wenn sie die Ortungslaute von Fledermäusen hören. Daran tun sie gut, denn Fledermäuse hören den Heuschreckengesang mindestens ebenso empfindlich wie die Heuschrecken-Weibchen.

Aber viele andere Insekten erzeugen ebenfalls Geräusche, ohne diese als kommunikative Signale einsetzen zu „wollen". Mücken und andere Dipteren summen, wenn sie fliegen, weil der Flügelschlag rhythmische Druckschwankungen der Luft erzeugt. Wen hat noch nicht eine nächtlich im Schlafzimmer fliegende Mücke durch ihr hohes „ssss" verrückt gemacht? Käfer brummen eher im Flug, aber sind ebenso gut hörbar. Besonders aufmerksam wirken Fledermäuse sofort, wenn sie Raschelgeräusche hören. Man muss tatsächlich nur selbst einmal genau hinhören, wenn Mehlwürmer in einer kleinen Plastikschale umherkriechen, und wird staunen, wie deutlich man das hört. Noch viel lauter sind Laufkäfer, die im trockenen Laub eines Buchenwaldes auf Jagd sind. Im trockenen Laub kann man selbst eine Spinne laufen hören. Es ist klar, dass viele Fledermäuse das nutzen.

Die Jagdmethoden der Fledermäuse sind mindestens ebenso vielfältig wie die der Vögel. Neben den Jägern im freien Luftraum („aerial hawking bats"), gibt es Wartenjäger, die ähnlich Fliegenschnäppern unter den Vögeln von einem Hangplatz aus die Umgebung beobachten und erst abfliegen, wenn sie ein Beutetier entdeckt haben. Andere Arten jagen nahe an der Vegetation („gleaning bats"); zu ihnen gehören auch die Bodenjäger, die im niedrigen, langsamen Flug über den Waldboden hinwegfliegen und sich dann auf Beuteinsekten stürzen, deren Rascheln sie gehört haben.

Bild 67. Um zu trinken, fliegen Fledermäuse wie dieses Braune Langohr (*Plecotus auritus*) dicht über der Wasseroberfläche. Meist bevorzugen sie dazu die ruhigsten Bereiche eines Gewässers. Foto: D. Nill

Bild 68. Graue Langohren (*Plecotus austriacus*) transportieren große Beute wie diesen Bärenspinner (Arctiidae) meist zu speziellen Fresswarten, um sie dann in Ruhe zu verzehren. Foto: D. NILL

Bild 69. Die Zwergfledermaus *(Pipistrellus pipistrellus)* erkennt ihre Beute, meist kleine Fluginsekten, mithilfe ihrer Echoortungslaute und erbeutet sie mit wendigen Flugmanövern. Zeichnung: R. ROESLER

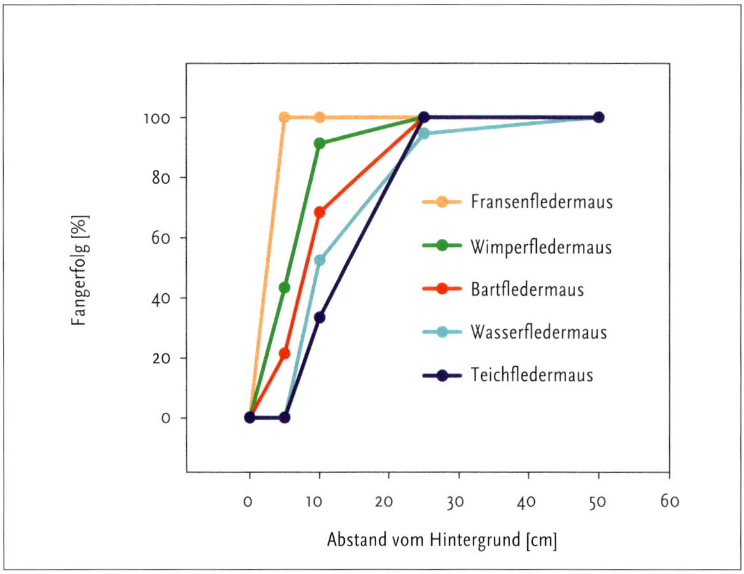

Bild 70. Fangerfolg in Abhängigkeit vom Abstand eines Beutetieres zu einem echogebenden Hintergrund. BJÖRN SIEMERS hängte Mehlwürmer an feinen Fäden in verschiedenem Abstand (Abszisse) zu einem festen Hintergrund auf und zählte aus, in wieviel Prozent aller Beobachtungen eine Fledermaus den Mehlwurm innerhalb von 5 Minuten abgepflückt hatte. Es zeigte sich, dass die verschiedenen *Myotis*-Arten dieser Aufgabe umso besser gewachsen waren, je breitbandiger ihre Ortungsrufe sind. Am besten war die Fransenfledermaus *(Myotis nattereri)*, die bereits bei einem Wandabstand von nur 5 Zentimetern alle Mehlwürmer erbeutete. Aus allg. Lit. 125. Grafik: B. SIEMERS

Jagd im freien Luftraum

Im freien Luftraum ist die Detektion von Beutetieren am einfachsten, da es keine oder nur ganz wenige und schwache störende Hintergrundechos gibt. Die meisten insektenjagenden Fledermäuse in Europa, wie z.B. die Zwergfledermaus *(Pipistrellus pipistrellus)* (Bild 69) oder auch der Abendsegler *(Nyctalus noctula)* sind Luftjäger. Während viele *Myotis*-Arten oder auch die Zwergfledermaus meistens noch nahe an Bäumen oder über Lichtungen oder Waldwegen jagen und für ihre Echoortung das „störfreie Fenster" nutzen, fliegen andere Fledermäuse wie der Abendsegler, die Bulldoggfledermaus *(Tadarida teniotis)*, oder die Grabfledermäuse *(Taphozous)* Nordafrikas hoch und schnell am Himmel, oft weit über den Baumkronen oder Bergwiesen. Abendsegler können, wenn sie ein Beutetier unter sich entdecken (oder wenn man ein Steinchen hochwirft, das sie fälschlich für ein Beutetier halten) blitzschnell abtauchen, indem sie sich über ihre Schulter werfen, einen Moment auf dem Rücken fliegen und dann senkrecht nach unten sausen. Andere Arten fliegen langsamer, sind dafür aber noch weit manövrierfähiger.

Jagd in Vegetationsnähe

Die Überlagerung des Beutetierechos mit gleichzeitig eintreffenden Echos der dahinter oder darum liegenden Vegetation – oder gar eines Baumstamms oder eines Felsens, auf dem das Beutetier sitzt – stellt das größte Problem für das Echo-Bildhören der Fledermäuse dar. In der Evolution haben sich im Prinzip zwei Lösungswege, auch diese Nische zu erobern, abgezeichnet: Hufeisennasen mit ihren langen Ortungsrufen bemerken die Flügelbewegungen eines Insekts, selbst wenn dieses direkt vor der Vegetation fliegt oder womöglich auf einem Baumstamm sitzt, aber mit den Flügeln schwirrt. Sie bemerken den Flügelschlag, weil sich im Echo Lautstärke (wegen des Effekts der Rückspiegelung des Schalls in bestimmten Flügelstellungen) und Tonfrequenz (wegen des Dopplereffektes) mit der Frequenz des Flügelschlags ändern.

Anders haben die Glattnasen diese Aufgabe gelöst. Die kleinen Arten der Gattung *Myotis* verbessern die Auflösung des Abstands zum Hintergrund, indem sie extrem kurze Rufe verwenden und außerdem die Bandbreite vergrößern. B. SIEMERS hat in Experimenten, in denen er einen an einem Faden hängenden Mehlwurm in verschiedenem Abstand zu einer Wand bot, gezeigt, wie gut bei den mitteleuropäischen *Myotis*-Arten die Detektierbarkeit bei verschiedenem Hintergrundabstand mit dem Rufdesign und mit der ökologischen Nische korreliert (Bild 70): Je breitbandiger und kürzer die Ortungsrufe einer Art sind,

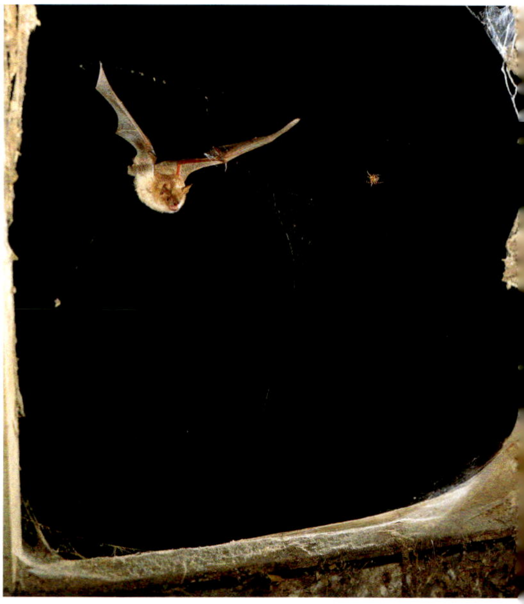

Bild 71. Wimperfledermäuse *(Myotis emarginatus)* sind regelrecht auf das Erbeuten von Spinnen spezialisiert. Foto: D. NILL

Bild 72. Jagdsequenz einer Fransenfledermaus *(Myotis nattereri)* auf eine Kohlschnake (Tipulidae) mit Stroboskopbelichtung. Foto: D. NILL

umso besser kann sie Beuteinsekten auch dann erkennen, wenn sie relativ dicht vor einem echogebenden Hintergrund fliegen [allg. Lit. 125].

Jagd am Boden

Das Mausohr *(Myotis myotis)* (Bilder 73–75) oder auch die Bechsteinfledermaus *(Myotis bechsteinii)* jagen einerseits fliegende Insekten, andererseits enthält ihr Beutespektrum zahlreiche flugunfähige Arthropoden (Gliedertiere), beim Mausohr vor allem Käfer und Heuschrecken, bei der Bechsteinfledermaus Insekten wie kleine Laufkäfer und Ohrwürmer, Raupen, Bodenspinnen, Weberknechte und sogar Hundertfüßer. Diese Beutetiere werden vor allem passiv geortet. Das Mausohr fliegt oft niedrig in weniger als einem halben Meter Höhe über dem Waldboden oder auch über eine Wiese [allg. Lit. 4, 5] und landet, wenn es ein raschelndes Insekt hört. Dann versucht es, wenn es nicht gleich Erfolg hatte, das Insekt auch zu Fuß zu verfolgen und das Insekt mit dem Maul zu fassen.

Wartenjagd

Die Technik der Fliegenschnäpper wird vor allem von den Hufeisennasen ausgeübt. Hufeisennasen können viele Minuten lang an einem Zweig, oft einer bestimmten Warte, die sie immer wieder aufsuchen, hängend und echoortend die Umgebung abtasten (Bilder 76 und 77). Dabei drehen sie sich an ihren langen Hinterbeinen hängend um ihre Körperlängsachse und beobachten so die gesamte Umgebung ringsum. Wenn sie ein Insekt detektieren, fliegen sie ab und versuchen es zu fangen, kehren dann aber oft gleich wieder an ihre Warte zurück. Auch Mausohren unterbrechen ihren niedrigen Jagdflug gerne für eine kurze Rast an einem Baumstamm im Wald, von dem aus sie dann aufmerksam auf alle Geräusche krabbelnder Insekten in der Umgebung horchen.

Jagd über dem Wasser

Mehrere einheimische Fledermausarten jagen bevorzugt über Wasserflächen und nehmen Insekten, die auf die Wasserfläche

Bild 73. Das Mausohr *(Myotis myotis)* nutzt die von der bevorzugten Beute, meist bodenlebenden Insekten, produzierten Raschelgeräusche, um sie zu orten. Auf dem Boden oder in der Vegetation kann diese Beute durch Echoortungssignale nicht erkannt werden. Zeichnung: R. ROESLER

gefallen sind und dort schwimmen, mit ihren Füßen auf, um sie dann zum Maul zu führen. Zu diesen Arten gehören die Wasserfledermaus *(Myotis daubentonii)*, die Teichfledermaus *(Myotis dasycneme)* und vor allem die Langfußfledermaus *(Myotis capaccinii)*, außerdem auch die Balkan-Bartfledermaus *(Myotis mystacinus bulgaricus)*. Diese Arten erkennt man morphologisch an ihren großen Hinterfüßen mit sehr langen Zehen und daran, dass die Hinterfüße freigestellt sind. Am auffälligsten ist dies bei der Langfußfledermaus, bei der die Armflughaut erst oberhalb der Ferse am Unterschenkel ansetzt. Wasserfledermäuse und Langfußfledermäuse sieht man im Mondlicht oft eine kleine silbrige Furche durch das Wasser ziehen, wenn sie auf diese Weise mit Füßen und Schwanzspitze nach einem Insekt auf der Wasseroberfläche greifen.

Bild 74. Kurz vor dem Ergreifen der Beute ortet das Mausohr *(Myotis myotis)* die Raschelgeräusche direkt unter sich. Foto: D. NILL

Bild 75. Abflug eines Mausohrs *(Myotis myotis)* nach der Beuteaufnahme am Boden. Foto: D. NILL

Objekte auf der Wasseroberfläche sind für eine echoortende Fledermaus besonders gut zu detektieren, da die Wasserfläche selbst beim schrägen Anflug das Echo im Wesentlichen von der Fledermaus weg reflektiert, ein auf dem Wasser schwimmender Insektenkörper es hingegen zurück zur Fledermaus schickt (Bild 78). Dadurch ist eine Beute sehr auffällig und das Signal-Rausch-Verhältnis fast genauso gut wie im freien Luftraum – mit dem zusätzlichen großen Vorteil, dass Beutetiere, die auf der Wasseroberfläche schwimmen, nicht so schnell entfliehen können.

Bild 76. Große Hufeisennasen *(Rhinolophus ferrumequinum)* scannen im Hängen an Jagdwarten ihre Umgebung und fliegen nur ab, wenn sie eine lohnende Beute ausgemacht haben. Anhand der Flügelschlagfrequenz fliegender Beute können sie diese sehr genau einschätzen. Zeichnung: R. Roesler

Bild 77. Die Große Hufeisennase *(Rhinolophus ferrumequinum)* erbeutet Insekten meist mit dem Flügel und führt sie damit zum Maul. Foto: D. Nill

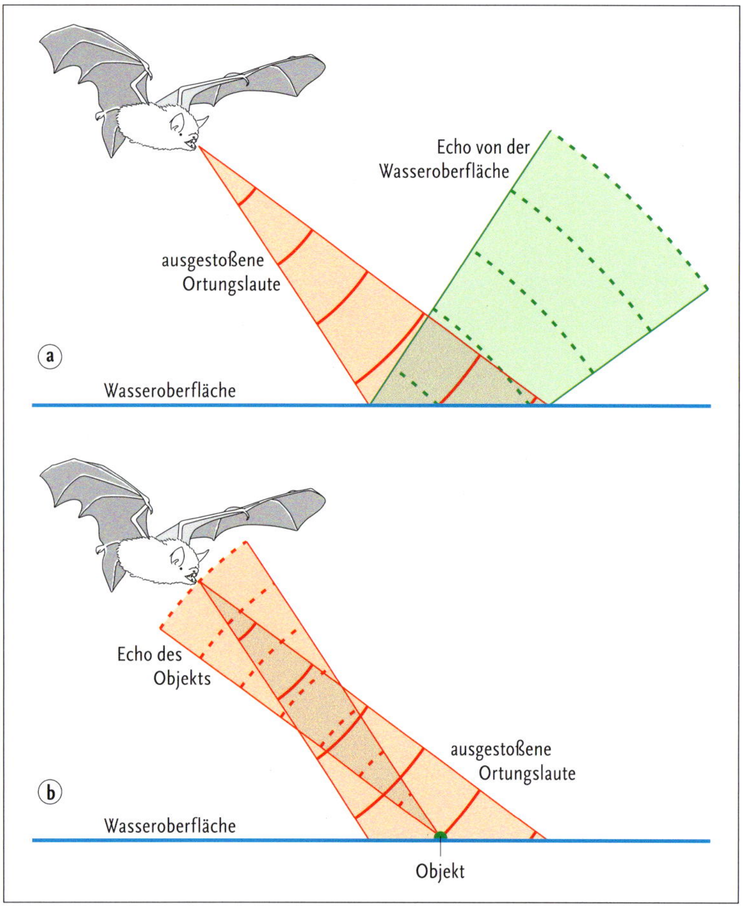

Bild 78. Bei der Jagd über einer glatten Wasseroberfläche ergibt sich der Vorteil, dass der auf die Oberfläche auftreffende Schall zum allergrößten Teil von der Fledermaus weg reflektiert wird (a), und sie nur Echos zurückbekommt, wenn sich ein Objekt, z.B. ein Beutetier, auf der Wasseroberfläche befindet (b). Zeichnung Fledermaus: R. Roesler, Grafik: W. Lang

Flexibilität der Jagdstrategie

Fledermäuse können sehr flexibel sein, wenn sich mit der ihnen zur Verfügung stehenden Jagdstrategie auch andere als die gewohnten Beutetiere anbieten. So hat man beobachtet, dass Langfußfledermäuse *(Myotis capaccinii)* sich regelmäßig von kleinen Fischen ernähren, sobald diese massenweise dicht unter der Wasseroberfläche schwimmen [allg. Lit. 2]. Auch der Riesenabendsegler *(Nyctalus lasiopterus)* ist vermutlich so zum Vogeljäger geworden: Ein ziehender Zaunkönig unterscheidet sich in seinem Echobild vielleicht zunächst gar nicht zu sehr von einer großen Heuschrecke. Allerdings ist es für einen Insektenfresser sicherlich nicht ohne Weiteres möglich, Fleisch zu fressen, denn ihm fehlen dann die Ballaststoffe des Chitinpanzers. Dafür fressen die Riesenabendsegler, wenn man ihnen einen toten Vogel reicht, als erstes sehr viele Federn, bevor sie mit dem Verzehr des Fleisches oder der Eingeweide beginnen [eigene Daten]. Wahrscheinlich benötigen sie die Federn für ihre Verdauung. Auch von Haubentauchern weiß man, dass die Eltern ihre Küken, wenn sie noch sehr klein sind,

Bild 79. Wasserfledermäuse *(Myotis daubentonii)* jagen dicht über der Wasseroberfläche und greifen mit ihren Füßen schwimmende Beute. Zumindest im Labor nehmen sie auch Kleinfische bereitwillig als Beute an. Foto: D. Nill

nicht nur mit frisch gefangenen kleinen Fischen, sondern auch mit sich selbst ausgerissenen Dunenfedern füttern.

Beutespektren

Die Beutetierspektren der verschiedenen Fledermausarten, wie man sie z.B. über Kotanalysen rekonstruieren kann (s. folgende Seiten), unterscheiden sich von Art zu Art deutlich. Nur auf diese Weise ist es möglich, dass so viele insektenjagende Fledermausarten in Europa gemeinsam vorkommen, ohne sich durch gegenseitige Konkurrenz auszuschließen: Sie alle haben in ihrer Evolution verschiedene Nahrungsnischen besetzt – auch wenn sich diese Nahrungsnischen oft in weitem Maße überschneiden. Wenn in einem Eichenwald der Eichenwickler *(Tortrix viridana)* fliegt, dann fressen so gut wie alle Fledermäuse Eichenwickler. Wenn in den Kiefern-Dünenwäldern des Mittelmeergebietes die Geschlechtstiere verschiedener Ameisen-Arten schwärmen, dann fressen fast alle Fledermäuse in dieser Nacht Ameisen.

Opportunistisch oder selektiv?

Jagen Fledermäuse also „opportunistisch“ oder jagen sie „selektiv“? Diese Frage klingt zunächst wie eine Alternative, ist es aber eigentlich nicht. Eine Fledermaus wird zunächst jedes Beutetier, das sie (1.) entdecken und (2.) mit ihrer Fangstrategie erbeuten kann, packen und verzehren, wenn es nicht schlecht schmeckt oder gefährlich ist, z.B. sticht. Warum sollte sie darauf verzichten? Im Falle einer Wahlmöglichkeit wird sie das Beutetier bevorzugen, das das günstigste Kosten/Nutzen-Verhältnis für sie hat – also mit dem geringsten Zeitaufwand die meisten Kalorien erbringt. Die Selektivität der Jagd liegt darin, dass verschiedene Fledermausarten (1.) verschiedene Habitate für die Jagd aufsuchen, z.B. weil ihre Flugtechnik an einen verschiedenen Grad an Hindernis-Reichtum angepasst ist, (2.) weil verschiedene Arten durch Spezialisierung ihres Gehörs und ihrer Ortungsrufe verschiedene Beutetiere besonders schnell entdecken, und (3.) weil sie mit ihrer jeweiligen Jagdtechnik verschiedene Insektenarten mit geringerem Aufwand erbeuten können.

Fledermäuse jagen also selektiv, aber dabei opportunistisch.

Bild 80. Riesenabendsegler *(Nyctalus lasiopterus)* fressen nachweislich auch Kleinvögel. Ob sie diese im Flug verzehren oder wie hier im Hängen, ist noch nicht geklärt. Foto: D. Nill

Nahrung der Fledermäuse

Die europäischen Fledermausarten ernähren sich fast ausschließlich von Insekten und anderen Gliederfüßern (Arthropoden), wie Spinnen, Weberknechten und Hundertfüßern. Diese Beutetiere besitzen ein Außenskelett aus Chitin, das von den Fledermäusen beim Verzehren in kleine Stücke zerbissen wird. Im Verdauungstrakt wird das Chitin chemisch nicht zersetzt, weshalb es möglich ist, mit Hilfe der Kotanalyse aus den Fragmenten in den Kotpellets die Beutetiere zu ermitteln.

Bild 81. Ameisenkopf aus dem Kot der Breitflügelfledermaus *(Eptesicus serotinus)*. Foto: I. Wolz

Kotanalyse

Zur Analyse werden die Kotkrümel in Wasser oder Alkohol eingeweicht und unter einem Binokular zerzupft und anschließend die Beutetierreste bestimmt, soweit das möglich ist. In der Regel erkennt der Fachmann, der sich in diese Fragestellung eingearbeitet hat, die den Beutetieren zugehörige Arthropoden-Ordnung (z.B. Schmetterlinge, Hautflügler, Käfer, Weberknechte) relativ schnell – oft an kleinen, aber charakteristischen Merkmalen der winzigen Bruchstücke. Die Beutereste lassen sich zunächst in diese groben Kategorien einteilen. Auch familientypische Merkmale der Beutetiere überstehen die Magen/Darm-Passage durch die Fledermaus häufig unversehrt. So sind die Eulenfalter (Noctuidae) an einem deutlich sichtbaren Nebenzahn an den Tarsenkrallen, die Blatthornkäfer (Scarabaeidae) an den typisch geformten Antennen, die Laufkäfer (Carabidae) an einer tiefen Einbuchtung der Vordertibia oder – als weiteres Beispiel – die Familie Hydropsychidae aus der Ordnung der Köcherfliegen (Trichoptera) an einem dunklen Schrägstrich auf den basalen Antennengliedern zu erkennen.

Artbestimmung von Beuteinsekten

Gattungs- oder arttypische Merkmale sind im Bruchstückmaterial dagegen vergleichsweise selten zu entdecken, aber von besonderem Wert: Stammen diese Fragmente von Beutetieren, die sich in eng begrenzten Lebensräumen bewegen, wie dies z.B. von vielen Spinnen bekannt ist, so ist es möglich, über das Beutetier auch Einblicke in die Jagdweise der Fledermäuse zu gewinnen. Der Nachweis der Bodenspinne *Coelotes terrestris* (arttypisches Merkmal: Pedipalpus der Männchen) zeigt z.B., dass die Bechsteinfledermaus *(Myotis bechsteinii)* Beutetiere auch direkt am Boden erjagen kann [allg. Lit. 149, 150]. Weitere arttypische Kennzeichen für derartig interessante ökologische Hinweise sind die Coxalporen am 15. Beinpaar des Gemeinen Steinkriechers *(Lithobius forficatus)*, auch er kann von Fledermäusen nur am Boden erbeutet worden sein. Ein anderes Beispiel für ökologische Aussagen aufgrund genau zuordenbarer Beutereste sind die Cerci (Hinterleibsanhänge) der großen Kohlschnake *(Vestiplex scripta)*, einer Dipterenart, die vor allem im Mai und Anfang Juni in Nadelwäldern vorkommt.

Für eine quantitative Erfassung des Beutespektrums ist es möglich, den Volumenanteil bestimmter Beutetiergruppen an der Gesamtmenge des vorhandenen Materials (in Volumenprozent) zu schätzen, oder die Auftrittshäufigkeit einer Arthropodenordnung in vielen Pellets einer Probe auszuzählen (prozentuale Häufigkeit). Dabei ist zu beachten, dass sich aufgrund der starken Zerkleinerung der Beutetiere eine Reihe von Fehlermöglichkeiten bei der Beurteilung ergibt: Harte, stark chitinisierte und bunt gefärbte Arthropoden wie Käfer, Wanzen oder Zikaden werden im Bruchstückmaterial weniger leicht übersehen als weichhäutige Beutetiere (Netzflügler, Eintagsfliegen oder kleine Mücken). Dies kann zu einer Überbewertung einzelner Beutegruppen im Beutespektrum führen. Auch Schmetterlingsschuppen in den Kotkrümeln können irreführend sein: Nach einer Mahlzeit mit vielen Nachtfaltern können sich noch tagelang Schuppen im Fledermauskot finden, auch wenn die Tiere seither keine Schmetterlinge mehr gefressen haben. Das kann eine Überschätzung der Schmetterlinge im Nahrungsspektrum nahelegen.

Beutespektrum und Jagdstrategie

In den Beutespektren wird die Einnischung der verschiedenen Arten in Hinsicht auf ihre Jagdstrategien deutlich: Der Kleinabendsegler *(Nyctalus leisleri)* jagt seine Beute im Flug. Schmetterlinge, Zweiflügler, Köcherfliegen und andere flugfähige Insekten (linker Bereich in Bild 92) bilden seine Hauptnahrung. Pflanzenreste im Kot, die stets ein Hinweis darauf sind, dass die Fledermäuse beim Beutefang der Vegetation nahe kommen bzw. die Beute von Pflanzen oder Laub am Boden absammeln, fehlen.

Fledermausarten wie das Braune Langohr *(Plecotus auritus)*, die Bechsteinfledermaus *(Myotis bechsteinii)* oder die Fransenfledermaus *(Myotis nattereri)* sind in der Lage, ihre Beute direkt von Blättern, Zweigen und Rinde aufzunehmen, jagen aber auch im Flug oder können auf dem Boden landend Arthropoden fangen. Ihr Beutespektrum enthält daher typischerweise sowohl fliegende Beute als auch flugunlustige Tiere wie z.B. Wanzen, Zikaden, Ohrwürmer oder Laubheuschrecken (mittlerer Bereich in Bild 92) oder gänzlich flugunfähige Beute wie Spinnen, Weberknechte und verschiedene Larven (rechter Bereich in Bild 92). Das Beutespektrum des Braunen Langohrs zeigt dies besonders deutlich: Neben Schmetterlingen, Zweiflüglern und Wanzen bilden zu manchen Jahreszeiten viele flugunfähige Tiere (Ohrwürmer, Spinnen, Schmetterlingsraupen) einen großen Teil der Beute. Viele Pflanzenreste in den Kotproben weisen außerdem auf die häufigen Kontakte der jagenden Fledermaus mit der Vegetation oder dem Bodenhin.

Nahrungsspezialist Mausohr

Käfer nehmen als Beutetiere der Fledermäuse eine Sonderstellung ein. Mit ca.

Bild 82. Mundwerkzeuge eines Weberknechts aus dem Kot des Braunen Langohrs *(Plecotus auritus)*. Foto: I. Wolz

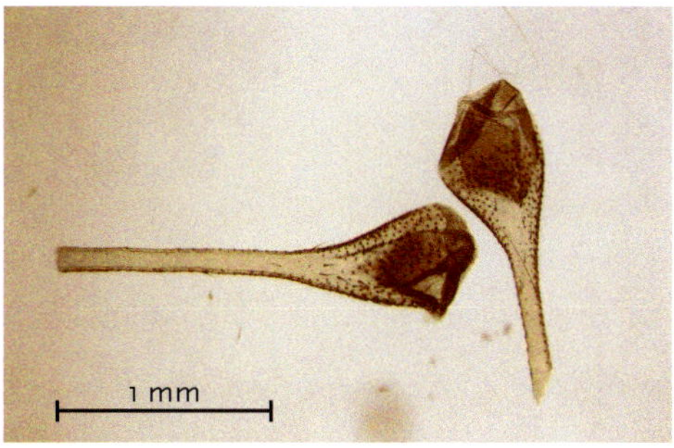

Bild 83. Zwei Schwingkölbchen (Halteren) einer Kohlschnake aus dem Kot des Alpenlangohrs *(Plecotus macrobullaris)*. Foto: I. Wolz

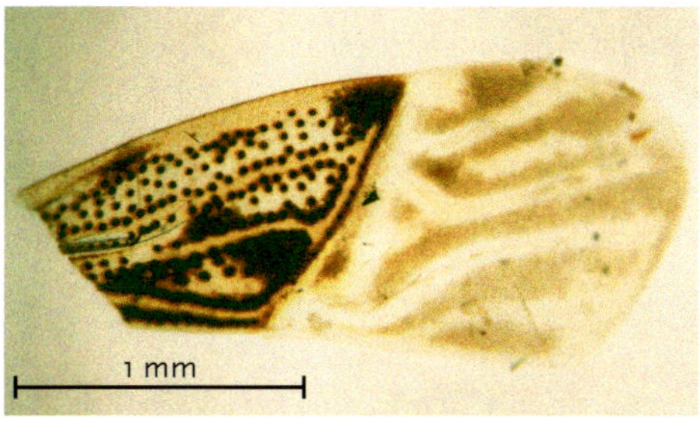

Bild 84. Flügelfragment einer Wanze aus dem Kot der Breitflügelfledermaus *(Eptesicus serotinus)*. Foto: I. Wolz

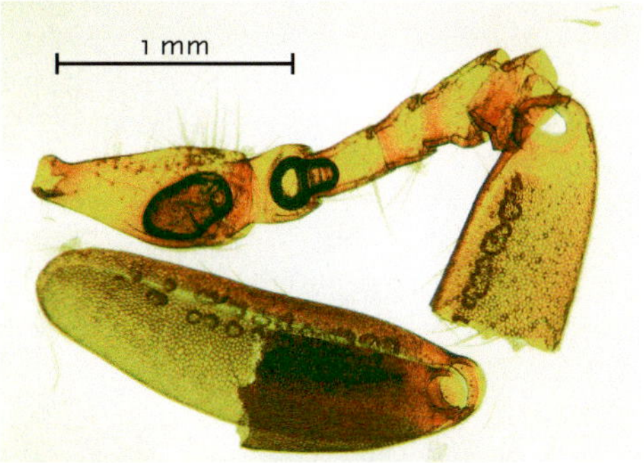

Bild 85. Bruchstück der Antenne eines Käfers aus der Familiengruppe Lamellicornia aus dem Kot des Riesenabendseglers *(Nyctalus lasiopterus)*. Foto: I. Wolz

Bild 86. Abschnitt eines Käfer-Deckflügels aus dem Kot des Mausohrs *(Myotis myotis)*. Foto: I. Wolz

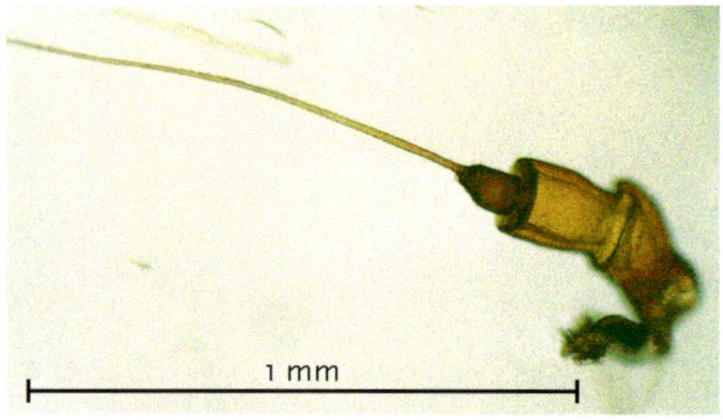

▸ Bild 87. Antenne einer Zikade aus dem Kot der Nymphenfledermaus *(Myotis alcathoe)*. Foto: I. Wolz

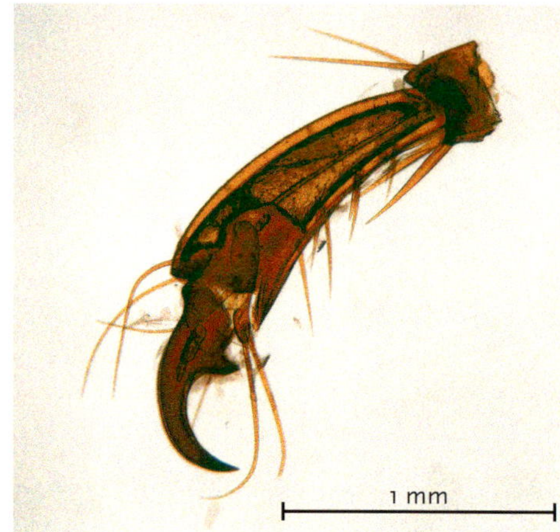

▸▸ Bild 88. Tarsenglied eines großen Blatthornkäfers (Scarabaeidae) aus dem Kot des Riesenabendseglers *(Nyctalus lasiopterus)*. Foto: I. Wolz

▸ Bild 89. Kaumagen-Fragment einer großen Laubheuschrecke aus dem Kot des Riesenabendseglers *(Nyctalus lasiopterus)*. Foto: I. Wolz

▸▸ Bild 90. Abschnitt eines Schmetterlingsfühlers aus dem Kot der Bechsteinfledermaus *(Myotis bechsteinii)*. Foto: I. Wolz

380 000 Arten weltweit bilden sie die artenreichste Ordnung der Tiere überhaupt und sind in jedem Jagdbiotop von Fledermäusen anzutreffen. Es gibt sowohl fliegende als auch völlig flugunfähige Käferarten. Daher ist mit Käfern im Beutespektrum fast jeder Fledermausart zu rechnen. Das Mausohr *(Myotis myotis)* ist dafür bekannt, sich hauptsächlich von bodenlebenden großen Käfern, vor allem Laufkäfern zu ernähren, die es durch die raschelnden Geräusche der Käfer auf dem Waldboden erkennt. Die Mausohren landen bei der Jagd auf dem Boden und suchen dort nach ihrer bevorzugten Nahrung. Fängt man sie während ihrer

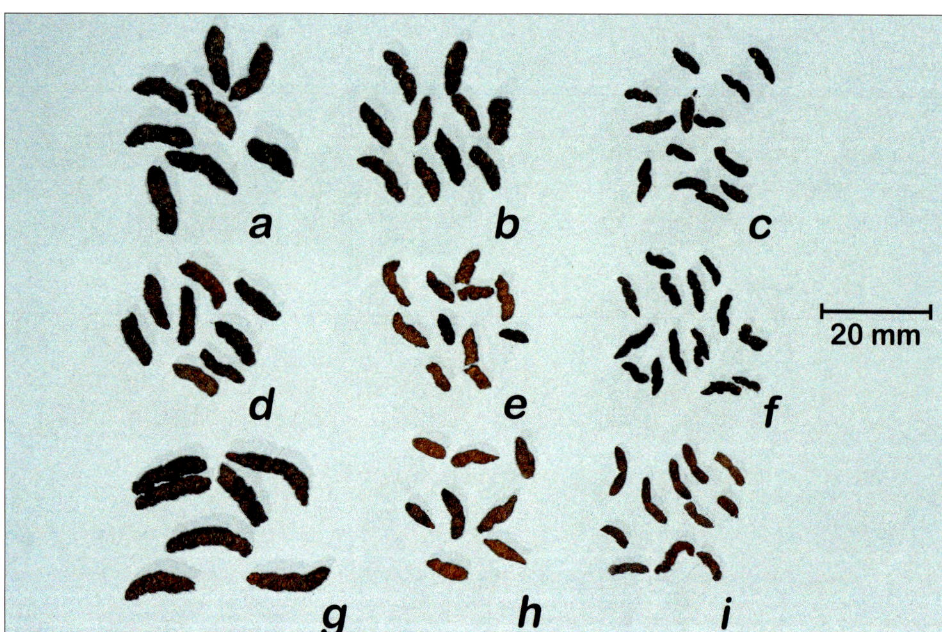

Bild 91. Kot verschiedener Fledermausarten. Obere Reihe von links nach rechts: Mausohr *(Myotis myotis)*, Bechsteinfledermaus *(Myotis bechsteinii)*, Bartfledermaus *(Myotis mystacinus)*. Mittlere Reihe: Kleinabendsegler *(Nyctalus leisleri)*, Braunes Langohr *(Plecotus auritus)* und Zwergfledermaus *(Pipistrellus pipistrellus)*. Untere Reihe: Riesenabendsegler (*Nyctalus lasiopterus*), Große Hufeisennase (*Rhinolophus ferrumequinum*) und Kleine Hufeisennase (*Rhinolophus hipposideros*). Foto: C. Dietz

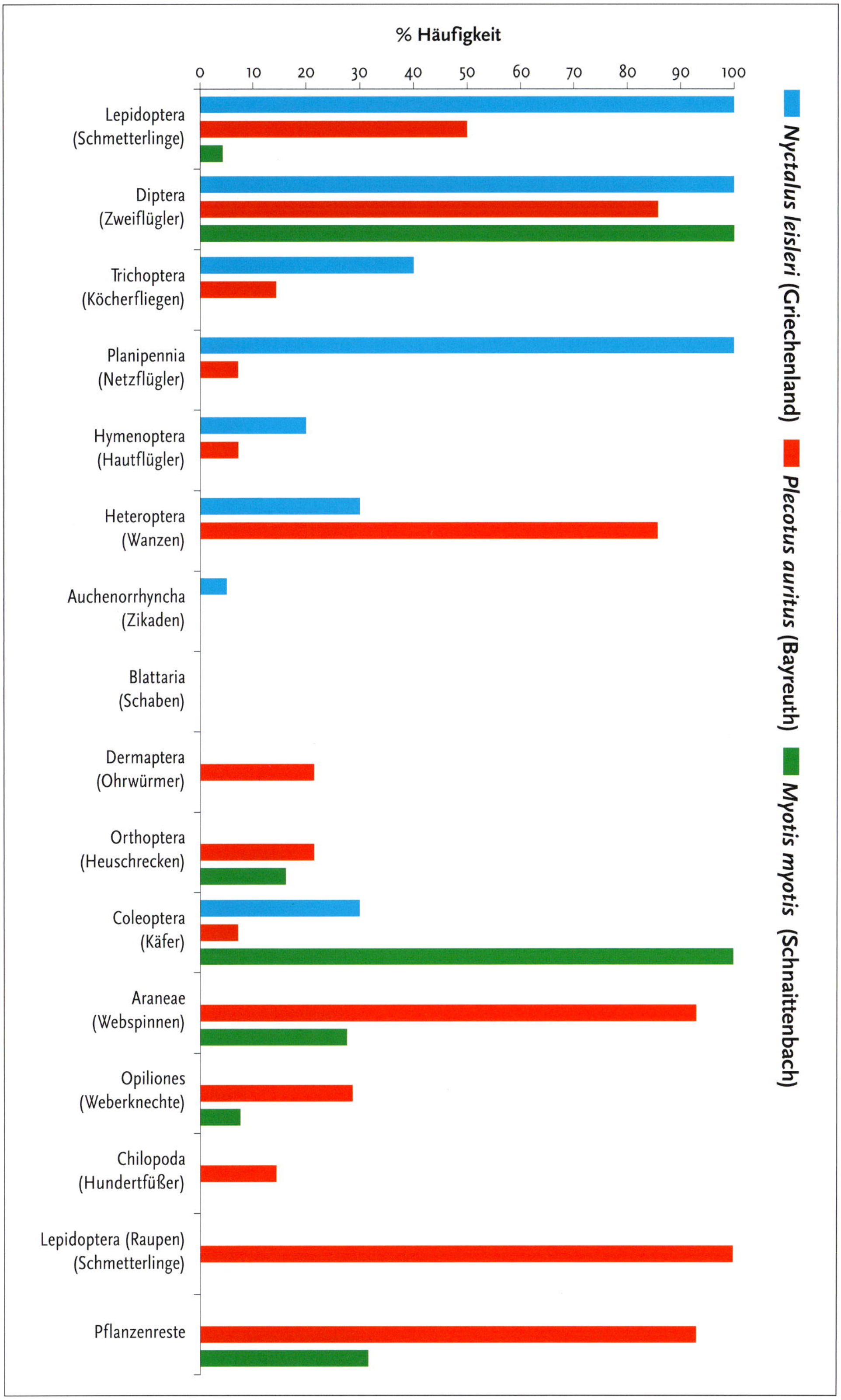

Bild 92: Beutespektren von drei Arten: Kleinabendsegler (*Nyctalus leisleri*) aus Griechenland, Braunem Langohr (*Plecotus auritus*) aus Bayreuth und des Mausohrs (*Myotis myotis*) aus dem Schnaittenbacher Forst. Die Häufigkeit gibt an, in welchem Anteil der Kotpellets die jeweilige Beutetiergruppe auftrat. Alle Daten: I. WOLZ

Jagdzeit, dann „duften“ sie oft intensiv nach dem penetranten Gestank, den Großlaufkäfer (*Carabus*-Arten) als Wehrsekret absondern. Das Beutespektrum der Mausohren ist durch eine geringe Anzahl fliegender Beute charakterisiert, Käfer bilden in der Regel die Hauptnahrung, gefolgt von weiteren flugunfähigen Arthropoden wie Spinnen, Weberknechten, Hundertfüßern und verschiedenen Larven. Auch Pflanzenreste wie Blatt- oder Moosfragmente finden sich regelmäßig in ihrem Kot, die bei der Bodenjagd mit aufgenommen werden.

Beutepräferenzen

Von diesen typischen Beutespektren sind viele Abweichungen möglich: Fledermäuse jagen insofern „opportunistisch“, als sie solche Beutetiere, die in den Jagdnächten häufig und leicht zu ergreifen sind, auch dann fangen, wenn sie für das Beutespektrum der beobachteten Fledermausart nicht typisch sind. So kann das Beutespektrum von Mausohren auch von Schmetterlingen oder großen Mücken der Familie Tipulidae dominiert sein, wenn diese in der Flugnacht häufig sind und eine leichte Beute darstellen.

Untersuchungen in Griechenland haben gezeigt, dass sieben von zehn an einem Netzstandort gefangene Fledermausarten (von kleinen Arten wie der Zwergfledermaus *(Pipistrellus pipistrellus)* bis hin zum Riesenabendsegler *(Nyctalus lasiopterus)*) Ameisen als Hauptbeute fingen, wenn diese in den Jagdnächten schwärmten. Unter solchen Bedingungen verwischen sich die Unterschiede zwischen den Beutespektren, da alle jagenden Tiere die massenhaft fliegende und leicht zu erreichende Beute fangen.

Artbestimmung von Fledermäusen anhand ihres Kots

Bei der Kontrolle von Fledermauskästen, Dachstühlen oder von Spaltenquartieren an Fassaden findet man viel eher Spuren, meist Kotkrümel, der nur saisonal anwesenden Fledermäuse, als dass man sie direkt zu Gesicht bekommt, zumal sich der Kot unter guten Bedingungen Jahre lang erhält.

Hat man andere Tiere als Verursacher ausgeschlossen – Fledermauskot hat eine poröse Oberfläche, weist keine weiße Harnsäurekappe auf und besteht nahezu ausschließlich aus den Chitinresten von Gliedertieren und ist daher krümelig – geben bereits die Fundumstände und die bevorzugten Quartiere der Fledermäuse einen ersten Hinweis auf die Art. Bei in großen Dachräumen aufgefundenem Kot sind in Mitteleuropa meist Mausohren *(Myotis myotis)*, Breitflügelfledermäuse *(Eptesicus serotinus)*, Langohren (Gattung *Plecotus*) oder aufgrund ihrer Seltenheit eingeschränkt auch Wimper- und Teichfledermäuse *(Myotis emarginatus* und *M. dasycneme)* oder Hufeisennasen (Gattung *Rhinolophus*) die Verursacher.

Eine genauere Artzuordnung über die Form und Größe der Kotpellets ist möglich (s. Bild 91), da aber ähnlich große Fledermäuse auch vergleichbare Pelletgrößen produzieren, können meist nur sehr unterschiedliche Arten wie Langohren und Mausohr sicher unterschieden werden [s. allg. Lit. 129]. Über den Kotinhalt kann eine weitere Bestimmung erfolgen: der nahezu gleich aussehende Kot mancher Arten lässt sich so gut trennen: Mausohren fressen größtenteils Laufkäfer, Breitflügelfledermäuse Wanzen und Zweiflügler, Große Hufeisennasen Mistkäfer und Falter. Die beste Methode ist sicher die Artbestimmung über im Kot enthaltene Haare, die von der Fledermaus beim Putzen verschluckt werden. Diese Haare, vor allem deren Spitzen, sind aufgrund der Kutikularstrukturen häufig artcharakteristisch und erlauben im Vergleich mit Haarproben bekannten Ursprungs eine ausgesprochen sichere Artbestimmung. Im Kot enthaltene Ektoparasiten ermöglichen aufgrund der hohen Wirtsspezifität ebenfalls eine Bestimmung. Die sicherste, allerdings auch die aufwändigste Methode, ist die Artbestimmung über die Isolierung und Sequenzierung von DNA-Fragmenten aus im Kot enthaltenen Zellen der Magen- und Darmschleimhäute.

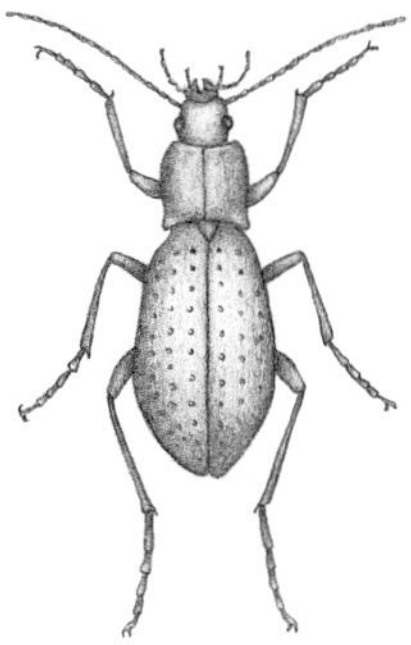

Bild 93. Flugunfähige Großlaufkäfer (*Carabus*-Arten) machen einen erheblichen Anteil der Beute des Mausohrs *(Myotis myotis)* aus. Zeichnung: R. ROESLER

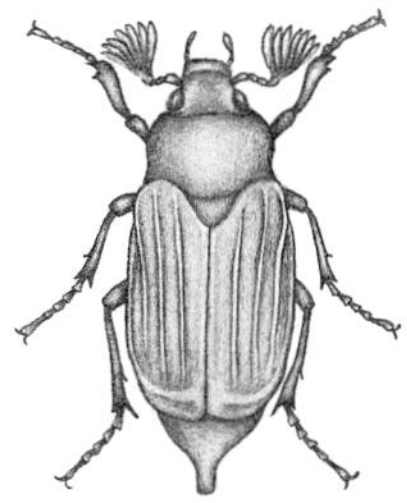

Bild 94. Maikäfer (*Melolontha*-Arten) sind eine begehrte Beute zahlreicher Fledermausarten, die sich während der kurzen Flugzeit der Käfer fast ausschließlich von diesen ernähren können. Zeichnung: R. ROESLER

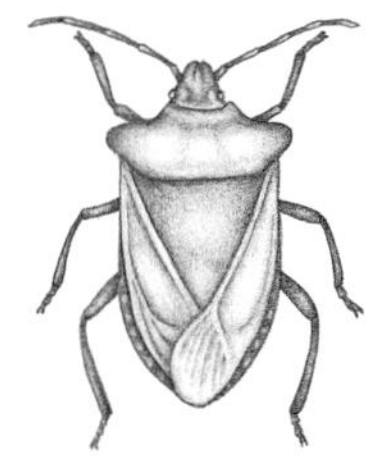

Bild 95. Wanzen (Heteroptera) treten vor allem im Herbst in der Nahrung von Breitflügelfledermäusen *(Eptesicus serotinus)* und Abendseglern *(Nyctalus noctula)* auf. Zeichnung: R. ROESLER

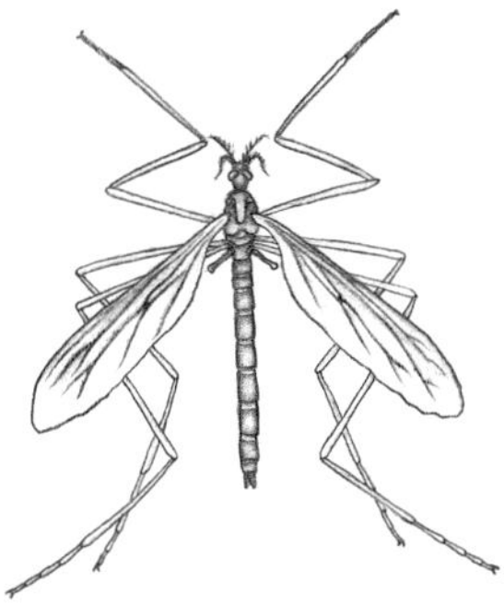

Bild 96. Kohlschnaken (Tipulidae) sind eine begehrte Beute von vielen verschiedenen Fledermausarten. Zeichnung: R. ROESLER

Bild 97. Schwärmer (Sphingidae) sind große bis sehr große Beutetiere, die während ihrer Flugzeit von Großer *(Rhinolophus ferrumequinum)* und Mehely-Hufeisennase *(R. mehelyi)* gerne gefangen werden. Zeichnung: R. ROESLER

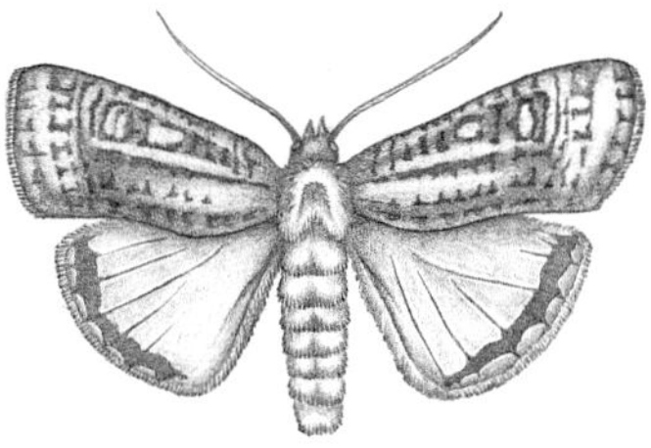

Bild 98. Eulenfalter (Noctuidae) stellen zu manchen Zeiten die Hauptbeute von Langohren (Gattung *Plecotus*) und Hufeisennasen (Gattung *Rhinolophus*) dar. Zeichnung: R. ROESLER

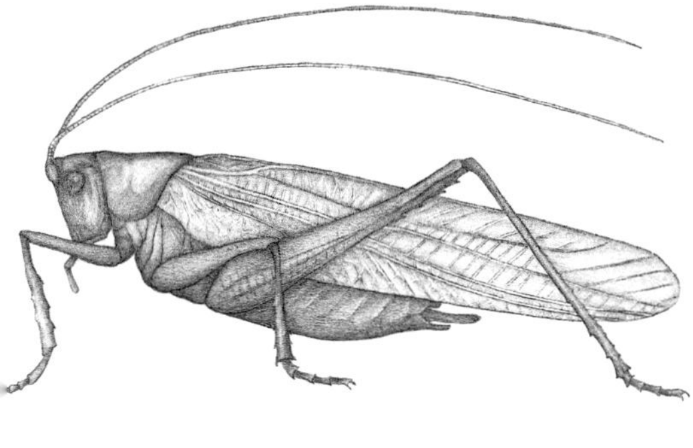

Bild 99. Laubheuschrecken (Tettigonidae) treten vor allem in der Nahrung des Mausohrs *(Myotis myotis)* und des Riesenabendseglers *(Nyctalus lasiopterus)*, aber auch bei Langohren (Gattung *Plecotus*) auf. Zeichnung: R. ROESLER

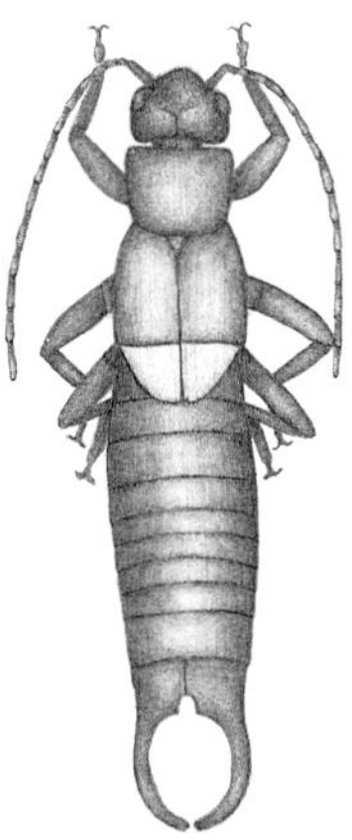

Bild 100. Ohrenzwicker *(Dermaptera)* werden vor allem von Langohren (Gattung *Plecotus*) und der Bechsteinfledermaus *(Myotis bechsteinii)* gefressen. Zeichnung: R. ROESLER

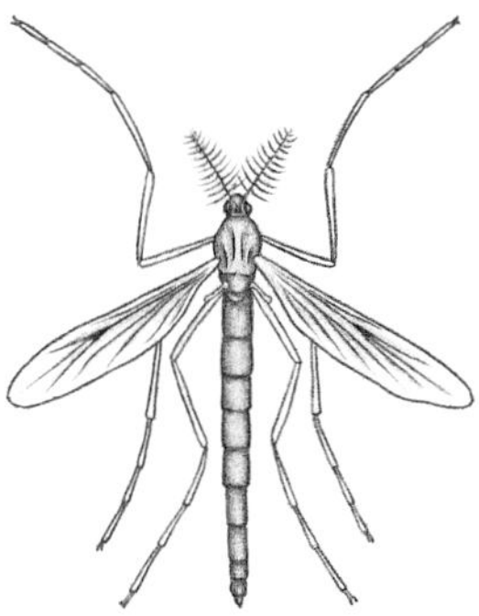

Bild 101. Zuckmücken (Chironomidae) stellen die Hauptbeute zahlreicher an Gewässern jagender Fledermausarten, wie der Wasserfledermaus *(Myotis daubentonii)* oder der Zwergfledermaus *(Pipistrellus pipistrellus)* dar. Zeichnung: R. ROESLER

Jahreszyklus der Fledermäuse

Die vorherrschend genutzte Nahrungsquelle der Fledermäuse sind Insekten und andere Gliedertiere, die in ihrer Verfügbarkeit im Jahresverlauf starken Schwankungen unterliegen. Für jedes Tier ist es sinnvoll, die Reproduktionszeit in den Teil des Jahres zu legen, in dem ausreichend Nahrung zur Verfügung steht und die weitgehend nahrungsfreie Zeit zu überstehen, in dem sie abwandern oder ihren Energieverbrauch drastisch drosseln. So wird verständlich, weshalb der Jahresverlauf bei den mitteleuropäischen Fledermäusen mit Geburten im Sommer und Winterschlaf im Winter relativ einheitlich ist. Bild 102 gibt einen Überblick über den Jahreszyklus einer mitteleuropäischen Fledermaus.

Wenn man mit der Fortpflanzungszeit beginnt, so haben sich etwa ab Mai die Weibchen in Fortpflanzungskolonien, den sogenannten Wochenstuben, gesammelt. Hier gebären sie, oft erstaunlich synchron, ihre Jungen. Diese Synchronisation wird vermutlich von der auf alle Weibchen vergleichbar einwirkenden Erwärmung im Frühjahr verursacht, die den Eisprung und daran anschließend die Befruchtung mit den über den Winter hinweg gespeicherten Spermien auslöst. Wenn man verletzte Fledermausweibchen im Herbst auffindet, sie über den Winter füttert und sie dabei so warm hält, dass sie keinen Winterschlaf halten, bekommen sie ihre Jungen oft schon im Januar oder Februar. Die Synchronisation der Geburt hat vielleicht auch besondere ökologische Vorteile, sie verringert in größeren Kolonien das Feindrisiko: Da es die hilflosen Jungen als Beute nur einmal im Jahr für eine kurze Zeit gibt, können sich Räuber wie Eulen oder Marder nicht über längere Zeit auf diese Beute „einschießen".

Der Zeitpunkt der Geburten liegt für die meisten mitteleuropäischen Arten im Juni. Im Mittelmeergebiet kann das allerdings auch anders sein: Die in den warmen Küstengebieten am Mittelmeer häufigen Langfußfledermäuse *(Myotis capaccinii)* haben auf der Balkanhalbinsel und in Spanien oft schon Anfang Mai Junge, die dann Anfang Juni bereits flugfähig sind.

Bei den meisten Arten gibt es keine oder nur sehr selten adulte Männchen in den Wochenstuben. Beim Mausohr *(Myotis myotis)*, dem Abendsegler *(Nyctalus noctula)* oder der Rauhhautfledermaus *(Pipistrellus nathusii)* findet man nur ganz ausnahmsweise ein Männchen in der Wochenstube, bei den Mausohren dann meistens separiert von den Weibchen in einer anderen Ecke des Dachstuhls. Bei Langohren (Gattung *Plecotus*) und Hufeisennasen (Gattung *Rhinolophus*) hingegen gibt es auch in den Sommerkolonien adulte Männchen. Die Männchen der anderen Arten verbringen den Sommer entweder einzeln oder sie bilden größere Männchenkolonien, in denen die Tiere sich einander gegenüber friedlich verhalten. Zumindest beim Kleinen Mausohr *(Myotis oxygnathus)* besetzen sie bereits ab Mai ihre Balzarenen in Höhleneingängen, in denen die Männchen einzeln ihre oft in kleinen Deckenkolken befindlichen Balzterritorien gegen jeden Eindringling verteidigen.

Im Juli und August werden die Jungtiere flugfähig, werden aber immer noch von den Müttern mit Milch ernährt. Sie werden allmählich selbstständig, beginnen jetzt auch mit der Jagd, sind dabei aber noch nicht sehr effektiv. Das ist eine sensible Periode für die Population: Jetzt sollte es in der nahen Umgebung der Kolonie nahrungsreiche Jagdgründe geben.

Kaum ist die Aufzucht der Jungen vorbei, beginnt für Männchen und Weibchen die Paarungszeit. Die Fernzieher unter den Fledermausweibchen finden die Balzquartiere der Männchen oft auf dem Zugweg oder im Winterquartier. Für die Winterschlaf haltenden Arten ist diese Phase des Jahres durch das Schwärmen an Höhlen oder anderen Quartieren gekennzeichnet. In dieser Zeit wandern Arten, die an sich das ganze Jahr über relativ ortstreu bleiben, zu Winterquartieren und treffen sich dort nachts mit anderen Artgenossen, vermutlich auch, um dort Paarungspartner zu finden. Gerade bei diesen ortstreuen Arten ist ja die Vermeidung von Inzucht besonders wichtig. Bei den ziehenden Arten erfolgt die genetische Durchmischung von selbst.

Diese Zeit vor dem Winterschlaf, im September und Oktober, ist für die Fledermäuse auch insofern wichtig, als sie jetzt das Fett für den Winterschlaf anfressen müssen. Die Bilder 103 und 104 zeigen am Beispiel der Wasserfledermaus *(Myotis dauben-*

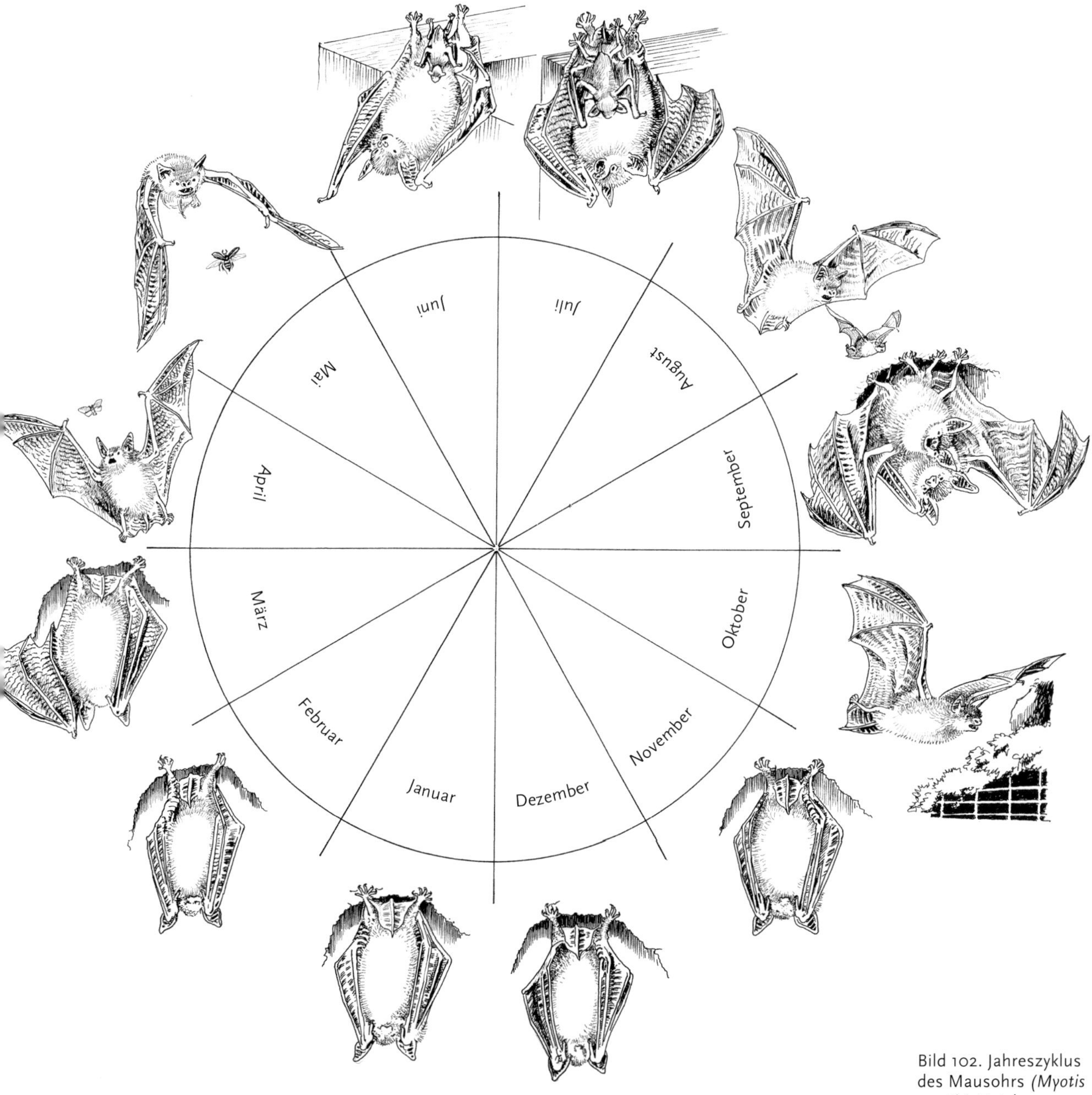

Bild 102. Jahreszyklus des Mausohrs *(Myotis myotis)*. Zeichnung: F. WEICK aus allg. Lit. 17

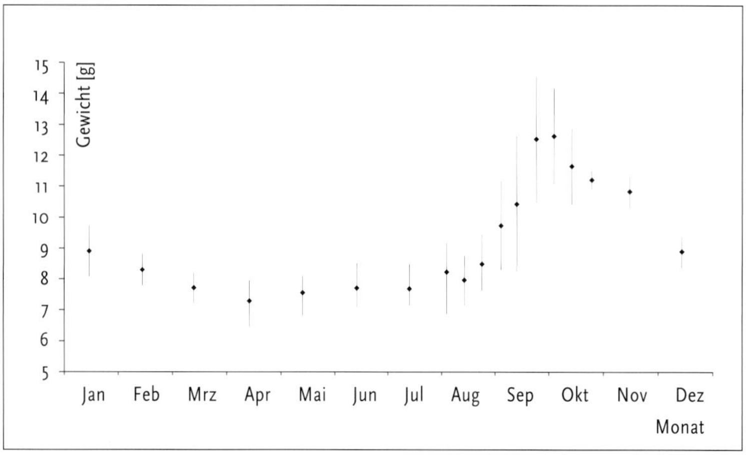

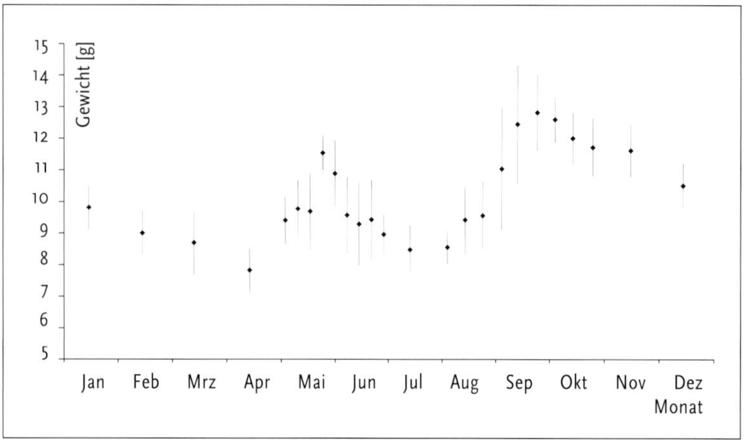

Bild 103. Gewichtsentwicklung erwachsener Männchen der Wasserfledermaus *(Myotis daubentonii)*. Auffällig ist die Erhöhung des Körpergewichts, wenn die Tiere sich im September Fett für den Winterschlaf anfressen. Grafik: M. Bauer nach Daten von C. Harrje, H. Geiger und anderen

Bild 104. Gewichtsentwicklung adulter Weibchen der Wasserfledermaus. Ende Mai/Anfang Juni ist die Gewichtszunahme aufgrund der Schwangerschaft deutlich. Grafik: M. Bauer

tonii) die Entwicklung des Körpergewichts im Jahresverlauf. Wasserfledermaus-Männchen haben im Sommer ein Gewicht zwischen 7 und 8 g. Fliegen kostet viel Energie und jedes Gramm zählt: Je leichter der Körper ist, um so energie-effizienter ist der Flug. Da lohnt es sich nicht, fett zu werden. Im September und Oktober steigt das Körpergewicht der Fledermaus-Männchen dann steil an und erreicht 12–13 g, manche Einzeltiere noch mehr. Während des Winterschlafs werden 4–5 g, mehr als ein Drittel des Körpergewichtes, wieder abgebaut. Bei den Weibchen gibt es im Juni, gegen Ende der Schwangerschaft, verständlicherweise einen weiteren Gipfel des Gewichts – bevor die Weibchen bei der Geburt um etwa ein Drittel ihres Gewichts leichter werden und während der Zeit des Säugens wieder das „energetische Optimalgewicht" von ca. 8 g wie die Männchen erreichen.

Je nach Witterung im Oktober oder November suchen die Fledermäuse ihre Winterquartiere auf. Die typischen Höhlen-Überwinterer wachen während des Winterschlafs nur wenige Male auf und erwarten mit weitgehend abgesenktem Stoffwechsel das Frühjahr (Bild 105). Andere Arten gehen an wärmeren Winterabenden durchaus noch auf Jagd oder wechseln das Winterschlafquartier – je nach Außentemperatur. Fledermausarten, die bis ins Mittelmeergebiet ziehen, wie z.B. Rauhhautfledermäuse *(Pipistrellus nathusii)* und der Kleinabendsegler *(Nyctalus leisleri)*, gehen oft Nacht für Nacht noch auf Jagd – solange Insekten fliegen und es nicht zu kalt wird.

Wenn es im Frühjahr wieder wärmer wird, oft schon im März, verlassen auch die tiefschlafenden Arten ihre Höhlenquartiere und beginnen an wärmeren Abenden mit der Jagd. Auch diese Zeit, Ende März und April, ist vermutlich vom Nahrungsangebot her eine sehr sensible Zeit für die meisten Fledermauspopulationen. Jetzt kommt es darauf an, ob entweder der Energievorrat reicht oder in der Nähe des Winterquartiers bereits genügend Insekten zu finden sind, um die Vorräte wieder aufzustocken. In dieser Jahreszeit sind die Gewichte (Bilder 103 und 104) am geringsten. Bei der Wasserfledermaus kann das Gewicht dann um 7 g, bei Einzeltieren bei 6 g liegen.

Nach dem Winterschlaf ziehen die Weibchen, oft über wärmebegünstigte Zwischenquartiere, zu den Sommerquartieren. In dieser Zeit erfolgen der Eisprung, die Befruchtung und die Schwangerschaft. Bei den einheimischen Arten rechnet man mit Schwangerschaftsdauern von ca. 6–8 Wochen, bis dann die Geburt erfolgt – womit sich der Jahreszyklus schließt.

Bild 105. Die Verfügbarkeit der Nahrung bestimmt entscheidend den Jahresverlauf der Fledermäuse in Europa. Nur wenn es gelingt, die nahrungsfreie Zeit im Winter zu überstehen, können Fledermäuse bei uns vorkommen. Im Falle einer Überwinterung müssen die Fettreserven bis ins Frühjahr ausreichen, bei diesem Mausohr *(Myotis myotis)* sind sie bereits weitgehend verbraucht. Foto: C. DIETZ

Wanderungen

Nicht nur bei den Vögeln, auch bei vielen Säugetieren gibt es saisonale Wanderungen über weite Strecken, wie z.B. bei den Rentieren und den Karibus der nördlichen Polargebiete oder bei den Großtierherden Afrikas. Vergleichbare Wanderungen wie bei den Zugvögeln über mehr als 1000 Kilometer aber finden sich bei den Säugetieren nur bei Walen und bei Fledermäusen.

Wie bei den Vögeln, bei denen man Stand-, Strich- und Zugvögel unterscheidet, gibt es auch bei den Fledermäusen Arten, die mehr oder weniger ortstreu leben (mit Wanderungen von meist weniger als 50 oder 100 Kilometern), Arten, die regelmäßige Ortswechsel über hundert bis zu einigen hundert Kilometern vollziehen, und richtiggehende Langstreckenzieher mit jährlichen Wanderungen über tausend Kilometer.

Die Ortstreuen

Typische ortstreue Arten sind bei uns die Hufeisennasen (Gattung *Rhinolophus*), die Langohrfledermäuse (Gattung *Plecotus*), die Zwergfledermaus *(Pipistrellus pipistrellus)*, die Bechsteinfledermaus *(Myotis bechsteinii)* und vermutlich auch die meisten der anderen kleinen *Myotis*-Arten. Bei diesen Arten werden Wanderungen im Wesentlichen durch den Abstand zwischen geeigneten Sommerhabitaten, wo die Wochenstuben liegen, und möglichen Winterquartieren bestimmt.

Die Wanderfähigen

Das gilt auch für die meisten Arten der zweiten Gruppe, die eher den „Strichvögeln“ entspricht. Wanderungen über einige hundert Kilometer kommen vor allem bei Arten vor, die unterirdische, frostfreie Winterquartiere, wie z.B. Höhlen, für den Winterschlaf benötigen, aber im Sommer in höhlenarmen Regionen mehr Nahrung finden. So bildet z.B. die Teichfledermaus *(Myotis dasycneme)* Wochenstuben in den gewässerreichen Niederungen der Niederlande, Norddeutschlands und über das Baltikum bis in den westlichen Teil Russlands. In diesen Gegenden gibt es kaum geeignete Winterquartiere unter Tage. Deshalb wandern die Tiere im Herbst im Wesentlichen in Süd-Richtung zu den Höhlen und Stollen der Mittelgebirge. Die individuenstarken Bestände aus Holland wandern bis zu 300 km nach Süden und Südosten in die höhlenreichen Gebiete um Maastricht und in die Eifel, ins Sauerland oder den Teutoburger Wald [allg. Lit. 131]. In diesem Fall gibt also die Verfügbarkeit der nächstgelegenen unterirdischen Winterquartiere die Wanderrichtung vor. Im Gegensatz dazu sind die jütländischen Teichfledermäuse relativ ortstreu, da es hier Kalkhöhlen gibt, die für die Überwinterung geeignet sind, und die kurzen Wanderungen zeigen keine Vorzugsrichtung [allg. Lit. 30].

Ähnlich verhält sich auch das Mausohr *(Myotis myotis)*, das regelmäßig Wanderungen bis zu hundert Kilometern oder mehr durchführt, ohne dass die Daten eine bestimmte Vorzugsrichtung zeigen würden. Eher verteilen sich die Wander-Richtungen sowohl von im Sommer als auch von im Winterquartier markierten Tieren mehr oder weniger radiär in der gesamten Umgebung.

Bei vielen Arten kommt es vor dem Winterschlaf zu Wanderungen, die nicht primär zu den Winterquartieren, sondern zunächst zu den spätsommerlichen Schwärm- und Paarungsquartieren führen. Der Sinn dieser Wanderungen ist vermutlich, einerseits die Kenntnis potentieller Winterquartiere zu vermitteln, andererseits scheinen sie für die genetische Durchmischung der Populationen wichtig zu sein.

Sonderfall Langflügelfledermaus

Die Langflügelfledermaus *Miniopterus schreibersii*, eine typische Höhlenfledermaus des gesamten Mittelmeerraumes, führt in manchen Regionen saisonale Wanderungen durch, die von zahlreichen Sommerquartieren zu wenigen Massenwinterquartieren hin gerichtet sind. Die Populationen verschiedener Winterquartiere scheinen dabei auch im Sommer weitgehend voneinander getrennt zu bleiben. Auch die ehemalige Winterkolonie der Langflügelfledermaus im Kaiserstuhl war von Tieren besiedelt, deren Wochenstuben sich bis in die 1960iger-Jahre in Burgund befand [allg. Lit. 116]. Die Langflügelfledermäuse im Kaiserstuhl waren auch im Winter bei wärmerer Witterung aktiv und ernährten sich vor allem von den Frostspannern, die es in der Umgebung häufig gab, besonders in den Beerenobstplantagen am Kaiserstuhl. Das Verschwinden der Langflügelfledermäuse aus dem Kaiserstuhl fiel zeitlich mit der großflächigen, von Flugzeugen aus durchgeführten Bekämpfung des Frostspanners zusammen. Heute gilt diese Fledermausart in Deutschland als ausgestorben. In manchen Gegenden Südeuropas kommt die Langflügelfledermaus allerdings auch ganzjährig in großen Beständen vor und scheint dort zumindest mehr oder weniger ortstreu zu sein.

Langstreckenzug

Erstaunlich sind die Leistungen der Langstreckenzieher unter den Fledermäusen. Vergleichbar mit den Vögeln sind solche, saisonal über weite Strecken ziehenden Fledermausarten vor allem in den gemäßigten Breiten Europas und Nordamerikas beheimatet. Anscheinend fällt die Evolution der Zugvögel – und der Langstreckenzieher unter den Fledermäusen – mit der nacheiszeitlichen Wiederbesiedlung Europas (und auch Nordamerikas) zusammen: Die Ausbreitung nach Norden war manchen Arten nur möglich, wenn sie die Winter wieder in wärmeren und nahrungsreicheren Gebieten verbringen konnten. Eine Möglichkeit war die Evolution eines hochspezialisierten Winterschlafes, der eine Überdauerung der kalten Jahreszeit über mehrere Monate in geschützten Quartieren erlaubt. Die andere Möglichkeit waren saisonale Wanderungen. Die Option, den Winter wie viele unserer Standvögel aktiv in Mittel- und Nordeuropa zu überstehen, gibt es für die insektivoren (insektenfressenden) Fledermäuse nicht.

Bei uns sind es vor allem die Abendsegler (*Nyctalus noctula, N. leisleri* und vermutlich auch *N. lasiopterus*), die Rauhhautfledermaus *(Pipistrellus nathusii)* und die Zweifarbfledermaus *(Vespertilio murinus)*, die als Langstreckenwanderer im Frühjahr und Herbst weite Gebiete Europas durchqueren. Die Methode der Beringung, die in Deutschland von Martin Eisentraut seit 1932 eingeführt wurde, hat es ermöglicht, für manche Arten Hunderte von Wiederfunden zwischen Überwinterungsgebiet und Sommervorkommen zu dokumentieren (Bilder 106, 107). Die maximal nachgewiesenen Entfernungen, gewissermaßen die „Rekorde", sind dabei: 1546 km für den Abendsegler *(Nyctalus noctula)*, 1567 km für den Kleinabendsegler *(Nyctalus leisleri)*, 1787 km für die Zweifarbfledermaus *(Vespertilio murinus)* und sogar 1905 km für die Rauhhautfledermaus *(Pipistrellus nathusii)* [allg. Lit. 57]. Das sind gewaltige Entfernungen, die auch gewaltige physiologische Leistungen erfordern.

Wanderrichtung

Im größten Teil Europas ist die Wanderrichtung von den Sommerquartieren aus gesehen zu den Winterquartieren hin die Richtung nach Südwesten. In Russland gibt es auch Populationen von Abendsegler,

Bild 106. Mit Hilfe von Beringungen dokumentierte Wanderungen des Abendseglers *(Nyctalus noctula)* in Europa. In Westeuropa ist die bevorzugte Wanderrichtung im Herbst nach Südwesten. Aus allg. Lit. 57. Grafik: R. Hutterer

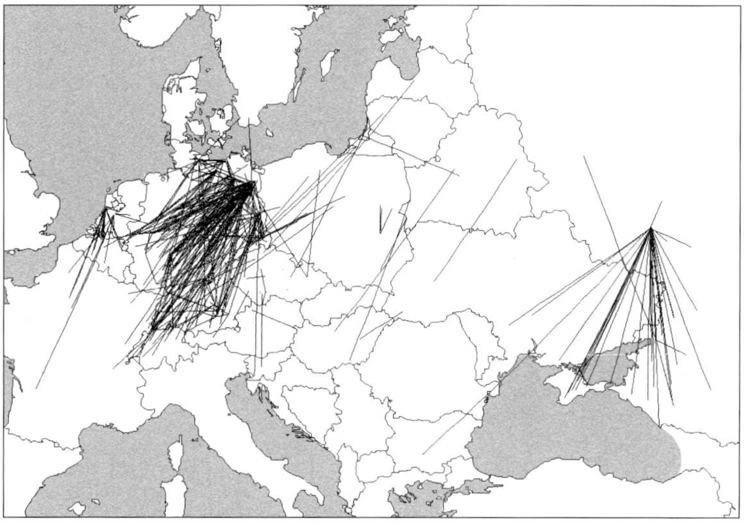

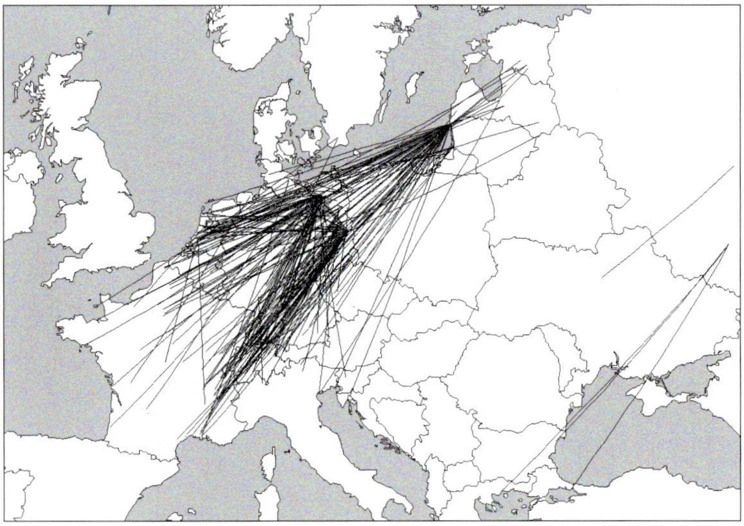

Bild 107. Mit Hilfe von Beringungen dokumentierte Wanderungen der Rauhhautfledermaus *(Pipistrellus nathusii)* in Europa. Aus allg. Lit. 57. Grafik: R. HUTTERER

Rauhhautfledermaus und Riesenabendsegler, die weniger nach Westen, sondern strikter nach Süden und manchmal leicht nach Südosten wandern, um die Küsten des Schwarzen Meeres zu erreichen, wobei vermutlich manche Tiere auch weiter bis in den Kaukasus oder nach Anatolien ziehen. Andere Nachweise belegen auch in Russland den Zug mehr nach Südwesten, an den Bosporus und nach Griechenland, wie zwei Ringfunde von Rauhhautfledermäusen beweisen.

Ähnliche Langstreckenwanderungen vollbringen nordamerikanische Fledermausarten. Eine ganz besonders wanderfreudige Art ist die Eisgraue Fledermaus *(Lasiurus cinereus)*, die bei ihren Wanderungen auch auf den Atlantik hinaus fliegt und die es bereits nach Island und die Färöer-Inseln verschlagen hat.

Anpassungen an den Zug

Charakteristisch für die Langstreckenwanderer ist, dass es sich um schnell fliegende schmalflüglige Arten handelt, die Insekten im freien Luftraum jagen („aerial hawking bats") und auf der anderen Seite um Arten, die nicht in unterirdischen Höhlen überwintern, sondern entweder in Baumhöhlen oder in Felsspalten, die der Witterung und damit der Kälte weit mehr ausgesetzt sind. Eine weitere Gemeinsamkeit ist, dass alle von ihnen Arten sind, die eine hohe Reproduktionsrate haben, also in der Regel zwei Junge bekommen können. Die Eisgraue Fledermaus und ihre Verwandten in Nordamerika (Gattung *Lasiurus*) sind in dieser Hinsicht noch extremer: Sie können bis zu drei oder vier Jungtiere bekommen und benötigen nicht einmal Baumhöhlen als Quartier, sie hängen tagsüber frei an Ästen.

Die Tatsache, dass die durchschnittliche Mortalität der wandernden Arten wesentlich höher ist als die Mortalität (Sterblichkeit) der standorttreuen, in unterirdischen Quartieren Winterschlaf haltenden Arten spricht dafür, dass die Wanderungen zusätzliche Gefahren und Risiken bergen.

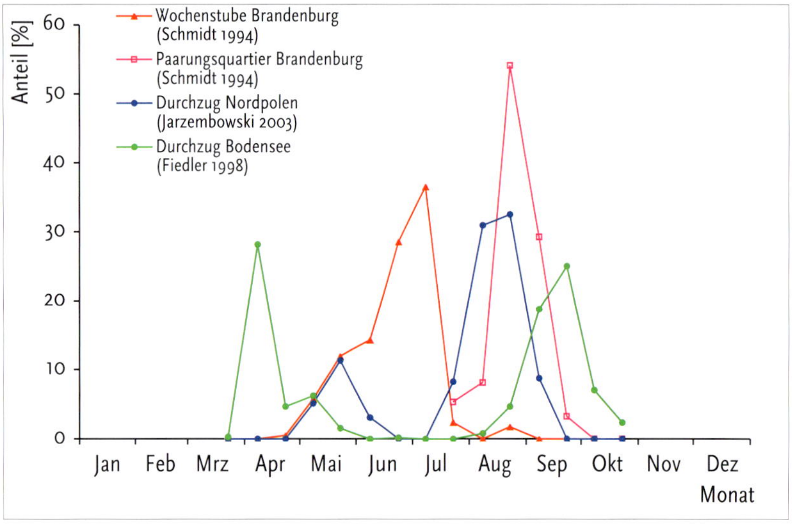

Bild 108. Phänologie des Zuges der Rauhhautfledermaus *(Pipistrellus nathusii)* in Mitteleuropa. Im Sommer halten sich die Weibchen und neu geborenen Jungtiere im Wochenstubengebiet, z.B. in Brandenburg auf (rot). Im August sammeln sich Männchen und Weibchen in den Paarungsquartieren (rosa). Der Abzug erfolgt in Polen bereits gegen Ende August (blau), während er am Bodensee erst Ende September sein Maximum erreicht, und im nächsten Frühjahr schon Ende März/Anfang April zu beobachten ist (grün). Grafik: M. BAUER

Zuggeschwindigkeit

Die täglichen (bzw. nächtlichen) Wanderstrecken sind bei Fledermäusen bei Weitem nicht so groß wie bei Vögeln, sondern liegen anscheinend meistens im Bereich von 30–50 Kilometern pro Nacht (bei Abendsegler und Rauhhautfledermaus). Einzeltiere erreichen allerdings auch deutlich höhere Werte wie z.B. eine Zweifarbfledermaus, die nachweislich 180 km pro Nacht zurücklegte [allg. Lit. 140].

Da Fledermäuse also verglichen mit Vögeln relativ langsam wandern, sind die Gipfel der Durchzugszeiten in Europa deutlich gestaffelt (Bild 108): Während der Gipfel des Durchzugs der Rauhhautfledermaus *(Pipistrellus nathusii)* am Bodensee im Frühjahr Anfang April und im Herbst Ende September/Anfang Oktober zu beobachten ist, erfolgt der Durchzug im nördlichen Polen erst Ende Mai und der Herbstzug ist bereits im August in vollem Gange. Die Wochenstuben in Brandenburg werden im Laufe des Juni besetzt, das Maximum der Anzahlen sich hier fortpflanzender Weibchen liegt im Juni. Die maximalen Ansammlungen von Tieren in den Paarungsquartieren kann man in Brandenburg gegen Ende August/Anfang September beobachten, wenn der Durchzug in Polen sich bereits dem Ende nähert.

Separierung der Geschlechter

Eine weitere interessante Gemeinsamkeit der wandernden Arten ist, dass die Männchen, zumindest ein Teil der Männchen, nicht mehr in die Fortpflanzungsgebiete zurückkehren, sondern in südlicheren Gefilden verbleiben, in die die Weibchen erst im Herbst und Winter zurückkehren. Ein Teil der Männchen etabliert die Paarungsquartiere im Durchzugsgebiet der Weibchen, andere im Bereich der Winterquartiere. Die Weibchen hingegen ziehen jeden Frühling nach Norden in die nahrungsreichen Sommergebiete, um dort ihre Jungen zu bekommen und großzuziehen. In den jeweils am weitesten nördlich gelegenen Fortpflanzungsgebieten von Abendsegler und Rauhhautfledermaus fehlen Männchen fast völlig [u.a. allg. Lit. 140]. Umgekehrt gibt es etwa in Griechenland den ganzen Sommer über zwar zahlreiche Kleinabendsegler und Riesenabendsegler, aber ausschließlich Männchen. Die Weibchen dieser beiden Arten kommen in Griechenland erst im September aus den Fortpflanzungsgebieten zurück, wo sie oft auch im Winter – wenn es nicht allzu kalt wird – aktiv sind und nachts auf die Insektenjagd gehen. Auch auf der Krim, wo die südrussischen Abendsegler überwintern, gibt es im Sommer nahezu ausschließlich Männchen [allg. Lit. 1, 140]. In Nordbulgarien gibt es eine individuenreiche Sommerkolonie des Abendseglers *(Nyctalus noctula)* mit bis zu 2000 Männchen in den Deckenspalten ei-

Bild 109. Zur individuellen Markierung von Fledermäusen werden aus leichten Metalllegierungen hergestellte Ringe verwendet, die durchnummeriert sind. Hier eine beringte Zweifarbfledermaus *(Vespertilio murinus)*, einer der Weitstreckenzieher unter den europäischen Fledermäusen. Foto: D. Nill

ner Höhle, aber nur sehr wenige Weibchen [eigene Daten]. Diese räumliche Auftrennung der Geschlechter erspart einerseits den Männchen die vermutlich gefahrvolle Wanderung, auf der anderen Seite reduziert sie die intraspezifische Konkurrenz (Konkurrenz zwischen Individuen der gleichen Art) im Sommerhabitat.

Zugrouten

Im Gegensatz zu den Vögeln, bei denen es praktisch für alle Arten detaillierte Studien über die Zugwege, das Verhalten auf dem Zug und die Orientierungsmechanismen gibt, ist das Wissen bei den Fledermäusen in dieser Hinsicht noch äußerst gering und zentrale Fragen sind unerforscht. Es ist unklar, ob Fledermäuse bevorzugt entlang von Landmarken, etwa Flusstälern, ziehen, oder ob der Zug in breiter Front über das Land erfolgt. Rauhhautfledermäuse *(Pipistrellus nathusii)* vermeiden offensichtlich den Zug über die Ostsee und folgen der Küstenlinie, insbesondere der Kurischen Nehrung und entlang des Frischen Haffs.Beim Zug über das Festland scheint es, als ob die meisten Tiere den großen Flusstälern folgen, so zum Beispiel dem Rheintal. Ob dies allerdings tatsächlich daran liegt, dass die Täler geeignete Leitlinien darstellen, oder ob es sich vielmehr um ergiebige Jagdgebiete handelt, die während des Zuges eine gute Nahrungsversorgung bieten, ist unklar.

Zweifarbfledermäuse *(Vespertilio murinus)* hingegen hat man schon direkt aufs Meer hinausfliegend beobachtet oder sie wurden auf dem offenen Meer von Schiffen aus beobachtet. Manche Fledermäuse ziehen offenbar einzeln. Abendsegler *(Nyctalus noctula)* scheinen manchmal in größeren Scharen gemeinsam zu ziehen; zumindest scheint das so an Herbsttagen, an denen man die Abendsegler schon früh am Abend fliegend beobachten kann. In Tagesquartieren kommen manchmal große Zahlen von Tieren innerhalb einer Nacht an – auch das könnte für einen gemeinsamen Zug sprechen. Anhand von beringten Tieren zeigt sich gelegentlich, dass offenbar zusammengehörige Tiere immer wieder gemeinsam und mehr oder weniger gleichzeitig im selben Quartier auftauchen.

Orientierungsmechanismen

Nahezu unbekannt sind die Orientierungsmechanismen beim Zug. Die Echoorientierung ist aufgrund ihrer geringen Reichweite mit Sicherheit für die Fernorientierung auszuschließen. Ob Fledermäuse über eine Magnetfeldorientierung wie viele Vögel verfügen, wird erst in letzter Zeit intensiv erforscht. Auch an eine Orientierung über Infraschall, der von Luftströmungen über Gebirgen oder von der Meeresbrandung stammt, hat man gedacht. Bisher gibt es aber keine wissenschaftlich belegten Nachweise für die Möglichkeit, Infraschall zu hören.

Dahingegen konnte jüngst gezeigt werden, dass nordamerikanische Große Braune Fledermäuse *(Eptesicus fuscus)*, die tagsüber aus ihrem Quartier entnommen wurden und je eine Dreiviertelstunde vor und nach Sonnenuntergang in Kammern mit einem künstlich gedrehten Magnetfeld gehalten wurden, nicht wie die Kontrolltiere direkt zum Quartier zurückflogen, sondern mit den Haltungsbedingungen entsprechenden Abweichungen in falsche Richtungen flogen [allg. Lit. 160]. Dies ist der erste direkte Beweis für einen Einfluss der Magnetrezeption auf das Orientierungsverhalten von Fledermäusen. Eigene Versuche mit einer Nordfledermaus *(Eptesicus nilssonii)* zur Zugzeit zeigten, dass das Tier in der Lage war, sich unter verschiedenen Umgebungsbedingungen genau nach Südwesten auszurichten. Dies verblüffte uns um so mehr, als die Nordfledermaus nicht zu den wandernden Arten gezählt wird.

Nach den neuesten Erkenntnissen [allg. Lit. 160] ist es durchaus wahrscheinlich, dass eine Orientierung am Magnetfeld der Erde die Zugrichtung relativ genau vorgeben kann und anhand von Landmarken eine Feinorientierung erfolgt. Die Kalibrierung des Magnetkompasses scheint nach diesem Experiment beim Ausflug zu erfolgen und kann später korrigiert werden, ähnlich wie es bei Tauben geschieht. Es ist noch unklar, wie die Fledermäuse das Magnetfeld wahrnehmen können, möglicherweise sind dafür Magnetit-Moleküle in der Retina verantwortlich.

Heimfindevermögen

Das Heimfindevermögen von Fledermäusen ist auch durch Verfrachtungsexperimente früherer Studien eindrücklich belegt [Zusammenstellung in allg. Lit. 23]. So kehrten Individuen der nordamerikanischen Braunen Fledermaus (*Eptesicus fuscus*), einer Verwandten der Breitflügelfledermaus, aus bis zu 720 Kilometern Entfernung zum Fangort zurück. Die mit der Wasserfledermaus verwandte *Myotis lucifugus* fand bis zu einer Entfernung von 430 Kilometern in ihr Heimatquartier zurück. In Deutschland wurden bei Verfrachtungsexperimenten mit Zwergfledermäusen (*Pipistrellus pipistrellus*) Rückkehrdistanzen von bis zu 143 Kilometern festgestellt, wobei die ersten Tiere bereits nach wenigen Tagen wieder an den Fangort zurückgekehrt waren [allg. Lit. 101].

Es ist wohl eine der interessantesten Fragen der Sinnesphysiologie der Fledermäuse, wie diese Leistungen möglich sind – für Tiere, deren Augen so schlecht sind, dass sie kaum den Sternenhimmel für ihre Orientierung nutzen können, und deren Echoortung ihnen, wie einem Autofahrer im dichtesten Nebel, kaum Informationen über mehr als 20 oder 30 m entfernte Objekte zur Verfügung stellt.

Ortsgedächtnis und genetische Fixierung

Gänzlich unverstanden ist auch, wie Fledermäuse nicht nur ihre Zugrichtung und die Zugentfernung bestimmen, sondern wie sie nach einer Wanderung von 1000 oder 2000 Kilometern wieder exakt ihre Geburtswochenstube finden. Offensichtlich spielen sowohl genetische Determinierung (erbliche Festlegung) der Zugrichtung als auch Prägung, die Traditionsbildung ermöglicht, eine Rolle. So lassen die verschiedenen Vorzugsrichtungen unterschiedlicher Populationen der Rauhhautfledermaus (*Pipistrellus nathusii*) eine genetische Festlegung vermuten [allg. Lit. 115]. Aber auf welche Parameter wird ein junges Abendseglerweibchen (*Nyctalus noctula*) in der Uckermark geprägt, sodass es nach einer Wanderung von zweimal tausend Kilometern die Baumhöhle wiederfindet, in der es das Licht der Welt erblickte?

Es ist anzunehmen, dass es einen drastischen Selektionsdruck auf verschiedene genetische Varianten des Zugverhaltens gibt – sowohl die Zugrichtung als auch die Stärke des Zugtriebs selbst. Einerseits ist der Zug risikoreich – vor allem dadurch, dass eine wandernde Fledermaus am Morgen unter Umständen kein ihr bekanntes Quartier zur Verfügung hat. (Das wiederum nutzen die auf dem Zugweg balzenden Männchen, die daher in den Morgenstunden durch laute Balzrufe Weibchen in ihre Balzquartiere locken können).

Selektionsdrücke bestimmen die Wanderung

Wenn einige Winter im Norden mild waren, haben wohl diejenigen Tiere einen Vorteil, die gar nicht oder nicht weit gewandert sind. Auf der anderen Seite reichen gelegentliche kalte Winter für Baumhöhlen- und Felsspalten-Überwinterer aus, ganze nichtwandernde Subpopulationen zu dezimieren oder gar auszurotten: Solche Winter können die Ursache von Massensterben werden. Für den Abendsegler wird das z.B. für die kalten Winter 1928/29 und 1962/63 berichtet, in denen die Tiere massenweise durch die Kälte umkamen.

Mit ihren relativ hohen Reproduktionsraten haben die Tiere und Rauhhautfledermäuse wahrscheinlich die Fähigkeit, solche Einbußen schnell wieder aufzufangen – schneller jedenfalls als Arten mit nur einem Jungtier/Jahr, die dafür in unterirdischen Quartieren vergleichsweise gut geschützt überwintern.

Wahrscheinlich steht das Wanderverhalten also auch bei Fledermäusen unter einem ständigen, durch die Schwankungen des Klimas bedingten, aber scharf und schnell arbeitenden Einfluss der Selektion, wie P. Berthold es so eindrücklich für Vögel, vor allem die Mönchsgrasmücke, dokumentiert hat [allg. Lit. 12].

Bild 110: Die meisten Populationen des Abendseglers (*Nyctalus noctula*) pflanzen sich im Nordosten Europas fort und wandern im Herbst nach Südwesten und Süden. Ausnahmen sind nichtziehende Vorkommen z.B. im Libanon oder wie dieses trächtige Weibchen aus Israel. Foto: C. Dietz

Schwärmen und Schwärmquartiere

Wenn sich im Sommer die Zeit der Jungenaufzucht ihrem Ende nähert und die Jungen flügge werden, beginnt bei vielen Fledermäusen eine Zeit des Umherstreifens auch in weiter entfernte Gebiete, die zuvor nicht zu ihren Jagdgebieten gehörten. In dieser Zeit, die bis zum Beginn des Winterschlafes andauern kann, fliegen manche Arten in bestimmten Höhlen nächtlich ein und aus, manchmal fliegen sie vor dem Eingang rufend umher, oder sie durchfliegen in schnellem Flug Felstore, hinter denen sie wieder ins Freie gelangen. Dies können sie an manchen Höhlen – oder auch für den Winterschlaf geeigneten anderen Quartieren, etwa der dafür berühmt gewordenen Spandauer Zitadelle – in großer Zahl tun. Oft kann man kurze Verfolgungsjagden beobachten, wenn zwei oder mehrere Tiere einander folgen. Dieses Verhalten hat man „Schwärmen" (swarming) genannt. Es kennzeichnet für viele Fledermausarten die auffälligste Aktivität in den Monaten zwischen dem Flüggewerden der Jungen und dem Winterschlaf.

Das Verhalten und die Hauptaktivitätszeit des Schwärmens ist von Art zu Art verschieden. Bild 111 zeigt das Auftreten einiger Arten aufgrund über 20jähriger Beobachtungen an einer Höhle in der Fränkischen Alb. Die Nordfledermaus *(Eptesicus nilssonii)* ist zumindest in Süddeutschland die früheste Art, ihre Hauptaktivitätszeit beginnt schon im Juli. Manche Arten wie besonders das Braune Langohr *(Plecotus auritus)* haben bereits im frühen Frühjahr nach dem Aufwachen aus dem Winterschlaf einen Aktivitätsgipfel, der dann mit der Frühjahrsbalz zusammenfällt. Andere Arten wie die Wasserfledermaus *(Myotis daubentonii)* erscheinen im August an den Höhlen, besonders spät treffen die Fransenfledermäuse *(Myotis nattereri)* ein. Manchmal erkennt man deutlich verschiedene Aktivitätsgipfel. Bei allen Arten außer dem Mausohr *(Myotis myotis)* sind die Männchen weit in der Überzahl. Die Esperhöhle in der Fränkischen Alb dient den Mausohrweibchen benachbarter Wochenstuben den ganzen Sommer über als nächtliches Quartier für kurze Rast während der Jagd, einigen wenigen Männchen ab August als Balzquartier, wobei sie einzeln kleine Deckenkolke beziehen, und schließlich im Herbst vielen Tieren, vor allem weiteren Männchen, zum Schwärmen. An anderen Höhlen ist auch bei der Bartfledermaus *(Myotis mystacinus)* das Geschlechtsverhältnis nahezu ausgeglichen.

Was der eigentliche Grund für dieses für Fledermäuse so charakteristische Verhalten ist, ist noch lange nicht vollständig verstanden. Die folgenden Hypothesen werden diskutiert; sie schließen sich in keiner Weise aus, betonen aber verschiedene Aspekte und könnten auch für verschiedene Arten verschieden große Bedeutung haben.

(1) Schwärmhöhlen könnten **Treffpunkte für Balz und Paarung** sein. Auffällig ist das Überwiegen der Männchen bei fast allen Arten. Das Schwärmen fällt meistens mit der maximalen Ausbildung gefüllter Nebenhoden und damit der Zeit, in der die Männchen den größten Spermienvorrat haben, zusammen (während die Hoden meist vorher ihr größtes Volumen erreichen). Die lauten Sozialrufe und die Verfolgungsflüge könnten wichtige Aspekte der Balz sein. Genetische Analysen zeigen, dass sich Männchen verschiedener Teilpopulationen am Schwarmquartier treffen, was für die genetische Durchmischung der Populationen wichtig sein könnte. Allerdings kann man in der Zeit des Schwärmens nur vergleichsweise selten einmal Paarungen direkt beobachten.

(2) Das Schwärmen dient der **Erkundung von Winterquartieren**. Da vom Auffinden eines sicheren Winterquartiers das Überleben bei allen Fledermäusen der gemäßigten Breiten in besonderer Weise abhängt, sollte es für alle Fledermäuse entscheidend wichtig sein, sich zu vergewissern, dass das Winterquartier noch existiert und notfalls Ausweichquartiere in der Nähe vorhanden sind. Allerdings sind bevorzugte Schwärm-

quartiere keineswegs immer auch die individuenreichsten Winterquartiere.

Zudem müsste man dann eigentlich ein ausgeglicheneres Geschlechterverhältnis und einen höheren Anteil an Jungtieren erwarten.

(3) Das Schwärmen könnte vor allem den noch **unerfahrenen Jungtieren helfen, geeignete Winterquartiere kennenzulernen.** Alle Arten scheinen primär an Orten zu schwärmen, die dem Charakter nach Winterquartiere der Art sein könnten. So schwärmen Zwergfledermäuse *(Pipistrellus pipistrellus)* in Mitteleuropa an großen alten Gebäuden, wie dem Marburger Landgrafenschloss, dem Freiburger Münster oder der Bartholomaei-Kirche in Demmin, Abendsegler *(Nyctalus noctula)* an Felsspaltenquartieren in der Schweiz oder in Bulgarien, Höhlen-überwinternde Fledermäuse, wie Langohren (Gattung *Plecotus*), *Myotis*-Arten oder Nordfledermäuse *(Eptesicus nilssonii)* aber an Höhleneingängen. Durch das häufige Anfliegen und Einfliegen in die Quartiere wird das Raumgedächtnis auf diese Orte geprägt und das spätere Auffinden auch in Notsituationen erleichtert.

(4) Die wichtigste Funktion des Schwärmens könnte generell eine **soziale Informationsübertragung** über geeignete Winterquartiere sein, an der auch alle erwachsenen Tiere teilnehmen. Schwärmquartiere könnten gewissermaßen **Fixpunkte in der Landkarte** einer Fledermaus sein, die sie sich Jahr für Jahr durch einen Besuch neu einprägt, auch wenn sie gar nicht vorhat, an dieser Stelle ihren Winterschlaf zu halten. An der Esperhöhle schwärmende Mausohren *(Myotis myotis)* wurden teilweise in weit entfernten (60–80 km) Winterquartieren schlafend gefunden. Die Wochenstuben, aus denen die an der Esperhöhle in der Fränkischen Alb schwärmenden Weibchen stammten, lagen sogar in bis zu mehr als hundert Kilometern Entfernung, über ganz Nordbayern bis nach Hessen und Böhmen verteilt. Vergleichbare Ergebnisse wurden beim Mausohr auch auf der Schwäbischen Alb bei Studien von A. NAGEL gefunden. In England wurden für Wasser- und Fransenfledermäuse *(M. daubentonii und M. nattereri)* Einzuggebiete von Schwärmhöhlen von bis zu 4100 km² gefunden.

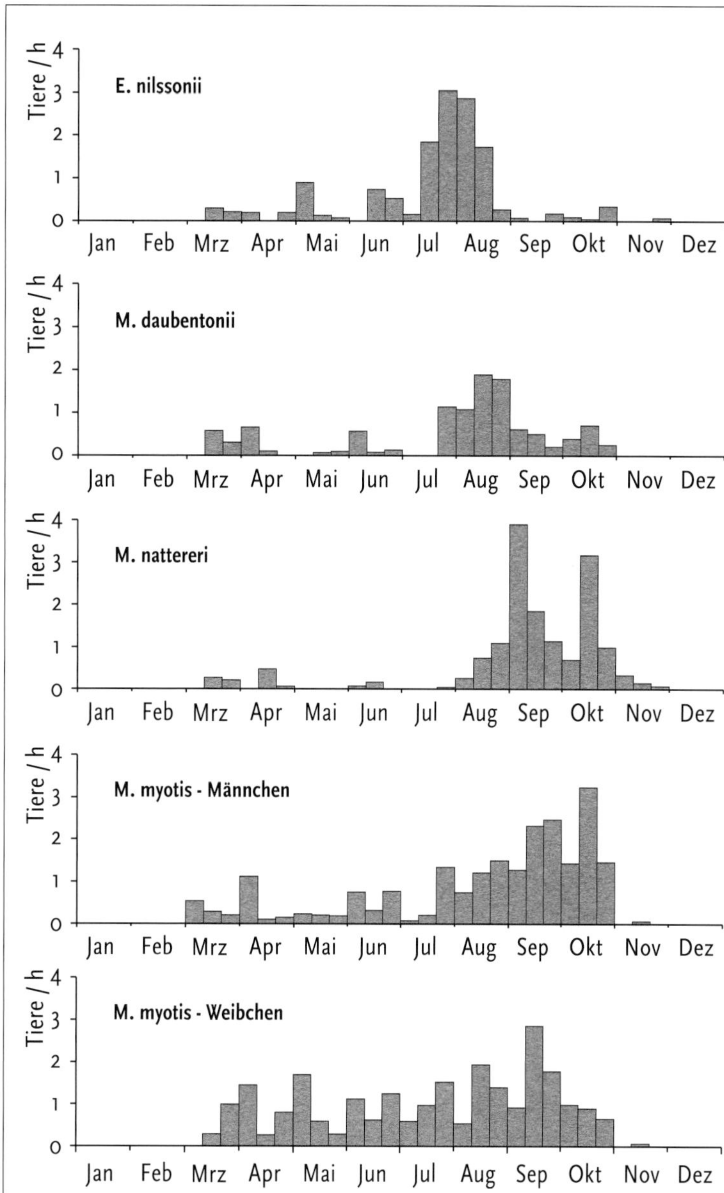

Bild 111. Jahreszeitliche Verteilung der Fänge verschiedener Fledermausarten an der Esperhöhle in der Fränkischen Alb zwischen 1985 und 2004. Aufgetragen ist die mittlere Fanghäufigkeit pro Stunde für je 10 Tage lange Abschnitte des Jahres. Bei allen Arten außer dem Mausohr *(Myotis myotis)* überwog die Anzahl gefangener Männchen die der Weibchen bei Weitem, da diese die Höhle auch als Nachtruheplatz nutzen. Am frühesten im Jahr, bereits im Juli, schwärmen die Nordfledermäuse *(Eptesicus nilssonii)*, am spätesten die Fransenfledermäuse *(Myotis nattereri)*. Grafik: M. BAUER

Tageslethargie und Winterschlaf

Fledermäuse haben eine bei Säugern offensichtlich mehrfach unabhängig voneinander entstandene Fähigkeit: Sie können ihre Körpertemperatur gezielt absenken, um damit die energetischen Ausgaben für die Wärmeproduktion zu vermindern. Dabei wird ihre Homoiothermie (Körpertemperatur unabhängig von der Umgebungstemperatur) keineswegs abgestellt, aber das Temperatur-Regelkreis-System erlaubt eine Verstellung des Sollwertes der Körpertemperatur auf Werte zwischen den normalen 37 °C und der Umgebungstemperatur. Das ist ein aktiver Vorgang: Der Sollwert kann, zum Beispiel aufgrund von Außenreizen, auch jederzeit wieder hochgefahren werden.

Wenn das Tier, als Folge einer Störung, schnell so viel Wärme wie möglich produzieren will, um aufzuwachen, kann es die Wärmeproduktion sehr effektiv anschalten. Dabei wird die gesamte „verbrannte" (veratmete) Energie nicht wie sonst zunächst in die Produktion von energiereichen Molekülen wie ATP gelenkt, sondern ausnahmslos direkt in die Wärmeproduktion. Als Energiespeicher dient Fett, denn dessen Verbrennung ergibt die größte Energiemenge pro verbrauchter Gewichtseinheit. Ein besonders wichtiger Energiespeicher bei den Fledermäusen ist das sogenannte „Braune Fettgewebe", das bei zum Winterschlaf bereiten Fledermäusen große Teile des Rückens oberhalb der Schulterblätter unter der Haut bedeckt.

Bild 112. Kleine Hufeisennasen *(Rhinolophus hipposideros)* hängen im Winterschlaf frei und hüllen sich meist komplett in die Flughäute ein. Foto: D. Nill

Der Vorteil einer Absenkung der Körpertemperatur ist eine gewaltige Einsparung von Energie. Die Homoiothermie der Säugetiere war eine kostspielige Erwerbung, wenn man sie von der energetischen Seite aus betrachtet. Bereits eine Absenkung der Körpertemperatur um 10 °C kann gut 50–70% der pro Zeiteinheit verbrauchten Energie sparen. Diese Ersparnis ist gewissermaßen eine doppelte: Einerseits entfällt die zur Aufwärmung notwendige Energiemenge, andererseits verlangsamen sich alle Stoffwechselvorgänge infolge der niedrigeren Körpertemperatur und benötigen daher ebenfalls weniger Energie.

Der Nachteil der Temperaturabsenkung ist natürlich die Verringerung der Reaktionsfähigkeit des zentralen Nervensystems. Vor allem ist die Reaktionsgeschwindigkeit vermindert, und wenn die Körpertemperatur stark abgesenkt wird wie beim Winterschlaf, muss das zentrale Nervensystem überhaupt erst einmal aufgewärmt werden, bevor irgendeine koordinierte motorische Reaktion möglich ist. Die Temperaturabsenkung im Torpor ist also stets ein Kompromiss: zwischen Energiesparen und einer Abschätzung des Feindrisikos – oder auch der Reaktionsfähigkeit für innerartliche Auseinandersetzungen wie Balz oder die Verteidigung eines Territoriums.

Fledermäuse müssen sich sozusagen ständig die Frage stellen: Wie sicher kann ich mich in diesem Quartier, in dieser Situation, fühlen? Besteht nicht das Risiko, wegen verminderter Reaktionsfähigkeit einem Räuber zur Beute zu fallen? Wie wichtig ist es, eventuell um mein Quartier oder mein Territorium konkurrierende Artgenossen abzuwehren? Und dies im Abgleich mit der Frage: Wie schnell werde ich in der kommenden Nacht meine Fettreserven wieder auffüllen können? Für schwangere

Weibchen stellt sich zusätzlich die Frage, ob eine schnellere Entwicklung des Embryos durch eine höhere Körpertemperatur wichtiger als Energie sparen ist. Bei schlechtem Wetter werden Fledermäuse daher risikobereiter sein müssen, während sie in Perioden großer Insektendichte eher wach bleiben können: flucht-, verteidigungs- und angriffsbereit.

Diese Frage stellt sich zumindest im Sommerhalbjahr jeden Tag und jeden Abend neu und erklärt wohl, warum die Quartieransprüche von Fledermäusen im Sommer oft nicht einfach zu verstehen sind: Manchmal werden wärmere, manchmal kühlere Quartiere bevorzugt. In kühleren Quartieren kann man die Körpertemperatur absenken und in Torpor gehen und sehr viel Energie sparen, in wärmeren Quartieren verbraucht der Körper mehr Energie, aber das Wachstum eines Babys kann durch eine höhere Milchproduktion der Mutter beschleunigt werden.

G. Kerth hat in Feldexperimenten gezeigt, wie sehr die Wahl des Tagesquartieres bei Bechsteinfledermäusen *(Myotis bechsteinii)* von der jeweiligen Jahreszeit und Wetterlage abhängen kann. In einem einfachen, aber genialen Experiment bot er den Fledermäusen jeweils zwei Nistkästen zur Wahl, jeweils einen schwarz bemalten, der sich bei Sonnenschein stärker aufwärmte, und einen weiß bemalten, der kühler blieb [allg. Lit. 65]. Außerdem bot er Nistkästen an besonnten Stellen im Vergleich zu solchen an schattigen Stellen. Vor allem im Herbst bevorzugten die Bechsteinfledermäuse eindeutig die wärmeren Kästen, also die schwarz bemalten, und vor allem diejenigen, die an sonnenexponierten Stämmen hingen.

Bild 113: Mittelmeer- und Mehely-Hufeisennasen (*Rhinolophus euryale* und *R. mehelyi*) hängen im Winter mit Individualabstand und bilden keine Cluster. Foto: C. Dietz

C. Willis in Kanada ist es gelungen, bei frei fliegenden Fledermäusen mit Hilfe einer telemetrischen Überwachung die Umgebungstemperatur und die Hauttemperatur kontinuierlich miteinander zu vergleichen [allg. Lit. 147]. Versuchstiere waren laktierende Weibchen der Eisgrauen Fledermaus *(Lasiurus cinereus)*. Diese Art übertagt nicht in Baumhöhlen oder Felsspalten, sondern frei in der Vegetation, zwischen Ästen oder Blättern eines Baumes. Es zeigte sich, dass die Weibchen manchmal in einen nur oberflächlichen, manchmal aber auch, vor allem in den frühen Morgenstunden, wenn es bitterkalt wurde, in tiefen Torpor gingen und ihre Körpertemperatur bis auf unter 10 °C absenkten (Bild 117). Das war aber keineswegs in allen Nächten der Fall, in manchen blieben sie warm und gingen auf Jagd. Mittags, wenn die Lufttemperaturen fast 30 °C erreichten, blieben die Tiere warm, bei hoher Körpertemperatur zwischen 34 und 37 °C.

Bild 114. Ganz im Gegensatz zu den Hufeisennasen bilden die Langflügelfledermäuse *(Miniopterus schreibersii)* im Winter regelrechte Wandteppiche aus Tausenden eng gedrängter Individuen. Foto: D. Nill

▶ Bild 115. Im Winterschlaf sind Fledermäuse, wie diese Bartfledermaus *(Myotis mystacinus)* häufig dicht von Tautropfen bedeckt. Foto: C. Dietz

▶▶ Bild 116: Die beiden winterschlafenden Bechsteinfledermäuse (*Myotis bechsteinii*) haben sich in eine Nische zurückgezogen. Vorne hängt ein graues Jungtier, dahinter ein braunes Alttier. Viele Fledermäuse überwintern sehr versteckt. Foto: C. Dietz

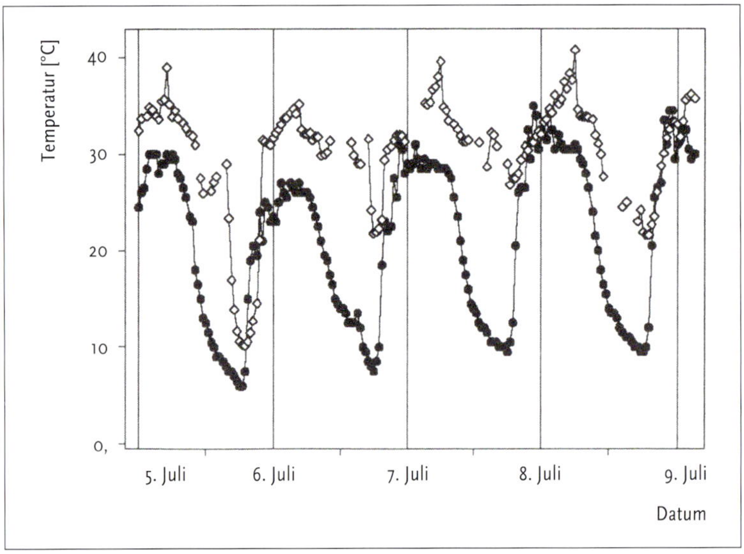

Bild 117. Hauttemperatur (leere Kreise) und Umgebungstemperatur (gefüllte Kreise) an einigen aufeinanderfolgenden Sommertagen bei einem freifliegenden, laktierenden Weibchen der Eisgrauen Fledermaus *(Lasiurus cinereus)* in Kanada. An den verschiedenen Tagen nutzte das Tier seine Möglichkeit, in Torpor zu gehen, ganz verschieden: am Morgen des 6. Juli ließ es seine Temperatur bis auf 10 °C absinken und fiel in tiefen Torpor, zwei Tage später blieb es den ganzen Morgen aktiv. Nach allg. Lit. 147. Grafik: C. K. R. Willis

Fledermäuse müssen also die Frage, ob sie ihre Körpertemperatur absenken, ständig neu entscheiden – nicht nur indem sie die am besten geeigneten Quartiere wählen, sondern auch in einem Quartier – im ständig neu auszutarierenden Konflikt zwischen Energieersparnis und Wachsein.

Noch viel einschneidender als das Absinken der Körpertemperatur zum Zustand des leichten Torpors im Tagesquartier ist der Winterschlaf der Fledermäuse in den gemäßigten Breiten. In Nord- und Mitteleuropa können Fledermäuse im Winter nur überleben, indem sie sich an geschützte Stellen zurückziehen, an denen sie einerseits niedrige, aber dennoch möglichst frostfreie Temperaturen vorfinden und andererseits keinen Raubfeinden ausgeliefert sind. Die meisten Fledermausarten überwintern in Höhlen, in natürlichen Felshöhlen wie den Karsthöhlen in Kalkgebirgen oder aber in von Menschen hergestellten Höhlen wie Stollen, Tunnels oder Kellern. Manche Arten überwintern auch in Felsspalten oder sogar, wie manche Abendsegler-Populationen *(Nyctalus noctula)*, in Baumhöhlen, meistens dann in dicken, nicht so leicht auskühlenden Stämmen. Abendsegler bilden dann dicht gedrängte Klumpen mit ihren Körpern und können die Temperatur auf diese Weise gemeinsam regulieren. Günstig ist, wenn die Quartiere selbst eine möglichst gute Isolation aufweisen. Die

Temperaturen sollten normalerweise nicht unter 0 °C oder wenigstens nicht tiefer als −4 °C sinken.

Da man im Winter von den meisten Fledermausarten viel weniger Individuen in Höhlen findet als im Sommer bekannt sind, ist davon auszugehen, dass viele Fledermäuse in für den Menschen unzugänglichen Quartieren überwintern. Neben Baumhöhlen sind dies sicher auch Holzstapel, Felsspalten, Geröll- und Blockhalden, möglicherweise aber auch Erdlöcher wie Säugetierbauten oder Spalten zwischen Wurzeln von Bäumen.

Im Winterschlaf hat Energiesparen absolute Priorität. Dies wird durch tief greifende physiologische Veränderungen erreicht. Über hormonelle Regelmechanismen werden neben der Absenkung der Körpertemperatur auch die Herz- und Atemfrequenz erniedrigt. Während die Herzschlagfrequenz eines Mausohrs *(Myotis myotis)* im Flug bis zu 880 Schläge pro Minute erreicht und sie in Ruhe zwischen 250 und 450 liegt, beträgt sie im tiefen Winterschlaf nur 18–80. Dann dauern auch die Intervalle zwischen zwei Atemzügen bis zu 90 Minuten, im Wachzustand nur sechs Sekunden [allg. Lit. 73]. Dennoch verbrauchen Fledermäuse über den Winter oft mehr als ein Drittel ihres Körpergewichts, um die – pro Tag betrachtet ja eigentlich winzige – Energiemenge aufzubringen, die sie für ihren täglichen Stoffwechsel bei so niedrigen Temperaturen benötigen. Bild 118 zeigt die Gewichtsabnahme von Wasserfledermäusen *(Myotis daubentonii)* in einem Winterquartier in Kiel. C. Harrje fing die individuell markierten Tiere, wenn sie – was sie regelmäßig tun – aufwachten und im Winterquartier umherflogen, und wog sie dann bei dieser Gelegenheit [allg. Lit. 47]. Man erkennt, dass jedes Tier von Tag zu Tag zwar nur etwa 0,2% seines Gewichtes verliert, aber über die Monate des Winterschlafs summiert sich das zu 30–40% seines Ausgangsgewichtes.

Im Frühling kann es dann ums Überleben gehen, wenn in Jahren mit einem kalten Frühling die Fledermäuse nicht nur ihre Fettvorräte aufgebraucht haben, sondern dann auch die restliche Körpersubstanz angreifen müssen. Manchmal kann man in Winterquartieren im Frühling ganz extrem abgemagerte Tiere finden (s. Bild 105). Wichtig ist dann, dass in der Nähe des Winterquartiers gleich im Frühjahr bei warmem Wetter ein gutes Beuteangebot vorhanden ist.

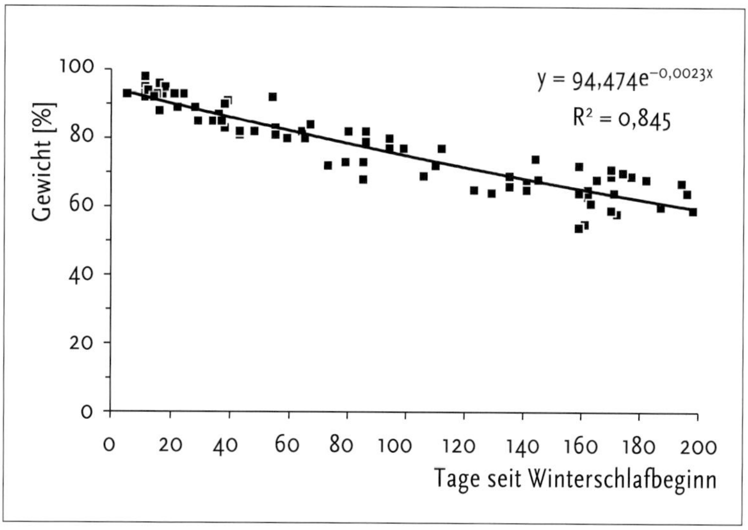

Bild 118. Gewichtsabnahme bei individuell markierten winterschlafenden Wasserfledermäusen *(Myotis daubentonii)* in einem Stollen im Stadtgebiet von Kiel. Ihr Gewicht wurde beim ersten Fang im Herbst auf 100% gesetzt und bei allen folgenden Fängen registriert (n = 76 Wiederfänge von 44 Tieren). Die mittlere Gewichtsabnahme über sechs Monate betrug 37% des Ausgangsgewichts, die tägliche Gewichtsabnahme im Mittel 0,23%. Grafik: M. Bauer nach allg. Lit. 47

Man könnte also eigentlich erwarten, dass die Phase des Winterschlafs vor allem gegen sein Ende hin mit einer besonders hohen Mortalität der Fledermaus-Populationen einhergeht. Interessanterweise ist dies noch nie quantitativ nachgewiesen worden. Für die Zwergfledermaus *(Pipistrellus pipistrellus)* fanden T. Sendor und M. Simon in einem großen Winterquartier in Marburg sogar, dass die Sterblichkeit über den Winter deutlich geringer war als im Sommerhalbjahr [allg. Lit. 120]. Vielleicht gilt dieser Befund aber nur für bestimmte Jahre, und er wird abhängig sein von den Wetterverhältnissen und auch vom Winterschlaf-Verhalten der verschiedenen Fledermausarten. Gerade Zwergfledermäuse sind oft im Winter auch bei erstaunlich niedrigen Temperaturen aktiv und gehen auf Jagd.

Im Süden, schon im Mittelmeerraum, unterbrechen viele Fledermäuse den Winterschlaf, sobald die Temperaturen hoch genug sind und ein Angebot von jagdbaren Insekten zu erwarten ist. So können in Griechenland sogar im Januar Rauhhautfledermäuse *(Pipistrellus nathusii)* und Graue Langohren *(Plecotus austriacus)* auf Jagd gehen, wenn das Wetter es halbwegs zulässt.

Verhalten der Fledermäuse

Sozialverhalten

Fledermäuse sind in vielerlei Hinsicht ausgesprochen soziale Tiere. Nicht nur, dass die Weibchen sich während der Zeit der Geburt und Jungenaufzucht in Gruppen zusammentun, in den „Wochenstuben", sondern auch Männchen vieler Arten neigen dazu, in Gruppen gemeinsam den Tag zu verbringen. Nur während der Paarungszeit sind die Männchen der meisten Arten territorial und leben allein – so lange es ihnen nicht gelingt, Weibchen in ihr Paarungsquartier zu locken. Die Größe der Wochenstuben hängt sehr stark von den ökologischen Ansprüchen der Arten ab: Manchmal, wie z.B. bei der Nymphenfledermaus *(Myotis alcathoe)* beobachtet, finden sich nur wenige Weibchen zusammen, wenn sie z.B. den fingerdicken Spalt in einem gebrochenen Baumstamm besiedeln. Bei anderen Arten umfassen die Wochenstuben eher um die 20–50 Weibchen, wieder bei anderen, z.B. dem Mausohr *(Myotis myotis)* können sie auch weit über tausend Tiere betragen. Bei den höhlenbewohnenden Arten können die Ansammlungen noch viel größer sein und viele tausend Tiere umfassen oder, wie bei manchen tropischen Arten, gar Hunderttausende von Tieren. Die größte Dichte an Säugetier-Individuen auf begrenztem Raum erreichen weltweit die Kolonien der Mexikanischen Freischwanzfledermaus *(Tadarida brasiliensis)*, die früher bis zu 20 Millionen Tiere in einer einzigen Höhle umfassten.

Bild 119. Als Drohgebärde reißen Kleinabendsegler *(Nyctalus leisleri)* das Maul weit auf und zeigen ihre Buccaldrüsen, die einen intensiven Geruch verströmen. Foto: D. Nill

Aufgrund ihrer sozialen Lebensweise sind Fledermäuse Körperkontakt gewohnt. Auch wenn in großen Gruppen von Fledermäusen immer wieder ein aggressiv klingendes Zetern zu bemerken ist, wenn z.B. ein Tier sich durch die Gruppe der anderen hindurchbewegt, so sind Fledermäuse im Allgemeinen gegeneinander ausgesprochen friedlich.

Wenn man Fledermäuse vorsichtig in der warmen Hand hält, so verhalten sie sich ähnlich wie in einer Gruppe von Artgenossen. Entweder werden sie ruhig oder – wenn sie sich gestört fühlen – zwicken sie einmal kurz in den Finger, oft mit einem kurzen, lauten Schrei, ohne aber wirklich kräftig oder dauerhaft zuzubeißen. Als ob sie einem Artgenossen sagen wollten „jetzt reicht's aber"! Ganz anders verhalten sie sich, wenn man eine wehrhafte Art wie einen Abendsegler *(Nyctalus noctula)*, der am Boden wegkrabbelt, mit der Hand fangen will: Dann assoziiert er die Hand mit einem Raubfeind und beißt so kräftig zu, wie er nur kann. Bei großen Arten wie dem Riesenabendsegler *(Nyctalus lasiopterus)* kann das recht schmerzhaft sein.

Von einer Gruppe von Fledermäusen geht für Einzeltiere immer eine starke Attraktion aus. Wenn etwa eine Gruppe von Zwergfledermäusen *(Pipistrellus pipistrellus)* im Herbst, noch halbwach im Winterquartier, die Ortungsrufe eines vorbeifliegenden Artgenossen hört, antworten sie durch leises Wispern und locken ihn in ihr Quartier. Auch bei den „Invasionen" der Zwergfledermäuse hat man manchmal beobachtet, dass sich zahlreiche Tiere in einer Falle sammeln: Ist ein einzelnes Tier versehentlich in eine glatte offene Vase oder einen Eimer gefallen, aus dem es nicht mehr herauskommt, wird es anfangen laut zu zetern. Das hat zur Folge, dass weitere Fledermäuse in dieselbe Falle stürzen. Für Beringungsstudien an Fledermäusen hat man solche Fallen absichtlich geschaffen; man muss sie nur regelmäßig kontrollieren, um den Tieren nach der Markierung wieder die Freiheit geben zu können.

Vorteile des Gruppenlebens

Was ist der Vorteil dieser Gruppenbildung, die so charakteristisch für fast alle Fledermäuse ist? Natürlich hat das Gruppenleben auch Kosten: Raubfeinde werden leichter aufmerksam, Parasiten und Krankheiten werden viel leichter übertragen. Vermutlich gibt es bei den Fledermäusen zwei große Vorteile der Gruppenbildung, die diese Nachteile überwiegen. Zum einen das gegenseitige Aufwärmen an kühlen Tagen. Obwohl die Fledermäuse in Torpor gehen können, also am Tag ihre Körpertemperatur absenken und dadurch sehr viel Energie sparen können, ist es bei kühler Witterung ein großer Vorteil, sich gegenseitig zu wärmen und dadurch die Kosten der Wärmeregulation zu teilen. Ein zweiter wichtiger Vorteil ist der Informationstransfer zwischen den Gruppenmitgliedern. Sie zeigen einander, selbst wenn sie dafür keine besonderen Signale einsetzen, die Lage wichtiger Quartiere. Beim gemeinsamen Ausflug bekommen unerfahrene Tiere vermutlich mit, wo günstige Jagdgebiete liegen, die sie allein nicht so leicht finden würden. Und was ein günstiges Jagdgebiet ist, kann sehr stark von der augenblicklichen Wetterlage und Jahreszeit abhängen. Erfahrene Tiere kennen solche Zusammenhänge, haben sie vermutlich sogar aus früheren Jahren im Gedächtnis.

Signale

Fledermäuse haben schon der Echoortung wegen ein empfindliches Gehör und ihre Welt ist deshalb von vorn herein akustisch ausgerichtet. Die meisten ihrer sozialen Signale bestehen daher aus einer Vielzahl verschiedener Rufe.

Bild 120: Die Abendsegler (*Gattung Nyctalus*) entwickeln zur Balzzeit im Herbst riesige Mundwinkeldrüsen (Buccaldrüsen). Dieses Männchen droht aus seinem Balzquartier heraus, das es zuvor mit dem Sekret aus der Drüse markiert hat. Foto: C. Dietz

Zumindest für manche Arten scheinen auch Düfte im Sozialverhalten eine fast ebenso wichtige Bedeutung zu haben. So markieren territoriale Männchen ihre Quartiere mit dem Sekret ihrer Buccaldrüsen. Das sind Mundwinkeldrüsen, die während der Paarungszeit gewaltig anschwellen (Bilder 119–121). Weitere Drüsen auf der Oberlippe geben ihre Sekrete ebenfalls vor allem während der Paarungszeit ab und die Männchen beschmieren damit die Umgebung ihrer Hangplätze. Oft sind solche Hangplätze noch jahrelang an der braunen Farbe der Sekrete zu erkennen, die von ihrem Besitzer zur Markierung angebracht wurden. Dazu kommt der auf das Quartier übertragene Geruch des ganzen Körpers. Manche Fledermausarten haben einen intensiven

Bild 121: Im Mundwinkel der Östlichen Weißrandfledermaus (*Pipistrellus kuhlii*) kann man zur Paarungszeit im September die großen Buccaldrüsen deutlich sehen. Foto: C. Dietz

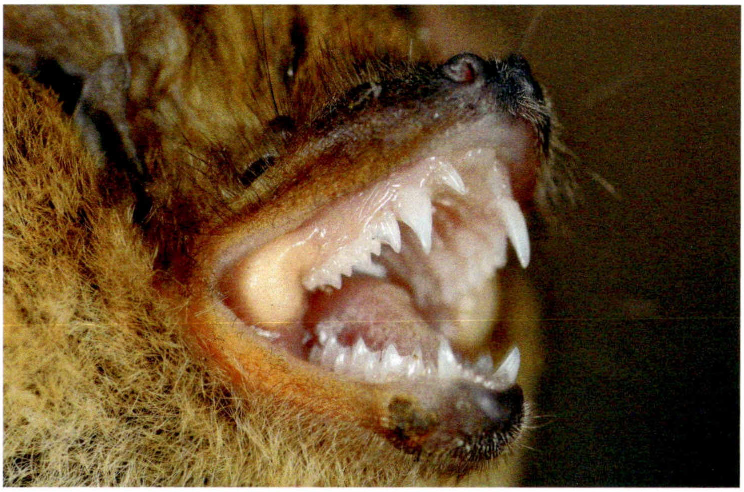

Bild 122: Fledermäuse der Gattung *Pipistrellus* stellen sich wie diese Rauhhautfledermaus (*Pipistrellus nathusii*) bei Gefahr oft tot, dies wird als Akinese bezeichnet. Foto: C. Dietz

artspezifischen Duft. Die Intensität dieses Duftes – jedenfalls so weit es von uns Menschen wahrnehmbar ist – kann auch bei nah verwandten Arten sehr verschieden sein: So haben Zwergfledermaus *(Pipistrellus pipistrellus)*-Männchen für unsere menschliche Nase keinen besonders auffälligen Duft, Mückenfledermäuse *(Pipistrellus pygmaeus)* hingegen strömen einen intensiven Abendsegler-ähnlichen Geruch nach Moschus aus. Eigentümlich penetrant riecht auch die Bulldoggfledermaus *(Tadarida teniotis)*: ein Geruch, der an pflanzliche Gewürze wie Liebstöckel erinnert.

Nicht unwichtig sind auch taktile Signale. Fledermäuse sind in ihren Kolonien an engen Körperkontakt gewöhnt. Wenn ein Fledermaus-Weibchen von seinem Jagdflug zurückkommt und wieder in der bereits mehr oder weniger versammelten Kolonie dicht gedrängter Weibchen landen will, dann fliegt es oft irgendwo in die Mitte, greift mit den Hinterbeinen in den Pulk, wobei es durchaus kurz an den Ohren eines anderen Weibchens hängen kann, und zieht sich dann schnell in das Innere zurück.

Innerhalb ihrer sozialen Kommunikation benutzen Fledermäuse über ihren Körperkontakt daher auch viele vibratorische Signale. Ein wiederholtes heftiges ruckendes Bewegen des Körpers ist z.B. das Signal für ein Jungtier, die Zitze der Mutter loszulassen, damit die Mutter auf Jagd gehen kann. Dieses Rucken kann minutenlang wiederholt werden, wenn das Junge – was oft der Fall ist – nicht gerne loslässt. Zweifarbfledermaus-Männchen *(Vespertilio murinus)* hüpfen vor der Paarung ähnlich wie ein aufziehbarer Blechfrosch rhythmisch auf der Stelle. Viele Arten zeigen in Situationen, bei denen weder Kontext noch Funktion verstanden ist, ein artspezifisches,

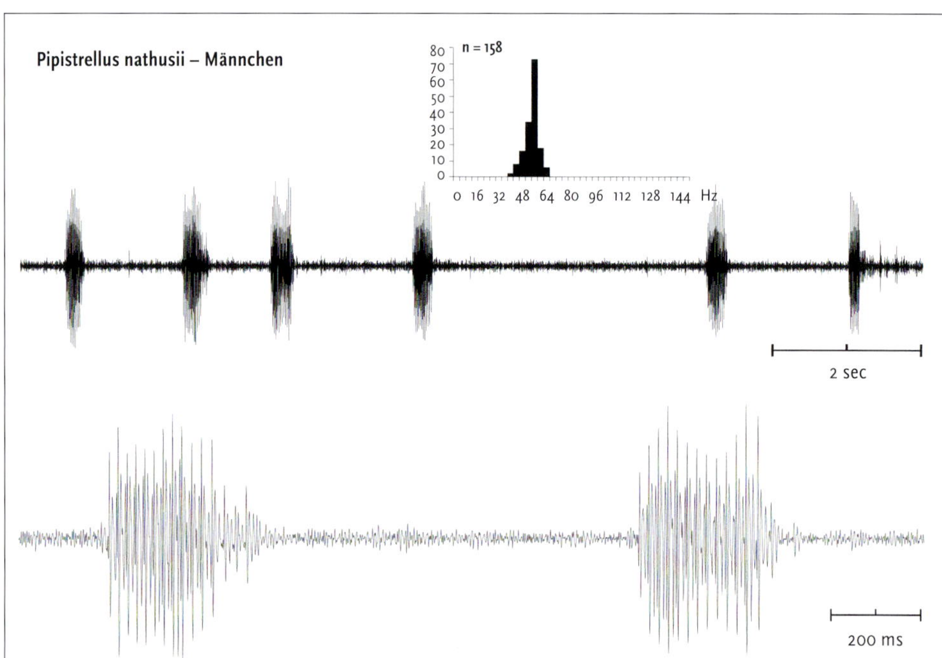

Bild 123. Rhythmische Körpervibrationen eines Männchens der Rauhhautfledermaus *(Pipistrellus nathusii)*. Das Tier wurde zusammen mit einem an seinen Körper gedrückten Miniatur-Beschleunigungsaufnehmer ruhig in der warmen Hand gehalten und begann dann mit rhythmischen, etwa 300–400 ms langen Pulsen zu vibrieren, wobei die Frequenz der Vibration (kleine Grafik) ca. 50 Hz betrug. Grafik: M. Bauer

feines rhythmisches Vibrieren des ganzen Körpers (body sound), bei dem man sogar einen leisen summenden Ton wahrnehmen kann (Bild 123).

Balz

Wie sich Männchen und Weibchen finden und wo die Paarungen stattfinden, ist für viele Fledermausarten noch weitgehend unbekannt. Nur für wenige Arten gibt es genauere Beobachtungen. Bei der Mückenfledermaus *(Pipistrellus pygmaeus)*, der Rauhhautfledermaus *(Pipistrellus nathusii)*, dem Abendsegler *(Nyctalus noctula)* und einigen weiteren Arten weiß man, dass einzelne Männchen in Gebieten, in denen Weibchen zu erwarten sind, Paarungsquartiere besetzen. Bei den drei erwähnten Arten sind das Baumhöhlen oder als Ersatz auch Nistkästen. Die Männchen verteidigen ein solches Balzquartier gegen andere Männchen, fliegen während der Nacht nur noch kurz auf Nahrungssuche und versuchen durch auffällige Rufe, Weibchen in dieses Quartier zu locken. So fliegen Mückenfledermaus-Männchen große Teile der Nacht in der Umgebung ihres Quartiers umher und äußern dabei laute Balzrufe [allg. Lit. 40]. Wenn sie ein Weibchen bemerken, verfolgen sie dieses und versuchen es, in das Quartier zu locken.

Auch die Zwergfledermaus hat einen ähnlichen Balzruf, den die Männchen im Abstand von wenigen Sekunden immer wieder äußern. Dabei fliegen sie in stundenlangen Revierflügen wie auf festgelegten Routen ihr Balzterritorium ab. Die Balzquartiere dieser Männchen werden vor allem in der Umgebung der Winterquartiere etabliert, wo die Weibchen im Spätsommer vorbeikommen müssen, wenn sie das Winterquartier inspizieren.

Abendsegler-Männchen sitzen normalerweise am Eingang ihres Balzquartiers und rufen laut. Manchmal fliegen sie auch kurz rufend aus, um ein anderes Männchen zu vertreiben oder ein Weibchen anzubalzen. J. Gebhard hat bei seinen umfassenden Studien an dieser Art beobachtet, dass sie ein ankommendes Weibchen sofort begrüßen, es in die Höhle hineinlassen, dann selbst wieder zum Ausgang des Quartiers zurückkehren und dort weiterbalzen, bis weitere Weibchen eintreffen [allg. Lit. 39]. Die Paarungen erfolgen dann während des Tages.

Die für uns Menschen auffälligste Balz hat die Zweifarbfledermaus *(Vespertilio murinus)*. Ihre Balzgesänge können einem kaum verborgen bleiben, weil die Rufe in ihrer Frequenz bis etwa 15 kHz hinabreichen und dadurch für den Menschen noch gut hörbar sind (Bild 124). Bei der Zweifarbfledermaus ist das Balzverhalten erstaunlich spät im Jahr zu beobachten: Vor allem in diesigen Oktober- und Novembernächten fliegen die Männchen viele Stunden lang regelmäßig auf Flugbahnen, die ein Gebiet mit einem Durchmesser von mehreren hundert Metern Ausdehnung umfassen können, entlang von Felswänden oder – als Ersatz – hohen Gebäuden. Bei diesen Balzflügen kann man beobachten, dass zwei Tiere sich verfolgen – vielleicht versucht das

Bild 124. Spektrogramm des Balzgesangs eines Männchens der Zweifarbfledermaus *(Vespertilio murinus)*. Das abgebildete Element wird kontinuierlich wiederholt, manchmal über mehrere Stunden, während das Männchen unermüdlich seine Kreise über einem Balzareal zieht, das einen Durchmesser von mehreren hundert Metern haben kann. Am Freiburger Münster kann man dieses Verhalten besonders in diesigen, manchmal regnerischen Novembernächten beobachten. Aus allg. Lit. 51

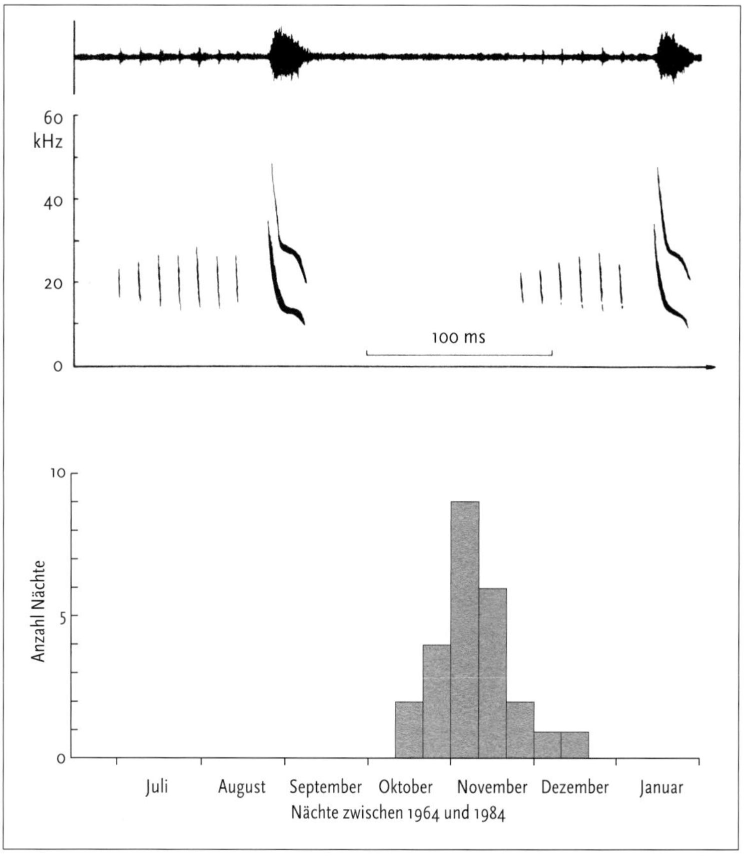

Bild 125: Die Paarungsquartiere des Mausohrs (*Myotis myotis*) sind durch Hautsekrete schwarzbraun verfärbt. An der Schnauze des Weibchens unten links kann man die Sekretproduktion deutlich sehen. Foto: C. Dietz

rufende Männchen dann, ein Weibchen in sein Paarungsquartier zu locken.

Rauhhautfledermäuse und Abendsegler etablieren ihre Balzquartiere auf dem Zugweg der Weibchen in den Süden oder im Winterquartier. Das gilt wohl für alle ziehenden Arten, auch die Zweifarbfledermaus. Beim Kleinen Abendsegler (*Nyctalus leisleri*) wurde in Griechenland auch beobachtet, dass die Männchen nicht direkt an ihrer Baumhöhle balzen, sondern sich an exponierten Stellen am Waldrand immer wieder an eine bestimmte Stelle an einen frei sichtbaren Baumstamm setzen und von dort ihre stereotypen Balzrufe erklingen lassen. Vermutlich werden die Männchen im Falle, dass ein Weibchen sich interessiert zeigt, versuchen, es in ihr Tagesquartier mitzunehmen.

Bild 126: Kleine Mausohren (*Myotis oxygnathus*) haben Arena-Balzquartiere in geringem Abstand voneinander. Hier sind drei Paarungsgruppen auf weniger als einem Quadratmeter Höhlendecke zu sehen. Foto: C. Dietz

Beim Kleinen Mausohr (*Myotis oxygnathus*) kann man beobachten, dass viele Männchen ihre Balzquartiere relativ nah beieinander in den Deckenkolken eines Höhleneingangs oder, als Ersatz eines solchen Höhleneingangs, in den Fugen oder Löchern unter Straßenbrücken besetzen. Die Männchen kämpfen energisch um den Besitz ihres Quartiers. Dabei kann ein Männchen versuchen, den Quartierbesitzer mit weit aufgerissenem Maul anzufliegen, aber auch dieser reißt sein Maul weit auf und wehrt sich. Nur wenn es einem der beiden gelingt, schneller zu sein als der andere, kann er diesen mit einem Biss über das geschlossene Maul packen und mit einem Ruck aus dem Deckenkolk herausreißen und zu Boden werfen. Bei diesen Kämpfen fügen sich die Kleinen Mausohren oft auch erhebliche Verletzungen zu, manchmal findet man Männchen mit zerbissenen und vernarbten Ohren. Das muss für eine Fledermaus besonders unangenehm sein, weil davon ihr gesamtes Orientierungssystem betroffen sein dürfte.

Auch bei der Mehely-Hufeisennase (*Rhinolophus mehelyi*) versammeln sich im September größere Gruppen beiderlei Geschlechts, die Männchen balzen dabei mit aufgeregten Flügelschlägen im Hängen. Aus dem Pulk heraus nähern sich dann einzelne Weibchen den für sie attraktiven Männchen und es kommt zur Paarung. Wir fanden Hinweise darauf, dass dabei die schwersten und dicksten Männchen den größten Paarungserfolg haben. Inwiefern sich dies auf den tatsächlichen Reproduktionserfolg auswirkt, ist dagegen gänzlich unbekannt.

Solche Ansammlungen von nah beieinander balzenden Männchen ähneln der Arenabalz mancher Vögel. Ein solches „Lek" erlaubt den Weibchen besonders effektiv, zwischen verschiedenen Männchen als Paarungspartner zu wählen. Beim Kleinen Mausohr suchen die Männchen gleich nach dem Winterschlaf ihre Balzquartiere auf und verteidigen sie vom Frühling an den ganzen Sommer hindurch gegen andere Männchen, bis schließlich im August und September die eigentliche Balzzeit beginnt und die Weibchen sich für ihre Werbung zu interessieren beginnen. Die Weibchen wählen dann mit ihrem Tagesquartier auch ein Männchen aus – manchmal mehrere Nächte hintereinander dasselbe, oft auch jede Nacht ein anderes. Bei der Mehely-Hufeisennase scheint dagegen das Gewicht des Männchens das Kriterium zu sein, nach dem die Weibchen die sich zur Schau stellenden Männchen bewerten.

Paarung

Bei der eigentlichen Paarung umfasst das Männchen von hinten das Weibchen mit seinen Unterarmen und beißt sich bei vielen Arten, nicht bei allen, im Nackenfell des Weibchens fest. Dabei wird das Fell des Weibchens oft richtiggehend eingespeichelt, sodass man noch Stunden später erkennt, welche Weibchen kopuliert haben. Beim Kleinen Mausohr umarmt und schützt ein Männchen oft den ganzen Tag sein Weibchen, indem es die Flügel halb geöffnet um es legt – wahrscheinlich, um andere Männchen davon abzuhalten, sich mit diesem Weibchen einzulassen, ein Verhalten, das man „mate guarding" nennt (Bild 127).

Bei manchen Arten, vor allem der Wasserfledermaus *(Myotis daubentonii)* und der Fransenfledermaus *(Myotis nattereri)*, hat man auch regelmäßig Paarungen im Winterquartier beobachtet. Dann kann man z.B. in einer Höhle mitten im Winter ein Männchen aktiv umherfliegen sehen. Es versucht immer wieder, auf anderen Fledermäusen zu landen, untersucht diese – oft unter Protestgeschrei. Hat es ein Weibchen gefunden, versucht das Männchen, dieses aufzuwecken und sich mit ihm zu paaren.

Paarungsstrategien

Offensichtlich können die Männchen bei manchen Arten verschiedene Paarungsstrategien benutzen. Beim Abendsegler *(Nyctalus noctula)*, wohl der Fledermausart, die man in dieser Hinsicht dank der Beobachtungen von J. Gebhard am besten kennt, hat man folgende verschiedene Strategien beobachtet: Starke Männchen besetzen und verteidigen während des späten Sommers und im Herbst eine Baumhöhle und nutzen diese als Paarungsquartier: Vom Eingang der Höhle aus rufen sie laut und locken Weibchen herbei. Die Weibchen können sich an jedem Morgen neu entscheiden, welches der Männchen sie in seinem Paarungsquartier aufsuchen wollen. Dabei kehren sie zwar manchmal wieder zum selben Männchen zurück, aber nicht immer. Im Laufe des Herbstes paaren sie sich mit einer ganzen Reihe verschiedener Männchen. Molekulargenetische Untersuchungen der im Uterus über den Winter aufbewahrten Spermien ergaben, dass oft mehrere Männchen, im Mittel etwa vier

Bild 127. Wenn die Männchen des Kleinen Mausohrs *(Myotis oxygnathus)* in einer Höhle, in der es keine Deckenkolke gibt, Weibchen geworben und sich gepaart haben, bewachen sie diese und beschützen sie vor den Belästigungen durch andere Männchen – ein Verhalten, das man „mate guarding" nennt. Foto: C. Dietz

Bild 128. Paarung bei der Fransenfledermaus (*Myotis nattereri*) in einem Winterquartier. Das Männchen umfasst dabei das Weibchen mit den Flügeln und beißt sich im Nackenfell fest. Foto: C. Dietz

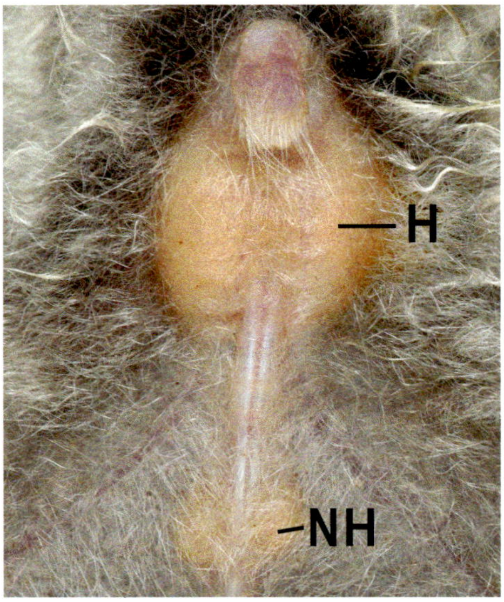

Bild 129. Im Reproduktionszyklus der Männchen beginnen die Hoden (H) ab dem Sommer mit der Produktion der Spermien, die in den Nebenhoden (NH) gespeichert werden, wo sie länger als ein halbes Jahr lang lebensfähig bleiben. Bei der Langfußfledermaus *(Myotis capaccinii)* sind die beginnende Hodenaktivität und die Nebenhoden mit den Resten der letztjährigen Füllung gut zu erkennen. Foto: C. DIETZ

Bild 130. Ein Weibchen des Abendseglers *(Nyctalus noctula)* mit seinem größtenteils verdeckten Jungtier. Die Jungen haben oft schon gleich nach der Geburt so große Füße wie ein Alttier, rechts ist der Hinterfuß des einen Tag alten Neugeborenen im direkten Vergleich zum Fuß seiner Mutter (links) zu sehen. Foto: O. VON HELVERSEN

Männchen, zum Sperma-Vorrat beigetragen hatten [allg. Lit. 80, MAYER mündlich]. Wenn Abendseglerweibchen Zwillinge gebären, stammen diese also oft von verschiedenen Vätern. Welche Rolle eine mögliche Spermienkonkurrenz spielt und ob die Weibchen über postkopulatorische Mechanismen zur Spermienselektion verfügen, ist weitgehend unbekannt. Es ist aber leicht vorstellbar, dass während der oftmals mehrmonatigen Zeit, in der Spermien verschiedener Männchen gemeinsam im Receptaculum seminis des Weibchens gelagert werden, Vorgänge ablaufen, die auf die eine oder andere Weise die Vaterschaft bei den zukünftigen Jungen beeinflussen könnten.

Wie J. GEBHARD beobachtet hat, kann es auch vorkommen, dass sich ein anderes Männchen unauffällig, vielleicht als Weibchen „getarnt", in das Balzquartier eines Revierbesitzers einschleicht. Solche „Satelliten-Männchen" können sich dann durchaus während des Tages mit vom Quartierbesitzer angelockten Weibchen paaren. Es ist noch unklar, ob der Quartierbesitzer solche „Satelliten" duldet – vielleicht, weil sie mit ihm verwandt sind, oder ob er sie einfach nicht als Männchen erkennt.

Neben Strategien, die den Weibchen im Wesentlichen die Wahl des Männchens überlassen, scheint es aber auch andere zu geben. In der Umgebung größerer Winterquartiere, vor allem auf der Balkanhalbinsel, kann es im Herbst zu einer regelrechten „Massenbalz" kommen. Männchen und Weibchen können dann über einige Tage hinweg in einem Zustand großer Erregung sein, nachts ausgiebig schwärmen und auch während des Tages laut rufen und sich paaren. Vielleicht tritt dieses Verhalten besonders dann auf, wenn noch unbegattete Weibchen in einem größeren Trupp am Winterquartier eintreffen.

Als vierte weitere mögliche Paarungsstrategie gibt es auch beim Abendsegler das Phänomen, dass kräftige Männchen mitten im Winter erwachen und damit beginnen, in ihrer Winterschlafgesellschaft einzelne Weibchen zu wecken und sich mit diesen zu paaren. J. GEBHARD hat dies in einer von ihm kontrollierten Winterschlafgruppe immer wieder beobachtet. Das ist besonders erstaunlich, weil man vom Abendsegler weiß, dass die Weibchen am Ende der Paarungszeit einen Vaginalverschluss anlegen. Auf diese Weise können sie die Spermien im Uterus wie in einem prall gefüllten Säckchen über den Winter aufbewahren, ohne dass die Gefahr besteht, dass sie wieder auslaufen oder dass irgendwelche Keime in das Receptaculum seminis eindringen. Wenn es einen solchen Vaginalverschluss gibt, dann ist es nicht leicht zu verstehen, welchen Sinn die Paarungen im Winterschlaf haben sollen. Vermutlich ist bei einem Teil der Weibchen der Vaginalverschluss zumindest noch nicht vollständig.

Mutter und Kind

Wochenstuben

Die Geburt der Jungen erfolgt in Kolonien, die meist nur aus Weibchen bestehen. „Wochenstube" ist deshalb ein schöner und passender Ausdruck für den Ort, an dem sich die Weibchen im Sommer versammeln, ihre Jungen gebären und aufziehen. Bei den Glattnasenfledermäusen, zu denen ja die meisten der europäischen Arten gehören, erfolgt die Geburt normalerweise so, dass das Weibchen, wenn die Wehen einsetzen, zunächst ein wenig aus dem Pulk der anderen Weibchen herauskrabbelt. Dann nimmt es entweder eine horizontale Position ein, indem es sich mit den Füßen und den Daumenkrallen an der Quartierdecke festhält, oder es hält sich an einer senkrechten Wand fest, aufrecht, mit dem Kopf nach oben, mit Daumenkrallen und Hinterfüßen an der Wand verankert. In dieser Stellung können die Jungen mit der Schwanzflughaut aufgefangen werden, sobald die Nabelschnur sie nicht mehr hält.

Geburt

Die Geburt erfolgt wohl selten mit dem Kopf voran, sondern meist als Steißgeburt mit dem Körperende voran. Sobald die Membran der Fruchtblase sich öffnet, sieht man die kräftigen Füße des Jungen, die sich sofort am Fell der Mutter verankern. Manchmal hat man den Eindruck, dass das Neugeborene fast aktiv aus der Mutter herausklettert. Junge Fledermäuse haben für ihre Größe riesige Füße – ihre Füße, und bei manchen Arten die Daumen, sind bei der Geburt als einzige Körperteile schon fast genauso groß wie bei erwachsenen Fledermäusen (Bild 130). Die Mutter beleckt das Junge und säubert es; es versucht sich, sobald es kann, an den Zitzen der Mutter festzusaugen. Die Nachgeburt wird von der Mutter gefressen (Bild 131). Die Nabelschnur hingegen vertrocknet und wird nach kurzer Zeit von der Mutter abgebissen und fallengelassen. Auf den großen Kothaufen unter einer Mausohrkolonie kann man deshalb nach dem Geburtszeitpunkt die Nabelschnüre vieler Jungtiere finden. Sobald das Junge saubergeleckt und trocken ist, wird es mit den Flughäuten festgehalten, und das Weibchen begibt sich wieder zurück zu den anderen Weibchen und sucht deren Körperkontakt. Dann sieht man das Junge meist nur noch als eine „Beule" unter der mütterlichen Flughaut.

Bei den Hufeisennasen (auch bei den tropischen Blattnasenfledermäusen und den Taschenfledermäusen) erfolgt die Geburt insofern etwas anders, als die Mutter wie gewöhnlich kopfunter hängt. Die Mutter fängt das Junge sofort mit ihren Flügeln auf, hält es notfalls mit ihnen fest, beleckt es und lenkt es zu den Haftzitzen (Bild 132). Die Babys der Hufeisennasen haben daher das Privileg, noch eine Weile wie ein normales Säugetier mit dem Kopf nach oben schlafen zu dürfen.

Jungenaufzucht

In den ersten Tagen bleibt das Junge am mütterlichen Körper fest verankert und die Mutter nimmt es auch im Flug mit. Allerdings versuchen die Mütter meist, in den ersten Tagen nicht auf die Jagd gehen zu müssen, sondern von ihren Reserven zu leben. Die Ernährung der jungen Fleder-

Bild 131. Gleich nach der Geburt seiner Zwillinge frisst das Weibchen des Kleinabendseglers *(Nyctalus leisleri)* die Nachgeburt auf. Foto: D. Nill

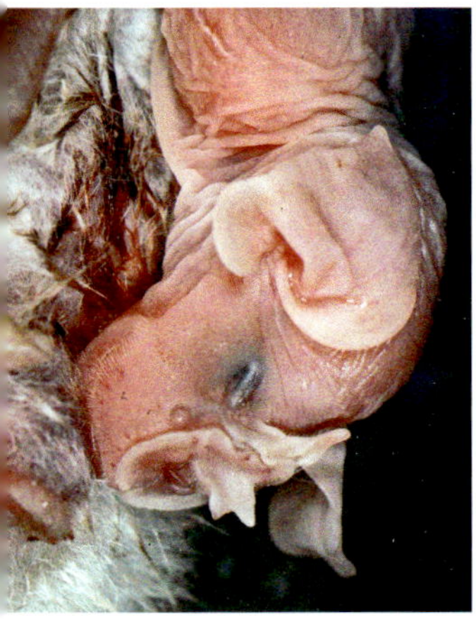

Bild 132. Neugeborene Mehely-Hufeisennase *(Rhinolophus mehelyi)* etwa drei Stunden nach der Geburt. Nachdem das Jungtier zunächst an der Milchzitze gesaugt hat, hat es sich an einer der beiden Haftzitzen an der Lende des Muttertieres festgesaugt. Die Augen des Jungtieres sind noch geschlossen. Foto: C. Dietz

mäuse erfolgt ausschließlich durch Milch. Füttern mit Insekten hat man nur bei tropischen Fledermäusen beobachtet. Die Blumenfledermäuse füttern ihre Jungen auch mit Nektar und die Vampire mit Blut – aber die einheimischen Arten können das nicht. Es gibt wohl kaum ein anderes Säugetier, bei dem die Jungen, bis sie fast ihr Adult-Gewicht erreicht haben, ausschließlich mit Muttermilch ernährt werden. Da die jungen Fledermäuse erst selbst jagen können, wenn sie so weit ausgewachsen sind, dass sie fliegen können, ist eine vorzeitige Entwöhnung nicht möglich.

Die Jungen bekommen normalerweise vor dem nächtlichen Jagdflug der Mutter und bei deren Zurückkommen Milch zu trinken, nur manche Mütter kehren in der Mitte der Nacht noch einmal zu ihren Jungen zum Säugen zurück, wahrscheinlich dann, wenn die Jagdbedingungen besonders günstig waren. Von Mausohren *(Myotis myotis)* weiß man, dass die Mütter bei schlechten Wetterbedingungen, in denen die Jagd nicht sehr erfolgreich ist, auch schon einmal einen ganzen Tag im Jagdgebiet verbringen, sodass ihr Junges in dieser Zeit hungern muss.

Wenn die Mutter zurückkommt, begrüßt sie ihr Junges, indem sie es beschnuppert. Die Mütter kennen sowohl den Geruch ihrer Kinder als auch deren „Verlassenheitsrufe“. Wenn die Jungen hungrig sin, und eine Fledermaus in ihre Nähe kommt, äußern sie diese „Isolationsrufe“ oder „Verlassenheitsrufe“; sie sind bei kleinen Jungtieren meistens noch sehr einfach strukturiert (Bild 133, oben). Dennoch sind sie individuell so verschieden, dass die Mutter ihr Junges am Isolationsruf erkennen kann. M. Knörnschild hat entdeckt, dass beim Abendsegler die Zwillinge Isolationsrufe haben, die sich viel ähnlicher sind als die Rufe nicht verwandter Jungtiere. Vielleicht hat die charakteristische Signatur jedes Rufes also eine genetische Basis, vielleicht reagiert die Mutter aber auch auf bestimmte Rufe besonders stark und verstärkt damit einen bestimmten Ruftyp, den das Junge auf diese Weise lernt.

Wenn die Jungen älter werden, werden ihre Lautäußerungen vielfältiger und komplexer, einerseits entwickeln sich die Isolationsrufe in Richtung auf die Ortungsrufe, zum anderen können sie sich kontinuierlich zu verschiedenartigen, komplexen Sozialrufen entwickeln (Bild 133, unten).

Wenn die Mutter abends auf Jagd gehen will, muss sie ihr Junges dazu bringen, die Zitze loszulassen, sich zu entfernen und alleine zu hängen. Das Signal, mit dem sie dem Jungen das zu verstehen gibt, ist ein rhythmisches Rucken mit dem ganzen Körper. Manche Jungen mögen aber offensichtlich gar nicht gern die Zitze ihrer Mutter loslassen, und so kann das Rucken zu einem längeren Ritual jeden Abend werden. Besonders bei Hufeisennasen haben die Jungen sowohl an den Milch- als auch an den Haftzitzen gute Festhaltemöglichkeiten und es kann für ein Muttertier lange dauern, bis sie ihr Junges loswerden kann. Vielleicht um dem Jungen das Loslassen zu erleichtern, bilden die Hufeisennasen regel-

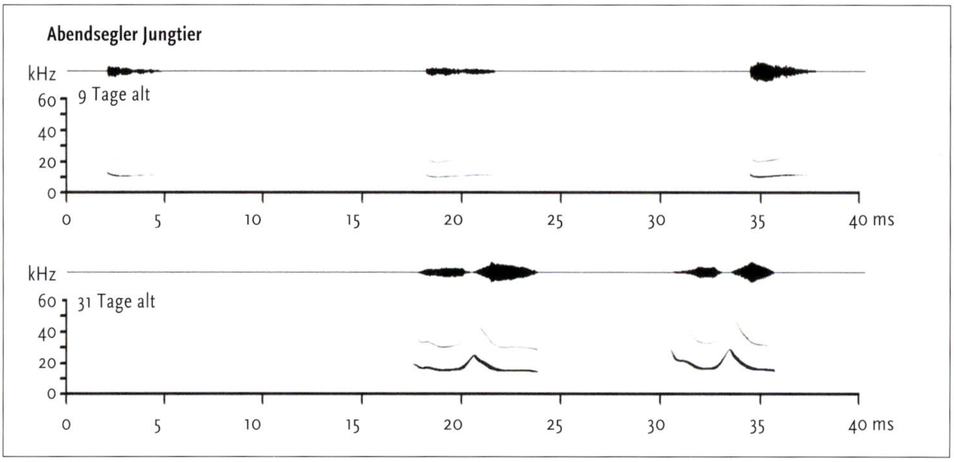

Bild 133. Isolationsrufe eines Neugeborenen des Abendseglers *(Nyctalus noctula)*. Schon bei den eintägigen Jungtieren sind diese Rufe so individuell, dass eine Mutter ihr Junges daran erkennen kann. Die Isolationsrufe entwickeln sich einerseits in Richtung auf komplexere Sozialrufe, andererseits parallel dazu auch zu den Ortungsrufen. Grafik: M. Bauer

rechte Kindergärten aus dicht gedrängten Jungtieren in geschützten Bereichen des Quartiers (Bild 134).

Kommt die Mutter zurück, hastet das Junge zu ihr und leckt oft als Erstes an ihrem Maul – ein Verhalten, das man bei sehr vielen Säugetieren findet. Bild 139 zeigt dieses Verhalten bei einer jungen Fransenfledermaus *(Myotis nattereri)*. Vielleicht werden bei diesem Lecken an den Lefzen der Mutter z.B. für die Darmflora wichtige symbiontische Keime übertragen. Oft lässt die Mutter dann das Junge sofort an ihre Zitzen und holt es geradezu mit ihren Flügeln zu sich heran. Wenn die Jungen schon älter sind, werden sie den Müttern aber oft ziemlich lästig. G. Heise hat beobachtet, dass Abendseglerweibchen größere Jungen zwar oft am Morgen noch einmal säugen, dann aber lieber in ein anderes Quartier abfliegen, wo sie nicht ständig von den Jungen angebettelt und „belämmert" werden.

Viele tropische Fledermäuse nehmen ihr Junges beim abendlichen Ausflug zunächst mit, hängen dann aber die Jungen einzeln in Verstecken, die nur sie kennen, ab und gehen erst dann auf Jagd. Das ist wohl eine Vorsichtsmaßnahme, denn die Ansammlung von Jungen in der Wochenstube könnte für manchen Räuber in der Nacht, selbst einen größeren, ein willkommenes Mahl darstellen. Ein einzelnes Jungtier, irgendwo zwischen den Flechten an einem Baumstamm oder in einem Borkenspalt versteckt, wird hingegen nur sehr schwer von einem Räuber entdeckt. Am Morgen nimmt die Mutter das Junge dann wieder auf und trägt es in die gemeinsame Wochenstube.

Normalerweise säugen Fledermäuse nur ihre eigenen Jungen. J. Gebhard hat beobachtet, wie es beim Abendsegler *(Nyctalus noctula)* manchmal zum „Milchdiebstahl" kommt. Das kann geschehen, wenn ein Junges seine Mutter verloren hat und vor Verzweiflung versucht, bei einem anderen Weibchen zu saugen. Meistens weisen die Weibchen allerdings ein fremdes Junges rücksichtslos ab. Nur einmal beobachtete J. Gebhard, dass ein Muttertier auch das Kind ihrer eigenen Mutter akzeptierte [allg. Lit. 39]. Vielleicht gibt es auch bei den einheimischen Fledermäusen unter nahen Verwandten ein altruistisches Verhalten, wie es bei einigen tropischen Arten: der Vampirfledermaus und manchen Bulldoggfledermäusen vermutet wird.

Selbstständig werden

Wenn das Junge allmählich flügge wird, so spannt es immer wieder seine Flügel und läuft zum Eingang des Quartiers, schnuppert dort hinaus in den Wind. Beim Abendsegler, einer der wenigen Fledermausarten, die in dieser Hinsicht genauer untersucht wurden, konnte J. Gebhard feststellen, dass die Jungen normalerweise das erste Mal alleine ausfliegen, während die Mutter auf Jagdflug ist. Sie versuchen dabei, sich die Lage des Quartiereingangs genau zu merken, und kommen nach ersten Flügen in relativ kurzer Zeit von selbst wieder in das Quartier zurück. Oft sind sie aber erst zusammen mit den zurückkehrenden Erwachsenen in der Lage, den Quartiereingang zu finden. Wahrscheinlich helfen ihnen dabei auch die vielen Zwitscherlaute, die die Koloniemitglieder ständig äußern. Bei den ersten Ausflügen kann es bei entsprechend komplizierten Quartiereingängen zu hohen Verlusten unter den Jungtieren kommen, wenn diese, wie bei der Zwergfledermaus *(Pipistrellus pipistrellus)* mehrfach beobachtet, nicht in ihr Quartier hinter der Blechverkleidung eines Kamins zurückfinden, sondern in den Kamin selber gelangen.

Bei einigen anderen Arten, z.B. bei der Bartfledermaus *(Myotis mystacinus)*, bei der Fransenfledermaus *(Myotis nattereri)* und

Bild 134. Große Hufeisennasen *(Rhinolophus ferrumequinum)* lassen ihre Jungtiere nachts in regelrechten „Kindergärten" zurück, in denen sie dicht gedrängt hängen können, oft in unzugänglichen und geschützten Bereichen eines Quartiers. Foto: C. Dietz

Bild 135. Jungtiere halten wann immer möglich engen Körperkontakt zu ihren Müttern, so wie dieses juvenile Braune Langohr (*Plecotus auritus*). Foto: C. Dietz

gebnis: Im Mittel kommen die Jungtiere in den ersten drei Nächten leichter zurück als sie abgeflogen sind, haben also wohl noch keine Beute gemacht. Aber in der vierten oder fünften Nacht sind sie 2 g schwerer als beim Abflug, also offensichtlich schon fähig, effektiv auf Jagd zu gehen.

Geburtszeitraum

In dieser Phase des Jahres, in denen die Jungen allmählich flügge werden, ist es sicherlich besonders wichtig, dass rings um das Quartier ein großes Beuteangebot besteht. Die Jungen sollten sich noch nicht allzu weit vom mütterlichen Quartier entfernen. Eine interessante, aber experimentell nicht leicht zu beantwortende Frage ist, ob Fledermäuse den Geburtszeitpunkt so legen, dass die Zeit des Flüggewerdens der Jungen auf das zu erwartende Optimum des Nahrungsangebotes im Jahr fällt. Möglich wäre auch, dass die Mütter das Nahrungsoptimum lieber für ihren eigenen Vorteil nutzen, indem sie diese Periode eher für die Zeit der Schwangerschaft und der Milchproduktion nutzen, da sie dann selbst sehr viel Energie benötigen. Diese Frage ist für die europäischen Fledermäuse noch nicht sicher beantwortet. Auf jeden Fall wird der Zeitpunkt der Geburt offensichtlich von den verschiedenen Arten in irgendeiner Weise optimiert. Ein Hinweis der Wimperfledermaus (*Myotis emarginatus*) hat man beobachtet, dass die Mütter ihr Junges bei den ersten Flugversuchen begleiten. Hat das Junge sich verflogen und findet den Einflug zum Quartier nicht mehr, kann man manchmal am nächsten Tag in Quartiernähe eine Mutter finden, die ihr flügges, erwachsenes Junges mit ihrem Körper abdeckt. Wahrscheinlich versucht die Mutter, dem Jungen am nächsten Abend so viel Milch zu geben, dass dieses doch noch den Rückflug in die Kolonie schafft.

Junge Abendsegler aber müssen ganz alleine lernen, auf Jagd zu gehen. Wir haben junge Abendsegler vor ihrem Ausflug und nach dem Zurückkommen in das Quartier in den ersten Tagen ihrer Jagdaktivität gewogen und konnten auf diese Weise prüfen, ob sie schon selbstständig Beute gemacht haben. Bild 138 zeigt das Er-

Bild 136: Das etwa zwei Wochen alte Jungtier der Wimperfledermaus trinkt an der Zitze unter dem mütterlichen Flügel. Foto: C. Dietz

Bild 137. Wie die meisten Fledermausarten können auch Alpenlangohren *(Plecotus macrobullaris)* ihre Jungtiere im Flug transportieren. Foto: D. NILL

darauf ist die meistens hohe Synchronisation der Geburten in einer Kolonie, die freilich auch noch weitere Vorteile hat. Der Geburtenzeitpunkt liegt bei verschiedenen Populationen der gleichen Art, die in verschiedenen Habitaten leben, oft deutlich auseinander. So erfolgt bei den Langfußfledermäusen *(Myotis capaccinii)* an der griechischen Küste die Geburt bereits Anfang Mai, in den Bergen aber erst viel später.

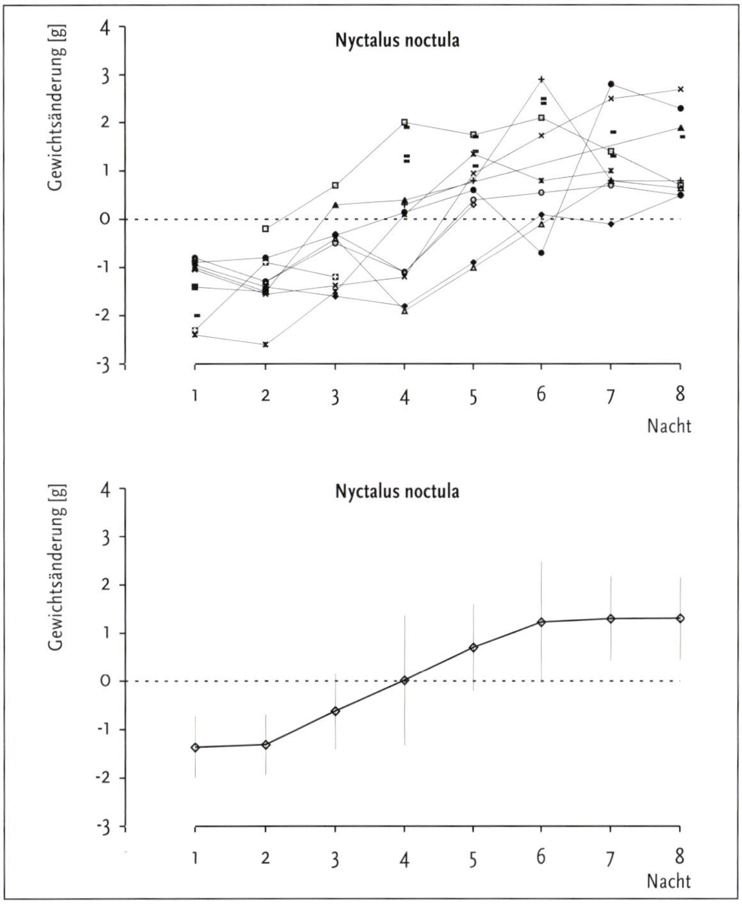

Bild 138. Junge Abendsegler *(Nyctalus noctula)* lernen allein, auf Jagd zu gehen. In den ersten Nächten kehren sie eigenständig, ohne Hilfe ihrer Mutter, nach einigen Stunden in das Quartier zurück, dessen Eingang sie sich gemerkt haben. Die Abbildung zeigt die Gewichtsveränderung zwischen Abflug und Ankunft (oben für 10 verschiedene Jungtiere, unten für den Mittelwert) in den ersten acht Flugnächten: In den ersten drei Nächten kommen alle Tiere um 1–3 g leichter zurück; offensichtlich haben sie noch keine Beute gemacht. Sie klettern sofort zu ihren Müttern und saugen Milch. Im Mittel nach vier Tagen halten die Jungen ihr Gewicht oder nehmen zu, ein Zeichen, dass sie jetzt bereits Erfolg bei der Jagd haben. Grafik: M. BAUER

Bild 139. Eine vom Jagdflug zurückkehrende Fransenfledermaus-Mutter *(Myotis nattereri)* begrüßt ihr Jungtier. Charakteristisch für viele Säugetiere, nicht nur Fledermäuse, ist das Lecken des Jungen am Maul der Mutter, wobei vermutlich auch wichtige Keime der Darmflora übernommen werden. Foto: D. NILL

Quartiere der Fledermäuse

Vermutlich war die Nutzung unterirdischer Höhlen als Tagesquartier eine der Schlüsselinnovationen in der Evolution der Fledermäuse und schuf damit die grundlegenden Anpassungen an die Nachtaktivität und Echoortung. In der Tat sind auch heute noch Höhlen die bevorzugten Tagesquartiere zahlreicher Fledermausarten. Höhlen haben den großen Vorteil für ein nachtaktives Leben, einen sicheren Zufluchtsort für den Tag zu bieten: In der Dunkelheit der Höhlen können sich Raubtiere, die sich mit ihren Augen orientieren, nicht leicht zurechtfinden. Nur wenige Fledermausräuber, wie einige Schlangen-Arten, stellen den Fledermäusen innerhalb der Höhlen nach. Dies sind besonders Würgeschlangen mit ihren infrarot-sensitiven Sinnesorganen, die ihnen auch in der Dunkelheit der Höhle beim Aufspüren der Beutetiere helfen.

In Mitteleuropa und Nordeuropa sind Höhlen in der Regel zu kalt, um als Sommerquartier zu dienen. Hier werden Höhlen vor allem als sicheres Winterquartier genutzt. Aber bereits im Mittelmeergebiet gibt es eine ganze Reihe von Fledermausarten, die tagsüber vor allem in Höhlen leben: Alle fünf Hufeisennasenarten (Gattung *Rhinolophus*), wobei unter diesen die Kleine Hufeisennase *(Rhinolophus hipposideros)* am wenigsten an Höhlen gebunden ist, da sie ihre Wochenstuben auch in großen hohlen Bäumen, wie ausgefaulten Platanen, etablieren kann. Aber auch die Langflügelfledermaus *(Miniopterus schreibersii)*, die drei Mausohrarten (*Myotis myotis, M. oxygnathus* und *M. punicus*) und die Langfußfledermaus *(Myotis capaccinii)* sind typische Höhlenfledermäuse. Manche

Bild 140. Blasius-Hufeisennasen *(Rhinolophus blasii)* beim abendlichen Ausflug aus einer Quartierhöhle. Manche Höhlen können von weit mehr als 10 Arten gemeinsam besiedelt werden. Foto: D. NILL

Bild 141: Viele Fledermausarten bevorzugen sehr enge Spalträume in denen sie Bauch- und Rückenkontakt haben, wie diese Zwergfledermäuse (*Pipistrellus pipistrellus*). Foto: C. Dietz

dieser Arten konnten nach der letzten Eiszeit ihr Verbreitungsgebiet nach Mitteleuropa ausdehnen, da sie anstelle von geräumigen Höhlen auch entsprechend große, vom Menschen erzeugte Hohlräume, wie Speicherräume auf Dächern, besiedeln konnten. So sind heute für das Mausohr *(Myotis myotis)* Dachräume die typischen Wochenstubenquartiere in Mitteleuropa,

Bild 142: Die Bildung von dichten Clustern, hier bei der Breitflügelfledermaus (*Eptesicus serotinus*) dient der sozialen Thermoregulation. Foto: C. Dietz

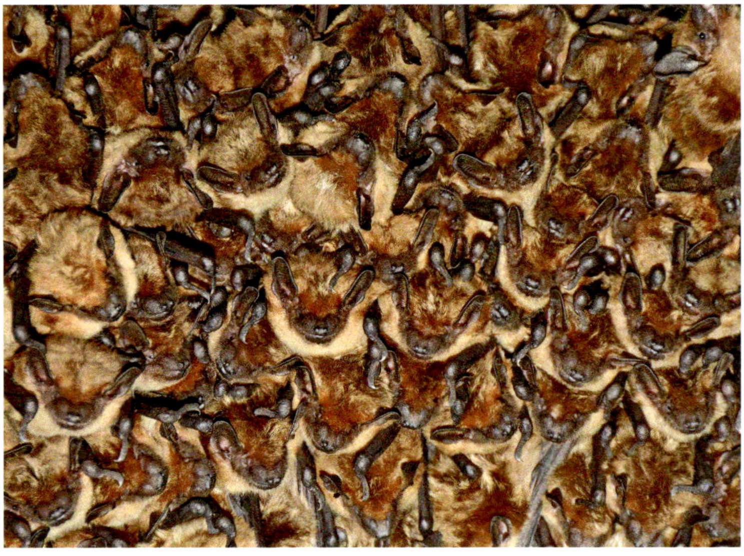

wohingegen im Mittelmeerraum vor allem Höhlen besiedelt werden.

Viele Gebiete der Erde sind arm an Felshöhlen und die Fledermäuse mussten sich hier andere Quartiere suchen. So nutzen viele Fledermausarten Baumhöhlen als Tagesquartier. Baumhöhlen entstehen besonders oft durch die Tätigkeit von ihre Bruthöhlen bauenden Spechten oder als Fäulnishöhlen, wenn Feuchtigkeit über einen abgebrochenen Ast in den Stamm eindringt.

Wieder andere Fledermäuse bevorzugen enge Spalten, entweder in Felsen (und als Ersatz an menschlichen Gebäuden), oder in Anrissen von Bäumen, manchmal einfach unter abstehender Rinde großer Bäume. Diese Arten bevorzugen oft Spalträume, in denen sie einen Rücken- und Bauchkontakt mit den Quartierwänden herstellen können und ziehen sich daher in die engsten Spalten zurück.

Fledermäuse können nicht nur in Felsspalten, sondern notfalls auch unter Steinen im Schotter von Flüssen oder im Gebirge in Halden von Gesteinsschotter ihr Tagesquartier wählen. Manchmal sind sie erstaunlich flexibel und nutzen auch scheinbar exotische Hohlräume wie verlassene Rötelschwalben-Nester als Quartier.

Besonders auffällig ist die Anpassung an Baumhöhlen bei den wandernden Fledermausarten. Die beiden Abendseglerarten (*Nyctalus noctula* und *N. leisleri*), die Rauhhautfledermaus *(Pipistrellus nathusii)* und eingeschränkt auch die Zweifarbfledermaus *(Vespertilio murinus)*, nutzen kaum größere unterirdische Quartiere und überwintern so gut wie nie in Felshöhlen: Sie bevorzugen Baumhöhlen oder Felsspalten. Diese auffällige Korrelation mag damit zusammenhängen, dass große Höhlen relativ selten und vor allem schwer zu finden sind. Daher können sich möglicherweise gerade die weit wandernden Arten nicht darauf verlassen, nach dem nächtlichen Zug morgens noch ein derartiges Quartier zu finden.

Die Mopsfledermaus *(Barbastella barbastellus)* ist im Sommer geradezu ein Spezialist für Quartiere unter der abstehenden Rinde von Bäumen oder als Ersatzquartier auch unter Bretterverschalungen an Gebäuden. Im Winter aber sucht sie tiefe Höhlen auf. Oft ist sie allerdings diejenige Art, die erst bei starkem Frost in größere Winterquartiere einfliegt. Dann kann sie sogar neben Eiszapfen hängen.

Quartierwechsel

Besonders von Baumhöhlen bewohnenden Fledermäusen ist es bekannt, dass sie im Sommer sehr oft ihre Quartiere wechseln. Wie I. Wolz und G. Kerth gefunden haben, zieht bei der Bechsteinfledermaus *(Myotis bechsteinii)* oft erst ein kleiner Teil einer größeren Gesellschaft um, und erst am nächsten Morgen folgt ein größerer Teil der Wochenstubengesellschaft nach. Als Grund für dieses auffällige, häufige Wechseln von Quartieren sind verschiedene Hypothesen diskutiert worden: Da die Temperaturbedingungen in jedem Quartier in Abhängigkeit von der Wetterlage verschieden sind, könnte es sein, dass unterschiedliche Quartiere jeweils zu anderen Zeiten besonders günstige Bedingungen liefern. Wenn die Fledermäuse in ihrem ständig notwendigen Kompromiss zwischen Energiesparen und Wachbleiben besonders günstige Bedingungen suchen, sollten sie dementsprechend ihre Quartiere wechseln. Eine andere Möglichkeit ist, dass der Quartierwechsel dem „Abschütteln" von Ektoparasiten dient. Die meisten Ektoparasiten müssen von Zeit zu Zeit die Fledermaus verlassen, auf der sie wohnen, und dann könnte ein eiliger Auszug helfen, diese Parasiten loszuwerden. Besonders häufige Umzüge sind meistens in der Zeit zu beobachten, in der die Jungen gerade flügge geworden sind. Zumindest in dieser Zeit mag es deshalb auch ein besonders wichtiger Gesichtspunkt sein, den noch unerfahrenen Jungtieren möglichst viele mögliche Quartiere im von der Wochenstube bewohnten Bereich zu zeigen.

Wie finden Fledermäuse Quartiere?

Beim Aufsuchen von Quartieren spielt sicherlich das ausgezeichnete Ortsgedächtnis der Fledermäuse eine ganz besondere Rolle. Aber irgendwann müssen Fledermäuse auch neue Quartiere finden. Wenn man eine Fledermaus in einem ihr unbekannten Raum freilässt, kann man oft mit Erstaunen beobachten, wie schnell das Tier eine kleine Spalte in der Mauer oder eine andere Versteckmöglichkeit findet. Fledermäuse achten wohl ständig sehr genau auf potentielle Spalten und Höhlungen, die als Quartier dienen könnten.

Bild 143. Die Wimperfledermaus *(Myotis emarginatus)* sucht of ungewöhnlich helle Quartiere auf, wie hier an einer Stalldecke. Die Wärme die die Rinder abgeben, hilft den Fledermäusen Energie für die Thermoregulation zu sparen. Foto: D. Nill

Offensichtlich können sie aus Erfahrung spezifische Suchbilder aufbauen. So beobachtet man in Revieren, in denen neue Nistkästen aufgehängt wurden, oft zunächst Monate oder sogar Jahre lang kaum eine Besiedlung dieser Kästen. Dann aber werden die Kästen plötzlich gefunden und darauf in zunehmendem Maße besiedelt. Vermutlich hat in vielen Fällen die lokale Population nun ein Suchbild aufgebaut, dass eine auffällige „Beule" an einem Stamm ein nutzbares Quartier anzeigt. Dann ist die Zunahme der Population nur scheinbar, in Wahrheit hat die lokale Population nur zunehmend auf Nistkästen als Quartier umgeschaltet.

Offensichtlich nutzen manche Fledermausarten wie der Abendsegler *(Nyctalus*

Bild 144. Kleines Mausohr *(Myotis oxygnathus)* beim Anflug an einen Quartierspalt in der Verkleidung einer Brücke. Foto: D. Nill

noctula), der selbst als schneller Flieger nicht so leicht Baumhöhlen finden kann, wenn diese von Ästen und Blattwerk verborgen sind, auch die sozialen Stimmfühlungslaute anderer Arten. So hat F. Kronwitter in der Umgebung von München entdeckt, dass Abendsegler auch Buntspechthöhlen in bis tief unten dicht beasteten Fichten als Tagesquartier nutzen [allg. Lit. 71]. Es ist zu vermuten, dass diese Abendsegler anderen Fledermäusen, z.B. Wasserfledermäusen *(Myotis daubentonii)*, folgten. Wasserfledermäuse können solche versteckten Höhlen mit ihrem manövrierfähigen Flug viel leichter entdecken. J. Gebhard vermutet, dass auch Mausohren *(Myotis myotis)* oft ihre Quartiere finden, indem sie kleineren Arten wie den Braunen Langohren *(Plecotus auritus)* folgen, die geschickter im Auffinden neuer Quartiermöglichkeiten sind.

Ganz besondere Schwierigkeiten haben natürlich die weit wandernden Arten, da sie unter Umständen irgendwo in der Morgendämmerung in einem Gebiet, das sie nicht kennen, ein neues Quartier finden müssen. J. Gebhard hat gezeigt, dass dann die Balzrufe der Männchen in ihren Paarungsquartieren eine ganz besondere anlockende Wirkung haben, manchmal nicht nur auf paarungsbereite Weibchen. Das wurde besonders bei Abendsegler *(Nyctalus noctula)* und Rauhhautfledermaus *(Pipistrellus nathusii)* beobachtet.

Quartierverteidigung

Während der Paarungszeit – bei manchen Arten, wie dem Kleinen Mausohr *(Myotis oxygnathus)*, auch den ganzen Sommer über – verteidigen Männchen ihre Balzquartiere gegen andere Männchen mit großem Einsatz. Aber oft gibt es auch andere Interessenten für die Tagesquartiere: z.B. Bilche, viele höhlenbrütende Vogelarten oder auch Insekten wie Bienen und Hornissen. Siebenschläfer *(Glis glis)* und Gartenschläfer *(Eliomys quercinus)* gewinnen in diesen Fällen anscheinend meistens gegenüber den Fledermäusen. Aber auch von Bienen ist beobachtet worden, dass Bienenschwärme, die eine neue Quartiermöglichkeit suchen, die Fledermäuse vertreiben. A. Kiefer hat einmal beobachtet, dass ein solcher Bienenschwarm eine ganze Reihe von Abendseglern *(Nyctalus noctula)* nicht nur aus dem Quartier vertrieb, sondern einen großen Teil der Tiere, die ihr Quartier wohl nicht schnell genug aufgaben, sogar totstechen konnte.

Manche Fledermäuse, besonders solitäre Mausohr-Männchen *(Myotis myotis)*, die einen Nistkasten als Balzquartier gewählt haben, zeigen ein weiteres Verhalten, mit dem sie vermutlich Eindringlinge wie Bilche oder Singvögel abschrecken können: Wenn man das Quartier ein wenig stört, beginnen sie mit einem lauten „Wespensummen“, das ganz ähnlich klingt, als ob

Bild 145. Wasserfledermäuse *(Myotis daubentonii)* suchen bevorzugt Baumhöhlen als Quartier auf. Foto: D. Nill

Bild 146. Bechsteinfledermäuse *(Myotis bechsteinii)* nutzen Vogel- und Fledermauskästen gerne als Ersatz für Baumhöhlenquartiere. Foto: D. Nill

ein Schwarm Wespen oder Hornissen von diesem Nistkasten Besitz genommen hätte. Bild 148 zeigt eine Aufnahme dieses Geräusches. Die Fledermaus erzeugt eine dichte Folge von außerordentlich kurzen Lauten, die im Prinzip das Spektrum eines Echoortungsrufes haben, sich aber in einer Frequenz folgen, die für unser Ohr – und sicherlich auch das Ohr eines Bilches oder einer Kohlmeise ein deutliches Summen ergibt, etwa mit der Flügelschlagfrequenz einer Hornisse. Es ist sehr wahrscheinlich, dass Fledermäuse damit Feinde vom Betreten der Höhle abhalten können, so wie es etwa brütende Kohlmeisen durch ihr auffälliges, an eine Schlange erinnerndes Zischen tun.

Bild 147: Die Kolonien der Fransenfledermaus (*Myotis nattereri*) bestehen meist nur aus 20-30 Weibchen und ihren Jungen, können aber ausnahmsweise wie in dieser griechischen Höhle auch mehrere Hundert Tiere umfassen. Foto: C. Dietz

Quartiere und Koloniegröße

Große Höhlen können in den Tropen nicht nur Tausende, sondern Millionen von Fledermäusen enthalten. Es ist ein grandioses Schauspiel, wenn diese Fledermäuse in der Abenddämmerung den Höhleneingang verlassen und in spiralig aufsteigenden Schwärmen, die fast wie eine Rauchwolke aussehen, ihre Jagdgebiete aufsuchen.

Aber auch in Mitteleuropa können Wochenstuben von Fledermäusen erstaunliche Individuenzahlen erreichen. Beim Mausohr *(Myotis myotis)* sind Wochenstuben bekannt, die mehrere Tausend Weibchen mit ihren Jungtieren umfassen. Solche Kolonien benötigen natürlich auch große Quartiere, wie die geräumigen Dachstühle von Kirchen oder anderen Gebäuden, in denen sich die Störungen der Kolonie in Grenzen halten. Da die Fledermaus-Weibchen normalerweise jeden Morgen in ihre Kolonie zurückkehren, um ihre Jungen zu säugen oder auch nur den Kontakt mit den anderen Weibchen zu halten, ergibt sich die Notwendigkeit, Jagdgebiete in vielen Kilometern Entfernung aufzusuchen. Telemetrische Studien haben ergeben, dass Mausohren ihre Jagdgebiete oft in 8–15 km Entfernung von der Wochenstube haben. Ein einzelnes Weibchen kann mehrere bevorzugte Jagdgebiete haben, die es Nacht für Nacht wieder aufsucht, und die einzelnen Jagdgebiete können dann relativ kleine Flächen von nur mehreren Hektar Größe besitzen.

Eine interessante, aber noch ungeklärte Frage ist: Wie regelt sich die Aufteilung der individuellen Jagdgebiete? Man sollte zunächst annehmen, dass jedes Tier möglichst nah an der Kolonie jagen möchte, weil es dann die nicht unbeträchtlichen Kosten für die langen Transferflüge sparen würde. Es ist nicht gut bekannt, wie weit die einzelnen Fledermäuse ihre Nahrungsterritorien gegen andere Artgenossen verteidigen. Bei relativ vielen Arten kann man durchaus Aggressionsrufe hören, wenn sich zwei Tiere bei der Jagd begegnen, und kurze Verfolgungsjagden beobachten. J. Sachteleben hat das z.B. bei den Zwergfledermäusen *(Pipistrellus pipistrellus)* in Bayreuth genauer untersucht. Derselbe Ruf, der im Frühjahr bei aggressiven Zusammentreffen verschiedener Tiere zu hören ist, dient dann im Herbst – in kurzen und regelmäßigen Abständen vorgetragen – als Balzruf.

Es wäre dennoch denkbar, dass die Verteilung der Jagdreviere im Wesentlichen ein statistisches Phänomen ist: Sind gute Jagdgründe in der Nähe überweidet, weil zu viele Tiere im selben Areal jagen, gehen einzelne Individuen eben weiter weg und suchen sich weniger übernutzte Reviere, was insgesamt vorteilhaft sein könnte, auch wenn nun der Flugweg länger ist. Auf diese Weise könnten sie vielleicht „ohne Streit" die jeweils günstigste Aufteilung finden. Andererseits hat jedes einzelne Tier natürlich einen großen Vorteil, wenn es sein engeres Jagdrevier genau kennt, je nach Wetterlage und Jahreszeit bereits weiß, an welchen Stellen es am ehesten Beute machen kann. Deshalb wird es sein Jagdgebiet vermutlich ungern wechseln.

Insgesamt ist zu beobachten, dass die Koloniegröße zunimmt, je seltener ein bestimmter und geeigneter Quartiertyp in der Umgebung ist. So erreichen in Europa die Kolonien der auf ganz bestimmte Höhlen angewiesenen Arten Langfußfledermaus *(Myotis capaccinii)* und Langflügelfledermaus *(Miniopterus schreibersii)* Individuenzahlen von weit über 10 000 Tieren, während die in Felsspalten Quartier suchenden Arten kaum mehr als zwei Dutzend Tiere umfassen. So ist der Vergleich der ähnlich großen und von ihrer Flügelmorphologie vergleichbaren Arten Langfußfledermaus *(Myotis capaccinii)* und Wasserfledermaus *(Myotis daubentonii)* aufschlussreich. Die nur kleine Kolonien von bis zu 200 Tieren bildenden Wasserfledermäuse jagen so gut wie nie weiter als 15 Kilometer vom Quartier entfernt, meist jedoch im 5-Kilometer-Radius. Die Mitglieder der bis zu 5000 und mehr Tiere umfassenden Kolonien der Langfußfledermaus müssen dagegen regelmäßig 20 Kilometer und weiter in die Jagdgebiete fliegen.

So ist es auch durchaus denkbar, dass die steigende Koloniegröße beim Mausohr *(Myotis myotis)* in manchen Regionen Süddeutschlands als Zeichen zu werten ist, dass nicht genügend Quartiermöglichkeiten zur Verfügung stehen, um auf die steigende Individuenzahl durch die Gründung neuer Kolonien zu reagieren.

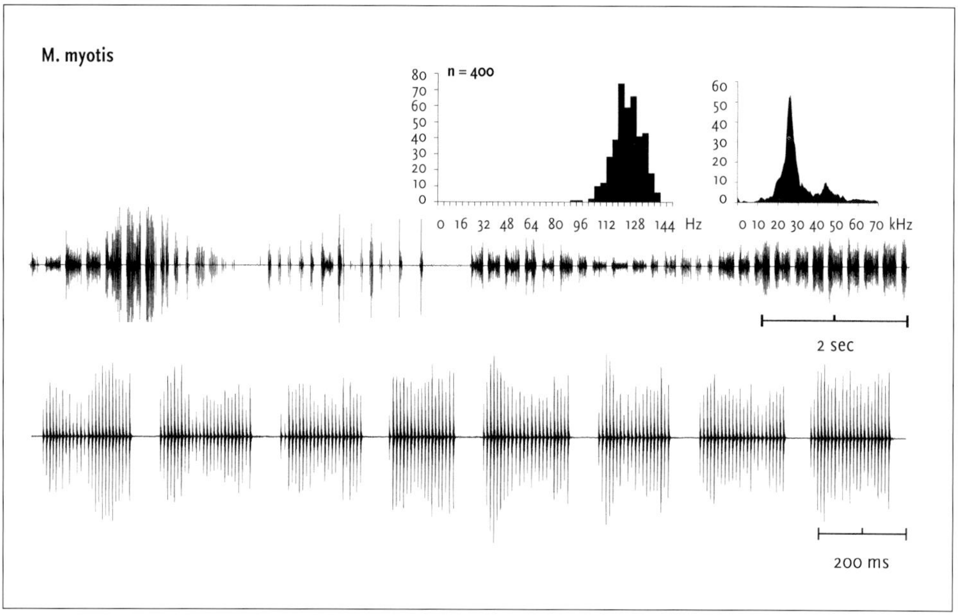

Bild 148. An das Summen von Wespen erinnerndes Geräusch eines Mausohrs *(Myotis myotis)*, das vermutlich zur Abwehr von Feinden dient. Die kleine Grafik oben links die Häufigkeit bzw. die Frequenz der Lautpulse, die kleine Grafik oben rechts die Frequenzverteilung der Einzelpulse, die große Grafik das Spektrogramm der Laute. Grafik: M. Bauer

Jagdgebiete

Fledermäuse gibt es fast überall auf der Welt – außer in den arktischen und antarktischen Regionen. In Europa kommt die Nordfledermaus *(Eptesicus nilssonii)* als eine besonders kälteresistente Art bis weit über den Polarkreis hinaus vor. Die enorme Artendiversität der Tropen umfasst genau so Fledermaus-Artengemeinschaften, die in Wüsten- und Steppengebieten vorkommen, wie auch solche, die in Tiefland-Regenwäldern oder in den Nebelwäldern der Hochgebirge leben.

In Mitteleuropa haben viele Fledermausarten eine deutliche Bindung an Wald. Ein Teil der Arten konnte nach dem Ende der Eiszeit vermutlich erst zusammen mit dem Vordringen des Waldes auch Mittel- und Nordeuropa wieder besiedeln. Anderen Arten konnte dies vermutlich erst gelingen, als der Mensch durch seine Bauten zusätzlich geeignete Quartiere zur Verfügung stellte. Während das Mausohr *(Myotis myotis)* überwiegend im Wald jagt, obwohl seine Wochenstubenquartiere meistens in Gebäuden im Siedlungsbereich des Menschen liegen, verbringen andere Arten, wie die Bechsteinfledermaus *(Myotis bechsteinii)*, ihr gesamtes Leben im Wald und sind damit auf geeignete Baumhöhlen als Tagesquartier angewiesen. Andere Arten, wie das Graue Langohr *(Plecotus austriacus)* und das Kleine Mausohr *(Myotis oxygnathus)* nutzen in Mitteleuropa Gebäude als Quartiere und jagen vor allem im Offenland.

Gerade für die im Wald jagenden Fledermäuse ist die räumliche Struktur dieses Habitattyps ein wichtiger Faktor für die Einnischung verschiedener Arten. Dichte Vegetation wird von vielen Arten gemieden, die – besonders für den Transferflug vom Quartier ins Jagdgebiet – lieber den Waldrand, Schneisen und Waldwege nutzen. Oft werden Baumreihen, der Waldrand oder Hecken als Leitstrukturen für den Flug vom Quartier ins Jagdgebiet genutzt – auch für die Jagd selbst, da sich abends an solchen Strukturen besonders viele Fluginsekten ansammeln. Dagegen sind einige andere Arten, wie die Kleine Hufeisennase *(Rhinolophus hipposideros)*, die Bart- und Brandtfledermaus (*Myotis mystacinus* und *M. brandtii*) oder auch Langohren (Gattung *Plecotus*), in ihrem Flugstil daran angepasst, auch durch die kleinsten Lücken in der Vegetation zu fliegen. Durch ihren Typus der Echoortungsrufe sind gerade diese Arten auch fähig, besonders effektiv Beuteinsekten nahe an der Vegetation zu detektieren und auch im extrem langsamen Flug oder im Rüttelflug zu fangen. So ermöglicht es die Kombination verschiedener Merkmale den verschiedenen Arten, unterschiedliche Bereiche eines Habitattyps zu nutzen, ohne sich allzu sehr die Nahrung streitig zu machen.

Einen besonderen Reichtum an Insekten liefern Wasserflächen, sowohl Teiche und Seen als auch kleinere Bäche oder Tümpel im Wald. Viele Fluginsekten entwickeln sich im Wasser und bieten, wenn die Imagines schlüpfen, ein reiches Nahrungsangebot. Wenn Eintagsfliegen oder Köcherfliegen an einem Gewässer fliegen, dann kommen nicht nur die üblicherweise hier jagenden Wasserfledermäuse *(Myotis daubentonii)*, um diese Ressource zu nutzen, sondern am Rand des Gewässers auch die Langohren, alle kleinen *Myotis*-Arten, Zwerg-*(Pipistrellus pipistrellus)* und Rauhhautfledermäuse *(P. nathusii)* und in der Höhe die Abendsegler (Gattung *Nyctalus*).

Während die Kleine Hufeisennase *(Rhinolophus hipposideros)* meist sehr kleine Jagdgebiete nahe an ihren Wochenstuben aufsucht und sich selten mehr als fünf Kilometer in einer Nacht vom Quartier entfernt, jagen Mausohren *(Myotis myotis)* oft in Entfernungen von 8–15 Kilometern von ihren Wochenstuben, nutzen dann aber, einmal im Jagdgebiet angekommen, nur eine vergleichsweise geringe, kaum mehrere Hektar große Fläche. Dieses Kernjagdgebiet wird von einem Individuum meist jede Nacht aufgesucht, wodurch es sich eine genaue Kenntnis des Gebietes erwirbt. Andere Arten, wie die Große Hufeisennase *(Rhinolophus ferrumequinum)* oder die Mittelmeerhufeisennase *(Rhinolophus euryale)* suchen jede Nacht bis zu zehn solcher Teiljagdgebiete auf, manche werden nur für wenige Minuten angeflogen, möglicherweise um die aktuelle Beuteverfügbarkeit zu prüfen, in anderen Gebieten verbringen sie Stunden. Es ist davon auszugehen, dass sich eine Hufeisennase, die über 20 Jahre alt werden kann, im Laufe ihres Lebens ein äußerst detailliertes Wissen um die zu den verschiedenen Zeiten des Jahres günstigsten Teilbereiche ihres Gesamtlebensraumes aufbaut. Manche Fledermausarten suchen über Jahre hinweg dieselben Jagdgebiete auf und können, je nach Art, auch territorial sein und Artgenossen und selbst Mitglieder der eigenen Wochenstube aggressiv vertreiben. Bei anderen Arten scheint sich die Dichte jagender Tiere dagegen ohne innerartliche Aggression über die Beutedichte zu regulieren.

Ganz anders jagen manche der schnell fliegenden Fledermäuse, wie die Bulldoggfledermaus *(Tadarida teniotis)* in weit größeren Entfernungen von bis zu 100 km von ihren Quartieren. Auf diese Weise können sie die jeweils günstigsten Nahrungsgebiete aufsuchen, im Frühling die Küsten des Mittelmeers, im Herbst die Almen der Hochgebirge. Entsprechend haben sie, wie auch die Abendsegler (Gattung *Nyctalus*), meist keine definierten Jagdgebiete, die jede Nacht aufgesucht werden, sondern schweifen umher.

Allen Arten gemeinsam ist, dass sie trotz einer oft großen Spezialisierung auf einen bestimmten Habitattyp innerhalb gewisser Grenzen flexibel jagen können. So ist es für die üblicherweise über Gewässern jagende Wasserfledermaus *(Myotis daubentonii)* nicht ungewöhnlich, dass Einzeltiere stundenlang im Wald oder gar in einer Streuobstwiese jagen, einem Habitat, in dem man viel eher die Fransenfledermaus *(Myotis nattereri)* erwarten würde.

Bild 149. Stroboskopaufnahme einer Fransenfledermaus *(Myotis nattereri)* bei der Jagd in einer Streuobstwiese. Abgebildet ist das Negativ einer Schwarzweißaufnahme mit 24 sehr kurzen Blitzen innerhalb von 2 Sekunden Belichtungszeit. Foto: B. Siemers

Populationsbiologie

Struktur von Fledermaus-populationen

Alle Lebewesen sind Mitglieder von Populationen. Kleinere Verbände, bei Fledermäusen z.B. die Wochenstuben, gehören zu größeren Kolonie-Verbänden, diese sind vernetzt mit benachbarten Kolonien, die wiederum größere gemeinsame Subpopulationen bilden. In mehr oder weniger hierarchischer Weise gliedern sich auf diese Weise Populationen auf verschiedenen Ebenen, bis zur höchsten Ebene: aller Individuen der Art. Unter „Populationsstruktur" versteht man die Art und Weise, wie diese verschiedenen Ebenen organisiert sind. Wie verwandt sind die verschiedenen Individuen und Subpopulationen miteinander? Wie groß ist der Austausch zwischen den Gruppen?

Bei manchen Fledermäusen, z.B. der Bechsteinfledermaus *(Myotis bechsteinii)*, gehören die Weibchengruppen, die man zu einem bestimmten Zeitpunkt in einer Baumhöhle antreffen mag, zu einem größeren Wochenstuben-Verband, den man auch als „Wochenstuben-Kolonie" bezeichnet hat. Innerhalb einer Wochenstuben-Kolonie tauschen die einzelnen Gruppen ständig ihre Mitglieder aus, sie finden sich einmal so, ein paar Tage später ganz anders, in kleineren oder größeren Gruppen, zusammen. Die Wochenstuben-Verbände können bei manchen Arten sehr stark voneinander isoliert sein. Bei der Bechsteinfledermaus werden Eindringlinge aus anderen Kolonien sofort abgewehrt und vertrieben. Die jungen Weibchen bleiben grundsätzlich in der Kolonie ihrer Mütter.

Eine Isolation der Kolonien ist bei anderen Arten, z.B. beim Mausohr *(Myotis myotis)* oder der Zwergfledermaus *(Pipistrellus pipistrellus)* zwar im Prinzip auch zu beobachten, aber viel geringer ausgeprägt.

Während die Wochenstuben-Verbände der Bechsteinfledermaus oder des Braunen Langohrs *(Plecotus auritus)* einzelne Waldstücke besiedeln, sind die Populationen z.B. der Zwergfledermaus viel größer, und sie scheinen stets um große Winterquartiere herum organisiert zu sein. Beringungsstudien an Zwergfledermäusen haben gezeigt, dass die Individuen, die sich zum Schwärmen und später zur Überwinterung etwa im Freiburger Münster oder in der Bartholomaei Kirche in Demmin oder im Marburger Schloss treffen, fast alle aus Wochenstuben stammen, die im Umkreis von maximal 50 km um diese großen Winterquartiere herum liegen.

Mausohr-Weibchen bleiben zwar auch im Wesentlichen ihren Wochenstuben-Kolonien treu, aber es gibt viele Beobachtungen für den Austausch einzelner Weibchen zwischen solchen Kolonien, auch über Entfernungen von bis zu 100 km und mehr.

Anders sind die Populationen wandernder Arten organisiert. Auch beim Abendsegler *(Nyctalus noctula)* und der Rauhhautfledermaus *(Pipistrellus nathusii)* sind die jungen Weibchen außerordentlich geburtsortstreu. Sie kehren nach ihrer ersten Rückkehr aus dem Überwinterungsgebiet im Frühjahr fast immer genau in diejenige Wochenstube zurück, in der sie geboren wurden. Dass solche Geburtsortstreue nicht zur Inzucht führt, liegt an den Männchen. Die Männchen der wandernden Arten etablieren ihre Paarungsquartiere selten im Wochenstubengebiet, meistens irgendwo auf dem Zugweg oder gar im Überwinterungsgebiet. Daher wird die Population ständig genetisch durchmischt. Allerdings können auch die Männchen einem bestimmten Ort, ja einem einzelnen Quartier treu werden, wenn sie erst einmal ein Paarungsquartier gewählt haben. Bei der Rauhhautfledermaus hat man z.B. beobachtet, dass Männchen auf dem Zugweg gewählte Paarungsquartiere in einander folgenden Jahren immer wieder aufsuchten.

Bei manchen Arten bleibt ein Großteil der Männchen im Überwinterungsgebiet und wartet dort auf im Spätsommer und Herbst eintreffende Weibchen. So gibt es in Griechenland im Sommer nahezu ausschließlich Männchen der Arten Kleinabendsegler *(Nyctalus leisleri)*, Riesenabendsegler *(Nyctalus lasiopterus)* und Rauhhautfledermaus. Erst zu Beginn der Zugzeit im September treffen auch Weibchen ein, die sich mit den dort balzenden Männchen paaren. Neben der Vermeidung von Inzucht hat das für die Gesamtpopulation auch den Vorteil, dass während des Sommers, wenn die Weibchen ihre Jungen großziehen, in den nördlichen Verbreitungsgebieten keine Nahrungskonkurrenz mit den Männchen besteht. In der vergleichsweise kurzen Zeit von Schwangerschaft, Geburt und Jungenaufzucht hat die Weibchenpopulation gewissermaßen alle Ressourcen für sich allein beziehungsweise für die Nachkommen reserviert.

Genetische Populationsstruktur

Mit den Fortschritten, die die molekulare Genetik in den letzten Jahrzehnten gemacht hat, lässt sich auf der Ebene der genetischen Variabilität von Populationen gewissermaßen ein Abbild der Verhaltensweisen (hinsichtlich Ortstreue, Migration und Populationsaustausch) wiederfinden. Hierfür geben Abendsegler und Bechsteinfledermaus zwei sehr verschiedene und daher aufschlussreiche Beispiele, die von F. Mayer und G. Kerth detailliert untersucht wurden [allg. Lit. 63, 64, 80].

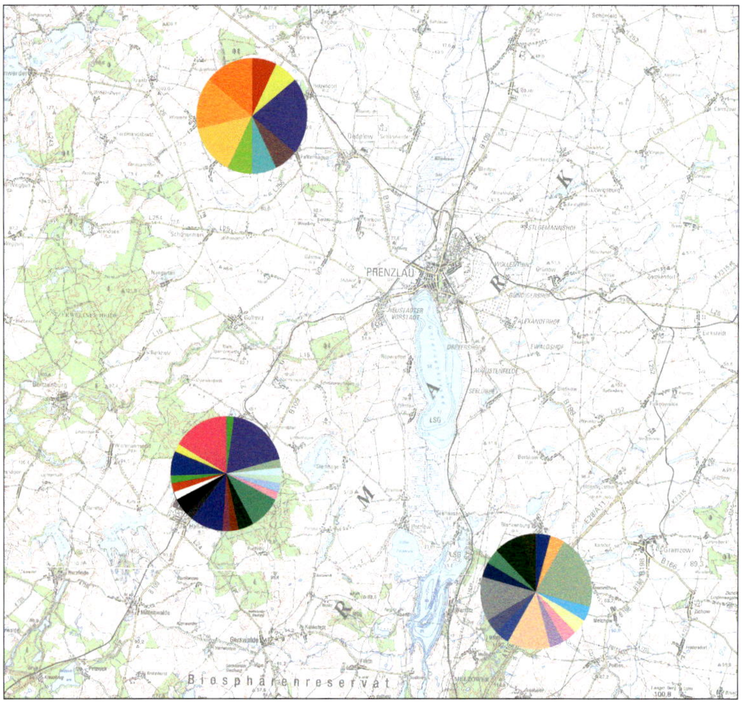

Bild 150. Genetische Diversität von drei benachbarten Wochentubengesellschaften des Abendseglers *(Nyctalus noctula)* in der Uckermark. Jede Wochenstubengesellschaft ist durch einen Kreis symbolisiert, die Haplotypen eines mitochondrialen (also rein matroklin vererbten) Markergens durch eine Farbe. Die Breite des Sektors entspricht der Häufigkeit des Haplotyps in der jeweiligen Wochenstube. Bei den relativ individuenstarken Wochenstubenkolonien des Abendseglers genügt der geringe gelegentliche Austausch von Weibchen zwischen den Gesellschaften, um eine hohe genetische Diversität (durch die vielen Farben symbolisiert) zu erzeugen, d.h. nur ein Teil der Weibchen ist untereinander enger verwandt. Grafik: M. Bauer nach Daten von F. Mayer und G. Heise

Zunächst wählt man für eine Untersuchung der Populationsstruktur genetische „Marker“ aus, das sind Sequenzabschnitte der DNA, die innerhalb einer Art variabel sind. Aufgrund dieser Variabilität dürften verschiedene Individuen einer Population unterschiedliche Allele (oder „Haplotypen“, s. Kasten 1, S. 20) besitzen. Wenn man einerseits Gene aus den Mitochondrien der Zellen, andererseits Sequenzabschnitte aus dem Zellkern wählt, hat man noch eine weitere Vergleichsmöglichkeit: Die Mitochondrien werden (fast) ausschließlich über die Eizellen auf die nächste Generation übertragen, also immer nur in der mütterlichen Linie (= matroklin) vererbt. Die Gene des Zellkerns stammen zur Hälfte vom Vater, zur anderen Hälfte von der Mutter.

Die Bilder 150 und 151 zeigen, wie verschieden die genetische Struktur der Populationen zweier Fledermausarten, dem Abendsegler und der Bechsteinfledermaus, sein kann. Bei beiden Arten bestehen die Wochenstuben im Wesentlichen aus Weibchen, die selbst in dieser Wochenstube geboren wurden, also aus Töchtern, Müttern, Großmüttern, Tanten usw. Wie das Bild 152 erkennen lässt, ist bei der Bechsteinfledermaus der Austausch zwischen den Wochenstuben so gering, dass fast alle Weibchen denselben Genotyp haben. Auch beim Abendsegler kehren zwar die Töchter fast alle in ihre mütterliche Wochenstube zurück, aber die Verbände sind deutlich größer und auch ein wenig „durchlässiger“. Deshalb kommen in einer Wochenstube mehr verschiedene Haplotypen vor und das Spektrum überschneidet sich stärker mit dem der Nachbarkolonien (Bild 150).

Ein anderes Bild bietet sich, wenn man die genetische Struktur anhand von Kernsequenzen untersucht. Dann stellt man eine fast vollständige genetische Durchmischung auch innerhalb der Wochenstuben fest. Die Ursache liegt darin, dass die Weibchen sich bei beiden Arten nicht mit in der Kolonie geborenen Männchen paaren. Die Abendseglerweibchen paaren sich auf dem Zug oder im Winterquartier, die Weibchen der Bechsteinfledermäuse paaren sich beim herbstlichen

Schwärmen an Höhlen, oft ebenfalls weit entfernt vom Sommerstandort. Auf diese Weise durchmischen sich die Kerngene in der gesamten Population über große geographische Distanzen hinweg.

Altersstruktur von Fledermauspopulationen

Weshalb werden Fledermäuse so alt?

Fledermäuse werden im Vergleich mit anderen Säugetieren derselben Größe unglaublich alt. Den derzeitigen Altersrekord hält eine Brandtfledermaus, die, durch Beringung nachgewiesen, mindestens 41 Jahre alt geworden ist [allg. Lit. 66, 95]. Dieser Nachweis stammt aus dem südlichen Sibirien, wo die Fledermäuse allerdings ungewöhnlich lange, von September bis in den Mai hinein, Winterschlaf halten müssen, dafür im Sommer ein reichliches Insektenangebot vorfinden. Dieser ungewöhnliche Fall ist also sicherlich eine Ausnahme, aber auch bei verschiedenen Fledermausarten aus Mitteleuropa wurden durch Beringung Altersrekorde zwischen 25 und über 30 Jahren nachgewiesen.

Warum werden Fledermäuse so alt? Zunächst kann man sich überlegen, dass es die Fledermäuse wohl gar nicht geben könnte, wenn sie nicht so alt würden: Ein Fledermausweibchen kann bei den meisten Arten der gemäßigten Breiten pro Jahr maximal ein einziges Junges gebären und großziehen. Nur ein Teil der Arten wie

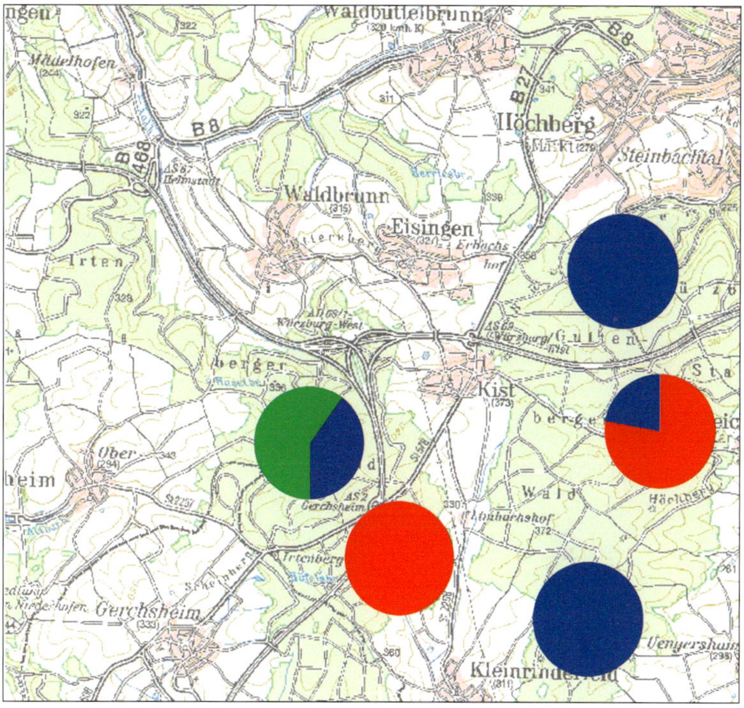

Bild 151. Genetische Diversität von fünf Wochenstubengesellschaften der Bechsteinfledermaus *(Myotis bechsteinii)* in der Umgebung von Würzburg. Jede Wochenstubengesellschaft ist durch einen Kreis symbolisiert, die Haplotypen eines mitochondrialen (also rein matroklin vererbten) Markergens durch eine Farbe. Die Breite des Sektors entspricht der Häufigkeit des Haplotyps in der jeweiligen Wochenstube. Bei der Bechsteinfledermaus gibt es kaum Austausch zwischen den Wochenstubengesellschaften, daher treten in einer Kolonie nur wenige verschiedene Haplotypen auf, die Tiere sind also mütterlicherseits alle eng verwandt. Grafik: M. Bauer nach Daten von G. Kerth

Bild 152. Ein Fledermausaar *(Machaeramphus alcinus)* attackiert ausfliegende Molossiden vor dem Eingang einer Höhle auf Borneo. Foto: D. Nill.

Abendsegler und Rauhhautfledermaus kann regelmäßig Zwillinge gebären. Ganz offensichtlich ist das Gewicht, das ein fliegendes Säugetier während der Schwangerschaft mit sich tragen kann, wenn es gleichzeitig auf Jagd gehen will, begrenzt. Das Gewicht der Embryonen begrenzt also letztlich die mögliche Geburtenrate der Fledermäuse.

Das kann aber nur die halbe Antwort auf die Frage nach dem hohen potentiellen Alter der Fledermäuse sein. Ein Individuum, das länger lebt (und bis zu seinem Tod fortpflanzungsfähig bleibt wie die Fledermäuse), müsste doch mehr Nachkommen in die nächste Generation einbringen und damit vor seinen Artgenossen selektionsbevorteilt sein! Also muss es einen natürlichen Selektionsdruck auf „Altwerden“ geben. Einen Körper zu „bauen“, der sehr „lange hält“, ist aber „teuer“ – das lohnt sich nur, wenn die durch andere Ursachen bedingte Mortalität – z.B. von einem Räuber gefressen worden zu sein – nicht ohnehin mit großer Wahrscheinlichkeit das Überleben begrenzt hat. Die Lebensspanne eines in Freiheit lebenden Tieres wie einer Fledermaus wird selten durch den Tod an Altersschwäche begrenzt, sondern normalerweise durch irgendeinen „Unfall“: Von

▲ Bild 153. Wanderfalke *(Falco peregrinus)* und Baumfalke *(F. subbuteo)* erbeuten tagsüber fliegende Fledermäuse oder erjagen sie in der Abenddämmerung. Foto: D. Nill

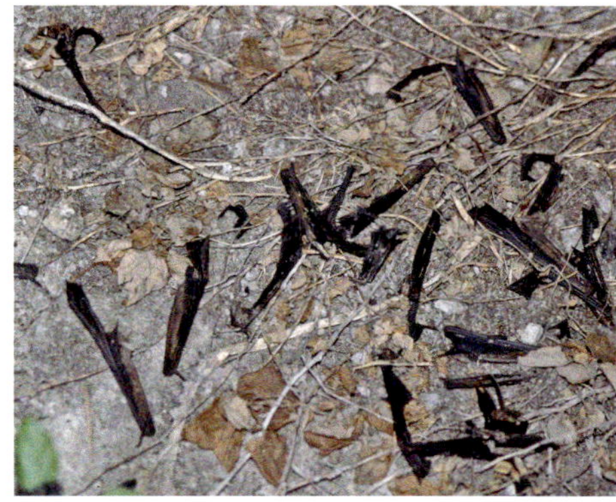

▲▲ Bild 154. Flügelreste von Abendseglern *(Nyctalus noctula)* unter einem Kröpfplatz des Kurzfangsperbers *(Accipiter brevipes)* nahe einer Quartierspalte der Fledermäuse in Nordbulgarien. Foto: C. Dietz

einer Katze erwischt, in einer Klette oder einem Stacheldraht hängen geblieben, von einer Eule erbeutet, im Winterschlaf erfroren – oder heutzutage vielleicht noch häufiger: als Opfer des Straßenverkehrs oder an den Flügeln einer Windkraftanlage geendet (Bilder 152–159).

Fledermäuse haben bei uns so gut wie keine wirklich auf sie spezialisierten Raubfeinde. In den Tropen hingegen gibt es zwar auf Fledermäuse spezialisierte Jäger wie den Fledermausfalken *(Falco rufigularis)*. Aber auch diese sind nicht allein auf Fledermäuse als Beute angewiesen. Andere Greifvögel erbeuten schon mal eine unvorsichtige Fledermaus, aber letztlich fällt all diesen Raubfeinden nur ein winziger Prozentsatz der vorhandenen Fledermäuse zur Beute. In einem gewissen Sinne ist also fast jeder Tod einer Fledermaus ein „Unfalltod", der nur statistisch vorhersagbar ist, dem das einzelne Individuum aber weitgehend unabhängig von seinem Alter nicht entgehen kann.

Überlebensraten

Die Überlebenskurven von Fledermauspopulationen haben daher alle eines gemeinsam: Von Jahr zu Jahr stirbt ein bestimmter Prozentsatz der Population, fast unabhängig vom bereits erreichten Alter der jeweils betroffenen Individuen. Das erkennt man in Bild 160 am Beispiel dreier besonders gut untersuchter Arten. Die jähr-

Bild 155. Schleiereulen *(Tyto alba)* können Fledermäuse auch in ihren Dachbodenquartieren aufspüren und erbeuten. Foto: D. Nill

▲ Bild 156. Manche Uhus *(Bubo bubo)* können sich regelrecht auf Fledermäuse spezialisieren und in der Nähe großer Quartiere über sie einen erheblichen Teil ihrer Nahrung decken. Foto: D. Nill

▲▲ Bild 157. Zerfallenes Gewölle eines Uhus *(Bubo bubo)* aus einer nordbulgarischen Höhle, das größtenteils aus Skelettresten des Abendseglers *(Nyctalus noctula)* besteht. Foto: C. Dietz

◂ Bild 158. Große Kolonien locken Feinde an, hier wurden an einem kleinen Höhleneingang in den bulgarischen Rhodopen in einer Nacht mindestens 17 Blasius-Hufeisennasen *(Rhinolophus blasii)* von einer Hauskatze erlegt. Foto: C. Dietz

◂◂ Bild 159. Unter einer großen Kolonie der Langflügelfledermäuse *(Miniopterus schreibersii)* liegt ein von Bachflohkrebsen *(Gammarus)* perfekt skelettiertes Tier. Foto: D. Nill

liche Mortalitätsrate beträgt, zumindest bei den in Mitteleuropa näher untersuchten Arten, zwischen 20 und fast 50 Prozent aller Tiere.

Die Argumentation muss also umgekehrt lauten: Weil Fledermäuse nur wenige, nicht auf sie spezialisierte Feinde haben, bleiben sie vergleichsweise lange am Leben. Der geringe Feinddruck und die Unmöglichkeit, mehr als ein oder zwei Junge einmal im Jahr großzuziehen, ergänzen sich also. Erst beide Eigenschaften zusammen machen den „Lebensformtyp Fledermaus" möglich. Gäbe es so viele Fledermausjäger wie Mäusejäger (und ließe sich eine Fledermaus so leicht erwischen wie eine Maus – wäre sie nicht durch ihren gewandten Flug so schwer zu fangen), dann hätte dieser Lebensformtyp keine Chance, auf dieser Welt zu existieren. Denn so viele Junge wie eine Maus oder Spitzmaus, mit einer so kurzen Reproduktionszeit, die sogar mehrere Generationen in einem einzigen Jahr ermöglicht, könnten Fledermäuse „bauart-bedingt" niemals bekommen.

Altersstruktur

Ein wichtiges Charakteristikum einer Population ist ihre Altersstruktur, die sich in der „Alterspyramide" ausdrückt (s. Kasten 6). Die Alterspyramide vieler Tierarten (z.B. der derzeitigen deutschen Bevölkerung) kann komplizierte Formen annehmen – manche Jahrgänge sind stark vertreten, andere kaum und Ereignisse wie z.B. der „Pillenknick" hinterlassen für lange Zeit ihre Spuren. Die Alterspyramiden von Fledermauspopulationen sind wesentlich übersichtlicher (sie entsprechen Bild 160). Über fast die gesamte mögliche Lebenszeit ist die Mortalität konstant. Nur die gerade flüggen Jungtiere scheinen bei manchen Arten ihre Unerfahrenheit im ersten Lebensjahr mit einer etwas höheren Sterblichkeit zu bezahlen. Außerdem haben sehr alte Tiere, die nahe am möglichen Höchstalter sind, ebenfalls eine etwas erhöhte Mortalität, verglichen mit der Gesamtpopulation.

Ob allerdings die erhöhte Jugendsterblichkeit bei den Fledermäusen tatsächlich generell zutrifft, ist nicht leicht zu entscheiden. Alle Populationsstudien an Fledermäusen wurden und werden ja an Freilandpopulationen mit Hilfe von Beringungen durchgeführt. Bei solchen Studien lässt sich eine (endgültige) Auswanderung grundsätz-

Bild 160. Mittlere Überlebensraten von drei Fledermausarten mit verschiedenen Fortpflanzungsstrategien: Abendsegler *(Nyctalus noctula)* – geringe Überlebensrate, hohe Geburtenrate (grün, nach allg. Lit. 48); Mausohr *(Myotis myotis)* mit einer geringeren jährlichen Sterblichkeit (blau, nach allg. Lit. 44); Bartfledermaus *(Myotis mystacinus)* mit hoher jährlicher Überlebensrate und sehr niedriger Reproduktionsrate (rot, nach allg. Lit. 130). Grafik: M. Bauer

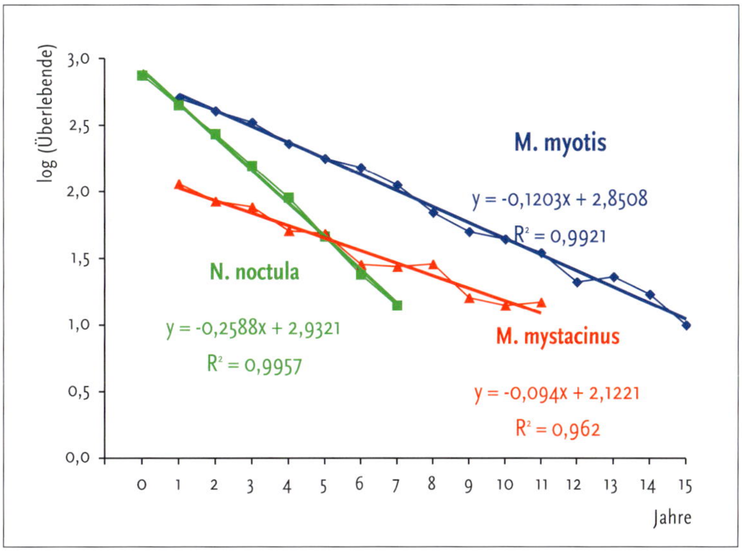

Kasten 6

Alterspyramide

Verfolgt man einen bestimmten Geburtenjahrgang, eine „Kohorte", so kann man die Überlebensrate von Jahr zu Jahr bestimmen. Die **Überlebensrate p** ist das Gegenstück zur Sterberate (Mortalität), also **p = 1–m**. Die Überlebensrate von Jahr zu Jahr ist bei den meisten Populationen abhängig vom Alter. Sehr oft haben Jungtiere eine höhere Sterblichkeit, Erwachsene eine mehr oder weniger konstante, geringe Sterberate, und alte Tiere wieder eine höhere Mortalität.

Für manche Zwecke kommen einfache Populations-Modelle der Natur sehr nahe – oder machen umgekehrt auf den Grund zu Abweichungen der Modelle von der Natur aufmerksam. Besonders übersichtlich ist folgendes Modell: (1) Die Mortalität von Jahr zu Jahr bleibt annähernd konstant, unabhängig vom Alter der Individuen, (2) die Geburtenrate für Männchen und Weibchen ist im Mittel gleich. (3) Wenn die Population zusätzlich noch im Gleichgewicht ist, also die Geburten gerade die Todesfälle ersetzen, ergibt sich eine stabile Alterspyramide. In diesem Falle bildet sich das zeitliche Nacheinander im Überleben einer Kohorte also 1:1 ab in dem Nebeneinander verschieden alter Tiere einer Population, in der sogenannten „Alterspyramide".

Da Fledermäuse einer idealen Population nahe kommen (s. Bild 161), kann man einfache Berechnungen anstellen: Wenn man die Populationsgröße vor der Geburt der Jungen N (1) nennt und t das Alter in Jahren angibt, dann ist

$N(t) = N(1) \cdot (1-m)^{t-1}$, wobei also (1-m) = p die Überlebenswahrscheinlichkeit von Jahr zu Jahr angibt.

Unter den genannten Bedingungen ergeben sich aus mathematischen Gründen einige relativ einfache Formeln:

(1) Die Alterspyramide, betrachtet im Sommer vor der Geburt der Jungen, bleibt konstant. Wenn N(t) die Anzahl der Tiere des Alters t in der Population ist, gilt:

$$N(t) = N(1) \cdot (1-m)^{t-1} \quad t = 1, 2, 3 \ldots \text{Jahre}$$

Sie entspricht damit der Überlebenswahrscheinlichkeit einer Kohorte einjähriger Tiere über die folgenden Jahre hinweg.

(2) Die Gesamtgröße der Population (vor der Geburt der Jungen) ist:

$$N = \frac{N(1)}{m}$$

(3) Die mittlere Lebenserwartung eines Tieres von seiner Geburt an ist:

$$E_0 = -\frac{1}{\ln(1-m)}$$

Die mittlere Lebenserwartung der einjährigen Tiere, kurz vor der Geburt der Jungen, ist

$$E1 = m \cdot \Sigma N(1) \cdot t \cdot (1-m)^{t-1}$$

(4) Das nachgewiesene Höchstalter einer bestimmten Art hängt natürlich von sehr vielen Zufällen ab, sowohl in Hinsicht auf das Überlebensrisiko des einzelnen Tieres als auch in Hinsicht auf seine Wiederfund-Wahrscheinlichkeit. Abschätzen kann man aber dasjenige Alter, das im Mittel 1% aller Tiere erreichen wird, das ist

$$H\,1\% = 1 - \frac{2}{\log(1-m)}$$

Bei großen Beringungszahlen ist es auch interessant, das Alter zu schätzen, das 1/1000 aller Tiere erreichen würde:

$$H\,1‰ = 1 - \frac{3}{\log(1-m)}$$

(5) Ein weiterer sehr wichtiger Schätzwert zum Vergleich mit der Beobachtung ist die Geburtenrate n, die notwendig ist, damit die Population konstant bleibt:

$$n = \frac{2m}{1-m}$$

In diesem Fall lohnt es sich, auch den Fall zu betrachten, in dem die generelle Mortalität in allen Altersklassen konstant gleich m ist, aber die Mortalität der Jungtiere vom Flüggewerden bis zum nächsten Sommer m1 höher ist als die durchschnittliche Mortalität m. Dann gilt

$$n = \frac{2m}{1-m_1}$$

In diesen Formeln ist also **die Sterberate m** von entscheidender Bedeutung.

lich nicht von der Mortalität unterscheiden. Vielleicht sind Jungtiere im ersten Lebensjahr bei manchen Arten einfach im Mittel noch nicht ganz so ortstreu, wie es spätere Altersstufen sind. Das Ergebnis wäre ein zu hoher Schätzwert für die Mortalität der Jungtiere in ihrem ersten Lebensjahr.

Die extrem alten Tiere mit ihrer anscheinend leicht erhöhten Sterblichkeit fallen auf der anderen Seite kaum ins Gewicht, weil es nur noch sehr wenige Individuen sind, sodass sie die Statistik kaum beeinflussen.

Fledermauspopulationen kommen also offensichtlich einer Modellpopulation sehr nahe, die dadurch ausgezeichnet ist, dass sie eine konstante Mortalität – unabhängig vom Alter der Individuen – besitzt. In diesem Fall gibt es relativ einfache mathematische Formeln, mit denen man viele wichtige Parameter der Population berechnen kann (s. Kasten 6). Wenn außerdem die Population im Gleichgewicht ist, also gerade so viel Tiere sterben wie in jedem Jahr neue Junge geboren werden, so spiegelt die zu einem bestimmten Zeitpunkt vorgefundene Alterspyramide auch das Überlebensrisiko einer Alterskohorte, eines Jahrgangs, wider.

Populationsentwicklung der Rauhhautfledermaus

Wie man aus Bild 161 ersieht, ist in der Natur die beobachtete Geburtenrate nicht immer mit der zur Aufrechterhaltung der Population nötigen Geburtenrate identisch. Als Rauhhautfledermäuse sich um 1980 in den Brandenburgischen Kiefernwäldern ansiedeln konnten, weil ihnen von A. Schmidt Nistkästen geboten wurden, war die Geburtenrate etwa 1,8 Junge pro Weibchen, während bereits eine Geburtenrate von etwa einem Jungen pro Weibchen der beobachteten Mortalität von 31 Prozent pro Jahr die Waage gehalten hätte. Diese Population der Rauhhautfledermaus konnte deshalb in dem Beobachtungsgebiet schnell anwachsen [allg. Lit. 113, 114, 115].

In anderen Fällen, vor allem in der „DDT-Periode Mitteleuropas“, überwog die Mortalität sehr stark die Geburtenrate und die Folge war das lokale Aussterben ganzer Populationen. Ein solches Beispiel bot die Kleine Hufeisennase *(Rhinolophus hipposideros)* in den Jahren nach 1950 (s. Artkapitel und Bild 174); von diesem Einbruch haben sich viele Fledermauspopulationen bisher noch nicht erholt.

Paradebeispiel Abendsegler

Ein besonders gut untersuchtes Beispiel für im Gleichgewicht befindliche Fledermauspopulationen bieten die von G. Heise und T. Blohm im nördlichen Brandenburg untersuchten Populationen des Abendseglers *(Nyctalus noctula)* [allg. Lit. 48]. Bild 160 zeigt auch den Verlauf der Überlebenskurve einer Population, in der im Verlauf mehrerer Jahre 747 junge Weibchen beringt wurden, nachdem sie flügge geworden waren. Die weiteren Untersuchungen der Population mussten sich auf die Weibchen beschränken, weil nur sie ihrem Geburtsort treu sind und im nächsten Jahr in dieselben Nistkästen zurückkehren, in denen sie geboren worden sind. (Die Männchen hingegen siedeln sich nach der Wanderung ins Wintergebiet irgendwo anders an). In der Zeit zwischen 1996 und 2002 wiesen die Wochenstuben die folgende Alterspyramide auf, wenn man nur die als Jungtier beringten Abendsegler betrachtete: 412 einjährige Weibchen waren im Jahr zuvor als flügges Junges beringt worden, 260 waren zwei Jahre alt, 137 Weibchen drei Jahre alt und so weiter, wie in Bild 160 (mit logarithmischem Maßstab der Ordinate) dargestellt. Wenn man diese Alterspyramide der Modellüberlegung entsprechend als Überlebenskurve einer Kohorte (Jahrgang) interpretiert, ergibt sich eine jährliche Mortalität von 44%. Damit in einer stabilen Population, die in etwa der Tragekapazität des Habitates entspricht, die Sterberate der erwachsenen Tiere gerade kompensiert wird, müsste jedes Weibchen im Jahr etwa 1,5 Junge großziehen (s. Formel im Kasten 7). Die Beobachtungen ergaben, dass in der betrachteten Kolonie insgesamt 1056 Weibchen im Laufe der Jahre 1519 Junge zur Welt brachten, das entspricht einer Geburtenrate von 1,44 Jungen pro Weibchen pro Jahr. Im Rahmen der Genauigkeit, den solche Untersuchungen im Freiland überhaupt erreichen können, ist das eine sehr gute Übereinstimmung. Umgekehrt bestätigt dieser Befund die Hypothese, dass

Bild 161. Verschiedene Populationsparameter bei fünf ausgewählten mitteleuropäischen Fledermausarten. H1% steht für das Alter, das ein Hundertstel und H 1‰ für das Alter, das ein Tausendstel aller Tiere erreicht. Für nähere Erläuterungen siehe Text.

	Abendsegler	Zwergfledermaus	Rauhhautfledermaus	Mausohr	Bartfledermaus
Mortalität als adultes Tier m [pro Jahr]	0,44	0,31 – 0,37	0,32 – 0,34	0,21 – 0,24	0,19
erwartete mittlere Lebensdauer (von der Geburt an) E_0 [Jahre]	1,7	2,1 – 2,6	2,4 – 2,7	3,6 – 4,2	4,6
erwartete mittlere Lebensdauer mindestens ein Jahr alt gewordener Tiere E_1 [Jahre]	2,2	3,2	2,9 – 3,2	4,0 – 4,5	4,8
beobachtetes Durchschnittsalter mind. ein Jahr alt gewordener Tiere [Jahre]	2,2 – 2,3	2,7 – 2,9	2,6 – 2,9	3,9 – 4,0	4,5
H1% [Jahre]	8,5–9	11 – 23	11 – 13	18 – 20	22
H1‰ [Jahre]	12,5 – 13	16 – 19	17 – 19	26 – 30	33
bisher beobachtetes Höchstalter [Jahre]	12	16	14	25	23
zur Aufrechterhaltung der Population notwendige Geburtenrate n [pro Jahr]	1,5 – 1,6	0,9 – 1,2	0,9 – 1,05	0,54 – 0,64	0,48
beobachtete Geburtenrate [pro Jahr]	1,4 – 1,5	–	1,8	0,68	–

sich die Abendseglerpopulation in dem betreffenden Waldgebiet im Gleichgewicht befand und man deshalb annehmen kann, dass die Alterspyramide der Sterblichkeit eines Jahrgangs entspricht.

Weitere Populationsparameter des Abendseglers

Aus diesen Messungen kann man eine ganze Reihe weiterer interessanter Parameter der untersuchten Abendsegler-Population ableiten (s. Bild 161): Das Durchschnittsalter der Weibchen-Population (zum Zeitpunkt kurz vor der Geburt) beträgt ca. 2,3 Jahre. Die mittlere Lebenserwartung eines gerade flügge gewordenen jungen Abendseglers hingegen beträgt nur 1,74 Jahre. Ein Prozent aller Abendsegler könnte 8,5 bis 9 Jahre alt werden, einer von tausend auch 13 Jahre. Das bisher beobachtete Höchstalter des Abendseglers beträgt tatsächlich 12 Jahre.

Für eine Fledermaus haben Abendsegler also eine relativ hohe Reproduktionsrate. Viele Weibchen, vor allem die älteren, gebären Zwillinge. Infolge des Überwiegens der einjährigen Weibchen in der Wochenstube, die nur ein Junges pro Jahr bekommen, ergibt sich insgesamt aber nur eine Reproduktionsrate von ca. 1,5.

Reproduktionsraten im Vergleich

Eine noch höhere Reproduktionsrate wurde in Mitteleuropa bisher nur bei der Rauhhautfledermaus beobachtet: 1,8 Junge pro Weibchen pro Jahr – allerdings in einer Phase starken Populationswachstums. Ein ähnliches Bild ergibt sich auch für die Zwergfledermaus, mit Mortalitätsraten zwischen 30 und bis zu 37%. Da die Mortalität bei Zwergfledermaus und Rauhhautfledermaus, jedenfalls nach den bisherigen Untersuchungen, geringer ist als beim Abendsegler, würde auch eine geringere Fortpflanzungsrate für die Aufrechterhaltung der Populationen genügen: zwischen 0,9 und 1,2 Junge pro Jahr und Weibchen.

Ganz anders ist das Bild, wenn wir uns den *Myotis*-Arten zuwenden. Die für das Mausohr vorgefundenen Mortalitätsraten lagen zwischen 0,21 und 0,24, das bedeutet umgekehrt, dass 76 bis 79 Prozent aller

Kasten 7

Populationswachstum

Populationen ändern ihre Größe, weil einerseits Junge geboren werden, und zwar mit der **Geburtenrate n** („Nachwuchsrate" = „Natalität"), und andererseits Mitglieder der Population sterben, und zwar mit der **Sterberate m („Mortalität")**. Wenn n größer als m ist, wächst die Population mit der **Wachstumsrate r = n – m**. Falls r kleiner als 0 ist, also m > n, verringert sich die Populationsgröße, unter Umständen bis zum Aussterben der Population. Bleibt r für eine Weile konstant > 0, wächst die Population exponentiell, wie z.B. derzeit die menschliche Population der Erde, die Ende 1999 die Zahl 6 Milliarden erreichte und derzeit jährlich um 80 Millionen Menschen wächst (r = 0,013), was einer Verdoppelungszeit von ca. 50 Jahren entspricht. (Wenn es so weitergehen könnte, würde die Welt also im Jahre 2100 statt 6 Milliarden Menschen die noch unvorstellbarere Bevölkerungszahl von über 20 Milliarden Menschen tragen müssen).

Keine natürliche Population kann für längere Zeit wachsen, denn alle Lebewesen nutzen natürliche Ressourcen, die begrenzt sind. Wenn die **Populationsgröße N** wächst, werden die Ressourcen (z. B. Nahrung, Quartiere oder Gebiete mit wenig Feinden oder Parasiten) knapp und dann steigt die Mortalität m und sinkt die Natalität n. Das einfachste Modell, nämlich eine lineare Zunahme der Mortalität und eine lineare Abnahme der Geburtenrate mit der Populationsdichte, ergibt eine berühmt gewordene Funktion, die sogenannte „logistische Wachstumsfunktion" $dN/dt = r \cdot N \cdot (K-N)/K$ Diese besagt, dass es eine bestimmte Populationsgröße K gibt, unterhalb derer die Population wächst und oberhalb derer sie fällt, so dass eine natürliche Population immer um diesen Wert „N etwa gleich K" schwankt. Diese Größe K hat man deshalb „Tragekapazität des Habitats" genannt.

Manchen Tier- und Pflanzenarten war es in ihrer Evolution wichtig (d. h. selektionsbevorteilt), sich schnell vermehren zu können – z. B. den Neubesiedlern von oft, aber wenig vorhersehbar neu entstehenden Habitaten. Solche Arten haben eine hohe Vermehrungsrate r, dafür statten sie ihre Nachkommen mit wenig Reserven aus und kümmern sich auch nicht sehr um ihr Weiterkommen. Deshalb nennt man solche Arten gern **„r-Strategen"**. Andere Tierarten leben fast immer in Populationen, die nahe an der Tragekapazität K sind. Für solche Arten ist eine schnelle Vermehrung relativ unwichtig. Viel wichtiger ist es, ihre Kinder – von denen ja ohnehin im Mittel nur zwei pro Elternpaar überleben werden – mit möglichst viel Reserven auszustatten und sie lange zu beschützen und für die Konkurrenz mit ihren Artgenossen fit zu machen. Diese Arten nennt man dementsprechend **„K-Strategen"**. Die meisten Tierarten liegen natürlich irgendwo zwischen diesen beiden Extremen.

Tiere das nächste Jahr erreichen. Das bisher beobachtete Durchschnittsalter der Populationen beträgt 4 bis 4,5 Jahre. Zur Aufrechterhaltung einer Population müsste die Fortpflanzungsrate nur ungefähr 0,6 Junge pro Weibchen pro Jahr betragen. Ob dieser Wert auch tatsächlich in der Freilandpopulation gegeben ist, ist allerdings beim Mausohr nicht leicht messbar: Von den einjährigen Weibchen hält sich im Sommer nur ein Teil in den Wochenstuben auf, und auch nur ein Teil der einjährigen Tiere bekommt bereits ein Junges. Wenn man die Rate der einjährigen, aber schon in der Wochenstube anwesenden Weibchen auf etwa 70–80% der Einjährigen schätzt und die niedrige Fortpflanzungsrate der einjährigen Weibchen (nur 20%) mit einbezieht, so wird deutlich, dass eine ganze Mausohrpopulation im Mittel eine Fortpflanzungsrate von etwa 0,68 Jungen pro Weibchen pro Jahr haben könnte. Das ist ein Wert, der derzeit ein geringfügiges Wachstum der Mausohrpopulationen zulässt.

Wenn man sich die Tabelle in Bild 161 näher betrachtet, kann man erstaunliche Unterschiede zwischen den Arten erkennen. Der Abendsegler muss mit einer mehr als doppelt so hohen Mortalität/Jahr leben als das Mausohr oder die Bartfledermaus (*Myotis mystacinus/brandtii*). Dementsprechend mehr Junge muss er pro Jahr in die Welt setzen und bis zum Flügge- und Selbstständigwerden großziehen.

Warum der Abendsegler das kann (und die Bartfledermaus nicht) und **warum** – auf der andern Seite – seine Mortalität so viel höher ist, kann bisher kein Ökologe und vor allem kein Physiologe beantworten. Man kann nur Vermutungen anstellen. Derartige Grundfragen der Ökologie wagt sich die Wissenschaft bisher kaum zu stellen, so schwer scheint ihre Beantwortung und so weit entfernt ist sie noch von einem hinreichend detaillierten Verständnis. Die Ökologie beschäftigt sich mit einer der höchsten Systemebenen, die die Natur bietet, eine biologische Systemtheorie der Wechselwirkung der Organismen steckt immer noch in den Kinderschuhen, eine umfassende Lösung ist aufgrund mangelnder Daten in weiter Ferne.

Einige naheliegenden Erklärungen scheinen eher nicht zuzutreffen oder jedenfalls nicht der Hauptfaktor zu sein: Der Zug ins Winterquartier bei Abendsegler und Rauhhautfledermaus ist zwar sicher gefahrvoll, die Zwergfledermaus, nahe verwandt mit der Rauhhautfledermaus und mit fast gleicher Mortalitäts- und Geburtenrate, zieht nicht und überwintert im Fortpflanzungsgebiet. Auch die verbreitete Vorstellung, der Winter, bzw. eine Schwächung wegen des Verbrauchens aller Fettvorräte gegen Ende des Winters, stelle die wichtigste Mortalitätsursache für die Fledermäuse der gemäßigten Breiten dar, scheint zumindest nicht generell zuzutreffen: Untersuchungen an der Zwergfledermaus in einer großen Überwinterungsgesellschaft im Marburger Schloss ergaben umgekehrt eine nur geringe Sterblichkeit zwischen dem Beginn des Winterschlafs und dem Verlassen des Winterquartiers im Frühjahr [allg. Lit. 120].

Obwohl man alle Fledermäuse als „K-Strategen“ bezeichnet hat (s. Kasten 7) – und das sind sie alle zweifelsohne, wenn man sie mit Mäusen oder Spitzmäusen oder auch mit Singvögeln oder den meisten Amphibien vergleicht – so zeigt der Artvergleich, dass auch sie sich in das „r-K-Kontinuum“ einordnen: Abendsegler und Rauhhautfledermaus sind viel mehr r-Strategen als etwa die *Myotis*- oder *Rhinolophus*-Arten, die zu den extremsten K-Strategen unter den Säugetieren gehören. So ist auch die Betreuung flügger Jungtiere bei der Bartfledermaus viel ausgeprägter als etwa beim Abendsegler.

Populationsdichten von Fledermäusen

Die Dichte von Fledermauspopulationen ist schwieriger zu schätzen als etwa die Populationsdichte von Vögeln: Man kann ja nicht, wie bei vielen Singvögeln, im Frühling die Anzahl ortstreu in ihren Revieren singender Männchen auszählen. Fledermäuse jagen oft weit ab von ihren Wochenstuben und sammeln sich dann dort, wo die Jagd bei der momentanen Wetterlage und zu der momentanen Jahreszeit besonders viel Erfolg verspricht. So können sie ein paar Tage lang in einem Eichenwald jagen, wenn dort der Eichenwickler fliegt, und sich eine Woche später über einem Gewässer sammeln, wo vielleicht gerade Köcherfliegen schlüpfen. Aus der Dichte der beobachteten jagenden Fledermäuse kann man also kaum auf die Populationsdichte einer Art schließen.

Populationsdichte beim Mausohr

Im Prinzip hat man nur die Möglichkeit, entweder in einem hinreichend großen Gebiet alle Fledermäuse zu erfassen, oder man kann die „Fang-Wiederfang“-Methode anwenden. Nur bei manchen Arten ist es möglich, in einem größeren Gebiet alle – oder fast alle – Wochenstuben aufzuspüren. Das ist in den letzten Jahrzehnten z.B. beim Mausohr *(Myotis myotis)* in Bayern weitgehend gelungen [allg. Lit. 102]. Natürlich kann man nie absolut sicher sein, wirklich alle Kolonien zu finden, aber das Mausohr ist in Mitteleuropa so stark an vom Menschen geschaffene Gebäude gebunden, dass man den Versuch wagen kann. Die Anzahl der in den Wochenstuben aufzufindenden Tiere kann nicht der gesamten Populationsdichte entsprechen, denn in den Wochenstuben fehlen die erwachsenen Männchen. Die in den Wochenstuben gezählten Tiere können aus weiteren Gründen immer nur einen Mindestwert für die Populationsdichte angeben. Ein vom Wetter abhängiger Teil der adulten Weibchen übertagt auch im Sommer manchmal in Baumhöhlen im Jagdgebiet oder in anderen versteckten Tagesquartieren. Die stabilsten Werte über die Größe der Kolonien erhält man, wenn man in den Wochenstubenkolonien zu einem Zeitpunkt zählt, zu dem die Jungen bereits geboren, aber noch nicht flügge sind, denn zu dieser Zeit sind die meisten erwachsenen Weibchen in den Kolonien versammelt.

Um zu einem Schätzwert der wahren Populationsdichte zu kommen, kann man beim Mausohr von den folgenden vereinfachenden Annahmen ausgehen: Die Mortalität beträgt rund 20% pro Jahr, und rund 70% aller Weibchen in einer Kolonie bekommen ein Jungtier (s. Bild 161). Ein zusätzliches Problem sind die einjährigen Weibchen, denn viele kehren im ersten Jahr noch nicht in die Kolonie zurück, in der sie später ihre Jungen gebären werden. Neuere Schätzungen ergaben, dass nur rund 70% bis 80% der einjährigen jungen Weibchen im ersten Sommer in der Kolonie anwesend sind, und von diesen bekommen nur rund 20% bereits im ersten Jahr ein Junges.

Wenn man diese Werte einsetzt, kann man folgendermaßen rechnen: Hundert Weibchen haben etwa 70 Junge; am Ende der Jungenaufzucht im Juli zählt man also rund 170 Tiere. Von den Jungtieren sind aber nur die Hälfte Weibchen, also umfasst der gezählte Bestand 135 Weibchen. Darin fehlen aber 20–30% der einjährigen Weibchen, das dürften in unserem Zahlenbeispiel 6 bis 10 fehlende Tiere sein, also umfasst die betrachtete Population rund 143 Weibchen. Wenn man davon ausgeht – was auch von allen bisherigen Beobachtungen bestätigt wird – dass das Geschlechterverhältnis 1:1 ist, und wenn man für die Männchen die gleiche Mortalität ansetzt wie für die Weibchen, dann muss es also insgesamt in dem betrachteten Gebiet doppelt so viel, also rund 290 Mausohren geben. Die Anzahl der gezählten Wochenstubentiere (170) ist also mit einem Faktor 1,7 zu multiplizieren, um einen Schätzwert für die Gesamtpopulation Ende Juli zu finden. Die Anzahl der adulten Weibchen im nächsten Mai wird voraussichtlich im Mittel noch rund 110 Tiere in der Wochenstube, also noch etwa 38% dieses Wertes, betragen.

Mit Hilfe solcher Schätzungen ergibt sich, dass in manchen Naturräumen Süddeutschlands, z.B. der Schwäbischen und der Fränkischen Alb, mit fünf bis sieben Mausohrindividuen pro km^2 zu rechnen ist [allg. Lit. 102]. In der Fränkischen Alb wurden z.B. auf 7400 km^2 immerhin 29455 Wochenstubentiere (Weibchen mit Jungen im Juli/August) direkt gezählt (der Wert von 5–7 Ind./km^2 gibt die Populationsdichte im August, nach Aufzucht der Jungen, entsprechend der obigen Formel wieder. Die Populationsdichte der adulten Weibchen im Frühjahr würde dementsprechend 1,9–2,6 Weibchen/km^2 betragen). In anderen Naturräumen, z.B. in den Alpen oder im Gebiet der Mainfränkischen Platten, ist die Populationsdichte wesentlich geringer, z.B. 0,2–2 Individuen/km^2. Wenn man den Gesamtbestand von Bayern (70776 km^2) berechnet, so erhält man eine mittlere Populationsdichte von mindestens zwei Individuen/km^2. Natürlich sind mit Sicherheit nicht alle Mausohrkolonien Bayerns erfasst worden. Dieser Wert ist also ein Minimalwert, und um welchen Faktor die wahren Populationsdichten darüberliegen, ist bisher unbekannt.

Nur für wenige andere Fledermausarten gibt es vergleichbare Daten. Die großflächige, alle Habitate einschließende Dichte der Zwergfledermaus im nördlichen England in einem Gebiet von 2500 km^2 wurde auf 3,9 Weibchen/km^2 geschätzt [allg. Lit. 61], ähnliche Werte wurden auch für Schottland gefunden, wobei vermutlich Zwerg- und Mückenfledermaus gemeinsam geschätzt wurden [allg. Lit. 133]. Die minimale Populationsdichte des Abendseglers in einem etwa 800 km^2 großen Gebiet in Brandenburg beträgt etwa 2,4 adulte Weibchen/km^2 [Blohm mündlich]; die dortige Abendsegler-Population nutzt fast ausschließlich Nistkästen als Tagesquartier und lässt sich deshalb relativ verlässlich zählen. Die Populationsdichte Ende Juli würde dann etwa 5,8 Individuen/km^2 betragen.

Fang-Wiederfang-Methode

Eine andere, aber jeweils nur für kleine Gebiete durchführbare Möglichkeit ist es,

Bild 162: In Deutschland ist der Bestand des Mausohrs (*Myotis myotis*) gut bekannt, da die Wochenstuben so wie in diesem Dachstuhl einer Kirche gut zu finden und gut zählbar sind. Foto: C. Dietz

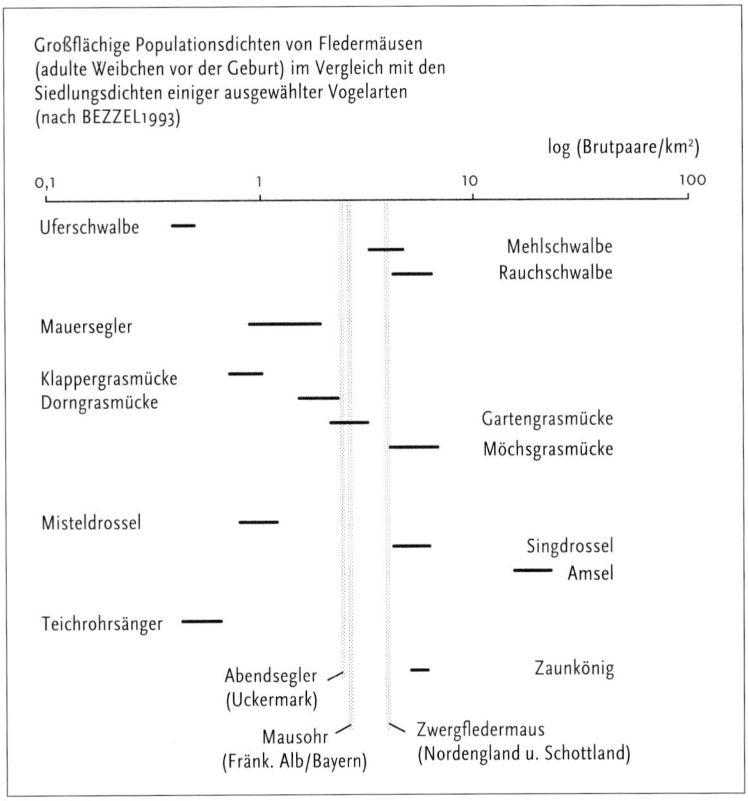

Bild 163. Vergleich der großflächigen Populationsdichten von drei relativ häufigen Fledermausarten in Mitteleuropa mit der Siedlungsdichte einiger ausgewählter Vogelarten. Daten siehe Text, Siedlungsdichten von Vögeln nach allg. Lit. 11. Grafik: M. BAUER

über Fang-Wiederfang-Methoden die Populationsdichten einzelner Arten zu bestimmen. Der Grundgedanke dieser Methode ist einfach: In einem ersten Schritt fängt man so viele Tiere wie möglich, markiert sie und lässt sie wieder frei. Die Anzahl der Tiere, die man markiert hat, sei N_m. Später, in einem zweiten Schritt unter möglichst ähnlichen Bedingungen, fängt man wiederum und bestimmt nun das Verhältnis der markierten zu den nicht markierten Tieren. Falls der zweite Zeitpunkt wesentlich später als der erste ist, muss man noch einen Schätzwert für die inzwischen aufgetretene Mortalität der markierten Tiere einführen. Aus dem Verhältnis R = markiert wiedergefangen / nicht markiert gefangen und der bekannten (oder geschätzten) überlebenden Anzahl der markierten Tiere kann man nun einfach auf die Populationsgröße schließen: $N = N_m (1 + 1/R)$. Das Hauptproblem bei dieser Methode ist der Flächenbezug: Auf welche Fläche darf man diese Anzahl von Individuen beziehen? Um auch dies abschätzen zu können, muss man ein hinreichend großes Gebiet untersuchen, so dass der Austausch mit Nachbarpopulationen keine Rolle mehr spielt.

Eine Untersuchung an der Wasserfledermaus in einem für diese Art günstigen Weihergebiet im mittelfränkischen Aischgrund nördlich von Nürnberg (25 km²) ergab eine Populationsdichte von insgesamt rund 51 Ind./km² , die über vier einander folgende Jahre recht konstant blieb. Die 51 Ind./km² setzten sich aus 33 Weibchen/km² und 18 Männchen/km² zusammen [eigene Daten, GEIGER & VON HELVERSEN unpubl.]. Selbstverständlich werden so hohe Dichten nur lokal erreicht und lassen sich nicht über große Gebiete verallgemeinern.

Vergleich der Populationsdichte von Vögeln und Fledermäusen

Interessant ist ein Vergleich mit der Populationsdichte von Vögeln. Auch bei Vögeln ergeben sich verständlicherweise völlig verschiedene Werte, je nachdem, ob man ein relativ kleines (unter 10 km²) Gebiet, welches für eine Art günstige Biotopeigenschaften hat, oder größere Flächen betrachtet. In Bild 163 sind Vergleichsdaten für einige Vogelarten für große Areale (in der Summe meist 20 000–30 000 km², gemittelt) dargestellt [allg. Lit. 11] und mit den Werten für Fledermäuse verglichen.

Bei Untersuchungen an Vögeln wird normalerweise die Dichte an Revieren (oder Brutpaaren) bestimmt. Am Ende der Brutzeit gibt es allerdings dann, wie bei den Fledermäusen, weit mehr Tiere/km² als diese Werte angeben. Am ehesten lassen sich die Revierdichten von Vogelarten also mit den Dichten der Fledermausweibchen einer Art vor Beginn der Reproduktionsphase im Sommer vergleichen.

Allerdings sollte man bei diesem Vergleich auch bedenken, dass die Schätzwerte für Fledermäuse Minimalwerte sind, weil ein unbekannter Anteil der Population gerade bei den großflächigen Untersuchungen sicherlich doch noch der Beobachtung entgangen sein dürfte. Aber es lässt sich doch der Schluss ziehen, dass die Populationsdichten von Abendsegler, Mausohr und Zwergfledermaus, die alle zu den in Mitteleuropa häufigsten Arten zählen, etwa im unteren Mittelfeld vergleichbar großer Singvögel liegen.

Ektoparasiten

Fledermäuse haben ungewöhnlich viele Ektoparasiten. Zunächst fallen einem besonders die großen Fledermausfliegen (Nycteribiidae) auf, insbesondere wenn man eine Fledermaus in der Hand hält und eines der großen, langbeinigen, hell gefärbten, flügellosen Insekten durch das Fell der Fledermaus rennt. Diese Parasiten sehen eher wie Spinnen aus, gehören aber zu den Fliegen. Ihre Flügel haben sie reduziert, vermutlich würden diese nur die Gefahr erhöhen, weggeweht zu werden.

Die Ektoparasiten der Fledermäuse haben eine jahrmillionenlange gemeinsame Evolution mit ihren Wirten hinter sich und haben sich dabei so angepasst, dass sie ihre Wirte nicht übermäßig schädigen, obwohl sie sich von ihrem Blut ernähren. Für den Menschen sind alle diese Parasiten ungefährlich. Oft sind Fledermausparasiten nicht nur spezifisch für Fledermäuse, sondern sogar spezifisch für eine einzige Fledermausart. Bei der evolutiven Aufspaltung der Wirtsarten haben solche Parasiten ebenfalls neue Arten entwickelt. Die gemeinsame Evolution von Wirt und Parasit hat deshalb in vielen Fällen dazu geführt, dass man heute aus der Verwandtschaft der Parasiten auch Rückschlüsse auf die Verwandtschaft der Wirte ziehen kann. Eine Parasiten-Art, die sich an einen bestimmten Wirt angepasst hat, muss ja auf Gedeih und Verderb die Evolution ihrer Wirtsart mitmachen. Da sich für den Parasiten im Allgemeinen an seiner Umwelt aber nur wenig ändert, verglichen mit den Änderungen der Umwelt des Wirtes, haben sich die Parasiten in ihrer Evolution meistens sehr viel weniger auseinander entwickelt als die Fledermausarten und ihre Verwandtschaftsverhältnisse sind leichter zu erkennen.

Parasiten, die eine derartig lange Anpassung an eine bestimmte Wirtsart hinter sich haben, schädigen den Wirt normalerweise kaum. Genaue Untersuchungen des Stoffwechselumsatzes der Fledermäuse haben aber gezeigt, dass Fledermaus-Individuen, die viele Parasiten tragen, eine höhere Stoffwechselrate aufweisen, also mehr Energie verbrauchen als parasitenfreie Artgenossen. Manchmal findet man bei Fledermäusen geschwächte Tiere, vor allem Jungtiere, die übermäßig von Parasiten, meistens von Milben, befallen sind. In einem solchen Fall ist es natürlich schwierig festzustellen, was Ursache und was Wirkung ist. Können kranke, geschwächte Tiere ihre Ektoparasiten nicht mehr in Schach halten und werden deshalb von immer mehr Parasiten besiedelt? Oder sind es die vielen Parasiten, die die Schwächung der Fledermaus verursacht haben?

Fast alle Ektoparasiten, die man auf Fledermäusen findet, gehören zu einer von vier Parasitengruppen: den Fledermausfliegen, den Wanzen, den Flöhen oder den Milben.

Fledermausfliegen

Die Fledermausfliegen gehören zu zwei verschiedenen Familien, den Nycteribiiden und den Strebliden, die beide ausschließlich auf Fledermäusen vorkommen. Die Nycteribiiden werfen ihre Flügel sofort nach der Adulthäutung ab und wirken deshalb eher wie eine „sechsbeinige Spinne", die Strebliden sind kleiner, behalten ihre Flügel und kommen in Europa nur auf den Hufeisennasen vor. Beide Familien gehören zu den „pupiparen Fliegen", also zu einer Gruppe von Fliegen, die nicht, wie sonst bei Insekten üblich, Eier legen, aus denen Larven schlüpfen, die dann heranwachsen und sich immer wieder häuten, bis sie sich verpuppen. Bei den Fledermausfliegen erfolgt die gesamte Entwicklung vom Ei bis zur Puppe im Körper der Mutter. Die Mutter heftet dann eine Puppe im Quartier der Fledermaus an der Wand an. Derartige Puparien findet man häufig in Nistkästen, die z.B. von Bechsteinfledermäusen *(Myotis bechsteinii)* bewohnt werden. Wenn die Fledermauskolonie – unter Umständen erst nach einem Jahr – wieder einmal den Kasten besucht, merken das die Fliegen innerhalb ihrer Puparien und schlüpfen sofort, entern wieder eine Fledermaus und leben dann in deren Fell.

Bild 164. *Penicillidia dufourii* ist ein flügelloser, zu den Nycteribiidae gehörender Parasit. Foto: C. Dietz

Bild 165. Die parasitischen Fliegen der Familie Nycteribiidae kommen oft im Paar vor, hier *Penicillidia dufourii*. Foto: C. Dietz

Bild 166. Auch die Familie der Streblidae gehört zu den Fliegen, im Gegensatz zu den Nycteribiidae sind sie noch flugfähig. In Europa kommt nur eine Art, *Brachytarsina flavipennis*, vor. Foto: C. Dietz

Bild 167. Fledermäuse verwenden täglich mehrere Stunden auf die Körperpflege, dabei versuchen sie auch mit dem Maul und durch Kämmen mit den Hinterfüßen Parasiten aus dem Fell zu entfernen. Hier putzt sich eine Mittelmeerhufeisennase (*Rhinolophus euryale*) an seiner Jagdwarte. Foto: C. DIETZ

Die meisten Fledermausfliegen findet man auf höhlenbewohnenden Fledermäusen. Bei manchen Baumfledermäusen gibt es dagegen Kolonien, die völlig frei von Fledermausfliegen sind, da die Fledermäuse sie offensichtlich durch häufige Quartierwechsel „abschütteln" konnten. Natürlich besteht immer die Gefahr, sich in einem unbekannten Quartier neu zu infizieren. Vielleicht sind die häufigen Quartierwechsel vieler Baumfledermäuse im Wesentlichen eine Strategie, um die Fledermausfliegen und andere Parasiten loszuwerden.

Wanzen

Auch eine ganze Reihe von mit der Bettwanze verwandten Arten der Gattung *Cimex* haben sich auf Fledermäuse spezialisiert. Während die meisten Parasiten des Menschen ein altes phylogenetisches „Erbe" aus unserer Verwandtschaft mit den Menschenaffen darstellen, gilt das nicht für die Bettwanzen: Diese haben wir, als wir noch im Eingangsbereich von Höhlen lebten, von den Fledermäusen geerbt. Die Bettwanze *Cimex lectularius* gehört eindeutig zu den Verwandten der Fledermauswanzen. Andere menschliche Parasiten wie Kleider- und Kopflaus haben wir hingegen mit Schimpanse und Gorilla gemeinsam bzw. aus unserer mit diesen gemeinsamen Evolutionslinie übernommen.

Flöhe

Eine Reihe verschiedener Gattungen von Flöhen lebt auf Fledermäusen, v.a. *Ischnopsyllus* und *Nycteridopsylla*. Sie sind nicht ganz so eng an eine einzelne Fledermausart gebunden wie z.B. die Flughautmilben oder viele der Fledermausfliegen-Arten. Durch dicht stehende Borstenkämme am Körper können sie sich im Fell der Fledermäuse regelrecht verhaken und sind so vor einem allzu leichten Herauskämmen durch die Fledermäuse beim Putzen oder vor dem Abstürzen von der fliegenden Fledermaus geschützt. Die Larven der Flöhe entwickeln sich meistens am Boden des Quartiers, oft im Kot der Fledermäuse.

Milben

Am auffälligsten sind die Flughautmilben der Fledermäuse, die Spinturniciden, die man auf fast jeder Fledermaus findet, besonders bei Mausohren und Wasserfledermäusen. Die Flughautmilben können sich selbst gegen die enormen Windkräfte, die beim Flügelschlag der Fledermäuse entstehen, auf den Flughäuten festhalten. Die Flughautmilben vermehren sich in der Zeit, in der auch die Fledermäuse ihre Jungen bekommen, und können dann vor dem Flüggewerden auf die Jungtiere übersteigen.

Neben den Flughautmilben gibt es weitere Milben, die im Fell der Fledermäuse leben und die besonders geschwächte Tiere in Massenpopulationen besiedeln. Fledermäuse haben auch spezifische Krätzmilben, die sich Kanäle unter der Haut graben, und auch eine Reihe von Zecken aus den Gattungen *Argas* und *Ixodes*.

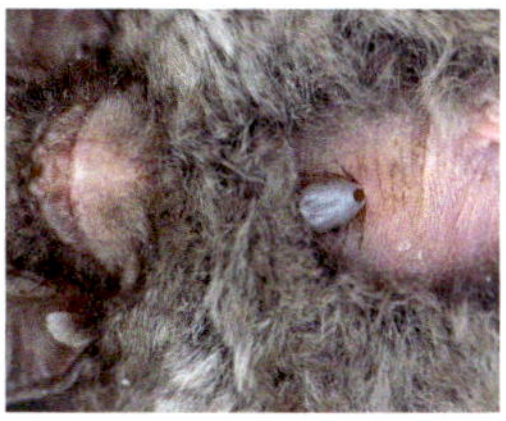

Bild 168. Die Zecke am Bauch der Langflügelfledermaus *(Miniopterus schreibersii)* saß so fest, dass sich die Fledermaus den ganzen Bauch kahl gekratzt hatte, um sie zu entfernen. Foto: D. Nill

Bild 169. Die Milben der Gattung *Spinturnix* leben vor allem auf den Flughäuten der Fledermäuse. Foto: C. Dietz

Bild 170. Fledermausflöhe verhaken sich mit ihren Borstenkämmen am Rücken im Fell der Wirte. Foto: C. Dietz

◂◂ Bild 171. Es gibt mehrere Bettwanzenarten auf Fledermäusen, hier *Cimex dissimilis* auf einem Abendsegler *(Nyctalus noctula)*. Foto: C. Dietz

◂ Bild 172. In den Fledermauskolonien im Mittelmeerraum sind Zecken häufig, hier im Ohr einer Mittelmeerhufeisennase *(Rhinolophus euryale)*. Foto: O. von Helversen

Bedrohung der Fledermäuse Europas

Historische Entwicklung

Bedrohung in Mitteleuropa

Seit der Mitte des 20. Jahrhunderts erfuhren die Fledermausbestände Europas, insbesondere jedoch Mitteleuropas, teilweise dramatische Bestandsverluste. Bei den Hufeisennasen begann der Zusammenbruch der mitteleuropäischen Bestände in den 1960er Jahren, gefolgt vom Mausohr und anderen Arten in den 1970er Jahren. So verwaisten zuvor von Hunderten Fledermäusen genutzte Winterquartiere in Höhlen, die Bestände waren mancherorts von mehreren 1000 Individuen bis auf Einzeltiere zurückgegangen (Bild 173). Während es Populationsschwankungen und Änderungen in der Artenzusammensetzung gewiss schon immer gab und eine ganze Reihe von Fledermausarten sicher erst mit den Landschaftsveränderungen nach Mitteleuropa eingewandert waren, vollzog sich der Zusammenbruch der Fledermausbestände damals in einem dermaßen raschen Tempo, dass das vollständige Aussterben für mehrere Fledermausarten befürchtet werden musste (Bild 174).

Bild 173. Der Zusammenbruch der Fledermausbestände in Mitteleuropa in der zweiten Hälfte des 20. Jahrhunderts lässt sich aufgrund mangelnder Daten nur schwer dokumentieren. Die Zählungen des Winterbestands des Mausohrs *(Myotis myotis)* aus der Bismarckgrotte auf der Fränkischen Alb zeigen den Bestandszusammenbruch, die Erholung bis zum Jahr 2007 und aktuelle Schwankungen. Datenquelle: Landesverband für Höhlen- und Karstforschung Bayern

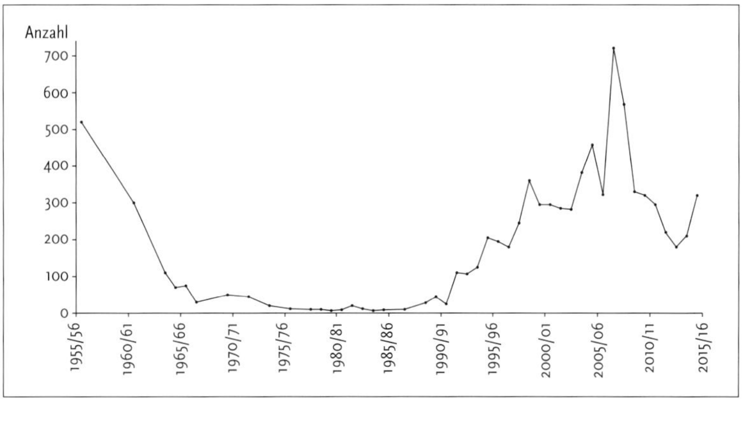

Lange Zeit wurde über die Ursachen gerätselt. Zweifellos hatten die Veränderungen in der Wirtschaftsstruktur der Landwirtschaft mit steigendem Mechanisierungsgrad, Grünlandverlust und einer zunehmenden Zersiedelung der Landschaft einhergehend mit Habitatveränderungen ihren Anteil am drohenden Aussterben vieler Arten. Diese Faktoren reichen als alleinige Gründe aber bestimmt nicht aus. Die gebäudebewohnenden Arten erfuhren eine gewaltige Dezimierung durch direkten Quartierverlust, noch gravierender aber durch den Einsatz hochtoxischer Holzschutzmittel auf DDT- und Lindanbasis. Über die Haut nahmen die Fledermäuse von dem behandelten Gebälk die Giftstoffe auf, die sich anreicherten und schließlich dazu führten, dass viele Kolonien restlos vergiftet wurden [allg. Lit. 72]. Es gibt zahlreiche Berichte von Tausenden vergifteter Fledermäuse aus Kirchendächern und anderen öffentlichen Gebäuden. Betroffen waren in aller erster Linie die beiden Hufeisennasen, Mausohr, Graues Langohr und Teichfledermaus [allg. Lit. 76]. Vor allem in den großen Winterquartieren wurde indessen sehr schnell deutlich, dass nicht nur diese Gebäudebewohner dramatische Rückgänge zu verzeichnen hatten, sondern auch Arten wie die Mopsfledermaus, die zu einem weitaus geringeren Anteil Gebäudequartiere nutzt. Hier dürfte sich der Einsatz ebenfalls hochtoxischer Pestizide, insbesondere von Insektiziden, in Jagdgebieten ausgewirkt haben. Als Endglieder einer Nahrungskette reichern sich in Fledermäusen die fettlöslichen Toxine wie DDT und dessen Derivate stark, an und in Zeiten großen Energieverbrauchs werden sie wieder freigesetzt und führen dann zum Tod (Bild 175). An einigen zuvor als Massen-Winterquartiere bekannten Höhlen wurde zudem die Störung durch Höhlentourismus, aber auch durch die Beringung der Tiere im Winterschlaf als Ursache des Rückganges vermutet, Faktoren, die aber vermutlich allenfalls den durch den Pestizideinsatz ausgelösten Rückgang beschleunigten.

Dennoch verwunderte der rapide Bestandszusammenbruch, da große und stabile Populationen eigentlich in der Lage sein sollten, selbst schwere Verluste zumindest eine gewisse Zeit lang kompensieren zu können. So scheint der Rückgang der Bestände durch gegenseitige Verstärkung zahlreicher Einzelfaktoren zu Stande gekommen zu sein, eine Entwicklung, die vermutlich bereits in den Veränderungen der Landwirtschaft seit den 1930er Jahren ihren Anfang nahm. Die Bildung immer größerer landwirtschaftlicher Betriebe und die großflächige Intensivierung der Landwirtschaft einhergehend mit einer Ausräumung der Landschaft durch das Entfernen von Feldrainen und Hecken, die drastische Reduktion der Freilandhaltung von Weidevieh und der großflächige Umbruch von Grünland in Ackerland seien hier nur als Beispiele genannt. Ähnliche, wenn auch meist nicht so gravierende Veränderungen betrafen die Wälder in Mitteleuropa durch das großflächige Verschwinden standortangepasster natürlicher Laubwälder, die Aufforstung mit Nadelbäumen und die erniedrigte Umtriebsdauer und der damit verbundenen Reduktion von Alt- und Totholz, was sich sowohl auf das Quartierangebot als auch auf die Nahrungsgrundlage auswirkte.

Bedrohung im Mittelmeerraum

Nach wie vor ist das Wissen um die Fledermausbestände des Mittelmeerraumes unvollständig. Es zeichnet sich jedoch deutlich ab, dass die Fledermausbestände in intensiv landwirtschaftlich genutzten Gebieten (z.B. Po-Ebene, Teile Spaniens) drastisch zurückgingen. Zunächst wurden vor allem bei den Hufeisennasen Bestandszusammenbrüche in Frankreich registriert [allg. Lit. 20], die sich in der Folge auch auf andere Arten und Regionen ausweiteten. Leider ist es kaum möglich, die tatsächlichen Bestandsveränderungen zu beziffern. Durch den Vergleich extensiver bewirtschafteter Gebiete mit solchen intensiver Landwirtschaft kann aber auf lokale Populationsrückgänge von 70–100% geschlossen werden.

Aktuelle Gefährdung

Gefährdung in Mitteleuropa

Die jahrzehntelangen Bemühungen um den Fledermausschutz und das Verbot hochtoxischer Substanzen wie Lindan und DDT haben in Mitteleuropa Wirkung gezeigt. Zwar fallen nach wie vor einzelne

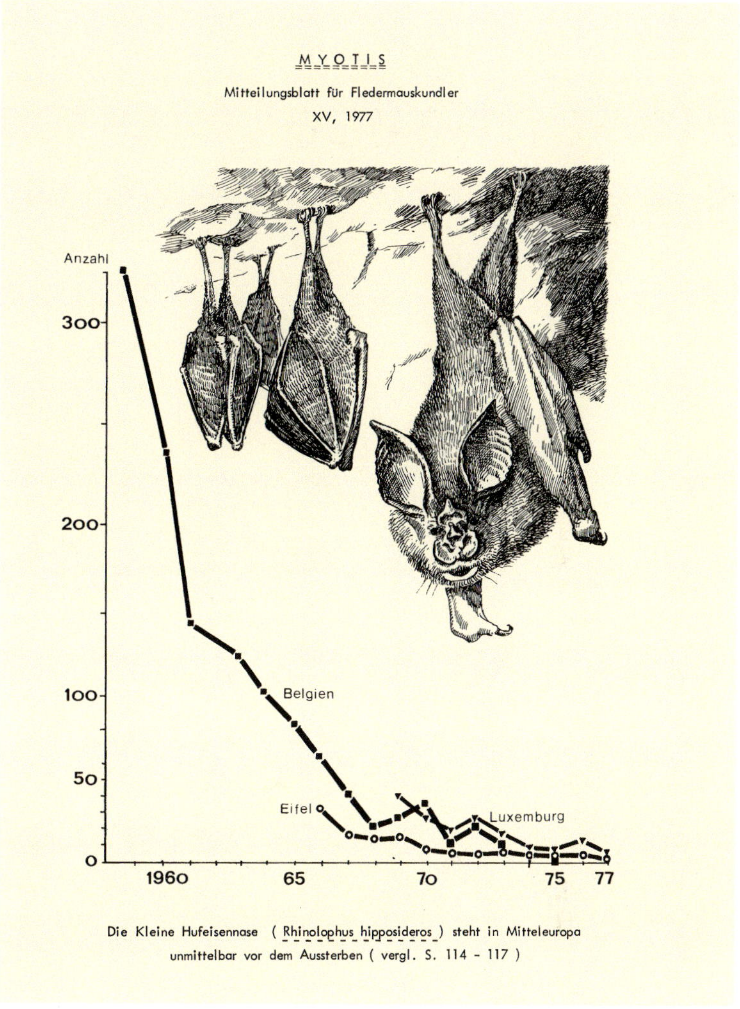

Bild 174. Ab Mitte der 1970er Jahre war der Populationszusammenbruch bei vielen Fledermausarten so deutlich geworden, dass deren Aussterben befürchtet wurde. Hier das Titelbild der 15. Ausgabe der Fachzeitschrift Myotis mit dem prognostizierten Aussterben der Kleinen Hufeisennase (*Rhinolophus hipposideros*).

Bild 175. Der Einsatz hochtoxischer Substanzen wie DDT und Lindan als Holzschutzmittel in Dachräumen vergiftete vor allem in den 1960–1970er Jahren ganze Kolonien (hier beim Mausohr, *Myotis myotis*). Foto: C. Dietz

Bild 176. Besonders niedrig fliegende Fledermäuse wie diese Mittelmeerhufeisennase (*Rhinolophus euryale*) können beim Queren von Verkehrsstraßen leicht zu Opfern werden. Die Verluste sind aufgrund der schwierigen Nachweislage kaum zu quantifizieren. Foto: C. DIETZ

Quartiere Sanierungsarbeiten zum Opfer, im großen Ganzen scheint sich die Bestandssituation bei den meisten Arten jedoch zu stabilisieren, und Arten wie das Mausohr nehmen in Deutschland wieder deutlich zu (Bild 173). Gerade bei dieser Art geht die Bestandserhöhung jedoch nur in seltenen Fällen mit einer Bildung neuer Wochenstuben einher, möglicherweise ein Indiz für eine starke Begrenzung des Quartierangebotes. Zur Zeit scheinen vor allem eine zunehmende Habitatfragmentierung durch die Neuanlage von Verkehrsstraßen und die zunehmende Zersiedlung der Landschaft bei gleichzeitigem Rückgang dörflicher Strukturen eine Hauptgefährdung darzustellen. Daneben spielt eine zumindest lokal hohe Mortalitätsrate z.B. durch den Straßenverkehr (Bild 176) [allg. Lit. 43, 67, 82, 97, 112] und an Windkraftanlagen (Bild 177) [allg. Lit. 19, 29, 56] für manche Arten eine große Rolle. Noch ist kaum abschätzbar, wie sich neue Entwicklungen z.B. in der Forstwirtschaft (vollständige Restholznutzung zur Energiegewinnung und Pestizideinsatz) oder der Landwirtschaft (großflächiger Anbau von Energiepflanzen) langfristig auf die Fledermausbestände auswirken werden, Bedenken sind aber durchaus angebracht.

Bild 177. Windkraftanlagen, wie hier bei Antakya in der Türkei stellen für Fledermäuse eine erhebliche Gefahrenquelle dar. Vor allem an wichtigen Knotenpunkten beim Fledermauszug kann eine Vielzahl von Fledermäusen umkommen. Foto: C. DIETZ

Gefährdung im Mittelmeerraum

Nach wie vor sind die meisten Massenquartiere von Fledermäusen vor allem im östlichen Mittelmeergebiet, auf der Balkanhalbinsel und in Nordafrika nicht effektiv geschützt. Durch die zunehmende Zahl von Störungen durch Tourismus oder die Nutzung, z.B. zur Zucht von Pilzen, sind viele Kolonien in großen Höhlen bedroht (Bild 178). Einige Quartierhöhlen sind durch den Abbau von Steinbrüchen oder die Anlage von Staudämmen gefährdet (Bild 179) [allg. Lit. 103]. Für alle Arten gleichermaßen stellen die fortschreitenden Veränderungen in der Landwirtschaft eine erhebliche Bedrohung dar. Der Verlust steppenartiger Wiesengesellschaften durch

◂◂ Bild 178. Die Erschließung von Quartierhöhlen für den Tourismus stellt eine enorme Gefahr dar, da es meist nur suboptimale Ausweichmöglichkeiten für die Tiere gibt. Foto: C. DIETZ

◂ Bild 179. Im Mittelmeergebiet stellt der Verlust großer Quartierhöhlen ein ernstes Problem dar. Durch den Bau eines Staudammes bei Havran in der westlichen Türkei wurde eine von bis zu 20 000 Fledermäusen bewohnte Höhle überflutet [vgl. allg. Lit. 103]. Foto: C. DIETZ

die Aufgabe einer extensiven Beweidung, Wiesenumbruch in Ackerland oder Aufforstung bedrohen vor allem das Kleine Mausohr und die Mehely-Hufeisennase. Die Rodung extensiv genutzter Stein- und Korkeichenwälder, von Eichenmischwäldern und naturnahen Olivenhainen und deren Ersatz durch schnell wachsende Nutzholzplantagen gefährden unter anderem die Hufeisennasenfledermäuse, aber auch die aus Mittel- und Osteuropa stammenden Wanderfledermäuse wie den Kleinen Abendsegler, die hier den Winter verbringen. Der steigende Einsatz von Pestiziden (Bild 180) und eine damit einhergehende Reduktion der Nahrungsgrundlage für Fledermäuse wird in Zukunft einen der entscheidenden Faktoren für den Fortbestand der Fledermauspopulationen darstellen. Zwar lässt die gegenwärtig zur Verfügung stehende Datengrundlage keine konkreten Aussagen zu, es gibt aber zahlreiche Hinweise auf einen schleichenden Rückgang bei einer ganzen Reihe von Fledermausarten.

Bild 180. Bei der künstlichen Bewässerung von Agrarflächen, hier im östlichen Griechenland, werden dem Beregnungswasser große Mengen an Pestiziden beigesetzt, die teilweise mit dem überschüssigen Wasser direkt zurück in die Gewässer gelangen und direkt oder indirekt die dort jagenden Fledermausarten beeinträchtigen können. Foto: C. DIETZ

Schutz der Fledermäuse Europas

Rechtliche Rahmenbedingungen

Internationale Regelungen

International regelt das Übereinkommen über die Erhaltung der europäischen wild lebenden Pflanzen und Tiere und ihrer natürlichen Lebensräume, die sogenannte **Berner Konvention**, den Schutz der Lebensstätten und den Artenschutz. In der Berner Konvention sind im Anhang II alle europäischen Fledermausarten mit Ausnahme der Zwergfledermaus als streng geschützt aufgelistet. Die rechtlichen Aspekte der Berner Konvention wurden mittlerweile weitgehend durch EU-Richtlinien (unter anderen FFH-Richtlinie) abgelöst.

Das Übereinkommen zur Erhaltung der wandernden wild lebenden Tierarten, die sogenannte **Bonner Konvention** regelt den weltweiten Schutz und die Erhaltung wandernder Tierarten. Im Anhang II der Bonner Konvention werden Arten aufgeführt, die zwar nicht vom Aussterben bedroht sind, aber ohne international abgestimmte Schutzmaßnahmen bald zu den gefährdeten Arten gehören könnten: Dies betrifft alle europäischen Fledermausarten und die afrikanischen Populationen der Langflügelfledermaus.

Zahlreiche europäische Staaten haben sich dem Abkommen zur Erhaltung der Fledermäuse in Europa (**EUROBATS**) angeschlossen. Dieses Abkommen hat das Ziel, alle in Europa vorkommenden Fledermausarten durch internationale und nationale Gesetzgebung, Öffentlichkeitsarbeit und Schutzmaßnahmen zu schützen. Als Basis dafür sollen Monitoring-Verfahren entwickelt und angewandt werden.

Die Fauna-Flora-Habitat-Richtlinie (**FFH-Richtlinie**) der Europäischen Union hat die Erhaltung natürlicher Lebensräume sowie der wild lebenden Pflanzen und Tiere zum Ziel. Dies soll vorrangig durch den Aufbau des europaweiten Schutzgebietsystems **Natura 2000** erreicht werden. Zur Umsetzung der Schutzvorschriften ist jedes Mitglied verpflichtet und muss für alle in den Anhängen aufgelisteten Lebensraumtypen und Arten entsprechende Schutzgebiete ausweisen. Darüber hinaus fordert die Richtlinie eine regelmäßige Berichtspflicht und die Bestandsüberwachung sowie Nachweise über ergriffene Schutzmaßnahmen und über das Erreichen von Schutzzielen. Eingriffe in FFH-Gebiete sind durch Verträglichkeitsprüfungen bei strenger Abwägung der Erheblichkeit auf die betroffenen Arten zu prüfen. Im Anhang II der FFH-Richtlinie werden die besonders geschützten Arten aufgelistet, für die Schutzgebiete ausgewiesen werden müssen. Dies sind der Nilflughund, alle fünf europäischen Hufeisennasenfledermäuse, Mausohr, Kleines Mausohr, Langfuß-, Teich-, Wimper-, Bechstein-, Mops- und Langflügelfledermaus. Anhang IV enthält darüber hinaus Arten, die von gemeinschaftlichem Interesse und streng zu schützen sind, darunter alle europäischen Fledermausarten.

Nationale Regelungen

Das **Bundesnaturschutzgesetz** der Bundesrepublik Deutschland setzt in seiner Neuregelung vom 25. März 2002 die Vorgaben der FFH-Richtlinie um. Demnach sind alle einheimischen Fledermausarten streng geschützt und es ist verboten, ihnen nachzustellen, sie zu fangen, zu töten, zu stören oder anderweitig zu beeinträchtigen. Somit sind auch Fledermausquartiere rechtlich eindeutig geschützt. Für Zwecke der Forschung und anderer dem Schutz dienenden Maßnahmen sind Ausnahmen von den Verboten zulässig. Diese Ausnahmen werden von den Regierungspräsidien nach Prüfung zeitlich befristet an Einzelpersonen vergeben. Für jeden Fledermausschützer, -forscher und -fotografen sollte es selbstverständlich sein, nur nach zuvor erteilter Ausnahmegenehmigung Quartiere aufzusuchen. Desgleichen sind alle Aktivitäten mit bereits im Gebiet tätigen Fledermausschützern abzusprechen, um unnötige Störungen zu vermeiden.

Konkrete Schutzmaßnahmen

Bestandserfassung und -kontrolle

Alle Schutzmaßnahmen sollten auf einer zuvor durchgeführten Bestandserfassung basieren. Nur aufgrund umfangreicher Daten können Entscheidungen getroffen werden, wie und wo Schutzmaßnahmen effektiv und sinnvoll erbracht werden können. Aufgrund limitierter persönlicher und finanzieller Einsatzmöglichkeiten sollten Schutzmaßnahmen dort ergriffen werden, wo sie am dringendsten erforderlich sind und eine möglichst große Wirkung erzielen. Im Einzelfall kann dies schwer zu entscheiden sein, als Richtlinie können jedoch der Gefährdungsstatus einzelner Arten und die Bedeutung eines Lebensraumelementes im Verbund der jeweiligen Art und die Anzahl der betroffenen Individuen dienen. Höchste Priorität haben daher meist Sommerkolonien und Wochenstuben oder große Winterquartiere. Es sollte aber selbstverständlich sein, dass jeweils der gesamte Lebensraumverbund betroffener Arten bei Schutzmaßnahmen mit berücksichtigt wird. Die große Mobilität der Fledermäuse erfordert die Einbeziehung von Tagesquartieren, Transferstrecken, Jagdgebieten, Schwärmplätzen, Paarungsquartieren, Durchzugsgebieten und Winterquartieren. In der Praxis ist es oft kaum möglich, alle diese Aspekte zu berücksichtigen, bei konsequentem Schutz von Wochenstuben, Winterquartieren und großflächiger geeigneter Jagdhabitate werden jedoch eine ganze Reihe weiterer Teillebensräume, nicht nur für Fledermäuse, mit geschützt werden.

Biotopschutz

Die teilweise gravierenden Bestandseinbrüche bei Fledermäusen gehen zu einem erheblichen Teil auf den großflächigen Verlust geeigneter Jagdlebensräume oder der drastischen Reduzierung der Nahrungsverfügbarkeit in den Jagdlebensräumen zurück. Als Beispiele seien hier nur das Aussterben der Langflügelfledermaus entlang ihrer nördlichen Verbreitungsgrenze und die dramatischen Bestandseinbrüche der Mopsfledermaus in Mitteleuropa nach großflächigen Pestizideinsätzen in als Jagdgebiet genutzten Wäldern zu nennen (s. bei den jeweiligen Artkapiteln). Die erheblichen gesellschaftlichen Veränderungen in Mitteleuropa und zeitlich versetzt im Mittelmeergebiet führten und führen zu einer großflächigen Veränderung der Erwerbsstruktur und der land- und forstwirtschaftlichen Produktion und damit für viele Fledermausarten zu einem fortschreitenden Verlust geeigneter Lebensräume. Um die derzeit noch vorhandenen Fledermausbestände zu erhalten und ihre Bestandssituation zu verbessern, sind einige zentrale Schutzmaßnahmen unerlässlich:

Bild 181. Bei der Sanierung von Gebäuden, in denen sich Fledermausquartiere befinden, ist viel Fingerspitzengefühl und Erfahrung notwendig, um die Quartiere zu erhalten und Störungen zu vermeiden. Besonders problematisch sind Sanierungen wie hier zur Wochenstubenzeit im Sommer. Foto: C. Dietz

Bild 182. Bei unsachgemäßer Sanierung von Natursteinbrücken können die im Gewölbe befindlichen Spalten verschlossen und darin befindliche Fledermäuse getötet werden. Eine Begleitung der Sanierung von Seiten des Fledermausschutzes kann helfen, die Quartiere langfristig zu erhalten. Foto: C. Dietz

Bild 183. Quartierschutz am Beispiel eines Winterquartiers: Die Vergitterung des Höhleneingangs ermöglicht den Fledermäusen einen ungestörten Winterschlaf. Foto: C. Dietz

- Schutz großräumiger natürlicher Waldgebiete mit standortangepassten und natürlich vorkommenden Baumarten sowie deren Wiederherstellung und Vernetzung. Insbesondere konsequenter Schutz von Feucht-, Niederungs- und Auwäldern, Kork- und Steineichenwäldern und natürlichen Bergwäldern. Beendigung der Umwandlung natürlicher Laubwaldbestände in Eukalyptus- und Nadelholzforste. Deutliche und flächendeckende Erhöhung des Alt- und Totholzanteils in Wäldern zur Verbesserung des natürlichen Quartierangebotes und des Nahrungsangebotes. Verzicht auf restlose Verwertung von Restholz im Wald.
- Schutz extensiv genutzten Grünlands, extensive Bewirtschaftung artenreicher Wiesengesellschaften, Beibehalten der Extensiv-Haltung von Weidevieh im Freiland und der großflächigen Beweidung steppenartiger Wiesengesellschaften. Verzicht auf großflächigen Anbau (gentechnisch veränderter) Energiepflanzen.
- Erhalt und Neuschaffung von Streuobstwiesen, Heckenzügen und naturnahen Waldrandgesellschaften als Jagdlebensräume und als Verbindungselemente zwischen Teillebensräumen.
- Erhalt großer unzerschnittener Landschaftselemente und deren Verbund.
- Verzicht auf großflächigen Pestizideinsatz, gänzlichen Verzicht auf Pestizide in Wäldern.

Quartierschutz

Fledermäuse sind auf sichere Quartiere angewiesen, die vor allem während der Jungenaufzucht und während des Winterschlafs störungsfrei sein müssen. Aufgrund der räumlichen und klimatischen Ansprüche sind geeignete Quartiere natürlicherweise stark begrenzt. Je seltener ein bestimmter Quartiertyp ist, umso anfälliger ist eine darauf angewiesene Art für Beeinträchtigungen. In manchen Höhlen, vor allem der Balkanhalbinsel, konzentrieren sich im Winter bis zu 100 000 Fledermäuse aus bis zu 16 Arten (s. Artkapitel Langfuß-, Zwerg- und Langflügelfledermaus). Es ist davon auszugehen, dass diese Quartiere traditionell genutzt werden und aufgrund ihrer speziellen räumlichen und klimatischen Bedingungen von den Fledermäusen eines riesigen Einzugsgebietes genutzt werden. Wie gravierend sich Störungen in solchen Massenquartieren auswirken könnten, ist kaum abschätzbar. So wird verständlich, dass vor allem diejenigen Arten, die auf spezielle und begrenzte Quartiere angewiesen sind, in ihren Beständen bedroht sind: so die Höhlenarten (z.B. Hufeisennasen) oder Arten, die große ungestörte Dachräume benötigen (Mausohren, Hufeisennasen). Bei solchen Arten, die oftmals sehr individuenreiche Kolonien bilden, kann schon der Wegfall eines einzigen Quartiers gravierende Auswirkungen haben. Durch Quartierverlust sind aber auch Waldarten betroffen, da z.B. bei großflächigen Durchforstungen ein erheblicher Anteil der Höhlenbäume verloren gehen kann. Wichtige Quartierschutzmaßnahmen sind daher:

- Konsequenter Schutz aller bekannten Koloniestandorte in und an Gebäuden (Bilder 181 und 182), in unterirdischen Gängen (Höhlen, Stollen, Tunnels, s. Bild 183) und in Wäldern.
- Strenger Schutz mit strikter Zugangskontrolle für Massenquartiere, Schutz der umliegenden Landschaftsräume und Verhinderung von Zerschneidungswirkungen, die Massenquartiere von ihrem Umland abkoppeln könnten.

- Wiederherstellung eines hohen Quartierangebotes für Gebäudefledermäuse durch Schaffung von Einflugmöglichkeiten in ungenutzte Dachräume.
- Selektiver Holzeinschlag in Wäldern und Belassen bzw. Förderung eines hohen Alt- und Totholzanteils. Ausweisung großflächiger Schon- und Bannwaldgebiete.

Neuschaffung von Quartieren

Die Neuschaffung von Quartieren sollte vor allem als Ergänzungsmaßnahme bei der Umsetzung von Schutzmaßnahmen Anwendung finden. Durch die Schaffung von Zugangsmöglichkeiten in ungenutzte Dachräume oder unterirdische Gangsysteme, die Schaffung von Spaltenquartieren an Hausfassaden und das Anbringen von Fledermauskästen in Wäldern (Bild 184) kann das teilweise knappe Quartierangebot für Fledermäuse erheblich verbessert werden. Die Neuschaffung von Quartieren kann jedoch in aller Regel nicht als Ersatzmaßnahme beim Verlust von bestehenden Quartieren dienen.

Verhinderung von Unfallrisiken

An manchen Gebäuden können blind endende Rohre und Kamine oder Räume mit reusenartigem Zugang (z.B. über gekippte Fenster) regelrechte Fledermausfallen darstellen. Einzelne in solche Fallen geratene Fledermäuse können durch ausgestoßene Laute eine Vielzahl von Artgenossen anlocken, so wurden vor allem bei der Zwergfledermaus (s. Artkapitel) Todesfallen mit über 1000 verendeten Tieren bekannt. Wo immer möglich, sollten solche Fallen entschärft werden. Wesentlich schwieriger gestaltet sich die Verhinderung von Unfallrisiken an Straßen oder an Windkraftanlagen. Untersuchungen belegen, dass die Sterblichkeit an manchen Streckenabschnitten von Straßen oder an manchen Windkraftanlagen erschreckend hoch sein kann [allg. Lit. 19, 29, 43, 56, 67, 82, 97, 112]. Nur durch konsequentes Monitoring der Mortalitätsrate könnten Gegenmaßnahmen ergriffen werden. Daher ist es umso wichtiger, naturnahe und großflächige für Fledermäuse geeignete und günstige Lebensräume von potentiellen Gefahrenquellen wie Verkehrsstraßen und Windkraftanlagen freizuhalten.

Pflegestationen

Die Pflege verletzt oder geschwächt aufgefundener Fledermäuse oder die Handaufzucht von Jungtieren kann sicherlich kaum einen Beitrag zum Erhalt der jeweiligen Populationen leisten, ist aber ein wesentlicher Bestandteil der Öffentlichkeitsarbeit. Nur wenn der Bevölkerung die Möglichkeit gegeben ist, aufgefundene Fledermäuse vertrauensvoll an Pflegestationen abzugeben, kann sich ein breites Verständnis für die Belange des Fledermausschutzes etablieren.

Öffentlichkeitsarbeit

Die Öffentlichkeitsarbeit ist wesentlicher Bestandteil einer Lobbyarbeit für den Fledermausschutz. Nur durch ein breit gefächertes Informationsangebot ist es möglich, den zwar meist unbemerkt, aber doch in großer Nähe zum Menschen lebenden Fledermäusen und vor allem ihrem Schutz Rückhalt zu schaffen (Bild 185). Viel zu oft gehen Quartiere aus Unkenntnis oder Ignoranz verloren; die Zahl der alljährlich beim Verputzen von Häusern oder dem Ausbetonieren von Fugen verloren gehenden Quartiere und getöteten Tiere ist kaum zu beziffern. Nur durch ein breit gestreutes Bewusstsein und Wissen um Fledermäuse und die sachkundige Betreuung bei Sanierungsarbeiten durch Fledermausspezialisten können solche unnötigen Verluste vermieden werden [allg. Lit. 25, 98].

Bild 184. Das Anbringen von Fledermauskästen kann das Quartierangebot für Baumhöhlenbewohnende Fledermausarten erheblich verbessern und erhöht die Nachweisbarkeit. Foto: C. Dietz

Bild 185. Durch Öffentlichkeitsarbeit und das hautnahe Erleben von Fledermäusen beim Kontakt mit Dauerpfleglingen, oder wie hier bei einer Nistkastenkontrolle im Herbst, ist es möglich, viele Menschen für den Fledermausschutz zu begeistern. Foto: C. Dietz

Fledermaus-Detektoren: Artbestimmung anhand der Ortungsrufe

Jede Fledermausart verfügt über ein bestimmtes Spektrum von Ortungsrufen, die an die jeweiligen Jagdsituationen angepasst sind. Manche Fledermausarten lassen sich anhand ihrer Ortungsrufe eindeutig erkennen, während sich zwischen vielen anderen Arten die Charakteristika der Rufe überlappen – abhängig von den jeweiligen Flugsituationen – so sehr, dass man die einzelnen Arten nicht mit Sicherheit voneinander trennen kann. Ortungsrufe haben allerdings auch nicht wie Vogelgesänge die Aufgabe, Reviere zu markieren und damit Signale zu sein, die jeden anderen Artgenossen sofort erkennen lassen, um welche Art es sich bei dem Sänger oder Rufer handelt. Die Ortungsrufe der Fledermäuse sind an die Erfordernisse der Orientierung angepasst und damit an die jeweilige ökologische Nische. Wenn sie trotzdem artverschieden sind, liegt dies daran, dass ihre Funktion in der ökologischen Nische der Arten es erfordert hat. Wenn die spezifische ökologische Nische aber durch andere Faktoren bedingt ist als denen, welche sich im „Design" der Ortungsrufe niederschlagen, dann lassen sich auch ganz verschiedene Arten anhand der Ortungsrufe nicht unterscheiden.

Die Erfassung verschiedener Fledermausarten aufgrund ihrer Ortungsrufe hat in den letzten beiden Jahrzehnten große Aufmerksamkeit erlangt: Kann man Arten anhand ihrer Ortungsrufe unterscheiden, dann kann man ihr Jagdverhalten, die Nutzung der Habitate, die Bevorzugung bestimmter Strukturelemente und viele weitere Faktoren viel leichter erforschen, als wenn man die Tiere dazu für die Artbestimmung hätte fangen müssen. Auch die Verbreitung der Fledermausarten wäre viel leichter festzustellen und man könnte auf diese Weise wichtige Information für den Natur- und Artenschutz gewinnen.

Wie kann man die an sich unhörbaren Ultraschall-Laute auch für den Menschen hörbar machen? Dafür hat man elektronische Geräte gebaut, die man Fledermaus-Detektoren („Bat-Detektoren") nennt. Die Funktionsweise solcher Detektoren folgt verschiedenen technischen Prinzipien, die verschiedene Vorteile und Nachteile, aber auch jeweils spezifische physikalische Begrenzungen und vor allem verschiedenen technischen Aufwand und damit einen verschiedenen Preis haben.

Das einfachste Grundprinzip ist die **Frequenzteilung** auf der Basis einer Nulldurchgangsanalyse, etwas schwieriger ist das sogenannte **Mischerprinzip**, und am aufwändigsten eine **direkte Aufzeichnung** der Schallwellen mit anschließendem verlangsamtem Abspielen.

Bei allen drei verschiedenen Verfahren muss zunächst die sehr geringe Spannung, die von einem ultraschallempfindlichen Mikrofon geliefert wird, verstärkt werden. Dadurch entsteht eine annähernd sinusförmige Spannung, die die Schalldruckfunktion des Ortungsrufes abbildet.

Frequenzteiler-Detektoren

Beim Verfahren der direkten Frequenzteilung werden die Nulldurchgänge der in Spannung übersetzten Schallwellen bestimmt. Im einfachsten Fall werden jeweils 10 Nulldurchgänge abgezählt und dann eine Spannung auf Null oder Eins gesetzt, sodass sich eine Funktion mit einem Zehntel der Ausgangsfrequenz ergibt. Diese kann entweder direkt hörbar gemacht werden oder nach einem annähernd sinusförmigen Verschleifen der entstandenen Spannungsfunktion noch mit der ursprünglichen Einhüllenden der Amplitude multipliziert werden. Der Vorteil solcher Frequenzteiler ist, dass Fledermausrufe im gesamten Frequenzbereich, den das Mikrofon erfasst, hörbar gemacht werden. Der wichtigste Nachteil ist, dass alle Oberwellen und viele Feinheiten des Rufes verloren gehen.

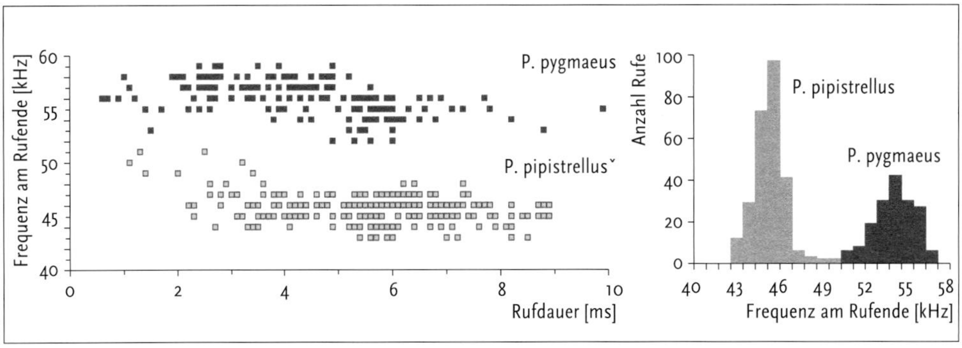

Bild 186. Die Endfrequenzen der Ortungsrufe der beiden nah verwandten *Pipistrellus*-Arten: Mückenfledermaus *(Pipistrellus pygmaeus)* und Zwergfledermaus *(Pipistrellus pipistrellus)*. Die beiden Arten unterscheiden sich deutlich und ihre Verteilungen überlappen sich kaum, besonders wenn man nur längere, über 5 ms lange, Rufe betrachtet. Grafik: M. Bauer

Mischerverfahren

Bei Mischer-Detektoren wird zu der vom Mikrofon nach der Verstärkung erzeugten Spannungsfunktion eine konstante Frequenz hinzugemischt. Dann ergibt sich die Differenz der aufgenommenen und der zugemischten Frequenz als Schwebung. Wenn die Schwebung, also die Differenz zwischen Fledermausruf und zugemischter Frequenz im menschlichen Hörbereich liegt, meist in einem Bereich von ± 5 kHz, kann man sie über einen Lautsprecher hörbar machen. Ein Laut liegt damit im Hörbereich des Menschen, unabhängig davon, ob der Frequenzunterschied positiv oder negativ ist, also ob der Fledermausruf über oder unter der zugemischten Frequenz liegt. Ein Nachteil dieses Verfahrens ist, dass man nur Fledermäuse hört, deren Ortungsfrequenz in einem vergleichsweise schmalen Band um die eingestellte Mischfrequenz liegt. Ein weiterer Nachteil ist, dass eine exakte Rekonstruktion des Ausgangssignals nicht möglich ist, weil die zugemischte Frequenz normalerweise nicht mitregistriert werden kann.

Direkte Aufzeichnung

Das einzige Verfahren, das eine vollständige Rekonstruktion der Ortungsrufe erlaubt, ist eine direkte Aufzeichnung des vom Ultraschall-Mikrofon gelieferten Signals. Im Prinzip ist dies mit Hilfe sehr schnell laufender Tonbandgeräte möglich; heute werden aber fast immer digitale Verfahren verwendet. Dazu wird das vom Ultraschallmikrofon stammende Signal mit einer hohen Sampling-Rate abgetastet und in einen schnellen elektronischen Speicher eingeschrieben. Der den Schalldruckverlauf abbildende Spannungsverlauf des Mikrofon-Signals ist auf diese Weise vollständig erhalten. Dieser Spannungsverlauf kann grafisch direkt sichtbar gemacht werden (als Oszillogramm) oder weiterverarbeitet werden. Wird erst nach einer solchen Datenverarbeitung, z.B. einer Fourier-Transformation, eine grafische Darstellung erstellt, bezeichnet man das Ergebnis als Spektrogramm oder gleichbedeutend als Sonagramm. Ebenso kann man das einmal aufgezeichnete Signal verlangsamt abspielen und dadurch mit allen Feinheiten der Klangfärbung hörbar machen. Auf den folgenden Seiten sind auf diese Weise gewonnene Darstellungen von jeweils einigen charakteristischen Ortungsrufen ausgewählter europäischer Arten abgebildet (Bild 188).

Arterkennung

Für viele der im freien Luftraum mit qCF-Rufen jagenden Arten ist der für die Artunterscheidung wichtigste Parameter die Endfrequenz der Ortungsrufe. Weil diese Rufe fast frequenzkonstant auslaufen,

Bild 187. Verteilung der Endfrequenzen bei europäischen Fledermausarten, die Ortungsrufe vom Typ der qCF-Rufe verwenden. Die Situationsabhängigkeit und auch die interindividuelle Variabilität führen aber zu beträchtlichen Spannbreiten und damit zu Überlappungen. Die Überschneidung der Verteilungen erlaubt oft keine einfache Bestimmung nach diesem Parameter allein. Nach allg. Lit. 145. Grafik: M. Bauer

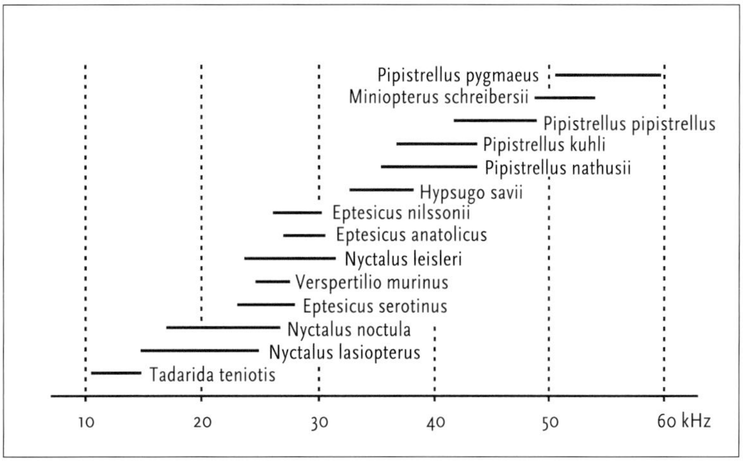

ist die Endfrequenz annähernd auch die im Ruf insgesamt am lautesten vertretene Frequenz. Bild 186 zeigt die Verteilung der Endfrequenzen für Zwergfledermaus und Mückenfledermaus – diese beiden Arten kann man anhand hinreichend langer Aufnahmen an der Endfrequenz der Rufe unterscheiden. Bild 187 zeigt den Bereich der Endfrequenzen für eine Reihe europäischer Fledermausarten, die derartige qcf-Rufe verwenden.

Grenzen der Arterkennung

Da die Ortungsrufe der verschiedenen Arten außerordentlich variabel und situationsabhängig sind, überlappen sich die Ruf-Repertoires verschiedener Arten oft weitgehend. Daher setzt die korrekte Artzuordnung von Echoortungslauten zu den jeweiligen Fledermausarten ein hohes Maß an Erfahrung und vor allem ein Wissen um die Möglichkeiten und Grenzen der jeweils angewandten Methode voraus. Leider findet man manchmal die Vorstellung, dass mit einem teuren Gerät eine Artbestimmung anhand der Ortungsrufe beinahe von selbst möglich sei. Nur allzu oft wird dabei vergessen, wie viele Verwechslungsmöglichkeiten es gibt. Besonders im angewandten Natur- und Umweltschutzbereich wird

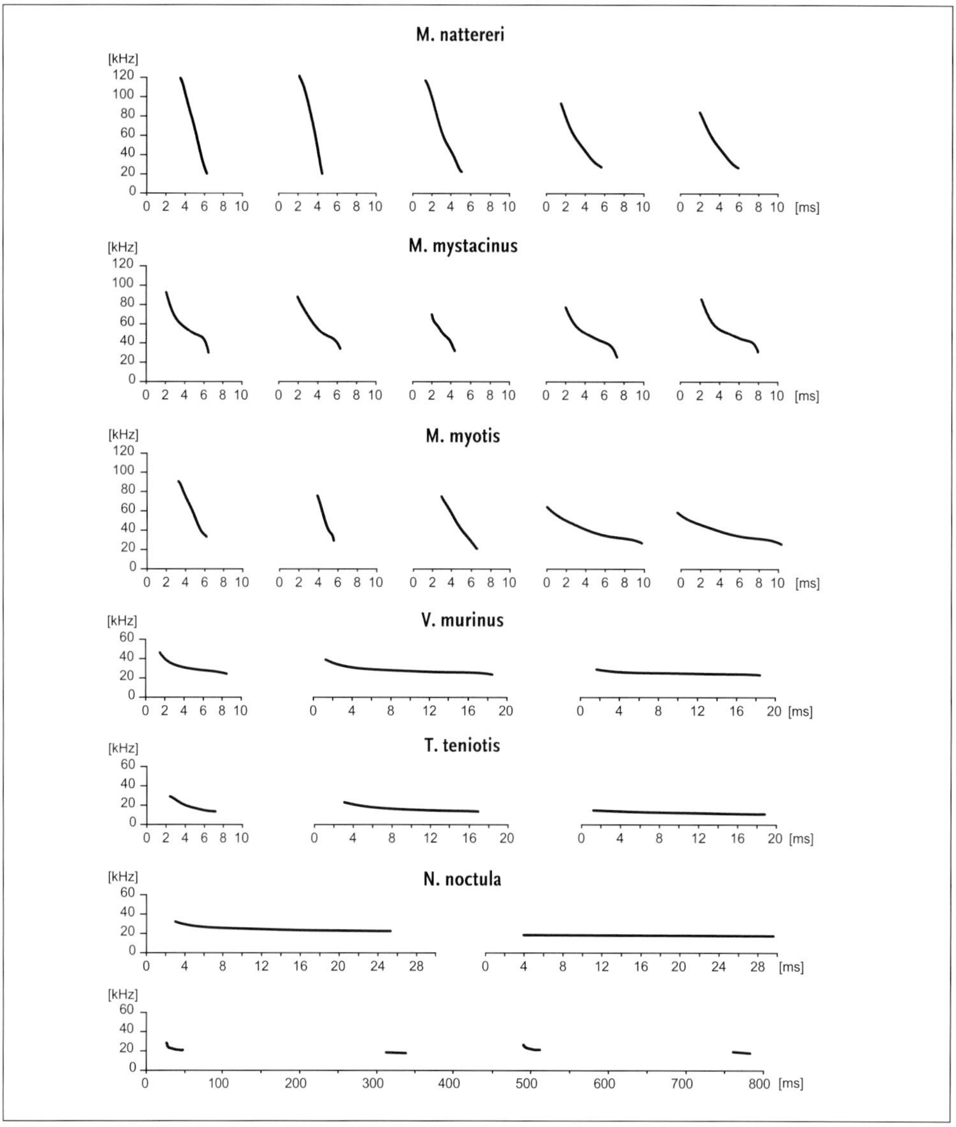

Bild 188. Frequenzverlauf ausgewählter, typischer Ortungsrufe von zwölf europäischen Fledermausarten. Die Ortungsrufe (nur Such- und Annäherungsphase) stammen jeweils aus Jagdsituationen relativ nah an der Vegetation (weiter links) und weiter entfernt von Hindernissen (weiter rechts). Die Abbildung soll auch eine Vorstellung davon geben, wie variabel die Rufe der einzelnen Arten sein können. Grafik: M. Bauer

daher gelegentlich eine Genauigkeit der Datenerhebung und -Interpretation vorgegaukelt, die nicht der Realität entspricht.

Die Beschäftigung mit den Echoortungslauten der Fledermäuse und die Möglichkeiten der Artbestimmung sind ein spannendes Aufgabengebiet und können viel zum Verständnis der Biologie, der Ökologie und der Verbreitung der Arten beitragen, so weit sie kritisch genug eingesetzt werden. Zur detaillierten Einarbeitung in die Lautanalyse empfehlen wir die beiden ausführlichen Standardwerke von Skiba [allg. Lit. 128] und für Soziallaute von Pfalzer [allg. Lit. 93].

Inzwischen entwickeln verschiedene Arbeitsgruppen eine automatische computergestützte Art-Analyse mit Hilfe komplexer statistischer Verfahren (mit Hilfe von sogenannten „neuronalen Netzwerken“ und/oder verschiedenen Verfahren der Diskriminanz-Analyse, die mit Hilfe großer Sätze von gesicherten Referenz-Daten trainiert werden). Dazu müssen die Rufe mit hochwertigen Geräten digital aufgezeichnet und gespeichert werden. Der große Vorteil derartiger Geräte und Programme ist, dass damit statistisch abgesicherte Daten erhalten werden, deren Sicherheit und Fehlerrate genau angegeben werden können.

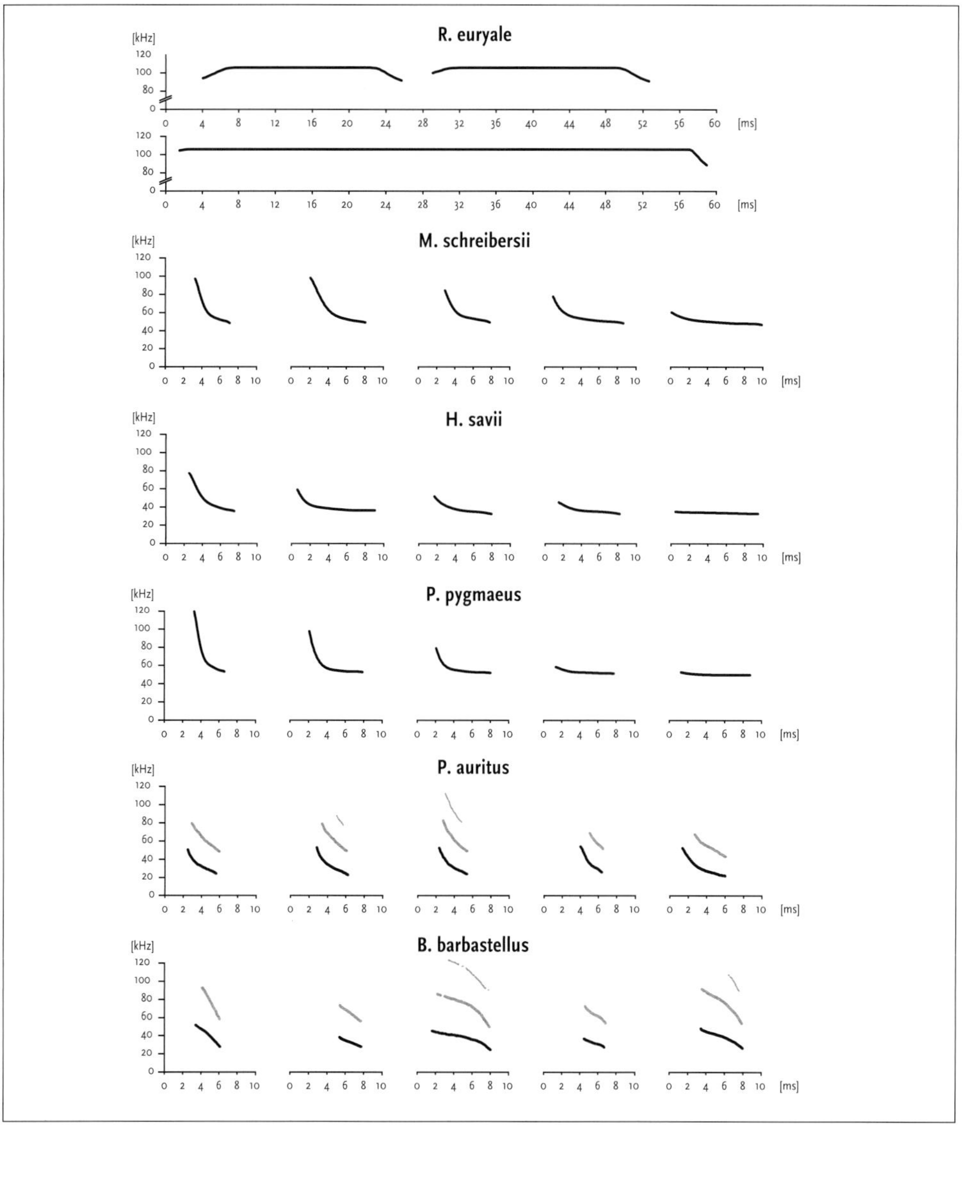

Seite 128/129:
Bild 189. Fransenfledermaus *(Myotis nattereri)* kurz vor dem Fang einer Kohlschnake. Kopf und Ohren sind genau auf die Beute ausgerichtet, die sie wenig später mit der Schwanzflughaut aus der Luft keschern wird. Foto: D. Nill

Die Arten

Vorbemerkungen zu den Artkapiteln

In den Artkapiteln werden alle bis zum Ende des Jahres 2015 für Europa, den nördlichen Teil Nordwest-Afrikas, die Atlantischen Inseln und den Westteil Kleinasiens nachgewiesenen 55 Arten abgehandelt. Weitere derzeit formal noch nicht ausreichend beschriebene und in ihrer taxonomischen Stellung unklare Taxa werden bei den jeweiligen «Zwillingsformen» mit abgehandelt: dies betrifft die südwesteuropäischen Fransenfledermäuse (Zwillingsformen zu *Myotis nattereri*), die Nordwestafrikanische Fransenfledermaus (Zwillingsform zu *Myotis escalerai*), die Östliche Weißrandfledermäuse (*Pipistrellus c.f. lepidus*), die Wüsten-Weißrandfledermaus (*Pipistrellus c.f. derserti*), die Atlasfledermaus (*Hypsugo c.f. darwinii*) und das Iberische Langohr (*Plecotus c.f. begognae*). Da zu diesen unsicheren Arten bislang so gut wie keine ökologischen Daten vorliegen und auch ihre Verbreitungsgebiete erst ansatzweise bekannt sind, halten wir die gemeinsame Vorstellung mit den altbekannten Zwillingsarten für sinnvoll.

Bestimmungsschlüssel

Viele im Bestimmungsschlüssel angegebene Merkmale können nur an in der Hand gehaltenen Tieren überprüft werden und manche Artenpaare sind selbst dann nur mit viel Übung zu unterscheiden. Durch die Aufnahme seltener mediterraner Arten in den Bestimmungsschlüssel hat sich dieser deutlich kompliziert. Für Mittel- und Nordeuropa empfehlen wir daher eine grobe Vorbestimmung mit der „Bilderbuchmethode" und eine Nachbestimmung anhand der Artkapitel und der drei Teilschlüssel. Mit einiger Erfahrung können, bis auf wenige Ausnahmen, alle in Mitteleuropa vorkommenden Fledermausarten anhand von guten Sichtbeobachtungen an ihren Hangplätzen bestimmt werden. Aufgrund der Gefährdung vieler Arten sind der Fang und andere Störungen nur mit Ausnahmegenehmigungen der Naturschutzverwaltung möglich. Um Erfahrung im Umgang und mit der Bestimmung von Fledermäusen zu sammeln, empfiehlt es sich daher, Kontakt zu örtlichen Fledermausspezialisten aufzunehmen.

Bild 190. Verteilung der Unterarmlängen adulter weiblicher Großer Hufeisennasen *(Rhinolophus ferrumequinum)* aus Bulgarien. In den Artkapiteln wird die gesamte Spannweite der Maße angegeben. Grafik: C. Dietz

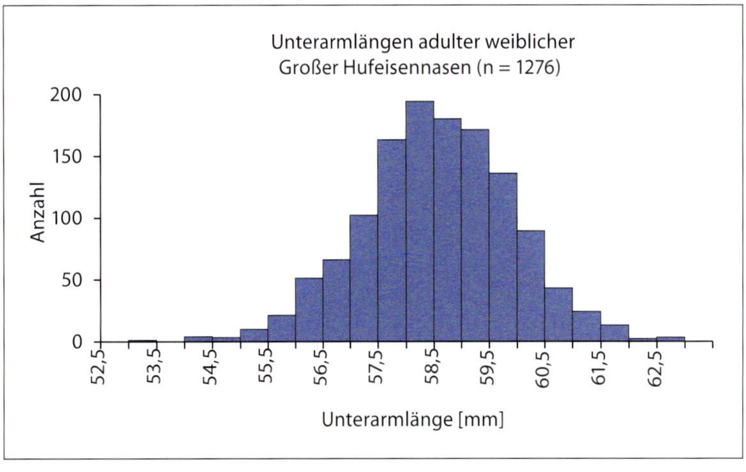

Kennzeichen

Wir haben uns auf die wichtigsten äußeren Merkmale beschränkt, und nur wo unabdingbar Gebissmerkmale angeführt. Manche der erst vor kurzem entdeckten Arten können bislang am besten am Schädel bestimmt werden, da griffige, am lebenden Tier anzuwendende Kriterien fehlen. Die Beschreibung der Fellfärbung wird durch die innerartliche Variabilität, vor allem zwischen Alterskleidern, erschwert, hier sei zur Ergänzung auf die Bilder verwiesen. Auf eine Aufzählung von Färbungsanomalien wie Teil- oder Vollalbinismus wurde bewusst verzichtet, da diese bei praktisch allen Arten auftreten, biologisch jedoch ohne Bedeutung sind. Die angegebenen Maße gehen auf die eigene Vermessung von über 72000 Tieren im Freiland und vieler Museumstiere zurück. Bei den Längenmaßen haben wir jeweils die Extremmaße angegeben (Bild 190). Beim Körpergewicht haben wir die Masse nicht reproduzierender Tiere im Sommer angegeben und Extremwerte weggelassen (Bild 191).

Ortungslaute

Die sehr knapp gehaltenen Beschreibungen beziehen sich auf eigene Aufnahmen und für die europäischen Arten auf die Zusammenstellungen durch Skiba [allg. Lit. 128] und Russo & Jones [allg. Lit. 105].

Verbreitung und Verbreitungskarten

Grundlage für die Verbreitungskarten sind die im Jahr 2014 gesammelten Angaben von 120 Fledermausforschern aus ganz Europa.

Systematik, Unterarten und geographische Variabilität

Bei der Nomenklatur und Angaben zu den Unterarten richten wir uns nach HORÁČEK et al. [allg. Lit. 55] und insbesondere nach SIMMONS [allg. Lit. 126], weichen aber bei neu beschriebenen Arten oder aufgrund neuer genetischer Erkenntnisse [allg. Lit. 77, 159] ab. Dabei waren die Einschätzungen von P. BENDA, E. CORAMAN, J. FAHR, A. KIEFER, F. MAYER und S. PUECHMAILLE sehr hilfreich.

Lebensraum, Ökologie, Verhalten, Fortpflanzung

Bei manchen Arten sind Angaben zur Ökologie kaum möglich, bei anderen ist eine unfassbare Fülle an Details bekannt, sodass nur eine grobe Zusammenfassung wiedergegeben werden konnte. Es ist unbedingt zu berücksichtigen, dass viele Fledermäuse in ihren ökologischen Ansprüchen innerhalb gewisser Grenzen sehr flexibel und die hier gemachten Angaben daher nur bedingt übertragbar sind. Viele Angaben zu mediterranen Arten entstammen unveröffentlichten Studien von B. ALLEGRINI, E. CORAMAN, I. DIETZ, P. GEORGIAKAKIS, K. KOSELJ, E. PAPADATOU , I. PAVLINIC und P. PRESETNIK.

Nahrung

Die Angaben zur Nahrung von Fledermäusen stützen sich auf die umfassende Arbeit von BECK [allg. Lit. 8] und die jeweils zitierten Arbeiten. I. DIETZ analysierte für nahezu alle Arten Proben aus Südosteuropa und Nordafrika und ergänzte die Angaben zur Nahrung.

Höchstalter

Während es relativ viele Angaben zum Höchstalter von Fledermäusen gibt, sind verlässliche Zahlen zur mittleren Lebenserwartung selten. Es ist davon auszugehen, dass Einzeltiere aller nicht wandernden Fledermausarten ein Höchstalter von mindestens 30 Jahren erreichen können.

Wanderungen

Die Angaben zu Wanderungen bei Fledermäusen gehen weitestgehend auf die umfassende Zusammenfassung von HUTTERER et al. [allg. Lit. 57] zurück.

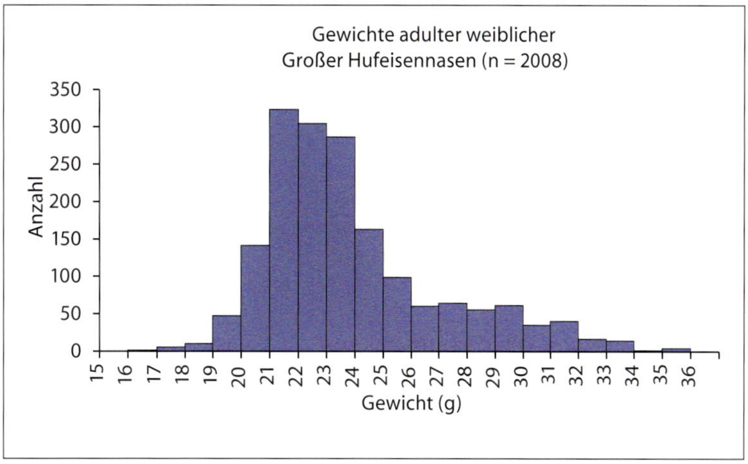

Bild 191. Verteilung des Gewichtes adulter weiblicher Großer Hufeisennasen *(Rhinolophus ferrumequinum)* aus Bulgarien von April bis Oktober. In den Artkapiteln wird nur die Gewichtsspanne nicht trächtiger Tiere zwischen Mai und August beim abendlichen Ausflug angegeben, bei dieser Art 18–24 g. Grafik: C. DIETZ

Gefährdung und Schutzmaßnahmen

Verlässliche europaweite Bestandsangaben gibt es kaum. Als Anhaltspunkte haben wir die Einstufung der Roten Liste der IUCN 2006 [allg. Lit. 151], der EU [allg. Lit. 152, 153] und der Bundesrepublik Deutschland [allg. Lit. 154] angeführt. Wir haben uns zudem bemüht, nach unserer persönlichen Einschätzung wichtige Schutzziele zu formulieren.

Offene Fragen

Hier haben wir aus unserer persönlichen Sicht heraus versucht, Anreize zu Untersuchungen zu geben. Nur zu oft werden umfangreiche Studien an sehr gut bekannten Arten ohne klare Fragestellungen vorgenommen, während andere Arten nach wie vor sehr schlecht untersucht sind. Bei allen Untersuchungen müssen das Wohlbefinden der Tiere und der Artenschutz im Vordergrund stehen und die notwendigen Genehmigungen vorliegen.

Spezielle Literatur

Bei sehr gut untersuchten Arten wurde bewusst auf das Zitieren einer zu großen Anzahl von Originalarbeiten verzichtet und auf zusammenfassende Arbeiten verwiesen, wie z.B. den „SCHOBER & GRIMMBERGER“ [allg. Lit. 119], den „Bayernatlas“ [allg. Lit. 83], das „Baden-Württemberg-Buch“ [allg. Lit. 16] und natürlich das „Handbuch“ [allg. Lit. 69, 70].

Messstrecken und Merkmale

Um Messstrecken vergleichen zu können, müssen sie in standardisierter Form aufgenommen werden. Dazu sind eine leichtgängige Schieblehre oder ein Stahllineal, wie es von Ornithologen benutzt wird, notwendig. Eine weitere Voraussetzung ist, dass die Messwerte von ausgewachsenen Tieren stammen. Zur Alterseinschätzung kann bis in den Herbst der Verknöcherungsgrad der Fingerglieder herangezogen werden (Bild 192). Bei juvenilen Tieren wachsen die Fingerknochen nahe am Gelenk, gegen helles Licht sind die knorpeligen Wachstumszonen als durchscheinende Banden zu erkennen (Bild 192, 1) und die Messwerte liegen je nach Alter weit unter denen erwachsener Tiere. Am Ende der Wachstumsphase verknöchern diese Wachstumszonen, das Adultmaß ist erreicht, die Banden sind nicht mehr durchscheinend. Nach Abschluss des Wachstums bleiben die Fingergelenke jedoch noch für einige Wochen langgezogen erweitert (Bild 192, 2) und werden erst im Spätherbst wie bei den Alttieren knubbelig (Bild 192, 3). Weitere Merkmale wie die Fellfärbung (Jungtiere sind meist grauer) und bei manchen *Myotis*-Arten auch die Gesichts- und vor allem die Unterlippenfärbung stellen zusammen mit der Ausprägung der Geschlechtsorgane oder der Zitzen gute Merkmale zur Alterseinschätzung dar, setzen aber große Erfahrung und den Vergleich zwischen vielen Individuen einer Art voraus.

Um Flügelmaße zu nehmen, empfiehlt es sich für Rechtshänder, die Fledermaus locker in die linke Hand zu nehmen. Bei größeren Arten sollte man weiche Handschuhe tragen oder die Fledermaus in ein leichtes Baumwolltuch einschlagen. Mit der rechten Hand können die Maße genommen werden und die Schieblehre dabei mit den linken Fingern abgestützt werden. Die Unterarmlänge wird bei geschlossenem Flügel vom Ellbogen bis zum Handgelenk gemessen (Bild 193). In älteren Arbeiten wird teilweise die Unterarmlänge ohne das Handgelenk angegeben, dies ist aber schwer standardisiert zu messen. Bei der Messung ist zu beachten, dass die Schieblehre parallel zum Unterarm liegt und gut ansitzt. Die Längen des fünften und dritten Fingers werden am besten bei voll geöffnetem Flügel genommen, während die Fledermaus auf dem Rücken gehalten wird (Bild 194). Dabei wird das Handgelenk nicht mitgemessen, die Schieblehre kann innen vorsichtig an das Handgelenk angesetzt werden. Die Daumenlänge wird am voll gestreckten Daumen ohne die Kralle gemessen (Bild 195), die Hinterfußlänge entsprechend von der Ansatzstelle des Sporns bis zu den Zehen ohne die Krallen (Bild 196). Zur Messung der Ohrbreite nutzt man am Besten ein Lineal und misst auf Höhe der Tragusspitze, indem man die Ohrmuschel an das Lineal andrückt, um die Wölbung zu reduzieren (Bild 197). Entsprechend wird auch die Tragusbreite bei angelegtem Tragus gemessen (Bild 198). Die Traguslänge wird ohne den Basallappen gemessen (Bild 198). Insbesondere beim Messen der oberen Zahnreihenlänge (nur bei Mausohren und zur Abtrennung des Balkan-Langohrs und der Küstenfledermaus von den jeweils viel häufigeren Zwillingsarten notwendig) ist höchste Vorsicht und Konzentration geboten, um die Tiere nicht zu verletzen, und sollte daher Spezialisten vorbehalten bleiben. Die Schieblehre wird dabei vorsichtig von der Hinterkante des hintersten oberen Molaren bis zur vorderen Basis des Eckzahnes angelegt.

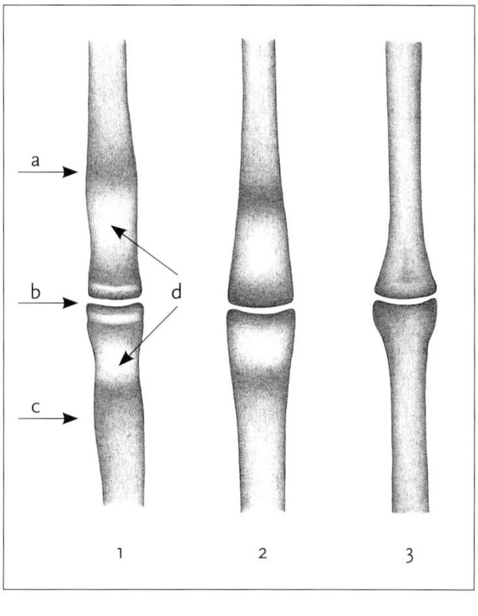

Bild 192. Verknöcherungsgrad der Fingergelenke am Flügel während des Wachstums von Jungtieren. **1** juveniles Tier vor Abschluss des Längenwachstums, die Epiphysenfugen sind als helle Banden sichtbar. **2** Jungtier nach Abschluss des Längenwachstums, das Gelenk ist noch langgestreckt. **3** Erwachsenes Tier mit knubbeligen Gelenken. *a* Mittelhandknochen. *b* Gelenkspalt, *c* 1. Fingerglied, *d* Epiphysenfugen (= Wachstumszonen). Zeichnung: R. Roesler

194
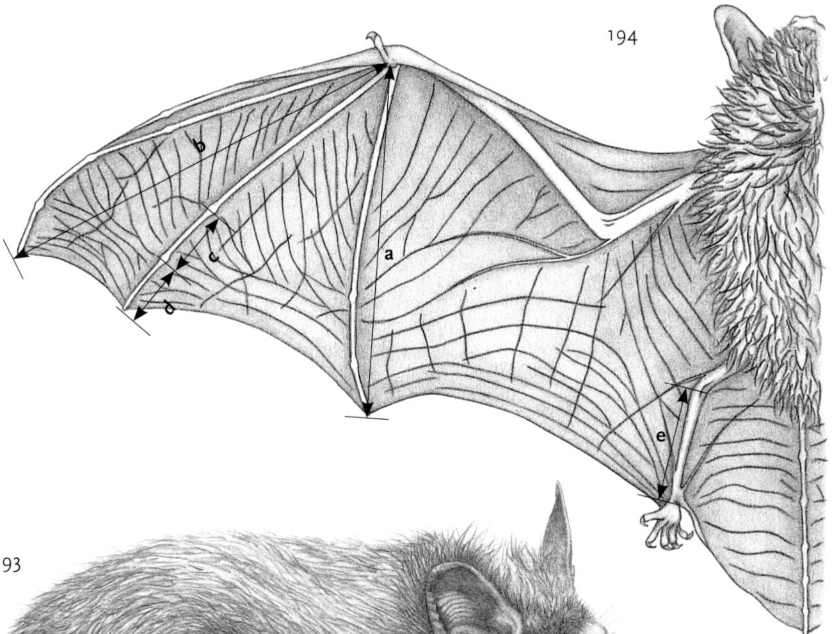

193
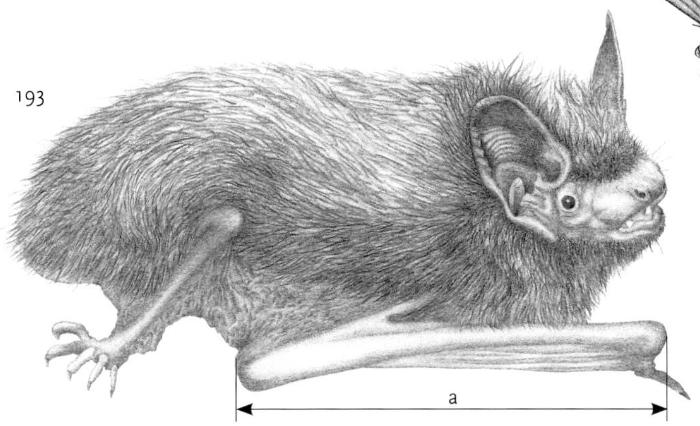

195
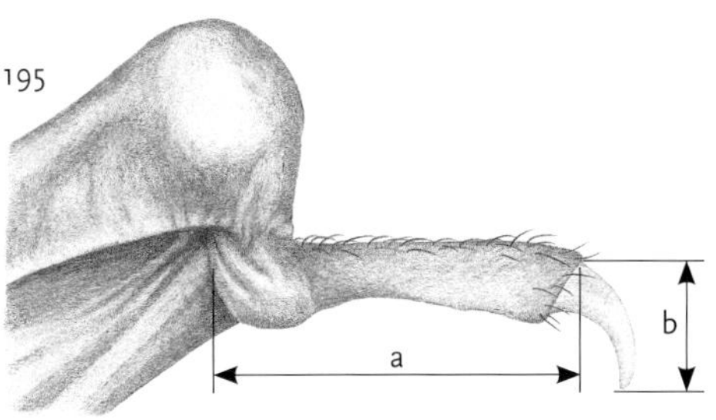

197
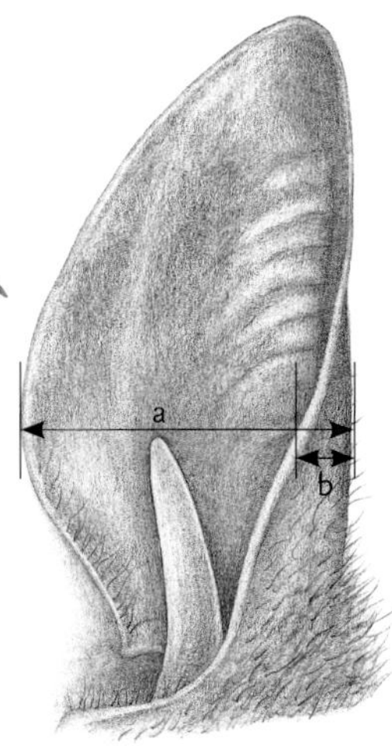

196
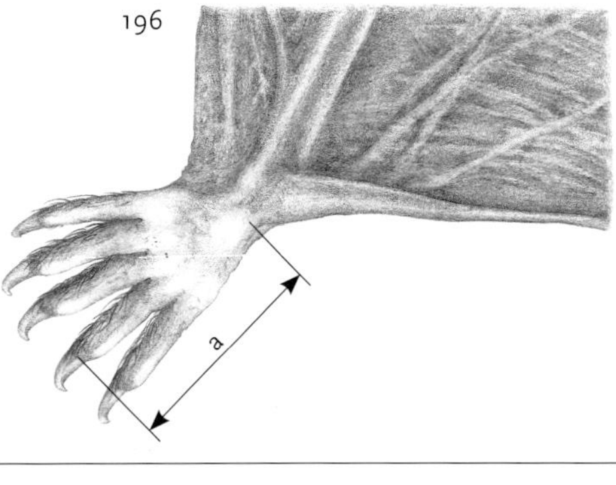

198
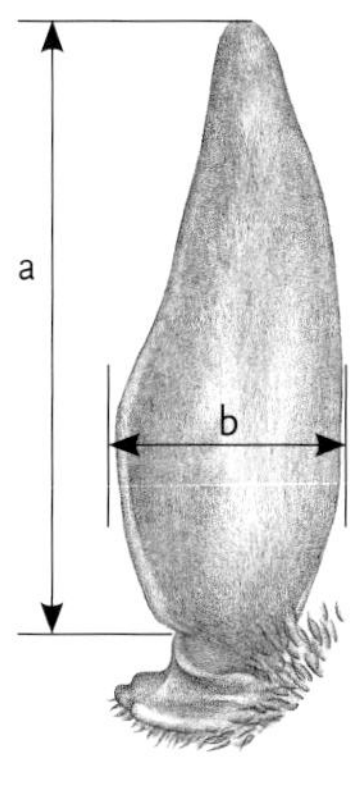

Bild 193. Messstrecken bei einer Fledermaus mit geschlossenem Flügel am Beispiel der Nordfledermaus *(Eptesicus nilssonii)*. *a* Unterarmlänge. Zeichnung: R. ROESLER

Bild 194. Weitere Messstrecken an einer Fledermaus am Beispiel der Bartfledermaus *(Myotis mystacinus)*. *a* Länge des fünften Fingers, *b* Länge des dritten Fingers, *c* Länge des ersten Fingerglieds am vierten Finger, *d* Länge des zweiten Fingerglieds am vierten Finger, *e* Unterschenkellänge. Zeichnung: R. ROESLER

Bild 195. Messstrecken am Daumen einer Fledermaus. *a* Daumenlänge, *b* Daumenkrallenlänge. Zeichnung: R. ROESLER

Bild 196. Messstrecken am Hinterfuß einer Fledermaus. *a* Hinterfußlänge. Zeichnung: R. ROESLER

Bild 197. Die Messung der Ohrbreite einer Fledermaus erfolgt auf Höhe der Tragusspitze durch Addieren der Messstrecken *a* und *b* Zeichnung: R. ROESLER

Bild 198. Messstrecken am Tragus (Ohrdeckel) einer Fledermaus. *a* Traguslänge, *b* Tragusbreite. Zeichnung: R. ROESLER

Bestimmungsschlüssel der Fledermaus-Familien Europas, Nordafrikas und des westlichen Kleinasiens

1a Sehr große Fledertiere, Unterarmlänge > 80 mm. Ohr einfach, ohne Tragus oder Antitragus. Daumen und zweiter Finger tragen je eine Klaue.
Flughunde (Pteropodidae)
Nur eine Art im Bearbeitungsgebiet:
Nilflughund *(Rousettus aegyptiacus)* S. 154

1b Kleinere Fledertiere, Unterarmlänge < 80 mm. Ohr komplizierter gebaut, mit Tragus oder Antitragus. Zweiter Finger ohne Klaue. **2a**

2a Nasenrücken mit komplizierten Hautausstülpungen (Bild 199). Ohren ohne Tragus, aber mit deutlichem Antitragus. Schwanz kürzer oder von gleicher Länge wie die Hinterbeine. **3a**

2b Nasenrücken ohne komplizierte Hautausstülpungen (Bild 200). Ohren meist mit Tragus. Der Schwanz ist ganz in die Schwanzflughaut einbezogen und länger als die Hinterbeine oder der Schwanz ragt über eine schmale Schwanzflughaut hinaus. **4a**

Bild 199. Die Hufeisennasenfledermäuse (Rhinolophidae, hier: *Rhinolophus ferrumequinum*) und einige andere Familien haben deutliche Nasenaufsätze. Foto: C. Dietz

3a Über einem hufeisennasenartigen Nasenblatt steht nur eine aufrechte Lanzette (Bild 199). **Hufeisennasen** (Rhinolophidae). – s. Artenschlüssel 1 S. 136

3b Über einem hufeisennasenartigen Nasenblatt stehen drei aufrechte Fortsätze (Bild 214) oder es sind keine senkrechten Ausstülpungen vorhanden (Bild 213).
Rundblattnasen (Hipposideridae). – s. Artenschlüssel 2 S. 137

4a Der Schwanz ist komplett in eine breite Schwanzflughaut einbezogen, maximal zwei Schwanzwirbel ragen für wenige Millimeter über den Rand der Schwanzflughaut hinaus. **5a**

4b Der Schwanz steht weit über die schmale Schwanzflughaut hinaus, er entspringt entweder dem Ende oder der Mitte der Schwanzflughaut. **7a**

5a Nasenrücken mit einer tiefen, von seitlichen Ausstülpungen teilweise verdeckten Furche in der Mitte (Bild 203). Der letzte Schwanzwirbel ist T-förmig.
Schlitznasenfledermäuse (Nycteridae)
Nur eine Art im Bearbeitungsgebiet:
Ägyptische Schlitznasenfledermaus *(Nycteris thebaica)* S. 163

5b Nasenrücken einfach und glatt, ohne tiefe Einfurchung auf dem Nasenrücken (Bild 200). Letzter Schwanzwirbel einfach, ohne seitliche Fortsätze. **6a**

6a Flügelspitzen werden in Ruhe nicht eingeklappt, und das zweite Fingerglied am dritten Finger ist maximal doppelt so lang wie das erste (Bild 204). Meist überragen die Ohren das Kopffell (Bild 200)
Glattnasenfledermäuse (Vespertilionidae). – s. Artenschlüssel 3 S. 138

Bild 200. Den Glattnasenfledermäusen (Vespertilionidae, hier: *Eptesicus serotinus*) und einigen anderen Familien fehlen Nasenaufsätze oder andere Hautausstülpungen. Foto: C. Dietz

6b Die Flügelspitzen werden in Ruhe eingeklappt, und das zweite Fingerglied am dritten Finger ist etwa dreimal so lang wie das erste Fingerglied (Bild 202). Die Ohren überragen das Fell am Kopf nicht (Bild 201).

Langflügelfledermäuse (Miniopteridae)
s. Artenschlüssel 4 Seite 152

7a Schmale Schwanzflughaut, in die weniger als ein Drittel des Schwanzes einbezogen ist, dieser ist mausartig und entspricht in der Länge dem Unterarm. Ohr mit deutlichem Tragus.

Mausschwanzfledermäuse (Rhinopomatidae)
Nur eine Art im Bearbeitungsgebiet:
Kleine Mausschwanzfledermaus
(Rhinopoma cystops) S. 159

7b Schmale Schwanzflughaut, die aber bis zur Hälfte den kräftigen Schwanz einschließt, dieser ist viel kürzer als der Unterarm. Ohr ohne Tragus, aber mit Antitragus.

Bulldoggfledermäuse (Molossidae)
Nur eine Art im Bearbeitungsgebiet:
Europäische Bulldoggfledermaus
(Tadarida teniotis) S. 387

◂ Bild 201. Das Ohr der Langflügelfledermaus (Miniopteridae, *Miniopterus schreibersii*) überragt den Scheitel nicht. Foto: C. Dietz

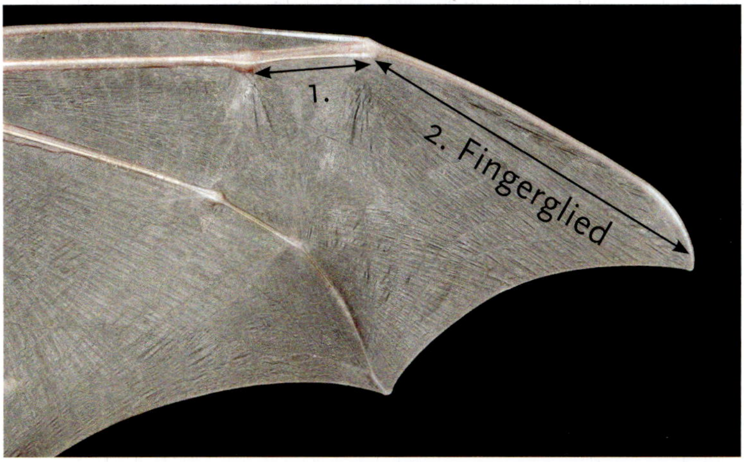

▾ Bild 202. Die Flügelspitze der Langflügelfledermaus (Miniopteridae, *Miniopterus schreibersii*) wird in Ruhe eingeklappt, das zweite Fingerglied am dritten Finger ist etwa dreimal so lang wie das erste Fingerglied. Foto: C. Dietz

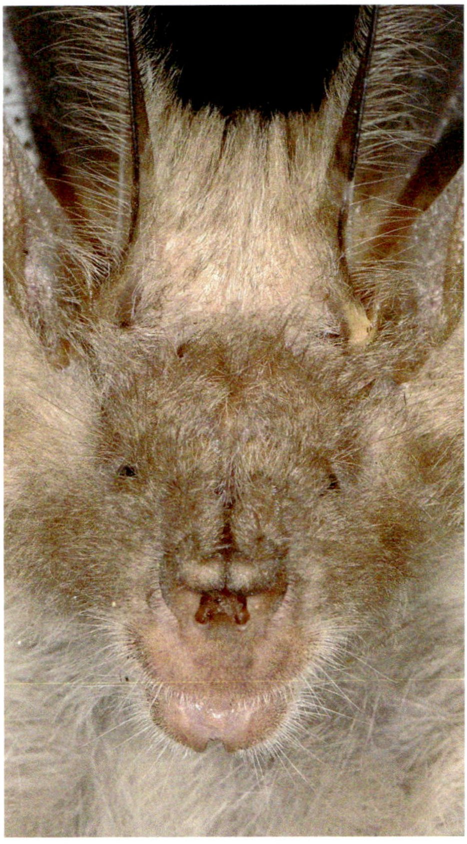

◂ Bild 203. Schlitznasenfledermäuse (Nycteridae, hier: *Nycteris thebaica*) haben eine tiefe Einfurchung entlang des Nasenrückens, die teilweise von Hautfalten überdeckt wird. Foto: C. Dietz

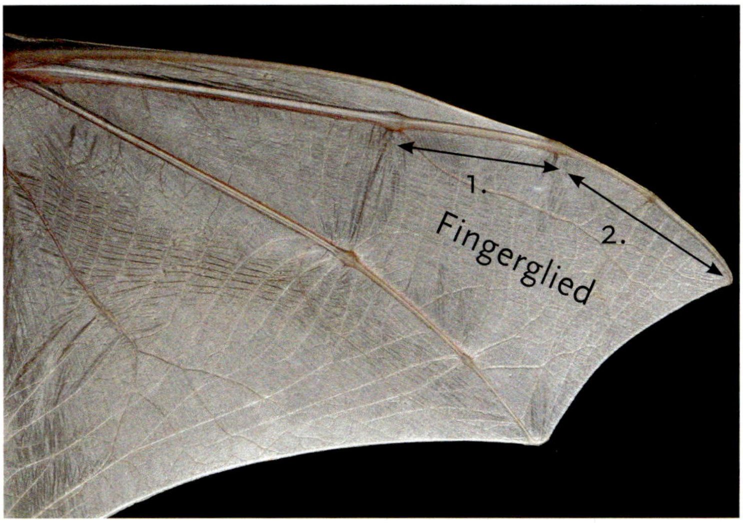

▴ Bild 204. Die Flügelspitze einer Glattnasenfledermaus (hier *Vespertilio murinus*) wird nicht eingeklappt, und das zweite Fingerglied am dritten Finger ist nur etwa doppelt so lang wie das erste. Foto: C. Dietz

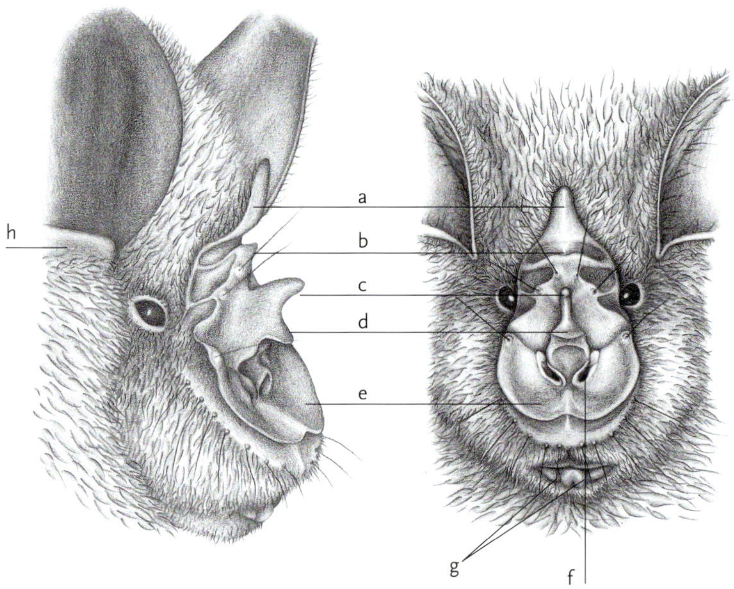

Bild 205. Bau der Nasenaufsätze und weitere Merkmale am Kopf der Hufeisennasenfledermäuse am Beispiel der Mittelmeerhufeisennase *(Rhinolophus euryale)*. *a* Lanzette, *b* horizontale Querfalte unter der Lanzette, *c* oberer Sattelfortsatz, *d* unterer Sattelfortsatz, *e* Hufeisen, *f* Nasenlöcher, *g* Einkerbungen der Unterlippe, *h* Antitragus. Zeichnung: R. Roesler

Artbestimmungsschlüssel 1: Hufeisennasenfledermäuse (Rhinolophidae)

1a Oberer Sattelfortsatz breit abgerundet und kurz (Bild 206). Eine oder drei kleine Kerben in der Unterlippe. Unterarmlänge < 43 mm oder > 53 mm.................. **2a**

1b Oberer Sattelfortsatz deutlich länger als der untere Sattelfortsatz (Bild 207). Zwei kleine Kerben in der Unterlippe. Unterarmlänge 43–54 mm.............................. **3a**

2a Die größte der Hufeisennasen, Unterarm > 54 mm (nur selten auch 53 mm).
Große Hufeisennase
(Rhinolophus ferrumequinum) S. 180

2b Die kleinste der Hufeisennasen, Unterarm < 43 mm. **Kleine Hufeisennase**
(Rhinolophus hipposideros) S. 172

3a Das zweite (äußere) Fingerglied am vierten Finger ist weniger als doppelt so lang wie das erste Fingerglied (Bild 211). Der untere Sattelfortsatz ist in Frontalansicht schmal, von unten betrachtet verjüngt er sich nach vorne keilförmig. Die horizontale Querfalte unter der Lanzette ist in der Mitte deutlich eingekerbt (Bild 208).
Blasius-Hufeisennase
(Rhinolophus blasii) S. 199

3b Das zweite (äußere) Fingerglied am vierten Finger ist mehr als doppelt so lang wie das erste Fingerglied (Bild 212). Der untere Sattelfortsatz ist in Frontalansicht breit, von unten betrachtet verlaufen die Seiten parallel. Die horizontale Querfalte unter der Lanzette ist in der Mitte nur selten eingekerbt (Bilder 209, 210)........................ **4a**

4a Die Lanzette verschmälert sich in Frontalansicht gleichmäßig zur Spitze hin (Bild 210). Der obere Sattelfortsatz ist spitz und in Seitenansicht leicht nach unten gebogen. Unterarmlänge 45–51 mm, meist < 50 mm. **Mittelmeer-Hufeisennase**
(Rhinolophus euryale) S. 188

4b Die Lanzette verschmälert sich in Frontalansicht an der Basis sehr plötzlich und läuft in eine schmale Spitze aus (Bild 209). Der obere Sattelfortsatz ist abgerundet und in Seitenansicht nicht nach unten gebogen. Unterarmlänge 48–55 mm, meist > 49 mm.
Mehely-Hufeisennase
(Rhinolophus mehelyi) S. 194

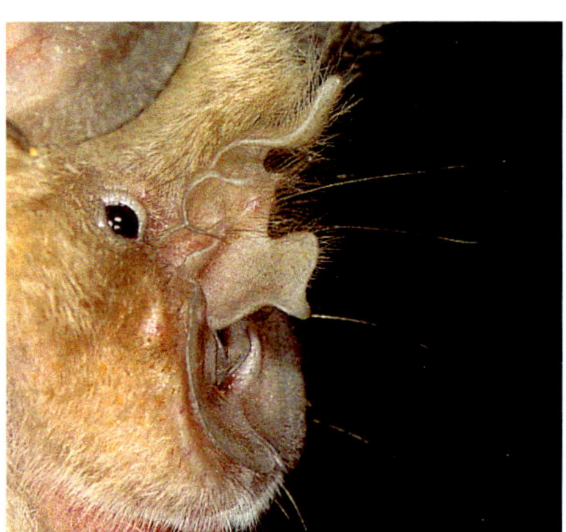

▸ Bild 206. Der obere Sattelfortsatz ist bei der Großen und Kleinen Hufeisennase breit abgerundet und kurz (hier *Rhinolophus ferrumequinum*). Foto: C. Dietz

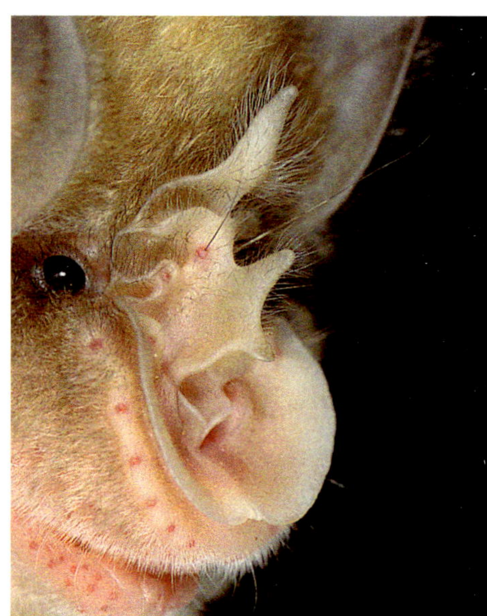

▸▸ Bild 207. Bei den drei mittelgroßen Hufeisennasen ist der obere Sattelfortsatz deutlich länger als der untere (hier *Rhinolophus blasii*). Foto: C. Dietz

◂◂◂ Bild 208. Bei der Blasius-Hufeisennase *(R. blasii)* ist die horizontale Querfalte unter der Lanzette eingekerbt. Foto: C. Dietz

◂◂ Bild 209. Bei der Mehely-Hufeisennase *(R. mehelyi)* verschmälert sich die Lanzette an der Basis sehr plötzlich. Foto: C. Dietz

◂ Bild 210. Bei der Mittelmeer-Hufeisennase *(R. euryale)* verschmälert sich die Lanzette gleichmäßig. Foto: C. Dietz

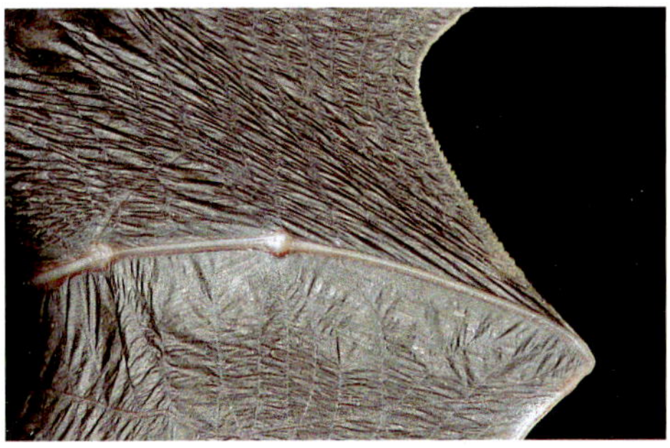

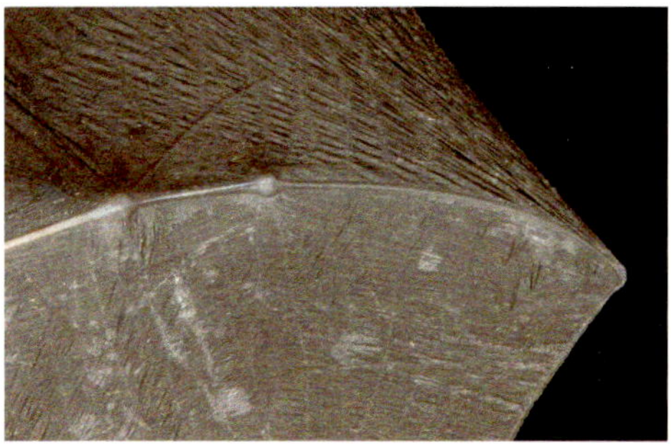

◂◂ Bild 211. Bei der Blasius-Hufeisennase *(R. blasii)* ist das zweite (äußere) Fingerglied am vierten Finger weniger als doppelt so lang wie das erste. Foto: C. Dietz

◂ Bild 212. Bei der Mittelmeer- und der Mehely-Hufeisennase (*R. euryale* und *R. mehelyi*) ist das zweite (äußere) Fingerglied am vierten Finger mehr als doppelt so lang wie das erste. Foto: C. Dietz

Artbestimmungsschlüssel 2: Rundblattnasenfledermäuse (Hipposideridae)

1a Oberkante des Nasenblattes ohne aufrechte Fortsätze (Bild 213). **Cabrera-Rundblattnase** *(Hipposideros tephrus)* S. 166

1b Oberkante des Nasenblattes mit drei aufrechten Fortsätzen (Bild 214).
Dreizack-Blattnase *(Asellia tridens)* S. 169

▸ Bild 213. Die Oberkante des Nasenblattes der Cabrera-Rundblattnase *(Hipposideros tephrus)* weist keine aufrechten Fortsätze auf. Foto: C. Dietz

▸▸ Bild 214. Die Oberkante des Nasenblattes der Dreizack-Blattnase *(Asellia tridens)* weist drei aufrechte Fortsätze auf. Foto: C. Dietz

Bild 215. Die Ohren der Langohrfledermäuse (Plecotini, *Plecotus kolombatovici*) sind an ihrer Basis durch eine Hautfalte verbunden. Foto: C. Dietz

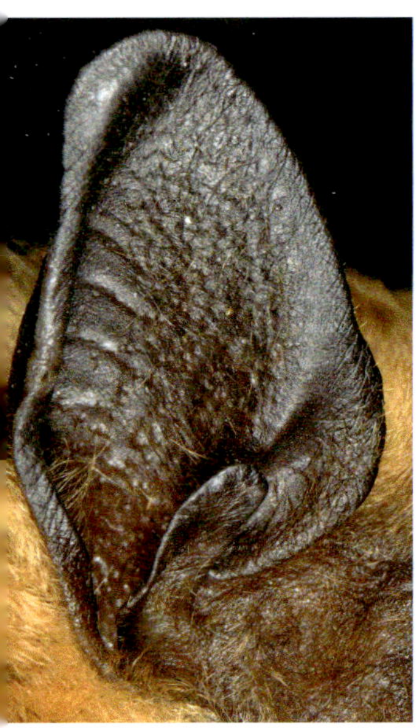

Bild 216. Der Tragus der Breitflügelfledermaus *(Eptesicus serotinus)* und verwandter Arten ist kurz, nach vorne gebogen und breit abgerundet. Foto: C. Dietz

Artbestimmungsschlüssel 3: Glattnasenfledermäuse (Vespertilionidae)

1a Beiderseits nur ein Schneidezahn im Oberkiefer (tritt nur bei der nordamerikanischen Ausnahmeerscheinung auf Island und den Orkneys *Lasiurus* und bei dem Wüstengroßohr *Otonycteris* in Nordafrika auf). **26a**

1b Beiderseits zwei Schneidezähne im Oberkiefer (gilt für alle europäischen und kleinasiatischen und bis auf *Otonycteris* auch alle nordwest-afrikanischen Arten) **2a**

2a Ohren an ihrer Basis durch eine Hautfalte verbunden (Bild 215) und sich berührend, wenn sie aufgerichtet sind. Nasenlöcher öffnen sich nach oben. **3a**

2b Die Ohren sind getrennt, zwischen ihnen befindet sich auf der Stirn Fell und keine verbindende Hautfalte. Nasenlöcher öffnen sich nach vorne. **4a**

3a Die Ohren sind kürzer als 20 mm und haben 5–6 Querfalten. Sie werden in Ruhe nicht eingefaltet. Sporn mit einem durch einen Steg stabilisierten Epiblema.
Mopsfledermaus *(Barbastella barbastellus)* S. 345

3b Die Ohren sind über 30 mm lang und haben zahlreiche Querfalten, in Ruhe werden sie eingefaltet. Sporn ohne Epiblema.
Langohrfledermäuse (Gattung *Plecotus*). – s. getrennten Teilschlüssel 3 S. 150

4a Der Tragus ist kurz, nach vorne gebogen und mit runder Spitze oder pilzförmig verbreitert (Bild 216). Meist deutliches Epiblema entlang des Sporns (Bild 234–236). Nur ein oder zwei Prämolaren im Ober- und Unterkiefer. **15a**

4b Der Tragus ist lang und aufrecht (Bild 222–226). Kein Epiblema entlang des Sporns (nur „Bart"fledermäuse und die Bechsteinfledermaus haben manchmal ein sehr schmales Epiblema, bei diesen ist aber der Tragus eindeutig aufrecht und an der Spitze nicht breit abgerundet). Drei Prämolaren im Ober- und Unterkiefer **5a**

5a Große Fledermäuse, Unterarm > 50 mm. **13a**

5b Kleine bis mittelgroße Fledermäuse, Unterarm < 50 mm. **6a**

6a Sehr lange Ohren, mehr als 20 mm lang; werden sie nach vorne umgebogen, überragen sie die Schnauze zur Hälfte. 9–11 Ohrfalten (Bild 223). Die Flughaut setzt an der Zehenbasis an. **Bechsteinfledermaus** *(Myotis bechsteinii)* S. 253

6b Ohren kürzer als 20 mm; werden sie nach vorne umgebogen, überragt weniger als die Hälfte der Ohrlänge die Schnauze. Weniger als neun Ohrfalten. **7a**

7a Sporn lang und S-förmig gebogen. Der freie Rand der Schwanzflughaut ist mit kräftigen gebogenen Borsten besetzt. Tragus lang und speerförmig. **8a**

7b Sporn gerade oder leicht gebogen, aber nicht S-förmig geschwungen. Rand der Schwanzflughaut höchstens mit spärlichen und weichen Haaren besetzt.. . . . . **9a**

8a Die Armflughaut setzt an der Zehenbasis an (Bild 217). Der Fransensaum entlang des freien Randes der Schwanzflughaut besteht aus weitestgehend gleich langen und nur leicht gebogenen Haaren (Bild 219). Diese Haare stehen nicht mehrreihig und sind nicht hakenförmig gebogen. Ganz Europa, Kleinasien und Naher Osten, allerdings mehrere kryptische Formen mit ungeklärtem Artstatus in Südeuropa und ab Anatolien und der Ukraine ostwärts.
Fransenfledermaus *(Myotis nattereri)* S. 240

8b Die Armflughaut setzt am Mittelfuß an, nur ein schmaler Hautsaum zieht zur Zehenbasis (Bild 218). Der Fransensaum entlang des freien Randes der Schwanzflughaut ist borstenartig und mehrreihig. Die Haare sind unterschiedlich lang, es gibt einzelne sehr lange Haare die oft hakenförmig in Richtung Bauchseite gekrümmt sind (Bild 220). Ab dem französischen Pyrenäenraum über die Iberische Halbinsel. Die Tiere aus Nordwestafrika gehören zu einer noch nicht beschriebenen eng verwandten Art.
Iberische Fransenfledermaus *(Myotis escalerai)* S. 246

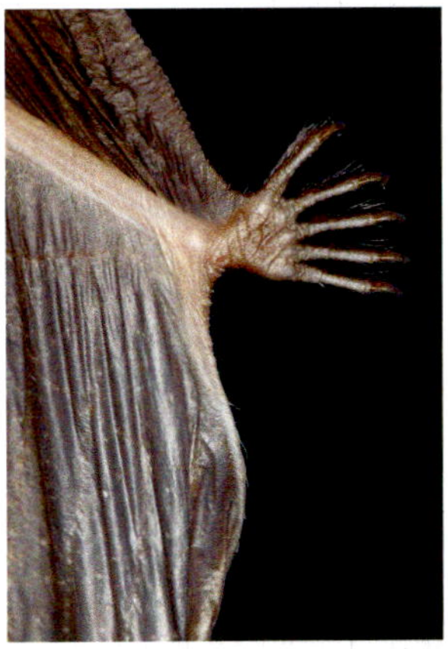

Bild 217. Ansatz der Armflughaut an der Zehenbasis bei der Fransenfledermaus (*Myotis nattereri*). Foto: C. DIETZ

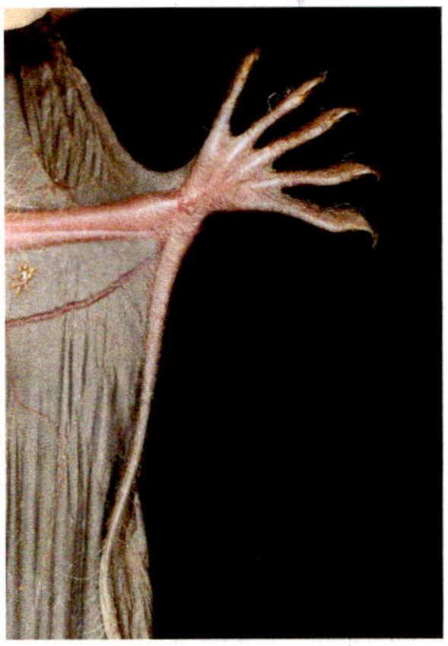

Bild 218: Ansatz der Armflughaut an der Zehenbasis bei der Iberischen Fransenfledermaus (*Myotis escalerai*). Foto: C. DIETZ

Bild 219. Haarsaum der Fransenfledermaus (*Myotis nattereri*) am freien Rand der Schwanzflughaut. Foto: C. DIETZ

Bild 220: Haarsaum der Fransenfledermaus (*Myotis escalerai*) am freien Rand der Schwanzflughaut. Foto: C. DIETZ

9a Sehr große Hinterfüße, diese länger als die Hälfte der Unterschenkellänge. Die Flugmembran setzt an der Sohlenmitte des Fußes oder am Unterschenkel an. Außenkante des Ohres ohne auffällige Einbuchtung. **11a**

9b Die Hinterfüße erreichen in der Länge nur die Hälfte der Unterschenkellänge oder sind kürzer. Die Flugmembran setzt an der Zehenbasis an. Hinterrand des Ohres mit deutlicher Einbuchtung. **10a**

10a Die Einbuchtung am Außenrand des Ohres ist nahezu rechtwinklig. Der Tragus reicht nicht bis zur Einbuchtung am Ohrrand (Bild 221). Unterarm meist > 37 mm, nur wenige Individuen mit 36 mm.
Wimperfledermaus *(Myotis emarginatus)* S. 248

10b Die Einbuchtung am Außenrand des Ohres ist nicht rechtwinklig. Der Tragus ist bei den meisten Arten länger als die Einbuchtung (nur eine Art hat einen kürzeren Tragus, dann Unterarm < 35 mm). Unterarmlänge meist < 37 mm, nur wenige Individuen erreichen 38,2 mm.
„Bart"fledermäuse. – s. getrennten Teilschlüssel 1 S. 144

11a Unterarm > 42 mm (meist > 43 mm). Tragus kürzer als die halbe Ohrlänge. Membran des Flügels setzt am Fußgelenk an.
Teichfledermaus *(Myotis dasycneme)* S. 212

11b Unterarm < 42 mm. Tragus meist länger als die halbe Ohrlänge. Flughaut des Flügels setzt am Unterschenkel oder an der Sohle des Hinterfußes, nicht aber am Fußgelenk an. **12a**

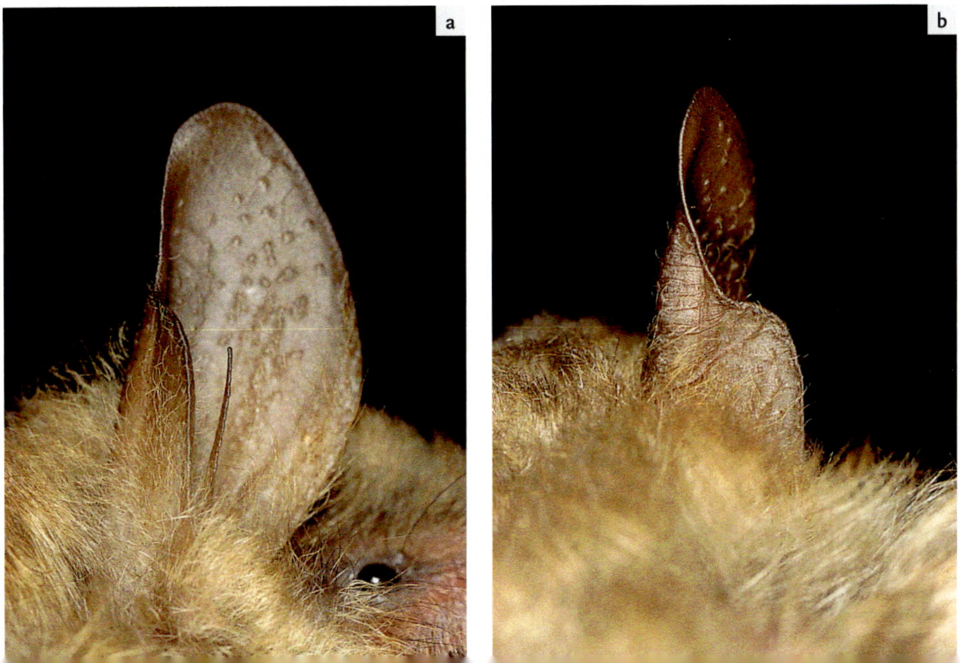

◂ Bild 221 a+b. Das Ohr der Wimperfledermaus *(Myotis emarginatus)* ist am Außenrand nahezu rechtwinklig eingebuchtet, der Tragus reicht nicht bis zu dieser Einbuchtung. Foto: C. DIETZ

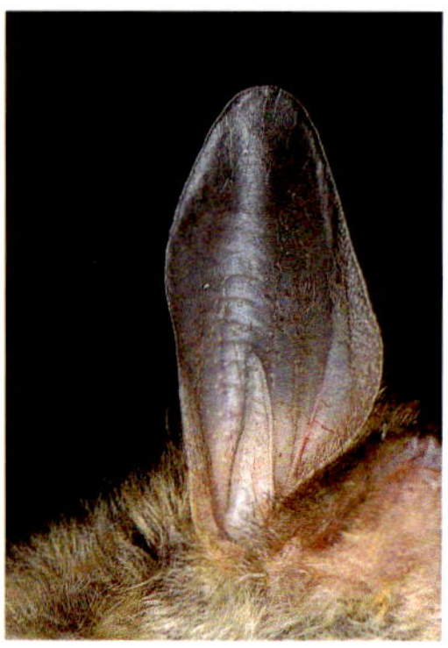

▲▲ Bild 222. Der Tragus des Kleinen Mausohrs *(Myotis oxygnathus)* ist wie bei den meisten Arten der Gattung aufrecht und nicht breit abgerundet. Foto: C. DIETZ

▲ Bild 223. Das Ohr der Bechsteinfledermaus *(Myotis bechsteinii)* ist über 20 mm lang und weist meist 9–11 Ohrfalten auf. Foto: C. DIETZ

▶ Bild 224. Der Tragus der Langfußfledermaus *(Myotis capaccinii)* ist relativ lang und weist einen leichten S-förmigen Schwung auf. Foto: C. DIETZ

▶▶ Bild 225. Der Tragus der Wasserfledermaus *(Myotis daubentonii)* erreicht die halbe Ohrlänge und ist nach vorne gebogen, aber nicht S-förmig geschwungen. Foto: C. DIETZ

▶▶▶ Bild 226. Der Tragus des Mausohrs *(Myotis myotis)* weist meist einen kleinen schwarzen Fleck an der Spitze auf. Foto: C. DIETZ

12a Flughaut des Flügels setzt am Unterschenkel an. Hinterfüße sehr groß. Langer Tragus mit leichtem S-förmigen Schwung (Bild 224). Unterschenkel und Schwanzmembran mit dichtem Haarflaum bedeckt. **Langfußfledermaus** *(Myotis capaccinii)* S. 216

12b Flughaut des Flügels setzt an der Mitte der Fußsohle an. Hinterfüße groß. Der Tragus erreicht die halbe Ohrlänge und ist nach vorne gebogen, aber nicht S-förmig geschwungen (Bild 225). Unterschenkel und Schwanzflughaut nicht dicht behaart.
Wasserfledermaus *(Myotis daubentonii)* S. 204

13a Vorkommen auf Sardinien, Korsika, Malta und in Nordwest-Afrika. Ohrlänge 26–29 mm und kein kleiner schwarzer Fleck an der Spitze des Tragus. Anhand äußerer Merkmale ist keine sichere Trennung von den beiden anderen Mausohrarten möglich. **Punisches Mausohr** *(Myotis punicus)* S. 270

13b Vorkommen in Europa oder Kleinasien, nicht auf Korsika, Sardinien, Malta oder in Nordwest-Afrika. Ohrlänge entweder kürzer als 25 mm oder Tragusspitze mit kleinem schwarzem Fleck. Anhand äußerer Merkmale ist keine sichere Trennung vom Punischen Mausohr möglich. **14a**

14a Große Fledermaus, Unterarm 55–67 mm. Ohren breit (> 16 mm) und lang (> 24,5 mm) oft mit 7–8 Querfalten. Obere Zahnreihenlänge > 9,4 mm. Nahezu immer ein kleiner schwarzer Fleck an der Spitze des Tragus (Bild 226). Keine weißlichen Haare auf der Stirn.
Mausohr *(Myotis myotis)* S. 258

14b Wenig kleiner, Unterarm 50-62 mm. Ohren schmaler (< 16 mm) und kürzer (< 24,5 mm) oft nur mit 5-6 Querfalten. Obere Zahnreihenlänge < 9,5 mm. Meist kein schwarzer Fleck an der Spitze des Tragus. In Mitteleuropa meist weißliche Haare auf der Stirn.
Kleines Mausohr *(Myotis oxygnathus)*. S. 266

15a Kleinere Arten: Unterarmlänge < 38 mm. **24a**

15b Größere Arten: Unterarmlänge > 38 mm. **16a**

16a Hinterrand des Ohres mit einer Hautfalte, die in Richtung Mundwinkel zieht, diesen aber nicht erreicht (Bild 227). Tragus deutlich länger als breit. Epiblema meist schmal und in der Regel ohne sichtbaren Steg (Bild 229). **21a**

16b Hinterrand des Ohres mit einer Hautfalte, die bis zum Mundwinkel zieht (Bild 228). Tragus verbreitert sich nach oben. Epiblema breit mit deutlich sichtbarem Steg (Bild 234). **17a**

17a Der Tragus ist kurz und verbreitert sich nach oben, aber nicht pilzförmig. Auf der Flügelunterseite sind feine graue Haare nur entlang des Unterarms vorhanden. Dunkel braunschwarzes Rückenfell mit silberweißen Spitzen. Unterseite weißlich grau oder weiß, stark zur Oberseite kontrastierend.
Zweifarbfledermaus *(Vespertilio murinus)*. S. 323

17b Der Tragus ist nach oben pilzförmig verbreitert. Die Flügel sind auf der Unterseite entlang des Unterarms und entlang des Kör-

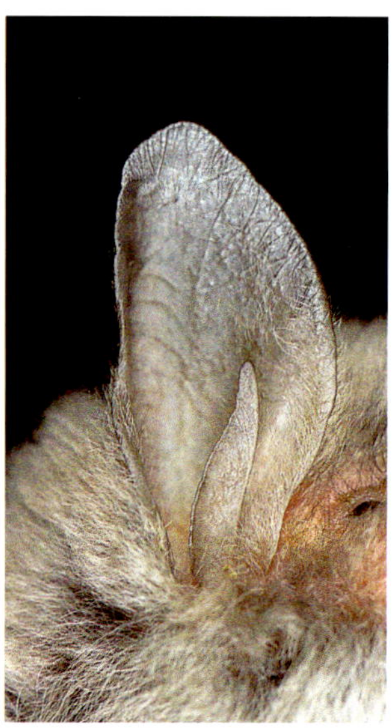

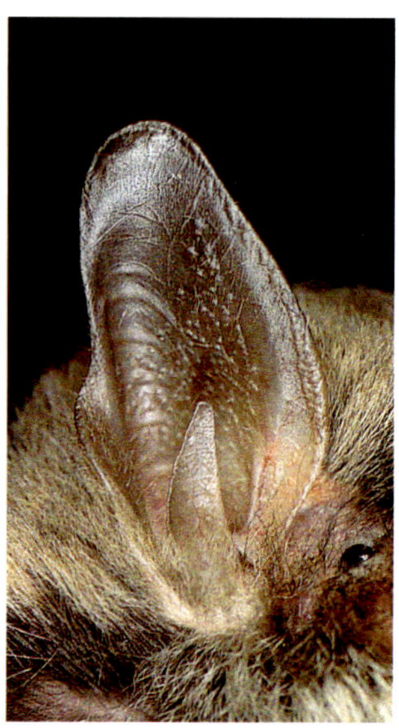

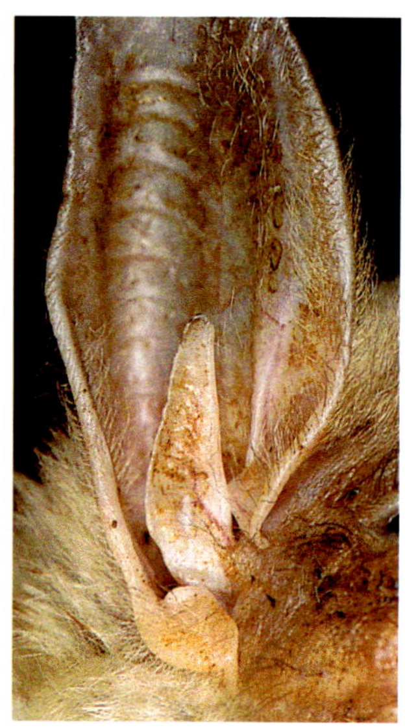

Bild 227. Die vom Ohr der Isabellfledermaus (*Eptesicus isabellinus*) ausgehende Hautfalte endet vor dem Mundwinkel. Foto: C. Dietz.

pers dicht braun behaart. Rückenfell braun bis rotbraun, Unterseite nur wenig heller gefärbt als die Oberseite. **18a**

18a Nur auf den Azoren vorkommend. Unterarm < 40,7 mm.
Azoren-Abendsegler
(*Nyctalus azoreum*). S. 288

18b Nicht auf den Azoren, aber im gesamten restlichen Bearbeitungsgebiet vorkommend. Unterarm > 38 mm. **19a**

19a Sehr große Art, Unterarm 61-68 mm. Durch langes Nackenfell löwenartige Mähne.
Riesenabendsegler
(*Nyctalus lasiopterus*). S. 279

19b Unterarmlänge < 59 mm. Nackenfell nicht auffallend länger. **20a**

20a Unterarmlänge 48-59 mm. Ohrgrund nicht aufgehellt.
Abendsegler
(*Nyctalus noctula*). S. 273

20b Unterarmlänge < 47 mm. Ohrgrund und die Hautfalte unter dem Ohr häufig aufgehellt.
Kleiner Abendsegler
(*Nyctalus leisleri*). S. 283

21a Obere Zahnreihe (CM^3) meist 7,0 - 7,4 mm lang. Gesicht und Ohren bräunlich gefärbt, nicht braunschwarz oder schwarz. Penis mit dünnem Schaft, plötzlicher Verbreiterung und ringförmigem Wulst an der Spitze (Bild 232). In Nordwest-Afrika (Marokko, Algerien, Tunesien, Libyen), auf den Kanaren und im südlichen Teil der Iberischen Halbinsel vorkommend.
Isabellfledermaus
(*Eptesicus isabellinus*). S. 340

Bild 228. Vom Ohr des Kleinabendseglers (*Nyctalus leisleri*) zieht eine Hautfalte bis zum Mundwinkel. Foto: C. Dietz.

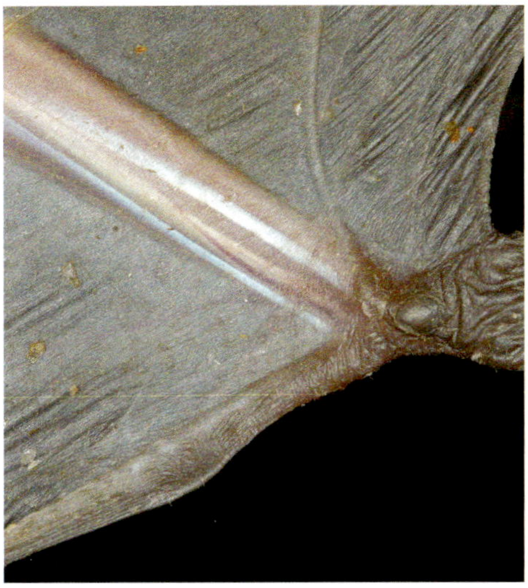

Bild 229. Das Epiblema der Breitflügelfledermaus (*Eptesicus serotinus*) ist wie bei den anderen Arten der Gattung schmal und ohne sichtbaren Steg. Foto: C. Dietz.

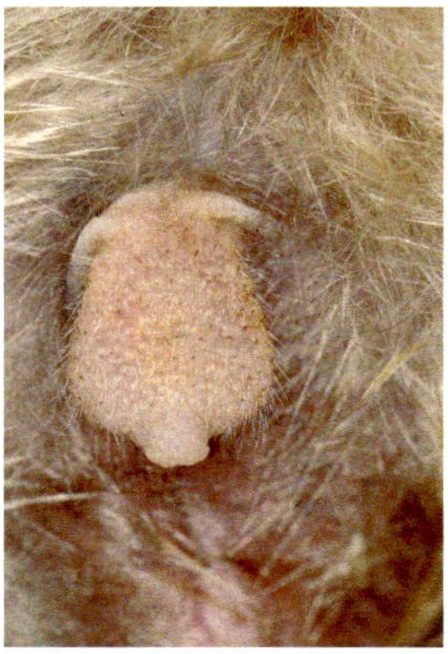

Bild 230. Der Penis der Breitflügelfledermaus (*Eptesicus serotinus*). Foto: C. Dietz

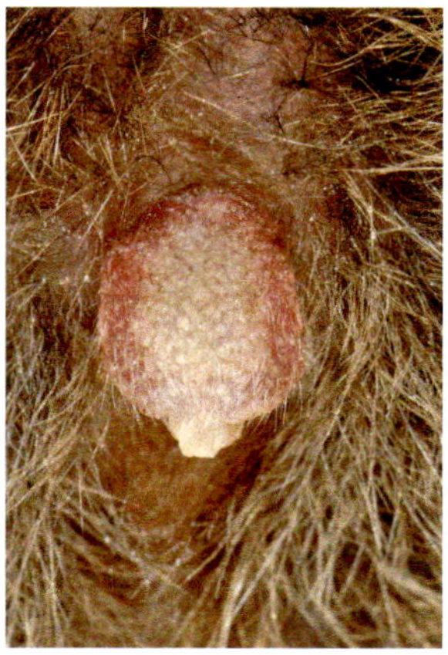

▸ Bild 231. Der Penis der Nordfledermaus (*Eptesicus nilssonii*). Foto: C. Dietz

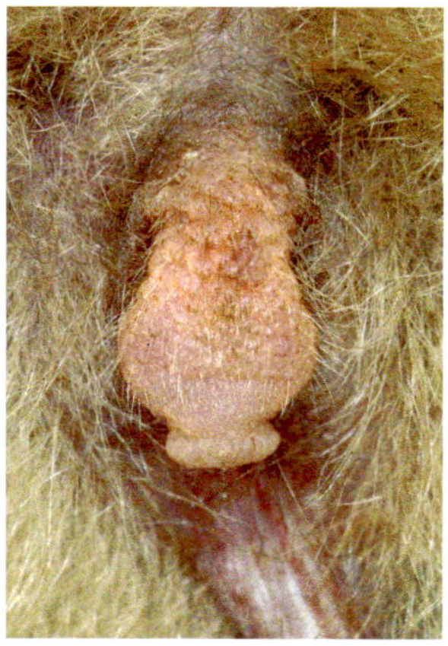

Bild 232. Der Penis der Isabellfledermaus (*Eptesicus isabellinus*). Foto: C. Dietz

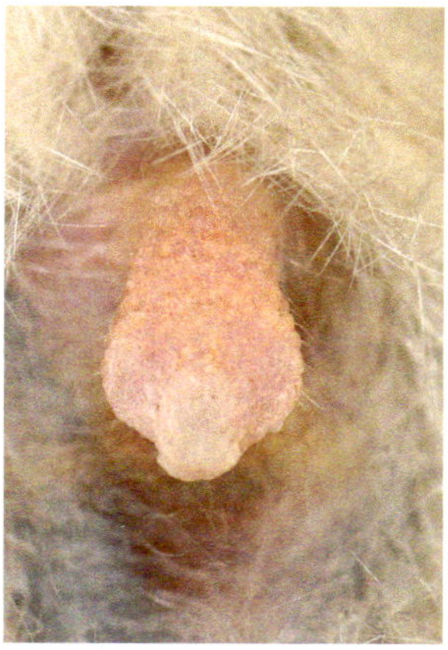

▸ Bild 233. Der Penis der Küstenfledermaus (*Eptesicus anatolicus*).Foto: C. Dietz

21b Obere Zahnreihe (CM^3) meist > 7,4 mm oder < 7,0 mm. Gesicht und Ohren schwarzbraun bis tiefschwarz gefärbt. Penis ohne ringförmigen Endwulst. Im restlichen Bearbeitungsgebiet (Europa, Kleinasien) vorkommend, nach derzeitigem Kenntnisstand nicht in Nordwest-Afrika. **22a**

22a Große Art, Unterarmlänge > 48 mm, Länge des fünften Fingers > 60 mm. Penis mit breitem Schaft und leichter Verbreiterung zum Ende hin, ohne dachförmige Furche (Bild 230). (Obere Zahnreihenlänge > 7,2 mm).
Breitflügelfledermaus
(*Eptesicus serotinus*). S: 328

22b Kleinere Arten, Unterarmlänge < 50 mm, Länge des fünften Fingers < 60 mm. Der Penis verbreitert sich deutlich zu seinem Ende hin und ist dadurch keulenförmig oder er ist breit eiförmig. (Obere Zahnreihenlänge < 7,0 mm). **23a**

23a Haarbasis schwarz, Haarspitzen auf dem Rücken gold-gelblich. Penis breit eiförmig (Bild 231). Nordeuropäische Art, die auf der Balkanhalbinsel und im Kaukasus ihre südliche Verbreitungsgrenze erreicht. Kommt nicht im Mittelmeergebiet vor.
Nordfledermaus
(*Eptesicus nilssonii*). S. 334

▸ Bild 234.Das Epiblema des Abendseglers (*Nyctalus noctula*) weist wie bei den anderen Arten der Gattung einen deutlichen Steg auf.

▸▸ Bild 235. Das Epiblema der Alpenfledermaus (*Hypsugo savii*) ist wie auch bei der Rüppellfledermaus schmal und ohne Steg oder fehlt ganz. Foto: C. Dietz

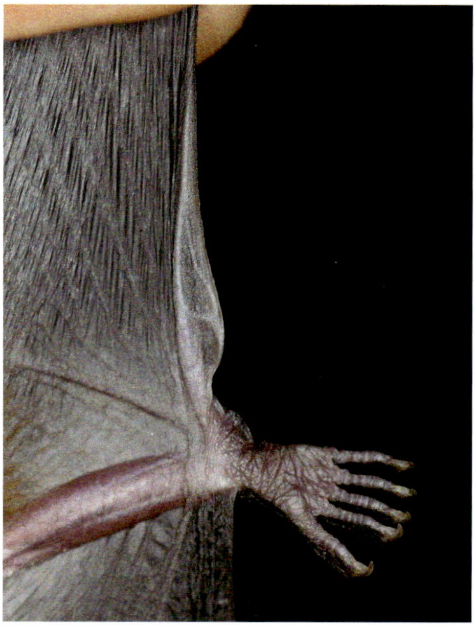

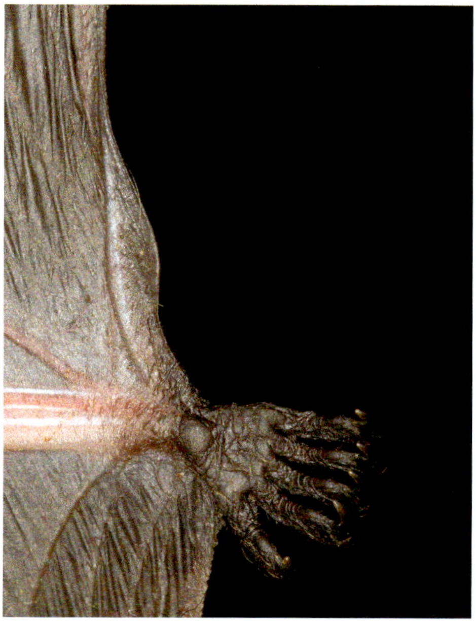

23b Haarbasis hellbraun bzw. beige, Haarspitzen auf dem Rücken hellbraun bis sandfarben. Penis keulenförmig (Bild 233). Kleinasiatische Art, die nur entlang der Küste Anatoliens und auf wenigen vorgelagerten Inseln (Rhodos) vorkommt.
Küstenfledermaus
(*Eptesicus anatolicus*). S. 342

24a Das Epiblema ist fehlend oder schmal und ohne Steg (Bild 235). Gesicht und Ohren lackschwarz oder dunkel schwarzbraun. Rückenfell fahl graubraun oder mit goldenen Haarspitzen. Penis rechtwinklig abgebogen oder sehr lang und dünn. **25a**

24b Epiblema breit mit einem deutlichen Steg (Bild 236), Gesicht und Ohren dunkel, aber nicht lackschwarz. Das Rückenfell bräunlich, auch mit blonden Spitzen, aber nicht goldüberhaucht wirkend. Penis nicht rechtwinklig abgebogen bzw. nicht sehr lang und dünn.
Zwergfledermäuse
(Gattung *Pipistrellus*).
– Siehe getrennten Teilschlüssel 2. S. 146

25a Rückenfell meist mit goldenen Spitzen, Bauchseite meist hell beige bis weiß gefärbt. Flughäute schwarz. Die letzten beiden Schwanzwirbel überragen den Rand der Schwanzflughaut um 4-5 mm. Der kurze Tragus verbreitert sich leicht zur Spitze hin. Penis in charakteristischer Weise an der Basis rechtwinklig abgebogen (Bild 237). In Europa und Nordafrika weit verbreitet.
Alpenfledermaus
(*Hypsugo savii*). S. 318

25b Sehr kontrastreich gezeichnet: schneeweiße Unterseite, graubraune Oberseite. Flughäute grau bis grauschwarz. Der letzte Schwanzwirbel überragt die Schwanzflughaut um maximal 1-2 mm. Der Tragus ist schmal und verbreitert sich nicht zur Spitze. Sehr langer und gleichmäßig dünner Penis ohne Knick (Bild 238). Vorkommen in Nordafrika, nicht in Europa.
Rüppellfledermaus
(*Vansonia rueppellii*). S. 316

26a Eine sehr große Wüstenfledermaus mit langen Ohren (> 35 mm), weißer Unterseite und fahlgrauer Rückenfärbung.
Wüstengroßohr
(*Otonycteris hemprichii*). S. 350

26b Eine große Art mit kurzen Ohren (< 25 mm), die als Ausnahmeerscheinung aus Nordamerika auf Island und den Orkneyinseln nachgewiesen wurde. Ohren innen behaart. Sehr kontrastreich gezeichnet, Spitzen vor allem am Rückenfell silbern überhaucht.
Eisgraue Fledermaus
(*Lasiurus cinereus*). S. 344

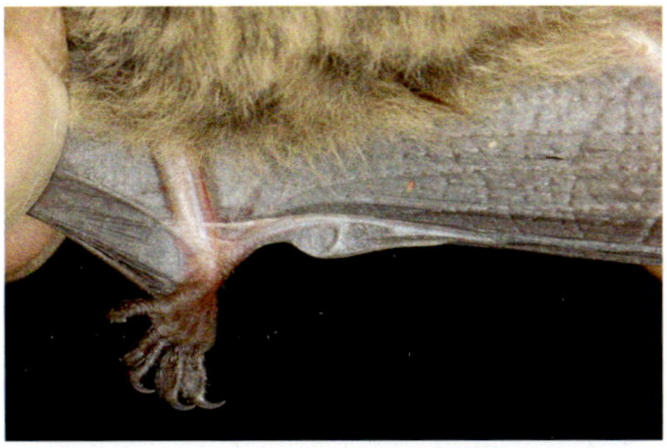

Bild 236. Das Epiblema der Zwergfledermaus (*Pipistrellus pipistrellus*) ist wie bei den meisten anderen Arten der Gattung breit und hat einem deutlich sichtbaren Steg. Foto: C. Dietz

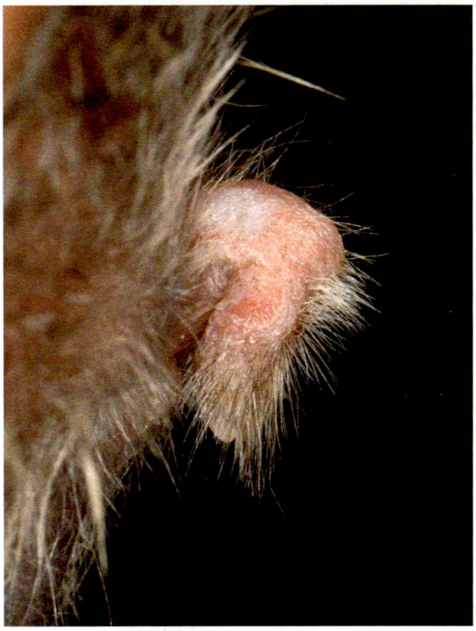

Bild 237. Der Penis der Alpenfledermaus (*Hypsugo savii*) ist an der Basis rechtwinklig geknickt. Foto: C. Dietz

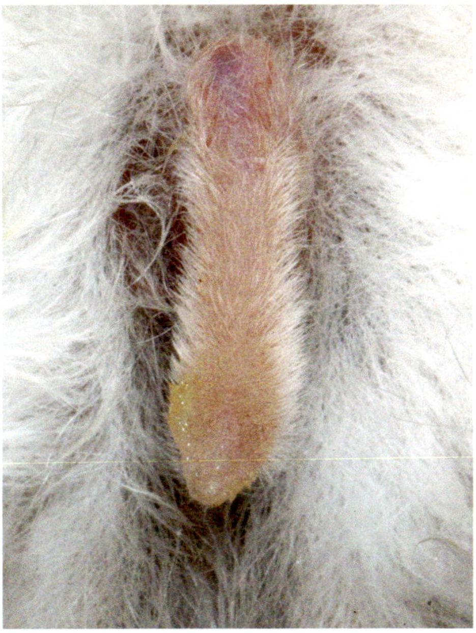

Bild 238. Der Penis der Rüppellfledermaus (*Vansonia rueppellii*) ist lang und dünn.Foto: C. Dietz

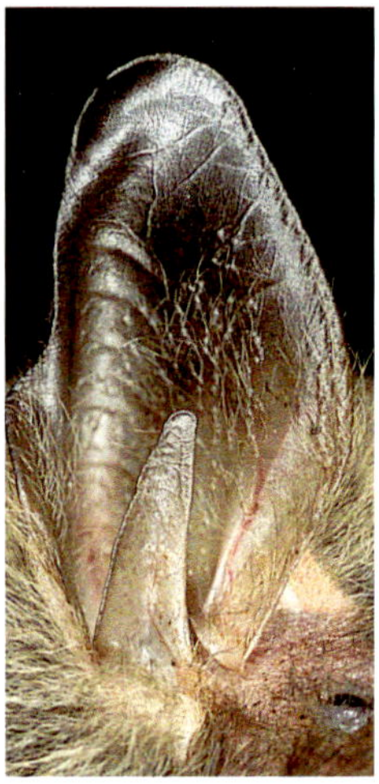

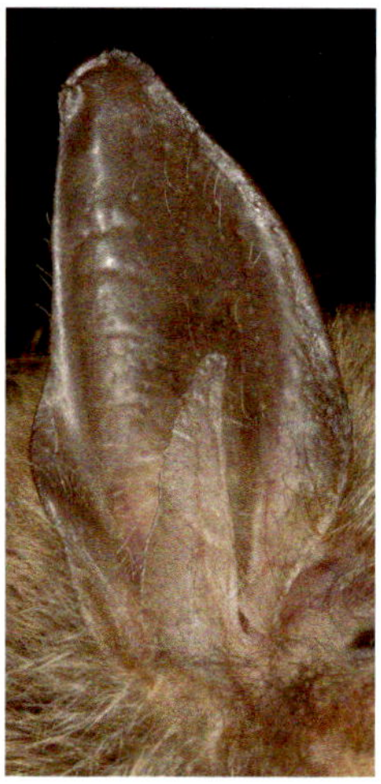

▲ Bild 239. Das Ohr der Nymphenfledermaus *(Myotis alcathoe)* ist kurz und der kurze Tragus überragt die Einbuchtung an seinem Außenrand meist nicht. Foto: C. DIETZ

▲▶ Bild 240. Das Ohr der Bartfledermaus *(Myotis mystacinus)* ist an der Spitze meist nicht stark verschmälert. Foto: C. DIETZ

▲▶▶ Bild 241. Das Ohr der Steppen-Bartfledermaus *(Myotis davidii)* ist an der Spitze deutlich verschmälert. Foto: C. DIETZ

Bild 242. In Seitenansicht sind die charakteristisch kurze Schnauze und die gleichmäßige Rundung des Kopfes bei der Nymphenfledermaus *(Myotis alcathoe)* gut zu sehen. Foto: C. DIETZ

Teilschlüssel 1: „Bart"-Fledermäuse

Die „Bart"fledermäuse sind relativ schwierig zu bestimmen. Aufgrund einer großen innerartlichen Variationsbreite und deutlichen altersbedingten Färbungsunterschieden können die Arten nur mit viel Erfahrung zuverlässig unterschieden werden. Die Merkmalsvariation der Steppen-Bartfledermaus *(Myotis davidii)* ist ungenügend bekannt, eine sichere Feldbestimmung und Unterscheidung von der Bartfledermaus *(Myotis mystacinus)* ist nur eingeschränkt möglich.

1a Sehr kleine Fledermaus, Unterarm meist < 32,8 mm (nur wenige Individuen bis 34,8 mm) mit wasserfledermausartigem Erscheinungsbild und ähnlicher Färbung, jedoch mit sehr zierlichen Füßen. Kurze Ohren mit kurzem Tragus, der die Einbuchtung am Außenrand des Ohres nicht überragt (Bild 239). Kurze Schnauze, die Rundung der Fellspitzen am Kopf reicht damit bis fast an die Nasenspitze (Bild 242). Kurzer Daumen (< 4,5 mm, selten bis 5,0 mm), kurzer Unterschenkel (< 14,5 mm, selten bis 15,9 mm), kurze Hinterfüße (< 5,6 mm, selten bis 5,8 mm). Das Gebiss ähnelt mit einem gut ausgeprägten Cingulumhöcker des dritten oberen Prämolars (P^4), der in der Höhe meist die Spitze des zweiten Prämolars (P^3) überragt, (Bild 245) und den meist deutlichen Paraconuli-Höckern auf den oberen Molaren stark der Brandtfledermaus (s. Bild 243). Damit unterscheidet sie sich deutlich von der Bart- und Steppen-Bartfledermaus. Die Nasenlöcher sind meist wie bei der Brandtfledermaus herzförmig. **Nymphenfledermaus** *(Myotis alcathoe)* S. 234

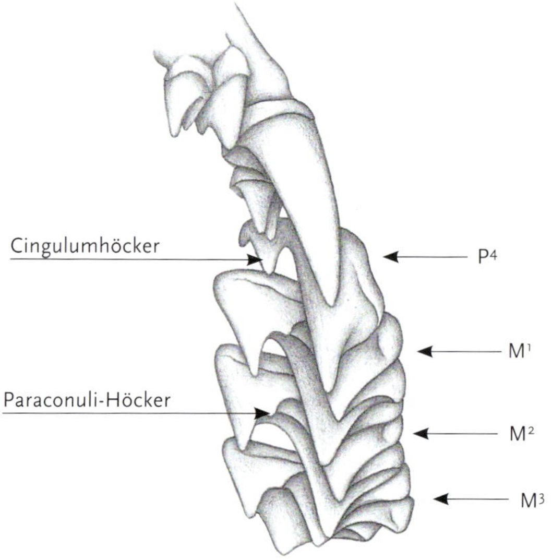

▶ Bild 243. In Frontalansicht sind im Gebiss der Brandtfledermaus *(Myotis brandtii)* die Paraconuli-Höcker auf den oberen Molaren (M^{1-3}) meist deutlich sichtbar und auch der hohe Cingulumhöcker des dritten oberen Prämolars (P^4) ist deutlich erkennbar. Zeichnung: R. ROESLER

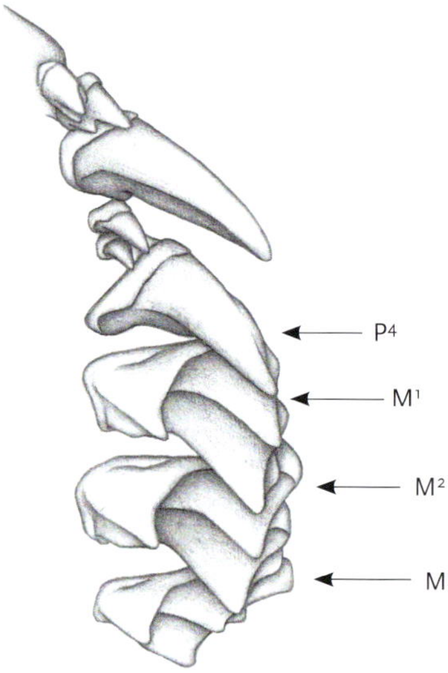

▶▶ Bild 244. In Frontalansicht fehlen im Gebiss der Bartfledermaus *(Myotis mystacinus)* die Paraconuli-Höcker auf den oberen Molaren (M^{1-3}) und der Cingulumhöcker am dritten oberen Prämolar (P^4). Zeichnung: R. ROESLER

1b Kleine Fledermäuse, Unterarm meist > 33 mm (selten 32,0 mm). Aufgrund der vorherrschenden dunklen Braunfärbung mit oft gelblichblonden Spitzen und den längeren Ohren erinnern die Tiere in keiner Weise an Wasserfledermäuse. Der Tragus überragt fast immer die Ausbuchtung am Außenrand des insgesamt längeren Ohres. Längere Schnauze, die von der Stirnbehaarung deutlich abgesetzt ist. Längerer Daumen (> 4,6 mm, selten nur 4,3 mm), längerer Unterschenkel (> 14,6 mm), größere Hinterfüße (> 5,8 mm)................... **2a**

2a Eine große „Bart“fledermaus, der zweite obere Prämolar (P^3) steht in der Zahnreihe und erreicht in der Höhe zwei Drittel der Höhe des ersten oberen Prämolars (P^2) (Bild 246). Auch im Unterkiefer ist der zweite untere Prämolar (P_3) beinahe so groß wie der erste untere Prämolar (P_2) (Bild 246). Der Cingulumhöcker des dritten oberen Prämolars (P^4) ist gut ausgeprägt und überragt in der Höhe meist die Spitze des zweiten Prämolars (P^3) (Bild 246). Meist sind Paraconuli-Höcker auf den oberen Molaren sichtbar (Bild 243). Der Penis ist zum Ende hin deutlich verdickt und damit kolbenförmig (Bild 249). Bereits juvenile Männchen haben einen zum Ende hin verdickten Penis, der sich deutlich von dem gleichmäßig dünnen Penis der Bart- und Steppen-Bartfledermaus unterscheidet. Die Nasenlöcher sind meist herzförmig. **Brandtfledermaus** S. 221 *(Myotis brandtii)*.

2b Mittelgroße bis große „Bart“fledermäuse, der zweite obere Prämolar (P^3) ist oft aus der Zahnreihe nach innen verdrängt und erreicht in der Höhe nur die Hälfte der Höhe des ersten oberen Prämolars (P^2) (Bild 247). Auch im Unterkiefer ist der zweite untere Prämolar (P_3) deutlich kleiner als der erste untere Prämolar (P_2) (Bild 247). Der Cingulumhöcker des dritten oberen Prämolars (P^4) ist nur schwach ausgeprägt oder fehlend und ist nahezu immer viel niedriger als die Spitze des zweiten Prämolars (P^3) (Bild 247). Paraconuli-Höcker auf den oberen Molaren sind nur sehr selten ausgeprägt (Bild 244). Der Penis ist auf ganzer Länge gleichmäßig dünn (Bild 248). Die Nasenlöcher sind meist kommaförmig, der hintere Teil ist schmal und lang ausgezogen.................................. **3a**

3a Eine sehr variable Art. Im Durchschnitt etwas kleiner: Unterarm meist < 35 mm (selten bis 36,6 mm) und mit kürzeren Hinterfüßen meist < 7,0 mm (selten bis 7,4) und Unterschenkel meist < 16,8 mm (selten bis 17,3 mm). Die Ohren sind an der Spitze breit gerundet. In Europa weit verbreitet. **Bartfledermaus** *(Myotis mystacinus)* S. 225

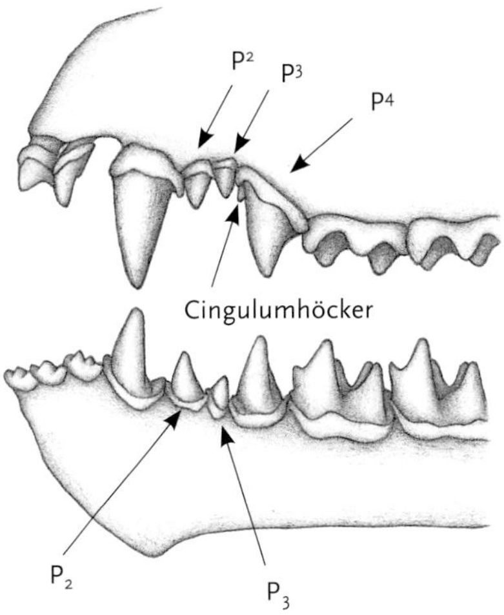

Bild 245. Im Gebiss der Nymphenfledermaus *(Myotis alcathoe)* ist der Cingulumhöcker des dritten oberen Prämolars (P^4) deutlich ausgeprägt und überragt die Spitze des P^3. Zeichnung: R. ROESLER

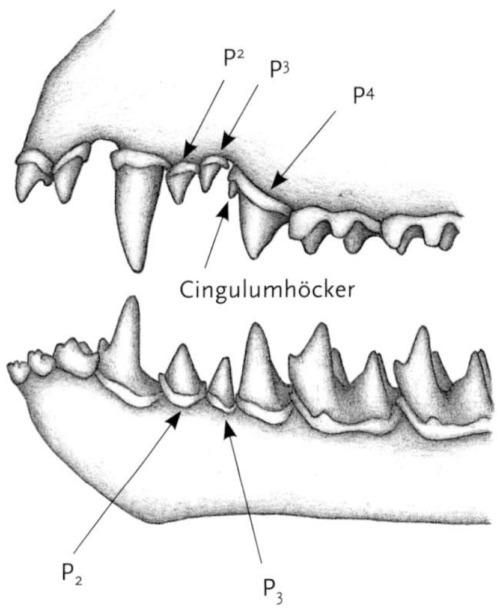

Bild 246. Im Gebiss der Brandtfledermaus *(Myotis brandtii)* steht der zweite obere Prämolar (P^3) in der Zahnreihe und erreicht in der Höhe zwei Drittel der Höhe des P^2. Der Cingulumhöcker des dritten oberen Prämolars (P^4) überragt in der Höhe meist die Spitze des P^3. Auch im Unterkiefer ist der zweite untere Prämolar (P_3) beinahe so groß wie der P_2. Zeichnung: R. ROESLER

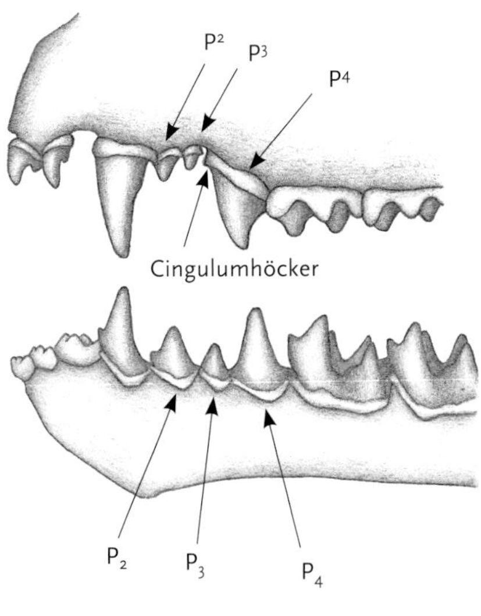

Bild 247. Im Gebiss der Bartfledermaus *(Myotis mystacinus)* ist der zweite obere Prämolar (P^3) oft aus der Zahnreihe nach innen verdrängt und erreicht in der Höhe nur die Hälfte des P^2. Der Cingulumhöcker des dritten oberen Prämolars (P^4) ist nur schwach ausgeprägt oder fehlend. Auch im Unterkiefer ist der zweite untere Prämolar (P_3) deutlich kleiner als der P_2. Zeichnung: R. ROESLER

3b Größere Art mit auffallend größeren Hinterfüßen die an die Wasserfledermaus erinnern: meist > 7,4 mm (selten nur 7,0 mm), längerem Unterschenkel meist > 17,4 mm (Selten nur 16,8 mm) und längerem Unterarm meist > 36 mm (selten nur 35 mm). Die Ohren sind schmaler, am Vorderrand stärker konvex gebogen und die Ohrspitze ist deutlich schmaler als bei der Bartfledermaus (Bild 241). Südosteuropa, Anatolien, Kaukasus. **Steppen-Bartfledermaus** *(Myotis davidii)* S. 231

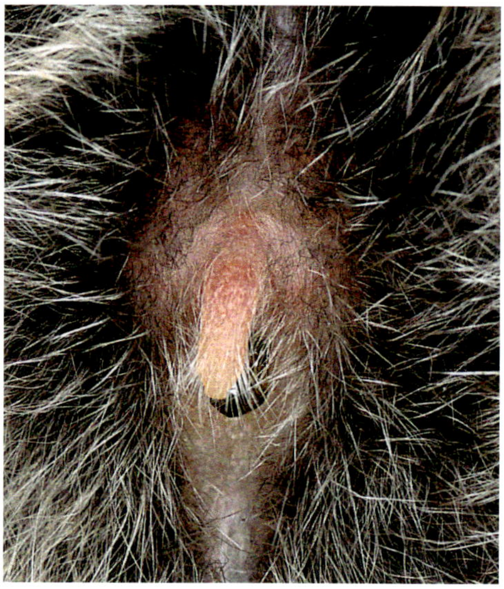

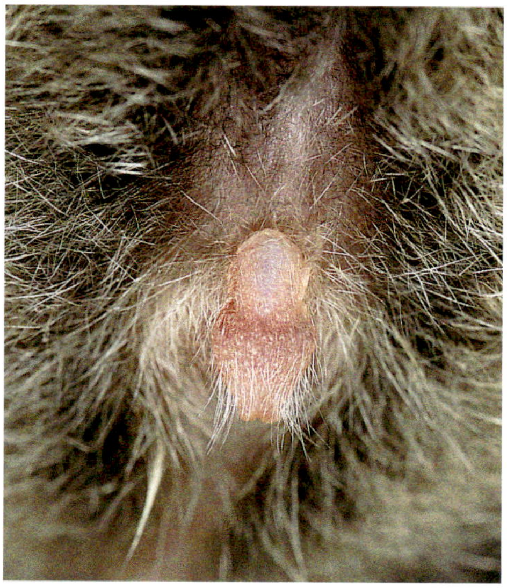

▸ Bild 248. Der Penis der Bartfledermaus *(Myotis mystacinus)* ist auf der gesamten Länge gleichmäßig dünn. Foto: C. DIETZ

▸▸ Bild 249. Der Penis der Brandtfledermaus *(Myotis brandtii)* ist zum Ende hin deutlich verdickt und erscheint kolbenförmig. Foto: C. DIETZ

Teilschlüssel 2: Zwergfledermäuse (Gattung Pipistrellus)

1a Erster oberer Schneidezahn (I^2) zweispitzig (Bilder 252, 253). Zwischen dem oberen Eckzahn (C^1) und dem großen oberen Prämolar (P^4) ist in Seitenansicht noch ein kleiner Prämolar (P^3) sichtbar (Bilder 252, 253). **3a**

1b Erster oberer Schneidezahn (I^2) einspitzig (Bild 251). Der obere Eckzahn (C^1) und der große obere Prämolar (P^4) stehen sehr nahe oder in direktem Kontakt, dazwischen ist in Seitenansicht kein kleiner Prämolar (P^3) sichtbar (Bild 251). **2a**

2a Auf den Kanaren, Madeira und den Azoren. Ober- und Unterseite gleich gefärbt: dunkelbraun, rot- bis orangebraun oder schokoladenbraun. Rückenhaare von der Basis bis zu drei Viertel der Länge schwarzbraun gefärbt. Endfrequenz der Echoortungslaute > 42 kHz.
Madeira-Fledermaus *(Pipistrellus maderensis)* S. 314

2b Im restlichen Verbreitungsgebiet und auf den Kanaren, nicht Madeira und Azoren. Unterseite heller als die Oberseite, diese braun, häufig mit helleren Spitzen. Rückenhaare von der Basis bis zu zwei Drittel der Länge schwarzbraun gefärbt. Endfrequenz der Echoortungslaute in aller Regel < 42 kHz. **Weißrandfledermaus** *(Pipistrellus kuhlii)* S. 309

3a Fünfter Finger > 43 mm. Der erste obere Prämolar (P^3) befindet sich in der Zahnreihe und ist von außen gut sichtbar (Bild 252). Die Spitze des zweiten oberen Schneidezahns (I^3) überragt die kurze Spitze des ersten Schneidezahns (I^2) (Bild 252). Das Flügelfeld zwischen dem ersten Fingergelenk am fünften Finger und dem Ellbogen ist meist durch einen Steg geteilt (Bild 254). Unterseite der Schwanzflughaut entlang des Unterschenkels und Oberseite der Schwanzflughaut dicht und lang behaart. Rückenfell dunkelbraun bis graubraun.
Rauhhautfledermaus *(Pipistrellus nathusii)* S. 304

3b Fünfter Finger < 43 mm. Der erste obere Prämolar (P^3) ist aus der Zahnreihe nach innen verdrängt, meist ist nur die Spitze zwischen den anderen Zähnen sichtbar (Bild 253). Die Spitze des zweiten oberen Schneidezahnes (I^3) ist kürzer als die kleine

Spitze des ersten oberen Schneidezahnes (I^2), die drei Spitzen stehen daher gestaffelt (Bild 253). Das Flügelfeld zwischen dem ersten Fingergelenk am fünften Finger und dem Ellbogen ist meist nicht geteilt (Bild 255, 256). Unterseite der Schwanzflughaut entlang des Unterschenkels und Oberseite der Schwanzflughaut nur mit spärlichen und kurzen Härchen.................... **4a**

4a Nur auf Kreta und der Kyrenaika in Libyen. Unterarm der Tiere auf Kreta < 31,1 mm. Genetisch eindeutig bestimmbar.
Hanaks Zwergfledermaus
(*Pipistrellus hanaki*) S. 302

4b Europa und Nordwest-Afrika ohne Kreta oder Kyrenaika in Libyen. Unterarm 27,7 bis 34,5 mm............................ **5a**

5a Im Durchschnitt größere Art, Unterarmlänge 28,0–34,5 mm. Zwischen den Nasenlöchern ist kein senkrechter Hautwulst vorhanden (Bild 257). Die Schnauze verjüngt sich gleichmäßig nach vorne. Die Buccaldrüsen sind weiß oder grauweiß gefärbt. Der Innenrand des Ohres ist 8–9 mm lang. Das Rückenfell ist braun gefärbt, Ohren und Gesicht dunkelbraun bis braunschwarz. Die nur leicht aufgehellten Hautpartien im Gesicht kontrastieren zur Fellfärbung. Der Penis ist graubraun,

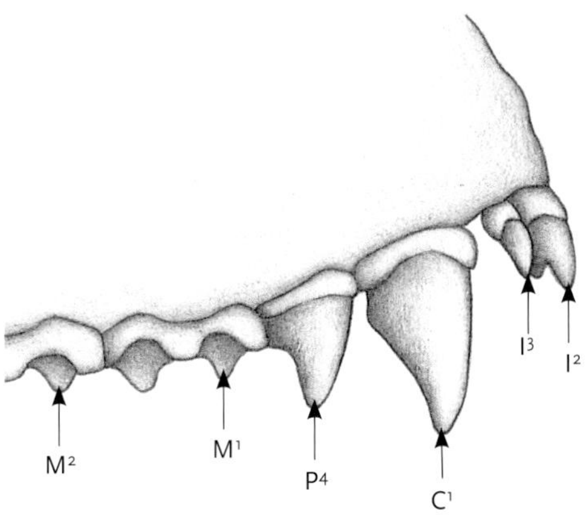

Bild 250. Im Oberkiefer der den Zwergfledermaus-Arten ähnlichen Alpenfledermaus *(Hypsugo savii)* berühren sich der Eckzahn (C^1) und der großen Prämolar (P^4), dazwischen ist von außen kein kleiner Prämolar (P^3) sichtbar. Zeichnung: R. ROESLER

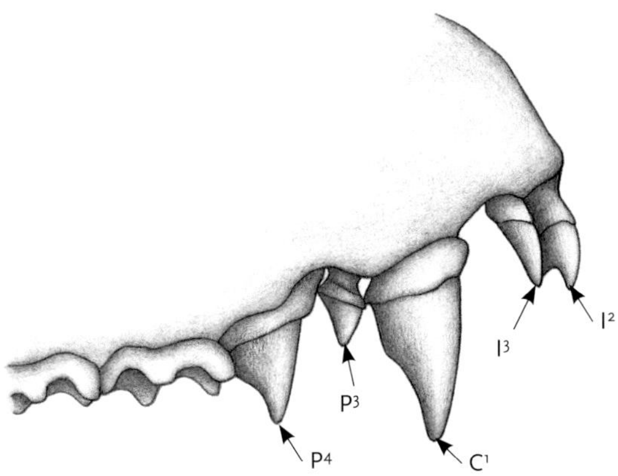

Bild 252. Im Oberkiefer der Rauhhautfledermaus *(Pipistrellus nathusii)* liegt der erste Prämolar (P^3) in der Zahnreihe und ist von außen gut sichtbar. Die Spitze des zweiten Schneidezahns (I^3) überragt die kurze Spitze des ersten Schneidezahns (I^2). Zeichnung: R. ROESLER

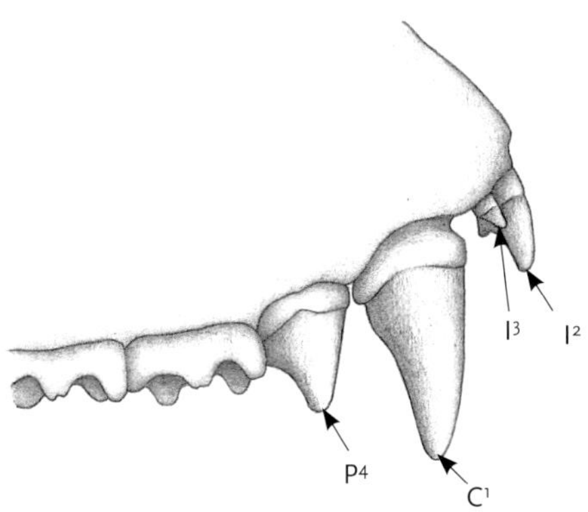

Bild 251. Im Oberkiefer der Weißrandfledermaus *(Pipistrellus kuhlii)* ist der erste Schneidezahn (I^2) einspitzig oder wie bei dem gezeichneten Schädel mit einer zweiten, oft nahezu vom Zahnfleisch überdeckten kleinen Spitze. Der zweite Schneidezahn (I^3) ist sehr klein. Der Eckzahn (C^1) und der große Prämolar (P^4) stehen sehr nahe oder in direktem Kontakt, dazwischen ist in Seitenansicht kein kleiner Prämolar (P^3) sichtbar. Zeichnung: R. ROESLER

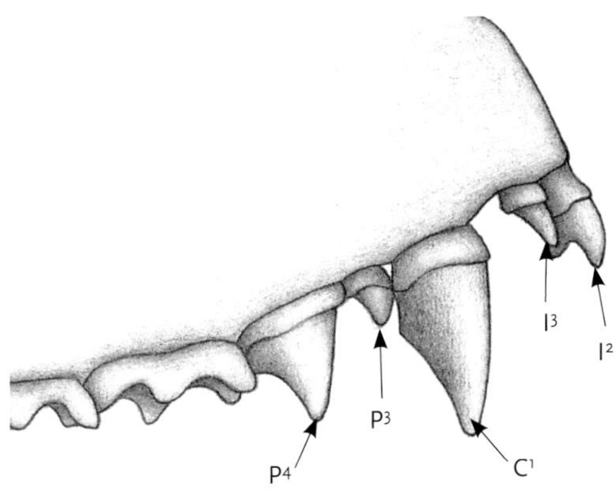

Bild 253. Im Oberkiefer von Zwerg- und Mückenfledermaus *(Pipistrellus pipistrellus* und *P. pygmaeus)* ist der erste Prämolar (P^3) aus der Zahnreihe nach innen verdrängt, manchmal ist nur die Spitze sichtbar. Die Spitze des zweiten oberen Schneidezahnes (I^3) ist kürzer als die kleine Spitze des ersten oberen Schneidezahnes (I^2), die drei Spitzen stehen daher gestaffelt. Zeichnung: R. ROESLER

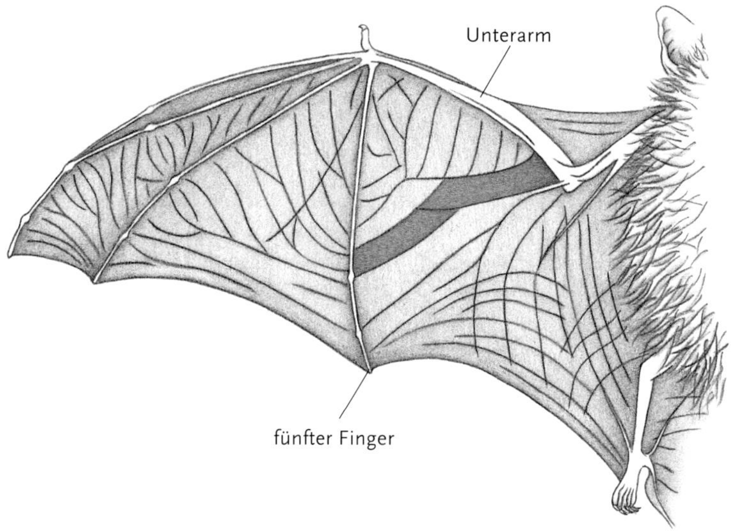

Bild 254. Vorherrschende Flügelfelderung der Rauhhautfledermaus *(Pipistrellus nathusii)* und mancher großgewachsener Weißrandfledermäuse (*Pipistrellus kuhlii*): Das Feld zwischen dem ersten Fingergelenk am fünften Finger und dem Ellbogen (grau schattiert) ist meist durch einen Steg geteilt. Zeichnung: R. Roesler

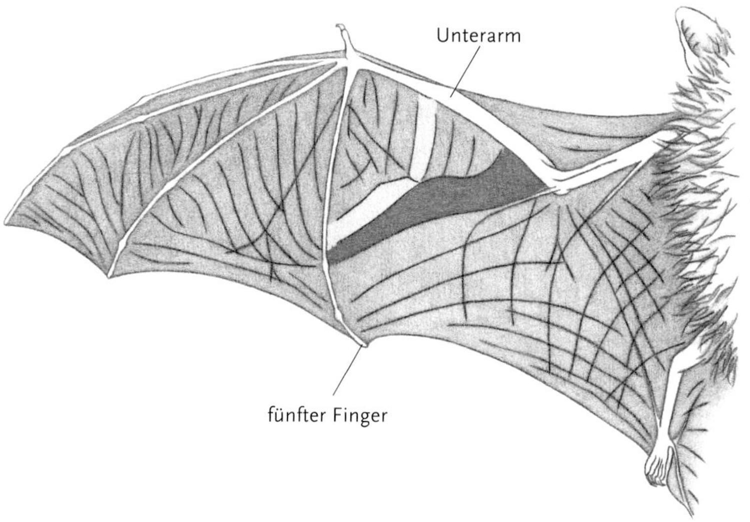

Bild 255. Vorherrschende Flügelfelderung der Zwergfledermaus *(Pipistrellus pipistrellus)*, vieler Weißrandfledermäuse, der Madeirafledermaus und Hanaks Zwergfledermaus: Zwischen dem fünften Finger und dem Ellbogen verläuft ein durchgängiges Feld (grau schattiert), das darüberliegende Feld (hell gefüllt) ist dagegen geteilt. Zeichnung: R. Roesler

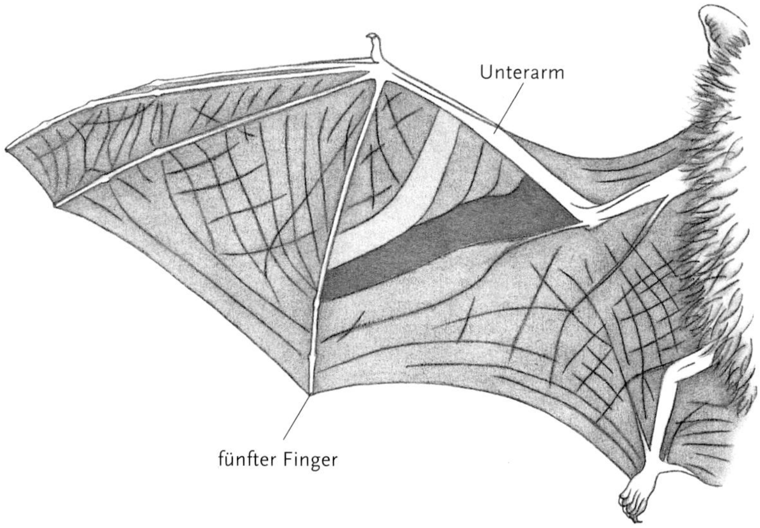

Bild 256. Vorherrschende Flügelfelderung der Mückenfledermaus *(Pipistrellus pygmaeus)*: Zwischen dem fünften Finger und dem Ellbogen verläuft ein durchgängiges Feld (grau schattiert), und auch das darüberliegende Feld (hell gefüllt) ist ungeteilt und durchgängig. Zeichnung: R. Roesler

entlang der Mitte verläuft ein heller Längsstreifen (Bild 259). Bei Weibchen sind die Hautpartien um die Vagina bräunlich hautfarben, nicht gelborange. Über dem zwischen dem fünften Finger und dem Ellbogen verlaufenden Feld in der Flugmembran befindet sich ein weiteres Feld, das geteilt ist und daher zwischen fünftem Finger und Unterarm nicht durchgängig ist (Bild 255). Die Oberseite der Schwanzflughaut ist nicht dicht behaart. Die Tiere riechen nur schwach und nicht moschusartig. Meist keine Lücke zwischen zweitem und drittem unteren Schneidezahn (I_2 und I_3). Echoortungslaute im freien Luftraum mit Endfrequenzen von 44–49 kHz, selten bis 52 kHz.

Zwergfledermaus
(Pipistrellus pipistrellus) S. 290

5b Im Durchschnitt kleinere Art, Unterarmlänge 27,7–32,2 mm. Zwischen den Nasenlöchern ist meist ein deutlicher senkrechter Hautwulst vorhanden (Bild 258). Die kurze Schnauze verläuft auf etwa zwei Drittel der Länge näherungsweise parallelseitig und verjüngt sich dann plötzlich nach vorne. Die Buccaldrüsen sind gelblichweiß oder orangegelblich gefärbt. Der Innenrand des Ohres ist nur 7–8 mm lang. Das Rückenfell ist sandfarben bis rötlichbraun, im Winter auch olivbraun gefärbt, die Unterseite gelblichgrau. Ohren und Gesicht hellbraun. Deutlich aufgehellte Hautpartien im Gesicht, vor allem zwischen Auge und Ohr. Die nackten Hautpartien kontrastieren nur wenig zur Fellfärbung. Der Penis ist gelblichgrau und ohne hellen Längsstreifen in der Mitte. Bei sexuell aktiven Tieren können die Seitenpolster des Penis gelb bis kräftig orange gefärbt sein (Bild 260). Bei Weibchen ist zumindest zur Reproduktionszeit die Hautregion um die Vagina gelblich gefärbt. Im Armflügel gibt es zwei ungeteilte Felder: Sowohl das zwischen dem fünften Finger und dem Ellbogen verlaufende Feld als auch das darüber liegende sind zwischen fünftem Finger und Unterarm durchgängig (Bild 256). Schwanzflughaut auf der Oberseite relativ dicht behaart. Die Tiere riechen zur Paarungszeit intensiv nach Moschus. Meist deutliche Lücke zwischen zweitem und drittem unterem Schneidezahn (I_2 und I_3). Echoortungslaute im freien Luftraum mit Endfrequenzen von 52–58 kHz, nur selten bis 50 kHz.

Mückenfledermaus
(Pipistrellus pygmaeus) S. 296

◂◂ Bild 257. Zwischen den Nasenlöchern der Zwergfledermaus *(P. pipistrellus)* ist kein senkrechter Hautwulst vorhanden. Foto: C. Dietz

◂ Bild 258. Zwischen den Nasenlöchern der Mückenfledermaus *(P. pygmaeus)* ist meist ein deutlicher senkrechter Hautwulst vorhanden. Foto: C. Dietz

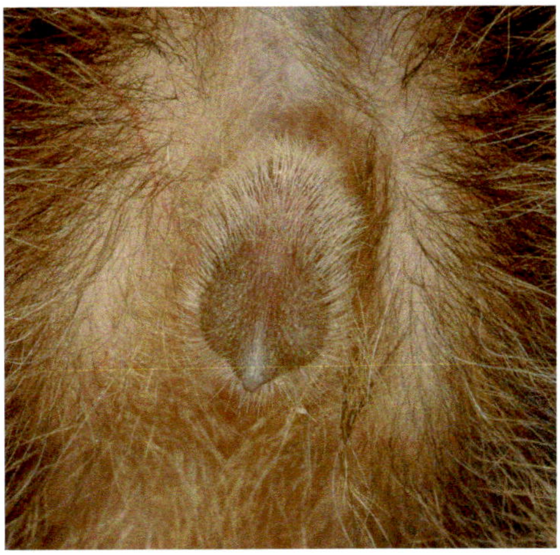

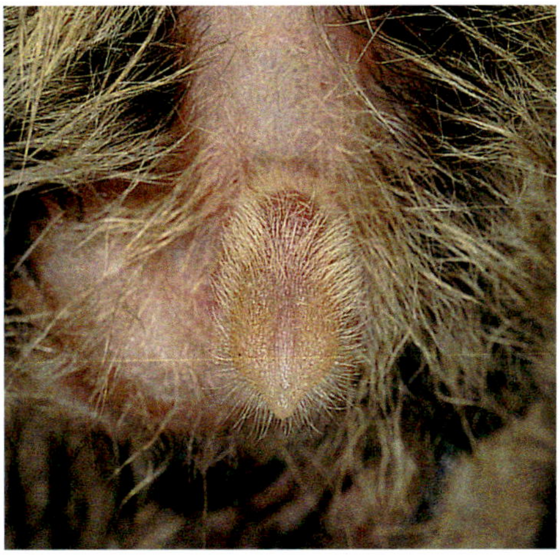

◂◂ Bild 259. Der Penis der Zwergfledermaus *(P. pipistrellus)* ist graubraun, entlang der Mitte verläuft ein heller Längsstreifen. Foto: C. Dietz

◂ Bild 260. Der Penis der Mückenfledermaus *(P. pygmaeus)* ist gelblichgrau und ohne hellen Längsstreifen in der Mitte, oft sind die Seitenpolster gelb bis kräftig orange gefärbt. Foto: C. Dietz

Teilschlüssel 3: Langohrfledermäuse (Gattung Plecotus)

1a Vorkommen auf den Kanarischen Inseln (nur Teneriffa, La Palma, El Hierro). Relativ große Tiere mit dunkel grauer Rückenfärbung und heller Unterseite.
Kanaren-Langohr
(Plecotus teneriffae) S. 373

1b Vorkommen im restlichen Verbreitungsgebiet, nicht auf den Kanarischen Inseln.... **2a**

2a Vorkommen in Nordwest-Afrika (Marokko, Algerien, Tunesien). Fahl bräunlich gefärbte Tiere. **Libysches Langohr**
(Plecotus gaisleri) S. 375

2b Vorkommen in Europa, Kleinasien, auf den Mittelmeerinseln und Madeira, nicht in Nordafrika.............................. **3a**

3a Auf Sardinien vorkommend. Langer Tragus (> 18 mm). Daumen mittellang (6,0–6,5 mm). Hinterfuß mittelgroß (6,7–7,7 mm). Penis parallelseitig, nur an der Spitze verjüngt (Bild 261).
Sardisches Langohr
(Plecotus sardus) S. 364

3b Europa, Kleinasien und Mittelmeerinseln, keine bekannten Vorkommen auf Sardinien oder, wenn auf Sardinien vorkommend, dann kurzer Tragus (< 16 mm) und konisch zur Spitze verjüngter Penis oder breit eiförmiger Penis. **4a**

4a Daumen kurz (< 6,5 mm), kurze Daumenkralle (< 2 mm), kurzer Hinterfuß (< 8 mm). Haare auf den Zehen kurz und anliegend. Penis breit eiförmig (Bild 262). Warzen über dem Auge klein............ **6a**

4b Daumen lang (> 6,5 mm), Daumenkralle lang und stark gebogen (> 2 mm), Hinterfuß groß (> 8 mm lang). Haare auf den Zehen lang und abstehend. Penis entweder mit parallelen Seiten und nur an der Spitze verjüngt (Bild 261), oder gleichmäßig konisch zu Spitze verjüngt (Bild 263). Warzen über den Augen groß. **5a**

5a An der Oberkante der Unterlippe befindet sich ein schmales glattes und glänzendes Hautfeld, dessen Unterkante gerundet ist, im weitesten Sinne ist dieses Hautfeld bananenförmig und meist nicht pigmentiert (Bild 264). Der ganze Hinterfuß ist sehr dicht behaart. Tragus kurz (meist < 15,5 mm, selten bis 16,7 mm), fünfter Finger kurz (< 55 mm), dritter Finger kurz (< 67 mm). Rückenfell braun oder rotbraun. Unterseite heller, meist gelblich braun. Penis gleichmäßig zur Spitze verjüngt, dadurch konische Form (Bild 263).
Braunes Langohr
(Plecotus auritus) S. 353

5b An der Oberkante der Unterlippe befindet sich ein glattes Feld, das dreieckig nach unten ausgezogen ist (Bild 265). Bei vielen Individuen ist dieses Feld dunkel pigmentiert. Der Hinterfuß ist kaum behaart, lange Borsten finden sich nur auf den Zehen. Der Tragus ist meist länger als 16 mm. Der fünfte Finger ist lang (> 51 mm), der dritte ebenfalls (> 63 mm). Das Fell ist lang und locker, am Rücken graubraun gefärbt und auf der Unterseite auffällig hell weiß, nur manchmal grauweiß. Der Penis ist parallelseitig und nur an der Spitze verjüngt (Bild 261). **Alpenlangohr**
(Plecotus macrobullaris) S. 361

6a Entlang der Adriaküste, in Griechenland und in der Türkei vorkommend. Klei-

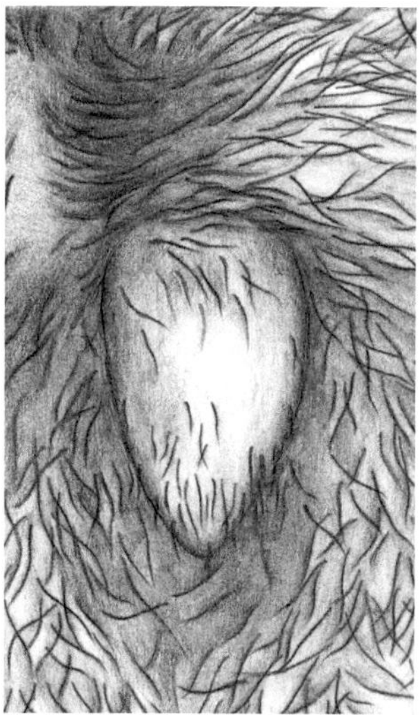

▸ Bild 261. Der Penis von Alpen- und Sardischem Langohr *(Plecotus macrobullaris* und *P. sardus)* ist parallelseitig und nur an der Spitze verjüngt. Zeichnung: R. Roesler

▸▸ Bild 262. Der Penis von Grauem, Balkan-, Kanaren- und Libyschem Langohr *(Plecotus austriacus, P. kolombatovici, P. teneriffae* und *P. gaisleri)* ist breit eiförmig. Zeichnung: R. Roesler

▸▸▸ Bild 263. Der Penis des Braunen Langohrs *(Plecotus auritus)* ist gleichmäßig dreieckig zur Spitze hin verjüngt. Zeichnung: R. Roesler

ne Art, Unterarmlänge bei Männchen < 38 mm, bei Weibchen < 39 mm (nur selten bis 41,0 mm). Dritter Finger kurz (< 65 mm), fünfter Finger kurz (< 52 mm), Unterschenkel kurz (< 18 mm, selten bis 18,3 mm). Tragus kurz (< 14 mm) und schmal (< 5,2 mm). Obere Zahnreihenlänge < 5,7 mm.

Balkan-Langohr
(Plecotus kolombatovici) S. 370

6b Große Teile Europas, auch an der Adriaküste und in Griechenland. Größere Art, Unterarmlänge bei Männchen meist > 38 mm, bei Weibchen meist > 39 mm. Dritter Finger lang (> 64 mm), fünfter Finger lang (> 51 mm, selten nur 48,0 mm), Unterschenkel lang (> 18 mm), Tragus mittellang (14–16 mm) und breit (> 5,4 mm). Obere Zahnreihenlänge > 5,7 mm.

Graues Langohr
(Plecotus austriacus) S. 366

Bild 264. Beim Braunen Langohr *(Plecotus auritus)* ist die Unterkante des Hautfeldes an der Unterlippe gerundet und meist nicht pigmentiert. Foto: C. Dietz

Bild 265. Beim Alpenlangohr *(Plecotus macrobullaris)* ist die Unterkante des Hautfeldes an der Unterlippe dreieckig nach unten ausgezogen und oft dunkel pigmentiert. Foto: C. Dietz

Artbestimmungsschlüssel 4: Langflügelfledermäuse (Miniopteridae)

In Europa, dem küstennahen Norden Nordwestafrikas und dem westlichen Anatolien kommt nur die Langflügelfledermaus (*Miniopterus schreibersii*) vor. Die Verbreitung der Nordafrikanischen Langflügelfledermaus (*Miniopterus maghrebensis*) schließt in den Maghreb-Staaten südlich an die Verbreitung der Langflügelfledermaus an und kommt damit v.a. in ariden Gebieten vor. Die Steppen-Langflügelfledermaus (*Miniopterus pallidus*) schließt in der Türkei und der Kaukasus-Region östlich an die Verbreitung der Langflügelfledermaus an und kommt damit v.a. in den Steppenzonen vor. Mit äußeren Merkmalen sind die drei Arten sicher nur bei einzelnen adulten und damit voll ausgefärbten Männchen oder an größeren Serien bestimmbar.

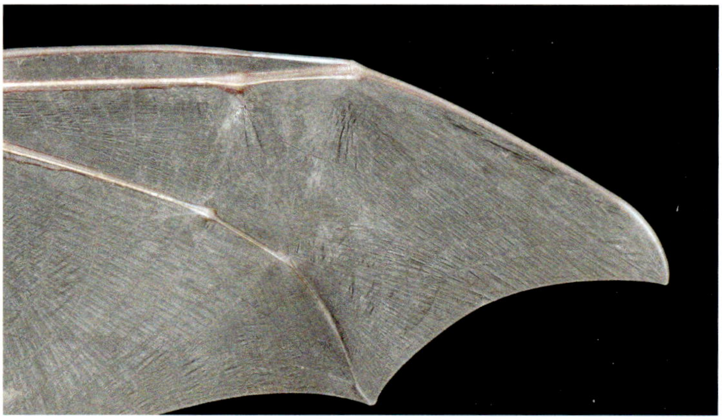

▲ Bild 266. Alle Arten der Gattung *Miniopterus* haben eine sehr lange Flügelspitze, dabei ist das zweite Fingerglied des dritten Fingers ungewöhnlich lang. FOTO: C. DIETZ

▸ Bild 267. Die Langflügelfledermäuse (Gattung *Miniopterus*) klappen in Ruhe ihre Flügelspitze um 180° nach innen. Dies unterscheidet sie von allen anderen Fledermausarten der Westpaläarktis. FOTO: C. DIETZ

1a Ohrinnenbereiche deutlich pigmentiert oder leicht aufgehellt, aber nicht bis zur halben Ohrhöhe oder darüber hinaus pigmentfrei. Europa, rund ums Schwarze Meer bis Georgien, westliches Kleinasien und Teile des Nahen Ostens und küstennahe Bereiche Nordwestafrikas. Genetisch eindeutig zu unterscheiden.
Zusatzmerkmale für den östlichen Mittelmeerraum und die Kaukasusregion: Kleinere Art, relativ einheitlich gefärbt, zwischen Rücken und Kopf nur geringe Färbungsunterschiede, Rückenfell wirkt meist nicht zweifarbig, da die Haarspitzen meist nicht fahl sind. Adulte Männchen im Herbst ohne rostrote Kopf-, und Nackenfärbung. Bei größeren Serien (ab 10-20 Individuen) Mittelwert der Unterarmlängen < 46 mm, einzelne Unterarmmaße meist < 46,3 mm.
Zusatzmerkmale für Nordwestafrika: Insgesamt dunkler gefärbt, keine fahlen Haarspitzen. Nicht in den ariden Bereichen südlich des Hohen Atlas und der Hochebene der Schotts.

Langflügelfledermaus
(*Miniopterus schreibersii*) S. 377

1b Ohrinnenbereiche sehr stark aufgehellt, meist bis mindestens zur halben Ohrhöhe pigmentfrei. Vorkommen in den ariden Bereichen der Maghreb-Staaten oder den Steppenzonen der südlichen Kaukasus-Region, Anatoliens und des Nahen Ostens.
Zusatzmerkmale für den östlichen Mittelmeerraum und die Kaukasusregion: Größere Art, etwas „bunter" gefärbt, durch Färbungsunterschiede zwischen Rücken

und Kopf. Fahle Töne an den Haarspitzen v.a. des Rückenfells. Adulte Männchen im Herbst mit auffällig rostrotem bis orangerotem Haarkleid an Kopf, Nacken, Wangen und Kehle. Bei größeren Serien (ab 10-20 Individuen) Mittelwert der Unterarmlängen > 47 mm, einzelne Unterarmmaße meist > 46 mm. Von Zentralanatolien, dem Nahen Osten und dem östlichen Kaukasus nach Osten verbreitet. Genetisch eindeutig zu unterscheiden.

Zusatzmerkmale für Nordwestafrika: Insgesamt fahler gefärbt, die Haarspitzen sind schon im frischen Fell hellbraun oder sandfarben. Nicht in den küstennahen mediterranen Bereichen Nordwestafrikas. **2a**

Bild 268. Adultes Männchen der Langflügelfledermaus (*Miniopterus schreibersii*) vom Balkan mit hellem Tragus aber nur leicht aufgehelltem Ohrinnenbereich. FOTO: C. DIETZ

2a Kleinere Art, Unterarm meist < 47 mm, oft < 46 mm. Männchen zur Paarungszeit ohne auffällige Orangefärbung am Kopf. Nordwestafrika in Marokko, Algerien, Tunesien.

Nordafrikanische Langflügelfledermaus
(*Miniopterus maghrebensis*) S. 383

2b Größere Art, Unterarm meist > 46 mm, oft > 47 mm. Männchen zur Paarungszeit mit auffälliger Orangefärbung am Kopf. Von Zentralanatolien, dem Nahen Osten und dem östlichen Kaukasus nach Osten verbreitet.

Steppen-Langflügelfledermaus
(*Miniopterus pallidus*) S. 385

Bild 269. Adultes Männchen der Nordafrikanischen Langflügelfledermaus (*Miniopterus maghrebensis*) aus Marokko mit hellem Tragus und unpigmentierter unterer Hälfte des Ohrinnenbereiches. FOTO: C. DIETZ

Bild 270. Adultes Männchen der Steppen-Langflügelfledermaus (*Miniopterus pallidus*) aus dem östlichen Anatolien mit typischem orangefarbenen Kopf, hellem Tragus und unpigmentierter unterer Hälfte des Ohrinnenbereiches. FOTO: C. DIETZ

Flughunde
Pteropodidae

Große bis sehr große Fledertiere. Häufig fuchsartiges Aussehen des Kopfes, einfach gebaute Ohren ohne Tragus. Große Augen. Neben dem Daumen trägt auch der 2. Finger eine Kralle. Der Schwanz ist kurz oder äußerlich gar nicht zu erkennen und die Schwanzflughaut ist sehr schmal oder fehlt. Kräftige Schnauze, die Zähne sind bei vielen Arten flachkronig und damit an die Nahrung angepasst, die vor allem Früchte, Nektar und Pollen von Blüten umfasst. Die Körpergröße reicht von sehr großen Arten mit über 170 cm Spannweite und 1500 g Gewicht bis zu kleine Arten mit 24 cm Spannweite und 11 g Gewicht. Die Flughunde orientieren sich optisch sowie über den Geruchssinn. Lediglich die Höhlenflughunde der Gattung *Rousettus* verfügen über ein Echoortungssystem mit Zungenklicks, das sich konvergent zu dem der Fledermäuse entwickelt hat.

Die Familie umfasst 42 Gattungen mit 186 Arten in den Tropen und Subtropen der Alten Welt. Im Bearbeitungsgebiet nur eine Art: *Rousettus aegyptiacus* auf Zypern und an der Südküste der Türkei. Neun weitere Arten der Gattung kommen von Afrika bis Indonesien vor.

Nilflughund
Rousettus aegyptiacus (Geoffroy, 1810)

NAMEN

GB: Egyptian Fruit Bat
F: Rousette d'Egypt
E: Murciélago egipcio
I: Pipistrello della frutta
NL: Nijlrousette
S: Egyptisk flyghund, nilflyghund
PL: Rudawka nilowa

Maße

Unterarm	83,0–99,0 mm
Fünfter Finger	100–112 mm
Dritter Finger	135–154 mm
Normalgewicht	108–140 g
CBL	36,1–44,9 mm
CM^2	14,3–18,0 mm

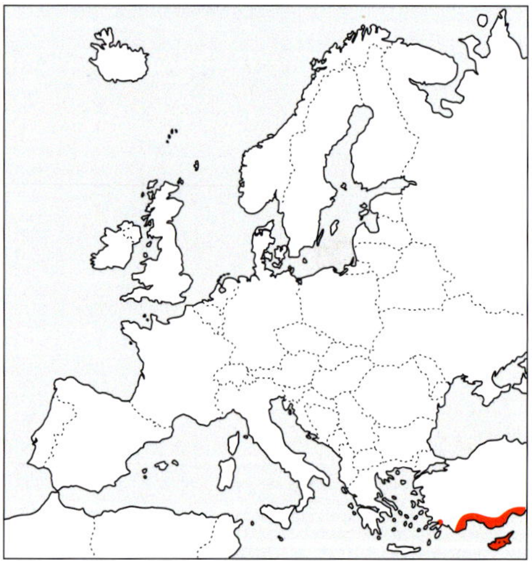

KENNZEICHEN

Große kräftige Tiere mit sehr kräftigen Füßen und Daumen. Typischer fuchsartiger Flughundkopf mit großen Augen und einfach gebauten Ohren. Das Fell ist kurz, Ober- und Unterseite sind gleichmäßig grau oder bräunlich gefärbt, Bauch und Kehle bei manchen Tieren gelblich. Jungtiere grauer und spärlicher behaart als die Erwachsenen.

Ähnliche Arten

Aufgrund der Größe im Bearbeitungsgebiet unverwechselbar.

ORTUNGSLAUTE

Als Ortungslaute werden kurze gepaarte Klicks ausgestoßen, die zwischen 70 und 12 kHz [3], auf der Sinai-Halbinsel zwischen 60 und 7 kHz liegen und 0,3–0,6 ms lang sind. Die Klicks werden mit der Zunge erzeugt. Die Doppelklicks kommen durch je einen Zungenschlag auf der rechten und linken Seite zustande. Solange die Helligkeit ausreicht, erfolgt die Orientierung optisch.

VERBREITUNG

Über ganz Afrika südlich der Sahara, Ägypten, Zypern, die Südküste Kleinasiens, den Nahen Osten und die Randbereiche der Arabischen Halbinsel bis Pakistan

Bild 271. Porträt eines Nilflughundes: Die Augen sind im Vergleich zu den Fledermäusen sehr groß und das Ohr ist einfach gebaut. Der zweite Finger trägt bei allen Flughunden eine kleine Kralle. Foto: C. DIETZ

und Nordwest-Indien verbreitet. Auf Teneriffa (Kanaren) gab es seit dem Jahr 2000 zwei heute wieder erloschene Populationen, die von entkommenen Haltungstieren abstammten [12].

Unterarten und geographische Variabilität

Neben der im Bearbeitungsgebiet vorkommenden Unterart *R. a. aegyptiacus* mindestens vier weitere Unterarten.

LEBENSRAUM

Subtropisch mediterranes Kulturland mit Obst- und Fruchtbäumen, Oasen, auch Städte mit Obstbäumen und Gärten.

Quartiere

Höhlenflughund, der meist in den höchsten Bereichen der Höhlen und in großräumigen anderen unterirdischen Gängen anzutreffen ist. Durch die Fähigkeit zur Echoortung mit Zungenklicks haben die Nilflughunde die Fähigkeit, auch tiefe dunkle Höhlen als Quartier zu nutzen, während andere Flughunde, die sich rein optisch orientieren, dies nicht können. Auf Zypern im Winter ausschließlich in Höhlen, im Sommer werden daneben auch Quartiere in Gebäuden oder frei in Bäumen bezogen [2]. In Ägypten zum Teil große Sommerkolonien in Bäumen, auch mitten in Großstädten wie Kairo.

VERHALTEN

Es werden Kolonien von meist 50–500, in manchen Höhlen von mehreren Tausend Tieren gebildet. Im Winter hängen beide Geschlechter gemischt, im Sommer bilden die Weibchen Wochenstuben und die Männchen kleinere separate Kolonien [5, 7]. Die Art kann vergesellschaftet mit allen Höhlenfledermäusen vorkommen. Es erfolgt kein Winterschlaf, kühle und nasse

Bild 272. Die Echoortung mit Klicklauten ermöglicht dem Nilflughund die Nutzung von Höhlen als Quartier, während sich die meisten anderen Flughunde ausschließlich optisch orientieren. Foto: T. PRÖHL

Perioden werden mit reduzierter Aktivität im Quartier verbracht. Nahrungsgebiete werden in Entfernungen von bis zu 24 km vom Quartier aufgesucht [7, 8], auf der Sinai-Halbinsel werden vermutlich noch weitere Strecken zurückgelegt.

FORTPFLANZUNG

In Nordafrika, auf Zypern und in Kleinasien ist der Zeitraum hohen Futterangebotes zu kurz, um sich wie in den Tropen zweimal im Jahr fortzupflanzen. Entsprechend durchlaufen die Weibchen pro Jahr nur eine Reproduktionsphase mit einem Jungen oder selten mit Zwillingen. Nach der Paarung, die entweder im Winter oder im Frühjahr stattfindet, sind die Weibchen 4 Monate lang trächtig. Je nach dem Zeitpunkt der Paarung erfolgt die Geburt von März bis April oder von August bis September [9, 13]. Ausnahmsweise können Weibchen zwei verschieden große Embryonen tragen und so an beiden Fortpflanzungsphasen teilnehmen [13]. Neugeborene haben eine Unterarmlänge von etwa 38 mm und beginnen im Alter von sieben Wochen zu fliegen, sie werden mit zwölf Wochen entwöhnt [8, 10]. Im Quartier werden unselbstständige Jungtiere von den Müttern am Körper getragen und vollständig in die Flügel eingeschlagen. Die Geschlechtsreife tritt mit 9–12 Monaten ein.

Bild 273. Beim Aufschlag während des Fluges rollen die Nilflughunde die Flügelspitzen nach innen. Foto: T. Pröhl

NAHRUNGSERWERB

Die Nahrung wird optisch oder mit dem sehr gut ausgeprägten Geruchssinn aufgespürt und reife Früchte ausgewählt. Die Früchte werden im Hängen gepflückt und teilweise an bis zu 400 Meter entfernte Fresswarten getragen und dort verzehrt. Hartschalige Früchte werden geschält, dabei werden Flügel, Füße und Daumenkrallen eingesetzt, um die Früchte festzuhalten. Durch den Transport von Samen werden Nahrungspflanzen ausgebreitet. Nilflughunde konsumieren pro Nacht 50–150% ihres Körpergewichtes an Früchten [4]. Unverdauliche Teile und große Samen, z.B. von Datteln, werden ausgespuckt, kleine Samen passieren Magen und Darm. Nilflughunde können gut und rasch klettern und nehmen dabei auch die Krallen an Daumen und zweitem Finger zur Hilfe. Vor Früchten können die Flughunde kurzfristig auch rütteln.

NAHRUNG

Flughunde fressen verschiedene, vor allem vom Menschen angebaute Früchte: Feigen, Aprikosen, Pfirsiche, Äpfel, Zitrusfrüchte, Bananen, aber auch Maulbeeren und Datteln. In Zeiten von Nahrungsknappheit, vor allem im Winter, werden auch Blätter von Johannisbrotbaum und Feigen sowie Triebe von Maulbeerbäumen gefressen. Pollen spielt vermutlich eine untergeordnete Rolle. In Plantagen werden oft übereife oder geschädigte Früchte gefressen, wodurch sich der Schaden für Obstbauern in Grenzen hält, die für den Export meist noch unreife Früchte ernten [8]. Als Früchtefresser spielen Nilflughunde eine wichtige Rolle bei der Samenausbreitung ihrer Nahrungspflanzen.

HÖCHSTALTER

In Gefangenschaft 25 Jahre [10], Freilanddaten liegen nicht vor.

ORTSWECHSEL UND WANDERUNGEN

Weite Wanderungen sind nicht bekannt, auf Zypern und im Nahen Osten kommen jedoch lokale Wanderungen zwischen Sommer- und Wintergebieten vor. Auf der Sinai-Halbinsel scheinen die Tiere größere Wüstengebiete zu überqueren, um an Nahrungsplätze in Oasen zu gelangen.

Bild 274. Nilflughunde sind reine Vegetarier, hier verzehrt ein Tier die Früchte des Paternosterbaumes *(Melia azedarach)*, die auf Zypern vor allem im Winter als Nahrung dienen. Foto: T. Pröhl

GEFÄHRDUNG

Rote Liste der IUCN 2008: LC (Least Concern), FFH-Anhang II & IV. Bis in die 1970er-Jahre noch Kolonien mit über 800 Tieren auf Zypern [13], nach Vernichtungsaktionen gingen die Kolonien auf unter 20 Tiere zurück [2]. Auf Zypern steht die Art heute vor dem Aussterben. In Israel trotz groß angelegter Vernichtungskampagnen in den 1950er-Jahren [8] heute wieder häufig, vor allem in den Küstenebenen. Dahingegen wurden Höhlenfledermäuse (Mausohren, Hufeisennasen) durch die Vergiftungen nahezu ausgerottet. Die Art scheint sich bei ausreichendem Nahrungsangebot und in ungestörten Quartieren relativ schnell von Tötungsaktionen zu erholen. Sie wird in Israel nach wie vor als Schädling angesehen und ihre Tötung ist erlaubt.

SCHUTZMASSNAHMEN

Auf Zypern und in Kleinasien müssen die Koloniehöhlen vor Störungen geschützt werden, im Nahen Osten zudem vor Vernichtungsaktionen. Durch den Schutz von Obstplantagen mit Netzen können Schäden für die Bauern reduziert werden.

OFFENE FRAGEN

- Kommt es zu saisonalen Wanderungen?
- Wie entwickeln sich die Flughundpopulationen auf Zypern und in der Türkei?
- Breitet sich die Art aufgrund von Obstanbau im Mittelmeergebiet aus?
- Wie soll mit eingeschleppten Populationen wie auf den Kanarischen Inseln umgegangen werden?

Bild 275. Dichter Cluster vor allem aus jungen Nilflughunden in einer Quartierhöhle. Foto: C. Dietz

SPEZIELLE LITERATUR

1. Bergmans, W. (1994): Taxonomy and biogeography of African fruit bats (Mammalia, Megachiroptera). 4. The genus *Rousettus* Gray, 1821. – Beaufortia **44**: 79–126.
2. Boye, P., B. Pott-Dörfer, K. Dörfer & A. Demetropoulos (1990): New records of bats from Cyprus and notes to their biology. – Myotis **28**: 93–100.
3. Holland, R. A., D. A. Waters & J. M. V. Rayner (2004): Echolocation signal structure in the megachiropteran bat *Rousettus aegyptiacus*. – J. Exp. Biol. **207**: 4361–4369.
4. Izhaki, I., C. Korine & Z. Arad (1995): The effect of bat *(Rousettus aegyptiacus)* dispersal on seed germination in eastern Mediterranean habitats. – Oecologia **101**: 335–342.
5. Karataş, A., N. Yiğit, E. Çolak & T. Kankiliç (2003): Contribution to *Rousettus aegyptiacus* (Mammalia: Chiroptera) from Turkey. – Folia Zool. **52**: 137–142.
6. Korine, C., I. Izhaki & D. Makin (1994): Population structure and emergence order in the fruit-bat *(Rousettus aegyptiacus)*. – J. Zool. **232**: 163–174.
7. Korine, C. & Z. Arad (1999): Changes in milk composition of the Egyptian fruit bat, *Rousettus aegyptiacus* during lactation. – J. Mammal. **80**: 53–59.
8. Korine, C., I. Izhaki & Z. Arad (1999): Is the Egyptian fruit-bat *Rousettus aegyptiacus* a pest in Israel? An analysis of the bat's diet and implications for its conservation. – Biol. Conserv. **88**: 301–306.
9. Korine, C., J. Speakman & Z. Arad (2004): Reproductive energetics of captive and free-ranging Egyptian fruit bats *(Rousettus aegyptiacus)*. – Ecology **85**: 220–230.
10. Kulzer, E. (1979): Physiological ecology and geographical range in the fruit-eating cave bat *Rousettus* – a review. – Bonn. Zool. Beitr. **30**: 233–275.
11. Kwiecinski, G. G. & T. A. Griffiths (1999): *Rousettus aegyptiacus*. – Mammalian Species **611**: 1–9.
12. Nogales, M., J. L. Rodriguez-Luengo & P. Marrero (2006): Ecological effects and distribution of invasive non-native mammals on the Canary Islands. – Mammal Rev. **36**: 49–65.
13. Spitzenberger, F. (1979): Die Säugetierfauna Zyperns Teil II: Chiroptera, Lagomorpha, Carnivora und Artiodactyla. – Ann. Nat.hist. Mus. Wien **82**: 439–465.
14. Waters, D. A. & C. Vollrath (2003): Echolocation performance and call structure in the megachiropteran fruit-bat *Rousettus aegyptiacus*. – Acta Chiropterologica **5**: 209–219.

Mausschwanzfledermäuse
Rhinopomatidae

Mittelgroße insektenfressende Fledermäuse mit einem langen Schwanz, der weit über die schmale Schwanzflughaut hervorragt. Die schmalen Flügel erlauben einen sehr schnellen Flug, entsprechend sind die kräftigen Ohren durch Hautleisten stabilisiert. Auf dem Nasenrücken steht an der Spitze, direkt über den Nasenlöchern, ein kleiner dreieckiger Hautlappen. Wie bei Hufeisennasen und Rundblattnasen verfügen die Weibchen zusätzlich zu den brustständigen Milchzitzen über Haftzitzen im Lendenbereich.

Nur eine Gattung: *Rhinopoma*, mit 5 Arten, die in den Tropen der Alten Welt vorkommen. Zwei Arten von Afrika, eine Art vom Iran und eine weitere von der Arabischen Halbinsel bis nach Asien verbreitet, eine Art rein afrikanisch. Im Bearbeitungsgebiet nur *Rhinopoma cystops* am Nordrand der Sahara.

Bild 276. Die Kleine Mausschwanzfledermaus ist ein schmalflügliger und schneller Flieger und jagt meist im freien Luftraum. Foto: T. PRÖHL

Kleine Mausschwanzfledermaus
Rhinopoma cystops
THOMAS, 1903

NAMEN

GB: Lesser Mouse-tailed Bat
F: Petit rhinopome
NL: Kleine klapneusvleermuis

KENNZEICHEN

Zart gebaute Fledermaus mit sehr langem und dünnem Schwanz, der länger als der Unterarm ist und zu drei Vierteln aus der schmalen Schwanzflughaut herausragt. Zarte, lange Beine und Füße. Deutlicher dreieckiger Hautlappen auf der Schnauze. Das Gesicht und der Nasenaufsatz sind dicht mit Talg- und Schweißdrüsen besetzt und kaum behaart. Große kräftige Ohren und gebogener Tragus. Kurzes seidenartiges Fell, Kinn und Bauch kaum behaart. Die Haare sind auf ganzer Länge gleichmäßig fahl grau oder graubraun gefärbt, auf der Unterseite weißlich grau.

Ähnliche Arten

Im Bearbeitungsgebiet unverwechselbar, die weiter südlich vorkommende Große Mausschwanzfledermaus *(R. microphyllum)* ist größer und robuster gebaut, ihr Schwanz ist kürzer als die Unterarmlänge und der Hautlappen auf der Nase ist kleiner.

ORTUNGSLAUTE

Im freien Luftraum 10–50 ms lange, nahezu frequenzkonstante Rufe mit drei bis vier Harmonischen [9]. Die zweite Harmonische zwischen 30 und 36 kHz enthält die meiste Energie und ist bei 32 kHz am besten detektierbar. *R. microphyllum* (2. Harmonische mit höchster Energie im Mittel bei 28 kHz) und *T. teniotis* (Bestfrequenz 10–14 kHz) rufen tiefer, bei den *Taphozous*-Arten enthalten die Harmonischen in etwa gleich viel Energie.

Maße	
Unterarm	54,0–62,2 mm
Fünfter Finger	51–60 mm
Dritter Finger	59–97 mm
Normalgewicht	8–11 g
CBL	14,8–17,2 mm
CM^3	5,0–6,2 mm

VERBREITUNG

Rund um die Sahara und in ihren Randbereichen verbreitet. Im Nordwesten bis zum Hohen Atlas in Marokko und zum Sahara-Atlas in Algerien und Tunesien. Im Süden bis in den Sudan und Kenia; über die ganze Arabische Halbinsel, nach Norden bis Syrien und Israel.

Unterarten und geographische Variabilität

Eine ganze Reihe von Unterarten wurden beschrieben [10], sie sind jedoch kaum voneinander abgegrenzt. Die erhebliche innerartliche Variabilität kann als lokale Anpassung an die Nahrungsverfügbarkeit gedeutet werden.

Bild 277. Porträt der Kleinen Mausschwanzfledermaus: Über den Nasenlöchern befindet sich ein kleiner dreieckiger Hautlappen und im Gesicht gibt es zahlreiche Drüsenausgänge. Foto: C. Dietz

LEBENSRAUM

Vor allem Halbwüsten und Wüsten, in denen sich geeignete Quartiere bevorzugt in Klippen von Wadis, in Felsen und Höhlen finden.

Quartiere

Höhlenfledermaus, die aber auch in anderen unterirdischen Gängen, Kellern und Ruinen sowie in Felsspalten und Blockhalden anzutreffen ist.

VERHALTEN

Im Herbst können umfangreiche Fettreserven im Bereich der Lenden an Bauch und Rücken aufgebaut werden. Es findet kein Winterschlaf statt, bei ungünstiger Witterung verbleiben die Tiere jedoch im Quartier, reduzieren die Aktivität (260–340 Herzschläge pro Minute statt 540–620 bei Erregung [6]) und senken die Körpertemperatur leicht ab. In den Quartieren hängen die Tiere oft an den Wänden, seltener an der Decke. Sie krallen sich mit den Füßen und den Daumen an den Wänden fest, der Schwanz ist dabei antennenartig nach vorne umgebogen. Bei Störungen wird der Kopf weit in den Nacken durchgebogen und die Umgebung mit raschen Kopfbewegungen abgesucht. In Spalten gesetzte Tiere krabbeln rasch rückwärts hinein, wobei der Schwanz ähnlich wie bei *Tadarida* als Sonde eingesetzt wird [eigene Daten]. In der Regel Kolonien von wenigen Dutzend bis zu mehreren Hundert Tieren. Im April in Marokko gemischte Kolonie beiderlei Geschlechts [eigene Daten], es wurden aber auch reine Männchenkolonien gefunden. Häufig mit der Großen Mausschwanzfledermaus vergesellschaftet, in Ägypten oft zusammen mit Grabfledermäusen *(Taphozous perforatus)*, aber auch mit Hufeisennasen, Rundblattnasen oder Flughunden. Im April wurde in Marokko ein Verhalten ähnlich dem spätsommerlichen Schwärmen von Fledermäusen in Mitteleuropa beobachtet: Über 100 *R. cystops* und *R. microphyllum* kreisten stundenlang vor einem Höhleneingang und den umgebenden Felswänden [eigene Daten]. Bei Erregung (z.B. beim Fang) werden Schweißtropfen im Gesicht abgesondert. Die Nasenlöcher werden nach jedem Atemzug verschlossen, vermutlich, um den respiratorischen Wasserverlust (durch die Atmung) zu minimieren.

FORTPFLANZUNG

Weitgehend unbekannt, in Ägypten und auf der Arabischen Halbinsel wird ein Junges pro Weibchen im August aufgezogen [7, allg. Lit. 46].

NAHRUNGSERWERB

Die Nahrung wird im raschen schwalbenartigen Flug erbeutet, Gleitstrecken wechseln mit raschen Flügelschlägen ab. Insbesondere die charakteristischen Segelphasen lassen *Rhinopoma* gut von anderen Fledermäusen im freien Luftraum unterscheiden. Im Flug sehr wendig, bei der Verfolgung von Insekten stürzen sich die Mausschwanzfledermäuse bis knapp über Bodenhöhe hinab. Sie können sich auch Aufwinde zunutze machen, ruhig in der Luft stehen und mit der Luftströmung treibende Insekten abfangen. Häufig können Mausschwanzfledermäuse bei der Jagd in Gruppen beobachtet werden [3].

NAHRUNG

Die Nahrung besteht je nach Jahreszeit vor allem aus flugfähigen Käfern und schwärmenden Ameisen [11] oder aus Nachtfaltern. In Indien spielen Käfer und Grillen während der Trockenzeit eine große Rolle; während der Regenzeit dominieren Termiten, Ameisen und Falter [1]. Mausschwanzfledermäuse können ihren Wasserbedarf weitestgehend aus der Nahrung decken.

ORTSWECHSEL UND WANDERUNGEN

Die Art führt im Nahen Osten saisonale Wanderungen durch, die bislang jedoch kaum erforscht sind. Auffällig ist das kurzzeitige Auftreten großer bis sehr großer Kolonien in Gebieten, in denen die Art zu anderen Jahreszeiten nicht anzutreffen ist.

GEFÄHRDUNG

Weitgehend unbekannt. Rote Liste der IUCN 2010: LC (Least Concern). Nachweise im Bearbeitungsgebiet sind relativ selten, was jedoch auf den ungenügenden Untersuchungsstand und die Schwierigkeiten beim Nachweis von hoch fliegenden Arten zurückzuführen sein dürfte.

Bild 278. Im Quartier hängen Kleine Mausschwanzfledermäuse meist an den Wänden, sie können aber auch rückwärts in enge Spalten kriechen; der lange Schwanz dient dabei als Tastsonde. Foto: C. Dietz

OFFENE FRAGEN

- Wie und wohin wandern welche Teile der Population?
- Sind saisonale Vorkommen von Beuteinsekten der Grund für Wanderungen?
- Sind Größenunterschiede verschiedener Populationen durch unterschiedliche Nahrungsverfügbarkeit bedingt?
- Welche physiologischen Anpassungen ermöglichen ein Überleben in der Wüste?

Bild 279. Jagdgebiete der Kleinen Mausschwanzfledermaus liegen oft in Wadis an den Gebirgsrändern wie hier am Anti-Atlas in Marokko. Foto: C. Dietz

SPEZIELLE LITERATUR

1. Advani, R. (1983): Seasonal fluctuations in the diet composition of *Rhinopoma hardwickei* in the Rajasthan Desert. – Nyctalus (N.F.) **1**: 544–548.
2. Feldman, R., J. O. Whitaker & Y. Yom-Tov (2000) Dietary composition and habitat use in a desert insectivorous bat community in Israel. – Acta Chiropterologica **2**: 15–22.
3. Habersetzer, J. (1981): Adaptive echolocation sounds in the bat *Rhinopoma hardwickii*. – J. Comp. Physiol. **144**: 559–566.
4. Kowalski, K. & B. Rzebik-Kowalska (1991): Mammals of Algeria. – Polish Academy of Sciences.
5. Kulzer, E. (1966): Thermoregulation bei Wüstenfledermäusen. – Natur und Museum **96**: 242–253.
6. Kulzer, E., I. Helmy & G. Necker (1985): Untersuchungen über die Drüsen der Gesichtsregion der ägyptischen Mausschwanz-Fledermaus *Rhinopoma hardwickei cystops*. – Z. Säugetierk. **50**: 57–68.
7. Qumsiyeh, M. B. & J. J. Knox (1986): *Rhinopoma hardwickii* and *Rhinopoma muscatellum*. – Mammalian Species **263**: 1–5.
8. Schmidt, U. & G. Joermann (1983): Untersuchungen zur Echoortung im Gruppenflug bei Mausschwanzfledermäusen *(Rhinopoma microphyllum)*. – Z. Säugetierk. **48**: 201–210.
9. Simmons, J. A., S. A. Kick & B. D. Lawrence (1984): Echolocation and hearing in the mouse-tailed bat, *Rhinopoma hardwickei*: acoustic evolution of echolocation in bats. – J. Comp. Physiol. A **154**: 347–356.
10. van Cakenberghe, V. & F. de Vree (1994): A revision of the Rhinopomatidae, with description of a new subspecies. – Senckenb. Biol. **73**: 1–24.
11. Whitaker, J. O. & Y. Yom-Tov (2002): The diet of some insectivorous bats from northern Israel. – Mamm. Biol. **67**: 378–380.

Bild 280: Kleine Mausschwanzfledermaus (links) und Dreizack-Blattnase kommen oft gemeinsam vor. Foto: C. Dietz

Schlitz- oder Hohlnasenfledermäuse
Nycteridae

Kleine bis mittelgroße insektenfressende und fleischfressende Fledermäuse. Der Nasenrücken weist eine charakteristische tiefe Längsfurche auf, durch die die Echoortungslaute ausgestoßen werden. Die Ohren sind auffallend lang und abgerundet. Der Schwanz ist auf ganzer Länge in die Schwanzflughaut einbezogen, der letzte Schwanzwirbel weist eine typische T-Form auf.

Nur eine Gattung: *Nycteris*, mit 16 Arten und paläotropischer Verbreitung. 14 Arten in Afrika und der arabischen Halbinsel, zwei Arten im Fernen Osten. Im Bearbeitungsgebiet nur *Nycteris thebaica* an der marokkanischen Atlantik-Küste.

Ägyptische Schlitznasenfledermaus
Nycteris thebaica
Geoffroy, 1818

Bild 281. Gemischte Kolonie der Ägyptischen Schlitznasenfledermaus mit der Kleinen Rundblattnase in einem Kanalrohr im südlichen Marokko. Foto: T. Pröhl

NAMEN

GB: Egyptian Slit-faced Bat
F: Nyctère de la Thébaide
E: Murciélago egipcio
I: Nitteride di Tebe
NL: Thebaanse spleetneusvleermuis
S: Egyptisk klyvsvans

KENNZEICHEN

Mittelgroße Fledermaus mit langem und lockerem Fell. Auf der Oberseite bräunlich oder gelblich-grau, die Unterseite heller. Der Nasenrücken ist kompliziert geformt und weist in seiner Längsrichtung eine tiefe Furche auf, die seitlich in Hautlappen mündet. Die auffallenden Ohren sind mehr als halb so lang wie der Körper, berühren sich nicht und sind am Ende stumpf abgerundet. Die Flügel sind breit und der Schwanz ist auf ganzer Länge in die Schwanzflughaut einbezogen. Der letzte Schwanzwirbel weist T-förmige Seitenäste auf, die den Rand der Schwanzflughaut stützen.

Ähnliche Arten

Im Bearbeitungsgebiet unverwechselbar.

ORTUNGSLAUTE

Leise frequenzmodulierte Laute aus zwei oder mehr Harmonischen, die in weniger als 2 ms Dauer von 100 auf 65 kHz abfallen. In Nordafrika mit keiner anderen Art verwechselbare Echoortungslaute.

VERBREITUNG

In ganz Afrika bis auf die zentralen Bereiche der Sahara und die Tropenwälder verbreitet, auf der Arabischen Halbinsel bis nach Israel. Bei angeblichen Nachweisen von Korfu und Sizilien handelt es sich um Fundortverwechslungen. Im Bearbeitungsgebiet nur isolierte Vorkommen in Marokko.

Unterarten und geographische Variabilität

Eine Vielzahl von Unterarten wurde beschrieben, derzeit gelten je nach Autor

Maße

Unterarm	41–49 mm
Fünfter Finger	58–62 mm
Dritter Finger	76–81 mm
Normalgewicht	8–12 g
CBL	16,6–17,8 mm
CM^3	6,1–7,1 mm

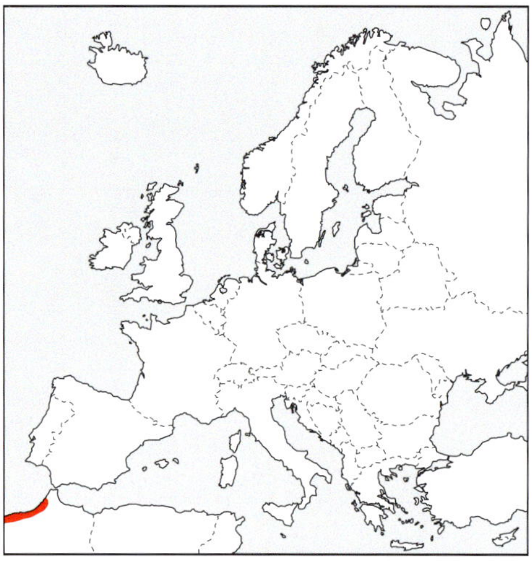

sieben bis neun als anerkannt. Eine genetische Neubearbeitung steht bislang jedoch aus. Möglicherweise umfasst die Ägyptische Schlitznasenfledermaus mehrere kryptische Arten. In Marokko ist *N. t. thebaica* anzutreffen.

LEBENSRAUM

Typische Savannen-Fledermaus, entlang von Galeriewäldern und in Oasen können aber auch Halbwüsten besiedelt werden. In Marokko entlang der Atlantikküste in semiariden Gebieten vorkommend. Eine Kolonie befindet sich im Nationalpark Oued Massa [2] und ist von dichter Auenvegetation (Schilfgürtel und Weidendickichte) umgeben.

Quartiere

Als Tagesquartiere werden Höhlen, Gebäude, Ruinen, Bergwerke und Quellfassungen genutzt, oft in klein dimensionierten trockenen Bereichen. Als Nachtruheplätze werden Gebäude und Zimmer genutzt, diese können über Jahre hinweg von den gleichen Individuen aufgesucht werden [11].

VERHALTEN

Aufgrund der breiten Flügel und der großen Schwanzflughaut geringe Flächenbelastung und Flügelstreckung. Entsprechend sehr manövrierfähige und langsam fliegende Art. Im Quartier meist frei hängend. Vermutlich ganzjährig aktiv. Kolonien umfassen wenige bis zu Hundert, im südlichen Afrika auch mehrere Tausend Tiere. Schlitznasenfledermäuse können mit Hufeisennasen, Rundblattnasen und Mausschwanzfledermäusen zusammen hängen.

FORTPFLANZUNG

Auf der Arabischen Halbinsel wird nur ein Junges je Weibchen im Frühjahr geboren. Weibchen können ihr noch unselbstständiges Junges auf Jagdflügen transportieren, dabei handelt es sich möglicherweise um eine Anpassung an niedrige, für Beutegreifer leicht zugängliche Quartiere. In Namibia erfolgen Balz und Paarung anscheinend im Flug [9].

NAHRUNGSERWERB

Die Nahrung wird entweder in Wartenjagd oder in wendigem und langsamem Flug in der Luft erbeutet oder vom Boden abgesammelt. Die Schlitznasenfledermäuse nutzen häufig Warten an Ästen oder Felsen und suchen mit raschen Kopf- und Ohrbewegungen die Gegend ab. Mit den großen

Bild 282. Im Flug sind bei der Ägyptischen Schlitznasenfledermaus die langen Ohren und das charakteristische T-förmige Ende des letzten Schwanzwirbels gut zu sehen. Foto: T. Pröhl

Ohren wird die Beute passiv über Raschelgeräusche geortet [6]. Schlitznasenfledermäuse können auch über dem Boden rütteln. Große Beute wird an Jagdwarten verzehrt [6].

Bild 283. Ägyptische Schlitznasenfledermäuse suchen gerne Jagdwarten in Bäumen, Büschen oder an Felsen auf. Foto: C. Dietz

NAHRUNG

Die Nahrung umfasst Heuschrecken, Grillen und Käfer, und eine Vielzahl anderer auch flugunfähiger Gliedertiere: Schaben, Skorpione [5], Spinnen [3] und Schmetterlingsraupen. In Sambia haben erwachsene Falter eine geringe Bedeutung, während die Raupen vor allem im Winter bis zur Hälfte der Beute ausmachen [13].

HÖCHSTALTER

Das Höchstalter liegt bei mindestens zehn Jahren [11].

ORTSWECHSEL UND WANDERUNGEN

Aus Südafrika wurde ein Überflug über 107 km bekannt [10].

GEFÄHRDUNG

Weitgehend unbekannt. Rote Liste der IUCN 2008: LC (Least Concern).

OFFENE FRAGEN

- Wie weit ist die Art in Marokko verbreitet?
- Besteht über die Westsahara Kontakt zu den Populationen südlich der Sahara?
- Welche ökologischen Ansprüche hat die Art in Marokko?
- Wie viele kryptische Arten umfasst *N. thebaica*?
- Wie wird giftige Nahrung (Skorpione) überwältigt und wie schützen sich die Fledermäuse vor Stichen?

SPEZIELLE LITERATUR

1. Aldridge, H. D. J. N., M. K. Obrist, H. G. Merriam & M. B. Fenton (1990): Roosting, vocalizations, and foraging behaviour by the African bat, *Nycteris thebaica*. – J. Mammal. **71**: 242–246.
2. Arlettaz, R. & S. Aulagnier (1988): Statut de trois espèces de chiroptères rares au Maroc: *Nycteris thebaica*, *Hipposideros caffer* et *Pipistrellus rueppelli*. – Z. Säugetierk. **53**: 321–324.
3. Bowie, R. C. K., D. S. Jacobs & P. J. Taylor (1999): Resource use by two morphologically similar insectivorous bats (*Nycteris thebaica* and *Hipposideros caffer*). – S. Afr. J. Zool. **34**: 27–33.
4. Feldman, R., J. O. Whitaker & Y. Yom-Tov (2000): Dietary composition and habitat use in a desert insectivorous bat community in Israel. – Acta Chiropterologica **2**: 15–22.
5. Felten, H. (1956): Fledermäuse fressen Skorpione. – Natur & Volk **86**: 53–57.
6. Fenton, M. B., C. L. Gaudet & M. L. Leonard (1983): Feeding behaviour of the bats *Nycteris grandis* and *Nycteris thebaica* (Nycteridae) in captivity. – J. Zool. **200**: 347–354.
7. Gray, P. A., M. B. Fenton & V. van Cakenberghe (1999): *Nycteris thebaica*. – Mammalian Species **612**: 1–8.
8. LaVal, R. K. & M. L. LaVal (1980): Prey selection by the large slit-faced bat *Nycteris thebaica* (Chiroptera: Nycteridae) in Natal, South Africa. – Biotropica **12**: 241–246.
9. Lindeque, M. (1987): Observation on mating behaviour in the common slit-faced bat *Nycteris thebaica*. – Madoqua **15**: 183–185.
10. Monadjem, A. (2006): Longevity and movement of the common slit-faced bat *Nycteris thebaica*. – African Bat Conservation News **9**: 7.
11. Roer, H. (1992): Jagdbiotop-Quartiertreue und Lebenserwartung der Großohr-Hohlnase (*Nycteris thebaica*) (Mammalia: Chiroptera) in der Namibwüste. – In: I. Horáček & V. Hanák (eds.): Prague studies in Mammalogy: 143–147; Charles University Press.
12. van Cakenberghe, V. & F. de Vree (1998): Systematics of African *Nycteris* (Mammalia: Chiroptera) Part III. The *Nycteris thebaica* group. – Bonn. Zool. Beitr. **48**: 123–166.
13. Whitaker, J. O. & H. Black (1976): Food habits of cave bats from Zambia, Africa. – J. Mammal. **57**: 199–204.

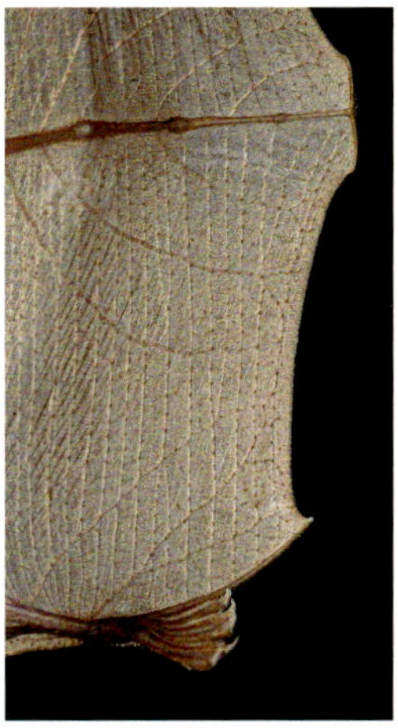

Bild 284: Schwanzflughaut und T-förmiger letzter Schwanzwirbel der Ägyptische Schlitznasenfledermaus. Foto: C. Dietz

Rundblattnasenfledermäuse
Hipposideridae

Kleine insektenfressende Fledermäuse, die eng mit den Hufeisennasen verwandt sind und früher als Unterfamilie zu diesen gerechnet wurden. Der Nasenrücken ist durch die Bildung eines Hufeisens und weiterer Hautausstülpungen kompliziert geformt, im Gegensatz zu den Hufeisennasen fehlen jedoch Sella und Lanzette. Die Echoortungslaute werden durch die Nasenlöcher ausgestoßen. Die Ohren weisen keinen Tragus, aber einen Antitragus auf und sind meist zugespitzt. Der Schwanz ist ganz in die Schwanzflughaut einbezogen oder bis zur Hälfte seiner Länge frei. Weibchen haben neben den brustständigen Milchzitzen ausgeprägte Haftzitzen in der Analregion, die den Jungen zum Festhalten dienen.

Die Familie umfasst neun Gattungen mit 81 Arten, die paläotropisch verbreitet sind. Im Bearbeitungsgebiet kommen lediglich zwei Gattungen mit je einer Art randlich vor: *Hipposideros tephrus* in savannenartigen Lebensräumen an der marokkanischen Atlantikküste und *Asellia tridens* in Wüsten und Halbwüsten Nordafrikas.

Cabrera-Rundblattnase
Hipposideros tephrus
Cabrera, 1906

NAMEN

GB: Cabreras Leaf-nosed Bat
F: Phyllorhine cendrée

KENNZEICHEN

Eine zierliche Rundblattnase mit relativ einfach geformtem rundlichem Nasenblatt. Das Fell ist dicht und locker, die marokkanischen Tiere sind am Rücken graubraun und auf der Unterseite heller gefärbt. Die relativ großen Ohren sind zugespitzt.

Maße

Unterarm	44,6–47,8 mm
Fünfter Finger	48–52 mm
Dritter Finger	57–62 mm
Normalgewicht	7–10 g
CBL	14,1–14,4 mm
CM^3	5,1–5,3 mm

Ähnliche Arten

Im Bearbeitungsgebiet nur mit der Dreizack-Blattnase verwechselbar, diese ist jedoch größer und die Oberkante des Nasenblattes weist drei vertikale Fortsätze auf.

ORTUNGSLAUTE

In Marokko frequenzkonstante Laute mit einer Ruhefrequenz um 135 kHz (133–137 kHz) mit schwach ausgeprägtem frequenzmoduliertem Teil am Ende des Lautes [eigene Daten]. Durch die Frequenz mit keiner anderen Art in Nordafrika verwechselbar.

VERBREITUNG

Sahelzone südlich der Sahara und im Süden der Arabischen Halbinsel (Jemen und Saudi-Arabien). In Marokko isoliertes Vorkommen an der Atlantikküste mit Nachweisen bis Tanger.

Unterarten und geographische Variabilität

Monotypische Art.

LEBENSRAUM

In Nordafrika typische Fledermaus von Savannen, Galeriewäldern und Oasen. Semiaride Gebiete und Halbwüsten werden

Bild 285: Weibchen der Cabrera-Rundblattnase mit ihrem noch kleinem Jungen am Bauch. Foto: C. DIETZ

nur randlich besiedelt. In Marokko entlang der Atlantikküste in macchiaartig bewachsenen oder in savannenartigen, locker mit Eisenholzbäumen bestandenen Gebieten. Eine große Kolonie befindet sich im Nationalpark Oued Massa [1, allg. Lit. 10] und ist von dichter Auenvegetation (Schilfgürtel und Weidendickichte) umgeben, die an den Hängen über Euphorbien-Fluren in Halbwüste übergeht.

Quartiere

Als Tagesquartiere werden Höhlen und andere unterirdische Gänge sowie menschliche Strukturen wie Brunnen und Keller aufgesucht. In Marokko befindet sich eine Kolonie mit über 250 Individuen in einem niedrigen Kanalrohr. Auf der Arabischen Halbinsel wurden Einzeltiere in Bäumen gefunden [allg. Lit. 46]. Als Nachthangplätze werden auch Räume in Gebäuden genutzt.

VERHALTEN

In einer Kolonie in Marokko hingen adulte Männchen und trächtige Weibchen gemischt [eigene Daten]. Im Quartier vergesellschaftet mit Hufeisennasen, anderen Rundblattnasen und Schlitznasenfledermäusen. Vermutlich ganzjährig aktiv.

Bild 286. Wie die Hufeisennasen schlägt auch die Cabrera-Rundblattnase in Ruhe den Schwanz auf den Rücken, hier ein adultes Weibchen. Foto: C. DIETZ

Bild 287. Porträt der Cabrera-Rundblattnase. Foto: C. Dietz

FORTPFLANZUNG

Weitgehend unbekannt, in Marokko waren die Weibchen Mitte April deutlich sichtbar trächtig und wogen 1,5 g mehr als die Männchen, Anfang Juni hatten die ersten Weibchen kleine Jungtiere [eigene Daten].

NAHRUNGSERWERB

Die Cabrera-Rundblattnase weist ein der Kleinen Hufeisennase ähnliches Flugverhalten auf: Die kurzen breiten Flügel mit geringer Flächenbelastung ermöglichen einen sehr manövrierfähigen Flug. Die langen frequenzkonstanten Laute erlauben eine Detektion fliegender Beute anhand von akustischen Glints auf den Echos. Die Insektennahrung wird im Flug nahe am Boden oder an der Vegetation erbeutet, größere Beute wird im Hängen verzehrt [3].

NAHRUNG

Nachtfalter und Dipteren machen im Frühjahr in Marokko den Hauptteil der Nahrung aus (eigene Daten). Andere Insekten haben eine geringe Bedeutung als Nahrung.

GEFÄHRDUNG

Weitgehend unbekannt. Rote Liste der IUCN: bisher nicht erfasst. Zu den marokkanischen Populationen liegen keine verlässlichen Angaben vor.

OFFENE FRAGEN

- Wie weit ist die Art in Marokko verbreitet?
- Welche Habitate werden als Jagdgebiete aufgesucht?

SPEZIELLE LITERATUR

1. Arlettaz, R. & S. Aulagnier (1988): Statut de trois espèces de chiroptères rares au Maroc: *Nycteris thebaica, Hipposideros caffer* et *Pipistrellus rueppelli*. – Z. Säugetierk. **53**: 321–324.
2. Bowie, R. C. K., D. S. Jacobs & P. J. Taylor (1999): Resource use by two morphologically similar insectivorous bats (*Nycteris thebaica* and *Hipposideros caffer*). – S. Afr. J. Zool. **34**: 27–33.
3. Dunning, D. C. & M. Krüger (1996): Predation upon moths by free-foraging *Hipposideros caffer*. – J. Mammal. **77**: 708–715.
4. Eisentraut, M. (1956): Beitrag zur Ökologie Kameruner Chiropteren. – Mitt. Zool. Mus. Berlin **25**: 245–274.
5. Fenton, M. B., N. G. H. Boyle, T. M. Harrison & D. J. Oxley (1977): Activity patterns, habitat use, and prey selection by some African insectivorous bats. – Biotropica **9**: 73–85.
6. Hill, J. E. (1963): A revision of the genus *Hipposideros*. – Bull. Br. Mus. (Nat. Hist.) Zool. **11**: 1–129.
7. Jones, G., M. Morton, P. M. Hughes & R. M. Budden (1993): Echolocation, flight morphology and foraging strategies of some West African hipposiderid bats. – J. Zool. **230**: 385–400.
8. Whitaker, J. O. & H. Black (1976): Food habits of cave bats from Zambia, Africa. – J. Mammal. **57**: 199–204.

Dreizack-Blattnase
Asellia tridens (GEOFFROY, 1813)

NAMEN

GB: Trident Leaf-nosed Bat
F: Trident du désert
NL: Drietandbladneusvleermuis

KENNZEICHEN

Mittelgroße Blattnase mit kompliziert geformtem Nasenblatt, das an seiner Oberkante drei senkrechte Fortsätze aufweist. Der mittlere Fortsatz ist zugespitzt, die beiden seitlichen enden stumpf. Die Ohren sind groß. Das kurze Fell ist am Rücken bräunlich-sandfarben und auf der Unterseite orangebraun, Jungtiere hellgrau mit nahezu weißer Unterseite. In Marokko herrscht eine gelblichbraune Fellfärbung vor, die Unterseite ist heller cremefarben. Die Schwanzspitze ragt in Ruhe 3–5 mm und im Flug wesentlich weiter über den Rand der Schwanzflughaut hinaus. Männchen scheinen bei dieser Art größer als die Weibchen zu sein.

Ähnliche Arten

Durch die drei senkrechten Fortsätze an der Oberkante des Nasenblattes unverwechselbar.

ORTUNGSLAUTE

Lange frequenzkonstante Laute zwischen 117 und 124 kHz mit deutlich ausgeprägtem frequenzmoduliertem Endteil [eigene Daten, TSOAR mündlich]. Auf Grund der Frequenz mit keiner anderen Art in Nordafrika verwechselbar.

VERBREITUNG

In Afrika vor allem in der Sahara, auch in deren zentralen Bereichen, verbreitet. In Nordwest-Afrika südlich des Hohen Atlas [allg. Lit. 10] und des Sahara-Atlas vorkommend. In Tunesien, Libyen und Ägypten reicht die Verbreitung bis ans Mittelmeer, südlich der Sahara bis Gambia und Soma-

Maße

Unterarm	46,0–54,1 mm
Fünfter Finger	46–52 mm
Dritter Finger	59–66 mm
Normalgewicht	ca. 10 g
CBL	15,8–18,4 mm
CM³	6,3–7,7 mm

Bild 288. Kolonie der Dreizack-Blattnase in einem Kellerraum in Israel. Die hell gefärbten Jungtiere sind deutlich von den braunen Alttieren zu unterscheiden. Foto: E. LEVIN

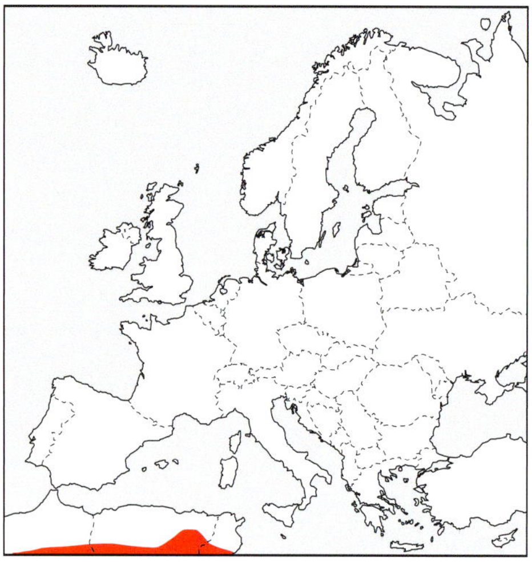

lia. In Asien auf der ganzen Arabischen Halbinsel vorkommend, nördlich bis Israel und Syrien, nach Osten bis Pakistan verbreitet [allg. Lit. 46].

Unterarten und geographische Variabilität

In Nordwest-Afrika kommt *A. t. diluta* vor, die oft zu der in Ägypten und im Yemen verbreiteten *A. t. tridens* gestellt wird. Im Osten der Arabischen Halbinsel *A. t. murraiana*, südlich der Sahara *A. t. italosomalica*. Die Unterarten sind schlecht voneinander abgegrenzt, die Größenunterschiede spiegeln möglicherweise Anpassungen an unterschiedliche Nahrungsverfügbarkeit und Klimate wieder.

LEBENSRAUM

Typische Wüsten- und Halbwüstenfledermaus, die große Teile der Sahara besiedelt.

Quartiere

Höhlenbewohnende Art, die in unterirdischen Gängen, Ruinen und Brunnen angetroffen werden kann. In Marokko Kolo-

Bild 289. Portrait eines adulten Männchens der Dreizack-Blattnase aus Marokko. Foto: C. Dietz

Bild 290: Dreizack-Blattnase an der Jagdwarte in einem Wadi am Rand der Sahara. Foto: C. Dietz

nien in unterirdischen Wasserkanälen von Oasen (Rhettara) und Höhlen, teilweise niedrig über dem Wasser hängend.

VERHALTEN

Die Weibchen können sich zu Kolonien von mehreren Hundert [2], auf der Arabischen Halbinsel von bis zu 5000 Tieren [allg. Lit. 46] zusammenschließen. Neben solchen Fortpflanzungskolonien gibt es auch Männchenkolonien mit bis zu 50 Individuen [1]. In Israel, Ägypten und Marokko sind die Tiere nur von Mai bis Oktober anzutreffen, vermutlich finden Wanderungen statt, die Wintergebiete sind nicht bekannt.

FORTPFLANZUNG

Ein einzelnes Junges wird im späten Frühjahr geboren.

NAHRUNGSERWERB

Die Dreizack-Blattnase weist längere Flügel und eine höhere Flügelflächenbelastung als die ansonsten sehr ähnliche Kleine Rundblattnase auf [4]. Dies kann als Anpassung an schnelleren und weniger wendigen Flug in offenen Jagdhabitaten wie Wüsten und Halbwüsten gewertet werden. Dennoch können auch innerhalb von Oasen jagende Tiere angetroffen werden. Vermutlich wird fast ausschließlich fliegende Beute erjagt.

NAHRUNG

Die Nahrung besteht hauptsächlich aus Käfern (35–80%), gefolgt von Schmetterlingen, Zweiflüglern und Geradflüglern [3, 4, 7]. Teilweise werden sehr große Falter und Heuschrecken erbeutet, die an Ruheplätzen verzehrt werden [6].

GEFÄHRDUNG

Weitgehend unbekannt. Rote Liste der IUCN 2008: LC (Least Concern).

OFFENE FRAGEN

- Ist in Nordwest-Afrika ein Rückgang der Populationen zu verzeichnen?
- Lassen sich verschiedene Unterarten abgrenzen?
- Wie unterscheiden sich die Nahrung und die Beutewahl in verschiedenen Klimaten?
- Wohin ziehen die Tiere aus den nördlichen Gebieten im Winter?

Bild 291: Nasenaufsatz der Dreizack-Blattnase. Foto: C. Dietz

SPEZIELLE LITERATUR

1. Brosset, A. (1955): Observations sur la biologie des chiroptères du Maroc oriental. – Bulletin de la Société des Sciences Naturelles et Physiques du Maroc **35**: 295–306.
2. Brosset, A. & B. Caubère (1960): La colonie d'*Asellia tridens* de l'oasis de Figuig (Chiroptères). – Mammalia **24**: 222–227.
3. Feldman, R., J. O. Whitaker & Y. Yom-Tov (2000): Dietary composition and habitat use in a desert insectivorous bat community in Israel. – Acta Chiropterologica **2**: 15–22.
4. Jones, G., M. Morton, P. M. Hughes & R. M. Budden (1993): Echolocation, flight morphology and foraging strategies of some West African hipposiderid bats. – J. Zool. **230**: 385–400.
5. Owen, R. D. & M. B. Qumsiyeh (1987): The subspecies problem in the Trident leaf-nosed bat, *Asellia tridens*: homomorphism in widely separated populations. – Z. Säugetierk. **52**: 329–337.
6. Whitaker, J. O., B. Shalmon & T. H. Kunz (1994): Food and feeding habits of insectivorous bats from Israel. – Z. Säugetierk. **59**: 74–81.
7. Whitaker, J. O. & Y. Yom-Tov (2002): The diet of some insectivorous bats from northern Israel. – Mamm. Biol. **67**: 378–380.

Hufeisennasenfledermäuse
Rhinolophidae

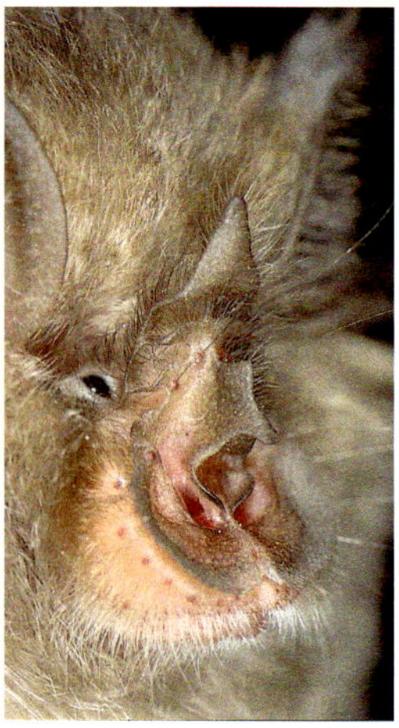

Bild 292. Porträt einer Kleinen Hufeisennase von Sardinien, mit den für die Gattung typischen Nasenaufsätzen. Foto: C. Dietz

Kleine bis mittelgroße vorwiegend insektenfressende Fledermäuse mit einem kompliziert geformten Nasenaufsatz: Auf dem Nasenrücken sitzt eine hufeisenförmige Hautfalte, über der ein Sattel und eine Lanzette stehen, die über weitere Hautbildungen verbunden sind. Die Nasenaufsätze stellen eine Anpassung an die sehr spezialisierte Echoortung dar: Die langen frequenzkonstanten Laute werden durch die Nase ausgesandt und durch die Hautbildungen gerichtet und gebündelt. Flatternde Beute kann anhand des Musters von Frequenz- und Amplitudenänderungen auf den Echos (akustische Glints) erkannt und klassifiziert werden. Um die rückkehrenden Echos auswerten zu können, verfügen die Hufeisennasen über ein hochspezialisiertes Hörsystem mit akustischer Fovea (s. Kapitel Echoortung). Die Laute sind lang und in ihrem Mittelteil frequenzkonstant, Anfangs- und Endteil sind frequenzmoduliert. Die Ohren besitzen keinen Tragus und bewegen sich rasch und synchron mit der Lautaussendung. Weibchen haben neben den brustständigen Milchzitzen ein weiteres Paar Haftzitzen in der Analregion, an denen sich die Jungen festsaugen können. In Ruhe schlagen die Hufeisennasenfledermäuse den Schwanz auf den Rücken. Im Winterschlaf können sich manche Arten ganz in die Flughäute einhüllen. Der Zwischenkieferknochen ist reduziert, nicht fest mit dem Gaumen verwachsen und weist nur rudimentäre Schneidezähne auf.

Die Hufeisennasenfledermäuse sind eng mit den Rundblattnasenfledermäusen verwandt, beide wurden früher in einer Familie zusammengefasst. Sie sind vor allem in den Tropen der Alten Welt von Afrika bis Australien verbreitet, einige Arten erreichen auch die gemäßigten Breiten. Die Hufeisennasen umfassen nur eine Gattung *Rhinolophus* mit mindestens 77 Arten, die anhand der unterschiedlichen Form der Nasenaufsätze bestimmbar sind [allg. Lit. 22]. In Europa kommen fünf Arten vor, zwei davon erreichen Mitteleuropa, die anderen drei Arten sind weitgehend auf das Mittelmeergebiet und die Balkanhalbinsel beschränkt.

Kleine Hufeisennase
Rhinolophus hipposideros (Bechstein, 1800)

Maße

Unterarm	36,1–39,6 mm
Fünfter Finger	47–53 mm
Dritter Finger	51–57 mm
Erstes Glied am vierten Finger	5,7–7,5 mm
Zweites Glied am vierten Finger	12,0–14,2 mm
Normalgewicht	4–7 g
Condylocaninlänge	13,2–14,1 mm
Obere Zahnreihe	5,0–5,5 mmk

NAMEN

GB: Lesser Horseshoe Bat
F: Petit rhinolophe
E: Murciélago pequeño de herradura
I: Ferro di cavallo minore
NL: Kleine hoefijzerneus
S: Dvärghästskonäsa
PL: Podkowiec maly

KENNZEICHEN

Eine der kleinsten einheimischen Fledermausarten. Bei den zierlichen Tieren wirken das Hufeisen und vor allem die Lanzette besonders groß. Der obere Sattelfortsatz ist kurz und gerundet, der untere länger und spitz ausgezogen. Das lockere Rückenfell ist bräunlich bis gelblichbraun, auf der Unterseite hell grauweiß. Jungtiere sind insgesamt wesentlich grauer. Flughäute und Ohren sind braun gefärbt. Die Flügel sind sehr breit, kurz und abgerundet. Im Winterschlaf hüllt sich die Kleine Hufeisennase komplett in die Flughäute ein. Die Hinterfüße sind klein. Die Unterlippe weist nur eine kleine Einkerbung auf.

Ähnliche Arten

Durch die geringe Größe (Unterarmlänge < 43 mm) und den abgerundeten kurzen oberen Sattelfortsatz unverwechselbar.

ORTUNGSLAUTE

Die bis zu 60 ms langen frequenzkonstanten Teile der Laute liegen bei 106–114 kHz.

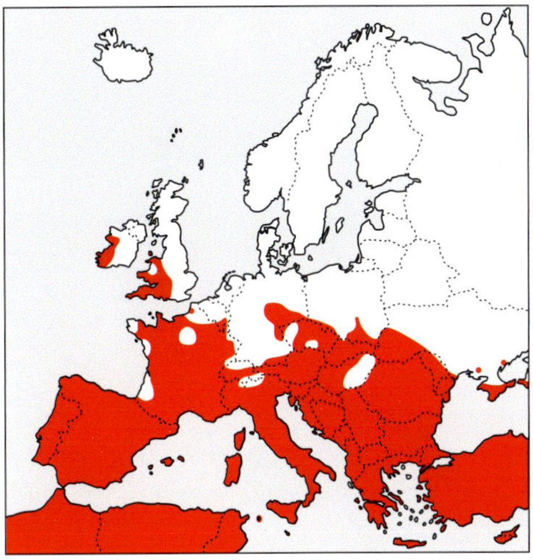

Die Frequenzverteilung überlappt mit denen von Mittelmeer- und Mehely-Hufeisennase. Eine Artbestimmung sollte im Mittelmeerraum am besten durch eine gute Sichtbeobachtung bestätigt werden.

VERBREITUNG

Die Hufeisennase mit der am weitesten nach Norden reichenden Verbreitung. Sie erreicht West-Irland und das westliche Großbritannien. Ursprünglich lag die Verbreitungsgrenze in den südlichen Niederlanden und am Südrand des norddeutschen Tieflandes entlang 51–52° N durch Deutschland, Polen und die Ukraine. Seit katastrophalen Bestandseinbrüchen in den 1960er-Jahren gibt es im Großteil Deutschlands und Teilen Westfrankreichs, Polens und der Schweiz heute keine Kleinen Hufeisennasen mehr, in den Niederlanden und in Luxemburg sind sie ausgestorben. Im Mittelmeergebiet ist die Art immer noch weit verbreitet, sie kommt in Nordafrika und auf allen größeren Inseln bis Kleinasien und rund um das Schwarze Meer vor. Außerhalb des Bearbeitungsgebietes in Asien bis Kaschmir, den Nahen Osten, Iran, Irak, die Arabische Halbinsel und über Teile Ostafrikas verbreitet.

Unterarten und geographische Variabilität

Die Kleine Hufeisennase ist in ihrer Größe, Färbung und im Aussehen recht variabel, Tiere aus verschiedenen Bereichen des Verbreitungsgebietes können sich stark unterscheiden. Entsprechend wurde ein Vielzahl von Unterarten beschrieben, von denen derzeit sechs anerkannt, aber nicht unumstritten sind: Die Nominatform *R. h. hipposideros* kommt in großen Teilen Europas vor, *R. h. minutus* in England, *R. h. escalerae* in Nordwest-Afrika, *R. h. majori* auf Korsika und Sardinien, *R. h. midas* in der Osttürkei, dem Nahen Osten und auf Zypern, *R. h. minimus* in Eritrea. Möglicherweise stellen einige Unterarten kryptische Arten dar.

LEBENSRAUM

Als Lebensräume werden wärmebegünstigte Tieflagen, aber auch Bergland, in klimatisch begünstigten Bereichen bis in Höhen von 2000 m besiedelt. Habitate der Kleinen Hufeisennase zeichnen sich durch einen hohen Strukturreichtum aus. Jagdgebiete liegen in der Schweiz, Deutschland, Österreich und in England nahezu ausschließlich im Wald, dabei ist keine Bevorzugung eines Waldtyps zu erkennen [4, 5, 16]. Lediglich die Nähe zu Gewässern scheint eine gewisse Rolle zu spielen. In Südost-Europa wird ein breiteres Lebensraum-Spektrum von Hochstaudenfluren, Heckengebieten, waldähnlichen Biotopen bis hin zu Wassergräben und Auwäldern zur Jagd genutzt. Telemetrierte Tiere in Bulgarien suchten bevorzugt Dörfer als Jagdgebiete auf, in denen sie bis über 80% ihrer Jagdzeit verbrachten [I. Dietz unveröffentlicht]. Dabei wurden in den Dörfern vegetationsreiche Gartenbereiche mit Obstbäumen und Hecken oder die tagsüber von Vieh genutzten Weideflächen aufgesucht. In Nordafrika werden von *R. h. escalerae* und *R. h. midas* auch Halbwüstengebiete besiedelt, als Jagdgebiete dienen dann schütter bewachsene Flächen, Gärten und Oasen.

Quartiere

Wochenstuben liegen im Norden des Verbreitungsgebietes oft in zugluftfreien Dachräumen von Kirchen, Schlössern und anderen größeren Gebäuden, aber auch in engen Kammern, in warmen Heizungskellern oder in Schächten [18]. Oft werden ganze Gebäudekomplexe im Verbund genutzt und die Hangplätze je nach Tem-

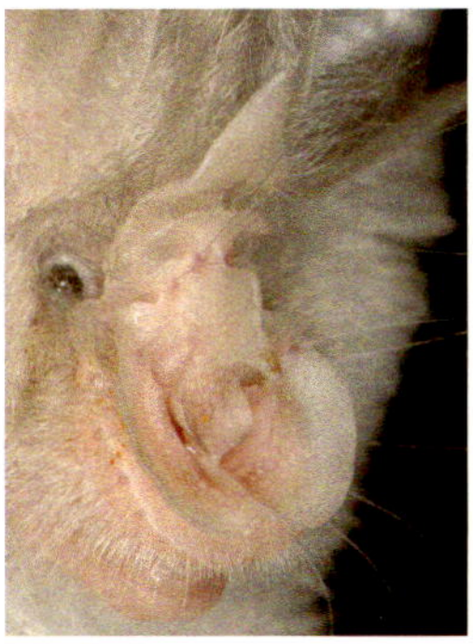

Bild 293. Porträt einer Kleinen Hufeisennase aus dem Sinai. Foto: C. Dietz

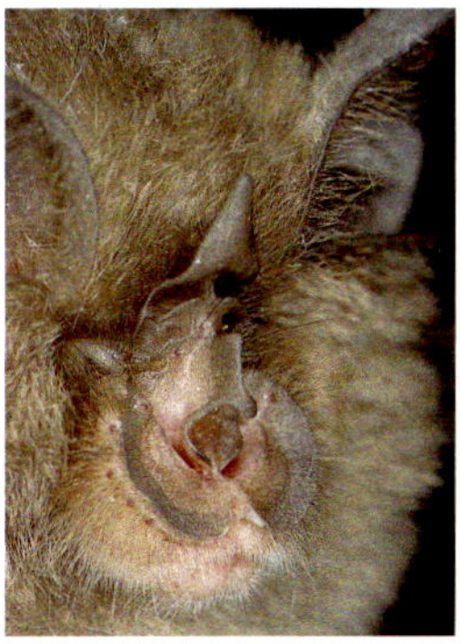

Bild 294. Porträt einer Kleinen Hufeisennase aus Bulgarien. Foto: C. Dietz

Bild 295. Porträt einer Kleinen Hufeisennase aus der Westtürkei. Foto: C. Dietz

Bild 296. Bei kühler Witterung bilden auch die sonst meist einzeln hängenden Kleinen Hufeisennasen dichte Cluster. Foto: D. Nill

peratur gewechselt. Aus Thüringen ist eine Wochenstube aus einer südexponierten Karsthöhle im Kyffhäuser bekannt [11]. Im Süden befinden sich Wochenstuben dahingegen häufig in Höhlen, seltener in Stollen und Bergwerken. In Slowenien wurde eine kleine Wochenstube unter eine Brücke gefunden [allg. Lit. 96], in Bulgarien und Griechenland werden auch Kleinstquartiere wie Höhlen von Platanen, Lüftungsrohre oder Spalträume von Brückenwiderlagern als Koloniehangplätze angenommen. Männchen nutzen ein breites Quartierspektrum von Höhlen, Stollen, Dachräumen und größeren Felsspalten als Sommerquartier, sie können auch im Norden des Verbreitungsgebietes ganzjährig Höhlen und Bergwerke nutzen [11]. Im Winter in Karsthöhlen und Stollen oder in großen Bergkellern. Als Nachthangplätze wird ein sehr breites Quartierspektrum angenommen.

VERHALTEN

Die Wochenstuben umfassen 10–200 Weibchen, es gibt aber auch einige wenige Kolonien mit bis zu 800 Weibchen. In Bulgarien häufig Mini-Wochenstuben mit nur 1–2 reproduzierenden Weibchen. Im Wochenstubenquartier kann der Männchenanteil bis zu einem Fünftel der Tiere betragen [12], häufig handelt es sich aber auch um reine Weibchengesellschaften. Die Mitglieder einer Wochenstube hängen locker verteilt im Dachraum, nur bei niedrigen Umgebungstemperaturen und in der letzten Phase vor der Geburt hängen sie in dichten Trauben. Die Kleine Hufeisennase zeigt ein stark differenziertes Sozialverhalten. Zwischen Müttern und Jungtieren finden ausgiebige Begrüßungsszenen nach der Rückkehr von der Jagd statt. Jungtiere trainieren den Flug, indem sie zeitweise an den Muttertieren hängen. Im Wochenstubenquartier häufig vergesellschaftet mit Mausohren, Wimperfledermäusen und Langohren, jedoch meist räumlich separiert. Im Winterquartier hängen die Tiere einzeln mit einem Individualabstand von 20–30 cm. Es gibt nur wenige große Winterquartiere mit über 100 Tieren, die größte Quartierhöhle in Slowenien beherbergt bis zu 1000 Tiere [allg. Lit. 96].

FORTPFLANZUNG

Der Anteil reproduzierender Weibchen in einer Wochenstube ist mit 50–70% relativ gering, da nicht alle adulten Weibchen jedes Jahr ein Junges bekommen und von den Jungweibchen nur ein kleiner Teil (etwa 15%) im ersten Jahr reproduzieren. Das einzelne Junge wird Mitte Juni bis Mitte Juli mit einer Unterarmlänge von 17–18 mm und einem Gewicht von 2 g geboren [17]. Mit 3 Wochen trainiert das Jungtier die ersten Flüge, verlässt mit vier Wochen das Quartier erstmals und ist mit sechs Wochen entwöhnt und selbstständig. Männchen und die meisten Weibchen erreichen die Geschlechtsreife erst im zweiten Herbst. Die sehr kurze Paarung, vor der sich die Partner jagen, findet frei hängend im Herbst in unterirdischen Quartieren oder im Winterquartier statt.

NAHRUNGSERWERB

Die Nahrung wird ausschließlich im Flug erbeutet, ob die Kleine Hufeisennase in den letzten Tagen der Trächtigkeit Wartenjagd durchführt, ist bislang unklar. Der sehr wendige und schmetterlingsartige, oft schwirrende Flug ermöglicht Jagdflüge sehr nahe an der Vegetation, teilweise mitten im dichten Blattwerk. Beim engen Umkreisen von Büschen und Bäumen werden kleine Insekten aufgescheucht und dann erbeutet. Beute kann auch direkt von Oberflächen abgelesen werden. Im Wald wird vor allem in der Strauchschicht bis in Höhen von 10 m gejagt, oftmals aber auch im Kronenbereich der Bäume oder dicht über dem Boden. Über Hochstaudenfluren fliegen Kleine Hufeisennasen sehr manövrierfähig zwischen den Spitzen höherer Disteln und Stauden. Auf unbewachsenen Flächen von Halbwüsten jagt *R. h. midas* in 5–20 cm Höhe über dem Boden [eigene Daten].

NAHRUNG

Die Nahrung besteht vor allem aus kleinen Zweiflüglern (Schnaken), Hautflüglern, Florfliegen und kleinen Nachtfaltern [2, 6, 15]. Dabei scheint die Kleine Hufeisennase in ihrer bevorzugten Größenklasse opportunistisch zu jagen, die Beutezusammensetzung entspricht der Verfügbarkeit [4]. Zumindest lokal spielen unter den Zweiflüglern neben Schnaken und Zuckmücken vor allem Stechmücken eine große Rolle als Beute [13]. Außer den Hauptbeutetieren sind Köcherfliegen, kleine Käfer,

Bild 297. Jungtiere der Kleinen Hufeisennase sind bis zum Alter von über einem Jahr wesentlich grauer gefärbt als die Erwachsenen. Foto: D. Nill

Bild 298. Jungtiere der Kleinen Hufeisennase beginnen im Alter von zweieinhalb Wochen ihre Flugmuskulatur zu trainieren; zu Beginn hängen sie dabei an den Schultern der Mutter, immer bereit, sich wieder an den schützenden Bauch zu klammern. Foto: C. DIETZ

Blattläuse und Spinnen im Kot nachweisbar [2, 6, 15]. In Halbwüsten besteht zumindest saisonal die Nahrung von *R. h. midas* fast ausschließlich aus geflügelten Ameisen [eigene Daten].

HÖCHSTALTER

Das älteste bekannte Tier wurde 29 Jahre und 5 Monate nach der Erstmarkierung wiedergefunden, das Durchschnittsalter in Wochenstubenverbänden ist mit 4–5 Jahren wesentlich niedriger [12].

ORTSWECHSEL UND WANDERUNGEN

Ausgesprochen ortstreue Art, deren Aktionsradius weniger als 20 km beträgt [12]. Einige wenige Überflüge von bis zu 50 km wurden unter mehr als 20 000 markierten Tieren nachgewiesen, die fünf weitesten Überflüge betrugen 112–153 km. Aufgrund der dramatischen Bestandseinbrüche und da Kleine Hufeisennasen sehr sensibel auf Flügelklammern reagieren, wurde die Markierung bereits in den 1970er-Jahren größtenteils eingestellt.

Raumnutzung

In der Schweiz, in Deutschland und England liegen Jagdgebiete meist innerhalb eines 2,5 km-Radius um das Quartier, die weitesten Entfernungen liegen bei 4–6,4 km [4, 5, 20]. Die Größe der individuellen Jagdgebiete beträgt 150–400 ha [3, 5], innerhalb dieser werden bis zu sieben Teiljagdgebiete mit einer mittleren Fläche von 3–50 ha genutzt [5, 10]. Auf Transferflügen folgen Kleine Hufeisennasen in aller Regel linearen Strukturen wie Hecken, Gräben und Waldrändern, Einzeltiere können aber auch Offenland wie Ackerflächen und Wiesen überqueren und sogar bis zu 1,5 km weit über das Wasser fliegen [20].

GEFÄHRDUNG

Rote Liste der IUCN 2008: LC (Least Concern), Rote Liste der EU: NT (Near Threate-

Bild 299. Bei höheren Temperaturen im Quartier hängen Kleine Hufeisennasen mit einem Individualabstand von etwa 20 Zentimetern. Foto: D. NILL

ned), FFH-Anhang II & IV, Rote Liste BRD: 1 (vom Aussterben bedroht). In Deutschland und angrenzenden Gebieten setzte in den 1950er-Jahren ein dramatischer Bestandsrückgang ein. Die Kleine Hufeisennase, bis dahin eine der häufigsten Fledermausarten, starb bis auf minimale Restbestände bis zum Ende der 1970er-Jahre aus. In Sachsen, Sachsen-Anhalt, Thüringen und Bayern konnten sich noch einige wenige Wochenstubenquartiere behaupten. In den Nachbarländern Deutschlands erfolgten ebenfalls dramatische Bestandseinbrüche auf teilweise unter 1% der Ausgangspopulation [14]. In Luxemburg und in den Niederlanden ist die Art ausgestorben. Neue Forschungsergebnisse bestätigen, was schon lange vermutet wurde: Nicht die Konkurrenz durch andere Fledermausarten [1] oder Klimaveränderungen waren für die Zusammenbrüche der Bestände verantwortlich, sondern die Anwendung hochtoxischer Pestizide wie DDT und Lindan sowohl in der Landwirtschaft als auch als Holzschutzmittel in Dachböden [4]. Seit den 1990er-Jahren nimmt in vielen Quartieren die Zahl der Kleinen Hufeisennasen wieder zu [4], die ehemaligen Bestandsdichten werden aber wohl nicht mehr erreicht werden. Eine Ausbreitung und Wiederbesiedelung scheint sehr langsam zu erfolgen. In Südeuropa ist die Art noch häufiger, große und stabile Bestände gibt es aber nur noch in Slowenien, der Slowakei, Ungarn, Rumänien, Bulgarien und vermutlich auch in anderen Balkanstaaten. Die Vorkommen der bis in die 1970er-Jahre zu den häufigsten Arten des Mittelmeerraumes zählende Art sind durch Veränderungen in der Landschaft, Habitatverlust, Lebensraumzerschneidung und die negativen Auswirkungen von Pestizidanwendungen in der Land- und Forstwirtschaft stark ausgedünnt. Bis auf die Verwendung hochtoxischer Substanzen wie DDT und Lindan sind nach wie vor die meisten Gefährdungsursachen akut.

Bild 300. Zwei etwa 14 Tage alte Jungtiere der Kleinen Hufeisennase im Wochenstubenquartier. Foto: D. Nill

Bild 301: Ihren Wochenstubenhangplätzen sind die Kleinen Hufeisennasen sehr treu. Hier hängen die Tiere an Resten der Deckenbekleidung des Untergeschosses, der Dachstuhl ist bereits eingefallen. Foto: C. Dietz

POPULATIONSGRÖSSE

Die Kleine Hufeisennase ist eine der wenigen Arten, für die verlässliche Zahlen aus einigen Ländern vorliegen. Die Schätzwerte betragen: Großbritannien: 18 000 [allg. Lit. 6], Deutschland: 2000, Schweiz: 4200 [4], Österreich: 8000 [allg. Lit. 136].

SCHUTZMASSNAHMEN

In Mitteleuropa konsequenter Schutz sämtlicher bekannter Quartiere und ein auf die Bedürfnisse der Art abgestimmtes Landschaftsmanagement im Einzugsgebiet der Kolonien. Gute Anbindung von Quartieren mit Gehölzstrukturen als Leitlinien in Jagdgebiete, Verhinderung von Zerschneidungseffekten durch Straßenverkehr und helle Beleuchtung. Im Mittelmeerraum Schutz der großen Winterquartiere in Höhlen, von Wochenstubenhangplätzen in Gebäuden vor allem bei Sanierungen und Erhalt großflächiger naturnaher Landschaftsräume.

OFFENE FRAGEN

- Entspricht die aktuelle Bevorzugung von Waldhabitaten in Mitteleuropa dem tatsächlichen Optimalhabitat der Art im nördlichen Verbreitungsgebiet oder werden diese nur aufgesucht, weil die in früheren Jahrhunderten bevorzugten Jagdgebiete in Dörfern nicht mehr vorhanden sind?
- Lässt sich durch genetische Untersuchungen die bisherige Unterarten-Gliederung verbessern und gibt es kryptische Arten?
- Wie entwickeln sich die Bestände der Art und lässt sich ein europaweites Monitoring etablieren?
- Wie weit wandern die jungen Männchen aus dem Geburtsgebiet ab und wie stellen sich die Verwandtschaftsverhältnisse zwischen benachbarten Kolonien und zwischen den isolierten Populationen entlang der nördlichen Verbreitungsgrenze dar?

Bild 302. Kleine Hufeisennase im Wochenstubenquartier mit Jungem am Bauch. Foto: D. Nill

SPEZIELLE LITERATUR

1. Arlettaz, R., S. Godat & H. Meyer (1994): Competition for food by expanding pipistrelle bat populations *(Pipistrellus pipistrellus)* might contribute to the decline of lesser horseshoe bats *(Rhinolophus hipposideros)*. – Biol. Conserv. **93**: 55–60.
2. Beck, A., H.-P. B. Stutz & V. Ziswiler (1989): Das Beutespektrum der Kleinen Hufeisennase *Rhinolophus hipposideros*. – Rev. Suisse Zool. **96**: 643–650.
3. Biedermann, M., I. Karst & W. Schorcht (2005): Erfassung von Wochenstubenvorkommen der Kleinen Hufeisennase *(Rhinolophus hipposideros)* in Thüringen im Rahmen der Umsetzung des Artenhilfsprogrammes für die Art 2005. – Studie im Auftrag der Koordinationsstelle für Fledermausschutz in Thüringen und der Thüringer Landesanstalt für Umwelt und Geologie, Jena, 27 p.
4. Bontadina, F., T. Hotz & K. Märki (2006): Die Kleine Hufeisennase im Aufwind; 79 Seiten; Haupt Verlag.
5. Bontadina, F., H. Schofield & B. Naef-Daenzer (2002): Radio-tracking reveals that lesser horseshoe bats *(Rhinolophus hipposideros)* forage in woodland. – J. Zool. **258**: 281–290.
6. Feldman, R., J. O. Whitaker & Y. Yom-Tov (2000): Dietary composition and habitat use in a desert insectivorous bat community in Israel. – Acta Chiropterologica **2**: 15–22.
7. Gaisler, J. (1960): Ökologische Beobachtungen in einer Kolonie der Kleinen Hufeisennase *(Rhinolophus hipposideros)*. – Acta Musei Reginaehradecensis Ser.A., Scientiae naturales **2**: 83–99.
8. Gaisler, J. (1966): Reproduction in the lesser horseshoe bat *(Rhinolophus hipposideros hipposideros)*. – Bijdragen tot de Dierkunde **36**: 45–64.
9. Harmata, W. (1982): Wiederfund einer Kleinen Hufeisennase *(Rhinolophus hipposideros)* nach 21 Jahren. – Myotis **20**: 74.

Bild 303: In ihrer Habitatwahl ist die Kleine Hufeisennase sehr flexibel und nutzt sowohl Wälder als auch weitgehend offene Landschaften solange das Insektenangebot hoch ist und Leitstrukturen vorhanden sind. Foto: C. Dietz

10. Holzhaider, J., E. Kriner, B.-U. Rudolph & A. Zahn (2002): Radio-tracking a lesser horseshoe bat *(Rhinolophus hipposideros)* in Bavaria: an experiment to locate roosts and foraging sites. – Myotis **40**: 47–54.
11. Interessengemeinschaft Fledermausschutz und -forschung Thüringen e.V. (2002): Erfassung von unterirdischen Sommerquartieren der Kleinen Hufeisennase *(Rhinolophus hipposideros)* in Thüringen im Rahmen der Umsetzung des Artenhilfsprogrammes. – Studie im Auftrag der Thüringer Landesanstalt für Umwelt und Geologie, Jena, 61 p.
12. Issel, W. (1951): Ökologische Untersuchungen an der Kleinen Hufeisennase *(Rhinolophus hipposideros)* im mittleren Rheinland und unterem Altmühltal. – Zoologische Jahrbücher (Systematik, Ökologie und Geographie) **79**: 71–86.
13. Kayikçioğlu, A. A. & A. Zahn (2005): Zur Bedeutung von Mücken (Culiciden und Chironomiden) als Nahrung für die Kleinhufeisennase *(Rhinolophus hipposideros)*. – Nyctalus (N.F.) **10**: 71–75.
14. Kokurewicz, T. (1990): The decrease in abundance of the lesser horseshoe bat *Rhinolophus hipposideros* in winter quarters in Poland. – Myotis **28**: 109–118.
15. McAney, C. M. & J. S. Fairley (1989): Analysis of the diet of the lesser horseshoe bat *Rhinolophus hipposideros* in the West of Ireland. – J. Zool. **217**: 491–498.
16. Reiter, G. (2004): The importance of woodland for lesser horseshoe bats *Rhinolophus hipposideros* in Austria. – Mammalia **68**: 403–410.
17. Reiter, G. (2004): Postnatal growth and reproductive biology of *Rhinolophus hipposideros* (Chiroptera: Rhinolophidae). – J. Zool. **262**: 231–241.
18. Reiter, G., U. Hüttmeir & M. Jerabek (2004): Quartiereigenschaften von Wochenstubenquartieren Kleiner Hufeisennasen *(Rhinolophus hipposideros)* in Österreich. – Ber. nat.-med. Ver. Salzburg **14**: 143–159.
19. Roer, H. & W. Schober (2001): *Rhinolophus hipposideros*, Kleine Hufeisennase. – In: F. Krapp (Hrsg.): HB Säugetiere Europas **4-I**: 39–58; Aula Verlag.
20. Zahn, A. & P. Weiner (2004): Kleine Hufeisennase, *Rhinolophus hipposideros*. – In: A. Meschede & B.-U. Rudolph (eds.): Fledermäuse in Bayern: 111–126; Ulmer Verlag.

Bild 304: Im Winterschlaf ist die Kleine Hufeisennase ganz in die Flughaut eingehüllt. Foto: C. Dietz

Große Hufeisennase
Rhinolophus ferrumequinum (Schreber, 1774)

NAMEN

GB: Greater Horseshoe Bat
F: Grand rhinolophe
E: Murciélago grande de herradura
I: Ferro di cavallo maggiore
NL: Grote hoefijzerneus
S: Stor hästskonäsa
PL: Podkowiec duży

Maße

Unterarm	53,0–62,4 mm
Fünfter Finger	63–77 mm
Dritter Finger	79–94 mm
Erstes Glied am vierten Finger	9,5–13,4 mm
Zweites Glied am vierten Finger	16,0–22,5 mm
Normalgewicht	18–24 g
Condylocaninlänge	19,5–21,8 mm
Obere Zahnreihe	8,3–9,1 mm

KENNZEICHEN

Die größte europäische Hufeisennase weist ein braunes bis graubraunes Rückenfell auf, oft mit leicht gelblichem oder rötlichem Überflug. Die Unterseite ist nur leicht abgesetzt und heller grauweiß bis gelblichweiß gefärbt. Jungtiere sind wesentlich grauer; die Adultfärbung wird im Alter von etwa 24 Monaten erreicht, wobei die Behaarung im Gesicht als Letztes von Grau nach Braun wechselt. Der obere Sattelfortsatz ist breit abgerundet und stumpf. Im tiefen Winterschlaf hüllen sich einzeln hängende Tiere nahezu ganz in die Flughäute ein, in wärmeren Höhlen des Mittelmeerraumes wird der Körper aber meist nur teilweise verhüllt. Das Gebiss ist sehr kräftig, die Unterlippe weist eine oder drei kleine Einkerbungen auf.

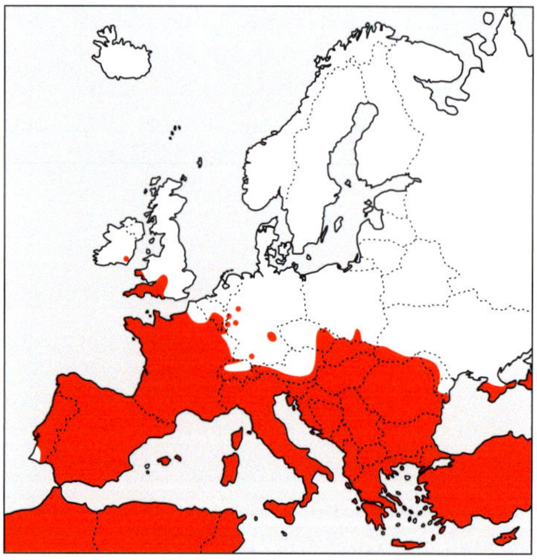

Ähnliche Arten

Aufgrund der Größe (Unterarm meist > 54,0 mm) und durch den breit abgerundeten und kurzen oberen Sattelfortsatz unverwechselbar.

ORTUNGSLAUTE

Der lange frequenzkonstante Anteil der Rufe liegt in Ruhe zwischen 79 und 84 kHz, diese Ruhefrequenz variiert leicht innerhalb des Verbreitungsgebietes. Da keine Überlappung mit den Ruffrequenzen der anderen Hufeisennasen vorliegt, kann die Art eindeutig bestimmt werden.

VERBREITUNG

Die Verbreitung erstreckt sich von Nordwest-Afrika über den ganzen europäischen Mittelmeerraum mit allen größeren Inseln bis nach Mitteleuropa. Im westlichen Großbritannien erreicht die Art in Wales ihr nördlichstes Vorkommen. Die ehemalige Verbreitung auf dem Kontinent reichte bis in die südlichen Teile der Niederlande, Deutschlands, Polens und der Ukraine. Vor allem in Mitteleuropa hat sich die Verbreitungsgrenze nach katastrophalen Bestandseinbrüchen weit nach Süden verlagert. In Deutschland ist die Art bis auf eine sehr kleine isolierte Wochenstube in der Oberpfalz und einzelne winterschlafende Tiere aus Sommervorkommen benachbarter Länder (Luxemburg, Schweiz) ausgestorben. Nach Osten reicht die Verbreitung in den Nahen Osten und über die südlichen Kaukasus-Staaten bis China, Korea und Japan.

Unterarten und geographische Variabilität

In Europa, Nordafrika und Kleinasien kommt die Nominatform *R. f. ferrumequinum* vor. Für Kreta wurde *R. f. creticus* beschrieben, es ist jedoch zweifelhaft, ob ein Unterartstatus gerechtfertig ist. So stellen die Formen *obscurus* (Iberien) und *martinoi* (Mazedonien) nur die Enden einer von West nach Ost zunehmenden Größenkline dar [4]. Es gibt fünf anerkannte Unterarten außerhalb des Bearbeitungsgebietes, wobei es sich zumindest bei *R. f. nippon* aus Ostasien um eine eigenständige Unterart, möglicherweise sogar um eine eigene Art handeln dürfte.

Bild 305. Abflug einer Großen Hufeisennase in einem Höhlenquartier. Im Sommer werden im Mittelmeerraum vor allem Höhlen besiedelt, in Mitteleuropa vor allem Dachstühle und Gebäude. Foto: D. Nill

LEBENSRAUM

Die Art hat in Europa ihren Verbreitungsschwerpunkt im Mittelmeergebiet und kommt in Mitteleuropa nur in reich strukturierten und klimatisch begünstigten Lagen vor. Meist werden die warmen Tieflagen besiedelt, im Mittelmeerraum aber auch Gebirge bis über 1500 m Höhe. Ein hoher Strukturreichtum und ein Habitatmosaik aus Laubwald, Weiden, Hecken, Baumreihen und Obstwiesen scheint die Voraussetzung für eine Besiedlung zu sein [8]. Weidevieh-Haltung trägt maßgeblich dazu bei, eine ausreichende Nahrungsgrundlage durch kotfressende Käfer zu schaffen. Au- und Laubwälder sind bei kühlerer Witterung und bei Massenauftreten von Maikäfern die hauptsächlich genutzten Jagdgebiete, reichen jedoch als alleinige Habitate vermutlich nicht aus. Nur reich strukturierte Landschaften können langfristig Populationen der Großen Hufeisennase tragen. In Nordafrika und dem Nahen Osten werden Wüsten- und Halbwüsten nicht besiedelt, die Art kommt nur in den mediterran beeinflussten Bereichen vor.

Quartiere

Im Norden des Verbreitungsgebietes nahezu ausschließlich in Dachräumen oder anderen warmen Quartieren. Im südlichen Teil des Verbreitungsgebietes vor allem in Höhlen und Bergwerksstollen, es gibt aber auch Wochenstuben in Gebäuden und Kellern, vor allem außerhalb von Karstgebieten. Die Winterquartiere liegen in Höhlen und Bergwerken, meist bei Temperaturen von über 7 °C, Einzeltiere können aber auch bei deutlich niedrigeren Temperaturen überwintern.

VERHALTEN

Die Wochenstuben umfassen im nördlichen Verbreitungsgebiet meist 20–200, im Süden auch bis zu 1000 Tiere. In den Wochenstuben des Mittelmeergebietes liegt der Männchenanteil bei unter 1% [eigene Daten], in Großbritannien bei bis zu 25%.

Bild 306: Die Wochenstubenkolonien der Großen Hufeisennase sind oft mit anderen Fledermausarten vergesellschaftet. Foto: C. DIETZ

Meist werden dichte Cluster gebildet, bei hohen Temperaturen hängen die Tiere oft einzeln. Nachts werden die Jungen in manchmal räumlich separierten „Kinderstuben" abgehängt. Große Hufeisennasen kommen im Süden meist vergesellschaftet mit den mittelgroßen Hufeisennasen, Wimper-, Langflügel- und Langfußfledermäusen vor. Im Winter werden Cluster von 30–500 Tieren gebildet, teilweise mit anderen Arten gemischt. Einzeltiere überwintern aber auch frei.

FORTPFLANZUNG

Die Geburt des einzelnen Jungen erfolgt Ende Juni bis Ende Juli [10, 14], im Mittelmeerraum und in Bulgarien meist in den ersten drei Juniwochen [7]. Bei der Geburt hat das Junge eine durchschnittliche Unterarmlänge von 24 mm und ein Gewicht von 5–6 g. Das Wachstum der Jungtiere wird maßgeblich durch das Klima beeinflusst, neben dem Quartierklima hat auch die Außentemperatur einen deutlichen Effekt, da die Beutedichte bei niedrigen Temperaturen geringer ist [7, 14]. In Großbritannien erreichen die Weibchen meist erst im Alter von 3–4 Jahren die Geschlechtsreife und das erste Junge wird im Mittel erst mit 5,7 Jahren geboren [14, 15]. In Bayern wurde der Eintritt der Geschlechtsreife mit 3 Jahren nachgewiesen [10]. In Bulgarien bekommen nahezu alle Jungweibchen im Alter von zwei Jahren ihr erstes Junges, während der ersten Schwangerschaft bilden sich auch die Haftzitzen aus [eigene Daten]. Die Haftzitzen stellen ein sehr gutes Kriterium zur Einteilung der Weibchen in nullipar (Weibchen, die noch nicht geboren haben), primipar (erste Schwangerschaft/Jungenaufzucht) und multipar dar [eigene Daten]. Die Männchen besetzen ab Spätsommer feste Paarungsquartiere in Dachstühlen, Höhlen und Stollen, in denen sie von den Weibchen aufgesucht werden. Im Frühjahr können ebenfalls Paarungen beobachtet werden. Weibchen suchen über Jahre hinweg die gleichen Männchen zur Paarung auf und teilen sich auch mit ihren Töchtern den gleichen Partner, allerdings ohne dass sich diese mit ihrem eigenen Vater paaren [20].

Bild 307. Das mindestens fünf Jahre alte Muttertier der Großen Hufeisennase zeigt die typische braune Färbung adulter Tiere, die sich deutlich von der ihres knapp zwei Monate alten Jungtieres unterscheidet. Foto: C. DIETZ

NAHRUNGSERWERB

Der langsame Flug erfolgt oft niedrig über dem Boden oder nahe an der Vegetation, wird aber an die vorherrschend bejagte Beute angepasst: über Distelfeldern meist knapp über den Blüten, da hier die Dichte an Nachtfaltern besonders groß ist, über Weiden auf der Jagd nach Mist- und Mondhornkäfern in deren bevorzugter Flughöhe von 4–6 Metern [I. DIETZ unveröffentlicht]. Mindestens die Hälfte der Zeit führt die Große Hufeisennase Wartenjagd aus: Sie sucht von einer exponierten Stelle an einem Ast oder von einer Felswand die Umgebung ab und startet, wenn eine lohnende Beute detektiert wird. Wartenjagd überwiegt bei geringerer Insektendichte und in der zweiten Nachthälfte, dabei werden vor allem große Beutetiere gefangen. Große Insekten werden im Hängen an Fraßplätzen oder an den Jagdwarten verzehrt. Der Fang erfolgt meist mit dem Flügel, dabei werden die Insekten regelrecht abgekeschert.

Bild 308: Bestandsschätzungen großer Höhlenkolonien im Mittelmeerraum oder auf dem Balkan sind meist sehr ungenau, sie lassen sich am Zuverlässigsten anhand von Fotos auszählen. Dieser Teilausschnitt einer Kolonie vor der Jungengeburt umfasst 384 Große Hufeisennasen (gelb), 176 größtenteils Mittelmeer- und wenige Mehely-Hufeisennasen (rot) und 69 Wimperfledermäuse (blau). Foto: C. Dietz

Bild 309. Im Winterschlaf bilden Große Hufeisennasen oft lockere Kolonien und schlagen sich teilweise in die Flügel ein. Foto: D. Nill

NAHRUNG

Die Nahrung besteht vor allem aus Käfern (Mai-, Juni-, Mist- und Mondhornkäfer) und Nachtfaltern (Eulenfalter, Schwärmer) [1, 8]. Es können sehr große Beutetiere bis hin zum Wiener Nachtpfauenauge erbeutet werden. Wie bei allen Fledermäusen ändert sich die Nahrung im Laufe des Jahres deutlich, saisonal spielen neben Käfern und Faltern andere Beutetiere, vor allem Zweiflügler und Hautflügler, aber auch Köcherfliegen und Spinnen eine Rolle [1, 8, I. Dietz mündlich]. Bei sehr hohen Beutedichten wird vermutlich opportunistisch gejagt, d.h. die Beute wird entsprechend ihrer Verfügbarkeit gefangen. Bei geringer Beutedichte oder hohem eigenem Körpergewicht (während der Trächtigkeit, im Spätherbst oder in der zweiten Nachthälfte) wird eher selektiv gejagt [I. Dietz mündlich]. Wie schnell Große Hufeisennasen auf sich verändernde Beutedichte reagieren können, zeigen die beeindruckenden Ergebnisse von Beutwahlstudien im Labor: Überschreitet das Angebot an großer Beute eine bestimmte Dichte, wird streng selektiv gejagt, ist die Umwelt arm an großer Beute, wird alles gefressen, was verfügbar ist [K. Koselj mündlich].

HÖCHSTALTER

Das Höchstalter beträgt 30,5 Jahre [3]. Tiere mit über 15 Jahren können einen erheblichen Anteil der Population ausmachen.

ORTSWECHSEL UND WANDERUNGEN

Die Große Hufeisennase ist ortstreu [10], nur vereinzelt kommen Wanderungen von über 100 km vor. Die längsten Überflüge betrugen 180 km in Spanien, 320 km in Ungarn und 500 km in Frankreich. Während in Ostfrankreich die Winterquartiere meist nur wenige Kilometer vom Sommerquartier entfernt sind, liegen sie in England in Entfernungen von bis zu 30 km. In Nordbulgarien überwintern die Sommerbestände der Donauebene in den bis zu 90 km entfernten Höhlen des Balkangebirges, die mittlere Entfernung zwischen Sommer- und Winterquartier beträgt 57 km [5].

Raumnutzung

In Großbritannien und Mitteleuropa halten sich Große Hufeisennasen meist innerhalb eines 5 km-Radius um das Quartier auf, im Mittel in 2,1 km Entfernung [2, 8, 12, 13]. In Bulgarien werden von nahezu allen Tieren wesentlich größere Entfernungen von bis zu 10 km zurückgelegt, die mittlere Entfernung der Jagdgebiete liegt bei 5 km, je Nacht werden bis zu acht Teiljagdgebiete aufgesucht [I. Dietz unveröffentlicht]. Einzeltiere überqueren hier auch die bis zu 2,5 km breite Donau, um in Rumänien zu jagen und kehren in der Nachtmitte zum Säugen ins Quartier zurück, so können in einer Nacht über 45 km im reinen Streckenflug zurückgelegt werden [eigene Daten]. In Bulgarien wurden Wechsel von Wochenstuben bei adulten Weibchen in Entfernungen von bis zu 45 km registriert [5]. Als Leitlinien bei saisonalen Quartierwechseln scheinen vor allem Flusstäler zu dienen [5]. Auf Transferstrecken fliegen die Tiere meist entlang von Heckenstrukturen, nur in seltenen Fällen werden große offene Flächen wie Äcker überflogen.

GEFÄHRDUNG

Rote Liste der IUCN 2008: LC (Least Concern), Rote Liste der EU: T (Near Threatened), FFH-Anhang II & IV, Rote Liste BRD: 1 (vom Aussterben bedroht). Seit den 1950er-Jahren sind die Bestände im nördlichen Verbreitungsgebiet dramatisch eingebrochen, in vielen Bereichen auf unter 1% der ursprünglichen Populationsstärke. In Deutschland ist die Art nahezu ausgestorben. Hauptgründe dürften, wie bei der Kleinen Hufeisennase, die Verwendung von hochtoxischen Pestiziden (vor allem Lindan und DDT) in der Land- und Forstwirtschaft und als Holzschutzmittel im Quartier gewesen sein. Mit dem Rückgang der Nahrungsgrundlage durch Habitatverlust und Vergiftung und der Anreicherung von Giftstoffen in den Tieren brachen die Vor-

Bild 310. Ihre Beute fangen Große Hufeisennasen meist mit dem Flügel und fassen sie dann innerhalb von Sekundenbruchteilen mit dem Maul. Foto: D. Nill

Bild 311. Nachts lassen die Großen Hufeisennasen ihre Jungtiere im Quartier zurück. Manchmal werden sie wie in dieser bulgarischen Höhle in weit vom Eingang entfernte Kammern gebracht, hier bilden sich dann dichte Jungencluster. Foto: C. Dietz

kommen innerhalb von zwei Jahrzehnten zusammen. Die größten Bestände konnten sich auf der Iberischen und der Balkanhalbinsel halten. Heute stellen Habitatverluste und -Zerschneidung und die Reduktion des Nahrungsangebotes durch Pestizide die hauptsächlichen Gefährdungsursachen dar. Daneben tragen Störungen im Quartier durch menschliche Nutzung, Sanierungen und Tourismus zum Verlust von Gebäude- und Höhlenquartieren bei. In Großbritannien reduziert der Einsatz von Medikamenten gegen Endoparasiten von Weidevieh auch die Zahl kotfressender Insekten drastisch, sodass hier großräumig die Nahrungsgrundlage zusammenbricht.

POPULATIONSGRÖSSE

Schätzwerte für die Populationsgrößen betragen: Großbritannien: 6600 [allg. Lit. 6], Belgien: 200–500 [18], Frankreich: 26 000 [18], Deutschland: 50–70 [13], Schweiz: < 500 [18], Österreich: 200 [allg. Lit. 136], Slowenien: 5000 [allg. Lit. 96], Bulgarien: 15 000–30 000 [18, eigene Daten], Spanien: < 25 000 [18]. Der Gesamtbestand der EU-Länder dürfte bei deutlich unter 100 000 Tieren liegen.

SCHUTZMASSNAHMEN

Zum Erhalt der Art sind europaweite Anstrengungen notwendig, da neben den Reliktpopulationen in Mitteleuropa vor allem die noch großen und zusammenhängenden Vorkommen auf der Balkanhalbinsel und der Iberischen Halbinsel zu erhalten sind. Besonders auf der Balkanhalbinsel ist im Zuge der EU-Osterweiterung mit einer drastischen Reduktion an forstlich wenig beeinträchtigten und großräumig zusammenhängenden Laubwäldern sowie von extensiven Weideflächen und damit mit dem Verlust von großräumigen Jagdgebieten zu rechnen. Die Umwandlung von Stein- und Korkeichenwäldern in Ackerland oder Plantagen auf der Iberischen Halbinsel stellt ebenfalls eine große Gefährdungsursache dar. Alle größeren Quartierhöhlen sollten effektiv unter Schutz gestellt werden. Die Teillebensräume dürfen nicht voneinander isoliert werden, Zerschneidungswirkungen durch Siedlungen, Industrieflächen und Straßen sind vorzubeugen. In Mitteleuropa sind die verbliebenen Bestände nur durch ein konsequentes, auf die Art abgestimmtes Landschaftsmanagement mit Bewirtschaftungsverträgen zu erhalten.

OFFENE FRAGEN

- Wie können die Vorkommen auf der Balkanhalbinsel wirkungsvoll geschützt werden?
- Weshalb erreichen bulgarische Große Hufeisennasen so viel früher die Reproduktionsreife als die britischen?
- Kommt es bei stark zurückgehenden und kleinen isolierten Populationen zu weiteren negativen Effekten durch eine Verarmung des Genpools?

SPEZIELLE LITERATUR

1. Beck, A., S. Gloor, M. Zahner, F. Bontadina, T. Hotz, M. Lutz & E. Mühlethaler (1997): Zur Ernährungsbiologie der Großen Hufeisennase in einem Alpental der Schweiz; Arbeitskreis Fledermäuse Sachsen-Anhalt e.V.: 15–18.
2. Bontadina, F., T. Hotz, S. Gloor, A. Beck, M. Lutz & E. Mühlethaler (1997): Schutz von Jagdgebieten der Großen Hufeisennase. Umsetzung der Ergebnisse einer Telemetrie-Studie in einem Alpental der Schweiz; Arbeitskreis Fledermäuse Sachsen-Anhalt e.V.: 33–40.
3. Caubère, B., P. Gaucher & J. F. Julien (1984): Un record mondial de longévité in natura pour un chiroptère insectivore? – Rev. Ecol. (Terre Vie) **39**: 351–353.
4. de Paz, O. (1995): Geographic variation of the greater horseshoe bat *(Rhinolophus ferrumequinum)* in the west-half of the Palearctic region. – Myotis **32/33**: 33–44.
5. Dietz, C., I. Dietz, T. Ivanova & B. M. Siemers (2f009): Seasonal and regional scale movements of horseshoe bats in northern Bulgaria. – Nyctalus 14.
6. Dietz, C., I. Dietz & B.M. Siemers (2006): Wing measurement variations in the five European horseshoe bat species (Chiroptera: Rhinolophidae). – J. Mammal. **87**: 1241–1251.
7. Dietz, C., I. Dietz & B. M. Siemers (2007): Growth of horseshoe bats (Chiroptera: Rhinolophidae) in temperate continental conditions and the influence of climate. – Mamm. Biol. 79.
8. Duvergé, P. L. & G. Jones (1994): Greater horseshoe bats – activity, foraging behaviour and habitat use. – British Wildlife **6**: 69–77.
9. Gaisler, J. (2001): *Rhinolophus ferrumequinum*, Große Hufeisennase. – In: F. Krapp (Hrsg.): HB Säugetiere Europas **4-I**: 15–37; Aula Verlag.
10. Issel, B. & W. Issel (1960): Beringungsergebnisse an der Großen Hufeisennase *(Rhinolophus ferrumequinum)* in Bayern. – Bonn. Zoolog. Beitr., Sonderheft **11**/ 1960: 124–142.
11. Jones, G. (1990): Prey selection by the greater horseshoe bat *(Rhinolophus ferrumequinum)*: optimal foraging by echolocation? – J. Anim. Ecol. **59**: 587–602.
12. Jones, G., P. L. Duvergé & R. D. Ransome (1995): Conservation biology of an endangered species: field studies of greater horseshoe bats. – Symp. Zool. Soc. Lond. **67**: 309–324.
13. Liegl, A. (2004): Große Hufeisennase, *Rhinolophus ferrumequinum*. – In: A. Meschede & B.-U. Rudolph (eds.): Fledermäuse in Bayern: 102–110; Ulmer Verlag.
14. Ransome, R. D. (1990): The natural history of hibernating bats, 235 S.; Christopher Helm, London.
15. Ransome, R. D. (1995): Earlier breeding shortens life in female greater horseshoe bats. – Phil. Trans. Soc. Lond. B **350**: 153–161.
16. Ransome, R. D. (1996): The management of feeding areas for greater horseshoe bats. – English Nature Research Reports **174**: 1–74.
17. Ransome, R. D. (1998): The impact of maternity roost conditions on populations of greater horseshoe bats. – English Nature Research Reports **292**: 1–80.
18. Ransome, R. D. & A. M. Hutson (2000): Action plan for the conservation of the greater horseshoe bat in Europe *(Rhinolophus ferrumequinum)*. – Nature and environment **109**: 56 S.
19. Rossiter, S. J., G. Jones, R. D. Ransome & E. M. Barratt (2002): Relatedness structure and kin-biased foraging in the greater horseshoe bat *(Rhinolophus ferrumequinum)*. – Behav. Ecol. Sociobiol. **51**: 510–518.
20. Rossiter, S. J., R. D. Ransome, C. G. Faulkes, S. C. Le Comber & G. Jones (2005): Mate fidelity and intra-lineage polygyny in greater horseshoe bats. – Nature **437**: 408–411.

Bild 312: Große Hufeisennasen können sehr alt werden, diese Weibchen ist mindestens 15 Jahre alt und überwintert regelmäßig 80 km von seiner Wochenstube entfernt. Foto: C. Dietz

Mittelmeer-Hufeisennase

Rhinolophus euryale

BLASIUS, 1853

NAMEN

GB: Mediterranean Horseshoe Bat
F: Rhinolophe euryale
E: Murciélago mediterráneo de herradura
I: Ferro di cavallo euriale
NL: Paarse hoefijzerneus
S: Mellanhästskonäsa
PL: Podkowiec śródziemnomorski

Maße

Unterarm	45,0–51,0 mm
Fünfter Finger	53–62 mm
Dritter Finger	63–76 mm
Erstes Glied am vierten Finger	5,7–8,2 mm
Zweites Glied am vierten Finger	16,4–20,1 mm
Normalgewicht	9–14 g
Condylocaninlänge	16,0–17,1 mm
Obere Zahnreihe	6,1–6,7 mm

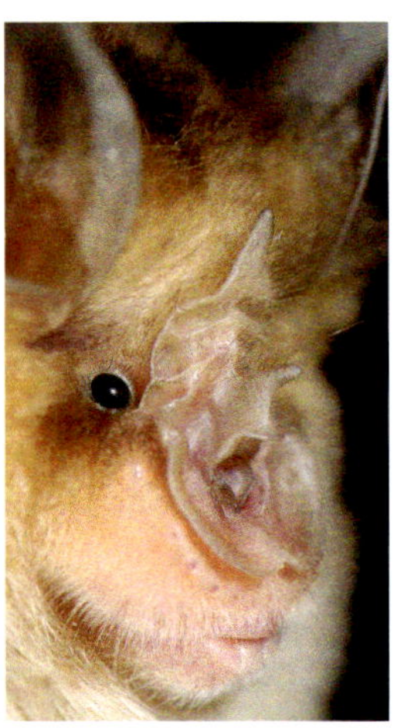

Bild 313: Portrait einer Mittelmeer-Hufeisennase aus Marokko. Foto: C. DIETZ

KENNZEICHEN

Eine der mittelgroßen Hufeisennasen mit relativ gleichmäßiger Färbung: Das graubraune bis rotbraune Rückenfell kontrastiert nur wenig zur grauen oder grauweißen Unterseite. Jungtiere sind einheitlich grau gefärbt. Der obere Sattelfortsatz läuft schmal zu und ist an seiner Spitze leicht nach unten gekrümmt, die Ausbuchtung zwischen unterem und oberem Sattelfortsatz ist dadurch halbmondförmig. In Frontalansicht ist der untere Sattelfortsatz breit, von unten betrachtet weist er parallele Seiten auf. Die Lanzette verschmälert sich nach oben gleichmäßig. Die Unterlippe weist zwei kleine Einkerbungen auf. Am Flügel ist das zweite Glied am vierten Finger mehr als doppelt so lang wie das erste Glied.

Ähnliche Arten

Bei der Mehely-Hufeisennase verschmälert sich die Lanzette plötzlich zu einer schmalen Spitze und der obere Sattelfortsatz ist breit gerundet und nicht nach unten gebogen. Die Blasius-Hufeisennase hat eine deutliche Einkerbung in der horizontalen Hautfalte unter der Lanzette und das zweite Glied am vierten Finger ist weniger als doppelt so lang wie das erste.

ORTUNGSLAUTE

Die langen frequenzkonstanten Lautanteile haben in Ruhe eine Frequenz um 104–109 kHz. Diese Ruhefrequenz liegt in Italien mit 104 kHz [allg. Lit. 106] niedriger als in Bulgarien mit 105–106 kHz [17]. Die Laute der Kleinen Hufeisennase und der Mehely-Hufeisennase sind meist höher, die Verteilungen können aber durchaus mit der Mittelmeer-Hufeisennase um mehrere kHz überlappen.

VERBREITUNG

Im Mittelmeergebiet von Nordwest-Afrika über die meisten Mittelmeerinseln (nicht auf den Balearen und Kreta), die ganze Iberische Halbinsel, das südliche Frankreich, Italien, die gesamte Balkanhalbinsel, die Slowakei, Ungarn, Rumänien und den Westteil Kleinasiens verbreitet. Die slowakisch-ungarische Population ist mit ziemlicher Sicherheit vom restlichen Verbreitungsgebiet isoliert. Außerhalb des Bearbeitungsgebietes gibt es Vorkommen im Nahen Osten, im Iran, Irak und dem Kaukasus-Gebiet bis Turkmenistan.

Unterarten und geographische Variabilität

Im Bearbeitungsgebiet nur die Nominatform.

LEBENSRAUM

Durch die deutliche Bevorzugung von Höhlen als Sommerquartiere weitgehend auf Karstgebiete beschränkt. Wochenstuben liegen meist in klimatisch begünstigten Gebieten unter 800 m Höhe. Als Jagdgebiete werden vor allem Laubwälder (Eichen-, Steineichen- und Laubmischwäl-

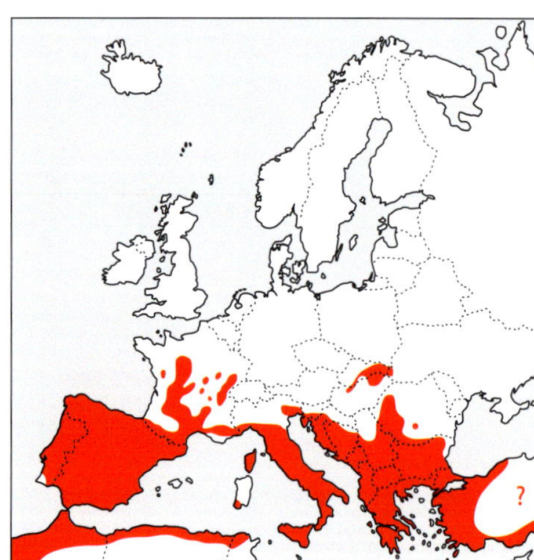

Bild 314. Die Mittelmeer-Hufeisennase fliegt meist nahe an der Vegetation und jagt auch in dichtem Gebüsch. Foto: D. Nill

der), Auwälder und Gebüschland aufgesucht, daneben können jagende Tiere auch in Olivenhainen und Eukalyptuspflanzungen angetroffen werden, Offenland und Nadelwald werden strikt gemieden [1, 7, 14, 15, eigene Daten]. Die größten bekannten Wochenstuben in Bulgarien liegen in laubwaldreichen Gebieten. Von einer über 10 000 Individuen zählenden Wochenstube aus jagen die Tiere ausschließlich in Eichen- oder Auwäldern (Hainbuchen-, Ulmen- und Lindenwäldern) [eigene Daten]. Kleinere Kolonien können sich auch in entwaldeten Gebieten halten, dann werden vor allem die Reste von Auwäldern (auch Pappelpflanzungen) und Gebüschland zur Jagd aufgesucht [eigene Daten].

Quartiere

Sommerquartiere und Wochenstuben liegen vor allem in Höhlen; außerhalb von Karstgebieten und im nördlichen Teil des Verbreitungsgebiets werden auch Dachstühle [6, 18] oder Keller und Bunker besiedelt. Winterquartiere vor allem in Höhlen, seltener in Stollen.

VERHALTEN

Wochenstuben umfassen in Gebäuden 20–300, in Höhlen bis zu 1000 Tiere. Größere Wochenstuben sind selten. In Südbulgarien bilden in manchen Jahren weit über 10 000 Mittelmeer-Hufeisennasen in den Kellerräumen eines leerstehenden Hotelkomplexes eine Kolonie [eigene Daten]. Im Sommer werden häufig dichte Cluster gebildet und die Tiere hängen vergesellschaftet mit den anderen mittleren und der Großen Hufeisennase, oft auch mit Wimper-, Langfuß-, Langflügelfledermaus und Mausohren. Im Winter bilden sich oft sehr dichte Cluster aus 100–2000 mittelgroßen und Großen Hufeisennasen, in denen häufig die Mittelmeer-Hufeisennase dominiert. Im Quartier ist die Art sehr störungsempfindlich, die dichten Cluster lösen sich bei Störungen sofort auf und die Tiere fliegen umher. In Bulgarien werden sehr große Distanzen bei der nächtlichen Jagd zurückgelegt, weit entfernt vom Quartier jagende Weibchen kommen erst morgens zum Säugen zurück.

Bild 315. Vor allem bei kühlem Wetter oder in der zweiten Nachthälfte jagen Mittelmeer-Hufeisennasen von Jagdwarten aus. Foto: C. DIETZ

FORTPFLANZUNG

Die Geburt des einzelnen Jungen erfolgt meist ab Mitte Juni, einige Weibchen können auch erst im Laufe des Juli gebären [13, eigene Daten]. Neugeborene haben eine Unterarmlänge von 18–20 mm. Nachts werden die Jungen in „Kinderstuben" abgehängt und bilden dichte Cluster; es können aber auch regelmäßig Weibchen beobachtet werden, die ihr Junges aus der Höhle heraustransportieren. Dabei ist unklar, ob sie diese zu den Jagdflügen mitnehmen oder an anderen Hangplätzen absetzen [eigene Daten]. Im Alter von 4 Wochen werden die Jungen selbstständig. Jungweibchen gebären erstmals im Alter von 2–3 Jahren [6, eigene Daten]. Die Paarungen erfolgen im Herbst in Höhlen, können aber auch im Winter in großen Quartieren beobachtet werden [18].

NAHRUNGSERWERB

Die Mittelmeer-Hufeisennase kann sehr wendige Flugmanöver ausführen und in nahezu undurchdringlichem Gebüsch jagen, besenderte Tiere wurden inmitten dichter Vegetation jagend angetroffen [eigene Daten]. Die Art führt meistens eine Flugjagd durch, nur bei sehr geringer Beutedichte (Regen, niedrige Temperaturen) und von trächtigen Weibchen oder Jungtieren wird länger andauernd Wartenjagd betrieben [eigene Daten]. Jagdflüge erfolgen in der dichten Vegetation, in lichten Wäldern nahe über dem Boden, um Saumstrukturen oder auch in den Baumkronen bis in Höhen von über 20 m. Dichte Vegetation kann von außen in sehr geringem Abstand abgeflogen werden, oder die Tiere jagen innerhalb der Kronen zwischen Zweigen und Ästen [12, eigene Daten].

NAHRUNG

Die Nahrung besteht vor allem aus kleinen Schmetterlingen, Zweiflüglern (Schnaken) und kleinen Käfern [8]. In der Regel machen Nachtfalter bis zu 90% der Nahrung aus, Florfliegen, Schaben und Kohlschnaken bilden neben weiteren selten aufgenommenen Beutetieren weitere 10–15% [12, I. Dietz mündlich]. Die mittlere Flügellänge von an Fraßplätzen aufgesammelten Falterresten liegt bei 15–20 mm [12, I. Dietz mündlich], die aller Beutetiere bei 14,8 mm [12], die aus Kotanalysen berechnete Größe von Beutetieren bei 5–11 mm [8].

HÖCHSTALTER

Das bislang nachgewiesene Höchstalter liegt bei mindestens 13 Jahren [2].

ORTSWECHSEL UND WANDERUNGEN

Mittelmeer-Hufeisennasen sind bislang wenig untersucht, Quartierwechsel wurden meist in Entfernungen von unter 50 km festgestellt [5]. Die weitesten Überflüge betrugen 83 [5] und 134 km [11]. In Bulgarien wurden mehrfach Überflüge in Entfernungen von bis zu 60 km registriert, einzelne Weibchen reproduzierten in bis zu 43 km auseinanderliegenden Höhlen [3].

Raumnutzung

Telemetriestudien in Spanien ergaben mittlere Entfernungen der Jagdgebiete vom Quartier von 1,4–5,3 km [7, 9, 14], in Italien von 2,2 km [15] und in Bulgarien von 9,3 km [16]. Maximalentfernungen betrugen in Spanien 4,2–10 km [1, 8, 9, 14], in Italien 5 km [15] und in Bulgarien 24 km [16]. Jagdgebiete (MCP) einzelner Tiere umfassen in Italien bis zu 1300 ha [15], in Spanien bis zu 200 ha (bei sehr wenigen Peilpunkten pro Tier) [1, 9] bzw. 1200 ha [7] und in Bulgarien bis zu 10 000 ha mit einem Mittelwert von 2800 ha [16].

GEFÄHRDUNG

Rote Liste der IUCN 2008: NT (Near Threatened), Rote Liste der EU: VU (Vulnerable), FFH-Anhang II & IV. In Frankreich starke Bestandseinbrüche seit den

Bild 316. Jungencluster der Mittelmeer-Hufeisennase in einer bulgarischen Höhle. Neben wenigen erwachsenen Tieren sind auch die schon beinahe flüggen Jungen der Langfußfledermäuse zu erkennen. Foto: C. Dietz

Bild 317: Im Winterschlaf klappt die Mittelmeer-Hufeisennase ihre Flügelspitze ein. Foto: C. Dietz

Bild 318. Mittelmeer-Hufeisennasen können ihre Jungen im Flug gut transportieren. Wie bei allen Hufeisennasen saugt sich das Jungtier dabei an einer der Haftzitzen im Analbereich fest und krallt sich mit den Hinterfüßen an den Schultern fest. Foto: C. Dietz

1950er-Jahren [allg. Lit. 20], bis auf einen geringen Prozentsatz der ursprünglichen Populationsstärke [10, 13]. Auch in Teilen der Nordslowakei scheint die Art bereits verschwunden zu sein [18]. Im Gegensatz zur Mehely-Hufeisennase dürfte ein Nahrungshabitatverlust die geringere Rolle bei dem starken Rückgang spielen, viel wahrscheinlicher sind negative Auswirkungen durch Störungen der Kolonien in Höhlen (Höhlentourismus, früher auch durch Beringungsaktionen [allg. Lit. 20]) und möglicherweise durch Pestizideinsätze in Wäldern, Auwäldern (Schnakenbekämpfung) und Obstplantagen. Mittelmeer-Hufeisennasen sind in ihren Quartieren sehr störungsempfindlich und verschwinden sofort aus Schauhöhlen oder aus anderweitig genutzten Quartieren. Die größten Bestände kommen auf der Iberischen Halbinsel, in Nordbulgarien und möglicherweise in Serbien, Albanien und Makedonien vor. In Südbulgarien, Griechenland und der Türkei überwiegt die Blasius-Hufeisennase.

SCHUTZMASSNAHMEN

Schutz der Koloniehöhlen und strikte Zugangskontrolle, keine Genehmigung eines Schaubetriebes in Quartierhöhlen. Erhalt einer Anbindung der Quartiere an Waldhabitate durch Hecken und Baumreihen. Verhinderung von Zerschneidungswirkungen zwischen Teillebensräumen. Erhalt naturnaher Laubwälder in der Umgebung der Quartiere. Verhinderung einer deutlichen Reduktion der Beutedichte durch Verbot von Pestizideinsätzen in Wäldern und Flussauen und Verhinderung von Anlockwirkung durch Beleuchtungen.

OFFENE FRAGEN

- Wie groß sind die Populationen der Art in Europa?
- Was sind die wichtigsten Gefährdungsursachen und wie kann diesen begegnet werden?
- Jagt die Mittelmeer-Hufeisennase selektiv?
- Wie erfolgt eine mögliche Ressourcenaufteilung mit der sehr ähnlichen Blasius-Hufeisennase?
- Benötigt die Art auch im Winter regelmäßig Nahrung und wird die nördliche Verbreitungsgrenze durch die Dichte der im Winter verfügbaren Nahrung bestimmt?

SPEZIELLE LITERATUR

1. Aihartza, J. R., I. Garin, U. Goiti, J. Zabala & I. Zuberogoita (2003): Spring habitat selection by the Mediterranean horseshoe bat *(Rhinolophus euryale)* in the Urdaibai Biosphere Reserve (Basque Country). – Mammalia **67**: 25–32.
2. Crucitti, P. (1976): Interessanti ricatture di rhinolofidi nella grotta la Pila 71 La (Lazio). – Doriana **5**: 1–5.
3. Dietz, C., I. Dietz, T. Ivanova & B. M. Siemers (2009): Seasonal and regional scale movements of horseshoe bats in northern Bulgaria. – Nyctalus 14.
4. Dietz, C., I. Dietz & B. M. Siemers (2006): Wing measurement variations in the five European horseshoe bat species (Chiroptera: Rhinolophidae). – J. Mammal. **87**: 1241–1251.
5. Dinale, G. (1967): Studii sui chirotteri italiani: VIII. Spostamenti di *Rhinolophus euryale* inanellati in Liguria. – Atti della Società Italiana di Science Naturali e del Museo Civico di Storia Naturale in Milano **106**: 275–282.
6. Gaisler, J. (2001): *Rhinolophus euryale*, Mittelmeerhufeisennase. – In: F. Krapp (Hrsg.): HB Säugetiere Europas **4-I**: 59–74; Aula Verlag.
7. Goiti, U., J. R. Aihartza, D. Almenar, E. Salsamendi & I. Garin (2006): Seasonal foraging by *Rhinolophus euryale* (Rhinolophidae) in an Atlantic rural landscape in northern Iberian Peninsula. – Acta Chiropterologica **8**: 141–155.
8. Goiti, U., J. R. Aihartza & I. Garin (2004): Diet and prey selection in the Mediterranean

horseshoe bat *Rhinolophus euryale* (Chiroptera, Rhinolophidae) during the pre-breeding season. – Mammalia **68**: 397–402.

9. Goiti, U., J. R. Aihartza, I. Garin & J. Zabala (2003): Influence of habitat on the foraging behaviour of the Mediterranean horseshoe bat, *Rhinolophus euryale*. – Acta Chiropterologica **5**: 75–84.
10. Hamond, B. & Y. Gerard (1995): Répartition et éléments d'écologie du rhinolophe euryale *(Rhinolophus euryale)* en Franche-Comté. – Annales scientifiques de l'Universitée de Franche-Comté Besançon, Biologie-Écologie **3**: 51–61.
11. Heymer, A. (1964): Résultats du baguage de chauves-souris dans les Pyrénées-orientales de 1945 à 1959. – Vie et Milieu A **15**: 765–799.
12. Koselj, K. (2002): Diet and ecology of mediterranean horseshoe bat (*Rhinolophus euryale*; Mammalia: Chiroptera) in south-eastern Slovenia. – Diplomarbeit, Universität Ljubljana, 126 Seiten.
13. Masson, D. (1999): Histoire naturelle d'une colonie de parturition de Rhinolophe euryale, *Rhinolophus euryale*, (Chiroptera) du sud-ouest de la France. – Arvicola **11**: 41–50.
14. Russo, D., D. Almenar, J. Aihartza, U. Goiti, E. Salsamendi & I. Garin (2005): Habitat selection in sympatric *Rhinolophus mehelyi* and *R. euryale* (Mammalia: Chiroptera). – J. Zool. **266**: 327–332.
15. Russo, D., G. Jones & A. Migliozzi (2002): Habitat selection by the Mediterranean horseshoe bat, *Rhinolophus euryale* (Chiroptera: Rhinolophidae) in a rural area of southern Italy and implications for conservation. – Biol. Conserv. **107**: 71–81.
16. Schunger, I., C. Dietz, T. Ivanova & B. M. Siemers (2004): Habitat selection and home ranges of four sympatric species of European horseshoe bats. – Abstracts of the 13th International Bat Research Conference; Warszawa.
17. Siemers, B. M., K. Beedholm, C. Dietz, I. Dietz & T. Ivanova (2005): Is species identity, sex, age or individual quality conveyed by echolocation call frequency in European horseshoe bats? – Acta Chiropterologica **7**: 259–274.
18. Uhrin, M., S. Danko, J. Obuch, I. Horáček, S. Pačenovský, P. Pjenčák & M. Fulín (1996): Distributional patterns of bats (Mammalia: Chiroptera) in Slovakia. Part 1, horseshoe bats (Rhinolophidae). – Acta Soc. Zool. Bohem. **60**: 247–279.

Bild 319. Mittelmeer-Hufeisennasen bilden meist sehr dichte Cluster, in denen sie häufig mit anderen Fledermausarten gemischt hängen, hier mit Kleinen Mausohren und Langfußfledermäusen. Foto: C. Dietz

Mehely-Hufeisennase
Rhinolophus mehelyi
MATSCHIE, 1901

NAMEN

GB: Mehely's Horseshoe Bat
F: Rhinolophe de Mehely
E: Murciélago mediano de herradura
I: Ferro di cavallo di Mehely
NL: Mehely's hoefijzerneus
S: Mehelys hästskonäsa
PL: Podkowiecs redni

Maße

Unterarm	48,3–54,8 mm
Fünfter Finger	57–67 mm
Dritter Finger	71–83 mm
Erstes Glied am vierten Finger	6,5–9,3 mm
Zweites Glied am vierten Finger	17,4–21,5 mm
Normalgewicht	12–17 g
Condylocaninlänge	16,7–17,8 mm
Obere Zahnreihe	6,6–7,2 mm

KENNZEICHEN

Die größte der drei mittelgroßen Hufeisennasen ist kontrastreich gefärbt: Die helle, oft fast weiße Unterseite ist entlang einer scharfen Grenzlinie deutlich zu dem graubraunen Rückenfell abgesetzt. Auf Sardinien treten relativ häufig Tiere mit einer intensiv rotbraunen Färbung auf, in anderen Teilen Europas dagegen nur selten. Das Fell ist ausgesprochen dicht. Bei den meisten älteren Tieren ist eine dunkle Brille um die Augen ausgebildet, diese kann jedoch auch bei anderen Arten auftreten. Der obere Sattelfortsatz ist meist stumpf abgerundet und länger als der untere. In Frontalansicht ist der untere Sattelfortsatz breit, von unten betrachtet weist er parallele Seiten auf. Die Lanzette verschmälert sich nach oben nicht gleichmäßig, sondern sehr plötzlich, und läuft dann in eine dünne Spitze aus. Die Unterlippe weist zwei kleine Einkerbungen auf. Die Flügel sind breit und kurz abgerundet. Das zweite Glied am vierten Finger ist mehr als doppelt so lang wie das erste Glied.

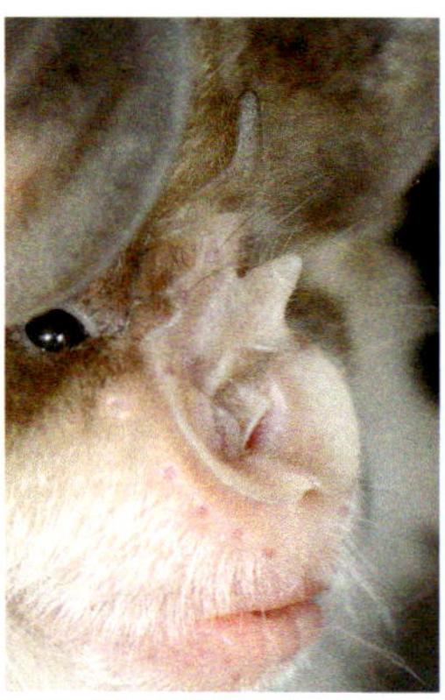

Bild 320: Der Nasenaufsatz der Mehely-Hufeisennase ist charakteristisch geformt. Foto: C. DIETZ

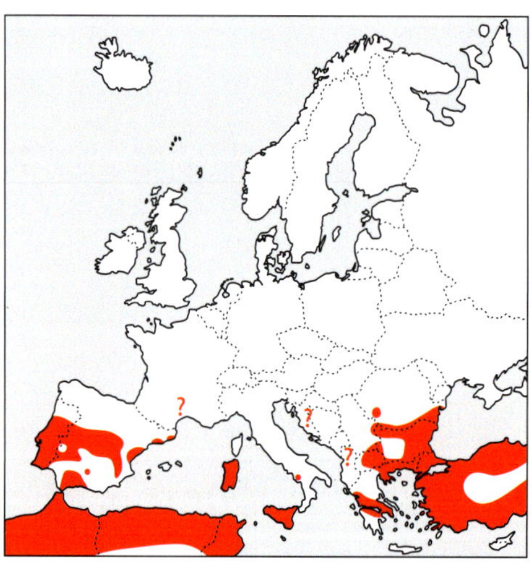

Ähnliche Arten

Bei der Mittelmeer-Hufeisennase verschmälert sich die Lanzette allmählich und gleichmäßig zur Spitze hin. Der obere Sattelfortsatz ist zugespitzt und leicht nach vorne unten gebogen. Die Blasius-Hufeisennase hat eine deutliche Einkerbung in der horizontalen Hautfalte unter der Lanzette und das zweite Glied am vierten Finger ist weniger als doppelt so lang wie das erste.

ORTUNGSLAUTE

Die langen frequenzkonstanten Lautanteile liegen in Ruhe zwischen 104 und 112 kHz. Die Verteilung der Frequenzen überlappt sich mit denen von Mittelmeer- und Kleiner Hufeisennase. Durch Sichtbeobachtungen kann Letztere meistens anhand der geringen Größe unterschieden werden. Frequenzen über 108 kHz schließen mit ziemlicher Sicherheit die Mittelmeer-Hufeisennase aus [14].

VERBREITUNG

In einem engen Band rund um das Mittelmeer verbreitet: von Nordwest-Afrika über Portugal, Spanien, die Balearen, Südfrankreich, Sardinien, Sizilien und die Balkanhalbinsel bis Kleinasien und Zypern. Ehemalige Vorkommen an der kroatischen Adriaküste sind seit langem nicht mehr bestätigt, möglicherweise ist die Art hier bereits verschwunden. Insgesamt ist die Verbreitung auf der Balkanhalbinsel nur ungenügend bekannt. Außerhalb des Bearbeitungsgebietes nur lückenhafte und begrenzte Verbreitung mit Nachweisen vom Südrand des Kaukasus über den Iran, Irak und Afghanistan nach Süden bis in den Nahen Osten und Ägypten vorkommend.

Unterarten und geographische Variabilität

Meist als monotypisch angesehen, manche Autoren erkennen neben der Nominatform auch *R. m. tuneti* aus Nordwest-Afrika als Unterart an.

Bild 321. Mehely-Hufeisennasen nutzen einzeln stehende Büsche als Jagdwarten und führen von dort aus oft nur eine halbe Minute dauernde, an Fliegenschnäpper erinnernde Jagdflüge aus, die Beute wird dann an der Warte verzehrt. Foto: C. DIETZ

Bild 322: Ausschnitt aus der größten bekannten Winterkolonie der Mehely-Hufeisennase auf dem Balkan. Die Tiere hängen mit geringem Abstand zueinander. Foto: C. Dietz

Bild 323. Die Mehely-Hufeisennase jagt vor allem in offenen, steppenartigen Landschaften, ihre breiten und im Spitzenbereich runden Flügel ermöglichen einen wendigen Flug. Foto: D. Nill

LEBENSRAUM

Mehely-Hufeisennasen kommen meist in niedrigen Lagen von unter 700 m Höhe vor und sind auf höhlenreiche Karstgebiete angewiesen. Als Jagdgebiete werden Steppen, Halbsteppen, Wiesen, Weiden, Ackerland und savannenartige Biotope wie lichte Kork- und Steineichenwälder und Olivenhaine genutzt [4, 10]. In Spanien werden auch dichte Waldhabitate von der Mehely-Hufeisennase genutzt [10], in Nordbulgarien jagt die Art nahezu ausschließlich über Wiesen, extensiv genutzten Weideflächen, Ackerbrachen und Sonnenblumenfeldern, es ist eine eindeutige Bevorzugung von Offenlandbiotopen nachweisbar [4].

Quartiere

Sommer- und Winterquartiere ausschließlich in Höhlen, vereinzelt auch in Bergwerken. Sehr selten können Einzeltiere auch in Gebäuden oder Kellerräumen übertagen.

VERHALTEN

Wochenstuben umfassen 20–200, selten auch bis zu 500 Tiere. In Nordbulgarien bestand in den Jahren 2000–2004 eine Wochenstube mit bis zu 5000 adulten Tieren, im Jahr 2006 waren jedoch nur wenige nicht reproduzierende Tiere anwesend [eigene Daten]. Wochenstuben sind keine reinen Weibchengesellschaften, Männchen können bis zu einem Drittel der Tiere in einer Kolonie ausmachen [eigene Daten]. In den Quartieren häufig gemischt mit Mittelmeer-Hufeisennasen und anderen Höhlenarten, mit denen sie auch gemischt hängen können. In Bulgarien gemischte Winterschlaf-Kolonien mit bis zu 9000 mittelgroßen Hufeisennasen [Petrov & Ivanova mündlich].

FORTPFLANZUNG

Es wird nur ein Junges geboren, die Unterarmlänge liegt bei 18–19 mm [eigene Daten]. Der Geburtszeitpunkt kann relativ weit streuen, in manchen Jahren erfolgen die Geburten in Bulgarien in den ersten Juni-Tagen, in anderen erst Anfang Juli [3]. Die ersten Jungtiere fliegen drei Wochen nach den ersten Geburten innerhalb der Quartiere und können eine Woche später außerhalb der Höhlen gefangen werden [eigene Daten]. Der hohe Anteil an nicht reproduzierenden Weibchen legt nahe, dass die Geschlechtsreife erst im zweiten Jahr eintritt [3]. In Aserbaidschan werden die Weibchen möglicherweise erst im dritten Jahr geschlechtsreif [9]. Die Paarung erfolgt in Bulgarien ab Ende September. Zu dieser Zeit bilden sich in manchen Höhlen dichte Cluster aus bis zu 300 Tieren, Kopulationen finden in geringer Entfernung zu solchen Clustern statt. Dabei paaren sich die schwersten Männchen häufig, leichte Männchen nur selten [eigene Daten]. Vor der Kopulation werben die Männchen im Hängen mit aufgeregtem Flügelschlagen und werden von einzelnen Weibchen aufgesucht, die sich vom Hauptcluster kommend hangelnd auf das Männchen zubewegen [eigene Daten].

NAHRUNGSERWERB

Der manövrierfähige Flug erfolgt meist sehr niedrig über der Grasnarbe, oft zwischen den Grasspitzen, entlang von Gebüschsäumen auch bis in 6 m Höhe [4]. Wartenjagd wird ab der zweiten Nachthälfte betrieben, von trächtigen Tieren auch während der ganzen Nacht. Dabei hängen die Tiere an einzelnen höheren Pflanzen (Königskerzen, hohen Sonnenblumen, Sträuchern) und suchen die Umgebung ab. Beuteflüge dauern meist weniger als eine halbe Minute [4].

NAHRUNG

In Magenanalysen aus Rumänien waren ausschließlich Nachtfalter nachweisbar [15]. Bei umfangreichen Nahrungsanalysen in Bulgarien machten Nachtfalter mit über 90% der Beutetiere den Großteil der Nahrung aus [4], saisonal spielen aber auch Kohlschnaken und Käfer (Junikäfer) eine große Rolle, nur vereinzelt finden sich Florfliegen [4]. Unter den Fraßresten von Jagdwarten treten vor allem große Falter mit einer mittleren Flügellänge von 31 mm [4] auf. Im Iran wurden Nachtfalter als Hauptbeutetiere, gefolgt von Käfern und regional auch Libellen, Zikaden, Köcherfliegen und Zweiflüglern gefunden [12, 13].

HÖCHSTALTER

Aus Europa liegen keine Ergebnisse vor, in Aserbaidschan lag das über Dentinablagerungen nachgewiesene Höchstalter bei zwölf Jahren [9].

ORTSWECHSEL UND WANDERUNGEN

Bislang liegen erst wenige Daten aus Beringungsstudien vor, es wurden Entfernungen von bis zu 90 km in Portugal und bis zu 94 km in Bulgarien festgestellt [1]. Einer der weiten Überflüge in Bulgarien ging auf ein trächtiges Weibchen zurück, das 19 Tage nach der Markierung und Besenderung 94 km vom Erstfangort entfernt in einer anderen Kolonie gefunden wurde [1]. Da sich herausgestellt hat, dass Mehely-Hufeisennasen bei der Markierung mit Unterarmklammern eine hohe Verletzungsrate zeigen, wurden die Beringungsversuche in Bulgarien eingestellt [allg. Lit. 26].

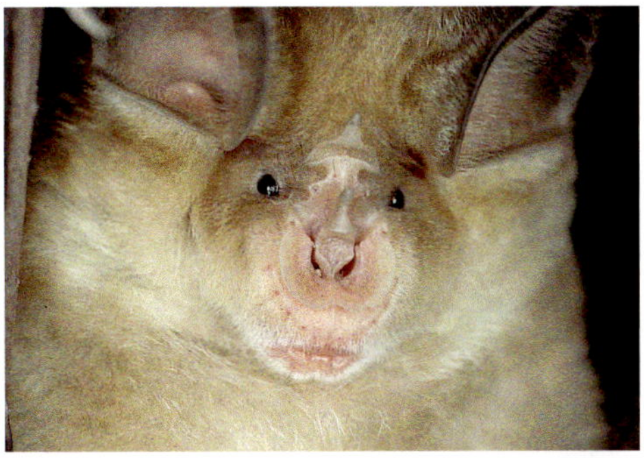

Bild 324. Für die Mehely-Hufeisennase ist die plötzliche Verengung der Lanzette artcharakteristisch. Foto: C. Dietz

Bild 325. Vor allem auf Sardinien haben einige Mehely-Hufeisennasen rötlich-gelbe Fellpartien. Foto: C. Dietz

Raumnutzung

Mehely-Hufeisennasen jagen in Entfernungen von bis zu 10 km vom Quartier, die mittlere Entfernung der Jagdgebiete vom Quartier betrug in Spanien 3,3 [10] und in Bulgarien 5,3 km [4]. Die Jagdgebiete waren in Spanien im Mittel mit 4,5 km² [10] wesentlich kleiner als in Bulgarien mit im Mittel 10,5 km² und im Extrem von bis zu 30 km² [4].

GEFÄHRDUNG

Rote Liste der IUCN 2008: VU (Vulnerable), Rote Liste der EU: VU (Vulnerable), FFH-Anhang II & IV. Mit Abstand die seltenste der mittelgroßen Hufeisennasen, in Frankreich ausgestorben. Die Vorkommen in Italien sind nahezu ausgestorben. Die bulgarische Population dürfte bei optimistischer Schätzung etwa 15000 Individuen umfassen, die Anzahl der Tiere in Griechenland und der europäischen Türkei dürfte deutlich geringer sein [eigene Daten]. Der europäische Gesamtbestand liegt vermutlich bei etwa 50000 Tieren, die sich in wenigen Hauptvorkommen konzentrie-

Bild 326. Die Kolonien der Mehely-Hufeisennase umfassen meist nur bis zu wenige Hundert Tiere, die in dieser Höhle in Nordbulgarien fliegenden Tiere gehören allerdings zu einer bis zu 5000 adulte Tiere umfassenden Kolonie. Foto: C. DIETZ

ren. Die Art kann vermutlich nur durch umfassende und auf der Balkanhalbinsel länderübergreifende Schutzkonzepte erhalten werden. Außerhalb Europas ist über die Bestandssituation kaum etwas bekannt. In Israel ist die Art nahezu ausgestorben [TSOAR mündlich].

SCHUTZMASSNAHMEN

Schutz aller Koloniehöhlen, insbesondere der zentralen Hauptkolonien vor jeglichen Störungen, z.B. durch Höhlentourismus. Erstellen eines Managementplans zum Erhalt von extensiv genutztem Offenland in der Umgebung der Koloniehöhlen. Verhinderung einer Habitatdegradierung durch Aufgabe extensiver Beweidung, starke Sukzession oder durch Zerschneidungseffekte.

OFFENE FRAGEN

- Wie können die Bestände erhalten werden?
- Welche Habitate werden von Mehely-Hufeisennasen bevorzugt und lassen sich die Ergebnisse erster Untersuchungen in Spanien und Bulgarien auf andere Bereiche des Verbreitungsgebietes übertragen?
- Ist die Mehely-Hufeisennase eine ursprüngliche Steppenart, die erst im Zuge einer menschlichen Habitatveränderung weite Teile des Mittelmeerraumes besiedeln konnte?
- Gibt es noch Vorkommen entlang der Adriaküste und auf Sizilien?
- Welche negativen Auswirkungen hat die Trennung von Populationen?

SPEZIELLE LITERATUR

1. DIETZ, C., I. DIETZ, T. IVANOVA & B. M. SIEMERS (2009): Seasonal and regional scale movements of horseshoe bats in northern Bulgaria. – Nyctalus 14.
2. DIETZ, C., I. DIETZ & B. M. SIEMERS (2006): Wing measurement variations in the five European horseshoe bat species (Chiroptera: Rhinolophidae). – J. Mammal. **87**: 1241–1251.
3. DIETZ, C., I. DIETZ & B. M. SIEMERS (2007): Growth of horseshoe bats (Chiroptera: Rhinolophidae) in temperate continental conditions and the influence of climate. – Mamm. Biol. 72.
4. DIETZ, I. (2001–2006): Bislang unveröffentlichte Daten zur Raumnutzung, Nahrungs- und Jagdökologie der Mehely-Hufeisennase in Bulgarien.
5. GAISLER, J. (2001): *Rhinolophus mehelyi*, Mehely-Hufeisennase. – In: F. KRAPP (Hrsg.): HB Säugetiere Europas **4-I**: 91–104; Aula Verlag.
6. MASSON, D. & J.-P. BESSON (1988): *Rhinolophus mehelyi* dans le sud-ouest de la France. – Mammalia **52**: 275–278.
7. MUCEDDA, M. (1994): Note su *Rhinolophus mehelyi* (Chiroptera, Rhinolophidae) della Sardegna. – Bollettino del Gruppo Speleologico Sassarese **15**: 43–46.
8. PAUNOVIĆ, M. & A. PAUNOVIĆ & M. IVOVIĆ (1998): Mehely's horseshoe bat *Rhinolophus mehelyi* new to the Yugoslavian bat fauna. – Myotis **36**: 115–119.
9. RAKHMATULINA, I. K. (1992): Major demographic characteristics of populations of certain bats from Azerbaijan. – Prague Studies in Mammalogy: 127–141, Praha.
10. RUSSO, D., D. ALMENAR, J. AIHARTZA, U. GOITI, E. SALSAMENDI & I. GARIN (2005): Habitat selection in sympatric *Rhinolophus mehelyi* and *R. euryale* (Mammalia: Chiroptera). – J. Zool. **266**: 327–332.
11. SHARIFI, M. (2004): Postnatal growth and age estimation in the Mehely's horseshoe bat *(Rhinolophus mehelyi)*. – Acta Chiropterologica **6**: 155–161.
12. SHARIFI, M. & Z. HEMMATI (2001): Food of Mehely's horseshoe bat *Rhinolophus mehelyi* in a maternity colony in western Iran. – Myotis **39**: 17–20.
13. SHARIFI, M. & Z. HEMMATI (2004): Variation in the diet of Mehely's horseshoe bat, *Rhinolophus mehelyi*, in three contrasting environments in western Iran. – Zoology in the Middle East **33**: 65–72.
14. SIEMERS, B. M., K. BEEDHOLM, C. DIETZ, I. DIETZ & T. IVANOVA (2005): Is species identity, sex, age or individual quality conveyed by echolocation call frequency in European horseshoe bats? – Acta Chiropterologica **7**: 259–274.
15. VALENCIUC, N. (1971): Données concernant la nourriture et la manière de se la procurer chez quelques espèces de la faune de Romanie. – Studii si Comunicari 1971: 353–357.

Blasius-Hufeisennase
Rhinolophus blasii
PETERS, 1866

NAMEN

GB: Blasius' Horseshoe Bat
F: Rhinolophe de Blasius
E: Murciélago dálmata de herradura
I: Ferro di cavallo di Blasius
NL: Blasius' hoefijzerneus
S: Blasius hästskonäsa
PL: Podkowiec Blasiusa

KENNZEICHEN

Eine mittelgroße Hufeisennase mit lockerem Fell, das hell braun bis sandfarben oder gelblich getönt ist. An den Stellen, an denen das lockere Fell auseinanderfällt, ist bei erwachsenen Tieren das weißliche Unterfell auffällig sichtbar, die Blasius-Hufeisennase wirkt daher oft gescheckt. Die Unterseite ist nur wenig heller als die Oberseite gefärbt, es gibt einen graduellen Farbübergang an den Seiten. Der obere Sattelfortsatz ist zugespitzt und gerade, nicht abwärts gebogen. Der untere Sattelfortsatz ist frontal betrachtet schmal. Von unten betrachtet ist der Sattelfortsatz nach vorne dreieckig zulaufend mit eingebuchteten Seiten. Die Querfalte unter der Lanzette ist in der Mitte eingekerbt. Das erste Fingerglied des vierten Fingers ist länger als die Hälfte des zweiten Fingergliedes. Die Unterlippe weist zwei kleine Einkerbungen auf.

Ähnliche Arten

Den anderen beiden mittelgroßen Hufeisennasen sehr ähnlich. Mehely- und Mittelmeer-Hufeisennase haben selten eine kleine Einkerbung im Oberrand der Querfalte unter der Lanzette, der untere Sattelfortsatz ist bei beiden in Frontalansicht breiter als der obere und von unten betrachtet parallelseitig. Bei beiden Arten ist das erste Fingerglied am vierten Finger weniger als halb so lang wie das zweite Fingerglied.

ORTUNGSLAUTE

Die langen frequenzkonstanten Lautanteile liegen bei hängenden Tieren bei 92–98 kHz [13]. In der Frequenz gibt es keine Überlappung mit den anderen europäischen Hufeisennasen, somit ist eine zweifelsfreie Artbestimmung möglich.

VERBREITUNG

Im Bearbeitungsgebiet auf Südosteuropa, einige ostmediterrane Inseln (Kreta, Zypern), Kleinasien und Nordafrika [1] beschränkt. Große Teile des Verbreitungsgebiets sind nur durch historische Nachweise gesichert, oftmals ist die korrekte Artbestimmung fraglich. So handelt es sich bei angeblichen Nachweisen aus Spanien, Mittelitalien und Sizilien mit Sicherheit um Verwechslungen. Das (historische) europäische Verbreitungsgebiet umfasst die ganze östliche Adriaküste [7] bis Triest, Teile Serbiens und Montenegros [11], Rumänien im Bereich des südlichen Karpatenbogens [8,

Maße

Unterarm	42,6–50,1 mm
Fünfter Finger	53–61 mm
Dritter Finger	63–74 mm
Erstes Glied am vierten Finger	7,6–9,2 mm
Zweites Glied am vierten Finger	13,3–17,4 mm
Normalgewicht	10–14 g
Condylocaninlänge	16,3–17,5 mm
Obere Zahnreihe	6,5–6,9 mm

Bild 327. Alttiere der Blasius-Hufeisennase haben ein braunes Rückenfell (oben), Jungtiere sind einheitlich grau gefärbt (unten). Foto: D. NILL

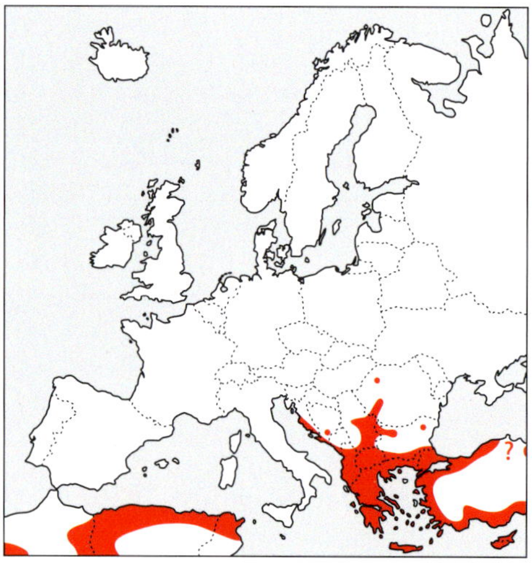

10], ganz Bulgarien [4], Griechenland und die europäische Türkei. Allerdings ist die Art in Italien und Slowenien [allg. Lit. 96] vermutlich ausgestorben und es gibt nur noch wenige Vorkommen im nördlichen Adriagebiet auf Rab und Čres und in wenigen Höhlen Rumäniens. Auch in Nordbulgarien war die Art früher weiter verbreitet als heute.. Im Osten über Kleinasien entlang des Kaukasus bis Pakistan, im Nahen Osten, der Arabischen Halbinsel, im Iran und Irak verbreitet. Südlich der Sahara bis Südafrika in Savannen-Landschaften vorkommend.

Unterarten und geographische Variabilität

Im Bearbeitungsgebiet kommt nur die Nominatform vor, im restlichen Verbreitungsgebiet drei weitere Unterarten: *R. b. meyeroehmi* (Afghanistan), *R. b. andreinii* (Äthiopien) und *R. b. empusa* (südliches Afrika). Ob es sich bei allen bislang zu der Art gerechneten Tieren aus Afrika und Asien tatsächlich um die Blasius-Hufeisennase handelt, oder ob es weitere kryptische Arten gibt, ist bislang nicht ausreichend untersucht.

Bild 328. Blasius-Hufeisennasen beim Ausflug aus einer Quartierhöhle in den Rhodopen. Foto: D. Nill

LEBENSRAUM

Eine typische Fledermaus mediterraner Landschaften mit kleinräumigem Mosaik von Offenland-Habitaten und Gebüschland. Sie kommt in der Regel in niedrigeren Lagen vor und jagt vor allem in macchiaartig bewachsenem Gebüschland, in niederwüchsigen Hainbuchen- und Eichenwäldern und entlang von Hecken in einer kleingekammerten Landschaft. Bei derzeit noch vorläufigen Lebensraumanalysen aus Bulgarien zeichnet sich eine Bevorzugung von im weitesten Sinne Savannen-artigen Lebensräumen mit lockerem Baumbewuchs und eng verzahnten Offenlandbereichen mit Gebüschland und Wald ab [I. Dietz unveröffentlicht].

Quartiere

Es werden ganzjährig nahezu ausschließlich Karsthöhlen bewohnt. Einzeltiere können in Bergwerken und anderen unterirdischen Quartieren angetroffen werden. In Rumänien gab es früher auch Hangplätze und eine Wochenstube in Gebäuden [2, 3], aktuell sind keine Gebäudequartiere bekannt. Im Winter werden oft andere Höhlen als im Sommer aufgesucht, die Überwinterungs-Temperaturen liegen meist bei 13,8–17 °C [7].

VERHALTEN

Die Blasius-Hufeisennase bildet Wochenstuben von 30–500 Tieren, in einer südbulgarischen Höhle in manchen Jahren von bis zu 3000 Tieren [4]. In den Wochenstuben kommen zahlreiche adulte Männchen vor, diese hängen auch mit in den dichten Clustern. Männchen und nicht reproduzierende Weibchen können vor der Geburt je bis zu einem Drittel der Tiere in der Wochenstube ausmachen [eigene Daten]. Die Blasius-Hufeisennase bildet über den ganzen Sommer im Quartier dichte Cluster, nur bei Störungen, vor dem Ausflug, sowie teilweise im Winter hängen die Tiere mit Individualabstand voneinander [eigene Daten]. Im Quartier meist vergesellschaftet und gemeinsame Cluster bildend mit Mittelmeer-, Mehely- und Großer Hufeisennase, Mausohr und Kleinem Mausohr, Langflügel- und Langfußfledermaus, es gibt aber auch artreine Kolonien.

Bild 329. Die Blasius-Hufeisennase jagt vor allem im Flug und hängt sich nur während Ruhepausen ab, Wartenjagd führt sie kaum aus. Foto: C. Dietz

FORTPFLANZUNG

In Südbulgarien erfolgt die Geburt in der letzten Juni-Dekade, es wird nur ein Junges mit einer Unterarmlänge von 17–19 mm und einem Gewicht von knapp 3 g geboren [eigene Daten]. Noch Mitte September können in den Rhodopen einige wenige laktierende Weibchen gefangen werden, was auf einen sehr späten Geburtstermin bei Einzeltieren hindeutet. Der hohe Anteil nulliparer Weibchen, d.h. von Tieren, die noch kein Junges geboren haben, spricht für einen Eintritt der Geschlechtsreife frühestens im zweiten Lebensjahr [eigene Daten]. Die Paarung erfolgt zumindest teilweise im

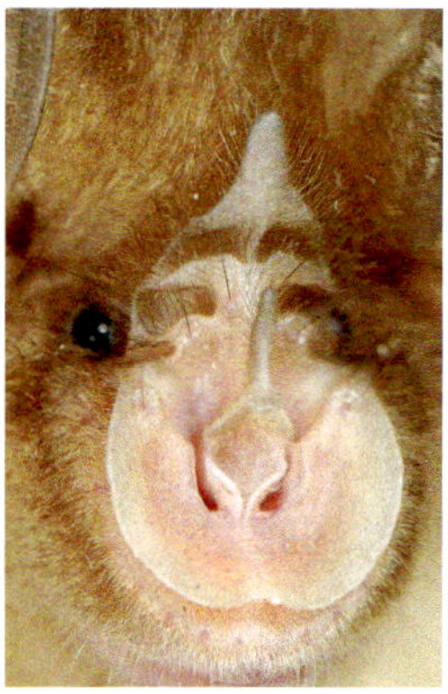

Bild 330. Die horizontale Hautfalte unter der Lanzette ist bei der Blasius-Hufeisennase eingebuchtet. Foto: C. Dietz

Bild 331. Porträt der Blasius-Hufeisennase, in Seitenansicht ist der arttypisch gerade nach vorne stehende obere Sattelfortsatz gut zu sehen. Foto: C. Dietz

September: In Höhlen balzen Männchen im Hängen mit schlagenden Flügeln vor einem Weibchen und umwerben es, bevor es zur Paarung kommt [eigene Daten].

NAHRUNGSERWERB

Zwei telemetrierte Tiere jagten ausschließlich im Flug, dabei wurden Büsche und Hecken in 0,5–5 m Höhe umkreist und systematisch abgesucht [eigene Daten]. Blasius-Hufeisennasen sind äußerst wendig, können gut rütteln und fangen ihre Beute nahe an der Vegetation. In Flugzelt-Experimenten kann die Blasius-Hufeisennase Beute vom Boden aufnehmen [12].

NAHRUNG

In den bulgarischen und griechischen Rhodopen ernähren sich Blasius-Hufeisennasen über das gesamte Sommerhalbjahr nahezu ausschließlich von Nachtfaltern: In mehr als 400 untersuchten Proben fanden sich Reste von Nachtfaltern, die in der Regel 95–100% der Bestandteile ausmachten [I. Dietz, unveröffentlicht].

ORTSWECHSEL UND WANDERUNGEN

Weitgehend ortstreu, Sommer- und Winterquartier liegen meist in verschiedenen, aber nahe benachbarten Höhlen. Bislang nachgewiesene Ortswechsel lagen innerhalb von 10 km um den Beringungsort und damit unter der durch Telemetrie nachgewiesenen Entfernung der Jagdgebiete vom Quartier [eigene Daten]. Wie die beiden anderen mittelgroßen Arten kann die Blasius-Hufeisennase vermutlich Saisonwanderungen von bis zu 100 km durchführen. Da die mittelgroßen Hufeisennasen mit einer hohen Verletzungsrate auf eine Markierung mit Unterarmklammern reagieren [allg. Lit. 26], ist von Beringungen abzusehen.

GEFÄHRDUNG

Rote Liste der IUCN 2008: LC (Least Concern)., Rote Liste der EU: VU (Vulnerable), FFH-Anhang II & IV. Im Bearbeitungsgebiet auf Südosteuropa, Kleinasien und Nordafrika beschränkt. Insbesondere die europäischen Populationen sind stark bedroht. In Gebieten des Ostbalkans, in denen in den 1960–70er-Jahren noch regelmäßig Blasius-Hufeisennasen nachweisbar waren [2, 3, 5, 8], konnten in den letzten Jahren keine Tiere mehr nachgewiesen werden [10]. Ein ähnliches Bild zeichnet sich entlang der Adriaküste, vor allem in Dalmatien ab [7], hier liegen nur noch sehr vereinzelt aktuelle Beobachtungen vor. Die historischen Vorkommen bei Triest und in Slowenien konnten schon seit Jahrzehnten nicht mehr bestätigt werden [allg. Lit. 96]. Im südöstlichen Bulgarien und in Griechenland gibt es noch stabile Bestände. Ein länderübergreifendes Schutzprogramm ist dringend erforderlich, um die europäischen Populationen zu erhalten. In Israel wurde die Art im Zuge von Vernichtungskampagnen gegen Flughunde durch Begasung nahezu vollständig ausgerottet [Levin & Tsoar mündlich].

SCHUTZMASSNAHMEN

Schutz der Koloniehöhlen im Sommer und Winter. Erhalt halboffener Landschaften und Verzicht auf Pestizideinsätze in der Landwirtschaft. Der Erhalt großräumiger extensiv genutzter Landschaftsräume mit mosaikartiger Kulturlandschaft um die bekannten Vorkommen ist dringend erforderlich. Bei einer möglichen Umstellung der kleinbäuerlichen Landwirtschaft auf großflächige Intensivkulturen ist wenigstens auf den Erhalt von extensiv bewirtschafteten Randflächen, einen hohen Strukturreichtum und geringen Pestizideinsatz zu achten.

OFFENE FRAGEN

- Welche Jagdbiotope bevorzugt die Blasius-Hufeisennase?
- Steht die Blasius-Hufeisennase in direkter Konkurrenz zur Mittelmeer-Hufeisennase und schließen sich größere Bestände beider Arten möglicherweise gegenseitig aus?
- Gibt es noch Vorkommen in Rumänien, Bosnien-Herzegowina und Kroatien?
- Wie können Vorkommen der Blasius-Hufeisennase effektiv geschützt werden?
- Gehören die afrikanischen und asiatischen Formen wirklich zur Blasius-Hufeisennase oder handelt es sich um mehrere kryptische Arten?

SPEZIELLE LITERATUR

1. Aellen, V. (1955): *Rhinolophus blasii*, chauve-souris nouvelle pour l'Afrique du Nord. – Mammalia **19**: 361–366.
2. Barbu, P. & E. Bazilescu (1977): Nouvelles données concernant l'espèce *Myotis emarginatus* en Roumanie. – Anal. Univ. Bucuresti Biologie **26**: 93–94.
3. Bazilescu, E. (1971): Des donées concernant la colonie de chauves-souris de Runcu-Gorj. – Studii si Comunicari 1971: 359–363.
4. Benda, P., T. Ivanova, I. Horáček, V. Hanák, J. Červený, J. Gaisler, A. Gueorguieva, B. Petrov & V. Vohralík (2003): Bats (Mammalia: Chiroptera) of the Eastern Mediterranean. Part 3. Review of bat distribution in Bulgaria. – Acta Soc. Zool. Bohem. **67**: 245–357.
5. Beron, P. (1963): Le baguage des chauves-souris en Bulgarie de 1940 à 1961. – Acta Theriol. **7**: 33–49.
6. Dietz, C., I. Dietz & B. M. Siemers (2006): Wing measurement variations in the five European horseshoe bat species (Chiroptera: Rhinolophidae). – J. Mammal. **87**: 1241–1251
7. Đulic, B. (1961): Contribution a l'étude de la répartition et de l'écologie de quelques chauves-souris cavernicoles de Dalmatie. – Mammalia **25**: 287–313.
8. Dumitrescu, M., J. Tanasachi & T. Orghidan (1963): Raspindirea chiropterelor in R. P. Romina. – Lucrarile Institutului Speleologie „Emil Racovita" **1–2**: 509–575.
9. Gaisler, J. (2001): *Rhinolophus blasii*, Blasius' Hufeisennase. – In: F. Krapp (Hrsg.): HB Säugetiere Europas **4-I**: 75–90; Aula Verlag.
10. Nagy, Z. L., L. Barti, A. Doczy, C. Jere, T. Postawa, L. Szanto, A. Szodoray-Paradi & F. Szodoray-Paradi (2005): Survey of Romania's underground bat habitats. Status and distribution of cave-dwelling bats. – Report for BP Conservation Programme. 44 S.
11. Paunović, M. & S. Stamenković (1998): A revision of the distribution and status of *Rhinolophus euryale* and *Rhinolophus blasii* in Yugoslavia, based on the discrimination properties of distinctive morphological characters. – Myotis **36**: 7–23.
12. Siemers, B. M. & T. Ivanova (2004): Ground gleaning in horseshoe bats: comparative evidence from *Rhinolophus blasii*, *R. euryale* and *R. mehelyi*. – Behav. Ecol. Sociobiol. **56**: 464–471.
13. Siemers, B. M., K. Beedholm, C. Dietz, I. Dietz & T. Ivanova (2005): Is species identity, sex, age or individual quality conveyed by echolocation call frequency in European horseshoe bats? – Acta Chiropterologica **7**: 259–274.

Bild 332: Teil einer Winterschlafkolonie der Blasius-Hufeisennase in einer Höhle der bulgarischen Strandscha-Berge. Foto: C. Dietz

Glattnasenfledermäuse
Vespertilionidae

Kleine bis mittelgroße vorwiegend insektenfressende Fledermäuse. Die Schnauze weist keine Nasenaufsätze auf, sie ist glatt, woraus sich der deutsche Name ableitet. Alle Arten besitzen einen langen Schwanz, der komplett in die breite Schwanzflughaut einbezogen ist, nur manchmal stehen die letzten 2–3 Schwanzwirbel hervor. Die Ohrlänge variiert stark, vor der Ohröffnung steht bei allen Glattnasenfledermäusen ein Tragus (Ohrdeckel), der oft artcharakteristisch geformt ist. Als Echoortungslaute nutzt der Großteil der Arten frequenzmodulierte Laute, die einen großen Frequenzbereich überstreichen können. Als Anpassung an besonderes Jagdverhalten erfolgen Modifikationen in der Lautstruktur. In Ruhe werden die Flügel zusammengefaltet und seitlich an den Körper angelegt. Die Prämaxillare (Zwischenkiefer) sind fest mit den Kieferknochen verwachsen. Der Schwanz wird in Ruhe auf den Bauch geschlagen.

Glattnasenfledermäusen sind die größte Familie der Fledertiere mit 48 Gattungen und mindestens 410 Arten. Außer in der Antarktis ist die Familie auf allen Kontinenten verbreitet. Durch die Anpassung an unterschiedlichste Klimazonen, verschiedenste Lebensräume und Beutetiere ist die Familie sehr vielfältig. Innerhalb einiger Gattungen hat sich aber ein sehr ähnliches Aussehen erhalten, was eine Bestimmung häufig erschwert.

In Europa kommen acht Gattungen der Glattnasenfledermäuse mit 30 Arten vor, weitere sieben Arten in angrenzenden Gebieten. Die Gattung *Lasiurus* kann mit einer Art als Ausnahmeerscheinung aus Nordamerika auftreten. In Nordafrika erreicht eine weitere Gattung *(Otonycteris)* mit einer Art das Bearbeitungsgebiet.

Wasserfledermaus
Myotis daubentonii (KUHL, 1817)

NAMEN

GB: Daubenton's Bat
F: Murin de Daubenton
E: Murciélago de ribera
I: Vespertilio di Daubenton
NL: Watervleermuis
S: Vattenfladdermus
PL: Nocek rudy

KENNZEICHEN

Eine kleine Fledermaus mit für eine *Myotis*-Art relativ kurzen Ohren. Das lockere und glänzende Rückenfell ist meist braun, braungrau, dunkel bronzefarben oder mit leichtem rötlichem Überflug gefärbt. Die hellgraue bis weißlichgraue Unterseite ist meist deutlich abgesetzt. Das Gesicht ist bei älteren Tieren rötlichbraun gefärbt. Jungtiere haben ein dunkleres Gesicht und bis zu einem Alter von über einem Jahr einen scharf abgesetzten schwarzblauen Pigmentfleck an der Unterlippe. Mit zunehmendem Alter wird dieser Fleck immer diffuser und ist mit 4–5 Jahren meist ganz verschwunden [7]. Die Ohren sind braun gefärbt, in ihrem Inneren meist deutlich aufgehellt. Der kurze helle Tragus ist abgerundet und leicht nach vorne gebogen. Die großen Füße sind etwa halb so lang wie der Unterschenkel und mit langen kräftigen Borsten besetzt.

Ähnliche Arten

Die ebenfalls großfüßige Teichfledermaus ist wesentlich größer, die Langfußfledermaus hat einen leicht S-förmig geschwungenen Tragus und eine dichte flaumartige Behaarung auf den Schenkeln und der Schwanzflughaut. Die Fransenfledermaus hat viel längere Ohren, einen speerförmigen Tragus, eine spitzer wirkende Schnauze und einen S-förmig geschwungenen Sporn. Die Wimperfledermaus hat eine deutliche rechtwinklige

Maße

Unterarm	33,1–42,0 mm
Fünfter Finger	39–52 mm
Dritter Finger	53–65 mm
Normalgewicht	6–10 g
Condylobasallänge	12,8–14,5 mm
Obere Zahnreihe	5,0–5,5 mm

Stufe am Außenrand des Ohres und eine rötliche Fellfärbung. Die iberischen Wasserfledermäuse, die als *M. nathalinae* beschrieben wurden, erinnern auf den ersten Blick sehr stark an „Bart"fledermäuse. Bart- und Brandtfledermäuse haben aber einen längeren und eher zugespitzten Tragus und deutlich kleinere Füße. Wiederholt wurde in Hafen- und Großstädten, vor allem Großbritanniens, die der Wasserfledermaus sehr ähnliche nordamerikanische Kleine Braune Fledermaus *(Myotis lucifugus)* gefunden. Deren Ohren sind mit 14–18 mm länger als bei der Wasserfledermaus (10–14 mm).

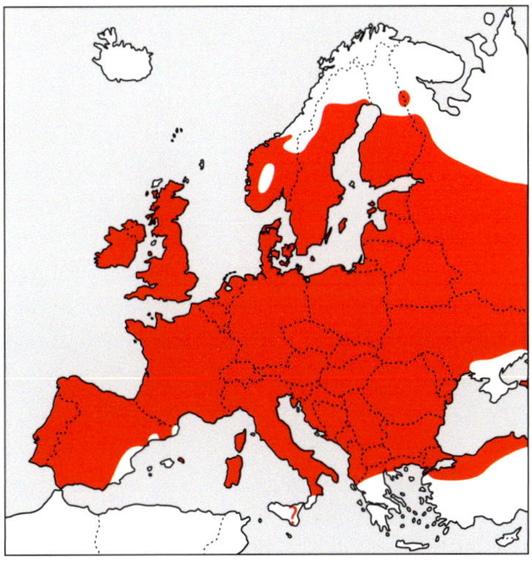

Bild 333: Bei Wasserfledermäusen fallen die sehr großen Hinterfüße auf, die dem Beutefang von der Wasseroberfläche dienen. Foto: C. Dietz

ORTUNGSLAUTE

Die 3–7 ms langen frequenzmodulierten Laute beginnen recht variabel bei 55–95 kHz und enden zwischen 25 und 45 kHz, meist bei 30 kHz. Wasserfledermäuse sind am besten anhand des typischen Jagdverhaltens über Gewässern zu bestimmen, hierbei sind jedoch Verwechslungen mit Langfuß- und Teichfledermaus möglich.

VERBREITUNG

Nahezu über ganz Europa bis 63° N verbreitet, im Mittelmeergebiet scheint die Verbreitung relativ lückig zu sein, Vorkommen sind oft auf Berggegenden beschränkt. Die Art fehlt auf manchen Inseln wie Sizilien oder den Balearen. Kommt außerhalb des Bearbeitungsgebietes bis nach Asien vor.

Unterarten und geographische Variabilität

Im Bearbeitungsgebiet nur die Nominatform. Von der iberischen Halbinsel wurde eine mit der Nominatform sympatrisch vorkommende Art beschrieben, *M. nathalinae* [22], und später als Unterart zur Wasserfledermaus gestellt. Bei mehreren Revisionen wurde *nathalinae* mit der Nominatform synonymisiert, es sind jedoch deutliche morphologische Unterschiede im Vergleich zu mitteleuropäischen Wasserfledermäusen vorhanden. In Europa gibt es eine Größenzunahme am Schädel von Süden nach Nor-den [3]. Im asiatischen Verbreitungsgebiet mehrere Unterarten, die östlichste wird mittlerweile als eigene Art angesehen: *M. petax.*

Bild 334. Junge Wasserfledermäuse haben einen dunklen Fleck an der Unterlippe, der sich mit jedem Lebensjahr weiter aufhellt. Foto: C. Dietz

LEBENSRAUM

Eine anpassungsfähige Fledermaus, deren Lebensraumansprüche sich nur im weitesten Sinne auf Wald und Wasser einengen lassen. Die Mehrzahl der Tiere jagt über Gewässern oder in Gewässernähe, einzelne Tiere können aber auch in Wäldern, Parks oder Streuobstwiesen jagen. Die Quartiergebiete liegen entweder in Auwäldern, den gewässerbegleitenden Gehölzstreifen oder aber in entfernt liegenden Waldgebieten und Siedlungen. Im Mittelmeergebiet kommt die Wasserfledermaus sympatrisch mit der Langfußfledermaus vor, zumindest teilweise wird sie hier eher an den Oberläufen der Bäche über kleinräumigen Stillwasserbereichen angetroffen, während die Langfußfledermaus die größeren Abschnitte mit stehendem oder ruhig fließendem Gewässer besetzt.

Quartiere

Im Sommer bilden sich Wochenstuben vor allem in Baumhöhlen und Fledermauskästen, aber auch in Gewölbespalten und Dehnungsfugen von Brücken, seltener in Gebäuden. Die ursprünglichen Quartiere sind wahrscheinlich Baumhöhlen und im Süden auch Felsspalten. Es gibt nur vereinzelte Nachweise von Wochenstuben in unterirdischen Quartieren, so in einer Höhle in Bayern [23] und im Eingangsbereich einer bulgarischen Höhle [eigene Daten]. Baumquartiere können sich in engen Stammanrissen, Fäulnishöhlen oder in Spechthöhlen finden, randständige oder nahe am Waldrand gelegene Bäume werden dabei bevorzugt [1]. Männchenquartiere liegen häufig in Spalträumen von Brücken, in Baumhöhlen oder auch in unterirdischen Kanälen. Winternachweise werden vor allem in Höhlen, Stollen, Bunkeranlagen und Kellern erbracht, ein Großteil der Tiere dürfte aber in Baumhöhlen und Felsspalten überwintern.

VERHALTEN

Wochenstuben umfassen in der Regel 20–50 Weibchen, in Gebäudequartieren ausnahmsweise bis zu 600 Tiere. Die Sommerquartiere in Baumhöhlen werden alle 2–5 Tage gewechselt. Wochenstuben in Brücken und Gebäuden werden über wesentlich längere Zeiträume durchgängig genützt. Männchen bilden eigene Kolonien von bis zu 20 Tieren, vereinzelt gibt es Männchenhangplätze mit bis zu 200 Tieren. Im Sommer kommen in höheren Lagen meist Männchen vor, während in den temperaturbegünstigten und meist auch gewässerreicheren niedrigeren Lagen Weibchen dominieren [5, 14, 17, 18]. Zwischen Quartieren und Jagdgebieten gibt es traditionelle Flugstraßen, auf denen in kurzer Zeit, vor allem abends, mehrere hundert Tiere zielsicher fliegen. Flugstraßen folgen meist Leitlinien wie Wassergräben, Hecken, Waldrändern und -wegen. In Skandinavien jagen die Tiere im Sommer bei Helligkeit vor allem im Wald und wechseln erst bei geringeren Lichtintensitäten auf die Wasserflächen [15]. Beim Schwärmen vor Höhlen ab August ist die Wasserfledermaus in Mittel- und Nordeuropa eine der häufigsten Arten. In einigen wenigen nordeuropäischen Winterquartieren, vor allem im Tiefland, gibt es riesige Winteransammlungen. So überwintern bis zu 20000 Wasserfledermäuse in den ehemaligen Bunkeranlagen von Nietoperek in Polen und jeweils bis zu 5000 Tiere in der Spandauer Zitadelle in Berlin [10], den Kalkhöhlen von Bad Segeberg und den Kalkgruben im dänischen Jütland. In solchen Massenquartieren werden Cluster aus bis zu 140 Tieren gebildet. Wasserfledermäuse hängen nur selten frei, häufig sind sie in Spalten oder auch im Bodengeröll versteckt.

FORTPFLANZUNG

Ab der zweiten Junihälfte wird meist nur ein Junges geboren, das bei der Geburt eine durchschnittliche Unterarmlänge von etwa 14,9 mm und ein Gewicht von 2,3 g hat [13]. Mit 3 Wochen fangen die Jungen bei einer Unterarmlänge von 32,7 mm und einem

Bild 335. Wasserfledermäuse jagen dicht über ruhigen Wasserflächen und fangen schlüpfende oder auf dem Wasser treibende Insekten. Foto: D. Nill

Bild 336: Wasserfledermäuse nutzen häufig Brücken als Quartier, hier ein Einzeltier in einem nach unten offenen Abflussrohr.
Foto: C. Dietz

Gewicht von 5,5 g an zu fliegen. Im Alter von etwa vier Wochen verlassen die Jungtiere das Quartier zu selbstständigen Jagdflügen, zwei Wochen später lösen sich in der Regel die Wochenstuben auf. Jungtiere beiderlei Geschlechts können bereits im ersten Herbst geschlechtsreif werden [11], ein relativ hoher Anteil nicht reproduzierender Jungweibchen deutet jedoch darauf hin, dass nur ein Teil erfolgreich ein Junges austrägt und aufzieht, desgleichen zeigt nur ein Teil der Jungmännchen im ersten Lebensjahr deutlich gefüllte Nebenhoden. Im August und Anfang September schwärmen Wasserfledermäuse an Höhlen, Stollen und großen Bunkeranlagen [10], dabei kommen die Tiere aus großen Gebieten zusammen [16]. Die Paarung erfolgt teilweise während der Schwärmzeit, weitere Paarungen können aber mit einem deutlichen Maximum im Oktober und November über den ganzen Winter bis ins Frühjahr erfolgen. Im Winterquartier suchen Männchen die anwesenden Fledermäuse gezielt nach möglichen Partnerinnen ab und paaren sich auch mit lethargischen Weibchen. Die Weibchen verfügen aufgrund der Fähigkeit Sperma zu speichern jedoch über eine ganze Reihe von postkopulatorischen Möglichkeiten zur Spermienselektion, d.h. sie können möglicherweise bestimmen, welche der gespeicherten Spermien die Eizelle befruchten. Es scheint einiges dafür zu sprechen, dass diejenigen Männchen, die im Sommer nahe an den Wochenstuben siedeln, den höchsten Reproduktionserfolg haben [18].

NAHRUNGSERWERB

Der schnelle und wendige Jagdflug erfolgt meist in 5–40 cm Höhe über dem Wasser. Insekten werden dabei meist direkt von der Wasseroberfläche abgegriffen, Wasserfledermäuse sind typische „trawling bats". Ist im Suchflug eine schwimmende Beute entdeckt, wird sie angeflogen, und erst kurz vorher werden die Füße und der

Schwanz abgesenkt. Direkt vor dem Fang richtet sich die Fledermaus nahezu senkrecht auf, bei der Berührung der Beute mit der Schwanzflughaut schlagen die Füße zusammen und packen die Beute. Die Fledermaus „kugelt" sich dann im Flug ab und birgt die Nahrung aus der Schwanzflughaut oder aus den Klauen. Wasserfledermäuse sind auf diese Weise in der Lage, auch größere Schmetterlinge und sogar Kleinfische wie Moderlieschen aus dem Wasser zu ziehen [allg. Lit. 122]. Auf Stillwasser treibende Beute oder frisch schlüpfende Wasserinsekten werden akustisch von den Fledermäusen sehr leicht erkannt [19], solange sie nicht durch auf dem Wasser treibende Blätter oder Schwimmpflanzen maskiert werden. Daher werden vor allem vegetationsfreie Stillwasserbereiche zur Jagd aufgesucht [4]. Durch Wind oder Strömungen unruhige Wasseroberflächen erschweren eine Beutedetektion ebenfalls erheblich. Einzeltiere verbringen regelmäßig einen relativ hohen Zeitanteil im Wald, an Waldrändern oder über Feuchtwiesen. Dabei wird meist in Höhen von 1–5 m gejagt [eigene Daten, P. Dietz mündlich].

NAHRUNG

Wasserfledermäuse jagen zum Teil opportunistisch über Gewässern, d.h. innerhalb gewisser Grenzen um eine bevorzugte Beutegröße von etwa 7,2 mm [20] werden Insektenvorkommen entsprechend ihrer Verfügbarkeit ausgebeutet. So machen Zuckmücken den Großteil der Nahrung aus, je nach Jahreszeit werden auch andere Zweiflügler (Schnaken, Büschelmücken), Blattläuse, Eintagsfliegen, Netzflügler, Hautflügler, Falter und Köcherfliegen erbeutet [6, 20]. Bei Laborversuchen erbeuteten Wasserfledermäuse bereitwillig tote Kleinfische, wenn diese die Wasseroberfläche durchstießen [allg. Lit. 122]. Im Freiland konnte dieses Verhalten bislang noch nicht mit Sicherheit nachgewiesen werden.

HÖCHSTALTER

Das nachgewiesene Höchstalter beträgt 30 Jahre [8], die durchschnittliche Lebenserwartung liegt dagegen mit 4,5 Jahren deutlich niedriger [2].

ORTSWECHSEL UND WANDERUNGEN

Die wanderfähige Art legt zwischen Sommer- und Winterquartier meist Strecken von unter 150 km zurück. Die weitesten Wiederfunde erfolgten in 257, 261 und 304 km Entfernung vom Beringungsort [21, allg. Lit. 139]. Populationen der Tiefländer legen weitere Strecken zwischen Teillebensräumen zurück als die nur kurze Strecken wandernden Tiere der Bergregionen [21]. Schwärmhöhlen werden aus knapp 30 km Entfernung angeflogen [16].

Raumnutzung

Ein Wochenstubenverband kann durch regelmäßige Quartierwechsel im Jahresverlauf bis zu 40 Baumhöhlen aufsuchen, die mit Abständen von bis zu 2,6 km voneinander auf Flächen von bis zu 5,3 km² verteilt sind [8]. Weibchen nutzen Jagdgebiete in einem 6–10 km-Radius um das Quartier [1], im Mittel in Entfernungen von 2,3 km [5]. Männchen jagen dagegen im Mittel 3,7 km vom Quartier entfernt [5] und Einzeltiere können bis über 15 km ins Jagdgebiet zurücklegen. Die Größe der Jagdgebiete schwankt stark, es werden meist 2–8 Teiljagdgebiete von 0,1 ha bis zu 7,5 ha Größe aufgesucht [1].

Bild 337. Winterschlafende Wasserfledermaus in einem historischen Bergwerksstollen. Foto: C. Dietz

GEFÄHRDUNG

Rote Liste der IUCN 2008: LC (Least Concern), FFH-Anhang IV, Rote Liste BRD: – Ungefährdet. Die Wasserfledermaus hat in weiten Teilen des mitteleuropäischen Verbreitungsgebietes seit den 1950er-Jahren stark zugenommen [12, allg. Lit. 51] und ist nirgends gefährdet. Der Hauptgrund für die Zunahme dürfte die Gewässer-Eutrophierung und eine damit einhergehende Zunahme des Nahrungsangebotes gewesen sein: Larven der meisten Zuckmückenarten leben im Boden eutropher Gewässer.

SCHUTZMASSNAHMEN

Erhalt der Koloniestandorte, Schwärmquartiere und vor allem der großen Winterquartiere.

Bild 338. Die kleinen und dunkel gefärbten Wasserfledermäuse aus Zentralspanien wurden als eigene Art beschrieben *(Myotis nathalinae)*, werden heute aber meist zur Wasserfledermaus *(Myotis daubentonii)* gezählt. Foto: C. Dietz

OFFENE FRAGEN

- Haben die Populationen der Wasserfledermaus mittlerweile eine stabile Größe erreicht oder gibt es eine weitere Zunahme?
- Wie unterscheiden sich die ökologischen Nischen der drei „trawling" *Myotis*-Arten voneinander?
- Welchen Einfluss haben Weibchen trotz vieler Paarungen mit verschiedenen Partnern auf die Vaterschaft? Welche postkopulatorischen Mechanismen stehen Weibchen zur Spermienselektion zur Verfügung?

SPEZIELLE LITERATUR

1. Arnold, A., M. Braun, N. Becker & V. Storch (1998): Beitrag zur Ökologie der Wasserfledermaus *(Myotis daubentonii)* in Nordbaden. – Carolinea **56**: 103–110.
2. Bezem, J. J., J. W. Sluiter & P. F. van Heerdt (1960): Population statistics of five species of the bat genus *Myotis* and one of the genus *Rhinolophus*, hibernating in the caves of S. Limburg. – Archives Néerlandaises de Zoologie **13**: 511–539.
3. Bogdanowicz, W. (1994): *Myotis daubentonii*. – Mammalian Species **475**: 1–9.
4. Boonman, A. M., M. Boonman, F. Breitschneider & W. A. van de Grind (1998): Prey detection in trawling insectivorous bats: duckweed affects hunting behaviour in Daubenton's bat, *Myotis daubentonii*. – Behav. Ecol. Sociobiol. **44**: 99–107.
5. Encarnação, J. A., U. Kierdorf, D. Holweg, U. Jasnoch & V. Wolters (2005): Sex-related differences in roost-site selection by Daubenton's bats *Myotis daubentonii* during the nursery period – Mammal. Rev. **35**: 285–294.
6. Flavin, D. A., S. S. Biggane, C. B. Shiel, P. Smiddy & J. S. Fairley (2001): Analysis of the diet of Daubenton's bat *Myotis daubentonii* in Ireland. – Acta Theriol. **46**: 43–52.
7. Geiger, H., M. Lehnert & C. Kallasch (1996): Zur Alterseinstufung von Wasserfledermäusen *(Myotis daubentoni)* mit Hilfe des Unterlippenflecks („chin-spot"). – Nyctalus (N.F.) **6**: 23–28.
8. Geiger, H. & B.-U. Rudolph (2004): Wasserfledermaus, *Myotis daubentonii*. – In: A. Meschede & B.-U. Rudolph (eds.): Fledermäuse in Bayern: 127–138; Ulmer Verlag.
9. Grimmberger, E., H. Hackethal & Z. Urbanczyk (1987): Beitrag zum Paarungsverhalten der Wasserfledermaus, *Myotis daubentoni*, im Winterquartier. – Z. Säugetierk. **52**: 133–140.
10. Kallasch, C. & M. Lehnert (1995): Zur Populationsökologie von Wasser- und Fransenfledermäusen (*Myotis daubentoni* und *M. nattereri*) in der Spandauer Zitadelle. – Sitzungsber. Ges. Naturforschende Freunde Berlin, N.F. **34**: 69–91.

Bild 339. Männchen der Wasserfledermaus können reine „Junggesellen"-Kolonien bilden, die bis zu 200 Tiere umfassen können. Foto: C. Dietz

11. Kokurewicz, T. & J. Bartmanska (1992): Early sexual maturity in male Daubenton's bats *(Myotis daubentoni)*; field observations and histological studies on the genitalia. – Myotis **30**: 95–108.
12. Kokurewicz, T. (1995): Increased populations of Daubenton's Bat *(Myotis daubentoni)* in Poland. – Myotis **32/33**: 155–161.
13. Kratky, J. (1981): Postnatale Entwicklung der Wasserfledermaus, *Myotis daubentonii* und bisherige Kenntnis dieser Problematik im Rahmen der Unterordnung Microchiroptera (Mammalia: Chiroptera). – Folia Musei Rerum Naturalium Bohemiae Occidentalis **16**: 1–34.
14. Leuzinger, Y. & C. Brossard (1994): Répartition de *Myotis daubentoni* en fonction du sexe et de la période de l'année dans le Jura bernois. Résultats préliminaires. – Mitt. natf. Ges. Schaffhausen **39**: 135–143.
15. Nyholm, E. S. (1965): Zur Ökologie von *Myotis mystacinus* und *Myotis daubentoni*. – Ann. Zool. Fenn. **2**: 77–123.
16. Parsons, K. N. & G. Jones (2003): Dispersion and habitat use by *Myotis daubentonii* and *Myotis nattereri* during the swarming season: implications for conservation. – Anim. Conserv. **6**: 283–290.
17. Russo, D. (2002): Elevation affects the distribution of the two sexes in Daubenton's bats *Myotis daubentonii* (Chiroptera: Vespertilionidae) from Italy. – Mammalia **66**: 543–551.
18. Senior, P., R. K. Butlin & J. D. Altringham (2005): Sex and segregation in temperate bats. – Proc. R. Soc. Lond. B **272**: 2467–2473.
19. Siemers, B. M., P. Stilz & H.-U. Schnitzler (2001): The acoustic advantage of hunting at low heights above water: behavioural experiments on the European 'trawling' bats *Myotis capaccinii, M. dasycneme* and *M. daubentonii*. – J. Exp. Biol. **204**: 3843–3854.
20. Taake, K.-H. (1992): Strategien der Ressourcennutzung an Waldgewässern jagender Fledermäuse. – Myotis **30**: 7–74.
21. Tress, J., C. Tress, W. Schorcht, M. Biedermann, R. Koch & D. Iffert (2004): Mitteilungen zum Wanderverhalten von Wasserfledermäusen *(Myotis daubentonii)* und Rauhhautfledermäusen *(Pipistrellus nathusii)* aus Mecklenburg. – Nyctalus (N.F.) **9**: 236–248.
22. Tupinier, Y. (1977): Description d'une chauve-souris nouvelle: *Myotis nathalinae* nov. sp. – Mammalia **41**: 327–340.
23. Zahn, A. & I. Hager (2005): A cave-dwelling colony of *Myotis daubentonii* in Bavaria, Germany. – Mamm. Biol. **70**: 250–254.

Teichfledermaus
Myotis dasycneme (Boie, 1825)

NAMEN

GB: Pond Bat
F: Murin des marais
E: Murciélago lagunero
I: Vespertilio dasicneme
NL: Meervleermuis
S: Dammfladdermus
PL: Nocek łydkowłosy

KENNZEICHEN

Eine mittelgroße Fledermaus mit dichtem fahl graubraun oder bräunlich gefärbtem Rückenfell und scharf abgesetzter weißlichgrauer Unterseite. Gesichtsfärbung bei Alttieren rötlichbraun, bei Jungtieren dunkler. Ohren und andere Hautpartien graubraun. Der Tragus ist für eine *Myotis*-Art ungewöhnlich kurz und nach innen gebogen, die Tragusspitze ist abgerundet. Die Füße sind sehr groß und weisen dichte Borsten auf.

Maße

Unterarm	43,0–49,0 mm
Fünfter Finger	51–61 mm
Dritter Finger	72–77 mm
Normalgewicht	13–18 g
Condylobasallänge	16,2–17,1 mm
Obere Zahnreihe	5,9–6,5 mm

Ähnliche Arten

Die einzige *Myotis*-Art mit einer Unterarmlänge über 43 mm und mit großen Füßen (die Fußlänge ist größer als die halbe Unterschenkellänge). Ähnlich große Füße hat nur noch die kleinere Langfußfledermaus, bei dieser setzt die Armflughaut allerdings am Unterschenkel, bei der Teichfledermaus an der Ferse an.

ORTUNGSLAUTE

Die 4–8 ms langen frequenzmodulierten Laute beginnen bei 65–85 kHz und enden bei 25–35 kHz, meist unter 30 kHz. Die Rufe sind der Wasserfledermaus sehr ähnlich, allerdings hat die Teichfledermaus charakteristische Sozialrufe („Wachtelrufe“) von 15–25 ms Dauer bei 30–40 kHz.

VERBREITUNG

In Nordeuropa inselartige Verbreitung vom nördlichen Frankreich durch Belgien und die Niederlande, Dänemark, das südliche Schweden und die baltischen Staaten nach Russland. Die Südgrenze läuft durch Nordfrankreich, Rheinland-Pfalz, Hessen, Thüringen und Sachsen. Im östlichen Mitteleuropa erreicht die südliche Verbreitungsgrenze Nordkroatien und Rumänien. Von der Ukraine und Weißrussland erstreckt sich die geschlossene Verbreitung zwischen 48° N und ca. 60° N durch Russland bis Kasachstan und bis an den Jenissei-Fluss in Zentral-Sibirien.

Bild 340. Teichfledermaus im Flug. Foto: D. Nill

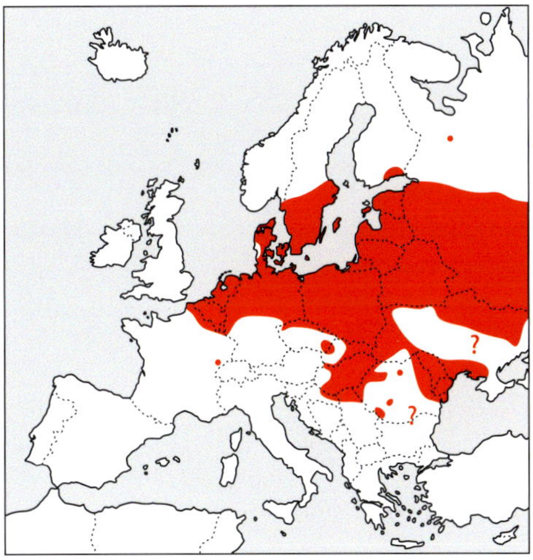

Unterarten und geographische Variabilität

Monotypische Art, die keine ausgeprägte Variabilität zeigt.

LEBENSRAUM

Kommt in gewässerreichen Gegenden mit langsam fließenden breiten Flüssen, Kanälen, Seen und Teichen vor, im Sommerhalbjahr nahezu ausschließlich im Tiefland. Winterquartiere liegen oft in Mittelgebirgen.

Quartiere

Sommerquartiere in Dachräumen von Kirchen und Kirchtürmen oder hinter Dachverblendungen und Verwahrungen [12], auch von Flachdachhäusern [4]. Möglicherweise gibt es auch Wochenstuben in Baumhöhlen. Einzeltiere nutzen neben Gebäuden auch Baumhöhlen und Fledermauskästen als Quartier. Winterquartiere in Höhlen, Stollen, Bunkern und Kellern.

VERHALTEN

Wochenstuben bestehen in der Regel fast ausschließlich aus adulten Weibchen mit ihren Jungen und umfassen 20–300 Tiere. Männchen können kleine separierte Kolonien von bis zu 40 Tieren bilden [3]. Wochenstuben werden regelmäßig gewechselt und können gemeinsam mit Fransen- und Zwergfledermäusen genutzt werden [4]. Mitte August bis Anfang September suchen Teichfledermäuse Schwärmhöhlen auf, die in der Regel auch von zahlreichen anderen Arten genutzt werden [8]. In Winterquartieren sind größere Ansammlungen selten, aus Russland sind Quartiere mit bis zu 700 Tieren bekannt [11].

FORTPFLANZUNG

Die Jungen werden ab der ersten Junihälfte geboren [11]. Die Weibchen erreichen die Geschlechtsreife vermutlich erst im zweiten Jahr. Männchen besetzen Paarungsquartiere in Gebäuden, Baumhöhlen und Fledermauskästen [5], in denen sie von den Weibchen aufgesucht werden. Paarungen erfolgen ab der zweiten Augusthälfte in den Männchenquartieren oder im Winterquartier, vermutlich auch an Schwärmhöhlen.

Bild 341. Teichfledermäuse haben die größten Hinterfüße der europäischen Fledermäuse, sie nutzen diese zum Beutefang an Gewässern. Foto: D. Nill

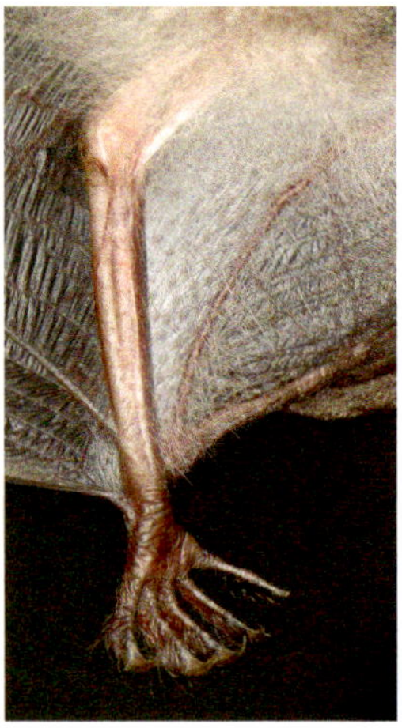

Bild 342. Die Hinterfüße der Teichfledermaus sind sehr kräftig und werden beim Beutefang eingesetzt. Foto: C. Dietz

NAHRUNGSERWERB

Meist über ruhigen Wasserflächen, die nicht mit Vegetation wie Wasserlinsen bedeckt sind [Boonman mündlich]. Schneller, geradliniger und etwas höher fliegend als die Wasserfledermaus [7]. Als Jagdgebiete werden aber auch ausgedehnte Schilfgebiete, Wiesen und Waldränder genutzt.

NAHRUNG

Die Nahrung besteht nahezu ausschließlich aus aquatischen Insekten wie Zuckmücken und Köcherfliegen [2, 13], die direkt von der Wasseroberfläche abgesammelt werden können. Die Teichfledermaus nimmt wie die Wasser- und Langfußfledermaus Beute mit den langen Hinterfüßen oder dem Schwanz von der Wasseroberfläche auf. Über Wiesen und an Gebüschrändern werden Nachtfalter und Käfer erbeutet.

HÖCHSTALTER

Das bislang nachgewiesene Höchstalter liegt bei 20,5 Jahren [11].

ORTSWECHSEL UND WANDERUNGEN

Die Teichfledermaus ist ein Mittelstreckenwanderer, die Populationen der Tiefländer (Norddeutsches Tiefland, Niederlande) überwintern in den angrenzenden Mittelgebirgen in Entfernungen von bis zu 300 km zu den Sommerquartieren. In Russland finden ebenfalls Wanderungen aus den Tieflandgebieten in die Mittelgebirge statt [11]. Der längste Überflug betrug 350 km in Belgien. Sind in der Umgebung der Sommerlebensräume geeignete Winterquartiere vorhanden, bleiben die Populationen teilweise ortstreu [allg. Lit. 30].

GEFÄHRDUNG

Rote Liste der IUCN 2008: NT (Near Threatened), Rote Liste der EU: NT (Near Threatened), FFH-Anhang II & IV, Rote Liste BRD: D (Daten unzureichend). In der Mitte des letzten Jahrhunderts gab es gravierende Bestandseinbrüche durch Verschluss von Koloniestandorten oder Sanierungen mit giftigen Holzschutzmitteln. Heute stellt die Aufnahme von Giftstoffen über die Nahrung [10] eine ernst zu nehmende Gefährdungsursache dar. Die Teichfledermaus ist aufgrund ihrer isolierten Vorkommen und relativ geringer Populationsdichte eine stark gefährdete Art.

SCHUTZMASSNAHMEN

Erhalt von Sommerquartieren, Schutz von Winterquartieren. Anbindung von Quartieren an Wasserflächen durch Leitlinien wie Hecken und Gehölzstreifen, Verhinderung von Zerschneidungswirkungen.

Bild 343. Im Porträt fällt der sehr kurze und nach vorne gebogene Tragus der Teichfledermaus auf. Foto: D. Nill

Bild 344. Lebensraum der Teichfledermaus. Jagende Tiere bevorzugen größere Wasserflächen, die frei von Vegetation sind. Foto: D. NILL

OFFENE FRAGEN

- Kommt die Teichfledermaus entlang der Donau vor?
- Wie groß sind die europäischen Bestände?
- Gibt es noch unentdeckte Vorkommen vor allem im östlichen Europa?

SPEZIELLE LITERATUR

1. BOONMAN, A., H. J. G. A. LIMPENS & B. VERBOOM (1995): The influence of landscape elements on the echolocation of the pond bat, *Myotis dasycneme*. – Le Rhinolophe **11**: 39–40.
2. BRITTON, A. R. C., G. JONES, J. M. V. RAYNER, A. M. BOONMAN & B. VERBOOM (1997): Flight performance, echolocation and foraging behaviour in pond bats, *Myotis dasycneme*. – J. Zool. **241**: 503–522.
3. DENSE, C., K.-H. TAAKE & G. MÄSCHER (1996): Sommer- und Wintervorkommen von Teichfledermäusen *(Myotis dasycneme)* in Nordwestdeutschland. – Myotis **34**: 71–79.
4. DOLCH, D., A. HAGENGUTH & U. HOFFMEISTER (2001): Erster Nachweis einer Wochenstube der Teichfledermaus, *Myotis dasycneme*, in Brandenburg. – Nyctalus (N.F.) **7**: 617–618.
5. GRIMMBERGER, E. (2002): Paarungsquartier der Teichfledermaus *(Myotis dasycneme)* in Ostvorpommern. – Nyctalus (N.F.) **8**: 394.
6. LIMPENS, H. J. G. A. & R. SCHULTE (2000): Biologie und Schutz gefährdeter wandernder mitteleuropäischer Fledermausarten am Beispiel von Rauhhautfledermäusen *(Pipistrellus nathusii)* und Teichfledermäusen *(Myotis dasycneme)*. – Nyctalus (N.F.) **7**: 317–327.
7. LIMPENS, H. J. G. A. (2001): Assessing the European distribution of the pond bat *(Myotis dasycneme)* using bat detectors and other survey methods. – Nietoperze **2**: 169–178.
8. OHLENDORF, B. (2004): Zum Status der Teichfledermaus *(Myotis dasycneme)* in Sachsen-Anhalt. – Nyctalus (N.F.) **9**: 336–342.
9. ŘEHÁK Z., J. ZUKAL & J. GAISLER (1996): Contribution to the knowledge of distribution of *Myotis dasycneme* (Mammalia: Chiroptera) in the Czech Republic. – Acta Soc. Zool. Bohem. **60**: 199–205.
10. REINHOLD, J. O., A. J. HENDRIKS, L. K. SLAGER & M. OHM (1999): Transfer of microcontaminants from sediment to chironomids, and the risk for the pond bat *Myotis dasycneme* (Chiroptera) preying on them. – Aquatic Ecology **33**: 363–376.
11. ROER, H. (2001): *Myotis dasycneme*, Teichfledermaus. – In: F. KRAPP (Hrsg.): HB Säugetiere Europas **4-I**: 303–319; Aula Verlag.
12. SCHIKORE, T. & M. ZIMMERMANN (2000): Von der Flugstraße über den Wochenstubennachweis zum Quartier der Teichfledermaus *(Myotis dasycneme)* in der Wesermarsch – erster Fortpflanzungsnachweis dieser Art in Niedersachsen. – Nyctalus (N.F.) **7**: 383–395.
13. SOMMER R. & S. SOMMER (1997): Ergebnisse zur Kotanalyse bei Teichfledermäusen, *Myotis dasycneme*. – Myotis **35**: 103–107.
14. VAN DE SIJPE, M., B. VANDENDRIESSCHE, P. VOET, J. VANDEBERGHE, J. DUYCK, E. NAEYAERT, M. MANHAEVE & E. MARTENS (2004): Summer distribution of the Pond bat *Myotis dasycneme* (Chiroptera, Vespertilionidae) in the west of Flanders (Belgium) with regard to water quality. – Mammalia **68**: 377–386.
15. VERBOOM, B., A. M. BOONMAN & H. J. G. A. Limpens (1999): Acoustic perception of landscape elements by the pond bat *(Myotis dasycneme)*. – J. Zool. **248**: 59–66.

Langfußfledermaus
Myotis capaccinii
(BONAPARTE, 1837)

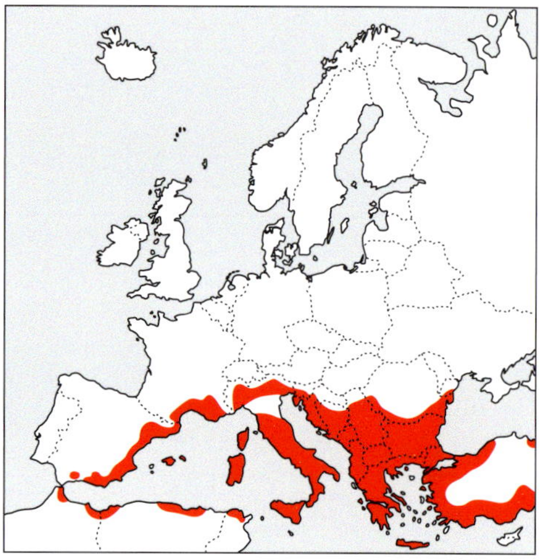

NAMEN

GB: Long-fingered Bat
F: Murin de Capaccini
E: Murciélago patudo
I: Vespertilio di Capaccini
NL: Capaccini's vleermuis
S: Capaccinis fladdermus
PL: Nocek długopalcy

Maße

Unterarm	38,4–44,0 mm
Fünfter Finger	48–56 mm
Dritter Finger	64–71 mm
Normalgewicht	7–10 g
Condylobasallänge	14,2–15,0 mm
Obere Zahnreihe	5,2–5,8 mm

KENNZEICHEN

Eine mittelgroße *Myotis*-Art mit grauem bis graubraunem Rückenfell und einer grauweißen Unterseite. Jungtiere sind unauffällig grau gefärbt. Die Ohren und Flughäute sind graubraun. Der Tragus ist leicht S-förmig geschwungen. Die Nasenlöcher ragen auffällig vor. Sehr große und kräftige Füße. Die Behaarung reicht flaumartig entlang des ganzen Unterschenkels weit auf die Schwanzflughaut. Die Flughaut des Flügels setzt am Unterschenkel an.

Ähnliche Arten

Nur die Langfußfledermaus hat so stark behaarte Schenkel und vorspringende Nasenlöcher. Sie ist die einzige europäische Fledermaus, bei der die Armflughaut am Unterschenkel und nicht am Fuß ansetzt.

Bild 345. Bei Nacht werden die Jungen der Langfußfledermaus im Quartier zurückgelassen, die Hangplätze sind auch, wenn alle Tiere abwesend sind, leicht an den Urin-Verfärbungen zu erkennen. Foto: C. DIETZ

ORTUNGSLAUTE

Die 3–7 ms langen frequenzmodulierten Laute fallen von 70–90 kHz auf meist 35–39 kHz ab. Selten werden 30 kHz erreicht. Die Laute sind der Wasserfledermaus sehr ähnlich und die Verteilungen der Endfrequenzen überlappen sich, meist liegt die Endfrequenz der Langfußfledermaus jedoch höher [allg. Lit. 105].

VERBREITUNG

Im Mittelmeerraum von Nordwest-Afrika (Marokko, Algerien, Tunesien) und nahezu allen Inseln, sowie im mediterranen Bereich entlang der Küste des Mittelmeeres bis 46° N vorkommend. Im westlichen Mittelmeerraum ist die Verbreitung lückenhaft und auf wenige küstennahe Gebiete beschränkt. Nur auf der Balkanhalbinsel reichen die Vorkommen weit in kontinentale Bereiche hinein. Im östlichen Mittelmeerraum im mediterranen Bereich von der Osttürkei über Syrien und den Libanon bis Israel. Weitere Vorkommen im Iran, Irak und Usbekistan.

Unterarten und geographische Variabilität

Monotypisch, die Tiere des Balkans wurden als Unterart *M. c. bureschi* beschrieben, unterscheiden sich aber nicht von der Nominatform.

LEBENSRAUM

Mediterrane und milde kontinentale Lebensräume in höhlenreichen Karstgebieten mit großen Gewässern. Sowohl im Einzugsgebiet großer Tieflandflüsse wie Rhône, Ebro, Po, Donau und Maritza/ Evros und deren Nebenflüssen mit ausgeprägten Auwäldern oder an großen Seen, als auch über kleineren Karstflüssen mit teilweise unterirdischem Verlauf [allg. Lit. 96]. Nahezu ausschließlich in Karstgebieten, Gegenden mit anderem geologischen Untergrund werden nur besiedelt, wenn unterirdische Quartiere (Bergwerke) zur Verfügung stehen und sich in der Nähe zu Karsthöhlen befinden. Jagdgebiete vor allem über stehenden oder träge fließenden Gewässern und Stillwasserbereichen kleinerer Gewässer [1]. An der Küste häufig über Lagunen jagend, manchmal aber auch über dem offenen Meer.

Quartiere

Ganzjährig in Höhlen oder Bergwerken, es sind nur wenige Gebäudequartiere bekannt. Einzeltiere können in einer Vielzahl anderer Quartiere wie Spalten an Brücken, Gebäuden, Kellern oder größeren Felsspalten angetroffen werden.

VERHALTEN

Die Art bildet ganzjährig Kolonien mit dichten Clustern von 30–500 Tieren und kommt sehr oft mit anderen Höhlenfledermäusen, meist mit der Langflügelfledermaus, gemeinsam vor. Vermutlich profitiert die Langfußfledermaus in thermoregulatorischer Hinsicht von der Langflügelfledermaus. In einigen wenigen Höhlen in der Nähe zu optimalen Jagdhabitaten (große Flussauen, Seen) können sich sehr große Verbände von 5000–10 000 Langfußfledermäusen bilden, solche Riesenkolonien sind aus drei bulgarischen und einer albanischen Höhle bekannt. Männchen machen oft nur einen geringen Anteil, in manchen Kolonien aber bis zu einem Drittel der Individuen in großen Wochenstuben-Clustern aus, können aber auch separate Cluster von bis zu mehreren hundert Tieren bilden [5, eigene Daten]. Im Winter auch einzeln hängende Tiere, viele überwintern aber in dichten Clustern. Die Winterkolonien können sehr groß werden, in den drei zentralen bulgarischen Winterquartieren konzentrieren sich in manchen Wintern jeweils 20 000–50 000 Tiere [Ivanova & Petrov mündlich].

Bild 346: Neben der grauen Rückenfärbung fallen bei der Langfußfledermaus vor allem die großen Hinterfüße auf. Foto: C. Dietz

FORTPFLANZUNG

In Bulgarien finden Geburten bereits Anfang bis Ende Mai statt, Neugeborene haben eine Unterarmlänge von 15,5–16 mm [eigene Daten]. Auf der Iberischen Halbinsel liegt der Geburtszeitraum später [6]. Bereits 18 Tage alte Jungtiere fliegen in der Höhle und verlassen wenig später das Quartier [eigene Daten]. Die ersten Jungtiere jagen bereits in der ersten Juni-Dekade

Bild 347. Porträt der Langfußfledermaus: die Nasenlöcher springen bei dieser Art auffällig weit vor. Foto: C. DIETZ

selbstständig, wenn die meisten anderen Arten erst ihren Nachwuchs bekommen [eigene Daten]. Die Paarungen findet ab Ende September und Anfang Oktober bis Anfang März in als Winterquartier genutzten Höhlen statt. Über das Paarungssystem und Mechanismen zur Vermeidung von Inzucht ist nichts bekannt, möglicherweise erfolgen die Paarungen aber vor allem in den Winterquartieren, in denen sich Mitglieder zahlreicher Sommerkolonien mischen. Bis zu 70% der Jungweibchen bekommen im ersten Jahr Nachwuchs [5, eigene Daten]. Männchen erreichen die Geschlechtsreife in ihrem zweiten Herbst im Alter von 1 ½ Jahren [5, eigene Daten]. Sowohl Weibchen als auch Männchen kehren zumindest teilweise in ihre Geburtswochenstube zurück [eigene Daten].

NAHRUNGSERWERB

Meist werden Gewässer in weiten Bögen ähnlich der Wasserfledermaus in 10–25 cm Höhe beflogen. Die Langfußfledermaus fliegt dabei gleichmäßiger und in weiteren Bahnen als die Wasserfledermaus. Eine lokalisierte Beute wird mit den langen Füßen oder der Spitze der Schwanzflughaut von der Wasseroberfläche abgekeschert [9]. Die Nahrung zeigt, dass auch ein erheblicher Anteil der Beutetiere von direkt unter der Wasseroberfläche schwimmenden Tieren (Fische, Rückenschwimmer) gebildet wird [3]. Solche Beutetiere werden vermutlich detektiert, wenn sie die Wasseroberfläche durchbrechen (zur Atmung oder im Flug bei Rückenschwimmern, Luftschnappen bzw. Beutefang beim Koboldkärpfling) [7] und dann mit den großen Hinterfüßen aus dem Wasser gezogen. Über Gewässern jagen oft bis zu 4, manchmal bis zu 10 Tiere im gleichen eng begrenzten Gebiet. Neben der hauptsächlichen Nutzung von Stillwasserbereichen [1, 5] verbringen einige telemetrierte Tiere einen Teil der Jagdzeit auch in Wäldern oder Gebüsch abseits des Flusses [5], dabei wird die Nahrung im Flug erbeutet.

NAHRUNG

Die Nahrung besteht größtenteils aus Zweiflüglern (Zuckmücken) und Köcherfliegen. In Spanien wurden in den Kotproben von vier Tieren Fischschuppen, vermutlich von Zahnkarpfen und Koboldkärpflingen nachgewiesen [allg. Lit. 2]. In Israel fanden sich in 12% von nahezu 2000 analysierten Kotpellets Schuppen und Knochen von Koboldkärpflingen *(Gambusia affinis)* [3], was auf ein regelmäßiges Erbeuten dieser Fische hindeutet. Daneben wurden vor allem Zuckmücken, aber auch Rückenschwimmer gefunden, geringe Anteile machten Nachtfalter und Hautflügler aus [3].

ORTSWECHSEL UND WANDERUNGEN

Die Langfußfledermaus ist ein Kurz- bis Mittelstreckenwanderer, Daten liegen aber ausschließlich von der Balkanhalbinsel vor. Tiere aus den weit verteilten Sommerkolonien in Bulgarien und Nordgriechenland konzentrieren sich in wenigen (derzeit drei

Bild 348. Der Tragus der Langfußfledermaus weist einen leichten S-förmigen Schwung auf. Foto: D. NILL

bekannten) großen Winterkolonien von bis weit über 20 000 Tieren. Die bislang nachgewiesenen Entfernungen liegen meist um 100 km, die weitesten Strecken um 150 km [5, eigene Daten, PETROV & IVANOVA mündlich], vermutlich erstreckt sich das Einzugsgebiet von zwei großen Winterkolonien in den bulgarischen Rhodopen aber bis weit nach Nordgriechenland und die bulgarische Maritza-Ebene [5, PETROV mündlich]. Die Langfußfledermäuse der Donauebene überwintern vor allem in einer Höhle am nördlichen Balkanfuß [eigene Daten, PETROV & IVANOVA schriftlich].

Raumnutzung

Jagdgebiete liegen in Spanien in bis zu 10 km Entfernung vom Quartier [1], in Griechenland teilweise in wesentlich größeren Entfernungen von mindestens 26 km (im Mittel 13,6 km) [5]. Teiljagdgebiete haben Größen von bis zu 11 ha [1], es werden bis zu fünf solcher Teiljagdgebiete je Nacht aufgesucht [5]. In Griechenland scheint die Art sehr mobil zu sein, Quartierwechsel erfolgen auch im Sommerhalbjahr großräumig in Entfernungen von bis zu 39 km [5], in Nordbulgarien werden häufig nahe beieinanderliegende Höhlen im Verbund genutzt [eigene Daten].

GEFÄHRDUNG

Rote Liste der IUCN 2008: VU (Vulnerable), Rote Liste der EU: VU (Vulnerable), FFH-Anhang II & IV. Am Nordrand der Verbreitung sehr starker Rückgang [2, 4, 8], in der südlichen Schweiz und Teilen Norditaliens ausgestorben [9]. In Frankreich und Spanien gibt es nur noch wenige Fortpflanzungskolonien [2, 4, 6]. In Bulgarien noch große Bestände, allerdings sind in den letzten Jahren nach Schnakenbekämpfungen und Pestizideinsätzen auf Agrarflächen mit Sprühflugzeugen einige traditionelle Quartierhöhlen am Nordrand der Verbreitung verwaist, ob dies ein genereller Trend oder nur lokale bzw. kurzfristige Ereignisse sind, kann derzeit nicht abgeschätzt werden [eigene Daten]. In Nordgriechenland starke Schadstoffbelastung in Jagdgebieten der Art, da Pestizide dem Beregnungswasser beigemengt werden und somit direkt in Gewässer gelangen [PAPADATOU, mündlich].

Bild 349. Langfußfledermaus im Flug. Die Art zeigt ein ähnliches Jagdverhalten wie die Wasserfledermaus, Beute wird mit den großen Füßen von der Wasseroberfläche gegriffen. Foto: D. NILL

SCHUTZMASSNAHMEN

Verzicht auf Schnakenbekämpfung in Feuchtgebieten und Auen, Beschränkung von Pestizideinsätzen auf Agrarflächen und Verhinderung des Verdriftens von Aerosolschleppen in Feuchtgebiete und Auen (keine hoch fliegenden Sprühflugzeuge). Schutz der Koloniehöhlen vor Störungen und touristischer Nutzung.

OFFENE FRAGEN

– Wie können die derzeit noch großen Bestände in Bulgarien und insgesamt die

Bild 350. Die Langfußfledermaus bildet in Höhlen große Kolonien und hängt meist mit anderen Arten gemischt, hier mit Kleinen Mausohren. Foto: C. Dietz

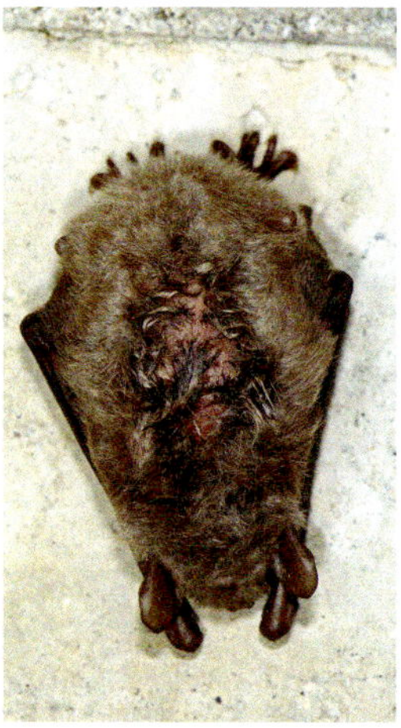

Bild 351. Die Biss- und Speichelspuren am Rücken der winterschlafenden Langfußfledermaus zeigen, dass das Weibchen vor Kurzem begattet wurde. Foto: C. Dietz

Vorkommen auf der Balkan-Halbinsel wirkungsvoll geschützt werden?
- Was sind die hauptsächlichen Gefährdungsursachen?
- Wie wirken sich Flussbegradigungen und die Anlage von Stauseen an natürlichen Bachläufen (langfristig) auf die Langfußfledermaus aus?
- Welches Paarungssystem kommt bei der Langfußfledermaus vor?

SPEZIELLE LITERATUR

1. Almenar, D., J. Aihartza, U. Goiti, E. Salsamendi & I. Garin (2006): Habitat selection and spatial use by the trawling bat *Myotis capaccinii*. – Acta Chiropterologica **8**: 157–167.
2. Cosson, E. (2001): Les Chiroptères de la directive habitats: le murin de Capaccini, *Myotis capaccinii*. – Arvicola **13**: 31–35.
3. Levin, E., A. Barnea, Y. Yovel & Y. Yom-Tov (2006): Have introduced fish initiated piscivory among the long-fingered bat? – Mamm. Bio. **71**: 139–143.
4. Médard, P. & E. Guibert (1990): Disparition d'un milieu et raréfaction d'une espèce en France: le murin de Capaccini, *Myotis capaccinii*. – Mammalia **54**: 297–300.
5. Papadatou, E. (2006): Ecology and conservation of the long-fingered bat *Myotis capaccinii* in the National Park of Dadia-Lefkimi-Soufli, Greece. – PhD-thesis at the University of Leeds.
6. Serra-Cobo, J. (1992): Contribution to the chorology and biology of *Myotis capaccinii* in Spain. – Prague Studies in Mammalogy: 183–188.
7. Siemers, B. M., P. Stilz & H.-U. Schnitzler (2001): The acoustic advantage of hunting at low heights above water: behavioural experiments on the European 'trawling' bats *Myotis capaccinii, M. dasycneme* and *M. daubentonii*. – J. Exp. Biol. **204**: 3843–3854.
8. Spitzenberger, F. & A. Mayer (1988): Aktueller Stand der Kenntnis der Fledermausfauna Osttirols und Kärntens; zugleich Mammalia austriaca 14 *(Myotis capaccinii, Pipistrellus kuhli und Pipistrellus savii)*. – Ann. Nat.hist. Mus. Wien **90 B**: 69–91.
9. Spitzenberger, F. & O. von Helversen (2001): *Myotis capaccinii*, Langfußfledermaus. – In: F. Krapp (Hrsg.): HB Säugetiere Europas, **4-I**: 281–302; Aula Verlag.

Brandtfledermaus (Große Bartfledermaus)
Myotis brandtii (EVERSMANN, 1845)

NAMEN

GB: Brandt's Bat
F: Murin de Brandt
E: Murciélago de Brandt
I: Vespertilio di Brandt
NL: Brandts vleermuis
S: Brandts fladdermus
PL: Nocek Brandta

ALLGEMEINES

Im Deutschen werden seit der Artentrennung der „Bart"fledermäuse durch die Arbeiten von GAUCKLER & KRAUS im Jahr 1970 die Bezeichnungen Kleine Bartfledermaus für *Myotis mystacinus* und Große Bartfledermaus für *M. brandtii* verwendet [allg. Lit. 37]. Die ähnliche Namensgebung spiegelt die Schwierigkeiten bei der Artbestimmung deutlich wider. Dennoch ist heute durch genetische Untersuchungen klar, dass die beiden Arten trotz ihrer großen Ähnlichkeit nicht nahe verwandt sind. Um diesem Umstand gerecht zu werden, verwenden wir hier die in vielen Sprachen üblichen Bezeichnungen Bartfledermaus für *M. mystacinus* und Brandtfledermaus für *M. brandtii.*

KENNZEICHEN

Eine kleine Fledermaus mit langen Ohren. Das relativ lange Fell ist bei mehrjährigen Tieren hellbraun mit goldglänzenden Spitzen, die farblich wenig abgesetzte Unterseite ist hellgrau mit gelblichen Farbanteilen. Die Hautpartien sind bräunlich. Ihr „typisches" Erscheinungsbild erreichen Brandtfledermäuse erst im Alter von etwa sieben Jahren: sie werden vom nahezu schwarzen, Bartfledermaus-artigen Jungtier von Jahr zu Jahr immer heller, ältere Tiere haben schließlich hell-goldene Haarspitzen und helle Hautpartien [6]. Der untere Teil des Tragus und des Ohres, vor allem im Inneren der Ohrmuschel und dem basalen vorderen Bereich, sind aufgehellt. Das Nasenloch der Brandtfledermaus ist meist breit herzförmig, bei der Bartfledermaus ist der hintere Teil meist sehr schmal. Der Penis ist zum Ende deutlich keulenförmig verdickt, bereits bei juvenilen Männchen ist er dicker als bei der Bartfledermaus. Eine zuverlässige Bestimmung ist anhand von Zahnmerkmalen möglich: Der große obere Prämolar (P^4) hat einen deutlichen Cingulumhöcker, der oftmals die Höhe des davorstehenden kleinen Prämolars (P^3) erreicht. Die beiden kleinen oberen Prämolaren (P^{2+3}) sind nahezu gleich groß. Bei den beiden kleinen unteren Prämolaren (P_{2+3}) erreicht der zweite kleine Prämolar mindestens ⅔ der Höhe des ersten. Die oberen Molaren (M^{1-3}) haben im nicht abgenutzten Gebiss kleine, aber deutlich sichtbare Paraconuli-Höcker.

Maße

Unterarm	33,0–38,2 mm
Fünfter Finger	40–49 mm
Dritter Finger	48–61 mm
Normalgewicht	5–7 g
Condylobasallänge	12,8–14,2 mm
Obere Zahnreihe	5,0–5,7 mm

Ähnliche Arten

Von Nymphen-, Bart- und Steppen-Bartfledermaus am Penis eindeutig zu unterscheiden, diese haben einen gleichmäßig dünnen Penis. Die Zahnmerkmale schließen Bart- und Steppen-Bartfledermaus aus, diese haben nur in den seltensten Fällen hohe Cingulumhöcker. Die Paraconuli-Höcker fehlen bei Bart- und Steppen-Bartfledermaus nahezu immer oder sind klein und unauffällig [11]. Die

Bild 352. Dieses subadulte Männchen der Brandtfledermaus zeigt das typische Jugendkleid mit dunklem Gesicht und dunklen Ohren. Foto: C. DIETZ

Bild 353. Der Ohrgrund älterer Brandtfledermäuse ist meist deutlich aufgehellt. Foto: C. Dietz

kleinen zweiten Prämolaren (P^3 und P_3) sind bei Bart- und Steppen-Bartfledermaus deutlich kleiner als die ersten, oft aus der Zahnreihe nach innen gerückt. Die Nymphenfledermaus hat zwar der Brandtfledermaus ähnliche Zahnmerkmale, ist aber kleiner. Die Wasserfledermaus hat sehr große Füße und einen kürzeren Tragus, die Wimperfledermaus eine rechtwinklige Stufe am Ohraußenrand.

ORTUNGSLAUTE

Meist 4–7 ms lange frequenzmodulierte Laute, die von knapp 100 kHz auf 26 kHz abfallen. Manche Laute enden auch schon bei über 30 kHz. Den Lauten der Bartfledermaus sehr ähnlich.

VERBREITUNG

Vor allem in Mittel- und Nordeuropa, in Skandinavien und Russland bis 65° N und damit weiter nach Norden als die Bartfledermaus [3]. In weiten Bereichen Westeuropas (Irland, Westfrankreich) und des Mittelmeerraumes bislang nicht nachgewiesen. Auf dem Balkan sehr lückenhaft verbreitet und auf die Gebirge (Balkan, Rhodopen, Karpaten, ...) beschränkt. Insgesamt ist die Verbreitung in Süd- und Südosteuropa erst ungenügend bekannt. Die Hauptverbreitung erstreckt sich durch weite Bereiche Russlands bis zum Ural und weiter ostwärts. Die östliche Verbreitungsgrenze ist durch mögliche Verwechslungen mit *M. gracilis* unklar. Isoliertes Vorkommen im Kaukasus.

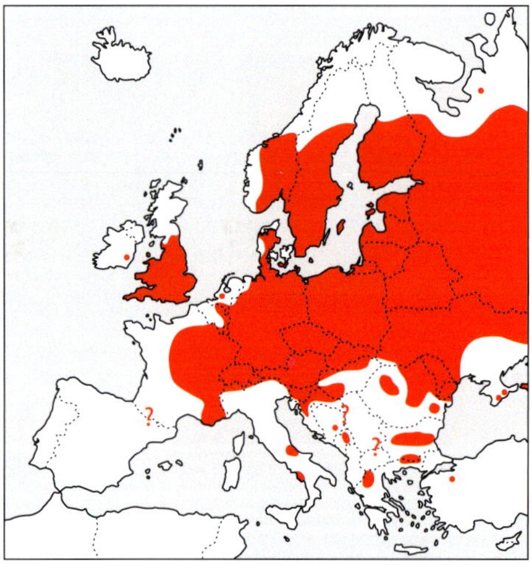

Unterarten und geographische Variabilität

Im Bearbeitungsgebiet kommt nur die Nominatform vor, die Variabilität innerhalb von *M. b. brandtii* ist äußerst gering. Die fernöstlichen Formen *gracilis* und *fujiensis* stellen eigene Arten dar.

LEBENSRAUM

Die wichtigsten Lebensraum-Elemente der Brandtfledermaus sind Wälder und Gewässer. So ist die Art viel stärker an Wälder gebunden als die Bartfledermaus [9]. Meist kommt sie in Au- und Bruchwäldern, Moor- und Feuchtgebieten vor, aber auch in feuchten Schluchten und Bergwäldern bis in große Höhen von über 1500 m. Neben Waldbiotopen (Laub-, Laubmisch- und Nadelwäldern) spielen Feldgehölze und Hecken eine wichtige Rolle als Jagdgebiete. In Südost-Europa kommt die Art fast nur in montanen bis hochmontanen Wäldern bis zur Baumgrenze und nur selten auch in Auwäldern vor, in Nordeuropa wird ein breiteres Habitatspektrum angenommen.

Quartiere

Sommerquartiere finden sich in Baumhöhlen, Stammanrissen und hinter abstehender Rinde sowie in Fledermauskästen. Ebenso in Spalträumen an hölzernen Gebäudefassaden und in Spalten innerhalb von Dachräumen, hier häufig in Verkleidungen, Schalungen oder in Spalten zwischen eng beieinanderliegenden Balken [5]. Gebäudequartiere liegen in aller Regel sehr nahe an Waldrändern [8] oder an strukturreichen Gebieten mit direkter Anbindung an Gehölzzüge und Wälder. Sie stehen zudem im Austausch mit benachbarten Baumquartieren [2]. Winterquartiere in Höhlen und Stollen, selten in Bergkellern.

VERHALTEN

Die Wochenstuben umfassen meist 20–60 Weibchen, es sind jedoch auch eine ganze Reihe von Quartieren mit über 200 Tieren bekannt [5]. In Fledermauskästen meist Kolonien von etwa 20 Weibchen, es sind auch gemischte Vorkommen mit Rauhhaut- und Mückenfledermäusen möglich [7]. Im Winterquartier werden meist nur einzelne frei oder in Spalten hängende

Tiere angetroffen, größere Ansammlungen von Brandtfledermäusen sind außer in Zentralsibirien [allg. Lit. 66] nicht bekannt.

FORTPFLANZUNG
Die Geburt des einzelnen Jungen erfolgt in Mitteleuropa Anfang bis Ende Juni, Neugeborene haben eine Unterarmlänge von etwa 13 mm. Im Alter von drei Wochen erfolgen die ersten Flüge, mit vier Wochen selbstständige Jagdflüge. Kurz nach dem Selbstständigwerden der Jungen, also bereits Ende Juli, lösen sich die Wochenstuben auf. Die Jungweibchen werden erst im zweiten Jahr geschlechtsreif [6]. Ab Anfang August finden sich vor allem Männchen an Schwärmquartieren ein, hier und in den Winterquartieren erfolgen vermutlich auch die Paarungen.

NAHRUNGSERWERB
Sehr wendiger Flug in lichten Au- oder Hallenwäldern, über Gewässern oder entlang deren Begleitvegetation. Die Flügelmorphologie und entsprechend die Flugleistungen unterscheiden sich kaum von denen der Bartfledermaus [4]. Die Flughöhe variiert von bodennah bis in die Kronenbereiche der Bäume, oft nahe an der Vegetation. Wie auch die Wimperfledermaus zeigt sie häufig einen wellenartigen Flug mit Auf- und Abwärtsbewegungen. Über Gewässern jagt die Brandtfledermaus ähnlich der Wasserfledermaus, jedoch normalerweise in größerem Abstand von der Wasseroberfläche.

NAHRUNG
Die Nahrung besteht zum Großteil aus Schmetterlingen, Spinnen, Zweiflüglern (Schnaken, Zuckmücken und Fliegen) [10]. Mit einer durchschnittlichen Beutegröße von 7,3 mm lässt sich die Beutegröße von derjenigen der Bartfledermaus (7,5 mm) nicht unterscheiden [10]. Zumindest lokal und saisonal können nichtfliegende Beutetiere wie Spinnen, Weberknechte und Ohrwürmer den Hauptteil der Beute ausmachen [2].

HÖCHSTALTER
Das Höchstalter von in Europa markierten Tieren liegt bei 25,5 und 28,5 Jahren [5]. In Zentralsibirien wurden in den 1960–70er-Jahren über 1500 Brandtfledermäuse markiert und es gelangen bis in die jüngste Zeit Nachweise von damals markierten Tieren, einzelne Männchen haben mittlerweile Rekordalter von 38 und 41 Jahren erreicht [allg. Lit. 66, 95].

Bild 354. Lebensraum der Brandtfledermaus. Die Art sucht zur Jagd vor allem Feuchtgebiete und Bruchwälder auf. Foto: D. Nill

ORTSWECHSEL UND WANDERUNGEN
Die Brandtfledermaus ist weitgehend ortstreu und die Saisonwanderungen liegen meist unter 40 km. Mindestens fünf Funde über 100 km wurden bekannt [1, 5], die beiden weitesten mit 308 km in Ostdeutschland [allg. Lit. 139] und 618 km von Litauen in die Tschechische Republik.

Raumnutzung

Es werden bis zu 13 Teiljagdgebiete von 1–4 ha Größe in Entfernungen von bis zu

Bild 355. Die Brandtfledermaus jagt meist nahe an der Vegetation. Foto: D. Nill

Bild 356. Die Besenderung von Brandtfledermäusen ist eine effektive Methode Quartiere zu finden. Foto: C. DIETZ

Bild 357: Mit zunehmendem Alter hellen sich bei der Brandtfledermaus Gesicht und die Innenbereiche der Ohren immer weiter auf. Foto: C. DIETZ

10 km vom Quartier genutzt [2], eine Kolonie kann so eine Fläche von über 100 km² nutzen [2]. Die Flugstrecken folgen im Offenland Leitstrukturen wie Feldgehölzen oder Bachläufen.

GEFÄHRDUNG

Rote Liste der IUCN 2008: LC (Least Concern), Rote Liste der EU: LC (Least Concern), FFH-Anhang II & IV, Rote Liste BRD: V (Vorwarnliste). In weiten Bereichen deutlich seltener als die Bartfledermaus (ca. 9:1). In der Vergangenheit wirkten sich vor allem Lebensraumzerstörungen wie die großflächige Zerstörung von Au- und Bergwäldern negativ aus. Heute gibt es außerdem direkte Gefährdungsursachen wie die Zerstörung von Quartieren bei Sanierungsarbeiten oder durch die Forstwirtschaft. Die Zerschneidung von Teillebensräumen könnte eine weitere ernsthafte Gefährdungsursache darstellen.

SCHUTZMASSNAHMEN

Erhalt von Feuchtgebieten und naturnahen Wäldern und deren Vernetzung durch Gehölzzüge und Hecken. Verhinderung von Zerschneidungswirkungen z.B. durch Straßen. Wiederherstellung einer Vernetzung von Teillebensräumen der Art. Schutz der Koloniestandorte.

OFFENE FRAGEN

- Wie erfolgt eine Ressourcenaufteilung zwischen Brandt- und Bartfledermaus im Detail?
- Von was ernährt sich die Brandtfledermaus im Jahresverlauf und in verschiedenen Regionen?
- Wie weit ist die Art insbesondere auf der Balkanhalbinsel verbreitet?
- Sind die Bestände in Südeuropa und im Zentrum des Verbreitungsgebietes in Russland stabil?
- Erreichen die sibirischen Populationen aufgrund der längeren Dauer des Winterschlafes ein so hohes Alter?

SPEZIELLE LITERATUR

1. BLOHM, T. & G. HEISE (2003): Zweiter Fernfund einer im Sommer in der Uckermark beringten Großen Bartfledermaus *(Myotis brandtii)*. – Nyctalus (N.F.) **9**: 85.
2. DENSE, C. & U. RAHMEL (2002): Untersuchungen zur Habitatnutzung der Großen Bartfledermaus *(Myotis brandtii)* im nordwestlichen Niedersachsen). – Schriftenreihe für Landschaftspflege und Naturschutz **71**: 51–68.
3. GERELL, R. (1987): Distribution of *Myotis mystacinus* and *Myotis brandtii* in Sweden. – Z. Säugetierk. **52**: 338–341.
4. JONES, G. (1991): Hibernal ecology of whiskered bats *(Myotis mystacinus)* and Brandt's bats *(Myotis brandti)* sharing the same roost site. – Myotis **29**: 121–128.
5. KRAUS, M. (2004): Große Bartfledermaus, *Myotis brandtii*. – In: A. MESCHEDE & B.-U. RUDOLPH (eds.): Fledermäuse in Bayern: 144–154; Ulmer Verlag.
6. OHLENDORF, B., B. HECHT & J. HAENSEL (2001): Zur Einstufung des Alters der Großen Bartfledermaus *(Myotis brandtii)* in Sachsen-Anhalt. – Nyctalus (N.F.) **7**: 504–516.
7. OHLENDORF, L., B. OHLENDORF & B. HECHT (2002): Beobachtungen zur Ökologie der Großen Bartfledermaus *(Myotis brandtii)* in Sachsen-Anhalt. – Schriftenreihe für Landschaftspflege und Naturschutz **71**: 69–80.
8. SACHANOWICZ, K. & I. RUCZYNSKI (2001): Summer roost sites of *Myotis brandtii* (Chiroptera, Vespertilionidae) in Eastern Poland. – Mammalia **65**: 531–535.
9. TAAKE, K.-H. (1984): Strukturelle Unterschiede zwischen den Sommerhabitaten von Kleiner und Großer Bartfledermaus (*Myotis mystacinus* und *M. brandti*) in Westfalen. – Nyctalus (N.F.) **2**: 16–32.
10. TAAKE, K.-H. (1992): Strategien der Ressourcennutzung an Waldgewässern jagender Fledermäuse. – Myotis **30**: 7–74.
11. TAAKE, K.-H. (1997): Artbestimmung weiblicher Bartfledermäuse *(Myotis mystacinus/brandti)*. – Nyctalus (N.F.) **6**: 318.
12. TUPINIER, Y. (2001): *Myotis brandtii*, Große Bartfledermaus (Brandtfledermaus). – In: F. KRAPP (Hrsg.): HB Säugetiere Europas **4-I**: 345–368; Aula Verlag.

Bartfledermaus (Kleine Bartfledermaus)
Myotis mystacinus (KUHL, 1817)

NAMEN

GB: Whiskered Bat
F: Murin à mustaches
E: Murciélago bigotudo
I: Vespertilio mustacchino
NL: Baardvleermuis
S: Mustaschfladdermus
PL: Nocek wąsatek

ALLGEMEINES

Die „Bart"fledermäuse gelten schon seit Jahrzehnten als eine sehr schwierige Gruppe, die sich durch hohe Variation zwischen verschiedenen Populationen und ausgeprägte Färbungsunterschiede zwischen Alterskleidern auszeichnet. Die hohe Bandbreite in Messwerten und Merkmalen erschwert nicht nur eine Bestimmung sondern auch die systematische Gliederung. Eine umfassende Revision führten BENDA & TSYTSULINA im Jahr 2000 durch [allg. Lit. 9]. Die Neubeschreibung der Nymphenfledermaus [allg. Lit. 52] und der Nachweis dass die Balkan-Bartfledermäuse nach mitochondriellen Genmerkmalen zur Kleinen Bartfledermaus gehören [allg. Lit. 79] machen die Artabgrenzung immernoch schwierig. Möglicherweise gehören die Balkan-Bartfledermäuse (violette Bereiche der Karte) zur Steppen-Bartfledermaus.

KENNZEICHEN

Eine kleine und sehr lebhafte Fledermaus mit dunklem, oft schwarzem Gesicht und Ohren mit langem Tragus. Das krause Fell ist am Rücken dunkelbraun oder nussbraun gefärbt, manche Tiere weisen helle, rötliche oder goldene Haarspitzen auf. Die Unterseite variiert stark in verschiedenen Grautönen. Jungtiere können ein dunkles braunschwarzes oder dunkel graubraunes Rückenfell haben. Der Penis ist auf ganzer Länge gleichmäßig dünn. Die Balkan-Bartfledermaus *(M. m. bulgaricus)* ist insgesamt etwas größer, oft kontrastreicher gefärbt und die Hautpartien sind oft heller. Die Hinterfüße sind deutlich größer als bei der Nominatform (bis 8,7 mm), diese Tiere sind der Brandtfledermaus ähnlich. Die Iberische Bartfledermaus *(M. m. occidentalis)* ist ebenfalls größer als die Nominatform und heller gefärbt.

Ähnliche Arten

Der Steppen-Bart-, Nymphen- und Brandtfledermaus sehr ähnlich. Die Steppen-Bartfledermaus entspricht in den Merkmalen der Balkan-Unterart der Bartfledermaus und hat wie diese schmale Ohrspitzen und große Hinterfüße.. Die Nymphenfledermaus ist kleiner, insbesondere Tragus, Unterschenkel, Fuß und Daumen sind kürzer. Bei der Brandtfledermaus haben Männchen einen deutlich verdickten Penis. Weibchen sind am Gebiss eindeutig zu unterscheiden: Brandtfledermäuse haben einen hohen Cingulumhöcker am großen oberen Prämolar (P^4) und kleine Paraconuli-Höcker an den Molaren (M^{1-3}), die der Bartfledermaus fast immer fehlen.

Maße

Unterarm	32,0–36,5 mm
Fünfter Finger	38–46 mm
Dritter Finger	48–58 mm
Daumen	4,3–5,9 mm
Unterschenkel	14,6–16,8 mm
Hinterfuß	5,8–7,4 mm
Normalgewicht	4–7 g
CBL	12,2–13,3 mm
CM3	4,7–5,3 mm

Anmerkung
M. m. bulgaricus und *M. m. occidentalis* können in allen Maßen geringfügig größer sein.

Bild 358. Ein einjähriges Weibchen der Bartfledermaus mit der für viele mitteleuropäische Tiere typischen dunklen Gesichts- und Ohrfärbung. Foto: C. DIETZ

Bild 359. Bartfledermäuse der Unterart *occidentalis* kommen in Marokko z.B. in den Zedernwäldern des Mittleren Atlasgebirges vor. Foto: C. DIETZ

ORTUNGSLAUTE

Die 3–6 ms langen frequenzmodulierten Laute beginnen bei 75–120 kHz und enden meist knapp über 30 kHz, in seltenen Fällen fallen sie bis 28 kHz ab. Die Laute sind denjenigen der Brandt- und Steppen-Bartfledermaus sehr ähnlich.

VERBREITUNG

Von Marokko durch ganz Europa bis 64° N und damit bis ins südliche Schottland und das südliche Skandinavien. Keine Nachweise aus Dänemark. Auf der Balkanhalbinsel weit verbreitet. Die östliche Verbreitungsgrenze ist aufgrund von Verwechslungen mit der Steppen-Bartfledermaus weitgehend unbekannt. Sichere Nachweise gibt es aus dem Kaukasus [allg. Lit. 77, MAYER mündlich].

Unterarten und geographische Variabilität

Auf der Iberischen Halbinsel und in Marokko kommt die Unterart *M. m. occidentalis* vor, die größer als die Nominatform ist [allg. Lit. 9]. In Mittel- und Nordeuropa bis zur Balkanhalbinsel ist *M. m. mystacinus* verbreitet. Auf der Balkanhalbinsel und in Kleinasien tritt die Balkan-Bartfledermaus *M. m. bulgaricus* auf (violetter Bereich in der Verbreitungskarte, möglicherweise zur Steppen-Bartfledermaus gehörend [allg. Lit. 9]. Außerhalb des Bearbeitungsgebietes *M. m. caucasicus* in der Kaukasusregion [allg. Lit. 9]. Die große Variabilität in Färbung und Größenmerkmalen erschwert eine sinnvolle Abgrenzung von Unterarten. Beim direkten Vergleich iberischer, mitteleuropäischer und bulgarisch/griechischer Tiere untereinander überzeugt die bisherige Unterartengliederung durchaus, allerdings treten in Mitteleuropa neben typischen *mystacinus* auch Tiere auf, die starke Anklänge (auch genetisch) an *occidentalis* haben und auf dem Balkan kommen *bulgaricus* und *mystacinus* neben Steppen-Bartfledermaus, Brandtfledermaus und Nymphenfledermaus gemeinsam vor [eigene Daten]. Ohne eine umfassende Bearbeitung der Gruppe mit genetischen, morphologischen und ökologischen Daten mit einer hohen Stichprobenzahl entlang einer geographischen Achse über ganz Eu-

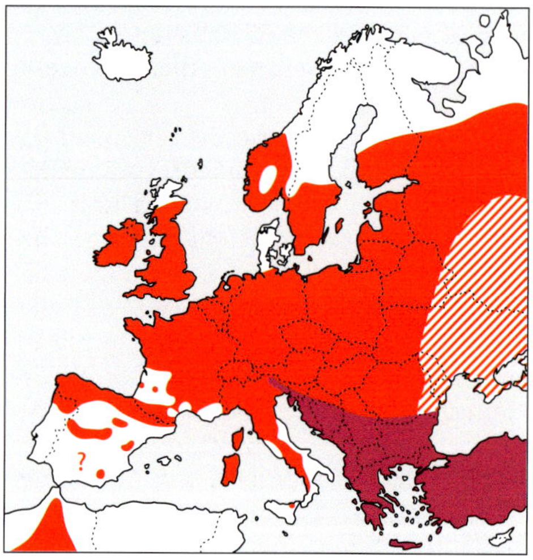

ropa wird hier keine Klärung möglich sein. Weitere bislang nicht sicher einzuordnende Unterarten/Arten in Asien.

LEBENSRAUM

In Mitteleuropa eine Fledermaus offener und halb offener Landschaften mit einzelnen Gehölzbeständen und Hecken. Häufig in dörflichen Siedlungen und deren Randbereichen (Streuobstwiesen, Gärten) sowie an Feuchtgebieten und in reich strukturierten kleinräumigen Landschaften. Als Jagdgebiete werden auch Wälder angenommen, häufig entlang von Bachläufen und anderen Gewässern. Wälder spielen vor allem in Südeuropa eine große Rolle. Von der Ebene bis in die Gebirge vorkommend, in menschlichen Siedlungen und auf Almen bis zur Baumgrenze. Die Balkan-Bartfledermaus kommt vor allem in Auwäldern und an Gewässern in allen Höhenlagen vor.

Quartiere

Sommerquartiere häufig in Spalten an Häusern wie Fensterläden, Wandverkleidungen oder sonstigen Fugen und Rissen, auch in anderen Spalträumen wie hinter loser Baumrinde oder an Jagdkanzeln. Auf dem Balkan auch Wochenstuben an Brücken. Nur selten werden Quartiere in Bäumen oder in Felsspalten nachgewiesen. Einzeltiere nehmen ein weites Quartierspektrum an. Im Winter in Höhlen, Bergwerken und Bergkellern, selten in Felsspalten.

VERHALTEN

Wochenstuben umfassen 20–60, selten bis mehrere Hundert Weibchen, Männchen verbringen den Sommer meist einzeln. In Südosteuropa sind die Wochenstuben der Balkan-Bartfledermaus meist kleiner (2–10 Weibchen) und mit Männchen gemischt. Das Quartier wird häufig alle 10–14 Tage gewechselt, und an länger besetzten Quartieren gibt es einen ausgeprägten Austausch von Individuen. Fensterladenquartiere werden auch tagsüber gewechselt, um optimale Hangplatz-Temperaturen zu gewährleisten. Oft gemischte Wochenstuben mit Zwergfledermäusen und Einzeltieren anderer Arten. Ab Anfang August eine der häufig beim Schwärmen an Höhlen nachweisbaren Arten. Während bei den meisten Fledermausarten adulte Männchen beim Schwärmen deutlich dominieren, ist bei Bartfledermäusen das Geschlechterverhältnis nahezu ausgeglichen und der Jungtieranteil hoch. Im Winterquartier meist einzeln, nur wenige Quartiere mit über 100 Tieren bekannt. Im Winterschlaf oft frei hängend, aber auch in engen Spalten oder im Bodengeröll.

Bild 360. In der Hand gehaltene Bartfledermäuse drohen meist heftig, was die Betrachtung der Zahnmerkmale sehr erleichtert. Foto: C. Dietz

Bild 361. Im Winterschlaf sind Bartfledermäuse oft vollständig betaut. Foto: C. Dietz

Bild 362. Winterschlafende Bartfledermäuse sind an der dunklen Hautfärbung und den kleinen Füßen erkennbar. Foto: C. Dietz

FORTPFLANZUNG

Weibchen können bereits im ersten Jahr ein Junges bekommen. Die Geburt von einem, in seltenen Fällen von zwei Jungen, erfolgt Mitte bis Ende Juni. Bei der Balkan-Bartfledermaus wurden bislang keine Weibchen mit Zwillingen beobachtet [eigene Daten]. Bei der Geburt Unterarmlänge von etwa 13 mm und ein Gewicht von 2 g. Die Wochenstuben lösen sich spätestens im August auf. Paarungen am Männchenhangplatz, Schwärmquartier oder im Winterquartier bis in das zeitige Frühjahr.

NAHRUNGSERWERB

Die Jagd erfolgt in sehr wendigem Flug entlang von Vegetationskanten wie Hecken oder Waldrändern und in Gebieten mit lockerem Baumbestand wie Streuobstwiesen. Häufig in Höhen von 1–6 m, aber auch bis in die Kronenbereiche der Bäume. Über Gewässern werden Stillwasserbereiche bevorzugt. Während die mitteleuropäischen Bartfledermäuse vor allem über sehr kleinräumigen Gewässerbereichen jagen, scheint die Balkan-Bartfledermaus stärker auf größere Stillwasserbereiche spezialisiert zu sein, über denen sie stundenlang in weiten Bahnen jagen kann. Zum Teil kann Beute auch nahe an der Vegetation gemacht oder von Oberflächen abgesammelt werden, die Jagd auf fliegende Beute stellt jedoch die Regel dar.

NAHRUNG

Die Nahrung ist ausgesprochen vielfältig, umfasst aber vor allem Fluginsekten wie Zweiflügler (Schnaken, Fenstermücken, Stechmücken, Zuckmücken, Kriebelmücken), Nachtfalter, Hautflügler und Netzflügler [5]. Daneben konnten zahlreiche weitere Insektengruppen nachgewiesen werden, die lokal auch größere Anteile in der Beute ausmachen können: z.B. Käfer [5, 6] und flugunfähige Gliedertiere wie Spinnen oder Raupen. Die mittlere Beutegröße liegt bei 7,5 mm [6].

HÖCHSTALTER

Das Höchstalter liegt bei über 23 Jahren [7], das Durchschnittsalter mit 3,5–5 Jahren wesentlich niedriger. Die Sterberate von Jungtieren ist sechsmal höher als die von Erwachsenen [allg. Lit. 130].

Bild 363. Bartfledermaus im Flug. Foto: R. Verlinde

Bild 364. Auf der Balkanhalbinsel sind die Bartfledermäuse größer und heller gefärbt als in Mitteleuropa und haben größere Füße, ihre systematische Einordnung wird noch immer diskutiert. So kann es durchaus sein, dass sie tatsächlich zur Steppen-Bartfledermaus gehören. Foto: C. Dietz

ORTSWECHSEL

Aufgrund von möglichen Verwechslungen mit der Brandtfledermaus sind viele der älteren Beringungsergebnisse nicht sicher einer Art zuzuordnen. Die Bartfledermaus scheint jedoch mit ziemlicher Sicherheit eine ortstreue und nur kleinräumig (< 50–100 km) wandernde Art zu sein. Es gibt nur vier Nachweise von Überflügen über 150 km, der mit großem Abstand weiteste konnte in Frankreich mit 625 km erbracht werden [3].

Raumnutzung

Bis zu zwölf Teiljagdgebiete in Entfernungen von bis zu 2,8 km vom Quartier [1].

Bild 365. Mehrjähriges Weibchen der Bartfledermaus aus Mitteleuropa: Der Ohrgrund und die Basis des Tragus sind meist nur wenig aufgehellt. Foto: C. DIETZ

GEFÄHRDUNG

Rote Liste der IUCN 2008: LC (Least Concern), FFH-Anhang IV, Rote Liste BRD: V (Vorwarnliste). Bestände in Deutschland und Großbritannien scheinen stabil zu sein. Lokal starke Abnahme beim Verlust dörflicher Strukturen durch Gebäudesanierungen und Anlage von Neubaugebieten in Streuobstwiesen.

SCHUTZMASSNAHMEN

Erhalt der Koloniestandorte. Erhalt einer strukturreichen Anbindung von Siedlungen an das Umland durch Gehölzzüge, Förderung und Erhalt einer kleinräumigen und extensiven Landwirtschaft mit Grünland, Hecken und Streuobstwiesen und Erhalt von Feuchtgebieten.

OFFENE FRAGEN

- Wie stellen sich die exakten Verwandtschaftsbeziehungen zwischen Steppen-Bartfledermaus und Bartfledermaus dar?
- Wie ist die hohe innerartliche Variabilität bei der Bartfledermaus zu erklären und lassen sich Unterarten abgrenzen?
- Lassen sich die bisher beschriebenen Unterarten möglichen Glazialrefugien zuordnen?
- Wie groß sind Jagdgebiete der Bartfledermaus und was sind die hauptsächlichen Habitatelemente in verschiedenen Vorkommensbereichen der Verbreitung?

SPEZIELLE LITERATUR

1. CORDES, B. (2004): Kleine Bartfledermaus – *Myotis mystacinus*. – In: A. MESCHEDE & B.-U. RUDOLPH (eds.): Fledermäuse in Bayern: 155–165; Ulmer Verlag.
2. HÄUSSLER, U. (2003): Kleine Bartfledermaus, *Myotis mystacinus*. – In: M. BRAUN & F. DIETERLEN (Hrsg.): Die Säugetiere Baden-Württembergs, Band 1: Allgemeiner Teil, Fledermäuse (Chiroptera): 406–421; Ulmer Verlag.
3. HEYMER, A. (1964): Résultats du baguage de chauves-souris dans les Pyrénées-orientales de 1945 à 1959. – Vie et Milieu A **15**: 765–799.
4. HÜBNER, G. (2001): Phänologische Beobachtungen an einem Wochenstubenstandort der Kleinen Bartfledermaus *(Myotis mystacinus)*. – Nyctalus (N.F.) **7**: 603–610.
5. RINDLE, U. & A. ZAHN (1997): Untersuchungen zum Nahrungsspektrum der Kleinen Bartfledermaus *(Myotis mystacinus)*. – Nyctalus (N.F.) **6**: 304–308.
6. TAAKE, K.-H. (1992): Strategien der Ressourcennutzung an Waldgewässern jagender Fledermäuse. – Myotis **30**: 7–74.
7. TUPINIER, Y. & V. AELLEN (2001): *Myotis mystacinus*, Kleine Bartfledermaus (Bartfledermaus). – In: F. KRAPP (Hrsg.): HB Säugetiere Europas **4-I**: 321–344; Aula Verlag.

Steppen-Bartfledermaus
Myotis davidii (PETERS, 1869)

NAMEN

GB: Steppe Whiskered-Bat
F: Murin doré

ALLGEMEINES

Im Jahr 2000 unterzogen BENDA & TSYTSULINA die „Bart"fledermäuse der westlichen Paläarktis einer umfassenden Revision [allg. Lit. 9]. Dabei stellten sie fest, dass eine im Kaukasus vorkommende Unterart der Kleinen Bartfledermaus morphologisch so verschieden ist, dass ihr ein eigenständiger Artstatus zukommt: *Myotis aurascens*. Aufgrund der vorherrschenden Habitatwahl in Asien wurde sie Steppen-Bartfledermaus genannt [allg. Lit. 9]. Die morphologischen Merkmale dieser neu abgegrenzten Art umfassten dabei auch die zur Balkan-Bartfledermaus gerechneten Tiere Bulgariens, Griechenlands und der Türkei. Die Untersuchung mitochondrieller DNA-Merkmale zeigte dann jedoch, dass *mystacinus* und *bulgaricus* identische Haplotypen aufwiesen (allg. Lit 77 & 79) und echte *aurascens*-Haplotypen auf den mittleren Osten und wenige Einzeltiere auf dem Balkan beschränkt waren. Mittlerweile wird der Name *aurascens* seinerseits als Synonym zu der asiatischen *Myotis davidii* angesehen. Mit dem Nachweis von Mischquartieren von morphologisch identischen Tieren mit mitochondriellen *davidii*- und *mystacinus*-Haplotypen wird ein neues Szenario wahrscheinlich: Vermutlich gehören *davidii* (und somit auch *aurascens*) und *bulgaricus* tatsächlich zu einer Art und sind von *mystacinus* getrennt, allerdings kam es in der Vergangenheit durch Hybridisierung zur Introgression von *mystacinus*-Mitochondrien in die *davidii*-Populationen des Balkans.

Wenn sich dies bei genetischen Studien bestätigen ließe, würde die Verbreitung der Steppen-Bartfledermaus in Europa tatsächlich weiter nach Westen, an der Adria bis Italien reichen und den gesamten auf der Artkarte der Bartfledermaus dargestellten violetten Bereich mit umfassen.

KENNZEICHEN

Um Verwechslungen mit der ausgesprochen ähnlichen Balkan-Bartfledermaus zu vermeiden, werden hier lediglich die Messstrecken von vier zweifelsfrei mit genetischen Methoden identifizierten Individuen wiedergegeben. Dies deckt sicher

Bild 366: Mehrjährige Steppen-Bartfledermäuse wie dieses bulgarische Tier wirken bunter als Bartfledermäuse, haben große Hinterfüße und schmale Ohrspitzen. Foto: C. DIETZ

Maße

Unterarm	32,2-37,8 mm
Fünfter Finger	43-50 mm
Dritter Finger	53-62 mm
Daumen	5,1-7,0 mm
Unterschenkel	15,9-19,1 mm
Hinterfuß	7,0-9,2 mm
Normalgewicht	5,5-9,0 g
Condylobasal länge	12,6-13,8 mm
Obere Zahnreihe	4,8-5,6 mm

nicht die volle Variationsbreite der Art ab, alle Angaben müssen daher als vorläufig angesehen werden. Im Vergleich zu mitteleuropäischen Bartfledermäusen ist die Steppen-Bartfledermaus etwas größer. Insbesondere Beine und Füße erinnern an die Wasserfledermaus: Hinterfuß meist > 7,4 mm (selten nur 7,0 mm), Unterschenkel meist > 17,4 mm (selten nur 15,9 mm). Die Ohren sind schmal, am Vorderrand stärker konvex gebogen und die Ohrspitze ist deutlich schmaler als bei der Bartfledermaus. Die Ohrinnenbereiche sind meist deutlich aufgehellt. Es gibt stark ausgeprägte Alterskleider, Jungtiere sind viel dunkler. Mehrjährige Tiere wirken bunter als Bartfledermäuse, zwischen Ober- und Unterseite ist meist ein deutlicher Kontrast und das Rückenfell hat oft goldene Haarspitzen.

Ähnliche Arten

Der Bartfledermaus sehr ähnlich, von Brandt- und Nymphenfledermaus sicher anhand der für die Bartfledermaus gültigen Merkmale zu unterscheiden.

ORTUNGSLAUTE

Typische Myotis-Laute, oft 2-3 ms lang, Anfangsfrequenz bei 100-115 kHz, Endfrequenzen meist um 35 kHz.

VERBREITUNG

Aufgrund der Schwierigkeiten in der Artabgrenzung bisher erst ungenügend bekannt. Genetisch sichere Nachweise stammen aus Nordbulgarien, dem östlichen Rumänien, Moldawien, der Ukraine und der Osttürkei und reichen ostwärts bis China. Wenn sich die Vermutung bestätigt, dass die bisher zur Bartfledermaus gestellte Form *bulgaricus* (violetter Bereich auf der Verbreitungskarte der Bartfledermaus) auch zur Steppen-Bartfledermaus gehört, reicht deren Verbreitung von der Türkei über Griechenland, Bulgarien und die ganze Balkanhalbinsel bis Norditalien, Slowenien, Kroatien und Serbien.

Lebensraum und Quartiere

Jagende Tiere können vor allem entlang von Gewässern, in Auwäldern und über dem Wasser nachgewiesen werden. Dabei

Bild 367. Dasselbe Individuum der Steppen-Bartfledermaus wie in Bild 368 im Alter von drei Jahren. Die Ohrspitzen sind bei dieser Art deutlich verjüngt. Foto: C. DIETZ

Bild 368. Etwa zwei Monate altes Jungtier der Steppen-Bartfledermaus aus Nordbulgarien mit dem dunklen Jugendkleid. Foto: C. Dietz

jagt die Steppen-Bartfledermaus ähnlich der Wasserfledermaus. Quartiere finden sich meist in Gewässernähe in Spalten an Brücken oder in Felsspalten, Wochenstuben umfassen 5-30 Tiere.

VERHALTEN, FORTPFLANZUNG UND NAHRUNG

Die kleinen Wochenstuben nutzen enge Spalten als Quartier, diese werden häufig gewechselt aber über die Jahre hinweg aufgesucht. Gefangene Tiere sind ausgesprochen temperamentvoll. Anfang Juni sind die Weibchen deutlich sichtbar trächtig. Die Nahrung wird im Flug erbeutet, und die wenigen Kotpellets der genetisch bestimmten Tiere enthielten Kleinschmetterlinge und Zweiflügler (vor allem Brachycera: Fliegen, nur wenige Nematocera) [I. Dietz mündlich].

GEFÄHRDUNG UND SCHUTZMASSNAHMEN

Rote Liste der IUCN 2008: LC (Least Concern), FFH-Anhang IV. An den bekannten Vorkommen sind außer möglichen Sanierungsarbeiten an den Quartieren derzeit keine Gefährdungsursachen ersichtlich. Die bestehenden Quartiere sollten geschützt werden. Wenn sich bestätigen sollte, dass die Form *bulgaricus* zur Steppen-Bartfledermaus gehört, ist diese Art auf der Balkanhalbinsel nicht selten.

OFFENE FRAGEN

- Wie lassen sich die Ergebnisse mitochondrieller DNA-Studien erklären?
- Anhand welcher äußeren Merkmale lässt sich die Steppen-Bartfledermaus sicher erkennen?
- Wie weit ist die Art verbreitet? Wie häufig bzw. wie selten ist sie?
- Wie unterscheidet sie sich hinsichtlich ihrer ökologischen Ansprüche von den sympatrisch vorkommenden Balkan-Bartfledermäusen?

SPEZIELLE LITERATUR

1. Benda, P. (2004): *Myotis aurascens* – Steppen-Bartfledermaus. – In: F. Krapp (Hrsg.): HB Säugetiere Europas, **4-II**: 1149–1158; Aula Verlag.
2. Benda, P. & A. Karataş (2005): On some Mediterranean populations of bats of the *Myotis mystacinus* morpho-group (Chiroptera: Vespertilionidae). – Lynx n.s. **36**: 9–38.
3. Kuzjakin, A. P. (1935): Neue Angaben über Systematik und geographische Verbreitung der Fledermäuse (Chiroptera) der U.d.S.S.R. – Bulletin de la Société des Naturalistes de Moscou, section Biologique, **44**: 428–438.

Bild 369. Eine Steppen-Bartfledermaus mit besonders goldenem Rückenfell aus Armenien. Foto: C. Dietz

Nymphenfledermaus

Myotis alcathoe

HELVERSEN & HELLER, 2001

Maße

Unterarm	30,8–34,6 mm
Fünfter Finger	37–44 mm
Dritter Finger	49–56 mm
Daumen	3,8–5,0 mm
Unterschenkel	13,5–15,9 mm
Hinterfuß	5,1–5,8 mm
Normalgewicht	3,5–5,5 g
Condylobasallänge	11,7–12,6 mm
Obere Zahnreihe	4,8–5,0 mm

NAMEN

GB: Alcathoe Whiskered Bat
F: Murin d'Alcathoe

ALLGEMEINES

Seit Ende der 1970er Jahre wurden in Griechenland in schattigen Tälern waldreicher Gebiete auffällig kleine „Bart"-fledermäuse gefunden, die sich von den sympatrisch vorkommenden Balkan-Bartfledermäusen unterschieden [allg. Lit. 50]. Die morphologischen Unterschiede zu mitteleuropäischen Bartfledermäusen waren jedoch so gering, dass erst mit der Anwendung genetischer Methoden sicher gezeigt werden konnte, dass es sich tatsächlich um eine eigenständige Fledermausart handelt. Sie wurde im Jahr 2001 als Nymphenfledermaus *Myotis alcathoe* mit Nachweisen aus Griechenland und Ungarn beschrieben [allg. Lit. 52]. Seitdem erfolgten Funde in vielen weiteren europäischen Ländern, so wurde sie 2005 als neue Säugetierart für Deutschland nachgewiesen [BRINKMANN, NIERMANN, MAYER mündlich].

KENNZEICHEN

Die kleinste europäische *Myotis*-Art. Auf den ersten Blick erinnert sie durch die Färbung an eine Wasserfledermaus, ist jedoch deutlich kleiner. Das braune Rückenfell weist bei älteren Tieren einen rötlichen Schimmer auf, die Unterseite ist nur wenig heller braungrau. Jüngere Tiere können auch insgesamt graubraun gefärbt sein. Im Vergleich zur Bartfledermaus fallen die kleinen Hinterfüße, der kurze Daumen und die kürzeren und helleren Ohren auf. Der kurze Tragus erreicht die Ausbuch-tung am Ohrrand nicht oder nur knapp (bei Bart-, Steppen-Bart- und Brandtfledermaus überragt der Tragus die Einbuchtung meist). Das Nasenloch ist meist breit herzförmig, vergleichbar der Brandtfledermaus. Die Hautpartien sind bei älteren Tieren wenig pigmentiert. Der Rand der Schwanz-

Bild 370: Die Nympenfledermaus jagt ihre Beute sehr nah an der Vegetation, meist im Kronenraum von Laubbäumen. Foto: R. VERLINDE

flughaut ist im Bereich des Sporns oft hell gesäumt. Der Penis ist gleichmäßig dünn oder nur unwesentlich zum Ende verdickt. Der große obere Prämolar (P^4) hat einen deutlichen Cingulumhöcker, der oftmals höher als der davorstehende kleine Prämolar (P^3) ist. Die oberen Molaren (M^{1-3}) haben im noch nicht abgenutzten Gebiss kleine Paraconuli-Höcker. Der große untere Prämolar (P_4) ist im basalen Querschnitt kurz und wirkt rechteckig bis nahezu quadratisch und ist an seinem Innenrand nicht nach innen eingezogen.

Ähnliche Arten

Der Bart- und Brandtfledermaus sehr ähnlich. Bis auf einige wenige großwüchsige Tiere lassen sich alle bislang untersuchten Tiere anhand von metrischen Maßen von Brandt-, Bart- und Steppen-Bartfledermäusen trennen: Unterarm < 32,8 mm, fünfter Finger < 44 mm, dritter Finger < 56 mm, Daumen < 4,7 mm, Unterschenkel < 14,8 mm, Hinterfuß < 5,6 mm. Diese Maße in Kombination mit einer kurzen hellen Schnauze, gleichmäßig gerundetem Übergang vom Scheitel zur Schnauze, dem kurzen Tragus und der hellen Gesichts- und Ohrfärbung sind artcharakteristisch. Wenige großmaßige Tiere lagen zwar im Größenbereich mitteleuropäischer, aber unter dem sympatrisch vorkommender Bartfledermäuse. Zudem zeigten sie in voller Ausprägung die qualitativen Merkmale. Mit genetischen Merkmalen ist eine sichere Artbestimmung möglich [5, allg. Lit. 52, 77] Der weiteren Überprüfung bedarf ein nach vorläufigen Befunden sehr gut trennendes Merkmal: die Länge des Mittelhandknochens am fünften Fingerstrahl. Bisherige Messwerte liegen bei der Messung von der Innenkante des Handgelenks bis zum Gelenkspaltes für die Nymphenfledermaus maximal bei 27,1 mm, meist unter 26,8 mm. Bei der Bartfledermaus und der Brandtfledermaus betrug dieses Maß dahingegen mindestens 27,0 mm meist sogar über 28,4 mm..

ORTUNGSLAUTE

Bis 4 ms lange Rufe, die im Durchschnitt von 120 kHz auf 46–43 kHz abfallen. Der hohe Lautanfang und vor allem ein ungewöhnlich hohes Lautende sind charakteristisch.

Bild 371: Zwei griechische Nymphenfledermäuse mit unterschiedlicher Färbung: links ein junges Tier mit dunklen Ohren und dunkler Schnauze und rechts ein sogenannter «Schwärzling». Solche melanistische gefärbten Tiere treten sehr selten auf. Foto: O. von Helversen

VERBREITUNG

Ursprünglich anhand von Tieren aus Griechenland beschrieben und durch DNA-Sequenzen auch aus Ungarn belegt [allg. Lit. 52], folgten sehr schnell Nachweise aus Frankreich und nach und nach aus fast allen europäischen Ländern innerhalb der gemäßigten Laubwaldzone. Im Osten reicht die Verbreitung bis an den Südrand des Kaukasus. Innerhalb des sehr großen Verbreitungsgebietes kommt die Art aber nur sehr lokal, meist in alten Laubwäldern mit hohem Eichenanteil und Nähe zu Gewässern vor.

In Deutschland wurde die Nymphenfledermaus erstmals 2005 nachgewiesen,

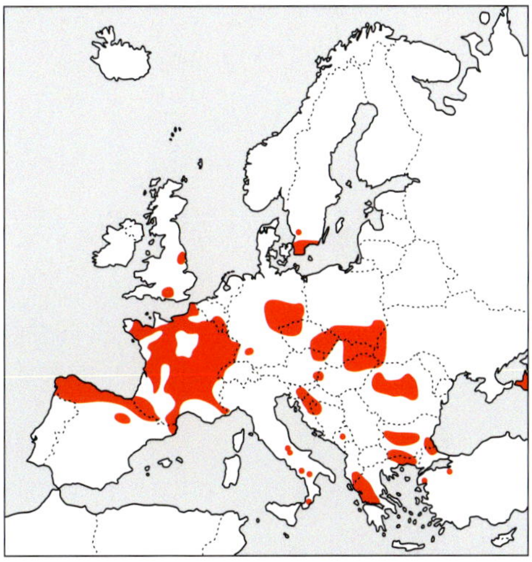

Bild 372. Die Nymphenfledermaus erinnert durch die kurzen hellen Ohren, das kurze Gesicht und die Rückenfärbung an die Wasserfledermaus, die Füße sind aber viel kleiner. Foto: C. Dietz

seither gibt es sichere Nachweise aus Baden-Württemberg, Bayern, Hessen, Thüringen, Sachsen und Sachsen-Anhalt.

LEBENSRAUM

Für die Art sind dicht mit Laubbäumen bestandene Bachläufe (Erlen, Platanen), Hartholzauen (Eichen, Hainbuchen) und Bergwälder charakteristisch. Die Tiere jagen in dichter Vegetation, entlang reich strukturierter Säume und über dem Wasser, hier meist unter überhängenden Zweigen. Die meisten der bisherigen Fundorte liegen in forstwirtschaftlich wenig beeinflussten Bereichen von Schluchten, steilen Berghängen oder seit langem ausgewiesenen Schutzgebieten. Es besteht Grund zur Annahme, dass ihr Vorkommen auf seit Jahrhunderten wenig beeinflusste Waldbereiche beschränkt ist. In Mitteleuropa liegen fast alle Wochenstubenvorkommen in Alteichenwäldern.

Quartiere

Die Nympenfledermaus ist strikt an Baumquartiere gebunden. Die Sommerquartiere liegen in Anrissen, Fäulnishöhlen oder hinter Rindenschuppen an Bäumen, vor allem an Eichen. Die meisten Quartiere befinden sich im Kronenraum der Bäume und oft werden die größten und ältesten Bäume im Bestand aufgesucht. In Griechenland spielen Platanen auch eine große Rolle als Quartierbäume. Die Quartiere sind meist nicht weit von kleinen Fließgewässern oder Tümpeln entfernt.

Während des Schwärmens werden Höhlen aufgesucht, viele der bekannten Schwärmhöhlen in Bulgarien liegen auf über 1000 und bis über 1400 m Höhe [8, Petrov mündlich].

Bisher gibt es nur wenige Winterquartiernachweise aus Belgien, Frankreich, Deutschland und Polen, es handelte sich ausnahmslos um Einzeltiere. Vermutlich überwintert der Großteil der Nymphenfledermäuse im Wald.

VERHALTEN

Die Art kommt Anfang bis Mitte August zum Schwärmen an Höhlen und kann hier mit anderen *Myotis-* und Langohrarten gefangen werden. Im Jagdgebiet und am Schwärmquartier kommt sie meist gemeinsam mit der morphologisch ähnlichen Bartfledermaus vor.

Bild 373. Im Porträt fallen die kurze hell gefärbte Schnauze mit dem herzförmigen Nasenloch und die kurzen hellen Ohren der Nymphenfledermaus auf. Foto: C. Dietz

FORTPFLANZUNG

Trächtige Weibchen wurden bisher bis in die zweite Junihälfte gefangen [5, eigene Daten], in einer Wochenstube in Grie-

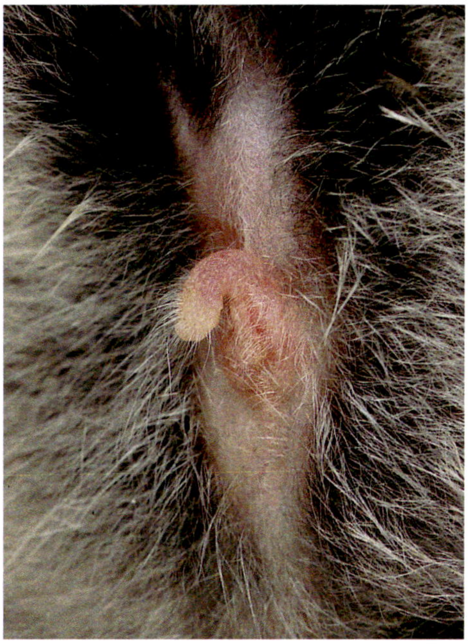

Bild 374. Der Penis der Nymphenfledermaus ist auf ganzer Länge annähernd gleich breit und unterscheidet sich damit deutlich von dem kolbenartigen Penis der Brandtfledermaus. Foto: C. Dietz

Bild 375. Die Quartiere der Nymphenfledermaus befinden sich häufig im Kronenbereich, hier in einer Alteiche. Foto: C. DIETZ

chenland befanden sich am 17. Juni kleine Jungtiere [allg. Lit. 52]. Die Paarung erfolgt vermutlich am Schwärmquartier.

NAHRUNGSERWERB UND NAHRUNG

Die Nahrung wird im Flug sehr nahe an der Vegetation erbeutet. Dabei werden vor allem Kronenbereiche von Eichen und anderen Laubbäumen und dichte Erlensäume und Gebüsche entlang von kleineren Fließ- und Stillgewässern bejagt. Hauptbeute stellen kleine Fluginsekten wie Ameisen, Zweiflüglern, Köcherfliegen und Falter dar. Darüber hinaus werden teilweise auch hohe Anteile von Webspinnen gefangen. Die Jagdgebiet sind oft nur wenige Hundert Meter vom Quartier entfernt, bisher wurden Maximalentfernungen von knapp über 2 km registriert. Die Aktionsräume umfassen im Mittel knapp 100 Hektar. Durch die starke Habitatbindung an alte (Eichen-) Wälder, die ausschließliche Nutzung von Baumquartieren und die Spezialisation auf die Jagd in den Baumkronen oder in der dichten Auenvegetation erklären ihre Seltenheit und die Schwierigkeiten beim Nachweis der Art.

GEFÄHRDUNG

Rote Liste der IUCN 2008: DD (data deficient), FFH-Anhang IV, Rote Liste BRD: 1 (vom Aussterben bedroht). Die Art kann wegen ihrer engen ökologischen Ansprüche und die Spezialisierung auf alte Wälder, insbesondere auf natürliche Hartholzauen und Bergwälder, als stark gefährdet eingestuft werden. Möglicherweise kann die Nymphenfledermaus aufgrund einer sehr geringen Populationsdichte und isolierter Vorkommen kaum neue Gebiete besiedeln. Die Waldgeschichte könnte eine Erklärung für die wesentlich höhere Funddichte in Frankreich im Vergleich zu Deutschland sein: Durch die historische Entwicklung waren viele Wälder in Deutschland im Mittelalter zeitweise zur Gänze abgeholzt und damit der Nymphenfledermaus großräumig der Lebensraum entzogen. Nur wenige Auwälder und Bergwälder blieben intakt, von denen aus kaum eine Wiederbesiedlung der heute wieder ausgedehnten Wälder erfolgen konnte. Dagegen hatten in Frankreich viele Wälder aufgrund der herrschaftlichen Strukturen seit langer Zeit dauerhaft Bestand.

Aktuell besteht die Gefährdung in Südosteuropa in der Holznutzung in Bergwäldern und der Habitatfragmentierung (Verinselung der Lebensräume). Zwei der Fundorte in Griechenland wurden durch den Bau von Staudämmen zerstört. Im

Bild 376. Die Jagdgebiete der Nymphenfledermaus liegen meist in feuchten Laubwäldern, häufig über Kleingewässern mit dichter überhängender Vegetation. Foto: C. DIETZ

Verhältnis zu ihrer Seltenheit tritt die Art relativ häufig als Verkehrsopfer an Schnellstraßen durch alte Laubwälder auf, da die Art Trassen sehr niedrig quert.

SCHUTZMASSNAHMEN

Erhalt von urwüchsigen Auwäldern (Hartholzaue) und anderen Laubwäldern auf feuchten Standorten mit hohem Altholz- und Totholzanteil. Erhalt alter Bergwälder mit hohem Altholz- und Totholzanteil und von reich strukturierten Saumbereichen. Alte Wälder sollten durch selektiven Einschlag ohne Kahlschläge bewirtschaftet werden. Schutz von Schwärmhöhlen.

OFFENE FRAGEN

- Wo überwintern Nymphenfledermäuse hauptsächlich?
- Wo befinden sich die Wochenstuben und wie viele Tiere umfassen sie?
- Wie weit ist die Art verbreitet und welche Ansprüche an den Lebensraum stellt sie?
- Sind Au- und Bergwälder die tatsächlichen Optimalhabitate der Art oder handelt es sich um Randlebensräume, die nach der weitgehenden Zerstörung der Primärlebensräume reliktartige Restvorkommen ermöglichen?

Bild 377: Ein adultes Männchen der Nymphenfledermaus aus Armenien mit den typischen Merkmalen für die Art. Foto: C. Dietz

SPEZIELLE LITERATUR

1. Agirre-Mendi, P. T., J. L. Garicia-Mudarra, J. Juste & C. Ibáñez (2004): Presence of *Myotis alcathoe* Helversen & Heller, 2001 (Chiroptera: Vespertilionidae) in the Iberian Peninsula. – Acta Chiropterologica **6**: 49–57.
2. Benda, P., M. Ruedi & M. Uhrin (2003): First record of *Myotis alcathoe* (Chiroptera: Vespertilionidae) in Slovakia. – Folia Zool. **52**: 359–365.
3. Dietz, C. (2004): On a record of *Myotis alcathoe* in the region of Puy-de-Dôme, France. – Le Rhinolophe **17**: 7–10.
4. Groupe Chiroptères Bretagne Vivante (2006): Murin d'Alcathoe, synthèse pour la Bretagne. – http://www.bretagne-vivante.asso.fr.
5. Helversen, O. von (2004): *Myotis alcathoe* – Nymphenfledermaus. – In: F. Krapp (Hrsg.): HB Säugetiere Europas, **4-II**: 1159–1167; Aula Verlag.
6. Maillard, W. & D. Montfort (2005): Premier signalement du Murin d'Alcathoe, *Myotis alcathoe* en Loire-Atlantique (France), et nouvelles observations du Minioptère de Schreibers, *Miniopterus schreibersii*. – Bull. Soc. Nat. Ouest de la France n.s. **27**: 196–198.
7. Ruedi, M., P. Jourde, P. Giosa, M. Barataud & S.Y. Roué (2002): DNA reveals the existence of *Myotis alcathoe* in France (Chiroptera: Vespertilionidae). – Rev. Suisse Zool. **109**: 643–652.
8. Schunger, I., C. Dietz, D. Merdschanova, S. Merdschanov, K. Christov, I. Borissov, S. Staneva & B. Petrov (2004): Swarming of bats (Chiroptera, Mammalia) in the Vodnite Dupki cave (Central Balkan National Park, Bulgaria). – Acta Zoologica Bulgarica **56**: 323–330.
9. Stadelmann, B., D. S. Jacobs, C. Schoeman & M. Ruedi (2004): Phylogeny of African *Myotis* bats (Chiroptera, Vespertilionidae) inferred from cytochrome b sequences. – Acta Chiropterologica **6**: 177–192.

Fransenfledermaus
Myotis nattereri (Kuhl, 1817)

NAMEN

GB: Natterer's Bat
F: Murin de Natterer
E: Murciélago de Natterer
I: Vespertilio di Natterer
NL: Franjestaart
S: Fransfladdermus
PL: Nocek Natterera

Maße

Unterarm	34,4–44,0 mm
Fünfter Finger	48–58 mm
Dritter Finger	65–74 mm
Normalgewicht	7–10 g
Condylobasallänge	14,0–15,2 mm
Obere Zahnreihe	5,6–6,3 mm

KENNZEICHEN

Eine mittelgroße Fledermaus mit langen Ohren und einer schlanken Schnauze. Die weiße bis grauweiße Unterseite ist scharf von der braungrauen Rückenfärbung abgesetzt. Die Gesichtsfärbung ist meist auffallend hell fleischfarben. Der Tragus ist leicht geschwungen und länger als die halbe Ohrlänge, das Ohr weist an seinem Außenrand meist 5–6 Querfalten auf. Die Schwanzflughaut wird durch einen langen und S-förmig geschwungenen Sporn gestützt. Der runzelige Rand der Schwanzflughaut ist dicht mit zwei Reihen gekrümmter Borsten besetzt.

Ähnliche Arten

Die Bechsteinfledermaus hat wesentlich längere Ohren mit 9–11 Querfalten, die nach vorne umgeklappt die Schnauze um mehr als die Hälfte überragen und einen geraden Sporn. Wasserfledermäuse haben kürzere Ohren, die nach vorne geklappt die Schnauze nicht oder kaum überragen, einen wesentlich kürzeren Tragus und eine kürzere Schnauze. Wimperfledermäuse haben eine deutliche, nahezu rechtwinklige Stufe an der Außenkante des Ohres. Außer der Fransenfledermaus hat nur noch die Iberische Fransenfledermaus einen S-förmig geschwungenen Sporn.

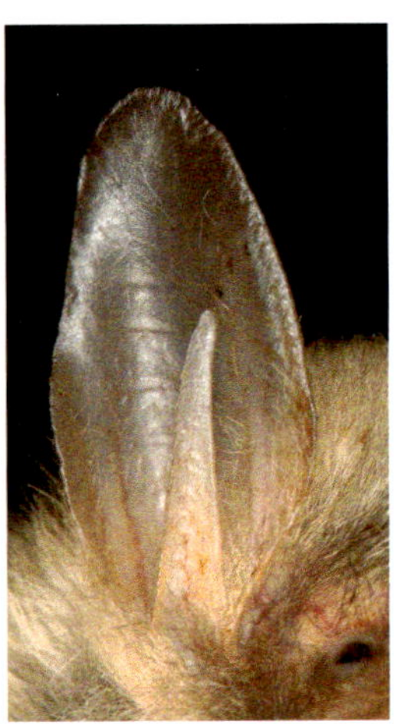

Bild 378: Die langen Ohren und der lange Tragus sind charakteristisch für die Fransenfledermaus . Foto: C. Dietz

ORTUNGSLAUTE

Meist 2–5 ms lange frequenzmodulierte Laute, die sehr hoch beginnen können (100–150 kHz) und bis ungefähr 20 kHz abfallen. Damit erreichen sie den für den Menschen hörbaren Bereich und es ist möglich, eine sehr nahe fliegende Fransenfledermaus mit bloßem Ohr zu hören. Die äußerst große Frequenzspanne der Laute bis in tiefe Bereiche ermöglicht meist eine sichere Artbestimmung.

VERBREITUNG

Weite Teile Europas von 60° N und damit ganz Großbritannien und das südliche Skandinavien im Norden bis in den Mittelmeerraum mit vielen Inseln. Im Nahen Osten in Israel, Libanon und Jordanien bis in den Irak, Iran und Turkmenistan.

Unterarten und geographische Variabilität

Die nordafrikanischen und iberischen bislang zur Fransenfledermaus gerechneten Populationen mit Vorkommen bis zu den französischen Pyrenäen stellen eine ökologisch, morphologisch und genetisch deutlich unterscheidbare, Art dar: die Iberischen Fransenfledermaus (*Myotis escalerai*) [allg. Lit. 55, 159]. Von den Südalpen über Italien, Südfrankreich und die Iberische Halbinsel gibt es eine weitere kryptische Zwillingsform der Fransenfledermaus, deren Status aber noch unklar ist [allg. Lit. 77, 159]. Möglicherweise stellen die Populationen des Nahen Ostens (*M. n. hoveli*) und östlich des Kaukasus (*M. n. tschuliensis*) ebenfalls eigene Arten dar. In der Osttürkei und der Kaukasusregion kommt die ähnliche *M. schaubi* vor.

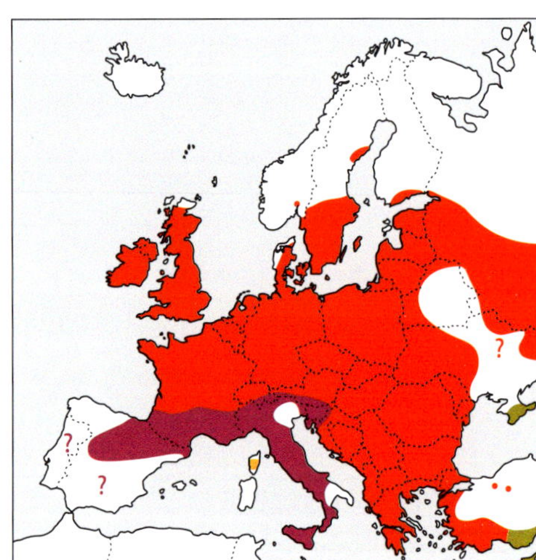

LEBENSRAUM

Eine Fledermaus mit sehr variabler Lebensraumnutzung, in Mittel- und Nordeuropa vorwiegend in Wäldern und locker mit Bäumen bestandenen Flächen wie Parks und Obstwiesen und entlang von Gewässern. Es werden nahezu alle Waldtypen von Buchen- und Eichenwäldern bis hin zu reinen Fichten-, Tannen- oder Kiefernwäldern besiedelt. Die Art kommt von den Tieflagen bis zur Baumgrenze vor. Offenland wird selten genutzt, kann aber in der Nähe von Obstwiesen und Wäldern durchaus zur Jagd aufgesucht werden, vor allem über frisch gemähten Wiesen [1, 5]. Im Mittelmeerraum werden im weitesten Sinne waldähnliche Biotope wie Olivenhaine oder locker mit Bäumen bestandene Weiden besiedelt.

Quartiere

Sommerquartiere in Mitteleuropa vor allem in Baumhöhlen und Fledermauskästen, vereinzelt auch im Inneren von Gebäuden, häufiger jedoch in Hohlblocksteinen von unverputzten Gebäuden (Scheuern, Silos, Garagen) [20]. Im Mittelmeerraum vor allem in Felsspalten und Mauerritzen, aber auch in Höhlen. Einzeltiere können im gesamten Verbreitungsgebiet in und an Bäumen, Felswänden, Gebäuden und in Spalten von Brücken angetroffen werden. Winterquartiere in Felsspalten, Höhlen, Bergkellern und anderen unterirdischen Gängen, auch im Bodengeröll.

Bild 379. Fransenfledermäuse nutzen häufig Baumquartiere. Die helle Unterseite und die relativ langen Ohren sind gute Merkmale. Foto: C. Dietz

VERHALTEN

Wochenstuben umfassen in Mitteleuropa 20–50, in Gebäudequartieren auch über 120 Tiere [5]. In Bulgarien sind die Wochenstuben in Felsspalten meist individuenarm mit 4–10 Weibchen [eigene Daten]. Meist finden sich einzelne Männchen in den Wochenstuben, sie können aber auch eigene Kolonien von bis zu 25 Tieren bilden [21]. Die Hangplätze werden alle 2–5 Tage gewechselt und die Größe der Teilkolonien variiert ständig. Vermutlich handelt es sich wie bei der Bechsteinfledermaus um fission-fusion-Gesellschaften, d.h. eine Kolonie teilt sich in stetig wechselnde Teilkolonien auf. In Gebäuden und Felsquartieren bleiben die Fledermäuse zwar oft länger innerhalb des Gebäudes oder der Felswand, wechseln aber den eigentlichen Hangplatz regelmäßig. Morgens findet ein Schwärmen vor dem Quartier statt, besonders ausgeprägt vor oder nach Quartierwechseln. Fransenfledermäuse schwärmen vor allem im September und Oktober an Höhlen [9, 12, 13, 14], neben Wasserfledermaus und Mausohr ist sie in Mitteleuropa die häufigste beim Schwärmen gefangene Art. Dabei kommen Fransenfledermäuse aus einem sehr großen Gebiet von bis zu 4100 km² [12] an große Höhlen, Männchen überwiegen zahlenmäßig bei weitem. Die größten Win-

Bild 380. Die Fransenfledermaus kann Beute auch im Abstand von nur wenigen Zentimetern vor dem Hintergrund orten und erbeuten. Foto: D. NILL

terquartiere (Spandauer Zitadelle in Berlin und Bad Segeberger Kalkhöhlen) umfassen bis zu 8000 Tiere [4, 10], allerdings sind die aus Fang-Wiederfang-Versuchen geschlossenen Zahlen möglicherweise deutlich zu hoch angesetzt [9]. In Bergkellern und Höhlen meist Einzeltiere, in größeren Höhlen bis zu 100 Tiere.

FORTPFLANZUNG

Anfang Juni bis Anfang Juli wird ein Junges geboren. Neugeborene haben eine durchschnittliche Unterarmlänge von knapp 17 mm und wiegen 3,4 g [22]. Mit etwa 20 Tagen erfolgen die ersten Flüge, mit vier Wochen sind die Jungtiere selbstständig [22], die Wochenstuben lösen sich dann schnell auf. Weibchen werden bereits im ersten Herbst geschlechtsreif [3]. Paarungen finden sowohl am Schwärm- [13, 14] als auch im Winterquartier [8] statt. Insbesondere die Paarungen am Schwärmquartier sorgen für eine hohe genetische Durchmischung der weit verteilten Kolonien [13, 14].

NAHRUNGSERWERB

Eine sehr manövrierfähige Art, die auf engstem Raum sehr langsam fliegen und auch rütteln kann. Meist fliegt sie nahe an der Vegetation. Häufig wird die Beute mit der Schwanzflughaut von Blättern abgelesen, kann aber auch im Flug gemacht werden. Über frisch gemähten Wiesen können sie auch neben entdeckter Beute landen und diese zu Fuß erbeuten [1, 23]. Fransenfledermäuse jagen auch regelmäßig über Gewässern. Der hauptsächliche Beuteerwerb erfolgt jedoch durch gleanen, also Ablesen vom Substrat [23]. Dabei scheinen sie die Beute, wenn sie sich weit genug vom Substrat abhebt (Spinnen im Netz, Weberknechte und Kohlschnaken mit langen Beinen abgehoben vom Laub), mit Hilfe der Echoortung zu finden. Mögli-

Bild 381: Ausschnitt aus einem Wochenstubencluster der Fransenfledermaus in einem griechischen Tunnel. Foto: C. DIETZ

cherweise wird die Beute auch per Versuch und Irrtum an den als vielversprechend eingeschätzten bzw. erlernten Stellen gefangen [18]. Tagaktive Fliegen werden erbeutet, wenn sie ihre nächtlichen Schlafplätze anfliegen. Da zumindest ein Teil der Beute mit der Schwanzflughaut gefangen und von Oberflächen abgesammelt wird [1], besteht der Verdacht, dass die Borsten an der Schwanzflughaut eine Bedeutung als Tastorgane haben. Ähnlich wie die Wimperfledermaus sucht auch die Fransenfledermaus Kuhställe zur Jagd nach Fliegen auf. Von fünf vergleichend untersuchten *Myotis*-Arten war die Fransenfledermaus mit nur 5 cm Beute-Hintergrund-Abstand diejenige Art, die Insekten am dichtesten am Substrat lokalisieren konnte [17, 19, allg. Lit. 125].

NAHRUNG

Die Nahrung besteht zu einem beträchtlichen Teil aus nicht fliegender Beute wie Spinnen, Weberknechten und Fliegen. Käfer und Schmetterlinge treten saisonal auf. Einzeltiere haben größere Anteile von Hundertfüßern, Asseln oder gewässerbewohnenden Insekten wie Köcher- und Steinfliegen in ihrem Kot [2, 6, 7, 15, 19].

HÖCHSTALTER

Zwei Tiere mit über 17 Jahren, ein Tier mit über 21,5 Jahren und eines mit 23 Jahren und 8 Monaten (11, 24, allg. Lit. 139).

ORTSWECHSEL UND WANDERUNGEN

Meist ortstreue Art, zumindest ein Teil der Tiere führt aber kürzere Wanderungen durch. Zwischen verschiedenen Teillebensräumen wie Sommer-, Schwärm- und Winterquartier liegen selten Distanzen von über 40 km [9]. Daneben gibt es auch einige längere Überflüge von 266–327 km. Schwärmquartiere werden in Entfernungen von 20–60 km aufgesucht [12, 14].

Raumnutzung

Im Laufe eines Sommers kann ein Wochenstubenverband eine Vielzahl von Hangplätzen in einem Gebiet von bis zu

Bild 382. Ihre Beute keschert die Fransenfledermaus häufig mit der Schwanzflughaut aus der Luft oder vom Substrat und kann sich dabei in der Luft regelrecht abkugeln. Foto: D. Nill

Bild 383: Von Slowenien über Italien und Südfrankreich bis auf die Iberische Halbinsel kommen genetisch abweichende Formen der Fransenfledermaus vor, ihr Artstaus ist unklar. Hier ein Tier aus Slowenien. Foto: C. Dietz

2 km² nutzen [16, 20]. Jagdgebiete umfassen 170–580 ha [5, 16], im Mittel 215 ha [5]. Innerhalb dieser Fläche werden bis zu 6 Teiljagdgebiete von 2–10 ha Größe intensiver bejagt. Jagdgebiete sind bis zu 4 km vom Quartier entfernt [5, 16].

GEFÄHRDUNG

Rote Liste der IUCN 2008: LC (Least Concern), FFH-Anhang IV, Rote Liste BRD: - (ungefährdet). Die mitteleuropäischen Bestände scheinen stabil zu sein. Fransenfledermäuse werden aufgrund ihrer Art des Beuteerwerbs neben dem Braunen Langohr am häufigsten an Fliegenfängern klebend gefunden.

SCHUTZMASSNAHMEN

Erhalt der Koloniestandorte und der großen Schwärmhöhlen als Paarungsquartiere zum Aufrechterhalten einer guten genetischen Durchmischung. Erhalt und Neuanlage von Hecken, Gehölzsäumen und Streuobstwiesen als verbindende Elemente von Teillebensräumen. Erhalt strukturreicher Waldgebiete. Verhinderung von Zerschneidungswirkungen. Verzicht auf Pestizideinsätze im Außenbereich.

OFFENE FRAGEN

- Wie viele Tiere suchen tatsächlich die Massenquartiere in der Spandauer Zitadelle und den Bad Segeberger Kalkstollen auf?
- Spielen Paarungen am Schwärmquartier oder im Winterquartier die größere Rolle oder sind beides gleichwertige Paarungsstrategien?
- Gibt es Schwärmplätze von Fransenfledermäusen auch im Mittelmeergebiet oder überwiegen hier alternative Paarungsstrategien?
- Wo überwintert die große Masse an Fransenfledermäusen?
- Welche Mechanismen der Nahlokalisation von Beute ermöglichen die Detektion sich nicht bewegender Beute auf dem Substrat?
- Welche Bedeutung haben die gekrümmten Borsten am Rand der Schwanzflughaut und welche Funktion erfüllt der S-förmig gebogene Sporn?
- Wie lassen sich die neu entdeckten Zwillingsformen taxonomisch einordnen und von der Fransenfledermaus morphologisch und ökologisch unterscheiden?

SPEZIELLE LITERATUR

1. Arlettaz, R. (1996): Foraging behaviour of the gleaning bat *Myotis nattereri* in the Swiss Alps. – Mammalia **60**: 181–186.
2. Beck, A. (1991): Nahrungsuntersuchungen bei der Fransenfledermaus, *Myotis nattereri*. – Myotis **29**: 67–70.
3. Dolch, D. (2003): Langjährige Untersuchungen an einer Wochenstubengesellschaft der Fransenfledermaus, *Myotis nattereri*, in einem

Bild 384. Die Fransenfledermaus ist unter den europäischen Fledermäusen durch den S-förmig gebogenen Sporn und die relativ kurzen Borsten am freien Rand der Schwanzflughaut eindeutig zu bestimmen. Foto: C. Dietz

Kastenrevier im Norden Brandenburgs. – Nyctalus (N.F.) **9**: 14–19.

4. Eichstädt, H. (1997): Untersuchung zur Ökologie von Wasser- und Fransenfledermäusen *(Myotis daubentoni und M. nattereri)* im Bereich der Kalkberghöhlen von Bad-Segeberg. – Nyctalus (N.F.) **6**: 214–228.
5. Fiedler, W., A. Illi & H. Alder-Eggli (2004): Raumnutzung, Aktivität und Jagdhabitatwahl von Fransenfledermäusen *(Myotis nattereri)* im Hegau (Südwestdeutschland) und angrenzendem Schweizer Gebiet. – Nyctalus (N.F.) **9**: 215–235.
6. Geisler, H. & M. Dietz (1999): Zur Nahrungsökologie einer Wochenstubenkolonie der Fransenfledermaus *(Myotis nattereri)* in Mittelhessen. – Nyctalus (N.F.) **7**: 87–101.
7. Gregor, F. & Z. Bauerová (1987): The role of Diptera in the diet of Natterer's bat, *Myotis nattereri*. – Folia Zool. **36**: 13–19.
8. Grimmberger, E. (2002): Zur Paarung der Fransenfledermaus, *Myotis nattereri*, im Winterquartier. – Nyctalus (N.F.) **8**: 396–398.
9. Haensel, J. (2004): Zum saisonbedingten Ortswechsel der Fransenfledermaus *(Myotis nattereri)* im Raum Berlin/Brandenburg unter besonderer Berücksichtigung des Schwärmverhaltens. – Nyctalus (N.F.) **9**: 305–327.
10. Kallasch, C. & M. Lehnert (1995): Zur Populationsökologie von Wasser- und Fransenfledermäusen (*Myotis daubentoni* und *M. nattereri*) in der Spandauer Zitadelle. – Sitzungsber. Ges. Naturforschende Freunde Berlin, N.F. **34**: 69–91.
11. Ohlendorf, B. (2002): Höchstalter einer Fransenfledermaus *(Myotis nattereri)* im Harz (Sachsen-Anhalt). – Nyctalus (N.F.) **8**: 395–396.
12. Parsons, K. N. & G. Jones (2003): Dispersion and habitat use by *Myotis daubentonii* and *Myotis nattereri* during the swarming season: implications for conservation. – Anim. Conserv. **6**: 283–290.
13. Rivers, N. M., R. K. Butlin & J. D. Altringham (2005): Genetic population structure of Natterer's bats explained by mating at swarming sites and philopatry. – Mol. Ecol. **14**: 4299–4312.
14. Rivers, N. M., R. K. Butlin & J. D. Altringham (2006): Autumn swarming behaviour of Natterer's bats in the UK: population size, catchment area and dispersal. – Biol. Conserv. **127**: 215–226.
15. Shiel, C. B., C. M. McAney & J. S. Fairley (1991): Analysis of the diet of Natterer's bat *Myotis nattereri* and the common long-eared bat *Plecotus auritus* in the West of Ireland. – J. Zool. **223**: 299–305.
16. Siemers, B. M., I. Kaipf & H.-U. Schnitzler (1999): The use of day roosts and foraging grounds by Natterer's bats *(Myotis nattereri)* from a colony in southern Germany. – Z. Säugetierk. **64**: 241–245.
17. Siemers, B. M. & H.-U. Schnitzler (2000): Natterer's bat *(Myotis nattereri)* hawks for prey close to vegetation using echolocation signals of very broad bandwidth. – Behav. Ecol. Sociobiol. **47**: 400–412.
18. Siemers, B. M. (2001): Finding prey by associative learning in gleaning bats: experiments with a Natterer's bat *Myotis nattereri*. – Acta Chiropterologica **3**: 211–215.
19. Siemers, B. M. & S. M. Swift (2006): Differences in sensory ecology contribute to resource partitioning in the bats *Myotis bechsteinii* and *Myotis nattereri* (Chiroptera: Vespertilionidae). – Behav. Ecol. Sociobiol. **59**: 373–380.
20. Smith, P. G. & P. A. Racey (2005): The itinerant Natterer: physical and thermal characteristics of summer roosts of *Myotis nattereri* (Mammalia: Chiroptera). – J. Zool. **266**: 171–180.
21. Swift, S. M. (1997): Roosting and foraging behaviour of Natterer's bats *(Myotis nattereri)* close to the northern border of their distribution. – J. Zool. **242**: 375–384.
22. Swift, S. M. (2001): Growth rate and development in infant Natterer's bats *(Myotis nattereri)* reared in a flight room. – Acta Chiropterologica **3**: 217–223.
23. Swift, S. M. & P. A. Racey (2002): Gleaning as a foraging strategy in Natterers's bat *Myotis nattereri*. – Behav. Ecol. Sociobiol. **52**: 408–416.
24. Topál, G. (2001): *Myotis nattereri*, Fransenfledermaus. – In: F. Krapp (Hrsg.): HB Säugetiere Europas **4-I**: 405–442; Aula Verlag.

Bild 385. Fransenfledermäuse überwintern oft versteckt, gute Merkmale sind die langen Ohren und die spitze Schnauze. Foto: C. Dietz

Iberische Fransenfledermaus
Myotis escalerai
CABRERA, 1904

Maße

Unterarm	36,7 – 42,9 mm
Fünfter Finger	48 – 53 mm
Dritter Finger	60 – 66 mm
Normalgewicht	6 – 9 g

NAMEN
GB: Iberian Natterer's Bat
F: Murin d'Escalera

KENNZEICHEN
Im Gesamterscheinungsbild der Fransenfledermaus sehr ähnlich. Auffällig ist der sehr viel stärker ausgeprägte borstenartige Fransensaum entlang des freien Saumes der Schwanzflughaut. Auch die bereits von Cabrera (1904) beschriebene Unterscheidung im Ansatz der Armflughaut am Fuß ist gut erkennbar: bei der Iberischen Fransenledermaus setzt die Armflughaut am Mittelfuß an (ein schmaler Saum kann allerdings bis an den Zehen ziehen), bei der Fransenfledermaus setzt die Armflughaut dahingegen direkt an der Zehenbasis an.

Ähnliche Arten
Sehr ähnlich der Fransenfledermaus und ihren kryptischen Formen, jedoch genetisch klar abgegrenzt. Die langen Borsten am freien Rand der Schwanzflughaut sind artcharakteristisch.

ORTUNGSLAUTE
Ortungslaute sehr ähnlich der Fransenfledermaus, bis 4 ms lang mit Anfangsfrequenzen um 120-140 kHz und Endfrequenzen um 15-20 kHz.

VERBREITUNG
Auf der ganzen Iberischen Halbinsel vorkommend, im Norden bis zu den französischen Pyrenäen. Darüber hinaus gibt es Vorkommen auf den Balearen. In Nordwest-Afrika (Marokko und Algerien) kommt eine sehr ähnliche, genetisch jedoch abgetrennte Art vor, die noch nicht formal beschrieben worden ist.

LEBENSRAUM
In Spanien in niedrigeren Lagen als die sympatrisch vorkommenden Fransenfledermäuse, allerdings gibt es auch Wochenstuben in 1400 Metern über dem Meeresspiegel in Aragón (Lorente, schriftl. Mitt.). Als Lebensraum werden aride Bereiche z.B. des Ebrobeckens, aber auch montane Buchen- und Kiefernwälder angenommen, eine Häufung der Vorkommen findet sich aber in mediterranen Steineichenwäldern und deren Degradationsformen (Lorente, schriftl. Mitt.).

Quartiere
Höhlenart, deren Wochenstuben große Cluster mit anderen Arten bilden können.

Bild 386. Die Iberische Fransenfledermaus ist anhand äußerer Merkmale nur in der Hand sicher zu bestimmen. Foto: C. DIETZ

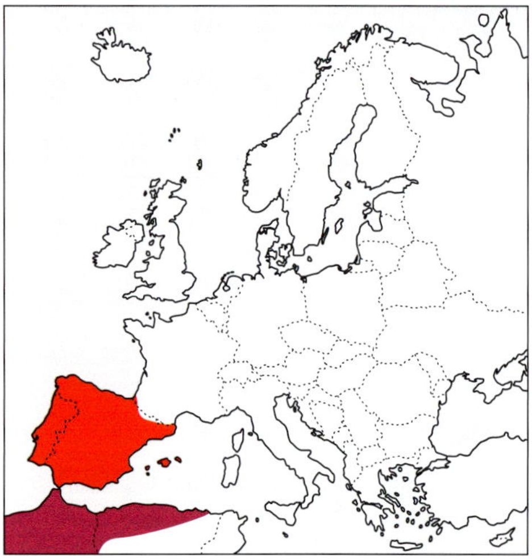

Bild 387. Die nordafrikanischen Populationen gehören zu einer nah mit der Iberischen Fransenfledermaus verwandten, formal aber noch nicht beschriebenen Art, hier ein Tier aus Marokko. Foto: C. Dietz

Es werden auch alte Bergwerke oder Kasematten von großen Burganlagen angenommen. Männchen und Einzeltiere in Spalten in Höhlendecken oder am Eingangsbereich von Höhlen, aber auch in allen Arten von Spaltenquartieren an Gebäuden, Brücken oder Ruinen.

VERHALTEN UND FORTPFLANZUNG

Wenig bekannt, vermutlich ähnlich der Fransenfledermaus mit Ausnahme der Tatsache, dass große Höhlenkolonien von Dutzenden bis zu 600 Tieren gebildet werden können. Geeignete Quartiere werden zudem ganzjährig genutzt, Winterquartiere im herkömmlichen Sinne sind nicht bekannt.

Die Geburten erfolgen in Aragón in der Regel früher als bei den sympatrisch vorkommenden anderen Höhlenarten, meist bereits im Mai (Lorente schriftl. Mitt.), im Juli verlassen die Jungtiere bereits die Wochenstubenquartiere. Ein steigender Männchenanteil an Quartierhöhlen im September spricht für herbstliche Paarungsaktivitäten.

NAHRUNGSERWERB UND NAHRUNG

Vermutlich ähnlich wie bei der Fransenfledermaus. Der wesentlich ausgeprägtere bürstenartige Fransensaum deutet auf einen noch größeren Anteil abgekescherter Beutetiere hin.

Wenige nicht repäsentative Pellets von Männchen aus Portugal enthielten Nachtfalter, Käfer und Zweiflügler, unter denen zumindest einige Reste tagaktiver Insekten waren (I. Dietz, pers. Mitt.).

GEFÄHRDUNG

In den Rote Listen der IUCN und EU nicht gelistet, FFH-Anhang IV. Aufgrund der Bildung von großen Höhlenkolonien durch Störungen am Quartierstandort gefährdet.

SPEZIELLE LITERATUR

1 Agirre-Mendii, P.T. & C. Ibáñez (2011): Primeros datos sobre la distribución de *Myotis cf. nattereri* y *Myotis escalerai* Cabrera, 1904 (Chiroptera: Vespertilionidae) en la Comunidad Autónoma de La Rioja. – Barbastella 5: 8-11.

2 Cabrera, A. (1904): Quirópteros de España. - Mem. Soc. Española Hist. Nat. Tomo II, Memoria 5: 249-287.

3 Evin, A., V. Lecoq, M.-O. Durand, L. Tillon, J.-M. Pons (2009): A new species for the French bat list: *Myotis escalerai*. – Mammalia 73: 142-144.

4 Guradiola, A. & M. A. Fernández (2012): Myotis escalerai state in the Murcia Region (Spain). – Barbastella 5: 65.

5 Hermida, R. J. & M. Arzúa (2012): Utilización de refugios antrópicos por agrupaciones estivales de *Myotis escalerai* en Galicia. – Posterpräsentation.

6 Quetglas, J. (2012): Myotis escalerai. – In: J. Jimenez et al. (Eds.): Mamiferos de la Comunitat Valenciana. Coleccion Biodiversidad 19: 203-206; Generalitat Valenciana, Valencia.

7 Salicini, I., C. Ibanez & J. Juste (2011): Multilocus phylogeny and species delimination within the Natterer's bat species complex in the Western Palearctic. – Molecular Phylogenetics and Evolution 61: 888-898.

Bild 388. Artdiagnostisch für die Iberische Fransenfledermaus sind die mehrreihigen und langen Borstenhaare am freien Rand der Schwanzflughaut, insbesondere die zur Bauchseite orientierten gebogenen Haare. Foto: C. Dietz

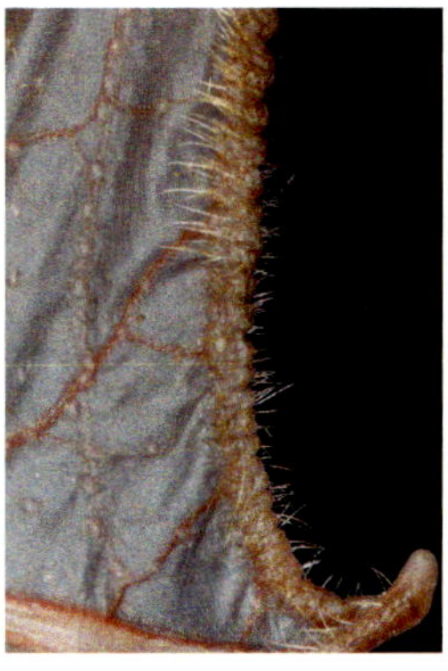

Wimperfledermaus
Myotis emarginatus (GEOFFROY, 1806)

NAMEN

GB: Geoffroy's Bat
F: Murin à oreilles échancrées
E: Murciélago orejirroto
I: Vespertilio smarginato
NL: Ingekorven vleermuis
S: Geoffroys fladdermus
PL: Nocek orzęsiony

Maße

Unterarm	36,1–44,7 mm
Fünfter Finger	49–58 mm
Dritter Finger	59–71 mm
Normalgewicht	6–9 g
Condylobasallänge	14,1–15,2 mm
Obere Zahnreihe	6,0–6,8 mm

KENNZEICHEN

Mittelgroße Fledermaus mit langem wolligem Fell, das auf dem Rücken rostbraun bis auffallend fuchsrot gefärbt ist. Die Unterseite ist wenig deutlich abgesetzt hell gelblichbraun. Jungtiere sind grauer gefärbt. Die Schnauze ist hellbraun, bei jüngeren Tieren dunkler. Die braunen Ohren haben am Außenrand eine auffällige nahezu rechtwinklige Stufe und auf der Ohrmuschel viele verstreute warzenartige Erhebungen. Die Tragusspitze erreicht die Stufe im Ohrrand nicht. Die Flügel sind relativ breit und braun gefärbt. Der Rand der Schwanzflughaut wird von einem geraden Sporn gestützt und weist bei einem Teil der Tiere die namengebenden gekrümmten Härchen auf, die aber im Vergleich zur Fransenfledermaus viel dünner und kürzer sind.

Ähnliche Arten

Der Fransenfledermaus auf den ersten Blick relativ ähnlich. Diese hat jedoch ein braungraues Rückenfell, eine wesentlich hellere Bauchfärbung, einen längeren Tragus, keine rechtwinklige Stufe am Außenrand des Ohres und einen S-förmig gebogenen Sporn.

ORTUNGSLAUTE

Die meist 1,5–4 ms langen frequenzmodulierten Laute beginnen bei oft über 140 kHz und enden bei etwa 38 kHz, manchmal auch bereits bei 48 kHz, selten unter 30 kHz. Anhand von guten Lautaufnahmen kann die Art durch die hohe Anfangs- und Endfrequenz oft eindeutig bestimmt werden.

VERBREITUNG

Vom gesamten Mittelmeerraum inklusive vieler Inseln (Sardinien, Korsika, Kreta, Zypern) bis Belgien, die südlichen Niederlande und das südliche Polen verbreitet. In

Bild 389. Kolonien der Wimperfledermaus finden sich oft an hellen und wenig geschützten Stellen, wie in diesem Viehstall im Rheintal. Foto: D. NILL

Bild 390. Die Wochenstubenkolonien der Wimperfledermaus bilden dichte Cluster, kleine Kolonien nutzen dabei oft Hohlräume wie diese Balkenkehle. Foto: C. DIETZ

Deutschland kommt sie nur in wärmebegünstigten Bereichen (Rheintal, Rosenheimer Becken) vor, entsprechend besteht hier eine auffällige Verbreitungslücke zwischen den Vorkommen in Luxemburg und Polen. Auf der gesamten Balkanhalbinsel bis Rumänien und Teile der Ukraine (Krim). Außerdem in Nordwest-Afrika (Marokko, Algerien, Tunesien) und in Kleinasien zumindest an der West- und Südküste verbreitet. Außerhalb des Bearbeitungsgebietes im Kaukasus, dem Nahen Osten, der Arabischen Halbinsel und in Zentralasien bis Afghanistan vorkommend.

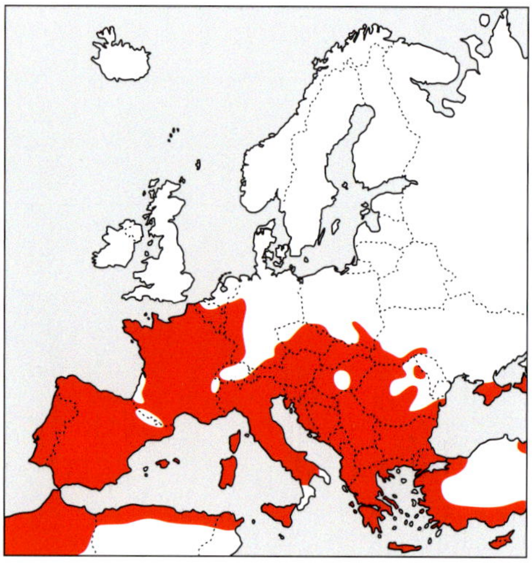

Unterarten und geographische Variabilität

Im Bearbeitungsgebiet nur die Nominatform. Allerdings sind Tiere von Sardinien auffallend dunkelgrau gefärbt, ihnen fehlen die sonst typischen Rottöne im Fell. Im Nahen Osten kommt *M. e. desertorum*, in Zentralasien *M. e. saturatus (= M. e. turcomanicus?)* vor.

LEBENSRAUM

Die Verbreitung lässt eine gewisse Bindung an klimatisch begünstigte laubwaldreiche Gebiete vermuten. Als Jagdgebiete werden Laubwälder, Obstwiesen, Parks und naturnahe Gärten aufgesucht [2, 5, 7]. Viehställe scheinen auch zum festen Bestandteil von Jagdgebieten in Mitteleuropa zu gehören und werden vor allem während der Jungenaufzucht zur Jagd nach Fliegen genutzt [2, 7]. Bei Telemetriestudien im Rheintal verbrachten acht von zehn Tieren über die Hälfte der Jagdzeit in Kuhställen [2]. In Bulgarien können Wimperfledermäuse regelmäßig bei der Jagd in und um Schafpferche beobachtet werden [eigene Daten]. Insgesamt scheint ein hoher Strukturreichtum mit vielen Laubgehölzen und Laubbäumen von Bedeutung zu sein, Nadelwälder werden gemieden.

Quartiere

Im Norden des Verbreitungsgebietes im Sommer in Gebäuden, meist in Dachstühlen von Kirchen, Privathäusern und Viehställen [8]. Dabei werden relativ helle und kühle Dächer bezogen [3, 12]. Im Süden vor allem in Höhlen, einzelne Wochenstuben aber auch in Gebäuden. Manchmal werden auch kleine Felsnischen und Felsüberhänge besiedelt. Einzeltiere können eine Vielzahl von Quartieren in Dachräumen, außen an Gebäuden [allg. Lit. 96], in Eingangsbereichen von Höhlen und auch in Baumhöhlen [7] nutzen. Im Winter in unterirdischen Quartieren, oft bei relativ hohen Temperaturen von 6–12 °C.

VERHALTEN

Im Quartier, vor allem im Mittelmeerraum, häufig mit Hufeisennasen, Mausohren, Langfuß- und Langflügelfledermäusen vergesellschaftet, oft in gemeinsamen Clustern. In artreinen Gruppen relativ unempfindlich gegen kurzfristige Störungen. Wechseln aus gemischten Hangplätzen die sehr störungsempfindlichen mittelgroßen Hufeisennasen das Quartier, folgen die Wimperfledermäuse innerhalb weniger Tage nach [eigene Daten]. Wochenstubenquartiere werden über Jahrzehnte aufgesucht und umfassen 20–500 Weibchen und einige wenige adulte Männchen. In Einzelfällen, so zum Beispiel im bulgarisch-griechischen Grenzgebiet, treten Wochenstuben von über 7000 Weibchen auf, die jedoch nicht lange Bestand haben und sich schnell wieder aufteilen. Im Quartier werden dichte Cluster gebildet, in denen die Tiere manchmal wie in einem Bienenschwarm in mehreren Lagen aufeinanderhängen. Im August und September schwärmen Wimperfledermäuse wie die anderen *Myotis*-Arten auch an Höhlen, dabei überwiegen die Männchen. Im Win-

Bild 391. Wimperfledermäuse können Fliegen von der Stalldecke absammeln und haben sich damit ein Jagdgebiet erschlossen, das kleinräumig sehr hohe Beutedichten aufweist. Foto: D. Nill

terquartier meist frei hängend in den inneren Bereichen von Höhlen und Stollen mit konstanter Temperatur. Der Winterschlaf der Wimperfledermaus kann ungewöhnlich lange dauern, in Süddeutschland bis Mitte April, Einzeltiere verbleiben bis Mitte Mai im Winterquartier.

FORTPFLANZUNG

Die Geburten erfolgen Mitte Juni bis Mitte Juli. Neugeborene haben eine Unterarmlänge von 14,1–14,6 mm [eigene Daten]. Ein Teil der Jungweibchen wird schon im ersten Herbst begattet [11], in Bulgarien nimmt jedoch ein Großteil der einjährigen Weibchen noch nicht an der Fortpflanzung teil [eigene Daten].

NAHRUNGSERWERB

Auf strukturreiche Wälder, Waldränder und Obstwiesen angewiesen. Hier jagen Wimperfledermäuse nahe an der Vegetation, auch in den Kronenbereichen, und sammeln Insekten von den Blättern ab (foliage-gleaning). In Viehställen werden Fliegen von der Decke abgelesen, dabei zeigen die Tiere einen auffälligen Pendelflug 0,5–1 m unter der Decke (surface-gleaning) [9]. Offenes Gelände wird gemieden, die Tiere folgen meist Gehölzzügen und Bachläufen.

NAHRUNG

Die Wimperfledermaus ist ein Nahrungsspezialist, ihre Beute besteht zu einem großen Teil aus Spinnen und Weberknechten, gefolgt von Netzflüglern, Schmetterlingen und Zweiflüglern. Daneben machen Käfer und Hautflügler geringere Anteile aus [1]. Tagaktive Fliegen *(Musca)* dominieren im Kot von Tieren, die Ställe als Jagdgebiete nutzen [2].

HÖCHSTALTER

Die ältesten Tiere erreichten 22 und 18 Jahre [11].

ORTSWECHSEL UND WANDERUNGEN

Die Wimperfledermaus ist eine weitgehend ortstreue Art mit Distanzen zwischen Sommer- und Winterquartier von meist unter 40 km. Nur wenige Überflüge in größeren Entfernungen wurden bekannt. Die längste bislang nachgewiesene Strecke von 105 km legte ein als Jungtier in Nordbulgarien beringtes Männchen zurück, das im folgenden Jahr an einem Schwärmquartier wiedergefangen wurde [10].

Bild 392. Die hängende Wimperfledermaus zeigt die wollige Fellstruktur und den rötlichen Farbton des Rückenfells. Foto: C. Dietz

Raumnutzung

Jagdgebiete liegen bis zu 12,5 km vom Quartier entfernt [5] und haben eine Größe von 50–70 ha [7]. Innerhalb der Jagdgebiete werden pro Nacht bis zu 6 Kernjagdgebiete intensiv beflogen [2]. Solche Teiljagdgebiete umfassen meist nur wenige Hektar [2] und können, wie im Falle von Kuhställen, sehr klein sein. Quartiere werden häufig im

Bild 393. Im Winter hängen Wimperfledermäuse meist frei an den Wänden unterirdischer Gänge. Foto: C. Dietz

Verbund genutzt, die Zahlen in Wochenstuben schwanken entsprechend stark [allg. Lit. 136].

GEFÄHRDUNG

Rote Liste der IUCN 2008: LC (Least Concern), Rote Liste der EU: LC (Least Concern), FFH-Anhang II & IV, Rote Liste BRD: 2 (stark gefährdet). Seit den 1950er-Jahren gingen die Bestände am Nordrand der Verbreitung vermutlich aufgrund von Jagdhabitatverlusten und möglicherweise auch durch Pestizideinsätze sehr stark zurück, in Polen um etwa 90% [6]. Momentan sind die Bestände in Deutschland stabil, eine zunehmende Zerschneidung der verschiedenen Lebensraumelemente durch Straßen ist jedoch als sehr problematisch einzustufen.

SCHUTZMASSNAHMEN

Schutz der Wochenstubenquartiere in Gebäuden und Höhlen. Schutz der Jagdlebensräume in Laubwäldern und reich strukturierter Kulturlandschaft, Verhinderung von Zerschneidungseffekten zwischen Teillebensräumen.

OFFENE FRAGEN

- Spielen Viehställe über Mitteleuropa hinaus eine wichtige Rolle als Jagdgebiete der Art?
- Wo erfolgen die Paarungen, wie sieht das Paarungssystem der Art aus?
- Inwiefern sind Wimperfledermäuse mit Hufeisennasen assoziiert? Nutzen sie neben den Quartieren auch gemeinsam Jagdgebiete?
- Welche Lebensräume werden im Mittelmeergebiet zur Jagd aufgesucht?
- Besteht die Nahrung im Mittelmeergebiet auch zum Großteil aus Spinnen und Fliegen?

SPEZIELLE LITERATUR

1. Bauerová, Z. (1986): Contribution to the trophic bionomics of *Myotis emarginatus*. – Folia Zool. **35**: 305–310.
2. Brinkmann, R., E. Hensle & C. Steck (2001): Artenschutzprojekt Wimperfledermaus. – Gutachten im Auftrag der Landesanstalt für Umweltschutz, 50 S.; Freiburg.
3. Gaisler, J. (1971): Zur Ökologie von *Myotis emarginatus* in Mitteleuropa. – Decheniana-Beihefte **18**: 71–82.
4. Heller, K.-G., M. Volleth & R. Achmann (2001): First record of *Myotis emarginatus* (Chiroptera: Vespertilionidae) from Cyprus. – Myotis **39**: 123.
5. Huet, R., M. Lemaire, L. Arthur & N. Del Guidice (2002): First results in radio-tracking Geoffroy's bats *Myotis emarginatus* in Centre region, France – Abstracts, IXth European Bat Research Symposium, Le Havre 2002: 25.
6. Kokurewicz, T. (1990): *Myotis emarginatus* in Poland; the past, the present status and the perspectives. – Myotis **28**: 73–82.
7. Krull, D., A. Schumm, W. Metzner & G. Neuweiler (1991): Foraging areas and foraging behavior in the notch-eared bat, *Myotis emarginatus*. – Behav. Ecol. Sociobiol. **28**: 247–253.
8. Richarz, K., D. Krull & A. Schumm (1989): Quartieransprüche und Quartierverhalten einer mitteleuropäischen Wochenstubenkolonie von *Myotis emarginatus* im Rosenheimer Becken, Oberbayern, mit Hinweisen zu den derzeit bekannten Wochenstubenquartieren dieser Art in der BRD. – Myotis **27**: 111–130.
9. Richarz, K. (1997): Biotopschutzplanung für Fledermäuse. Entwurf eines kurzen Leitfadens zum Schutz der Lebensräume im Sinne des Abkommens zur Erhaltung der Fledermäuse in Europa. – Nyctalus (N.F.) **6**: 289–303.
10. Schunger, I., C. Dietz, D. Merdschanova, S. Merdschanov, K. Christov, I. Borissov, S. Staneva & B. Petrov (2004): Swarming of bats (Chiroptera, Mammalia) in the Vodnite Dupki cave (Central Balkan National Park, Bulgaria). – Acta Zoologica Bulgarica **56**: 323–330.
11. Topál, G. (2001): *Myotis emarginatus*, Wimperfledermaus. – In: F. Krapp (Hrsg.): HB Säugetiere Europas **4-I**: 369–404; Aula Verlag.
12. Zahn, A. & B. Henatsch (1998): Bevorzugt *Myotis emarginatus* kühlere Wochenstubenquartiere als *Myotis myotis*? – Z. Säugetierk. **63**: 21–31.

Bechsteinfledermaus
Myotis bechsteinii
(KUHL, 1817)

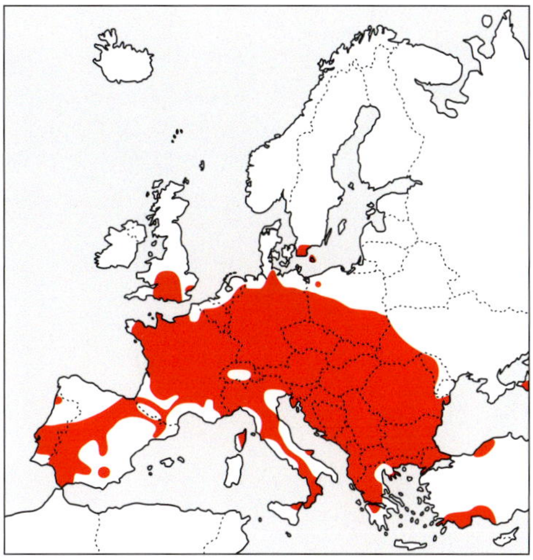

NAMEN

GB: Bechstein's Bat
F: Murin de Bechstein
E: Murciélago de Bechstein
I: Vespertilio di Bechstein
NL: Bechsteins vleermuis
S: Bechsteins fladdermus
PL: Nocek Bechsteina

KENNZEICHEN

Eine mittelgroße Fledermaus mit auffällig langen Ohren. Das Rückenfell ist braun bis rötlichbraun gefärbt, die Unterseite davon deutlich abgesetzt hell beige oder grau. Die Schnauze ist rötlichbraun, die sonstigen Hautpartien sind hell braun gefärbt. Die sehr langen Ohren (21–26 mm) weisen 9–11 Querfalten auf und stehen voneinander getrennt. Der lange Tragus erreicht etwa die Hälfte der Ohrlänge. Die Flügel sind breit.

Ähnliche Arten

Durch die langen Ohren und die geringe Körpergröße sowie eine im Vergleich zu den Mausohren viel schlankere Schnauze unverwechselbar. Bei den Langohren sind die Ohren durch eine Hautfalte miteinander verbunden.

ORTUNGSLAUTE

Die meist 2,5–5 ms langen Laute fallen von etwa 100 kHz auf etwa 35 kHz ab. Eine Unterscheidung von anderen *Myotis*-Arten ist nur anhand von Lautaufnahmen oder aber in Kombination mit einer guten Sichtbeobachtung (Größe, Ohrlänge, Flugstil) möglich. Die Laute der in Größe und Flugstil ähnlichen Fransenfledermäuse überstreichen ein wesentlich breiteres Frequenzspektrum.

Maße

Unterarm	39,0–47,1 mm
Fünfter Finger	50–57 mm
Dritter Finger	61–69 mm
Normalgewicht	7–10 g
Condylobasallänge	15,8–16,6 mm
Obere Zahnreihe	6,6–7,0 mm

Bild 394. In Jagdpausen hängen sich Bechsteinfledermäuse manchmal an Bäumen ab und ruhen. Foto: C. DIETZ

Bild 395. Zum Säugen ziehen sich Weibchen der Bechsteinfledermaus mit ihrem Jungen oft an den Rand der Kolonie zurück. Foto: D. Nill

VERBREITUNG

Die Bechsteinfledermaus ist innerhalb der gemäßigten Buchenwald-Zone in ganz West-, Mittel- und Osteuropa verbreitet. Im Süden sind die Nachweise auf der Iberischen Halbinsel und in Italien [13] sehr spärlich, auf der Balkanhalbinsel ist die Dichte stellenweise höher. Insgesamt im ganzen südlichen Europa inselartige Verbreitung. Im Norden verläuft die Verbreitungsgrenze durch Südengland, die Südspitze Schwedens und über das zentrale Polen nach Südosten durch die Ukraine ans Schwarze Meer. Außerhalb Europas kommt die Bechsteinfledermaus lokal in Anatolien und dem Nord-Iran sowie im Kaukasus vor.

Unterarten und geographische Variabilität

Keine Unterarten, Tiere aus der Türkei und dem Kaukasus weichen genetisch, nicht jedoch morphologisch, von europäischen Tieren ab [eigene Daten, Kerth mündlich].

LEBENSRAUM

Eine typische Fledermaus der gemäßigten Buchenwald-Zone [2], entsprechend weitestgehend in Laub- und Laubmischwäldern von der Ebene bis in die hochmontanen Bereiche verbreitet. In Südeuropa meist in Gebirgen oder in Auwäldern. Die höchsten Populationsdichten mit bis zu 20 Tieren je 100 ha finden sich in Buchen- oder Eichenwäldern mit hohem Anteil alter Bäume, in Süddeutschland auch in Streuobstwiesen in Waldrandnähe [10]. Es werden jedoch auch Kiefern- und Tannenwälder, nur gelegentlich reine Fichtenforste, besiedelt, allerdings nur wenn sie strukturreich sind und eine ausgeprägte artenreiche Strauchschicht aufweisen [1, 12]. Reine Nadelwälder werden meist nur angrenzend an Optimalhabitate besiedelt und die Populationsdichten sind geringer.

Quartiere

Quartiere in Baumhöhlen, Stammanrissen und als Ersatz häufig in Vogel- und Fledermauskästen. Bei Quartierwahlversuchen in Süddeutschland wurden im Frühjahr und Herbst Baumhöhlen, im Sommer vor allem Kästen genutzt [4]. Natürliche Baumquartiere können dicht über dem Boden und bis in über 10 m Höhe liegen, meist aber in 1–5 m Höhe. Es sind nur wenige Gebäudequartiere bekannt. Im Winter werden Einzeltiere in Baumhöhlen oder in unterirdischen Quartieren aller Art gefunden, vermutlich überwintert der Großteil der Tiere in Baumhöhlen.

VERHALTEN

Wochenstuben umfassen 10–50, in seltenen Fällen bis zu 80 Weibchen. Bechsteinfledermäuse können mit Fransen- und Wasserfledermäusen vergesellschaftet sein, kommen jedoch meistens alleine vor. Die Wochenstubenverbände teilen sich häufig auf, finden wieder zusammen und teilen sich erneut (fission-fusion-societies). Quartiere werden alle 2–3 Tage gewechselt, nur bei absolutem Quartiermangel können einzelne Kolonien über Wochen in einem einzigen Vogelkasten hausen. Sobald das Quartierangebot z.B. durch Fledermauskästen erhöht wird, teilen sie sich auf die neuen Quartiere auf und wechseln diese regelmäßig [eigene Daten]. Die Männchen leben den Sommer über solitär. Jungweibchen siedeln sich meist in ihrer Geburtswochenstube an, die aus eng miteinander verwandten Tieren besteht [allg. Lit. 63, 64]. Jungmännchen wandern aus dem Gebiet ihrer Geburtswochenstube ab und siedeln sich in der weiteren Umgebung an. Die Gesichtsdrüsen der Bechsteinfledermaus produzieren individuell verschiedene Sekrete, nach denen sich die Mitglieder einer Kolonie und verschiedener Kolonien erkennen könnten [9].

FORTPFLANZUNG

Die Wochenstuben werden ab Anfang April bezogen und bestehen aus eng miteinander verwandten Tieren (Großmütter, Mütter und Töchter) [allg. Lit. 63, 64]. Die Geburt des einen Jungen erfolgt ab Anfang Juni bis Anfang Juli. Ab Ende August lösen sich die Wochenstuben auf und die Bechsteinfledermäuse schwärmen, wie viele andere *Myotis*-Arten auch, an Höhlen. Hier finden auch Paarungen statt. An Schwärmquartieren treffen sich viele Fledermäuse der gleichen Art aus einem weiten Umkreis, entsprechend weist die anwesende Population eine hohe genetische Diversität auf. So führen Paarungen zu einem erheblichen Genfluss zwischen verschiedenen Wochenstubenverbänden, ohne dass eine Inzuchtgefahr besteht [7, 8].

NAHRUNGSERWERB

Der Jagdflug erfolgt entweder in Höhen von 1–5 Metern sehr dicht an der Vegetation, in alten vegetationsfreien Wäldern auch in Bodennähe, oder aber bis in die Kronenbereiche der Bäume. Die manövrierfähigen Tiere können sehr langsam fliegen und rütteln, sie sammeln Beute häufig vom Substrat, wie z.B. von Laub ab (foliage gleaner). Die Beutedetektion erfolgt anhand von Raschelgeräuschen der Beute, die mit den großen Ohren wahrgenommen werden [11].

NAHRUNG

Die Nahrung der Bechsteinfledermaus besteht vor allem aus waldbewohnenden Gliedertieren und zu einem hohen Anteil aus nicht flugfähigen Insekten [14, allg. Lit. 149, 150]. Im Lauf des Sommers wechselt die vorherrschende Beute aufgrund sich verändernder Verfügbarkeiten im Jagdhabitat. Im Gegensatz zur Fransenfledermaus treten bei der Bechsteinfledermaus in der Nahrung in höherem Anteil Insekten auf, die sich aufgrund von Raschelgeräuschen orten lassen [11]. Die Nahrung besteht größtenteils aus Schmetterlingen, Käfern, Zweiflüglern (Schnaken), Florfliegen und Spinnen. Daneben spielen saisonal oder lokal auch Weberknechte, Ohrwürmer, Raupen, Laubheuschrecken, Wanzen und Laufkäfer eine Rolle. Vereinzelt werden auch Schaben, Hautflügler, Hundertfüßer, Zikaden, Köcherfliegen und Blattläuse erbeutet [14, allg. Lit. 149, 150].

HÖCHSTALTER

Das bislang nachgewiesene Höchstalter beträgt 21 Jahre [2].

ORTSWECHSEL UND WANDERUNGEN

Die Bechsteinfledermaus ist eine sehr ortstreue Art, Sommer- und Winterquartiere liegen meist nur wenige Kilometer voneinander entfernt. Die weitesten Entfernungen die bislang nachgewiesen wurden sind 48–58 km in Deutschland [allg. Lit. 139] und 53,5 km in Belgien.

Raumnutzung

Ein etwa 20-köpfiger Wochenstubenverband nutzt ein Gebiet von etwa 250 ha als Sommerlebensraum. Jagdgebiete liegen meist im Umkreis von 1 km um das Quartier, selten in Distanzen von bis zu 2,5 km [12]. Männchen jagen in der Regel näher an ihren Quartieren als die Weibchen, teilweise nur wenige 100 m vom Quartierbaum entfernt. Die Jagdgebiete der Weib-

Bild 396. Der Großteil der Bechsteinfledermäuse überwintert sehr versteckt, nur wenige Tiere sind sichtbar. Foto: C. Dietz

Bild 397. Die langen Ohren der Bechsteinfledermaus erlauben das passive Orten feiner Raschelgeräusche der Beutetiere. Foto: C. Dietz

chen sind wesentlich größer (im Mittel 17–61 ha) als die der Männchen (im Mittel 11–17 ha) [6]. Jagdgebiete sind in strukturreichen und alten Laubwäldern wesentlich kleiner als in Nadelwäldern, hier können Einzeltiere bis zu 700 ha große Flächen befliegen [12]. Innerhalb der Jagdgebiete werden 3–9 Kernjagdgebiete kleinräumig und intensiv beflogen. Jagdgebiete werden sehr reviertreu zu verschiedenen Jahreszeiten und auch über Jahre hinweg von den gleichen Individuen aufgesucht [5]. Weibchen wechseln ihre Hangplätze häufig, im Laufe eines Sommers werden bis zu 50 Quartiere auf einer Fläche von rund 40 ha aufgesucht. Männchen sind im Wesentlichen quartiertreu, können aber auch in Entfernungen von bis zu 2,5 km ihren Hangplatz wechseln [12].

GEFÄHRDUNG

Rote Liste der IUCN 2008: NT (Near Threatened), Rote Liste der EU: VU (Vulnerable), FFH-Anhang II & IV, Rote Liste BRD: 2 (stark gefährdet).. Bechsteinfledermäuse sind an langfristig stabile Lebensräume in alten Laubwäldern angepasst. Vermutlich waren die Bestände vor den menschlichen Eingriffen in Waldökosysteme wesentlich größer als heute. Bechsteinfledermäuse überqueren Freiflächen und damit auch Straßen sehr niedrig und sind damit erheblichen Gefahren ausgesetzt. Unterführungen werden bereitwillig angenommen, daher ist insbesondere bei Straßenneubauten auf die Realisierung von Querungshilfen hinzuwirken.

SCHUTZMASSNAHMEN

Kleinräumige mosaikartige Waldbewirtschaftung, nur Entnahme von Einzelbäumen, Förderung des Laubwaldanteiles, Erhalt und Förderung von Alt- und Totholzbeständen. Verzicht auf Pestizideinsätze in Wäldern. Verhinderung von Lebensraumzerschneidungen durch Straßen und andere Trassen. Schutz von Schwärmquartieren als Orte zur Paarung, um einen hohen Genfluss aufrechtzuerhalten.

OFFENE FRAGEN

- Wie stark wirken sich Lebensraumzerschneidungen auf die Bechsteinfledermaus aus?
- Aus welchem Umkreis werden Schwärmquartiere aufgesucht?
- Gibt es neben den Schwärmhöhlen alternative Paarungsquartiere?
- Wie weit ist die Art im Mittelmeergebiet verbreitet?

Bild 398. Bei der fliegenden Bechsteinfledermaus sind die ausgesprochen langen Ohren gut zu erkennen. Foto: D. Nill

Bild 399. Bechsteinfledermaus beim Abflug aus einem als Quartier genutzten Vogelkasten. Foto: D. Nill

– Welche natürlichen Baumquartiere bevorzugen Bechsteinfledermäuse im Vergleich zur Verfügbarkeit und gibt es eine Abhängigkeit von der Dichte von Spechten?

SPEZIELLE LITERATUR

1. Albrecht, K., M. Hammer & J. Holzhaider (2002): Telemetrische Untersuchungen zum Nahrungshabitatanspruch der Bechsteinfledermaus *(Myotis bechsteinii)* in Nadelwäldern bei Amberg in der Oberpfalz. – Schriftenreihe für Landschaftspflege und Naturschutz **71**: 109–130.
2. Baagøe, H. J. (2001): *Myotis bechsteinii*, Bechsteinfledermaus. – In: F. Krapp (Hrsg.): HB Säugetiere Europas **4-I**: 443–471; Aula Verlag.
3. Kerth, G. & B. König (1999): Fission, fusion and nonrandom associations in female Bechstein's bats *(Myotis bechsteinii)*. – Behaviour **136**: 1187–1202.
4. Kerth, G., K. Weissmann & B. König (2001): Day roost selection in female Bechstein's bats *(Myotis bechsteinii)*: a field experiment to determine the influence of roost temperature. – Oecologia **126**: 1–9.
5. Kerth, G., M. Wagner & B. König (2001): Roosting together, foraging apart: information transfer about food is unlikely to explain sociality in female Bechstein's bats *(Myotis bechsteinii)*. – Behav. Ecol. Sociobiol. **50**: 283–291.
6. Kerth, G., M. Wagner, K. Weissmann & B. König (2002): Habitat- und Quartiernutzung bei der Bechsteinfledermaus: Hinweise für den Artenschutz. – Schriftenreihe für Landschaftspflege und Naturschutz **71**: 99–108.
7. Kerth, G., A. Kiefer, C. Trappmann & M. Weishaar (2003): High gene diversity at swarming sites suggest hot spots for gene flow in the endangered Bechstein's bat. – Conservation Genetics **4**: 491–499.
8. Kerth, G. & L. Morf (2004): Behavioural and genetic data suggest that Bechstein's bats predominantly mate outside the breeding habitat. – Ethology **110**: 987–999.
9. Safi, K. & G. Kerth (2003): Secretions of the interaural gland contain information about individuality and colony membership in the Bechstein's bat. – Anim. Behav. **65**: 363–369.
10. Schlapp, G. (1990): Populationsdichte und Habitatansprüche der Bechstein-Fledermaus *Myotis bechsteini* im Steigerwald (Forstamt Ebrach). – Myotis **28**: 39–58.
11. Siemers, B. M. & S. M. Swift (2006): Differences in sensory ecology contribute to resource partitioning in the bats *Myotis bechsteinii* and *Myotis nattereri* (Chiroptera: Vespertilionidae). – Behav. Ecol. Sociobiol. **59**: 373–380.
12. Steinhauser, D. (2002): Untersuchungen zur Ökologie der Mopsfledermaus, *Barbastella barbastellus* und der Bechsteinfledermaus, Myotis *bechsteinii* im Süden des Landes Brandenburg. – Schriftenreihe für Landschaftspflege und Naturschutz **71**: 81–98.
13. Vergari, S., G. Dondini & A. Ruggieri (1998): On the distribution of *Myotis bechsteinii* in Italy (Chiroptera: Vespertilionidae). – Hystrix (n.s.) **10**: 49–56.
14. Wolz, I. (2002): Beutespektren der Bechsteinfledermaus *(Myotis bechsteinii)* und des Großen Mausohrs *(Myotis myotis)* aus dem Schnaittenbacher Forst in Nordbayern. – Schriftenreihe für Landschaftspflege und Naturschutz **71**: 213–224.

Mausohr

Myotis myotis

(Borkhausen, 1797)

Maße

Unterarm	55,0–66,9 mm
Fünfter Finger	67–84 mm
Dritter Finger	89–107 mm
Ohrlänge	24,4–27,8 mm
Ohrbreite	16,2–19,3 mm
Normalgewicht	20–27 g
CBL	21,5–23,3 mm
CM^3	9,2–10,6 mm

NAMEN

GB: Greater Mouse-eared Bat
F: Grand murin
E: Murciélago ratonero grande
I: Vespertilio maggiore
NL: Vale vleermuis
S: Större musöra
PL: Nocek duży

KENNZEICHEN

Eine große Fledermaus mit langer breiter Schnauze und langen breiten Ohren. Das Rückenfell ist braun bis rötlichbraun gefärbt, die Unterseite schmutzig weiß oder beige, an der Kehle und den Halsseiten oft mit gelblicher Färbung. Jungtiere sind dunkler grau gefärbt, die Haare vor allem am Rücken sind kürzer und enger anliegend. Das Gesicht ist bei Alttieren hellbraun, bei Jungtieren dunkler. Die Ohren sind länger und breiter als beim Kleinen Mausohr, der Tragus weist bei den meisten Tieren an der Spitze einen kleinen schwarzen Punkt auf. Die Häute der breiten Flügel sind bräunlich.

Ähnliche Arten

Dem Kleinen Mausohr sehr ähnlich, dieses hat jedoch meist kürzere (< 26 mm) und schmalere (< 16 mm) Ohren mit oft nur 5–6 Querfalten (oft 7–8 beim Mausohr), eine kürzere obere Zahnreihe (< 9,5 mm) und zumindest im südlichen Mitteleuropa oft einen weißlichen Stirnfleck und nie eine schwarze Tragusspitze. Bei Mausohren ist die obere Zahnreihenlänge meist > 9,8 mm, in Ausnahmefällen erreichen kleinwüchsige Tiere nur 9,4 mm.

ORTUNGSLAUTE

Bis 10 ms lange, meist wesentlich kürzere, frequenzmodulierte Laute. Die Frequenz fällt von etwa 120–70 kHz bis 26–29 kHz ab [allg. Lit. 15].

VERBREITUNG

Von der europäischen Mittelmeerküste durch ganz Europa bis in die südlichen Niederlande, Schleswig-Holstein in Deutschland und das nördliche Polen vorkommend.

Bild 400. In den Wochenstuben bilden Mausohren dichte Cluster um durch eine hohe Körpertemperatur eine schnelle Embryonal- und Jungenentwicklung sicherzustellen. Foto: C. Dietz

Bild 401. Mausohr im Flug. Foto: D. Nill

Die östliche Verbreitungsgrenze in Europa verläuft durch die westliche Ukraine zum Schwarzen Meer. In Kleinasien bis zum Kaukasus und dem Nahen Osten (Syrien, Libanon, Israel) vorkommend. Ein Einzeltier wurde in Südschweden gefunden [11]. Bis 1985 gab es auch wenige Tiere in Großbritannien, 1990 wurde die Art als ausgestorben erklärt, seit 2002 überwintert wieder ein Einzeltier in einem Winterquartier. Völlig isoliert vom restlichen Verbreitungsgebiet sind Skelettfunde von drei Tieren auf den Azoren [16]. In Nordafrika, auf Korsika, Sardinien und Malta kommt das Mausohr nicht vor, hier ist das Punische Mausohr verbreitet.

Unterarten und geographische Variabilität

Im Bearbeitungsgebiet kommt die Nominatform vor. Von Westen nach Osten nimmt die Größe zu, so finden sich die größten Tiere in der Türkei, sie zeigen bereits Anklänge an die noch größere Unterart *M. m. macrocephalicus* aus der Osttürkei und dem Nahen Osten (Libanon, Syrien, Israel) [1, 21].

LEBENSRAUM

Mausohren kommen typischerweise in Höhenlagen von unter 800 m vor, in wärmebegünstigten Lagen auch höher. Kolonien liegen meist in Gebieten mit hohem Waldanteil. Die Jagdgebiete zeichnen sich durch den freien Zugang zum Boden und damit auf bodenlebende Arthropoden aus. So werden von den verschiedenen Waldtypen meist Laub- oder Laubmischwälder mit geringem Anteil an Bodenvegetation bevorzugt [25]. Nadelwälder werden ebenfalls bejagt, meist mittelalte Bestände ohne Bodenbewuchs [24]. Sie jagen auf Wiesen, Weiden und Äckern im frisch gemähten, abgeweideten oder abgeernteten Zustand. Die Populationsdichte korreliert eng mit der Laubwaldfläche bzw. dem Anteil von Laub- und Mischwäldern an der Ge-

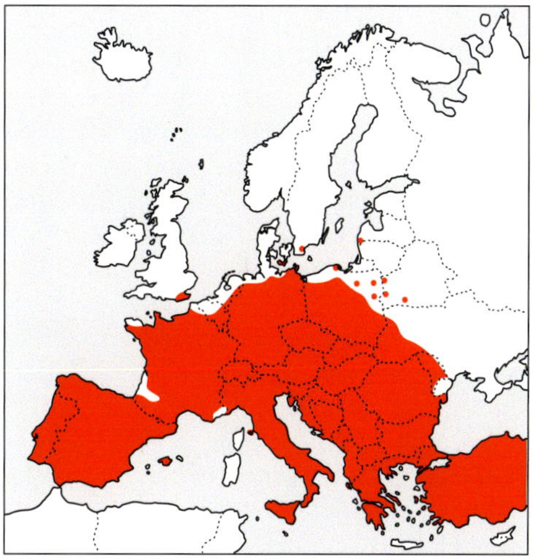

Bild 402. Durch Pigmentmangel gibt es bei nahezu allen Fledermausarten in seltenen Fällen albinotische oder teilalbinotische Tiere, wie bei diesem Mausohr in einer österreichischen Wochenstube. Bei den beiden anderen Tieren handelt es sich um normal gefärbte Jungtiere. Foto: D. Nill

samt-Waldfläche [25, allg. Lit. 102]. Jagende Tiere verbringen bis zu 98% ihrer Zeit in Wäldern [allg. Lit. 102].

Quartiere

In Mitteleuropa liegen Fortpflanzungskolonien, von wenigen Ausnahmen abgesehen, in größeren Dachräumen [11, allg. Lit. 102]. In Einzelfällen gibt es Kolonien in Kellerräumen oder unterirdischen Gängen, in einigen Fällen jedoch erst, nachdem die ursprünglichen Dachbodenquartiere verloren gingen. Weitere mitteleuropäische Wochenstubenquartiere liegen in Widerlagern großer Brücken. Im Mittelmeerraum werden meistens Höhlen zur Reproduktion aufgesucht. Quartiere einzelner Männchen finden sich im Sommer in Dachstöcken und Türmen, hinter Fensterläden und in Spalten an Brücken, in Baumhöhlen und Fledermauskästen, aber auch in Bergwerken und Höhlen. Winterquartiere liegen meist in Höhlen, Stollen, Bunkeranlagen und Bergkellern. Einzeltiere werden regelmäßig in Felsspalten gefunden, vermutlich überwintern weit mehr Tiere in diesem Quartiertyp als bislang nachweisbar.

Bild 403. Blick von unten in einen Hohlbetonstein, den Mausohren als Winterhangplatz nutzen. Foto: C. Dietz

VERHALTEN

Im Sommerquartier werden große Cluster gebildet, im Mittelmeergebiet häufig zusammen mit anderen Arten wie Hufeisennasen, Kleinen Mausohren, Wimper-, Langfuß- und Langflügelfledermäusen. In den Wochenstuben halten sich nur wenige Männchen auf [22]. Die Kolonien werden ab den letzten Märztagen bis Anfang Mai bezogen und nach Abschluss der Jungenaufzucht ab Ende August verlassen. Während dieser Zeit werden innerhalb des Quartiers die Hangplätze entsprechend des Mikroklimas und der Parasitendichte regelmäßig gewechselt [15]. Mitteleuropäische Wochenstuben bestehen aus 50–1000 Weibchen, in Ausnahmefällen aus bis zu 5000 Weibchen [11]. In Bayern liegt die Größe der Wochenstuben zwischen 3 und 2183 Tieren, mit einer Durchschnittsgröße von 311 Tieren [allg. Lit. 102]. Im Mittelmeerraum umfassen Wochenstuben häufig um 1000, selten bis zu 8000 Tiere [11]. Weibchen sind ihrem Geburtsort äußerst treu, über 90% kehren in ihre Geburtswochenstube zurück. Der dauerhafte Austausch erwachsener Tiere zwischen Kolonien ist sehr gering, kurzfristige Besuche finden jedoch in größerer Zahl statt [23]. Männchen hängen den Sommer über allein, suchen ihren Hangplatz aber auch über Jahre hinweg auf. Insbesondere in der Umgebung von Wochenstuben und in großen Höhlen können sich Männchen in recht geringem Abstand (teilweise nur wenige Meter) voneinander aufhalten. Die Männchen markieren ihre Hangplätze durch Sekrete aus den Gesichtsdrüsen, ihre Quartiere sind leicht an den schwarzen Verfärbungen an der Höhlendecke oder an Balken zu erkennen [22]. Im Winter werden selten größere Cluster von mehreren Hundert Tieren gebildet, meist hängen Einzeltiere oder Kleingruppen frei an der Decke oder tief in Spalten versteckt. Im Winter werden in Mitteleuropa gleichmäßig feuchte und mit bis zu 12 °C relativ warme Bereiche aufgesucht, in Höhlen und Bergwerken oft in den hinteren Teilen. Erst am Ende des Winters werden näher am Eingang liegende Bereiche aufgesucht.

FORTPFLANZUNG

Ab Mitte August schwärmen Mausohren an Höhlen [allg. Lit. 102], vereinzelt kommt es hierbei auch zu Paarungen. Eine größere Zahl an Paarungen kann jedoch an Männchenquartieren in der Nähe der Wochenstubenhangplätze oder an anderen Quartieren in Baumhöhlen, Fledermauskästen, Brücken oder Gebäuden beobachtet werden [22]. Das Männchen lockt meist ein und bis zu fünf Weibchen an seinen Hangplatz und umfasst sie mit den Flügeln. Während des im Durchschnitt viertägigen Aufenthalts des Weibchens im Männchenquartier kann es zu wiederholten Paarungen kommen. Es wird nur ein Junges geboren, bislang sind nur wenige Ausnahmen bekannt: Je ein tot gefundenes Weibchen in der Schweiz [2] und ein während der Geburt verendetes Tier in Bulgarien [eigene Daten] trugen Zwillinge. Die Geburt findet in Mitteleuropa manchmal schon Ende Mai, meist jedoch erst im Verlauf des Juni statt, im Mittelmeerraum schon ab Anfang April [15, 20]. Die Geburtsphase in einer Kolonie kann sich über 3–5 Wochen hinziehen, Einzeltiere können aus dem normalen Rhythmus gänzlich entkoppelt sein und sogar im Winter gebären [14]. In einer bulgarischen Höhle fanden in einer Gewitternacht, als die Tiere nicht ausflogen, hunderte Geburten in einer mehrere 1000 Tiere zählenden Kolonie nahezu gleichzeitig statt [eigene Daten]. Neugebo-

Bild 404. Im Winterschlaf bilden Mausohren gerne kleine Cluster und hängen gemeinsam.Foto: C. DIETZ

Bild 405. Am Ende des Winterschlafs sind einzelne Mausohren oft auffällig verpilzt. Foto: C. DIETZ

rene wiegen 4–6,5 g mit einer Unterarmlänge von 17–23,7 mm [6, 11], die unteren Wertebereiche dürften meist auf Frühgeburten zurückgehen, die tot unter Koloniehangplätzen aufgesammelt wurden. Die ersten Übungsflüge werden im Alter von 3–4 Wochen im Quartier durchgeführt, die ersten Ausflüge erfolgen im Alter von fünf Wochen [6]. In Deutschland paaren sich etwa 40% der Jungweibchen erfolgreich im ersten Herbst und gebären im Folgejahr ein Junges [allg. Lit. 44], in Portugal liegt dieser Anteil bei etwa 95% [20]. Zwischen dem 4. und 14. Lebensjahr sind in Deutschland 95% der Weibchen an der Reproduktion beteiligt, bei noch älteren Tieren wird nicht mehr alljährlich bzw. gar kein Junges mehr aufgezogen [allg. Lit. 44].

NAHRUNGSERWERB

Das Mausohr sucht oft mit raschem und mäßig wendigem Flug in meist geringer Höhe (1–2 m) und mit nach unten gerichtetem Kopf und Ohren den Boden ab [3, 11]. Wird eine Beute anhand der Raschelgeräusche identifiziert, fliegt die Fledermaus die Stelle an, rüttelt manchmal und stürzt sich auf die Beute. Das Insekt wird teilweise mit den Flügeln bedeckt und dann mit dem Maul ergriffen [3]. Große Beute wird im Hängen an Warten, kleine Beute im Flug auf „Ruheschleifen“ in 5–10 m Höhe gefressen. Bei der Nahorientierung (z.B. zum Auffinden mit den Flügeln abgedeckter Beute) spielt vermutlich der gut ausgeprägte Geruchssinn eine große Rolle. Da sich die Beute meist direkt auf dem Substrat befindet, kann sie nicht mit Echoortungssignalen erkannt werden, daher sind Mausohren auf von der Beute hervorgerufene Raschelgeräusche angewiesen. So könnte die scheinbare Bevorzugung mancher Beutegruppen vor allem durch den Fang der am lautesten raschelnden Arten erklärt werden [allg. Lit. 123]. Maikäfer und andere Großinsekten können auch im Flug verfolgt und ergriffen werden.

NAHRUNG

Das Mausohr ist als häufige Art mit gut zugänglichen Quartieren und zudem recht großen Beuteresten in den Kotballen hinsichtlich seiner Beutepräferenz sehr umfassend untersucht [3, 7, 10, 19, allg. Lit. 4, 123]. Mausohren erbeuten vor allem über 1 cm große bodenlebende Gliedertiere. An erster Stelle stehen Laufkäfer, davon ein sehr hoher Anteil Großlaufkäfer *(Carabus)*, gefolgt von anderen Bodenarthropoden wie Hundertfüßern, Spinnen und Käferlarven. Nur vereinzelt oder saisonal spielen andere Käfer (Mai- und Mistkäfer), Maulwurfs-

Bild 406. Säugendes Muttertier des Mausohrs am Wochenstubenhangplatz in einem Kirchendach. Foto: C. DIETZ

Bild 407. Mausohren erbeuten einen Großteil ihrer Nahrung am Boden.
Foto: D. Nill

grillen [7], Kohl- und Wiesenschnaken oder Heuschrecken eine größere Rolle als Beute. Im Mittelmeergebiet können Spinnen, vor allem im Sommer, wenn andere Beute knapp ist, einen sehr hohen Anteil in der Nahrung ausmachen [19]. Der Fund eines Unterkiefers einer Spitzmaus [17] nimmt sich dahingegen recht exotisch aus.

HÖCHSTALTER

Das Durchschnittsalter von Wochenstubentieren schwankt je nach Kolonie um 2,7–4,9 Jahre. Das bislang nachgewiesene Höchstalter betrug 37 Jahre und 10 Monate. Die Mortalitätsrate bei Jungtieren in der Wochenstube beträgt 5–15%, in extrem kühlen und nassen Jahren kann sie jedoch durchaus 90% erreichen [15, allg. Lit. 102]. Insgesamt liegt die Mortalitätsrate für Jungtiere im ersten Jahr bei 46–60%, für ältere Tiere jährlich bei 18–21%.

ORTSWECHSEL UND WANDERUNGEN

Die ersten Ringstudien in Europa wurden an Mausohren in Deutschland durchgeführt, die relativ schnell gewonnenen eindrücklichen Erkenntnisse waren der Anstoß für umfassende, bis heute andauernde Studien zum Wanderverhalten von Fledermäusen [9]. Das Mausohr ist eine regional wandernde Art mit Überflügen zwischen Sommer-, Schwärm- und Winterquartieren meist in Distanzen von 50–

Bild 408. Lebensraum des Mausohrs. In Mitteleuropa bevorzugt die Art Buchenwälder ohne Unterwuchs, auf den unbewachsenen Flächen hat das Mausohr freien Zugang zur seiner Hauptnahrung, den Laufkäfern. Foto: D. Nill

100 km. Oft bilden große Winterquartiere mit mehreren Hundert Tieren das Zentrum von sternförmig darauf zuführenden Wanderungen. Diese betragen im Mittel für Männchen 27,5 und für Weibchen 51,3 km. Weiteste bislang gefundene Überflüge sind 368 km vom Schwärmquartier Esperhöhle in Bayern bis nordöstlich von Berlin [12], 390 km in Spanien [6] und 436 km aus den Niederlanden nach Deutschland.

Raumnutzung

Zwischen Tagesquartier und Jagdgebiet können erhebliche Strecken von bis zu 26 km zurückgelegt werden, meist liegen Jagdgebiete in einem 5–15 km-Umkreis um das Quartier [5, 8, 10, allg. Lit. 102]. Die Abschätzung der Jagdgebietsgröße ist schwierig, sie liegt bei mindestens 100 ha, kann aber auch 500–1000 ha betragen. Innerhalb dieser Flächen werden 1–5 Kernjagdgebiete von 1–10 ha Größe aufgesucht. Quartierwechsel können in bis zu 34 km Entfernung stattfinden [23]. Weibchen suchen Paarungsquartiere bis in Entfernungen von 12 km vom Wochenstubenquartier auf [22], Schwärmquartiere bis in über 100 km Entfernung [allg. Lit. 102, Nagel mündlich].

GEFÄHRDUNG

Rote Liste der IUCN 2008: LC (Least Concern), FFH-Anhang II & IV, Rote Liste BRD: V (Vorwarnliste). Bei dieser Art sind die Bestandseinbrüche besonders gut dokumentiert. Bis in die 1970er Jahre gingen in Deutschland die Bestände auf teilweise nur noch 10% der vor dem 2.Weltkrieg vorhandenen Zahlen zurück. Dabei reduzierte sich sowohl die Zahl der Wochenstuben als auch die Zahl der Tiere in den verbliebenen Kolonien und in den Winterquartieren. In erster Linie dürften Quartierzerstörung, Pestizideinsätze in der Landwirtschaft und im Wald (DDT), der Einsatz hochtoxischer Holzschutzmittel im Quartier (Lindan), und der Verlust extensiv bewirtschafteter Jagdhabitate dafür verantwortlich sein. Seit den 1980er Jahren haben sich die bestehenden Wochenstubenverbände teilweise deutlich erholt. So wird in Bayern der Sommerbestand auf derzeit 140 000 Tiere geschätzt [allg. Lit. 102], bislang kommt es allerdings nur in sehr seltenen Fällen zu Neugründungen von Kolonien. Die Art ist nach wie vor durch Gebäudesanierungen und zunehmend durch Lebensraumzerschneidung durch Straßen und die Anreicherung von Umweltgiften [18] gefährdet. In vielen südeuropäischen Ländern ist bisher keine nennenswerte Abnahme zu verzeichnen, der wachsende Höhlentourismus und der steigende Pestizideinsatz stellen jedoch ernst zu nehmende Risikofaktoren dar.

SCHUTZMASSNAHMEN

Erhalt der Kolonien und Winterquartiere, Förderung von standortgerechten und einheimischen Laubwaldgesellschaften, Verzicht auf Pestizide in Land- und Forstwirtschaft, Erhalt großräumig unzerschnittener Lebensräume.

OFFENE FRAGEN

- Wie wirken sich Straßen auf die Nutzung von Jagdgebieten aus und in welchem Maße sind Fledermäuse dadurch Risiken ausgesetzt?
- Wie hoch sind die Verluste bei Straßenquerungen?
- Woher stammen in Fledermäusen nachweisbare Umweltgifte (Schwermetalle) und wie wirken sie sich auf die Tiere aus?
- Welche Holzschutzmittel sind ohne Spätfolgen für Fledermäuse anwendbar?
- Wie können Landschaftsräume am sinnvollsten erhalten und bewirtschaftet werden, um langfristig Populationen des Mausohrs zu tragen?

SPEZIELLE LITERATUR

1. ALBAYRAK, I. & N. AŞAN (1998): Geographic variations and taxonomic status of *Myotis myotis* in Turkey (Chiroptera: Vespertilionidae). – Tr. J. Zool. **22**: 267–275.
2. ARLETTAZ, R. (1993): Une femelle de Grand Murin *Myotis myotis* porteuse de deux embryons. – Mammalia **57**: 148–149.
3. ARLETTAZ, R. (1995): *Myotis myotis* & *Myotis blythii*, ecology of the sibling Mouse-eared Bats, 206 S.; Horus Publishers Martigny, Switzerland.
4. ARLETTAZ, R. (1999): Habitat selection as a major resource partitioning mechanism between the two sympatric sibling bat species *Myotis myotis* and *Myotis blythii*. – J. Anim. Ecol. **68**: 460–471.
5. AUDET, D. (1990): Foraging behaviour and habitat use by a gleaning bat, *Myotis myotis*. – J. Mammal. **71**: 420–427.
6. DE PAZ, O. (1986): Age estimation and postnatal growth of the greater Mouse-eared Bat *Myotis myotis* in Guadalajara, Spain. – Mammalia **50**: 243–251.
7. DRESCHER, C. (2000): Woodsmen or farmers? The diet of the greater Mouse-eared Bat *(Myotis myotis)* in an intensily used agricultural landscape. – In: B. W. WOLOSZYN (ed.): Proceedings of the VIIIth European Bat Research Symposium **1**: 243–251.
8. DRESCHER, C. (2004): Radiotracking of *Myotis myotis* (Chiroptera, Vespertilionidae) in South Tyrol and implications for its conservation. – Mammalia **68**: 387–395.
9. EISENTRAUT, M. (1947): Die mit Hilfe der Beringungsmethode erzielten Ergebnisse über Lebensdauer und jährliche Verlustziffern bei *Myotis myotis*. – Experientia **3**: 157–158.
10. GÜTTINGER, R. (1997): Jagdhabitate des Großen Mausohrs *(Myotis myotis)* in der modernen Kulturlandschaft. – Schriftenreihe Umwelt **288**: 1–138.
11. GÜTTINGER, R., A. ZAHN, F. KRAPP & W. SCHOBER (2001): *Myotis myotis*, Großes Mausohr, Großmausohr. – In: F. KRAPP (Hrsg.): HB Säugetiere Europas **4-I**: 123–207; Aula Verlag.
12. HAENSEL, J. (2004): Fernfund eines Mausohrs *(Myotis myotis)* aus Bayern über 368 km im Land Brandenburg. – Nyctalus (N.F.) **9**: 327–328.
13. HORÁČEK, I. (1985): Population ecology of *Myotis myotis* in central Bohemia. – Acta Univ. Carol., Biol. 1981: 161–267.
14. IBÁÑEZ, C. (1997): Winter reproduction in the greater Mouse-eared Bat *(Myotis myotis)* in South Iberia. – J. Zool. **243**: 836–840.
15. KULZER, E. (2003): Großes Mausohr *Myotis myotis*. – In: M. BRAUN & F. DIETERLEN (Hrsg.): Die Säugetiere Baden-Württembergs **1**: 357–377; Ulmer-Verlag.
16. PALMEIRIM, J. M. (1979): First record of *Myotis myotis* on the Azores Islands (Chiroptera: Vespertilionidae). – Arquivos do Museu Bocage 7, notas e suplementos **46**: 1–2.
17. PONT, B. & J. MOULIN (1986): Un cas de consommation d'une musaraigne par le grand murin *(Myotis myotis)*. – Mammalia **50**: 398–401.
18. RACKOW, W. (1991): Nachweise von Blei und Cadmium im Kot des Mausohrs *(Myotis myotis)*. – Nyctalus (N.F.) **4**: 140–144.
19. RAMOS PEREIRA, M. J., H. REBELO, A. RAINHO & J. M. PALMEIRIM (2002): Prey selection by *Myotis myotis* (Vespertilionidae) in a Mediterranean region. – Acta Chiropterologica **4**: 183–193.
20. RODRIGUES, L., A. ZAHN, A. RAINHO & J. M. PALMEIRIM (2003): Contrasting the roosting behaviour and phenology of an insectivorous bat *(Myotis myotis)* in its southern and northern distribution ranges. – Mammalia **67**: 321–335.
21. SPITZENBERGER, F. (1996): Distribution and subspecific variation of *Myotis blythi* and *Myotis myotis* in Turkey. – Ann. Nat.hist. Mus. Wien **98** B Suppl.: 9–23.
22. ZAHN, A. & B. DIPPEL (1997): Male roosting habits and mating behaviour of *Myotis myotis*. – J. Zool. **243**: 659–674.
23. ZAHN, A. (1998): Individual migration between colonies of greater Mouse-eared Bats *(Myotis myotis)* in Upper Bavaria. – Z. Säugetierk. **63**: 321–328.
24. ZAHN, A., H. HASELBACH & R. GÜTTINGER (2005): Foraging activity of central European *Myotis myotis* in a landscape dominated by spruce monocultures. – Mamm. Biol. **70**: 265–270.
25. ZAHN, A., A. ROTTENWALLNER & R. GÜTTINGER (2006): Population density of the greater Mouse-eared Bat *(Myotis myotis)*, local diet composition and availability of foraging habitats. – J. Zool. **269**: 486–493.

Bild 409. Paarungsgruppe von Mausohren der größeren Unterart *macrocephalicus* aus der Osttürkei. Foto: C. DIETZ

Kleines Mausohr
Myotis oxygnathus
MONTICELLI, 1885

NAMEN

GB: Lesser Mouse-eared Bat
F: Petit murin
E: Murciélago ratonero mediano
I: Vespertilio minore
NL: Kleine vale vleermuis
S: Mindre musöra
PL: Nocek ostrouszny

ALLGEMEINES

Über die taxonomisch korrekte Benennung des Kleinen Mausohrs gibt es seit Jahrzehnten Kontroversen, die auch im Licht neuer genetischer Analysen noch nicht ausgestanden sind. Die europäischen Populationen gehören zu der Form *oxygnathus*. Man kann aber unterschiedlicher Ansicht sein ob *oxygnathus* eine Unterart der aus Indien beschriebenen Art *Myotis blythii* ist oder wie von uns favorisiert eine eigenständige Art: *Myotis oxygnathus*.

Maße

Unterarm	50,5–62,1 mm
Fünfter Finger	63–81 mm
Dritter Finger	85–103 mm
Ohrlänge	21,0–24,3 mm
Ohrbreite	12,7–15,9 mm
Normalgewicht	19–26 g
CBL	19,2–21,7 mm
CM^3	8,1–9,5 mm

KENNZEICHEN

Eine große, dem Mausohr sehr ähnliche Fledermaus. Das Rückenfell ist bräunlich gefärbt, die Unterseite hell weißlichgrau, meist etwas heller als beim Mausohr. Tiere in der Schweiz und angrenzenden Ländern haben oft einen hellen Stirnfleck, der aber in Südost-Europa oftmals fehlt. Das Gesicht ist etwas kürzer als beim Mausohr, die Ohren etwas schmaler und kürzer, der Ohrvorderrand etwas weniger konvex vorgewölbt. Der Tragus ist bis zur Spitze hell gefärbt, ohne dunklen Fleck am Ende.

Ähnliche Arten

Dem Mausohr und dem Punischen Mausohr sehr ähnlich. Die Ohren des Kleinen Mausohrs sind kürzer als beim Punischen Mausohr (< 24,3 mm) und im Vergleich zum Mausohr schmäler (< 16 mm). Mit meist unter 9,4 mm ist die obere Zahnreihenlänge kürzer als beim Mausohr, lediglich im südöstlichen Teil des Bearbeitungsgebietes erreichen Kleine Mausohren knapp 9,8 mm, dann sind die sympatrisch vorkommenden Mausohren aber auch größer mit $CM^3 > 9{,}8$ mm. Einzelindividuen können sehr schwer zu bestimmen sein, da sie mitunter Merkmale beider Arten zeigen. Das Kleine Mausohr hat als einzige Art häufig einen hellen Stirnfleck. Im Quartier wirken Kleine Mausohren an der Unterseite heller weißlich.

ORTUNGSLAUTE

Ähneln stark den Lauten des Mausohrs, s. dort.

VERBREITUNG

In Europa im gesamten Mittelmeergebiet, nach Norden bis Zentralfrankreich, die Schweiz (bis dicht an die deutsche Grenze), Tschechien, Slowakei und die Ukraine verbreitet. Fehlt auf Sardinien, Korsika und Malta sowie in Nordafrika (hier kommt das Punische Mausohr vor). In Kleinasien weit verbreitet, auch auf Zypern und Kreta. Nach Osten an das Bearbeitungsgebiet anschließend im Kaukasus, dem Nahen Osten und bis Zentralasien.

Unterarten und geographische Variabilität

Neben der im Großteil des Bearbeitungsgebietes vorkommenden Nominatform *M. o. oxygnathus* eine weitere von manchen Autoren anerkannte Unterart: *M. o. omari*. Sie kommt auf Kreta, Zypern und an der Südküste Kleinasiens bis in den Nahen Osten vor und ist minimal größer und vor allem fahler gefärbt als die Nominatform.

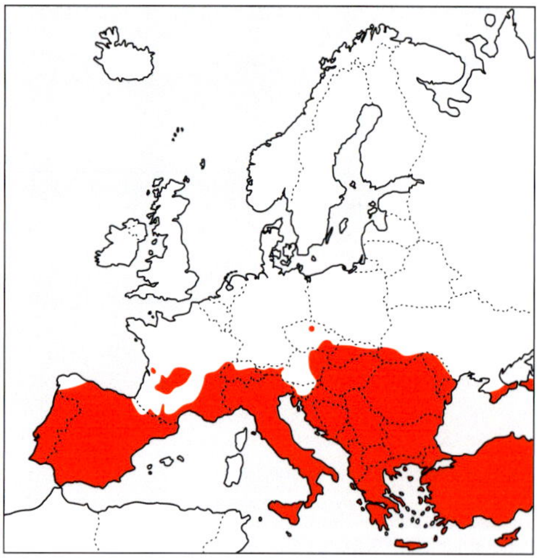

LEBENSRAUM
Wärmebegünstigtes Offenland, extensiv genutzte Mähwiesen, Feuchtwiesen, Weiden, Karstflächen, Steppenlandschaften und extensiv landwirtschaftlich genutzte Gebiete. Meidet weitgehend große geschlossene Waldgebiete, in denen das Mausohr dominiert.

Quartiere
Sommerquartiere und Wochenstuben im nördlichen Verbreitungsgebiet (Schweiz, Österreich) in Dachräumen, im Mittelmeergebiet nahezu ausschließlich in großen Höhlen und anderen unterirdischen Räumen. Männchen besiedeln ganzjährig Höhlen und Bunker, im Sommer auch Spalten an Brücken oder Gebäude. Winterquartiere in Höhlen oder in anderen unterirdischen Quartieren.

VERHALTEN
Quartiere in Höhlen werden fast immer gemeinsam mit anderen Fledermausarten genutzt: mit Mausohr, Langfuß-, Langflügel- und Wimperfledermäusen und den Hufeisennasen, oft werden auch gemischte Cluster gebildet [12]. Ein nahezu reiner Cluster des Kleinen Mausohrs in einer bulgarischen Höhle umfasste ca. 8000 Tiere [eigene Daten], meist sind die Kolonien mit 50–500 Weibchen jedoch wesentlich kleiner. In den Wochenstubenclustern finden sich keine Männchen, diese sind aber durchaus zur Reproduktionszeit in der Peripherie des Quartiers zu finden. Abfänge an Höhleneingängen vermitteln daher manchmal einen relativ hohen Männchenanteil. Auch im Winter sind Cluster-Bildungen von mehreren Hundert Tieren möglich.

FORTPFLANZUNG
Die Paarung findet ab August statt, die Männchen beziehen schon vorher Balzquartiere, meist in kleinen Löchern der Höhlendecke [6], aber auch in Spalten an Brücken. Diese Quartiere werden vehement gegen Konkurrenten verteidigt, es kann zu heftigen Beißereien kommen. In manchen Höhlen haben die Männchenquartiere einen Abstand von unter einem Meter voneinander. Durch laute Balzgesänge locken sie 2–3, aber auch bis zu sechs Weibchen zu einem Harem zusammen. In Bulgarien paarte sich ein Männchen mit einem nach einer Beißerei zweifach gebrochenen Unterarm über zwei Wochen in seinem Balzquartier und magerte dabei stark ab [eigene Daten]. Die Geburt findet meist im Mai statt, in Bulgarien in der Regel in der zweiten Monatshälfte.

Bild 410. Die Ohren des Kleinen Mausohrs sind kürzer und schmaler als beim eng verwandten Mausohr und die Augen wirken größer. Foto: C. Dietz

NAHRUNGSERWERB
Der gleichmäßige Jagdflug erfolgt in 1–2 m Höhe über dem Boden. Auf entdeckte Beute reagiert das Kleine Mausohr sehr wendig und kann sie im Flug von den Grashalmen absammeln [1, 4, allg. Lit. 4]. Manchmal wird Beute im Sturzflug auf dem Boden überwältigt, dabei wird sie vor allem anhand der Raschelgeräusche lokalisiert [allg. Lit. 5]. Bei der Jagd über Wiesen werden in der Schweiz ungemähte Wiesen mit Vorkommen von Laubheuschrecken

Bild 411. Im Winter fällt der helle Bauch der Kleinen Mausohren besonders deutlich auf. Foto: C. Dietz

Bild 412. Beim Kleinen Mausohr im Flug fällt der fast reinweiße Bauch auf. Foto: D. NILL

bevorzugt, gemähte Wiesen werden nur kurz nach der Mahd aufgesucht [5]. Es werden auch Waldränder abpatrouilliert, meist um größere Insekten wie Maikäfer zu fangen.

NAHRUNG

Die Nahrung besteht zu einem großen Anteil aus Laubheuschrecken, aber auch aus Schnaken, Maikäfern, Feldheuschrecken, Laufkäfern und Maulwurfsgrillen, vor allem im Mittelmeergebiet auch aus Gottesanbeterinnen und Schmetterlingsraupen [1, 5, 9, 12, allg. Lit. 4].

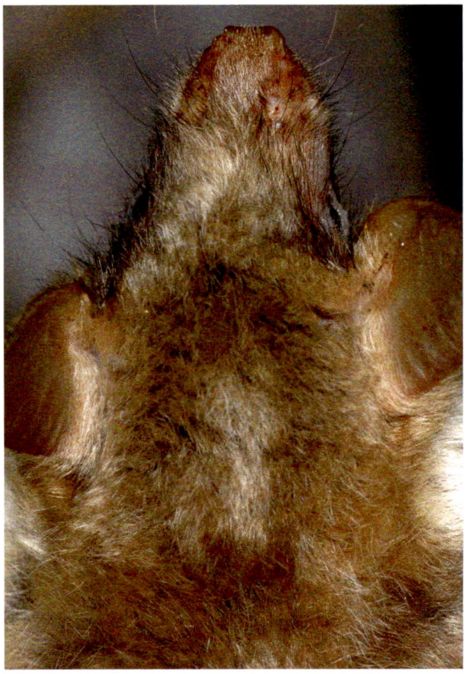

Bild 413. Viele Kleine Mausohren haben einen aufgehellten Fleck zwischen den Ohren wie dieses Tier von Kreta. In Mitteleuropa kann das Fell in diesem Bereich fast weiß sein. Foto: C. DIETZ

HÖCHSTALTER

Das höchste nachgewiesene Alter liegt mit 33 Jahren weit über dem durchschnittlichen Höchstalter von 14–16 Jahren [3].

ORTSWECHSEL UND WANDERUNGEN

Eine weitgehend ortstreue Art, Sommer- und Winterquartiere liegen meist nur etwa 15 km, selten weiter auseinander. Neben wenigen Überflügen von 100–150 km nimmt sich ein Wiederfund 488 km vom Beringungsort in Spanien (häufig wird die falsch gemessene Entfernung von 600 km zitiert) ungewöhnlich weit aus [12, allg. Lit. 57].

Raumnutzung

Die mittlere Entfernung der Jagdgebiete vom Quartier beträgt 4–7 km [1, 2, 8, 10], die weitesten Entfernungen einzelner Jagdgebiete lagen bei 9–25 km [5, 8, 10].

GEFÄHRDUNG

Rote Liste der IUCN 2008: LC (Least Concern), FFH-Anhang II & IV. Habitatverluste in den 1950er–1970er-Jahren durch Wiesenumbruch und die Urbarmachung von Steppengebieten in Ungarn [12], Rumänien und Nordost-Bulgarien sowie die seit Mitte des letzten Jahrhunderts einsetzende Aufgabe in der Nutzung extensiver Mähwiesen sorgten für Bestandseinbrüche. Nach wie vor gehören Offenlandhabitate und extensiv genutzte Gründlandbereiche mit zu den am stärksten im Rückgang begriffenen Flächen in Südeuropa. In der Schweiz ist die Verfügbarkeit geeigneter extensiv bewirtschafteter Offenlandbiotope der limitierende Faktor für das Vorkommen der Art [5, 9]. Zunehmend Störung großer Koloniehöhlen durch Tourismus. Das Kleine Mausohr muss daher als stark gefährdet eingestuft werden.

SCHUTZMASSNAHMEN

Schutz der Koloniehöhlen, im nördlichen Verbreitungsgebiet der Koloniestandorte in Gebäuden. Erhalt extensiv genutzten Offen- und Grünlandes mit späten Mahdterminen [5]. Wiederherstellung von Steppen- und extensiven Kultursteppengebieten und die Vernetzung der verbliebenen Steppenhabitate. Verhinderung von

Bild 414. Vor dem morgendlichen Rückflug ins Quartier schwärmen Kleine Mausohren, wie viele andere Fledermausarten auch, bis zu eine halbe Stunde vor dem Quartiereingang. Foto: C. DIETZ

Zerschneidungseffekten durch Straßen zwischen Teillebensräumen. Entsprechende Schutzmaßnahmen kommen neben dem Kleinen Mausohr auch der seltenen Mehely-Hufeisennase zugute, da sie ähnliche Habitatansprüche hat.

OFFENE FRAGEN

- Stellen die west-asiatischen *M. o. omari* eine eigene Art dar?
- Gehören die Populationen auf Zypern und Kreta und in der Südtürkei zu *omari*?
- Kommt das Kleine Mausohr auch in Süddeutschland vor?
- Wie können die noch relativ großen Bestände in Südost-Europa und auf der Iberischen Halbinsel wirkungsvoll geschützt und ihre Jagdhabitate langfristig erhalten werden?
- Hat sich das Kleine Mausohr erst mit der Entstehung von steppenähnlichen Habitaten durch die Landwirtschaft in Europa angesiedelt?

SPEZIELLE LITERATUR

1. ARLETTAZ, R. (1995): *Myotis* Mouse-eared Bats, 206 S.; Horus Publishers Martigny, Switzerland.
2. ARLETTAZ, R. (1999): Habitat selection as a major resource partitioning mechanism between the two sympatric sibling bat species *Myotis myotis* and *Myotis blythii*. – J. Anim. Ecol. **68**: 460–471.
3. ARLETTAZ, R., P. CHRISTE & M. DESFAYES (2002): 33 years, a new longevity record for a European bat. – Mammalia **66**: 441–442.
4. GÜTTINGER, R., J. LUSTENBERGER, A. BECK & U. WEBER (1998): Traditionally cultivated wetland meadows as foraging habitats of the grass-gleaning lesser Mouse-eared Bat *(Myotis blythii)*. – Myotis **36**: 41–49.
5. GÜTTINGER, R., M. LUTZ & E. MÜHLETHALER (2006): Förderung potenzieller Jagdhabitate für das Kleine Mausohr *(Myotis blythii)*. – Interreg IIIB-Projekt Lebensraumvernetzung; 76 S.; www.livingspacenetwork.bayern.de.
6. HORÁČEK, I. & J. GAISLER (1986): The mating system of *Myotis blythii*. – Myotis **23/24**: 125–130.
7. ILIOPOULOU-GEORGUDAKI, J. G. (1984): Intraspecific and interpopulation morphologic variation in the sharp-eared bat, *Myotis blythii* (Chiroptera: Vespertilionidae), from Greece. – Bonn. Zool. Beitr. **35**: 15–24.
8. REY, E. (2004): How modern agriculture reduces the overall ecological space: comparison of Mouse-eared Bats' niche breadth in intensively vs. extensively cultivated areas. Master thesis Zoological Institute, University of Bern. 59 S.
9. ROESLI, M., F. BONTADINA, T. MADDALENA, K. MÄRKI, T. HOTZ, A.-S. GENINI, D. TORRIONI, R. GÜTTINGER & M. MORETTI (2005): Ambienti di caccia e regime alimentare del Vespertilio maggiore *(Myotis myotis)* e del Vespertilio minore *(Myotis blythi)* (Chiroptera: Vespertilionidae) nel Cantone Ticino. – Boll. Soc. tic. Sci. Nat. **93**: 63–75.
10. ROESLI, M., F. BONTADINA, T. MADDALENA & M. MORETTI (2004): Studio sulla colonia di riproduzione di *Myotis myotis* e *Myotis blythii* delle Collegiata Sant'Antonio a Locarno. Dipartimento del territorio Cantone Ticino. 44 S.
11. SPITZENBERGER, F. (1996): Distribution and subspecific variation of *Myotis blythi* and *Myotis myotis* in Turkey. – Ann. Nat.hist. Mus. Wien **98** B Suppl.: 9–23.
12. TOPÁL, G. & M. RUEDI (2001): *Myotis blythii*, Kleines Mausohr. – In: F. KRAPP (Hrsg.): HB Säugetiere Europas **4-I**: 209–255; Aula Verlag.

Bild 415. Im Mittelmeerraum kann das Kleine Mausohr große Kolonien in Höhlen bilden. Foto: C. DIETZ

Maße	
Unterarm	54,0–63,9 mm
Fünfter Finger	71–79 mm
Dritter Finger	92–102 mm
Ohrlänge	26,1–29,0 mm
Ohrbreite	14,7–17,9 mm
Normalgewicht	19–25 g
CBL	20,1–22,5 mm
CM3	8,7–10,0 mm

Bild 416. Das Punische Mausohr ist vor allem in den mediterranen Bereichen Nordwestafrikas weit verbreitet. Foto: C. Dietz

Punisches Mausohr

Myotis punicus

Felten, 1977

NAMEN

GB: Maghrebian Mouse-eared Bat

ALLGEMEINES

Die Zuordnung der Mausohrfledermäuse Sardiniens, Korsikas und Nordafrikas zu einer der bis in die 1990er-Jahre bekannten Arten, dem Mausohr oder dem Kleinen Mausohr, bereitete lange Zeit Schwierigkeiten. Felten beschrieb 1977 eine Unterart des Kleinen Mausohrs und benannte sie *Myotis blythii punicus* [6]. Erst bei Untersuchungen zum Grad des Genaustausches zwischen Mausohrpopulationen über die Straße von Gibraltar stellte sich heraus, dass die Mausohren Nordafrikas zu den beiden europäischen Arten mehr Unterschiede aufweisen, als diese untereinander [5]. Mittlerweile gilt Feltens *punicus* als eigene Art [allg. Lit. 77, 126].

KENNZEICHEN

Eine große Fledermaus mit hellbraunem Rückenfell und einer dazu scharf abgesetzten weißlichgrauen Unterseite. Auffallend lange Ohren, deren Vorderrand sehr stark konvex nach vorne gebogen ist. Außenkante des Tragus sehr gleichmäßig gebogen, Tragusspitze ohne schwarzen Fleck.

Ähnliche Arten

Vom Mausohr und dem Kleinen Mausohr nach äußeren Merkmalen nur schwer zu trennen. Die Ohren des Kleinen Mausohrs sind kürzer (< 24,5 mm) und die obere Zahnreihe ist meist ebenfalls kürzer, obschon ein Überlappungsbereich existiert. Die Schnauzenform und -größe erinnert eher an das Kleine Mausohr und auch die Tragusspitze weist keine Schwarzfärbung auf, wie es für viele Mausohren typisch ist. Bislang gibt es keine sympatrischen Nachweise des Punischen Mausohrs mit Mausohr oder Kleinem Mausohr, sodass eine Feldbestimmung derzeit nicht notwendig ist. Genetisch eindeutig trennbar.

VERBREITUNG

Auf die Inseln Sardinien, Korsika, Malta und Gozo und die nordwest-afrikanischen Staaten Marokko, Algerien, Tunesien und Libyen beschränkt. In Marokko im ganzen Norden nördlich des Hohen Atlas vorkommend, in Algerien nach bisherigen Daten nur in einem 100–200 km breiten Streifen entlang der Mittelmeerküste und in Libyen nur im Nordwesten des Landes nachgewiesen [8, 9].

Unterarten und geographische Variabilität

Bislang sind keine Unterarten beschrieben und auch die genetischen Unterschiede zwischen Populationen sind gering [allg. Lit. 77]. Allerdings sind die Tiere Nordafri-

kas und Maltas größer als die von Sardinien und Korsika [6].

LEBENSRAUM, QUARTIERE UND VERHALTEN

Jagdgebiete im Offenland (Weiden, Wiesen) oder über weitgehend vegetationsfreien Flächen und nur selten an Waldrändern [3]. In Nordafrika auch in Halbwüstenregionen. Die bislang bekannten Wochenstubenquartiere lagen ausschließlich in Höhlen [4, 7–10] und können aus bis zu 1000 Weibchen bestehen, die meist mit anderen Höhlenarten wie Hufeisennasen, Langflügel- und Langfußfledermäusen vergesellschaftet sind [7, 8, 10]. Einzeltiere können eine Vielzahl von Quartieren in unterirdischen Gängen, Ruinen, Dächern und Spalten an Brücken besiedeln.

FORTPFLANZUNG

Paarungen vorherrschend ab August, die Männchen verteidigen vergleichbar zum Kleinen Mausohr einzelne Spalten und Löcher in der Höhlendecke, teilweise in Entfernungen von unter einem Meter zueinander und locken bis zu vier Weibchen an [8, 9]. In Algerien erfolgt die Geburt zwischen Ende März und Ende April [8, 9], in Marokko waren in den ersten Maitagen noch keine Jungen geboren [eigene Daten].

NAHRUNGSERWERB UND NAHRUNG

Meist werden wenig bewachsene oder stark beweidete Flächen in niedrigem Flug (< 2m) abgesucht, Beute wird vom Boden abgelesen oder im Flug erbeutet [3, 4]. Die Nahrung besteht zum größten Teil aus Feld- und Laubheuschrecken, Grillen, Käfern (Schwarzkäfer, Blatthornkäfer) und Nachtfaltern (Schwärmer, Eulenfalter) [1, 2, 3, 4]. Saisonal können auch Wanzen, Zikaden und Spinnen eine größere Bedeutung haben [1, 2].

Bild 417. Jagdflug eines Punischen Mausohrs. Foto: D. Nill

Bild 418. Portrait des Punischen Mausohrs mit den auffällig langen Ohren und der sehr stark konvex gebogenen Vorderkante des Ohres. Foto: C. Dietz

ORTSWECHSEL UND WANDERUNGEN

Vermutlich weitgehend ortstreu. Ein auf Malta beringtes Männchen wurde in einem Paarungsquartier auf Gozo in 22 km Entfernung gefunden [4].

GEFÄHRDUNG UND SCHUTZMASSNAHMEN

Rote Liste der IUCN 2008: NT (Near Threatened), FFH-Anhang IV. Die Population auf Malta ist seit den 1960er-Jahren stark zurückgegangen und umfasst nur noch 250–300 Tiere [4]. Koloniehöhlen sollten vor Störungen geschützt und die Jagdhabitate erhalten werden.

OFFENE FRAGEN

- Findet zwischen Korsika und Sardinien ein Austausch der Populationen statt?
- Wann ist das Punische Mausohr nach Korsika und Sardinien eingewandert und hat es die beiden anderen Mausohr-Arten verdrängt oder deren Besiedelung verhindert?

SPEZIELLE LITERATUR

1. Arlettaz, R. (1995): *Myotis myotis* & *Myotis blythii*, ecology of the sibling Mouse-eared Bats, 206 S. – Horus Publishers Martigny, Switzerland.
2. Arlettaz, R., N. Perrin & J. Hausser (1997): Trophic resource partitioning and competition between the two sibling bat species *Myotis myotis* and *Myotis blythii*. – J. Anim. Ecol. **66**: 897–911.
3. Beuneux, G. (2004): Morphometrics and ecology of *Myotis cf. punicus* (Chiroptera, Vespertilionidae) in Corsica. – Mammalia **68**: 269–273.
4. Borg, J. J. (1998): The lesser Mouse-eared Bat *Myotis blythi punicus* in Malta. Notes on status, morphometrics, movements, and diet (Chiroptera: Vespertilionidae). – Il Naturalista Siciliano **22**: 365–374.
5. Castella, V., M. Ruedi, L. Excoffier, C. Ibáñez, R. Arlettaz & J. Hausser (2000): Is the Gibraltar Strait a barrier to gene flow for the bat *Myotis myotis*? – Mol. Ecol. **9**: 1761–1772.
6. Felten, H., F. Spitzenberger & G. Storch (1977): Zur Kleinsäugerfauna West-Anatoliens, Teil IIIa. – Senckenb. Biol. **58**: 1–44.
7. Frick, H. & H. Felten (1952): Ökologische Beobachtungen an sardischen Fledermäusen. – Zoologische Jahrbücher (Systematik) **81**: 175–189.
8. Kowalski, K., J. Gaisler, H. Bessam, C. Issaad & H. Ksantini (1986): Annual life cycle of cave bats in northern Algeria. – Acta Theriol. **13**: 185–206.
9. Kowalski, K. & B. Rzebik-Kowalska (1991): Mammals of Algeria, 370 S.; Polish Academy of Sciences.
10. Mucedda, M., G. Murittu, A. Oppes & E. Pidinchedda (1995): Observazioni sui Chirotteri troglofili della Sardegna. – Bollettino della Societa Sarda di Scienza Natural **30**: 97–129.
11. Mucedda, M. & M. T. Nuvoli (2000): Indagine biometrica sul „grande *Myotis*" (Chiroptera, Vespertilionidae) della Grotta Sa Rocca Ulari (Borutta) e di altre località della Sardegna. – Sardegna Speleologica **17**: 46–51.

Abendsegler
Nyctalus noctula
(SCHREBER, 1774)

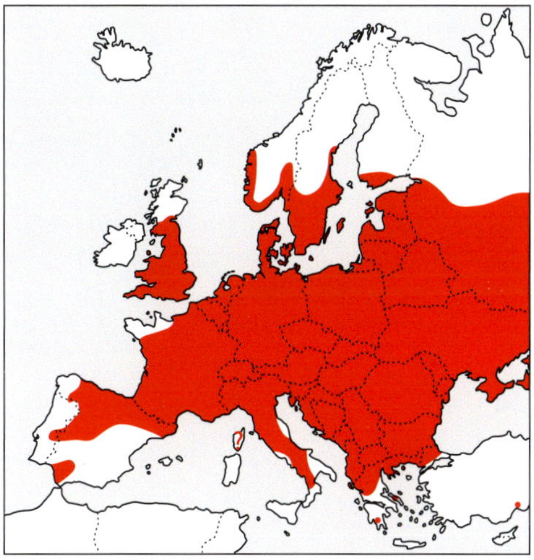

NAMEN

GB: Noctule Bat
F: Noctule commune
E: Murciélago nóctulo común
I: Nottola comune
NL: Rosse vleermuis
S: Stor fladdermus
PL: Borowiec wielki

KENNZEICHEN

Eine große Fledermaus mit breiten abgerundeten Ohren. Das kurze eng anliegende Fell glänzt auf dem Rücken rostrot, die Unterseite ist etwas heller und matt. Im Winter ist die Rückenfärbung dunkelbraun, manchmal mit fahleren Spitzen. Die nackten Hautpartien sind schwarzbraun. Lange und vor allem im Spitzenbereich schmale Flügel.

Ähnliche Arten

Keine Größenüberschneidungen zu den anderen beiden in Europa vorkommenden Abendsegler-Arten. Die Breitflügelfledermaus hat relativ längere und schmalere Ohren, einen anders geformten Tragus und eine meist dunklere Färbung.

ORTUNGSLAUTE

Es werden oft zwei Laute alternierend ausgestoßen, die nach den im Batdetektor hörbaren Geräuschen benannt wurden: Die höheren „Plip"-Laute sind bis zu 13 ms lang und frequenzmoduliert von 30–60 kHz auf 22–28 kHz abfallend. Die „Plop"-Laute sind bis zu 28 ms lang und nahezu frequenzkonstant, meist zwischen 19 und 22 kHz, selten bis 16 kHz abfallend. Für Menschen mit gutem Gehör auch ohne

Maße

Unterarm	47,3–58,9 mm
Fünfter Finger	47–58 mm
Dritter Finger	85–98 mm
Normalgewicht	21–30 g
CBL	17,6–19,6 mm
CM^3	7,0–8,3 mm

Bilder 419. Auf dem Flugfoto sind beim Abendsegler die schmalen Flügel und die dichte Behaarung entlang des Unterarms sichtbar. Foto: D. NILL

Bild 420. Im Winterschlaf bilden Abendsegler in Baumhöhlen dichte Cluster. Foto: D. NILL

technische Hilfsmittel im Jagdflug hörbar. Verwechslungsmöglichkeiten bestehen vor allem zum Riesenabendsegler. Kleinabendsegler rufen meist höher.

VERBREITUNG

Große Teile Europas, auch in Nordafrika, Kleinasien und dem Nahen Osten. Ostwärts bis Zentral-Russland und über den Ural und Kaukasus nach Zentral-Asien bis Sibirien, China, Japan, Nepal, Indien, Taiwan und Malaysia. Auf der Iberischen Halbinsel nur vereinzelt, vor allem im Norden. Auf den Mittelmeerinseln nicht nachgewiesen, in Südgriechenland sehr selten. Im Norden wenige Nachweise aus Irland und dem südlichen Schottland. In Skandinavien und Russland bis zum Übergang der Laubwaldzone in die borealen Nadelwälder bei 60–61° N.

Unterarten und geographische Variabilität

Im Bearbeitungsgebiet nur die Nominatform. Wie bei wandernden Arten zu erwarten, gibt es keine geographischen Unterschiede innerhalb der Unterart, auch genetisch sind europäische Populationen wenig strukturiert [allg. Lit. 80]. Im Nahen Osten (Syrien, Libanon, Israel, Oman) *N. n. lebanoticus*. Mehrere asiatische Unterarten, insbesondere *velutinus* und *furvus* stellen vermutlich eigene Arten dar.

LEBENSRAUM

Eine Fledermaus, die ursprünglich Laubwälder besiedelte und die während der Reproduktionszeit kaum über 550 m Höhe vorkommt. Neben den ursprünglichen Biotoptypen: Auwäldern, den gemäßigten Buchenwäldern und deren Übergänge zu den mediterranen Eichenwäldern wird heute ein weites Spektrum an Habitaten bis hin zu Städten besiedelt, so weit sie einen ausreichenden Baumbestand oder hohe Dichte hoch fliegender Insekten aufweisen. Als Jagdgebiete werden nahezu alle Landschaftstypen bejagt, wobei Nadelwaldgebiete unterproportional, Gewässer und Auwälder überproportional zur Verfügbarkeit aufgesucht werden.

Quartiere

Als Sommerquartiere dienen vor allem Spechthöhlen, daneben zu einem wesentlich geringeren Anteil andere Baumhöhlen, meist in Höhen von 4–12 Metern, aber auch deutlich höher [5]. Besonders häufig werden Buchen aufgesucht, Nadelbäume dagegen selten. Baumhöhlen werden bevorzugt in Waldrand-Nähe oder entlang von Wegen aufgesucht [2]. Abendsegler lassen sich gut mit Fledermauskästen ansiedeln. Im südlichen Verbreitungsgebiet häufig Wochenstuben an Gebäuden, hinter Fassadenverkleidungen oder in Rollladenkästen [allg.

Lit. 96]. In einer nordbulgarischen Höhle befindet sich zumindest in manchen Jahren eine kleine Wochenstube in Deckenspalten [eigene Daten]. Männchen können im Sommer ebenfalls Kolonien bilden, diese entweder in Baumhöhlen, in Felsspalten oder in Deckenspalten riesiger Höhlen sowie an Gebäuden. Winterquartiere finden sich in dickwandigen Baumhöhlen, in Spalten an Gebäuden und Brücken, Felsspalten und in Deckenspalten von Höhlen.

VERHALTEN

Wochenstuben umfassen 20–60 Weibchen. Männchenkolonien sind meist kleiner mit bis zu 20 Tieren. Die Tiere einer Kolonie sind bei höheren Temperaturen sehr aktiv und können aufgrund der gut hörbaren Sozialrufe gefunden werden. In einer nordbulgarischen Höhle übersommern bis zu 2000 männliche Abendsegler in hoch gelegenen Deckenspalten, im Herbst findet mit dem Zuzug der Weibchen eine Art Massenbalz statt [eigene Daten]. Hunderte schwärmende Abendsegler, die eine Massenbalz vermuten lassen, wurden auch in Nordgriechenland in engen Felsschluchten und vor hoch aufragenden Felswänden beobachtet [eigene Daten]. Winterquartiere in Bäumen können 100–

Bilder 421. Abendsegler sind an ihren kompakten Körperproportionen und der Färbung gut zu erkennen, hier ein ausgefärbtes Männchen im Herbst. Foto: C. Dietz

Bild 422. Winterkolonie des Abendseglers in einer Felsspalte. Foto: C. Dietz

200 Tiere umfassen, maximal wurden 420 Tiere gefunden [3], an Gebäuden bis zu 500 Tiere. In südost-europäischen Felswänden und Höhlen überwintern mehrere tausend Abendsegler in Spalten, an der Levensauer Hochbrücke bis zu 5000 Tiere in Fugen [10]. Niedrigen Temperaturen wird durch sehr dichte Clusterbildung entgegengewirkt. Im Quartier manchmal mit Wasser- und Rauhhautfledermaus vergesellschaftet, in Russland und der Ukraine auch mit dem Riesenabendsegler.

FORTPFLANZUNG

Ein Teil der Jungweibchen bekommt bereits im Jahr nach der Geburt eigene Junge. Die Jungmännchen sind dagegen vermutlich erst nach einem Jahr reproduktionsfähig. Die Geburt erfolgt ab Mitte Juni, ab Ende Juli verlassen zunächst die adulten Weibchen die Wochenstuben. Die 1–3jährigen Weibchen machen in Mitteleuropa den Großteil der Wochenstubentiere aus (83%), einzelne wenige Tiere pflanzen sich bis in ein Alter von neun Jahren fort. Es werden 1–2 Junge pro Weibchen geboren, in Großbritannien meist ein Junges, in Mitteleuropa meist zwei, sehr selten erfolgen Drillingsgeburten [3, 13]. Zwillinge stammen oft von verschiedenen Vätern [allg. Lit. 80]. Neugeborene haben eine Unterarmlänge von durchschnittlich 19 mm und ein Gewicht von 5 g, nach zehn Tagen erreichen sie 33 mm und 12 g, nach 22 Tagen 49 mm Unterarmlänge und 21 g. Nach vier Wochen verlassen sie das Quartier zu ersten Flügen [6]. Ab Anfang August etablieren Männchen Paarungsquartiere in Baumhöhlen, die sie vehement gegen andere geschlechtsreife Männchen verteidigen. Durch Gesänge vom Quartiereingang aus, seltener durch Singflüge, locken sie meist 4–5, aber auch bis zu 20 Weibchen an, die 1–2 Tage dort verbringen. Vermutlich sind nur ältere, erfahrene Männchen in der Lage, attraktive Balzquartiere zu beziehen und zu verteidigen [3, allg. Lit. 39]. Der Quartiereingang wird mit Sekreten aus den Gesichts- und den Buccaldrüsen markiert [allg. Lit. 39]. In Südost-Europa gibt es eine Massenbalz an markanten Felswänden, Schluchten oder großen Höhlen, bei denen die Tiere eine Art Schwärmverhalten zeigen. Haremsgruppen formieren sich dann in nahe beieinander liegenden Felsspalten [eigene Daten]. Im Herbst und Winter können aktive Männchen große Cluster aus lethargischen Tieren auf der Suche nach Weibchen sehr rabiat durchsuchen, was von lautem Gezeter begleitet wird. Aus Deckenspalten von Höhlen stürzen dann manchmal einzelne lethargische Tiere ab und werden leichte Beute von Beutegreifern.

NAHRUNGSERWERB

Sehr schneller (bis über 50 km/h) und geradliniger Flug, oft in Höhen von 10–50 m, teilweise jedoch auch in mehreren Hundert Metern Höhe. Rasante Sturzflüge zum Ergreifen der Beute. Über Gewässern, Wiesen und an Straßenlampen kann aber auch in wenigen Metern Höhe gejagt werden, meist jedoch mit einem Abstand von mehreren Metern zur dichten Vegetation. Im Herbst und Winter häufig auch tagsüber Jagdflüge, im Winter vor allem bei warmer Witterung, in Städten auch bei Temperaturen um den Gefrierpunkt.

NAHRUNG

Die Nahrung besteht vor allem aus Zweiflüglern, Wanzen, Köcherfliegen, Käfern und Schmetterlingen. Bei Massenauftreten werden gerne Mai- oder Mistkäfer gejagt.

Jagdgebiete und Beute werden opportunistisch genutzt, je nach momentanem Angebot wird die vorherrschende Beutegruppe erjagt, entsprechend variabel fallen die Ergebnisse aus Nahrungsuntersuchungen aus [3, 4]. Kleine bis mittelgroße Fluginsekten stellen die Hauptbeute dar [3]. Im Herbst erfolgen Jagdflüge häufig am Tage, oft am Spätnachmittag bei Sonnenschein, dabei werden hauptsächlich Baumwanzen und Schwebfliegen erbeutet [3]. Im Winter besteht die Nahrung vor allem aus Nachtfaltern, Zweiflüglern und Käfern [8].

HÖCHSTALTER

Das höchste nachgewiesene Alter liegt bei zwölf Jahren [3, allg. Lit. 48], das Durchschnittsalter dürfte jedoch meist deutlich darunterliegen, das Alter adulter Weibchen in Wochenstuben beträgt durchschnittlich 2,2 Jahre [allg. Lit. 48].

ORTSWECHSEL UND WANDERUNGEN

Eine typische Wanderfledermaus, die ab Anfang September bis in den Spätherbst hinein in Richtungen um Südwest zieht und von Mitte März bis Mitte April in der Gegenrichtung nach Nordost zurückwandert [14]. Diese Wanderungen erfolgen zumindest teilweise auch tagsüber, Abendsegler können dann gemeinsam mit Schwalben, im Süden auch mit Seglern beobachtet werden. Zur Untersuchung der Wanderungen wurden in Europa über 55 000 Tiere markiert. Die nachgewiesenen Überflüge sind meist kürzer als 1000 km, die größte Entfernung betrug 1546 km (oftmals wird die falsch gemessene Entfernung von 2347 km zitiert!). Die Fortpflanzungsgebiete liegen vorherrschend in Nordost- und dem nördlichen Mitteleuropa mit Schwerpunkt in Russland [3, 7], die Winter- und Paarungsgebiete in Süd- und dem südlichen Mitteleuropa. Die Populationen am Nordrand der Verbreitung auf den britischen Inseln und in Schweden scheinen ortstreu zu sein. Der Verdacht auf ortstreue Populationen besteht auch in Norditalien [3] und Nordspanien [12]. Das ganzjährige Vorhandensein von sehr vielen Männchen in Südost-Europa legt nahe, dass sie ebenfalls ortstreu sind und auf den Durch- bzw. Zuzug von Weibchen warten. In Bulgarien und Griechenland pflanzen sich nach bisherigem Kenntnisstand Abendsegler nur in geringer Zahl fort, in Bulgarien bildet sich alljährlich eine kleine Wochenstube (bis zu 60 Weibchen) im Umfeld eines riesigen Männchenquartiers, und in Nordgriechenland konnten einzelne trächtige Weibchen kurz vor der Geburt nachgewiesen werden [eigene Daten].

Raumnutzung

Die Baumquartiere, insbesondere einer Wochenstubenkolonie, werden häufig gewechselt, sie liegen verteilt auf Flächen von bis zu 200 ha. Quartierwechsel wurden in Entfernungen von bis zu 12 km festgestellt. Jagdflüge können in bis zu 2,5 km entfernte Gebiete führen [9], Einzeltiere suchen jedoch auch bis zu 26 km entfernte Räume auf [3]. Bei hoher Insektendichte können relativ kleine Gebiete regelmäßig abgeflogen werden, häufig gibt es jedoch keine definierten Jagdgebiete, die Tiere scheinen mehr oder weniger umherzuschweifen.

Bilder 423. Winterschlafkolonie des Abendseglers in einer Baumhöhle. Foto: D. Nill

GEFÄHRDUNG

Rote Liste der IUCN 2008: LC (Least Concern), FFH-Anhang IV, Rote Liste BRD: V (Vorwarnliste). Bei Gebäudesanierungen und bei intensiver Forstwirtschaft gehen Quartiere verloren. Pestizideinsätze im Wald und die Zerstörung natürlicher Flussauen können die Nahrungsgrundlage einschränken. Windkraftanlagen stellen während der Saisonwanderungen eine große Gefahr dar.

Bilder 424. In den Deckenspalten der riesigen Devetaška Peštera in Nordbulgarien übersommern bis zu 2000 Abendsegler. Foto: D. Nill

SCHUTZMASSNAHMEN

Erhalt von Zugrouten und Freihalten von Gefahrenquellen wie Windrädern. Naturnahe Waldwirtschaft und Erhalt von Altholzbeständen, insbesondere natürlicher Auwälder. Verzicht auf den Einsatz von Pestiziden im Wald. Schutz von Massenquartieren bei Sanierungen.

OFFENE FRAGEN

- Wo liegt die Grenze des Reproduktionsgebietes im Süden?
- Gehen südlich gelegene Wochenstuben aus Balz- und Winterquartieren hervor?
- Bestehen isolierte Fortpflanzungskolonien im Süden über längere Zeiträume?
- Wie reagiert die Art auf Klimaänderungen?
- Wie unterscheidet sich die Quartier- und Nahrungsökologie zwischen Wald- und Stadtpopulationen?

SPEZIELLE LITERATUR

1. Blohm, T. (2003): Ansiedlungsverhalten, Quartier- und Raumnutzung des Abendseglers, *Nyctalus noctula*, in der Uckermark. – Nyctalus **9**: 123–157.
2. Boonman, M. (2000): Roost selection by noctules *(Nyctalus noctula)* and Daubenton's bats *(Myotis daubentonii)*. – J. Zool. **251**: 385–389.
3. Gebhard, J. & W. Bogdanowicz (2004): *Nyctalus noctula* – Großer Abendsegler. – In: F. Krapp (Hrsg.): HB Säugetiere Europas **4-II**: 607–694; Aula Verlag.
4. Gloor, S., H.-P. Stutz & V. Ziswiler (1995): Nutritional habits of the Noctule Bat *Nyctalus noctula* in Switzerland. – Myotis **32/33**: 231–242.
5. Heise, G. (1985): Zu Vorkommen, Phänologie, Ökologie und Altersstruktur des Abendseglers *(Nyctalus noctula)* in der Umgebung von Prenzlau/Uckermark. – Nyctalus (N.F.) **2**: 133–146.
6. Heise, G. (1993): Zur postnatalen Entwicklung des Abendseglers, *Nyctalus noctula*, in freier Natur. – Nyctalus (N.F.) **4**: 651–665.
7. Kaňuch, P. & M. Cel'uch (2004): On the southern border of the nursing area of the noctule in Central Europe. – Myotis **41/42**: 125–127.
8. Kaňuch, P., K. Janečková & A. Krištín (2005): Winter diet of the noctule bat *Nyctalus noctula* – Folia Zool. **54**: 53–60.
9. Kronwitter, F. (1988): Population structure, habitat use and activity patterns of the noctule bat, *Nyctalus noctula*, revealed by radio-tracking. – Myotis **26**: 23–85.
10. Kugelschafter, K. & C. Harrje (1996): Die Levensauer Brücke bei Kiel als Massenüberwinterungsstätte für Große Abendsegler *(Nyctalus noctula)*. – Z. Säugetierk., Sonderheft zu Band **61**: 33–34.
11. Ruczyń ski, I. & W. Bogdanowicz (2005): Roost cavity selection by *Nyctalus noctula* and *N. leisleri* (Vespertilionidae, Chiroptera) in Białowieża Primeval Forest, Eastern Poland. – J. Mammal. **86**: 921–930.
12. Ruedi, M., Y. Tupinier & O. de Paz (1998): First breeding record for the noctule bat *(Nyctalus noctula)* in the Iberian Peninsula. – Mammalia **62**: 301–304.
13. Vedder, A. (1999): Drillingsgeburt beim Abendsegler *(Nyctalus noctula)*. – Nyctalus (N.F.) **7**: 229–230.
14. Weid, R. (2002): Untersuchungen zum Wanderverhalten des Abendseglers *(Nyctalus noctula)* in Deutschland. – Schriftenreihe für Landschaftspflege und Naturschutz **71**: 233–257.

Riesenabendsegler
Nyctalus lasiopterus (SCHREBER, 1780)

NAMEN

GB: Greater Noctule Bat
F: Grande noctule
E: Murciélago nóctulo grande
I: Nottola gigante
NL: Grote rosse vleermuis
S: Jättefladdermus
PL: Borowiec olbrzymi

KENNZEICHEN

Mit Abstand die größte europäische Fledermaus. Sehr robust und massig wirkend, mit breiter Schnauze, kräftigem Kopf und breiten Ohren. Dichtes, langes und einfarbiges Fell, die Oberseite ist rotbraun oder dunkelbraun, die Unterseite nur wenig heller. Besonders bei Männchen sind die Haare im Nacken bis zu 17 mm lang und können bei Erregung mähnenartig aufgestellt werden, wodurch der Kopf noch massiger wirkt. Die Hautpartien sind dunkelbraun. Die Flügel sind sehr lang mit schmaler Spitze, zwischen Körper und fünftem Finger für einen Abendsegler recht breit und bis zum Ellbogen behaart.

Ähnliche Arten

Aufgrund der Größe unverwechselbar.

ORTUNGSLAUTE

Bis zu 28 ms lange nahezu frequenzkonstante und sehr laute Rufe zwischen 14 und 23 kHz. Im freien Luftraum liegen lange Laute meist zwischen 17 und 20 kHz. Mit bloßem Ohr deutlich hörbar. Durch die im freien Luftraum sehr langen Rufabstände vom Abendsegler unterscheidbar, die Frequenzverteilungen beider Arten überlappen sich jedoch stark.

VERBREITUNG

Die Verbreitung ist wenig bekannt, da aus den meisten Gebieten nur Einzelfunde vorliegen. Prinzipiell ganz Nordwest-Afrika [11], Kleinasien und Europa bis etwa 50° N und damit bis in die Niederlande [13], Nordfrankreich [10], Süddeutschland [9] und das südliche Polen. Im Westen ist das Hauptverbreitungsgebiet allerdings sehr inselartig und auf das Mittelmeergebiet beschränkt [4]. Die wenigen regelmäßigen Vorkommen liegen in Spanien [4], Südfrankreich [3, 4], der Toskana [14] und Griechenland [8], aber auch in Ungarn. Auch in Russland, Weißrussland und der Ukraine nur sehr punktuelle Vorkommen. Außerhalb des Bearbeitungsgebietes bis

Maße

Unterarm	61–70 mm
Fünfter Finger	69–74 mm
Dritter Finger	108–116 mm
Normalgewicht	35–53 g
CBL	21,0–23,7 mm
CM^3	8,6–9,3 mm

Bild 425. Der Riesenabendsegler ist die größte Fledermausart in Europa. Hier ein adultes Tier im rötlichbraunen Sommerfell. Foto: O. VON HELVERSEN

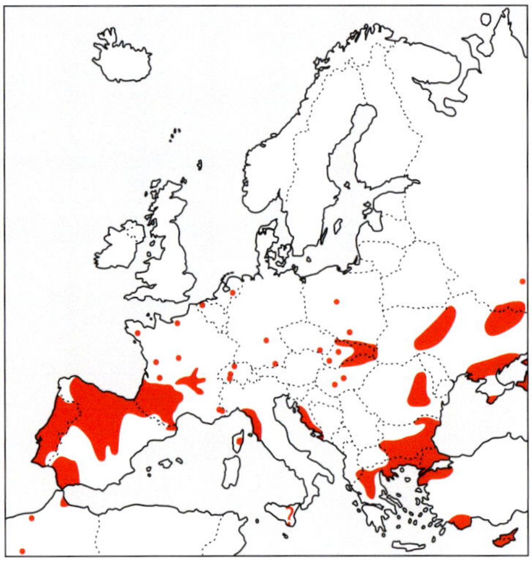

zum Ural, Kaukasus, Iran und Kasachstan. In Deutschland zwei sichere Nachweise: 19. Jahrhundert – Kloster Banz, Bayern; 05.10.2001 – Tegernsee, Bayern [7, 9]. In der Schweiz wurden mehrere Tiere an Alpenpässen gefangen, ein neuer Nachweis gelang im Kanton Aargau [9], aus Österreich liegen bislang keine Funde vor.

Bild 426. Wie bei den anderen Arten der Gattung ist der Tragus des Riesenabendseglers kurz und pilzförmig. Foto: D. Nill

Unterarten und geographische Variabilität

Nur die Nominatform. Die früher als Unterart betrachtete fernöstliche Form *aviator* aus Japan, Korea und China stellt eine eigenständige Art dar.

LEBENSRAUM

Die meisten Fundorte liegen in Laub- oder Laubmischwäldern, in Gebirgen in alten Tannenwäldern. Im Mittelmeerraum werden auch Parks mit Platanen angenommen. Im Hauptverbreitungsgebiet in Russland und der Ukraine kommt die Art in Buchen- und Hainbuchenwäldern vor [4, allg. Lit. 1]. Wichtig scheinen vor allem starke hochstämmige und damit alte Bäume zu sein.

Quartiere

Die wenigen bekannt gewordenen Quartiere liegen in Baumhöhlen von Laubbäumen und Tannen [allg. Lit. 1], die Quartiere in Sevilla in Platanen in 4–10 m Höhe [4]. Einzeltiere nutzen auch Fledermauskästen [2], Dachräume oder Spalten in großräumigen Höhlen.

VERHALTEN

In Spanien Wochenstuben mit bis zu 80 Tieren [5], die nur aus Weibchen bestehen. In der Ukraine und Russland bestehen die Kolonien oft nur aus 2–10 Tieren, die mit Abendseglern, Kleinabendseglern, Rauhhaut- oder Zwergfledermäusen vergesellschaftet sind [allg. Lit. 1]. Männchen können einzeln oder in Kleingruppen den Sommer verbringen [3]. In Griechenland sind im Sommer nahezu ausschließlich Männchen anzutreffen, erst im Herbst tauchen Weibchen auf [eigene Daten]. Vermutlich stammen diese aus nördlicher gelegenen Fortpflanzungsgebieten [8].

FORTPFLANZUNG

Die Weibchen des Riesenabendseglers können vermutlich bereits im ersten Herbst begattet werden. Es ist unklar, ob die Geburt von Zwillingen die Ausnahme oder die Regel darstellt. Die Geburt erfolgt Anfang Juni, die Jungen haben eine durchschnittliche Unterarmlänge von 26–27 mm und ein Gewicht von 9–10 g [4].

NAHRUNGSERWERB

Sehr schneller und geradliniger Flug, zum Teil in großen Höhen. Beobachtungen in der Abenddämmerung erlauben Schätzungen von mehreren Hundert Metern über Grund [eigene Daten]. Wird Beute detektiert, führen sie sehr schnelle Sturzflüge durch und kehren dann wieder auf die ursprüngliche Flughöhe zurück. Wasserstellen werden zum Teil ebenfalls in Sturzflügen angeflogen.

NAHRUNG

Die Nahrung besteht aus großen Insekten wie Nachtfaltern, Libellen und Käfern, die im freien Luftraum erbeutet werden [2]. Erst in den letzten Jahren wurden in Italien [2], Spanien [5] und Griechenland [eigene Daten] in Kotproben Vogelreste nachgewiesen. Unter mehr als 14000 analysierten Kotproben in Spanien waren zur Zeit des Vogelzugs von März bis Mai und von August bis November in bis zu 70% der Kotproben Vogelreste. Im Juni und Juli waren keine Vögel als Beute nachweisbar [5]. An Trinkstellen gefangene Tiere hatten zum Teil Blut an der Schnauze oder Federn an den Klauen. Zwei der durch Federn nachgewiesenen Vogelarten (Rotkehlchen und Waldlaubsänger) wurden vermutlich im Flug erbeutet, Blaumeisen könnten dahingegen eher am Schlafplatz gefangen werden [2]. Wie das Überwältigen der 7–22 g schweren Vögel im Flug geschieht, ist unklar. Es ist leicht vorstellbar, dass Riesenabendsegler im Sturzflug Singvögel packen und töten, ob sie allerdings in der Lage sind, das zusätzliche Gewicht abzufangen und die Beute in der Luft zu verzehren, ist umstritten [1]. Zwar sind die Armflügel sehr breit, ein Rotkehlchen würde aber eine zusätzliche Belastung von bis zu 50% des Fledermaus-Körpergewichtes ausmachen. Es sind mehrere Szenarien denkbar: Fang am Schlafplatz der Zugvögel [2], Erbeuten in der Luft und ein Niedertrudeln auf den Boden oder in Baumkronen oder Erbeuten in großer Höhe (etliche Hundert Meter) und somit beim Absinken genug Zeit den Flug zu stabilisieren und den Vogel zu zerteilen. Der Fang in der Luft scheint durch die Abwesenheit von Federn im Kot außerhalb der Zugzeit, das Fehlen von Rastplätzen der Zugvögel im spanischen Untersuchungsgebiet und Funde abgetrennter Vogelflügel am wahrscheinlichsten [5, 6].

Bild 427. Erst vor wenigen Jahren konnte bei Kotanalysen gezeigt werden, dass Riesenabendsegler auch Vögel fressen. Es ist noch unklar, wie sie die Vögel im Freiland erbeuten, in Gefangenschaft nehmen sie dargebotene Singvögel bereitwillig als Nahrung an. Foto: D. Nill

ORTSWECHSEL UND WANDERUNGEN

Einzeltiere scheinen sehr weit umherzustreifen und erreichen so Nordfrankreich, die Niederlande [13], Süddeutschland [9] und Polen [4]. Die saisonale Abwesenheit von Weibchen im Sommer in Griechenland [8] und von Tieren beider Geschlechter im Winter in nördlichen Gebieten [allg. Lit. 1] deuten auf Saisonwanderungen hin.

Raumnutzung

Bislang liegen kaum Daten vor. Besenderte Tiere wurden in 12–25 km vom Quartier wiedergefunden [4], Einzeltiere legen aber auch mehr als 50 km zurück [12], sie suchen dabei jedoch kein definiertes Jagdgebiet auf, sondern fliegen großräumig umher [4].

Bild 428. Drohender Riesenabendsegler mit weit aufgerissenem Maul und gesträubtem Nackenfell. Foto: C. Dietz

GEFÄHRDUNG

Rote Liste der IUCN 2008: NT (Near Threatened), FFH-Anhang IV. Die Hauptgefährdungsursache dürfte die forstliche Nutzung alter Gebirgswälder sein. Besonders in Südost-Europa kann die Abholzung von alten hochwüchsigen Bergwäldern eine ernsthafte Bedrohung darstellen.

SCHUTZMASSNAHMEN

Erhalt alter Bergwälder mit hohem Altholzanteil, großflächiger Schutz von Bergwaldgebieten in Südost-Europa vor legalen und illegalen Holzeinschlägen. Erhalt großräumiger Stein- und Korkeichenbestände und von altem Baumbestand in Flussauen.

OFFENE FRAGEN

- Wandern Riesenabendsegler oder sind die Populationen, von einzelnen umherschweifenden Tieren abgesehen, ortstreu?
- Wie entwickeln sich die Bestände, insbesondere in Osteuropa?
- Wo und wie werden Vögel erbeutet?
- Warum werden in Spanien Vögel fast ausschließlich zur Zugzeit erbeutet?
- Welche Bedeutung haben Vögel als Nahrung im Kernverbreitungsgebiet in Osteuropa und Russland?

SPEZIELLE LITERATUR

1. Bontadina, F. & R. Arlettaz (2003): A heap of feathers does not make a bat's diet. – Func. Ecol. **17**: 141–142.
2. Dondini, G. & S. Vergari (2000): Carnivory in the greater noctule bat *(Nyctalus lasiopterus)* in Italy. – J. Zool. **251**: 233–236.
3. Haquart, A., P. Bayle, E. Cosson & D. Rombaut (1997): Chiroptères observés dans les départements des Bouches-du-Rhône et du Var. – Faune de Provence **18**: 13–32.
4. Ibáñez, C., A. Guillén & W. Bogdanowicz (2004): *Nyctalus lasiopterus* – Riesenabendsegler – In: F. Krapp (Hrsg.): HB Säugetiere Europas, **4-II**: 695–716; Aula Verlag.
5. Ibáñez, C., J. Juste, J. L. Garcia-Mudarra & P. T. Agirre-Mendi (2001): Bat predation on nocturnally migrating birds. – PNAS **98**: 9700–9702.
6. Ibáñez, C., J. Juste, J. L. Garcia-Mudarra & P. T. Agirre-Mendi (2003): Feathers as indicators of a bat's diet: a reply to Bontadina & Arlettaz. – Func. Ecol. **17**: 141–142.
7. Helversen, O. von & W. Issel (1989): Über Jäckels Nachweis des Riesenabendseglers *Nyctalus lasiopterus* in Franken. – Myotis **27**: 151–155.
8. Helversen, O. von & R. Weid (1990): Die Verbreitung einiger Fledermausarten in Griechenland. – Bonn. Zool. Beitr. **41**: 9–22.
9. Meschede, A. & O. von Helversen (2004): Riesenabendsegler, *Nyctalus lasiopterus*. – In: A. Meschede & B.-U. Rudolph (eds.): Fledermäuse in Bayern: 262; Ulmer Verlag.
10. Nicolas, N. (1988): Une Grande noctule *(Nyctalus lasiopterus)* en Bretagne. – Mammalia **52**: 599–600.
11. Palmeirim, J. M. (1982): On the presence of *Nyctalus lasiopterus* in North Africa. – Mammalia **46**: 401–403.
12. Popa-Lisseanu, A. G., C. Ibáñez, O. Mora & C. Ruiz (2004): Roost utilization of an urban park by the greater noctule, *Nyctalus lasiopterus*, in Spain. – Abstracts for the 13th International Bat Research Conference in Poland: 100; Museum and Institute of Zoology PAS, Warschau.
13. Verbeek, J. (1994): First record of the greater noctule, *Nyctalus lasiopterus* in the Netherlands. – Bat Research News **35**: 74.
14. Vergari, S., G. Dondini & P. Agnelli (1997): Supplementary records of greater noctule *(Nyctalus lasiopterus)* in Italy. – Myotis **35**: 111–112.

Kleinabendsegler
Nyctalus leisleri (Kuhl, 1817)

NAMEN

GB: Leisler's Bat
F: Noctule de Leisler
E: Murciélago nóctulo pequeño
I: Nottola di Leisler
NL: Bosvleermuis
S: Leislers fladdermus
PL: Borowiec Leislera

KENNZEICHEN

Mittelgroße dunkelbraune Fledermaus mit kräftigen abgerundeten Ohren und kräftiger Schnauze. Das Rückenfell ist relativ kurz und dicht anliegend, vor allem bei Männchen kann das Nackenfell länger sein und wird bei Erregung aufgestellt. Die Haarbasis ist dunkel schwarzbraun, die Spitzen rotbraun, je nach Lage der Haare entsteht so ein dunkel schimmernder Eindruck. Im Herbst nach dem Haarwechsel oft dunklere Färbung als im Sommer. Die Unterseite ist wenig abgesetzt, an der Kehle heller gelbbraun. Die Hautpartien sind schwarzbraun. Der Ohrgrund und die Basis des Ohraußenrandes sind meist deutlich aufgehellt. Lange und schmale Flügel, auf der Unterseite entlang des Körpers und entlang des Unterarms deutlich behaart.

Bild 429. Das etwa zwei Monate alte Jungtier des Kleinabendseglers zeigt das graubraune Jugendkleid und die für die Art charakteristische Aufhellung des Ohrhinterrandes. Foto: C. Dietz

Ähnliche Arten

Von den beiden anderen in Europa vorkommenden Abendsegler-Arten durch die geringere Größe und die dunklere Fellfärbung eindeutig zu unterscheiden.

Maße

Unterarm	38,0–47,1 mm
Fünfter Finger	43–51 mm
Dritter Finger	70–78 mm
Normalgewicht	13–18 g
CBL	14,7–15,9 mm
CM^3	5,3–6,1 mm

ORTUNGSLAUTE

Bis zu 20 ms lange nahezu frequenzkonstante Rufe mit einer Endfrequenz von 21–26 kHz, meist um 24 kHz. Teilweise frequenzmodulierter Anfangsteil insbesondere bei kurzen Rufen. Der Große Abendsegler ruft meist tiefer, die Nordfledermaus höher. Die Breitflügelfledermaus hat normalerweise im Anfangsteil stärker frequenzmodulierte Laute. Rufe der Zweifarbfledermaus können zum Verwechseln ähnlich sein, hier können visuelle Zusatzinformationen hilfreich sein.

VERBREITUNG

Ganz Europa bis etwa 57° N, wobei große Unterschiede in der Nachweisdichte generelle Aussagen erschweren. Das scheinbare Fehlen in Bereichen des Mittelmeerraumes wie in Ostspanien [1] oder Sizilien dürfte auf Bearbeitungslücken zurückgehen. Auch aus Nordafrika gibt es nur wenige Einzelnachweise (Marokko, Algerien, Libyen). Auf der Balkanhalbinsel [10], in weiten Teilen Griechenlands bis zur Peloponnes und entlang des Westufers des Schwarzen Meeres vorkommend. Im Norden erreicht die Art das südliche Schottland, dahingegen fehlen Nachweise aus Dänemark und Norwegen. In Schweden nur im Süden.. Die Verbreitungsgrenze zieht durch Lettland und bei etwa 57° N durch Russland bis zum Ural. Über den Kaukasus [6] bis Zentral-China und Indien verbreitet. Isolierte Vorkommen auf den Kanaren (La Palma,

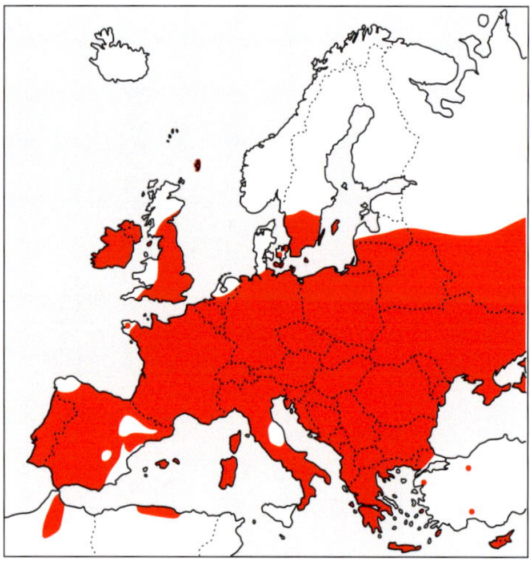

Teneriffa) und Madeira. Einzelne verdriftete (?) Tiere wurden auf den Färöer und Shetlandinseln gefunden [3].

Bild 430. Kleinabendsegler nutzen vor allem Baumquartiere. Foto: C. Dietz

Unterarten und geographische Variabilität

Zwei Unterarten: *N. l. verrucosus* auf Madeira ist kleiner als *N. l. leisleri* im gesamten restlichen Verbreitungsgebiet.

LEBENSRAUM

Eine typische Waldfledermaus, insbesondere von Laubwäldern, seltener in Streuobstwiesen und Parkanlagen. Von Küsten und Tiefland-Auen bis in Gebirgsregionen verbreitet. Auf den Kanaren und Madeira in subtropischen Lorbeerwäldern, im Mittelmeergebiet in Eichen-, in Mitteleuropa hauptsächlich in Buchenmischwäldern. Es ist eine deutliche Bevorzugung von Wäldern mit hohem Altholzbestand zu erkennen. Als Jagdgebiete werden ebenfalls Wälder und deren Randstrukturen bevorzugt, insbesondere auf den Britischen Inseln jedoch auch Viehweiden.

Quartiere

Im Großteil des Verbreitungsgebietes eine typische Baumfledermaus, die Spechthöhlen, Fäulnishöhlen, überwucherte Spalten nach Blitzschlag, Ausfaulungen in Zwieseln oder Astlöcher bezieht [2]. Kleinabendsegler bevorzugen natürlich entstandene Baumhöhlen gegenüber den vom Abendsegler hauptsächlich besiedelten Spechthöhlen [13]. Als Ersatz werden gerne Fledermauskästen angenommen. Baumhöhlen und Fledermauskästen werden bevorzugt an Hängen knapp unter deren Oberkante bezogen [11]. Quartiere liegen oft in Buchen oder Eichen und sind generell in allen Höhen bis in die Kronen zu finden. Im Białowieża-Urwald wurde eine mittlere Quartierhöhe von 18–19 m ermittelt [13]. Vor allem in Irland [3, 9, 15, 16, 17], auf den Kanaren und Madeira und vereinzelt in Deutschland liegen Quartiere in Dachräumen von Gebäuden. Winterquartiere ebenfalls in Baumhöhlen, aber auch an Gebäuden. Kleinabendsegler sind nur selten in Felsspalten nachweisbar.

VERHALTEN

Wochenstuben umfassen meist 20–50 Weibchen, in Irland sind allerdings auch Gebäudewochenstuben mit bis zu 1000 Tieren bekannt geworden [3]. Männchen können in Baumhöhlen und Kästen kleine Kolonien von bis zu zwölf Tieren bilden. Im Spätherbst können jagende Tiere auch am Spätnachmittag beobachtet werden, auf den Kanaren und Madeira sind Kleinabendsegler auch im Winter aktiv. Im Quartier können sie mit einer ganzen Reihe anderer Baumfledermäuse, wie Abendsegler, Rauhhaut-, Wasser-, Fransen- und Bechsteinfledermaus vergesellschaftet sein.

FORTPFLANZUNG

Die Paarung erfolgt ab Ende Juli bis in den September in Harems, in die das Männchen bis zu zehn Weibchen vor allem durch einen Singflug oder seltener vom Quartiereingang aus lockt [7, 11]. Anfang bis Ende Juni werden 1–2 Junge (in Großbritannien und Irland ein Junges, sonst meist zwei) geboren. Die Jungtiere erreichen zumindest zum Teil im ersten Herbst die Geschlechtsreife.

NAHRUNGSERWERB

Sehr schneller und meist geradliniger Flug dicht über oder auch unter den Baumkronen und entlang von Waldwegen und Schneisen, aber auch über größeren Gewässern und um Straßenlampen. Das dichte und anliegende Fell ist ebenso wie die kräftigen und kurzen Ohren als Anpassung an die Beutedetektion im freien Luftraum und den schnellen Flug zu werten, der bei der Jagd bei über 40 km/h liegen kann.

NAHRUNG

Die Nahrung besteht zu einem Großteil aus Nachtfaltern, aber auch aus Zweiflüglern und Köcherfliegen [8, 19]. Bei irischen und britischen Tieren, die über Weideland jagen, macht die Gelbe Dungfliege zusammen mit Käfern bis zur Hälfte der Nahrung aus [16]. Bei entlang von Gewässern jagenden Tieren dominieren Zuck-, Fenster- und Stechmücken und Köcherfliegen [16]. Insgesamt wurden Kleinabendsegler daher als opportunistische Konsumenten von Fluginsekten bezeichnet [3]. Da bei Massenauftreten jedoch auch Mai- und Junikäfer in großer Zahl gefangen werden, wird vermutlich bei großer Dichte profitabler Beute selektiv gejagt.

Bild 431. Weibchen des Kleinabendseglers bringen meist Zwillinge zur Welt. Foto: D. Nill

HÖCHSTALTER

Das bisher höchste nachgewiesene Alter beträgt 14 Jahre.

ORTSWECHSEL UND WANDERUNGEN

Eine der Wanderfledermäuse, die saisonbedingt weite Strecken zurücklegen [3, 4]. Derzeit sechs Nachweise von Überflügen über 1000 km, davon drei über 1500 km. Bisheriger Rekordhalter ist ein in Sachsen-Anhalt beringtes Weibchen, das im darauffolgenden Herbst in Nordspanien gefangen wurde und eineinhalb Jahre später wieder am ursprünglichen Beringungsort

Bild 432. Beim Kleinabendsegler ist im Flug die an den Körperseiten und entlang des Unterarms weit auf den Flügel reichende Behaarung zu erkennen. Foto: D. Nill

war, in Luftlinie 1567 km in einer Richtung [12]. Die meisten der bislang 36 registrierten Überflüge liegen in Südwest-Nordost-Richtung, ein in Russland beringtes Tier flog nach Süden bis an die türkische Nordküste. Möglicherweise sind jedoch manche Kleinabendsegler, wie die Populationen in Großbritannien und Irland, der nördlichen Iberischen Halbinsel [1], der Kanaren [1] und auf dem Balkan ortstreu. Männchen verbleiben zumindest teilweise in den Durchzugs- und Wintergebieten [7].

Raumnutzung

Quartierwechsel erfolgen zum Teil täglich und kleinräumig bis in 1,7 km Entfernung [5]. Eine Kleinabendsegler-Kolonie kann im Laufe eines Sommers bis zu 50 Quartiere in einem 300 ha großen Gebiet nutzen [14]. Jagdgebiete werden bis in Entfernungen von 4,2 km vom Quartier aufgesucht [20] und umfassen 7,4–18,4 km². Es gibt keine individuellen Jagdgebiete, geeignete Habitate werden großräumig beflogen [14], nur sehr profitable Jagdgebiete wie Straßenlampen und Gewässer können auch kleinräumig bejagt werden. Einzeltiere können bis zu 17 km vom Quartier entfernt jagen [14, 17].

GEFÄHRDUNG

Rote Liste der IUCN 2008: LC (Least Concern), FFH-Anhang IV, Rote Liste BRD: D (Daten unzureichend). Durch Holzeinschlag im Sommer, Quartierverlust bei der Beseitigung von Altholz oder Sanierungsarbeiten an Gebäuden (vor allem in Irland) bedroht. Auf dem Zug stellen Windkraftanlagen eine erst in jüngster Zeit erkannte erhebliche Gefahr dar. Habitatverluste in den Überwinterungsgebieten (Kork- und Steineichenwälder Spaniens) könnten ebenfalls gravierende Auswirkungen haben.

SCHUTZMASSNAHMEN

Schutz großräumig unzerschnittener und naturnah bewirtschafteter Waldgebiete und Erhalt großflächiger Stein- und Korkeichenbestände im Mittelmeergebiet. Schutz von Altholzbeständen und höhlenreichen Totholzes. Erhalt von gefahrfreien Zugrouten.

OFFENE FRAGEN

- Wo liegen die hauptsächlichen Überwinterungsgebiete der Art?
- Welche Populationen bzw. Teilpopulationen wandern, welche sind stationär?
- Was sind die wichtigsten Winterquartiere?
- Was sind die Hauptgefährdungsursachen bei den Wanderungen?
- Wandern Kleinabendsegler in Gruppen oder einzeln?
- Suchen Sommerkolonien räumlich übereinstimmende Überwinterungsgebiete auf?

SPEZIELLE LITERATUR

1. Agirre-Mendi, P. T. (2005): Distribucion y estado del conocimiento sobre el Noctulo pequeño *Nyctalus leisleri*, en España. – Nyctalus (N.F.) **10**: 233–241.
2. Beck, A. & W. Schorcht (2005): Baumhöhlenquartiere des Kleinabendseglers *(Nyctalus leisleri)* in Südthüringen und der Nordschweiz. – Nyctalus (N.F.) **10**: 250–254.
3. Bogdanowicz, W. & A. L. Ruprecht (2004): *Nyctalus leisleri* – Kleinabendsegler. – In: F. Krapp (Hrsg.): HB Säugetiere Europas, **4-II**: 717–756; Aula Verlag.
4. Fischer, J. A. (1999): Zu Vorkommen und Ökologie des Kleinabendseglers, *Nyctalus leisleri*, in Thüringen, unter besonderer Berücksichtigung seines Migrationsverhaltens im mittleren Europa. – Nyctalus (N.F.) **7**: 155–174.
5. Fuhrmann, M., C. Schreiber & J. Tauchert (2002): Telemetrische Untersuchungen an Bechsteinfledermäusen *(Myotis bechsteinii)* und Kleinen Abendseglern *(Nyctalus leisleri)* im Oberurseler Stadtwald und Umgebung (Hochtaunuskreis). – Schriftenreihe für Landschaftspflege und Naturschutz **71**: 131–140.
6. Gazaryan, S. V. & A. K. Bukhnikashvili (2005): Preliminary data on the status of Leisler's bat *(Nyctalus leisleri)* in the Caucasus. – Nyctalus (N.F.) **10**: 261–266.
7. Helversen, O. von & D. von Helversen (1994): The „advertisement song" of the lesser noctule bat *(Nyctalus leisleri)*. – Folia Zool. **43**: 331–338.
8. Kaňuch, P., A. Kristin & J. Kristofik (2005): Phenology, diet, and ectoparasites of Leisler's bat *(Nyctalus leisleri)* in the Western Carpathians (Slovakia). – Acta Chiropterologica **7**: 249–257.
9. McAney, C. & J. Fairley (1990): Activity of Leisler's bat *Nyctalus leisleri* at a summer roost in Ireland. – Myotis **28**: 83–92.
10. Mirić, D. & M. Paunović (1997): New data on the Leisler's bat *Nyctalus leisleri* from the Balkan Peninsula, with a review of the Balkan range. – Myotis **35**: 67–75.
11. Ohlendorf, B. & L. Ohlendorf (1998): Zur Wahl der Paarungsquartiere und zur Struktur der Haremsgesellschaften des Kleinabendseglers *(Nyctalus leisleri)* in Sachsen-Anhalt. – Nyctalus (N. F.) **6**: 476–491.
12. Ohlendorf, B., B. Hecht, D. Strassburg, A. Theiler & P. T. Agirre-Mendi (2001): Bedeutende Migrationsleistung eines markierten Kleinabendseglers *(Nyctalus leisleri)*: Deutschland-Spanien-Deutschland. – Nyctalus (N.F.) **8**: 60–64.
13. Ruczyński, I. & W. Bogdanowicz (2005): Roost cavity selection by *Nyctalus noctula* and *N. leisleri* (Vespertilionidae, Chiroptera) in Białowieża Primeval Forest, Eastern Poland. – J. Mammal. **86**: 921–930.
14. Schorcht, W. (2002): Zum nächtlichen Verhalten von *Nyctalus leisleri*. – Schriftenreihe für Landschaftspflege und Naturschutz **71**: 141–161.
15. Shiel, C. B. & J. S. Fairley (1998): Activity of Leisler's bat *Nyctalus leisleri* in the field in south-east county Wexford, as revealed by a bat detector. – Proc. R. Irish Acad. **98** B: 105–112.
16. Shiel, C. B., P. L. Duvergé, P. Smiddy & J. S. Fairley (1998): Analysis of the diet of Leisler's bat *(Nyctalus leisleri)* in Ireland with some comparative analyses from England and Germany. – J. Zool. **246**: 417–425.
17. Shiel, C. B. & J. S. Fairley (1999): Evening emergence of two nursery colonies of Leisler's bat *(Nyctalus leisleri)* in Ireland. – J. Zool. **247**: 439–447.
18. Shiel, C. B. & J. S. Fairley (2000): Observations at two nursery roosts of Leisler's bats *Nyctalus leisleri* in Ireland. – Myotis **37**: 41–53.
19. Sullivan, C. M., C. B. Shiel, C. M. McAney & J. S. Fairley (1993): Analysis of the diets of Leisler's *Nyctalus leisleri*, Daubenton's *Myotis daubentoni* and pipistrelle *Pipistrellus pipistrellus* bats in Ireland. – J. Zool. **231**: 656–663.
20. Waters, D., G. Jones & M. Furlong (1999): Foraging ecology of Leisler's bat *(Nyctalus leisleri)* at two sites in southern Britain. – J. Zool. **249**: 173–180.

Bild 433. Paarungsgruppe des Kleinabendseglers, das einzelne Tier ist das Männchen, das «seine» Weibchen verteidigen will. Foto: C. Dietz

Azoren-Abendsegler
Nyctalus azoreum
(THOMAS 1901)

Maße

Unterarm	37,8–40,7 mm
Fünfter Finger	29–32 mm
Dritter Finger	?
Gewicht	6–13 g
CBL	13,4–14,2 mm
CM3	5,0–5,4 mm

NAMEN

GB: Azorean Noctule Bat
F: Noctule des Açores
E: Murciélago nóctulo de Azores
I: Nottola delle Azzorre
NL: Azoren rosse vleermuis
PL: Borowiec azorski

KENNZEICHEN

Ähnlich dem Kleinabendsegler, aber im Durchschnitt kleiner und meist dunkler gefärbt, insbesondere Gesicht und Ohren nahezu schwarz, ohne aufgehellte Bereiche.

Ähnliche Arten

Auf den Azoren unverwechselbar. Keine aufgehellten Hautpartien an den Ohren.

ORTUNGSLAUTE

Die Hauptenergie nahezu frequenzkonstanter Laute liegt im offenen Luftraum zwischen 28 und 32 kHz, die Lautlänge kann bis zu 16 ms betragen. Nahe an Hindernissen frequenzmodulierte Laute [allg. Lit. 128].

VERBREITUNG

Endemische Art der Azoren, bis auf Flores und Corvo gibt es Nachweise von allen Inseln [3, 6].

Unterarten und geographische Variabilität

Früher als Unterart zum Kleinabendsegler gestellt, von diesem jedoch morphologisch deutlich verschieden [2, 6]. Genetische Studien zeigen nur geringfügige genetische Unterschiede zum Kleinabendsegler und belegen eine Abstammung von europäischen Kleinabendseglern [5]. Zwischen zwei verschiedenen Inselpopulationen des Azoren-Abendseglers besteht eine relativ große genetische Diversität in schnell evolvierenden Genabschnitten, was auf einen geringen Genaustausch hindeutet [4, 5].

LEBENSRAUM

Die Jagd findet im freien Luftraum über nahezu allen verfügbaren Habitatelementen statt [1], häufig an Waldrändern und Parks, jagt auch gerne um Straßenlampen

Bild 434. Blick in eine Baumhöhle mit einer Wochenstube des Azoren-Abendseglers mit kleinen Jungtieren. Foto: J. FAHR

Bild 435. Im Gegensatz zum Kleinabendsegler ist das Ohr des Azoren-Abendseglers innen nicht aufgehellt. Das Bild zeigt ein sehr dunkles Jungtier. Foto: D. TRUJILLO

in Ortschaften. Tagsüber meist im Inland, nachts vor allem an der Küste jagend [6].

Quartiere

Spaltenquartiere an Gebäuden und Baumhöhlen [allg. Lit. 59]. Im Juli wurden kleine Jungtiere beobachtet (schriftliche Mitteilung JAKOB FAHR).

VERHALTEN

Häufig tagaktiv, vor allem am Nachmittag jagend [1], dennoch liegt die Hauptaktivität in der Nacht [6]. Die häufig zu beobachtenden Tagflüge könnten durch die geringe Zahl tagaktiver Greifvögel, ein höheres Nahrungsangebot bei Tag oder geringe Konkurrenz durch insektenfressende Vögel verursacht sein [1].

NAHRUNGSERWERB

Schneller Jagdflug ähnlich dem Kleinabendsegler in bis zu 25 m Höhe, oft um Straßenlampen, aber auch nahe am Boden.

GEFÄHRDUNG UND SCHUTZMASSNAHMEN

Rote Liste der IUCN 2008: N (Endangered), FFH-Anhang IV. Auf den Azoren relativ häufig mit hoher Siedlungsdichte (10 Individuen je km^2) [6]. Schutz der Quartiere an Gebäuden. Die beabsichtigte oder versehentliche Einfuhr möglicher Nahrungskonkurrenten oder Beutegreifer muss verhindert werden.

OFFENE FRAGEN

- Kommt die Art auch auf Flores und Corvo vor?
- Wie sieht das Beutespektrum der Art aus und gibt es Änderungen im Jahresverlauf?

SPEZIELLE LITERATUR

1. MOORE, N. W. (1975): The diurnal flight of the Azorean bat *(Nyctalus azoreum)* and the avifauna of the Azores. – J. Zool. **177**: 483–506.
2. PALMEIRIM, J. M. (1991): A morphometric assessment of systematic position of the *Nyctalus* from Azores and Madeira. – Mammalia **55**: 381–388.
3. RAINHO, A., T. J. MARQUES, P. SALGUEIRO & J. M. PALMEIRIM (2004): Bats of the Atlantic archipelagos of Azores and Madeira: status and habitat use. – Abstracts of the 13th International Bat Research Conference: 50; Warszawa.
4. SALGUEIRO, P., M. M. COELHO, J. M. PALMEIRIM & M. RUEDI (2004): Mitochondrial DNA variation and population structure of the island endemic Azorean bat *(Nyctalus azoreum)*. – Mol. Ecol. **13**: 3357–3366.
5. SALGUEIRO, P., M. RUEDI, M. M. COELHO & J. M. PALMEIRIM (2007): Genetic divergence and phylogeography in the genus *Nyctalus* (Mammalia, Chiroptera): implications for population history of the insular bat *Nyctalus azoreum*. – Genetica 130: 169-181.
6. SPEAKMAN, J. R. & P. I. WEBB (1993): Taxonomy, status and distribution of the Azorean bat *(Nyctalus azoreum)*. – J. Zool. **231**: 27–38.

Zwergfledermaus
Pipistrellus pipistrellus (Schreber, 1774)

NAMEN

GB: Common Pipistrelle Bat
F: Pipistrelle commune
E: Murciélago enano
I: Pipistrello nano
NL: Dwergvleermuis
S: Dvärgfladdermus
PL: Karlik malutki

ALLGEMEINES

Erst vor wenigen Jahren wurde die Mückenfledermaus als eigenständige Art erkannt, und die Verbreitungsgebiete beider Zwillingsarten überlappen sich weitgehend. Daher sind viele der älteren Studien nicht mehr mit Sicherheit einer Art zuzuordnen oder enthalten gemischte Daten. Hier werden daher nur Veröffentlichungen aufgenommen und zitiert, die sich eindeutig auf die Zwergfledermaus beziehen.

Maße

Unterarm	28,0–34,5 mm
Fünfter Finger	37–41 mm
Dritter Finger	50–56 mm
Normalgewicht	3–7 g
CBL	10,4–11,9 mm
CM^3	3,8–4,4 mm

KENNZEICHEN

Eine kleine braun gefärbte Fledermaus mit dreieckigen Ohren. Oberseite dunkelbraun, manchmal auch rotbraun, im Süden auch heller gefärbt. Unterseite wenig heller gelbbraun, manchmal graubraun. Die nackten Hautpartien sind schwarzbraun gefärbt, die Hautpartien rund um die Augen und im Inneren des Ohres sind nicht wesentlich aufgehellt. Zwischen den Nasenlöchern ist kein senkrechter Hautwulst vorhanden. Der Saum der Flughäute hat oft einen schmalen, aufgehellten Saum. Die Schwanzflughaut ist nur im körpernahen Bereich behaart. Der Penis ist graubraun und weist ein auffälliges helles Mittelband auf. Der erste obere Schneidezahn (I^2) ist kräftig und weist zwei Spitzen auf, die Spitze des zweiten oberen Schneidezahns (I^3) ist kürzer als die kurze Spitze des ersten – die drei Zahnspitzen bilden somit eine gleichmäßige Staffelung. Zwischen dem Eckzahn (C^1) und dem großen Prämolar (P^4) ist im Oberkiefer von der Seite aus gesehen ein weiterer kleiner Prämolar (P^3) deutlich sichtbar.

Ähnliche Arten

Den anderen *Pipistrellus*-Arten sehr ähnlich, jedoch durch das gestaffelte Erscheinungsbild der Spitzen der oberen Schneidezähne und die Penismorphologie von den meisten *Pipistrellus*-Arten unterschieden. Die Rauhhautfledermaus hat außerdem einen längeren fünften Finger (> 42 mm) und eine behaarte Oberseite der Schwanzflughaut. Zur Unterscheidung von der Mückenfledermaus s. dort.

ORTUNGSLAUTE

Bis 10 ms lange, im Anfangsbereich frequenzmodulierte und im Endteil nahezu frequenzkonstante Laute mit einer Endfrequenz von 42–51 kHz, meist von 44–47 kHz. Sozialrufe sind meist vier- bis fünfteilige Triller [3].

VERBREITUNG

Große Teile Europas bis 56° N. Die nördliche Verbreitungsgrenze ist unsicher, da zahlreiche der älteren Nachweise auf Vorkommen der Mückenfledermaus beruhen. Die nördlichsten sicher belegten Nachweise stammen aus Südfinnland bei 60° N [17]. Außerhalb Europas gibt es Vorkommen in Nordwest-Afrika, Kleinasien, dem Mittleren Osten ostwärts bis Iran und Afghanistan [4, 10].

Unterarten und geographische Variabilität

Im Bearbeitungsgebiet nur die Nominatform. Möglicherweise stellen die nord-

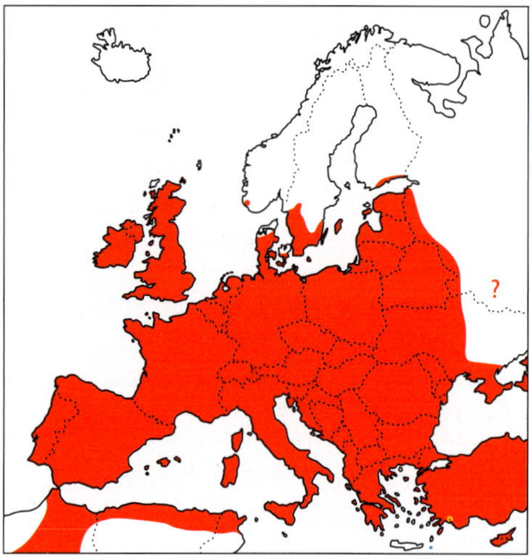

Bild 436. Die Zwergfledermaus gehört zu den häufigsten Fledermausarten in Mitteleuropa und kommt hier flächendeckend vor. Foto: C. Dietz

west-afrikanischen Zwergfledermäuse eine eigene Unterart dar [4]. In der Osttürkei, dem Nahen Osten und der Kaukasusregion kommt die etwas kleinere und heller gefärbte *P. p. aladdin* vor. Die Libyschen Zwergfledermäuse wurden mittlerweile als eigene, der Mückenfledermaus nah verwandte Art *(P. hanaki)* beschrieben [4]. Die sehr ausgeprägte Variabilität innerhalb der *P. pipistrellus*-Gruppe lässt es bislang nicht zu, die mediterranen Populationen sicher einzuordnen. So gibt es in Ostgriechenland und der Türkei sehr kleine, hell gefärbte Tiere, die außer in der Penismorphologie sehr an die Mückenfledermaus erinnern. Innerhalb der Zwergfledermäuse Marokkos gibt es neben Tieren mit typischem *P. pipistrellus*-Penis auch Tiere, die eine eigentlich für *P. pygmaeus* typische Penisfärbung aufweisen, sich in den untersuchten Gen-Abschnitten jedoch nicht voneinander unterscheiden [eigene Daten].

LEBENSRAUM

Eine in ihren Lebensraumansprüchen sehr flexible Art [12], die von Innenstädten

Bild 437. Die Zwergfledermaus weist eine wenig zur Oberseite kontrastierende Unterseitenfärbung auf. Foto: D. NILL

bis zu ländlichen Siedlungen und in nahezu allen Habitaten vorkommt. Wo vorhanden, werden allerdings Wälder und Gewässer bevorzugt.

Quartiere

Ein weitgehender Kulturfolger: Sommerquartiere und Wochenstuben finden sich in einem breiten Spektrum an Spalträumen von Gebäuden, meist hinter Verkleidungen und Zwischendächern. Einzeltiere können auch in Felsspalten und vereinzelt auch hinter Rinde von Bäumen gefunden werden. Eine Vielzahl von Einzelfunden deutet darauf hin, dass Winterquartiere vermutlich ebenfalls an Gebäuden liegen. Größere Gruppen überwinternder Tiere werden auch in Felsspalten und in unterirdischen Kellern, Tunneln und Höhlen gefunden. In der Slowakei und in Rumänien gibt es Massenwinterquartiere in Höhlen [11].

Bild 438. Bei invasionsartigen Einflügen der Zwergfledermaus im Spätsommer in Gebäude können zahlreiche Tiere umkommen, wie hier in einem Kamin. Foto: C. DIETZ

VERHALTEN

Wochenstuben umfassen meist 50 bis 100 Tiere, nur in seltenen Fällen sind bis zu 250 Weibchen anwesend. Ältere Angaben von 1000 Tieren und mehr dürften sich auf die Mückenfledermaus beziehen. Quartiergebäude werden oft durch Kot markiert, der im Flug an Wänden und Fensterscheiben abgesetzt wird. Die Weibchen sind weniger quartiertreu als andere Gebäude bewohnende Arten, einzelne Weibchen und auch ganze Wochenstubenverbände ziehen im Schnitt alle zwölf Tage um [7]. Winterquartiere in Gebäuden werden von Einzeltieren oder wie in geeigneten Felsspalten von mehreren hundert Individuen genutzt. Einige trockene Kellerräume von Schloss- und Burganlagen werden von bis zu 5000 Zwergfledermäusen aufgesucht [14, allg. Lit. 120]. In der Slowakei und vor allem in

Bild 439. Zwergfledermaus beim Quartierabflug. Der Eingang zu Quartieren dieser Art ist an den an der Wand klebenden Kotkrümeln meist gut zu finden. Foto: D. Nill

Rumänien gibt es in Höhlen Massen-Winterquartiere. In den 1960er-Jahren wurde in den rumänischen Karpaten eine Höhle mit über 60 000 Zwergfledermäusen entdeckt [6], eine Kolonie, die heute etwa 34 000 Tiere umfasst [11]. Solche riesigen Winteraggregationen scheinen für das Karpatenbecken typisch zu sein, sie treten weder im Mittelmeerraum noch in anderen Regionen Europas in diesem Maße auf [9]. An großen Winterquartieren schwärmen Zwergfledermäuse von Mai bis September, mit Schwerpunkt im August [14]. Es werden regelmäßig Invasionen in leer stehende Gebäude bzw. in als Quartier ungeeignete Räume beobachtet [8]. In manchen Fällen gelangen Hunderte Zwergfledermäuse, vor allem Jungtiere, über gekippte Fenster in Wohnungen. Doppelglasscheiben, Lampenkörper, Kamine oder Rohre können zu Fallen werden, in denen bis weit über 1000 Tiere umkommen [13]. In manche Gebäude erfolgen Invasionen in mehreren Jahren, meist in Großstädten. Das Dominieren von Jungtieren (90–99%) und die räumliche Nähe zu Winterquartieren könnten auf ein Verfliegen unerfahrener Tiere im Zuge von Explorationsversuchen (Erkundung neuer Quartiermöglichkeiten) oder von Wanderungen hindeuten. Sind erst einmal einige Fledermäuse in eine solche Falle geraten, locken sie durch ihre Soziallaute immer weitere Artgenossen an. Eine Häufung von Invasionsquartieren in der Nähe eines Massen-Winterquartieres wurde in Marburg beobachtet [15].

FORTPFLANZUNG

Ein Großteil der Jungtiere erreicht die Geschlechtsreife im ersten Herbst. Adulte Männchen etablieren Paarungsquartiere, in die sie mit Singflügen Weibchen locken und so Harems von bis zu zehn Weibchen aufbauen. Wochenstuben werden ab Mai bezogen, die Geburt von 1–2 Jungen erfolgt Mitte Juni, teilweise auch erst bis Anfang Juli. Neugeborene haben eine Unterarmlänge von 11–12 mm und ein Gewicht von 1–1,4 g. Mit zehn Tagen erreichen sie 19 mm und 3,3 g, mit 20 Tagen 27 mm und 4,1 g. Sie sind mit spätestens vier Wochen selbstständig, die Wochenstuben lösen sich dann rasch auf.

Bild 440. Die Fellfärbung der Zwergfledermaus ist variabel, hier ein dunkelbraunes Tier mit einzelnen weißen Haaren. Foto: C. Dietz

NAHRUNGSERWERB

Der Flug ist wendig und kurvenreich. Meist werden lineare Strukturen auf festen Flugbahnen abpatrouilliert und entdeckte Beute in raschen Manövern und Sturzflügen erbeutet. Einzelne Tiere können

Bild 441. Bei den Zwergfledermäusen der Westtürkei sind Gesicht und Ohren viel heller gefärbt als in weiten Teilen Europas, die Tiere erinnern an die Mückenfledermaus. Foto: C. Dietz

stundenlang kleinräumig jagen, so z.B. um Straßenlampen.

NAHRUNG

Hinsichtlich ihrer Beute ist die Zwergfledermaus ein Generalist, Zweiflügler bilden aber immer den Großteil der Nahrung [2], daneben kommen zahlreiche weitere kleinere Fluginsekten in der Nahrung vor. Je nach Jagdhabitat dominieren Zuckmücken oder Fliegen, bei sehr gutem Nahrungsangebot lässt sich eine selektive Jagd auf wenige Insektenarten vermuten.

HÖCHSTALTER

Das Höchstalter liegt bei über 16 Jahren, die durchschnittliche Lebenserwartung dagegen lediglich bei 2,2 Jahren. Die jährliche Überlebensrate juveniler Zwergfledermäuse im Marburger Schloss wurde im Mittel auf 53%, diejenige adulter auf bis zu 80% geschätzt [allg. Lit. 120].

ORTSWECHSEL UND WANDERUNGEN

Ortstreue Art mit Saisonüberflügen zwischen Sommer- und Winterquartier von unter 20 km. Einige wenige Fernwanderungen wurden publiziert. Einige beruhen auf Verwechslungen mit der Rauhhautfledermaus, bei anderen besteht nun der Verdacht, dass es sich um Mückenfledermäuse gehandelt haben könnte. Der weiteste Überflug mit 1123 km betrifft ein Tier aus der Ukraine, das in Bulgarien tot aufgefunden wurde und sich im Naturkundemuseum in Sofia befindet. Bei dem Belegtier handelt es sich zwar eindeutig um eine Zwergfledermaus, es ist aber zu vermuten, dass der Ring für Ausstellungszwecke an ein anderes Präparat angeheftet wurde [Ivanova, Petrov mündlich].

Raumnutzung

Wochenstubenquartiere werden von Einzeltieren bis in 15 km Entfernung und von ganzen Wochenstubenverbänden bis in 1,3 km gewechselt [7]. Schwärmquartiere werden in bis zu 22,5 km Entfernung aufgesucht [7]. Dahingegen liegen die Jagdgebiete normalerweise wesentlich näher an den Wochenstuben, in England beträgt die mittlere Entfernung der Jagdgebiete 1,5 km und ihre mittlere Ausdehnung 92 ha [5].

GEFÄHRDUNG

Rote Liste der IUCN 2008: LC (Least Concern), FFH-Anhang IV, Rote Liste BRD: – (ungefährdet). In weiten Teilen Europas häufig, Populationen teilweise auch nach Jahrzehnten der Zunahme immer noch im Wachsen begriffen [1]. Dennoch lokal von Quartierzerstörung und Pestizideinsätzen bedroht. Insbesondere die Massenwinterquartiere im Karpatenbecken sind durch Höhlentourismus gefährdet.

SCHUTZMASSNAHMEN

Schutz der Koloniestandorte und insbesondere der Massenwinterquartiere in Höhlen vor Störungen.

OFFENE FRAGEN

- Wo liegt die nördliche Verbreitungsgrenze in Europa?
- Bilden die nordafrikanischen und möglicherweise auch andere mediterrane Populationen eigene Unterarten oder gar Arten?
- Zu welchen Arten gehören die „Zwergfledermäuse“ früherer Studien? So weit vorhanden sollten Belegexemplare auf ihre Artzugehörigkeit hin überprüft werden.
- Zu welcher Art gehören die wenigen Nachweise fernwandernder Tiere?

SPEZIELLE LITERATUR

1. Arlettaz, R., G. Berthoud & M. Desfayes (1998): Tendances démographiques opposées chez deux espèces sympatriques de chauves-souris, *Rhinolophus hipposideros* et *Pipistrellus pipistrellus*: un possible lien de cause à effet? – Le Rhinolophe **13**: 35–41.
2. Arnold, A., U. Häussler & M. Braun (2003): Zur Nahrungswahl von Zwerg- und Mückenfledermaus (*Pipistrellus pipistrellus* und *P. pygmaeus*) im Heidelberger Stadtwald. – Carolinea **61**: 177–183.
3. Barlow, K. E. & G. Jones (1997): Differences in songflight calls and social calls between two phonic types of the vespertilionid bat *Pipistrellus pipistrellus*. – J. Zool. **241**: 315–324.
4. Benda, P., P. Hulva & J. Gaisler (2004): Systematic status of African populations of *Pipistrellus pipistrellus* complex (Chiroptera: Vespertilionidae), with a description of a new species from Cyrenaica, Libya. – Acta Chiropterologica **6**: 193–217.
5. Davidson-Watts, I. & G. Jones (2006): Differences in foraging behaviour between *Pipistrellus pipistrellus* and *Pipistrellus pygmaeus*. – J. Zool. **268**: 55–62.
6. Dumitresco, M. & T. Orghidan (1963): Contribution à la connaissance de la biologie de *Pipistrellus pipistrellus*. – Annales de Spéléologie **18**: 511–517.
7. Feyerabend, F. & M. Simon (2000): Use of roosts and roost switching in a summer colony of 45 kHz phonic type pipistrelle bats *(Pipistrellus pipistrellus)*. – Myotis **38**: 51–59.
8. Godmann, O. & W. Rackow (1997): Invasionen der Zwergfledermaus *(Pipistrellus pipistrellus)* in verschiedenen Gebieten Deutschlands. – Nyctalus (N.F.) **5**: 395–408.
9. Horáček. I. & H. Jahelková (2005): History of *Pipistrellus pipistrellus* group in Central Europe in light of its fossil record. – Acta Chiropterologica **7**: 189–204.
10. Hulva, P., I. Horáček, P. P. Strelkov & P. Benda (2004): Molecular architecture of *Pipistrellus pipistrellus/Pipistrellus pygmaeus* complex (Chiroptera: Vespertilionidae): further cryptic species and Mediterranean origin of the divergence. – Mol. Phyl. Evol. **32**: 1023–1035.
11. Nagy, L. Z. & L. Szanto (2003): The occurrence of hibernating *Pipistrellus pipistrellus* in caves of the Carpathian basin. – Acta Chiropterologica **5**: 155–160.
12. Oakeley, S. F. & G. Jones (1998): Habitat around maternity roosts of the 55 kHz phonic type of pipistrelle bats *(Pipistrellus pipistrellus)*. – J. Zool. **245**: 222–228.
13. Roer, H. (1981): Zur Heimkehrfähigkeit der Zwergfledermaus *(Pipistrellus pipistrellus)*. – Bonn. Zool. Beitr. **32**: 13–30.
14. Sendor, T., K. Kugelschafter & M. Simon (2000): Seasonal variation of activity patterns at a pipistrelle *(Pipistrellus pipistrellus)* hibernaculum. – Myotis **38**: 91–109.
15. Smit-Viergutz, J. & M. Simon (2000): Eine vergleichende Analyse des sommerlichen Schwärmverhaltens der Zwergfledermaus (45 kHz Ruftyp, *Pipistrellus pipistrellus*) an Invasionsorten und im Winterquartier. – Myotis **38**: 69–89.
16. Taake, K.-H. & H. Vierhaus (2004): *Pipistrellus pipistrellus* – Zwergfledermaus. – In: F. Krapp (Hrsg.): HB Säugetiere Europas **4-II**: 761–814; Aula Verlag.
17. Wermundsen, T. & Y. Siivonen (2004): Distribution of *Pipistrellus* species in Finland. – Myotis **41/42**: 93–98.

Bild 442. Ausschnitt aus einer Winterschlafkolonie der Zwergfledermaus in der Deckenspalte eines Bunkers. Foto: C. Dietz

Bild 443. Die aufgehellten Hautpartien zwischen Auge und Ohr und der helle Ohrgrund sind typisch für die Mückenfledermaus. Foto: D. Nill

Mückenfledermaus
Pipistrellus pygmaeus (Leach, 1825)

Maße

Unterarm	27,7–32,3 mm
Fünfter Finger	33–40 mm
Dritter Finger	46–55 mm
Normalgewicht	4–7 g
CBL	10,7–11,4 mm
CM^3	3,7–4,4 mm

NAMEN

GB: Soprano Pipistrelle Bat
F: Pipistrelle pygmée
E: Murciélago pigmeo
I: Pipistrello pigmeo
NL: Kleine dweergvleermuis
S: Dvärgfladdermus
PL: Karlik drobny

ALLGEMEINES

Seit den 1980er-Jahren war bekannt, dass es in weiten Teilen Europas zwei Ruftypen der Zwergfledermaus gibt, die sich in ihren Frequenzbändern deutlich unterscheiden, mit einer Häufung um 45 und um 55 kHz. Als die beiden Ruftypen in England sympatrisch gefunden wurden und es sich zeigte, dass sie gesonderte Kolonien bilden [21, 23], kam der Verdacht auf, es handle sich um zwei Arten. Dies konnte kurz darauf mit genetischen Methoden bestätigt werden [5, allg. Lit. 78]. Mit der Beschreibung sicherer Merkmale zur Bestimmung der neu entdeckten Mückenfledermaus aufgrund ihrer Echoortungslaute und morphologischer Merkmale in der Hand [15, 17], war die Möglichkeit gegeben, die Verbreitung großräumig zu untersuchen. Mittlerweile liegen Nachweise aus nahezu ganz Europa vor. Wegen der Seltenheit der Zwergfledermaus in Skandinavien können ältere schwedische Arbeiten der Mückenfledermaus zugeordnet werden [13, 14, allg. Lit. 40].

KENNZEICHEN

Eine sehr kleine Fledermaus mit auffällig kurzer heller Schnauze, stark gewölbter Stirn und kurzen hellen Ohren. Das sehr dichte Fell ist an der Unterseite nur unwesentlich heller als auf der ohnehin hellen Oberseite, die typischerweise sand- oder rötlichbraun ist. Insgesamt wirkt sie dadurch oft bunter als die Zwergfledermaus.

Bei der Mückenfledermaus sind alle Hautpartien heller braun als bei der Zwergfledermaus, insbesondere ist das Innere der Ohrmuschel und die kaum behaarte Region um das Auge stark aufgehellt. Ein kleiner erhöhter Wulst zwischen den Nasenlöchern kommt nahezu ausschließlich bei der Mückenfledermaus vor. Im Gegensatz zu den hellen bis weißlichen Drüsenpolstern im Mundwinkel der Zwergfledermaus haben sie gelblichbraune bis orangefarbene Buccaldrüsen. Die Behaarung auf der Schwanzflughaut ist ähnlich der Rauhhautfledermaus und reicht damit wesentlich weiter als bei der Zwergfledermaus. Ein sehr verlässliches Merkmal ist die Färbung des Penis, der bei der Mückenfledermaus gelblichweiß und an seinen Seitenpolstern oft sogar orange gefärbt ist, während der Penis der Zwergfledermaus graubraun mit hellem Mittelstreifen ist. Bei den Mückenfledermaus-Weibchen ist zumindest zur Reproduktionszeit die Haut um die Vagina ebenfalls gelblichorange gefärbt. Erwachsene Mückenfledermäuse, insbesondere die Männchen, haben oft einen deutlichen Geruch nach Moschus. Der Flügel ist am Hinterrand oft hell bis weißlich gesäumt. Ein zunächst als brauchbar erachtetes Längenmerkmal an der Flügelspitze [15, 16] führt oftmals zu keiner sicheren Artbestimmung. Die durch die elastischen Fasern gebildeten Zellen im Flügel bilden dagegen ein bei den meisten Tieren zutreffendes Merkmal: Neben der zwischen dem fünften Fingerstrahl und dem Ellbogen durchgehend verlaufenden Zelle ist bei der Mückenfledermaus auch die darüberliegende, am fünften Finger ansetzende Zelle bis zum Unterarm ungeteilt. Gebissmerkmale gleichen der Zwergfledermaus.

Ähnliche Arten

Leicht mit der Zwergfledermaus zu verwechseln (s. Kennzeichen). Kleiner als Rauhhaut- und Weißrandfledermaus, bei diesen beiden ist der fünfte Finger länger als 40 mm.

ORTUNGSLAUTE

Der Zwergfledermaus sehr ähnliche, bis zu 10 ms lange Rufe mit einer Endfrequenz von 50–60 kHz, meist um 54–55 kHz. Verwechslungsmöglichkeiten bestehen in einem Überlappungsbereich von 50–52 kHz mit der normalerweise tiefer rufenden Zwergfledermaus und mit der zwischen 49 und 53 kHz liegenden Endfrequenz der Rufe der Langflügelfledermaus. Dahingegen sind die dreiteiligen Balz- und Sozialrufe charakteristisch und von der Zwergfledermaus deutlich verschieden. [allg. Lit. 40].

VERBREITUNG

Über Süd- und Mitteleuropa sympatrisch mit der Zwergfledermaus vorkommend [allg. Lit. 78]. Die Verbreitung reicht vom gesamten europäischen Mittelmeerraum inklusive des westlichen Kleinasiens und Zyperns bis etwa 63° N in Norwegen, nach Osten bis zum Kaukasus und weiter nach Sibirien. Bislang keine Nachweise aus Nordafrika oder dem Nahen Osten [7, 20]. Das durch publizierte Nachweise belegte Verbreitungsgebiet reicht von der Iberischen Halbinsel bis Irland, Skandinavien, den europäischen Mittelmeerraum und die ganze Balkanhalbinsel bis in die Türkei und Zypern, Moldawien, Georgien, die Ukraine, Aserbaidschan und Russland [6, 8, 10, 11, 15, 16, 24, 25, 26, 28, allg. Lit. 78, KAPFER, LIMPENS, SACHANOWICZ schriftlich, eigene Daten].

Unterarten und geographische Variabilität

Monotypische Art, genetische Untersuchungen zeigen eine große Übereinstimmung der Sequenzen aus dem gesamten

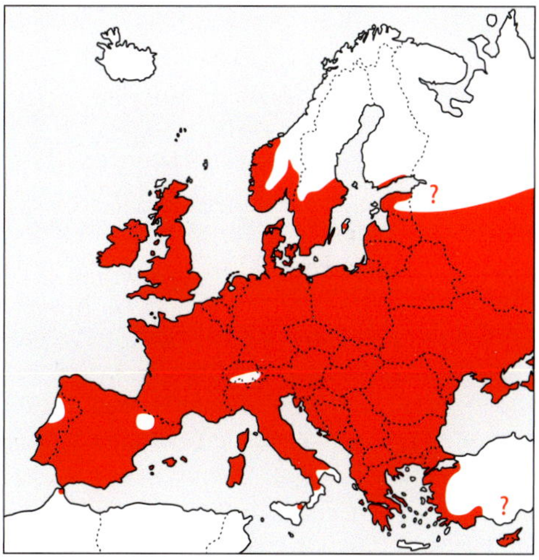

Bild 444. Jungtiere der Mückenfledermaus, hier ein junges Weibchen, sind dunkler gefärbt. Foto: C. DIETZ

Bild 445. Einblick in eine Wochenstube der Mückenfledermaus, bei dem rechten Tier ist der für die Art charakteristische Wulst zwischen den Nasenlöchern deutlich zu sehen. Foto: D. Nill

Verbreitungsgebiet [20, allg. Lit. 78]. In Libyen und auf Kreta kommt die nahe verwandte größere *P. hanaki* vor.

LEBENSRAUM

Wesentlich stärker auf Auwälder (Hartholz- und Weichholzaue), Niederungen und Gewässer jeder Größenordnung, insbesondere Altarme angewiesen als die Zwergfledermaus, die ein breiteres Habitatspektrum annimmt. Vor allem während der Trächtigkeit und Zeit der Jungenaufzucht werden Gewässer und deren Randbereiche als hauptsächliche Jagdgebiete angenommen, nach der Jungenaufzucht wird ein breiteres Spektrum, z.B. auch entlang von Vegetationskanten genutzt [6]. Im Mittelmeerraum und an der Schwarzmeerküste kann die Art häufig jagend über dem Meer in flachen Buchten und über Lagunen angetroffen werden [eigene Daten]. Im gesamten Verbreitungsgebiet werden landwirtschaftliche Nutzflächen und Grünland gemieden.

Quartiere

Wochenstubenquartiere liegen in Außenverkleidungen von Häusern, Flachdachverkleidungen, Zwischendächern und Hohlwänden [4, 9, 11, 15, 16], an Jagdkanzeln [16] oder in Baumhöhlen und in Fledermauskästen [8]. Zur Paarungszeit werden exponierte Baumhöhlen, Fledermauskästen und Gebäude sowie Beobachtungstürme besiedelt [11, 23]. Winternachweise sind bislang spärlich und stammen meist aus Gebäuden [15, 24] und Baumquartieren [18], aber auch aus Fledermauskästen [8]. Vermutlich überwintert die Mehrzahl der Tiere in Baumquartieren.

VERHALTEN

Wochenstuben der Mückenfledermaus sind in der Regel wesentlich individuenreicher als bei der Zwergfledermaus: in England können sie mindestens 800 Weibchen umfassen [4, 9], die größten Quartiere in Deutschland beherbergen bis zu 1000 [16], in Bulgarien 120 Tiere [11]. Es gibt aber durchaus auch kleine Wochenstuben von 15–20 Weibchen. In Fledermauskästen wurde sie vergesellschaftet mit der Brandtfledermaus gefunden [8, Ohlendorf mündlich].

FORTPFLANZUNG

Die Geschlechtsreife erreichen die Jungtiere schon im ersten Herbst [14, allg. Lit. 40, eigene Daten]. In Bulgarien erfolgt die Geburt von meist Zwillingen in der zweiten Juni-Hälfte [eigene Daten], in der Uckermark bereits in den ersten Junitagen [8]. Adulte Männchen beziehen bereits ab Juni Balz- und Paarungsquartiere, in die sie mit Balzflügen ab Ende Juli bis zu zwölf Weibchen locken [13]. Solche Paarungsquartiere werden über Jahre aufgesucht [13]. Das Harems-Männchen akzeptiert auch junge, noch nicht geschlechtsreife Männchen im Quartier [11]. Paarungen erfolgen im August und September, aber auch bis in den Oktober hinein [8, allg. Lit. 40, eigene Daten], eine Paarung wurde im März beobachtet [19].

NAHRUNGSERWERB

Die Mückenfledermaus ist äußerst wendig und jagt im Mittel kleinräumiger und stärker an der Vegetation als die Zwergfledermaus [1, 9]. So jagt sie häufig unter überhängenden Ästen an Gewässern, in eng begrenzten Vegetationslücken im Wald oder über Kleingewässern. Einzelbüsche oder Bäume werden intensiver abgeflogen als durch die weiträumiger patrouillierende Zwergfledermaus. Oft erfolgt die Jagd aber syntopisch mit der Zwergfledermaus [24].

NAHRUNG

Die Nahrung unterscheidet sich prinzipiell nicht von der der Zwergfledermaus und umfasst Zweiflügler, Hautflügler und Netzflügler, nur zu einem sehr geringen Anteil weitere Fluginsekten [1]. Aufgrund der von der Zwergfledermaus verschiedenen Habitatwahl dominieren jedoch bei der Mückenfledermaus Insekten von Flussniederungen und Auen wie Zuckmücken, Gnitzen und Eintagsfliegen [3].

HÖCHSTALTER

Das nachgewiesene Höchstalter schwedischer Tiere beträgt über acht Jahre, die mittlere Lebenserwartung liegt bei mindestens 1,2–1,6 Jahren [14].

ORTSWECHSEL UND WANDERUNGEN

Es liegen kaum gesicherte Erkenntnisse vor. Einige der bislang der Zwergfledermaus zugeordneten Langstreckenflüge könnten jedoch die Mückenfledermaus betreffen. Das Auftreten von balzenden Tieren und von Paarungsgruppen in Gebieten, in denen die Art im Sommer nicht gefunden wurde, spricht für zumindest kleinräumige Wanderungen. Zwei in Sachsen-Anhalt markierte Tiere wurden in größeren Entfernungen wiedergefunden. Ein in einer Wochenstube markiertes Tier wurde knapp ein Jahr später an der kroatischen Adriaküste aufgefunden, die Entfernung betrug 775 km [Ohlendorf schriftlich]. Ein weiterer Überflug in Deutschland betrug mindestens 178 km [Ohlendorf schriftlich].

Raumnutzung

Die Mückenfledermaus nutzt Jagdgebiete, die weiter von der Wochenstube entfernt sind als diejenigen der Zwergfledermaus, im Mittel in 1,7 km Entfernung vom Quartier. Auch die Gesamtausdehnung der Jagdgebiete ist größer, allerdings sind die beflogenen Teiljagdgebiete kleiner als bei der Zwergfledermaus [9]. Insgesamt scheint die Mückenfledermaus gezielter und kleinräumiger als die Zwergfledermaus zu jagen, jedoch in einem größeren Gesamtareal [9].

GEFÄHRDUNG

Rote Liste der IUCN 2015: C (Least Concern), FFH-Anhang IV, Rote Liste BRD: D (Daten defizitär). Keine zuverlässigen Bestandsangaben, lokal jedoch nicht selten. In weiten Bereichen des Verbreitungsgebietes seltener als die Zwergfledermaus, quantitative Daten gibt es bislang nur aus der Schweiz, hier wurde geschätzt, dass die Zwergfledermaus 30mal häufiger ist [27]. Im Gegensatz dazu ist die Mückenfledermaus in Griechenland die häufigere Art [eigene Daten]. Die Bevorzugung naturnaher Auwälder und die großen an Gebäu-

Bild 446. Männchen der Mückenfledermaus beziehen gerne Balzquartiere in spaltenförmigen Fledermauskästen. Foto: C. Dietz

Bild 447. Jagende Mückenfledermaus in ihrem typischen Lebensraum. Foto: D. Nill

den befindlichen Quartiere machen die Art anfällig für Beeinträchtigungen durch die Forstwirtschaft und bei Sanierungsarbeiten in Siedlungen.

SCHUTZMASSNAHMEN

Naturnahe Waldwirtschaft mit hohem Altholzanteil und Erhalt von natürlichen Auwäldern. Erhalt natürlicher Flussläufe und großräumiger Überschwemmungsflächen. Schutz der Kolonien insbesondere bei Gebäudesanierungen.

OFFENE FRAGEN

- Wo verlaufen die Verbreitungsgrenzen in Europa im Detail? Wie weit reicht die Verbreitung im Norden und Osten?
- Gehört die Art zu den Langstreckenziehern?
- Ziehen nur einzelne Individuen oder größere Teile der Populationen?
- Wo liegen die hauptsächlichen Überwinterungsgebiete?
- Gibt es Interaktionen zwischen Zwerg- und Mückenfledermäusen?

SPEZIELLE LITERATUR

1. Arnold, A., U. Häussler & M. Braun (2003): Zur Nahrungswahl von Zwerg- und Mückenfledermaus (*Pipistrellus pipistrellus* und *P. pygmaeus*) im Heidelberger Stadtwald. – Carolinea **61**: 177–183.
2. Barlow, K. E., G. Jones & E. M. Barratt (1997): Can skull morphology be used to predict ecological relationships between bat species? A test using two cryptic species of pipistrelle. – Proc. R. Soc. Lond. B **264**: 1695–1700.
3. Barlow, K. E. (1997): The diets of two phonic types of the bat *Pipistrellus pipistrellus* in Britain. – J. Zool. **243**: 597–609.
4. Barlow, K. E. & G. Jones (1999): Roosts, echolocation calls and wing morphology of two phonic types of *Pipistrellus pipistrellus*. – Z. Säugetierk. **64**: 257–268.
5. Barratt, E. M., R. Deaville, T. M. Burland, M. W. Bruford, G. Jones, P. A. Racey & R. K. Wayne (1997): DNA answers the call of pipistrelle bat species. – Nature **387**: 138–139.
6. Bartonička, T. & Z. Řehák (2004): Flight activity and habitat use of *Pipistrellus pygmaeus* in a floodplain forest. – Mammalia **68**: 365–375.
7. Benda, P., P. Hulva, M. Andreas & M. Uhrin (2003): Notes in the distribution of *Pipistrellus pipistrellus* complex in the Eastern Mediterranean: First records of *P. pipistrellus* for Syria and *P. pygmaeus* for Turkey. – Vespertilio **7**: 87–95.
8. Blohm, T. & G. Heise (2005): Erste Ergebnisse zu Phänologie, Biometrie, Artkennzeichen, Ökologie und Vorkommen der Mückenfledermaus, *Pipistrellus pygmaeus*, in der Uckermark. – Nyctalus (N.F.) **9**: 544–552.
9. Davidson-Watts, I. & G. Jones (2006): Differences in foraging behaviour between *Pipistrellus pipistrellus* and *Pipistrellus pygmaeus*. – J. Zool. **268**: 55–62.

Bild 448. Mückenfledermäuse jagen vor allem in Feuchtgebieten und Auen. Foto: D. Nill

10. Dietz, C., I. Schunger, D. Nill, B. M. Siemers & T. Ivanova (2002): First record of *Pipistrellus pygmaeus* (Leach, 1825) (Chiroptera: Vespertilionidae) for Bulgaria. – Historia naturalis bulgarica **14**: 117–121.
11. Dietz, C., I. Schunger, Ö. Keşapli-Didrickson, A. Karataş & F. Mayer (2005): First record of *Pipistrellus pygmaeus* (Chiroptera: Vespertilionidae) in Anatolia. – Zoology in the Middle East **34**: 5–10.
12. Downs, N. C., V. Beaton, J. Guest, J. Polanski & S.L. Robinson (2003): The effects of illuminating the roost entrance on the emergence behaviour of *Pipistrellus pygmaeus*. – Biol. Conserv. **111**: 247–252.
13. Gerell, R. & K. Lundberg (1985): Social organization in the bat *Pipistrellus pipistrellus*. – Behav. Ecol. Sociobiol. **16**: 177–184.
14. Gerell, R. & K. Lundberg (1990): Sexual differences in survival rates of adult pipistrelle bats *(Pipistrellus pipistrellus)* in south Sweden. – Oecologia **83**: 401–404.
15. Häussler, U., A. Nagel, M. Braun & A. Arnold (1999): External characters discriminating sibling species of European pipistrelles, *Pipistrellus pipistrellus* and *P. pygmaeus*. – Myotis **37**: 27–40.
16. Häussler, U. & M. Braun (2003): Mückenfledermaus *Pipistrellus pygmaeus*. – In: M. Braun & F. Dieterlen (Hrsg.): Die Säugetiere Baden-Württembergs, Band 1: Allgemeiner Teil, Fledermäuse (Chiroptera): 544–568; Ulmer Verlag.
17. Helversen, O. von & M. Holderied (2003): Zur Unterscheidung von Zwergfledermaus *(Pipistrellus pipistrellus)* und Mückenfledermaus *(Pipistrellus mediterraneus/pygmaeus)* im Feld. – Nyctalus (N.F.) **8**: 420–426.
18. Helversen, O. von & C. Koch (2004): Mückenfledermaus, *Pipistrellus pygmaeus*. – In: A. Meschede & B.-U. Rudolph (eds.): Fledermäuse in Bayern: 276–279; Ulmer Verlag.
19. Horn, J. (2006): Paarung der Mückenfledermaus *(Pipistrellus pygmaeus)* im März. – Nyctalus (N. F.) **11**: 95–98.
20. Hulva, P., I. Horáček, P. P. Strelkov & P. Benda (2004): Molecular architecture of *Pipistrellus pipistrellus/Pipistrellus pygmaeus* complex (Chiroptera: Vespertilionidae): further cryptic species and Mediterranean origin of the divergence. – Mol. Phyl. Evol. **32**: 1023–1035.
21. Jones, G. & S. M. van Parijs (1993): Bimodal echolocation in pipistrelle bats: are cryptic species present? – Proc. R. Soc. Lond. B **251**: 119–125.
22. Oakeley, S. F. & G. Jones (1998): Habitat around maternity roosts of the 55 kHz phonic type of pipistrelle bats *(Pipistrellus pipistrellus)*. – J. Zool. **245**: 222–228.
23. Park, K. J., J. D. Altringham & G. Jones (1996): Assortative roosting in the two phonic types of *Pipistrellus pipistrellus* during the mating season. – Proc. R. Soc. Lond. B **263**: 1495–1499.
24. Presetnik, P., K. Koselj & M. Zagmajster (2001): First records of *Pipistrellus pygmaeus* (Leach, 1825) in Slovenia. – Myotis **39**: 31–34.
25. Rakhmatulina, I.K. & N.A. Hassanov (2002): *Pipistrellus pygmaeus* in Azerbaijan. – Plecotus et al. pars spec. **2002**: 98–99.
26. Russo, D. & G. Jones (2000): The two cryptic species of *Pipistrellus pipistrellus* occur in Italy: evidence from echolocation and social calls. – Mammalia **64**: 187–197.
27. Sattler, T. (2003): Ecological factors affecting the distribution of the sibling species *Pipistrellus pygmaeus* and *Pipistrellus pipistrellus* in Switzerland. – Diplomarbeit am Zoologischen Institut der Universität Bern.
28. Stadelmann, B., D. S. Jacobs, C. Schoeman & M. Ruedi (2004): Phylogeny of African *Myotis* bats (Chiroptera, Vespertilionidae) inferred from cytochrome b sequences. – Acta Chiropterologica **6**: 177–192.

Bild 449. Typische Adultfärbung der Mückenfledermaus. Foto: D. Nill

Bild 450. Auf Kreta sind adulte Männchen von Hanaks Zwergfledermaus durch aufgehellte Fellbereiche bunter gefärbt als die Weibchen. Foto: C. DIETZ

Hanaks Zwergfledermaus *Pipistrellus hanaki* HULVA & BENDA, 2004

NAMEN

GB: Hanak's Pipistrelle Bat
F: Pipistrelle de Libye

KENNZEICHEN

Die kleinste europäische Fledermausart. Weibchen und Jungtiere einheitlich dunkelbraun gefärbt. Adulte Männchen mit helleren Haaren auf dem Kopf und hinter den Ohren bunter gefärbt. Die Flügelfelderung entspricht derjenigen der Zwergfledermaus, auch die Penisfärbung ähnelt der Zwergfledermaus.

Ähnliche Arten

Auf Kreta kommen als ähnliche Arten nur *P. kuhlii* und *P. nathusii* vor, die anhand des Gebisses klar zu unterscheiden sind, auf der Kyrenaika nur *P. kuhlii*. Die zu Hanaks Zwergfledermaus ähnlichen *P. pipistrellus* und *P. pygmaeus* gibt es auf Kreta und der Kyrenaika nicht.

Maße

Unterarm	26,9 – 31,1 mm
Fünfter Finger	35,0 – 38,8mm
Dritter Finger	47,4 – 53,5 mm
Normalgewicht	3,5 – 4,9 g

ORTUNGSLAUTE

Echoortungsverhalten sehr ähnlich der Zwergfledermaus mit Bestfrequenzen von 43,6 – 55,2 kHz, wobei die hohen Bestfrequenzen v.a. kurze Laute nahe der Vegetation betreffen und die niedrigen Bestfrequenzen bei bis 10 ms langen Lauten des offenen Luftraumes auftreten. Die Soziallaute werden meist einzeln, selten mehrteilig emittiert und sind um 20 ms lang, breitbandig und multiharmonisch [5].

VERBREITUNG

Eng begrenzte Verbreitung auf der Kyrenaika im östlichen Libyen und auf Kreta [1-3].

UNTERARTEN

Nominatform in Libyen, auf Kreta kommt die kleinere *P. h. creticus* vor. Die Maße von *P. h. hanaki* von der Kyrenaika sind durchweg größer, so der Unterarm 31,2 – 33,4 mm.

LEBENSRAUM

Mediterrane Hartlaubbereiche und mediterrane Wälder im östlichen Libyen (Kyrenaika) und auf Kreta. Auf Kreta wird die ganze Bandbreite an Vegetationsformen bis in über 1000 Metern über dem Meer genutzt, Waldhabitate in alten Eichenbeständen und Auwälder werden jedoch bevorzugt.

Quartiere

Weibchenquartiere v.a. in Bäumen (Oliven, Eichen), aber auch in Gebäuden, Strommasten und Straßenlampen. Tagesquartiere von Männchen v.a. in Eichen, aber auch in Felsspalten. Die Quartiere werden häufig gewechselt.

VERHALTEN UND FORTPFLANZUNG

Die bislang aufgefundenen Wochenstuben sind klein mit Einzeltieren und Gruppen bis zu 20 Tieren [4]. Männchen hängen solitär. Die Art sucht regelmäßig auch kleine Wasserstellen zum Trinken auf. Die Weibchen kommen in niedrigeren Lagen (unter 600 Metern Meereshöhe) vor, Männchen v.a. in den höheren Lagen.

Ein oder zwei Junge je Weibchen, die Anfang bis Mitte Juni zur Welt kommen [4].

Bild 451. Die Weibchen von Hanaks Zwergfledermaus sind einheitlich dunkelbraun gefärbt. Foto: C. Dietz

NAHRUNGSERWERB UND NAHRUNG

Sehr wendiger Jagdflug v.a. in den Baumkronen von Eichen, aber auch in verwilderten Obstgärten und Olivenhainen [4]. Ortsränder und Straßenlampen werden ebenfalls bejagt. Jagdgebiete werden bis in über 3 km Entfernung vom Quartier aufgesucht [4].

GEFÄHRDUNG

Rote Liste der EU 2013: DD (Data Deficient) bei unbekanntem Populationstrend, Rote Liste der EU 2007 nicht bewertet, FFH-Anhang IV. Gefährdung durch forstliche Nutzung alter Eichenwälder, großflächige Waldbrände und Pestizideinsätze. Die geringe geographische Ausdehnung der Vorkommen macht die Art anfällig.

OFFENE FRAGEN

- Hält die Art Winterschlaf oder werden küstennahe Bereiche mit ganzjähriger Insektenverfügbarkeit aufgesucht?
- Gibt es weitere Vorkommen auf ostmediterranen Inseln?
- Unterscheidet sich die Nahrung der beiden Populationen

SPEZIELLE LITERATUR

1. Benda, P., P. Georgiakakis, C. Dietz, V. Hanak, K. Galanaki, V. Markantonatou, A. Chudarkova, P. Hulva & I. Horacek (2008): Bats of the Eastern Mediterranean and Middle East. Part 7. The bat fauna of Crete, Greece, - Acta Soc. Zool. Bohem. 72: 105-190.
2. Benda, P., P. Hulva & J. Gaisler (2004): Systematic status of African populations of *Pipistrellus pipistrellus* complex, with a description of a new species from Cyrenaika, Libya. – Acta Chiropterologica 6: 193-217.
3. Evin, A., I. Horacek & P. Hulva (2011): Phenotypic diversification and island evolution of pipistrelle bats (*Pipistrellus pipistrellus* group) in the Mediterranean region inferred from geometric morphometrics and molecular phylogenetics. – Journal of Biogeography 38: 2091-2105.
4. Georgiakakis, P. (2013): Exploring the feeding and roosting habits of Pipistrellus hanaki. – Eurobats Project Initiative, Final Report 2013, 24 S.
5. Georgiakakis, P. & D. Russo (2012): The distinctive structure of social calls by Hanak's dwarf bat *Pipistrellus hanaki*. – Acta Chiropterologica 14: 167-174.
6. Hulva, P., P. Benda, V. Hanak, A. Evin & I. Horacek (2007): New mitochondrial lineages within the *Pipistrellus pipistrellus* complex from mediterranean Europe. – Folia Zoologica 56: 378-388.
7. Hulva, P., I. Horácek, P.P. Strelkov & P. Benda (2004): Molecular architecture of *Pipistrellus pipistrellus/Pipistrellus pygmaeus* complex (Chiroptera: Vespertilionidae): further cryptic species and Mediterranean origin of the divergence. – Mol. Phyl. Evol. 32: 1023-1035.

Bild 452. Portrait einer Hanaks Zwergfledermaus von Kreta, das Erscheinungsbild ähnelt sehr der Zwergfledermaus, die Tiere sind aber kleiner. Foto: C. Dietz

Rauhhautfledermaus
Pipistrellus nathusii (Keyserling & Blasius, 1839)

Maße

Unterarm	32,2–37,1 mm
Fünfter Finger	41–48 mm
Dritter Finger	57–62 mm
Normalgewicht	6–10 g
CBL	12,5–13,3 mm
CM^3	4,5–4,8 mm

NAMEN

GB: Nathusius' Pipistrelle Bat
F: Pipistrelle de Nathusius
E: Murciélago de Nathusius
I: Pipistrello di Nathusius
NL: Nathusius' dwergvleermuis
S: Trollfladdermus
PL: Karlik większy

KENNZEICHEN

Kleine, relativ einfarbig braun gefärbte Fledermaus, das Rückenfell ist im Sommer rötlichbraun, nach dem Haarwechsel ab Ende Juli dunkelbraun mit grauen Spitzen. Die Unterseite ist kaum abgesetzt, etwas heller gelblichbraun. Die Schwanzflughaut ist auf ihrer Oberseite bis etwa zur Hälfte dicht behaart. Die Hautpartien sind dunkelbraun, die Flügel relativ lang und an ihrem Hinterrand oft mit einem unscharf begrenzten hellen Saum. Das vom Ellbogen bis zum fünften Fingerstrahl verlaufende Flügelfeld ist durch einen deutlichen Steg geteilt. Der erste obere Schneidezahn (I^2) ist kräftig und weist zwei Spitzen auf, der zweite obere Schneidezahn (I^3) ist lang und überragt die kurze Spitze des ersten. Von der Seite betrachtet ist zwischen Eckzahn (C^1) und dem großen Prämolar (P^4) im Oberkiefer ein weiterer kleiner Prämolar (P^3) deutlich sichtbar. Männchen haben einen charakteristischen eiförmigen Penis.

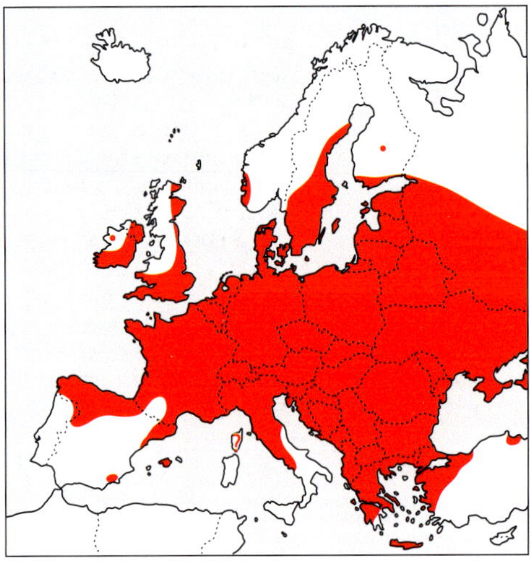

Ähnliche Arten

Den anderen *Pipistrellus*-Arten sehr ähnlich, der fünfte Finger ist jedoch meist länger als 43 mm (sehr selten nur 41 mm lang) und damit länger als bei Zwerg- und Mückenfledermaus. Die Weißrandfledermaus hat einen einspitzigen ersten oberen Schneidezahn (I^2) und der kleinere obere Prämolar (P^3) ist aus der Zahnreihe nach innen gerückt und von außen kaum oder nicht sichtbar. Zwischen dem zweiten und dritten unteren Schneidezahn (I_2 und I_3) weist die Rauhhautfledermaus meist eine deutliche Lücke auf, bei Weißrand- und Zwergfledermaus ist die Reihe meist geschlossen.

ORTUNGSLAUTE

Bis 12 ms lange, im Anfangsbereich frequenzmodulierte und im Endteil nahezu frequenzkonstante Laute mit einer Endfrequenz von 37–41 kHz. Eine sichere Unterscheidung von der Weißrandfledermaus ist nur anhand der Sozialrufe möglich.

VERBREITUNG

Große Teile Europas, nördlichste Nachweise bei 60° N in Schottland, Schweden, Finnland und Russland, im Westen bis ins östliche Irland, Frankreich und Nordspanien. Im Osten erreicht die Verbreitung den Ural und den Kaukasus. Aufgrund von weiten Saisonwanderungen kann die Art auch im Süden auftreten und die Peloponnes-Halbinsel und die westliche Türkei erreichen. Zwei Nachweise auf Island werden als verfrachtete Tiere angesehen [7]. Die Reproduktionsgebiete liegen vor allem im Nordosten des Verbreitungsgebietes, während die Wintergebiete weiter südwestlich liegen. In Deutschland ist allerdings eine scheinbare Ausweitung des Reproduktionsgebietes vom Erstnachweis einer Wochenstube 1965 in Mecklenburg-Vorpommern über die Besiedlung der Uckermark, Brandenburgs, Schleswig-Holsteins und Sachsen-Anhalts bis hin zu Wochenstubenfunden in Bayern zu beobachten [10, 14]. So scheinen auch die Niederlande, Großbritannien und Norditalien erst in den letzten Jahrzehnten besiedelt worden zu sein, und Wochenstuben haben sich erst in den letzten Jahren etabliert [6, 9, 12]. Auf der Balkanhalbinsel nur in Griechenland und Bulgarien viele Nachweise [eigene Daten], sonst sehr verstreute Einzelfunde. Allerdings gibt es in Nordbulgarien übersommernde Männchen und in der Nordwest-Türkei in geeigneten Gebieten Paarungsquartiere, sodass hier ebenfalls mit dauerhaften Vorkommen vergleichbar zu den neuen Funden im Nordosten der Iberischen Halbinsel [5] und möglicherweise auch mit Ansiedlungen kleiner Wochenstubenverbände zu rechnen ist [eigene Daten, 4].

Unterarten und geographische Variabilität

Nur die Nominatform, möglicherweise gibt es eine Größenkline von West nach Ost mit größeren Unterarmlängen im Osten.

LEBENSRAUM

Naturnahe reich strukturierte Waldhabitate: Laubmischwälder, feuchte Niederungswälder, Auwälder, aber auch Nadelwälder und Parklandschaften. Oft in der Nähe von Gewässern. Jagdgebiete liegen in Wäldern und an deren Rändern, häufig auch über Gewässern [2]. Jagende Tiere können vor allem zur Zugzeit auch in Siedlungen angetroffen werden. Wochenstuben im Tiefland, die höchsten Nachweise liegen unterhalb 500 m Höhe.

Quartiere

Als Quartiere werden in erster Linie Rindenspalten und Baumhöhlen bzw. Fledermaus- und Vogelkästen angenommen, mit denen sich die Art gut ansiedeln lässt. Wochenstubennachweise gibt es auch aus Holzverkleidungen von Scheunen, Häusern und Holzkirchen. Einzeltiere können sich in unterschiedlichsten Quartieren aufhalten: neben Baumquartieren auch in Dehnungsfugen und Fertigungsspalten von Brücken und in Felsspalten. Paarungsquartiere gerne an exponierten Stellen: Alleebäume, einzeln stehende Häuser, Brücken und Beobachtungstürme. Winterquartiere vor allem in Baumhöhlen und Holzstapeln, aber auch in Spalten an Gebäuden und Felswänden.

Bild 453. Balzendes Männchen der Rauhhautfledermaus, das durch seinen Gesang Weibchen anlocken will. Foto: C. Dietz

VERHALTEN

Wochenstuben umfassen je nach Raumangebot im Quartier meist 20, aber auch bis zu 200 Weibchen [14] und werden Anfang Mai belegt. Im Quartier häufig vergesellschaftet mit Brandt-, Teich- und Zwergfledermaus.

Bild 454. Rauhhautfledermaus im Flug. Foto: R. Verlinde

FORTPFLANZUNG

Ende Mai, Anfang Juni werden die Jungen, meist Zwillinge, selten auch Drillinge [13], geboren. Bereits Ende Juli lösen sich die Wochenstuben auf. Paarungen erfolgen in Wochenstubennähe (Ende August/Anfang September) oder auf dem Zug bis Anfang November, an denen auch die 3–4 Monate alten Jung-Weibchen erfolgreich teilnehmen. Insbesondere die ein- bis dreijährigen Weibchen sind reproduktiv wirksam und machen 75% des Wochenstubenbestandes aus [allg. Lit. 114]. Männchen beziehen im Herbst Paarungsquartiere sowohl nahe der Wochenstuben als auch entlang von Zugwegen und nahe den Winterquartieren. Mit Balzrufen locken sie vorbeiziehende Tiere an und vermitteln so auch Quartiere an ortsunkundige Tiere. Harems umfassen 3–10 Tiere, es werden auch Jung-Männchen im Quartier akzeptiert [3]. In bulgarischen und türkischen Paarungsquartieren fiel auf, dass die ortsansässigen Männchen noch das typische rotbraune Sommerfell aufwiesen, während die zugewanderten Weibchen bereits das grau überhauchte Winterfell trugen [eigene Daten].

NAHRUNGSERWERB

Jagdflüge erfolgen im schnellen und geradlinigen Flug, häufig entlang linearer Strukturen von Waldwegen, Schneisen und Waldrändern, aber auch entlang und über Gewässern, teilweise auch um Straßenlampen. Nicht ganz so wendig wie die Zwergfledermaus. Flughöhe meist in 3–20 Metern, über dem Wasser auch niedriger.

NAHRUNG

Die Nahrung besteht ausschließlich aus Fluginsekten, meist aus an Gewässer gebundenen Zweiflüglern (vor allem Zuckmücken, aber auch Stechmücken und Kriebelmücken), in geringem Umfang auch aus Köcherfliegen, Blattläusen, Netzflüglern und anderen kleinen Insekten [1, 12].

HÖCHSTALTER

Das nachgewiesene Höchstalter beträgt über 13 Jahre (Weibchen) bzw. über 14 Jahre (Männchen) [10]. Das Durchschnittsalter der Weibchen einer Wochenstube beträgt 2,7–3,0 Jahre, das der Männchen 2,5 Jahre. 56% der Jung-Weibchen erreichen das erste Lebensjahr, danach beträgt die jährliche Überlebensrate für adulte Weibchen 70,8%, für adulte Männchen mindestens 60,7%. Die durchschnittliche Lebenserwartung von Weibchen beträgt 1,95 Jahre [allg. Lit. 113].

ORTSWECHSEL UND WANDERUNGEN

Ein saisonaler Weitstrecken-Wanderer, dessen Zugverhalten seit Jahrzehnten intensiv untersucht wird. Europaweit wurden über 60000 Tiere markiert, der derzeit weiteste Überflug betrug 1905 km [8]. Im Herbst ziehen die Tiere vorherrschend nach SW, meist entlang von Küstenlinien und Flusstälern, es werden auch Gebirge wie die Alpen oder Pyrenäen überflogen. Die Überwinterungsgebiete der nordostdeutschen und der baltischen Population liegen 1000–2000 km entfernt vor allem in den Niederlanden, Frankreich, Süddeutschland, der Schweiz, Norditalien und dem Nordwesten der Balkanhalbinsel. Tiere aus dem russischen Voronesch-Gebiet wurden in bis zu 1600 km Entfernung in Bulgarien, Griechenland und der Türkei wiedergefunden [12]. Aus den Wochenstubengebieten ziehen im August zuerst die Weibchen, bis spätestens Oktober (im Norden auch schon bis September) die Männchen ab. In Süddeutschland treten noch bis Anfang November [allg. Lit. 36], in Slowenien bis Ende November [allg. Lit. 96] Durchzügler auf. Die Zugleistungen liegen bei 29–48 km pro Nacht, Einzeltiere erreichten bis knapp 80 km pro Nacht. Die Daten von Erst- und Letztbeobachtungen in einem Fledermauskastengebiet in Nordbrandenburg verschieben sich zunehmend zu früheren bzw. späteren Daten hin, eine Entwicklung, die mit der Klimaerwärmung in Zusammenhang gebracht wird [10].

Raumnutzung

Jagdgebiete liegen bis zu 6,5 km vom Quartier entfernt und können bis über 20 km² groß sein, innerhalb dieser Fläche werden aber 4–11 wesentlich kleinere Teiljagdgebiete von wenigen Hektar Ausdehnung beflogen [2, 11].

GEFÄHRDUNG

Rote Liste der IUCN 2008: LC (Least Concern), FFH-Anhang IV, Rote Liste BRD: – (ungefährdet). In Norddeutschland

Bild 455. Wochenstubenquartier der Rauhhautfledermaus in dem Spalt einer Buche in Thüringen. Foto: C. DIETZ

Bild 456. Die Wanderungen der Rauhhautfledermaus werden seit Jahrzehnten durch Markierung mit individuell nummerierten Aluminiumklammern untersucht. Foto: C. DIETZ

Bild 457. Die Rauhhautfledermaus verfügt über ein Paarungssystem, bei dem sich beide Geschlechter mit zahlreichen Partnern paaren. Entsprechend sind die an der Schwanzwurzel liegenden Nebenhoden der Männchen sehr groß, um einen großen Vorrat an Spermien zu ermöglichen. Foto: C. Dietz

deutliche Zunahme der Bestände und Ausdehnung nach Westen und Süden. Gefährdungen gehen von Insektenvernichtungsmaßnahmen und während des Zuges von Windkraftanlagen und Straßen aus. Die Forstwirtschaft hat großen Einfluss auf die Verfügbarkeit natürlicher Quartiere.

SCHUTZMASSNAHMEN

Erhalt von Auwäldern und Förderung von Altholzbeständen in Wäldern. Verzicht auf Pestizideinsätze in Wäldern. Erhalt unzerschnittener Durchzugsgebiete und Verhinderung einer erhöhten Sterblichkeit auf dem Zug z.B. durch Windräder oder Straßen.

Bild 458. Rauhhautfledermäuse sind vorwiegend braun gefärbt. Foto: C. Dietz

OFFENE FRAGEN

- Lassen sich trotz des ausgeprägten Wanderverhaltens verschiedene voneinander abgegrenzte Populationen ermitteln?
- Haben Männchen, die sich näher an den Wintergebieten ansiedeln, einen höheren Reproduktionserfolg als wochenstubennah siedelnde Männchen?
- Betreffen die Arealausweitungen alle Populationen und welche Bedingungen sind dafür notwendig?
- Wie reagieren die Populationen an der nördlichen Verbreitungsgrenze auf die Klimaerwärmung?
- Wie wirken sich lokal zunehmende Bestände auf sympatrische Vorkommen der Zwerg- und der Mückenfledermaus aus?

SPEZIELLE LITERATUR

1. Arnold, A., M. Braun, N. Becker & V. Storch (2000): Zur Nahrungsökologie von Wasser- und Rauhhautfledermaus in den nordbadischen Rheinauen. – Carolinea **58**: 257–263.
2. Arnold, A. & M. Braun (2002): Telemetrische Untersuchungen an Rauhhautfledermäusen *(Pipistrellus nathusii)* in den nordbadischen Rheinauen. – Schriftenreihe für Landschaftspflege und Naturschutz **71**: 177–189.
3. Ciechanowski, M. & T. Jarzembowski (2004): The size and number of harems in the polygynous bat *Pipistrellus nathusii* (Chiroptera: Vespertilionidae). – Mamm. Biol. **69**: 277–280.
4. Dietz, C., I. Schunger, Ö. Keşapli-Didrickson, A. Karataş & F. Mayer (2005): First record of *Pipistrellus pygmaeus* (Chiroptera: Vespertilionidae) in Anatolia. – Zoology in the Middle East **34**: 5–10.
5. Flaquer, C., R. Ruiz-Jarillo, I. Torre & A. Arrizabalaga (2005): First resident population of *Pipistrellus nathusii* in the Iberian Peninsula. – Acta Chiropterologica **7**: 183–188.
6. Martinioli, A., D. G. Preatoni & G. Tosi (2002): Does Nathusius' pipistrelle *Pipistrellus nathusii* breed in northern Italy? – J. Zool. **250**: 217–220.
7. Petersen, A. (1994): The occurrence of bats (Order Chiroptera) in Iceland. – Natturufraedingurinn **64**: 3–12.
8. Petersons, G. (2004): Seasonal migrations of north-eastern populations of Nathusius' bat *Pipistrellus nathusii* (Chiroptera). – Myotis **41/42**: 29–56.
9. Russ, J. M., A. M. Hutson, W. I. Montgomery, P. A. Racey & J. R. Speakman (2001): The status of Nathusius' pipistrelle *(Pipistrellus nathusii)* in the British Isles. – J. Zool. **254**: 91–100.
10. Schmidt, A. (2000): 30-jährige Untersuchungen in Fledermauskastengebieten Ostbrandenburgs unter besonderer Berücksichtigung von Rauhhautfledermaus *(Pipistrellus nathusii)* und Abendsegler *(Nyctalus noctula)*. – Nyctalus (N. F.) **7**: 396–422.
11. Schorcht, W., C. Tress, M. Biedermann, R. Koch & J. Tress (2002): Zur Ressourcennutzung von Rauhhautfledermäusen *(Pipistrellus nathusii)* in Mecklenburg. – Schriftenreihe für Landschaftspflege und Naturschutz **71**: 191–212.
12. Vierhaus, H. (2004): *Pipistrellus nathusii* – Rauhhautfledermaus. – In: F. Krapp (Hrsg.): HB Säugetiere Europas **4-II**: 825–873; Aula Verlag.
13. Wohlgemuth, R. (1997): Erstnachweis einer Drillingsgeburt bei der Rauhhautfledermaus *(Pipistrellus nathusii)*. – Nyctalus (N. F.) **6**: 393–396.
14. Zahn, A., B. Hartl, B. Henatsch, A. Keil & S. Marka (2002): Erstnachweis einer Wochenstube der Rauhhautfledermaus *(Pipistrellus nathusii)* in Bayern. – Nyctalus (N. F.) **8**: 187–190.

Weißrandfledermaus
Pipistrellus kuhlii (KUHL, 1817)

NAMEN

GB: Kuhl's Pipistrelle Bat
F: Pipistrelle de Kuhl
E: Murciélago de borde claro
I: Pipistrello albolimbato
NL: Kuhls dwergvleermuis
S: Kuhls fladdermus
PL: Karlik Kuhla

KENNZEICHEN

Eine kleine Fledermaus mit variabler Färbung, das braune Rückenfell weist oft hellere, beige oder ockerfarbene Töne auf. Die Unterseite ist wenig abgesetzt hell beige, weißlich oder hell gelblich gefärbt. Ohren und Gesicht bei Alttieren rötlichbraun, bei jüngeren Tieren dunkelbraun. Am Flughautrand erstreckt sich zwischen fünftem Finger und Fuß ein meist scharf abgegrenzter weißer Saum von 1–2 mm Breite. In seltenen Fällen kann er fehlen, in Nordafrika ist er aber oft deutlich breiter. Die Flügelfelderung großer Tiere gleicht jener der Rauhhautfledermaus, das vom Ellbogen bis zum fünften Fingerstrahl verlaufende Flügelfeld ist durch einen deutlichen Steg geteilt. Das Gebiss stellt die beste Möglichkeit zur Artbestimmung dar: der erste obere Schneidezahn (I^2) ist lang und weist nur eine Spitze auf, der zweite obere Schneidezahn (I^3) ist klein. Zwischen Eckzahn (C^1) und dem großen Prämolar (P^4) ist im Oberkiefer der sehr kleine und nach innen gerückte Prämolar (P^3) kaum oder gar nicht zu sehen. Männchen haben einen charakteristischen speerförmigen Penis.

Ähnliche Arten

Den anderen *Pipistrellus*-Arten ähnlich, aber durch den einspitzigen ersten oberen Schneidezahn (I^2) eindeutig zu unterscheiden. Meist heller als die Zwergfledermaus gefärbt, diese weist wie auch die Mückenfledermaus ein ungeteiltes Flügelfeld zwi-

Maße

Unterarm	30,3–37,4 mm
Fünfter Finger	40–45 mm
Dritter Finger	54–61 mm
Normalgewicht	5–8 g
CBL	12,2–13,1 mm
CM^3	4,7–5,1 mm

Bild 459. Weißrandfledermäuse gehören in Siedlungen küstennaher Bereiche des Mittelmeerraumes zu den häufigsten Fledermausarten. Foto: D. NILL

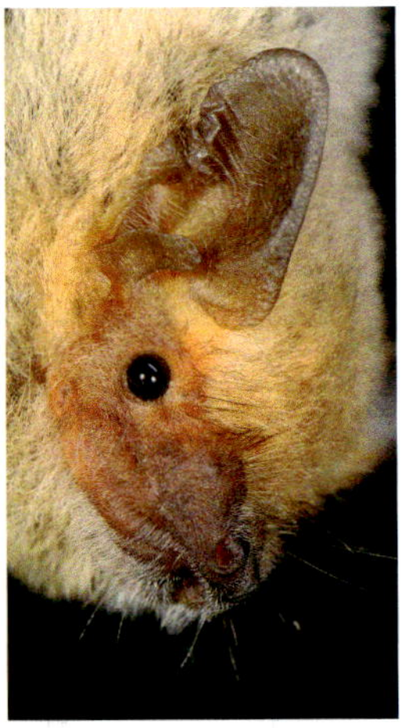

Bild 460. Im Osten des Verbreitungsgebietes sind die Weißrandfledermäuse der Form *lepidus* fahl gefärbt, die Kopfpartie ist oft gelblich. Foto: C. Dietz

schen Ellbogen und fünftem Finger auf.

Zur Unterscheidung von der Madeira-Fledermaus s. dort. Die in Nordafrika vorkommende Wüsten-Weißrandfledermaus *(P. deserti)* ist kleiner (v.a. CM^3 < 4,5 mm). Bei der Alpenfledermaus verbreitert sich der Tragus zur Spitze, die Schwanzspitze ragt auf 3–5 mm Länge frei aus der Schwanzflughaut und der erste obere Schneidezahn ist zweispitzig.

ORTUNGSLAUTE

Bis 12 ms lange, im Anfangsbereich frequenzmodulierte und im Endteil nahezu frequenzkonstante Laute mit einer Endfrequenz von 36–40 kHz. Eine sichere Unterscheidung von der Rauhhautfledermaus ist nur anhand der Sozialrufe [13] möglich. Madeira-Fledermaus und Wüsten-Weißrandfledermaus rufen beide höher (Endfrequenz > 42 kHz).

VERBREITUNG

Im gesamten Mittelmeerraum verbreitet. Die derzeitige Nordgrenze der Verbreitung reicht im Westen und Osten wesentlich weiter nach Norden als in Mitteleuropa: bis Nordwestfrankreich (Normandie), die südlichsten Bereiche Deutschlands (Konstanz, Augsburg, München), Österreich, Ungarn, das südliche Bulgarien, Rumänien, und die Ukraine und das südliche Russland. An der gesamten Nordgrenze wird seit den 1980er-Jahren von einer Ausbreitung berichtet. So erreichte die Art erst vor wenigen Jahren Süddeutschland [5, 11] und Polen [allg. Lit. 111], wenig zuvor Österreich [6] und Bulgarien [8]. Nachweise in England und den Niederlanden [3] wurden bislang auf verschleppte Tiere zurückgeführt, angesichts der stetigen Nordausbreitung könnten sie jedoch auch durchaus Vorboten einer Besiedlung darstellen. Auf allen großen Mittelmeerinseln, auf den Kanaren (Gran Canaria, Fuerteventura, Lanzarote), in ganz Nordafrika nördlich der Wüstengebiete, in ganz Kleinasien und im Nahen Osten, über die ganze Arabische Halbinsel bis Afghanistan, Turkmenistan und Kasachstan vorkommend. Die südlich der Sahara vorkommenden Weißrandfledermäuse werden mittlerweile als eigene Art, die Abendstern-Zwergfledermaus *(P. hesperidus)*, angesehen [10].

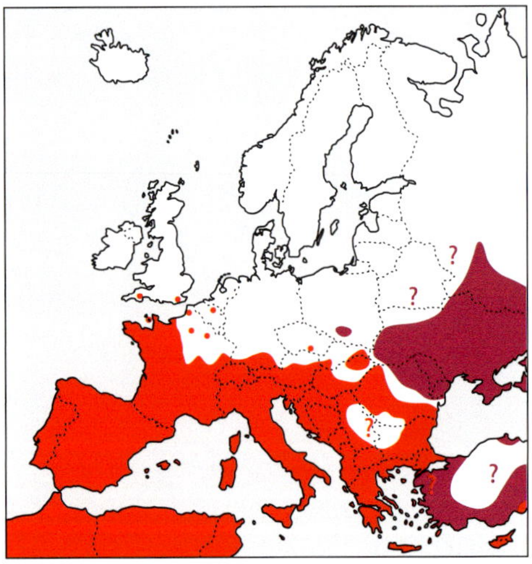

Unterarten und geographische Variabilität

Im Bearbeitungsgebiet wird meist nur die Nominatform anerkannt, mit großer Wahrscheinlichkeit gehören die von der Ukraine ostwärts vorkommenden Tiere jedoch der Form *lepidus* an und bilden eine eigene Art. Allerdings ist im südlichen und östlichen Mittelmeerraum die derzeitige taxonomische Gliederung der *kuhlii*-Gruppe sehr unbefriedigend, eine umfassende Revision mit genetischen und morphologischen Methoden, möglichst unter Einbeziehung der Echoortungslaute ist dringend erforderlich. Genetische Untersuchungen [12, allg. Lit. 77] zeigen, dass sich *P. kuhlii*, die meist als eigene Art angesehene *P. deserti* der nordafrikanischen Wüstengebiete [allg. Lit. 10, 126], *P. maderensis* der Atlantikinseln und die Weißrandfledermäuse der Kanaren, die von Simmons [allg. Lit. 77] zu der afrikanischen *P. hesperidus* gestellt wurden, sehr ähnlich sind. Die genetischen Unterschiede lassen sich nicht zwanglos mit der morphologisch begründeten Arteinteilung zur Deckung bringen. Dahingegen zeigen die ostmediterranen und pontischen Formen *(c. f. lepidus)* sehr starke genetische Abweichungen von der eigentlichen *kuhlii-deserti-maderensis*-Gruppe [allg. Lit. 77]. In Zukunft ist mit umfangreichen Veränderungen in der Artzuordnung und Benennung innerhalb der *kuhlii*-Gruppe zu rechnen.

LEBENSRAUM

Eine stark synanthrope Art, die in Städten und Siedlungen sehr häufig ist. Meist in niedrigeren Lagen unter 1000 m. Auch Jagdgebiete liegen häufig innerhalb von Siedlungsräumen, meist an Straßenlampen, in Gärten und Parks oder an Gewässern. Weißrandfledermäuse kommen gut mit anthropogen überformten Landschaften, landwirtschaftlichen Flächen und abgeholzten Waldgebieten zu Recht und finden somit im gesamten Mittelmeerraum und im Siedlungsbereich bis nach Mitteleuropa entsprechende Lebensbedingungen. In größeren zusammenhängenden Waldgebieten selten anzutreffen.

Quartiere

Wochenstuben sind meist an Felswänden oder in Spalten an Gebäuden zu finden: Wandverkleidungen, Rollladenkästen, Fensterläden, Mauerrisse, Zwischendächer und an Dächern unter Ziegeln. Exotischere Quartiere finden sich in Löchern von Betonmasten, in einem Zwergadlernest [9] oder in Nestern von Schwalben und Uferschwalben. Lokal auch in Baumhöhlen (in Nordafrika zwischen den Schuppen der Dattelpalme) oder in Fledermauskästen. Winterquartiere oft in Fassadenhohlräumen von Gebäuden, Dehnungsfugen, aber auch in Felsspalten.

VERHALTEN

Wochenstuben umfassen meist etwa 20, selten auch bis 100 Tiere, adulte Männchen kommen darin nur ausnahmsweise vor [3]. Obwohl die Art gemischte Wochenstuben mit Alpen- und Zwergfledermäusen bildet, scheint sie als die konkurrenzstärkere Art zumindest die Zwergfledermaus aus den besiedelten Stadtbereichen zu verdrängen, im Mittelmeerraum ist diese folglich eher in ländlichen Bereichen oder Waldgebieten anzutreffen. Aus Italien wurden Invasionsflüge von bis zu 400 Weißrandfledermäusen bekannt [15], an manchen Gebäuden kommt es Ende August und im Herbst zu einer Art Schwärmverhalten, bei dem vor allem Jungtiere auch in das Innere von Gebäuden einfliegen und teilweise umkommen. Im Mittelmeergebiet ist die Art auch an milden Wintertagen aktiv, der Winterschlaf wird regelmäßig unterbrochen.

Bild 461. Weißrandfledermaus mit der für griechische Tiere typischen Fellfärbung. Foto: O. von Helversen

FORTPFLANZUNG

Jungtiere können bereits im ersten Herbst geschlechtsreif werden. Die Paarung erfolgt meist im August und September entweder an Schwärmplätzen [15] oder die Weibchen werden in einer Flugbalz von einzelnen Männchen angelockt [2]. Die Flugbalz wird bis in den November hinein von Männchen ausgeführt. Ende Mai oder Anfang Juni werden 1–2 Junge mit Unterarmlängen um 10,7 mm und einem Gewicht von 1,2–1,6 g geboren [3].

NAHRUNGSERWERB

Der Flugstil ist dem der Zwergfledermaus sehr ähnlich: wendig, schnell und kleinräumig manövrierfähig. Meist werden Straßenlampen umkreist oder lang gestreckte Flugkorridore abpatrouilliert. Gruppen gemeinsam jagender Weißrandfledermäuse können regelmäßig beobachtet werden [1]. Die Flughöhe liegt zwischen 2 und 10 m, Insektenschwärme können jedoch vor allem in den frühen Abendstunden bis in mehrere Hundert Meter Höhe ausgebeutet werden. Weißrandfledermäuse können regelmäßig schon vor Sonnenuntergang jagend beobachtet werden. Sie kommen zum Trinken häufig an Zisternen, Löschteiche oder kleine Gewässer.

NAHRUNG

Die Nahrung wird opportunistisch im Flug erbeutet und besteht innerhalb von Siedlungen und an Gewässern zu einem großen Anteil aus Hautflüglern (Ameisen) und Zweiflüglern (Zuckmücken, Stechmü-

Bild 462. Vor allem in den Bergregionen gibt es braun gefärbte Weißrandfledermäuse, hier ein Tier aus dem Atlas-Gebirge. Foto: C. Dietz

cken), einer Vielzahl weiterer Fluginsekten: vor allem Nachtfaltern, aber auch Wanzen, Eintagsfliegen und Köcherfliegen [3, 4, 7]. Saisonal dominieren kleine Käfer *(Rhizotrogus)* und Kohlschnaken [7].

HÖCHSTALTER

Im östlichen Verbreitungsgebiet acht Jahre, aus Europa keine Angaben [3].

ORTSWECHSEL UND WANDERUNGEN

Ortstreue Art, zumindest in Gegenden, in denen sie etabliert ist. Das Vorrücken der nördlichen Verbreitungsgrenze lässt sich auch durch relativ kleinräumige Dispersionsbewegungen erklären.

GEFÄHRDUNG

Rote Liste der IUCN 2008: LC (Least Concern), FFH-Anhang IV. Rote Liste BRD: - (ungefährdet). Im Mittelmeergebiet in Siedlungen sehr häufig. Kolonien und Einzeltiere sind teilweise durch Sanierungen bedroht.

OFFENE FRAGEN

- Wodurch wird die Verlagerung der Verbreitung nach Norden ausgelöst?
- Welchen Einfluss hat das Populationswachstum der Weißrandfledermaus auf andere Fledermausarten?
- Wie unterscheiden sich Nahrungsspektrum und Reproduktionserfolg von Großstadt- und ländlichen Populationen der Art?
- Wie sind die nordafrikanischen, ukrainischen und nahöstlichen Weißrandfledermäuse taxonomisch einzuordnen?

SPEZIELLE LITERATUR

1. Barak, Y. & Y. Yom-Tov (1989): The advantage of group hunting in Kuhl`s bat *Pipistrellus kuhli*. – J. Zool. **219**: 670–675.
2. Barak, Y. & Y. Yom-Tov (1991): The mating system of *Pipistrellus kuhli* in Israel. – Mammalia **55**: 285–292.
3. Bogdanowicz, W. (2004): *Pipistrellus kuhlii* – Weißrandfledermaus. – In: F. Krapp (Hrsg.): HB Säugetiere Europas, **4-II**: 875–908; Aula Verlag.
4. Feldman, R., J. O. Whitaker & Y. Yom-Tov (2000): Dietary composition and habitat use in a desert insectivorous bat community in Israel. – Acta Chiropterologica **2**: 15–22.
5. Fiedler, W., H. Alder & P. Wohland (1999): Zwei neue Nachweise der Weißrandfledermaus *(Pipistrellus kuhlii)* für Deutschland. – Z. Säugetierk. **64**: 107–109.
6. Freitag, B. (1996): *Pipistrellus kuhli*, Erste Fortpflanzungsnachweise für die Steiermark. – Mitt. naturwiss. Ver. Steiermark **125**: 235–236.
7. Goiti, U., P. Vecin, I. Garin, M. Salona & J. R. Aihartza (2003): Diet and prey selection in Kuhl's pipistrelle *Pipistrellus kuhlii* (Chiroptera: Vespertilionidae) in south-western Europe. – Acta Theriol. **48**: 457–468.
8. Ivanova, T. J. & V. V. Popov (1994): First record of *Pipistrellus kuhli* from Bulgaria. – Acta Zoologica Bulgarica **47**: 79–80.
9. Jones, A. M. & M. Manez (1989): Kuhl's pipistrelle *Pipistrellus kuhli* roosting in the nest of a booted eagle *Hieraaetus pennatus*. – J. Zool. **219**: 684–685.
10. Kock, D. (2001): Identity of the African *Vespertilio hesperida* Temminck 1840. – Senckenb. Biol. **81**: 277–283.
11. Liegl, C. & F. Seidler (2005): Erstnachweis einer Wochenstube der Weißrandfledermaus, *Pipistrellus kuhlii*, in Deutschland mit phänologischen Angaben – Nyctalus (N.F.) **10**: 5–8.
12. Pestano, J., R. P. Brown, N. M. Suarez & S. Fajardo (2003): Phylogeography of pipistrelle-like bats within the Canary Islands, based on mtDNA sequences. – Mol. Phyl. Evol. **26**: 56–63.
13. Russo, D. & G. Jones (1999): The social calls of Kuhl's pipistrelles *Pipistrellus kuhlii*: structure and variation – J. Zool. **249**: 476–481.
14. Schnitzler, H. U., E. Kalko, L. Miller & A. Surlykke (1987): The echolocation and hunting behaviour of the bat *Pipistrellus kuhli*. – J. Comp. Physiol. A **161**: 267–274.
15. Vernier, E. (1995): Seasonal movements of *Pipistrellus kuhli*: 18 years of observations on a single colony in Padova (N.E. Italy) – Myotis **32/33**: 209–214.

Bild 463. Bei vielen älteren Weißrandfledermäusen des Mittelmeerraumes sind die Haarspitzen sehr hell, die Tiere sind oft kontrastreich gefärbt. Foto: C. Dietz

Bild 464. In der Sahara sind die Weißrandfledermäuse der Form *deserti* sehr klein und fahl gefärbt. Foto: C. Dietz

Madeira-Fledermaus
Pipistrellus maderensis (Dobson, 1878)

NAMEN

GB: Madeiran Pipistrelle Bat
F: Pipistrelle de Madère
E: Murciélago de Madeira
I: Pipistrello di Madeira
NL: Madeira dwergvleermuis
PL: Karlik maderski

Maße

Unterarm	31,0–34,7 mm
Fünfter Finger	39–41 mm
Dritter Finger	53–56 mm
Normalgewicht	4–7 g
CBL	11,4–12,2 mm
CM^3	4,3–4,8 mm

ALLGEMEINES

Eine geographisch isolierte Form, die zumeist als eigene Art angesehen wird. Allerdings sind Weißrandfledermäuse der Kanaren näher mit der Madeirafledermaus verwandt als beide zu den Weißrandfledermäusen Europas [3], ein Ergebnis, das der bisherigen systematischen Gliederung der *kuhlii*-Gruppe widerspricht.

KENNZEICHEN

Kleine Zwergfledermaus mit auffällig schokoladenbrauner Fellfärbung, bei manchen Tieren orangebraun. Die Unterseite ist nicht oder kaum heller als die Oberseite. Die Haarbasis ist schwarzbraun, Jungtiere wirken aufgrund fehlender heller Spitzen insgesamt dunkler als die Erwachsenen. Gesicht, Ohren und Flughäute sind schwarz, der Saum der Flügel ist bei vielen Tieren ähnlich wie bei der Weißrandfledermaus aufgehellt. Gebiss wie bei der Weißrandfledermaus mit einspitzigem erstem oberem Schneidezahn (I^2).

Bild 465. Im Flug ist bei der Madeira-Fledermaus der helle Saum der Armflughaut gut zu sehen. Foto: D. Trujillo

Ähnliche Arten

Anhand des Gebisses von allen *Pipistrellus*-Arten bis auf die Weißrandfledermaus zu unterscheiden. Dieser sehr ähnlich, auch in der Penismorphologie, allerdings ist bei der Weißrandfledermaus der weiße Flughautsaum stärker ausgeprägt, die Färbung meist heller und die Unterseite heller als die Oberseite gefärbt. Der Haargrund am Rücken ist bei der Madeira-Fledermaus zu ¾ schwarzbraun gefärbt, bei der Weißrandfledermaus nur zu ⅔ [allg. Lit. 143]. Bestes Unterscheidungskriterium sind jedoch die Echoortungslaute, die bei der Madeira-Fledermaus höher liegen [eigene Daten].

ORTUNGSLAUTE

Die Echoortungslaute gleichen weitestgehend der Zwergfledermaus. Im offenen Luftraum ausgestoßene lange Laute sind nahezu frequenzkonstant und enden bei 42–47 kHz [eigene Daten, Kaipf mündlich].

VERBREITUNG

Endemische Art auf Madeira [1] und, den Kanaren-Inseln La Palma, La Gomera, El Hierro, Teneriffa und Gran Canaria und den Azoreninseln Flores, Santa Maria und São Jorge [2, 4,5, allg. Lit. 143].

LEBENSRAUM

Jagt in allen Habitaten, auf Madeira in Siedlungen, Parks, Gärten, landwirtschaftlich genutzten Bereichen und in Eukalyptus- oder Kiefer-Aufforstungen ebenso wie in natürlichen Lorbeerwäldern. Vorkommen von der Küste bis in die Hochlagen der Gebirge, die Dichte jagender Tiere ist allerdings in niedrigeren Lagen und entlang der Küste am höchsten.

Quartiere

Wochenstuben in Spaltenquartieren an Gebäuden hinter Fensterläden, Wandverkleidungen und Dachverschalungen, aber auch im Inneren von Hohlblocksteinen. Einzeltiere in Felsspalten, Spalten von Brücken und Mauern, Anrissen von Bäumen und Vogel- und Fledermauskästen [2, allg. Lit. 143].

VERHALTEN

Wochenstuben können auf Madeira bis über 100, auf den Kanaren bis über 30 Tie-

Bild 466. Die Färbung des Rückenfells der Madeira-Fledermaus reicht von dunkelbraunen bis zu orangebraunen Tönen. Foto: C. Dietz

re umfassen [2, 6, allg. Lit. 143]. Bei geeignetem Wetter ganzjährig aktiv.

FORTPFLANZUNG

Ende Mai/Anfang Juni werden 1–2 Junge geboren. Die Paarungszeit liegt im September/Oktober.

NAHRUNGSERWERB UND NAHRUNG

Flugstil und Jagdverhalten gleichen Zwerg- und Weißrandfledermaus. Die Art kann sowohl im freien Luftraum als auch um Straßenlampen, im Inneren lichter Wälder und entlang von Waldwegen jagen. Auf den Kanaren werden Zweiflügler, aber auch Nachtfalter und Käfer gefangen. Zum Trinken werden Löschteiche und Bewässerungsgräben aufgesucht. Ein großer Teich auf Madeira wurde in der Abenddämmerung von 50–100 Madeirafledermäusen aufgesucht [eigene Daten].

ORTSWECHSEL UND WANDERUNGEN

Ortstreu, von 366 beringten Tieren auf den Kanaren waren die weitesten Wiederfunde 2 km vom Beringungsort entfernt [2]. Genetische Befunde lassen vermuten, dass die Populationen der einzelnen Inseln nicht miteinander in Verbindung stehen [3].

GEFÄHRDUNG

Rote Liste der IUCN 2008: EN (Endangered), FFH-Anhang IV. Auf Madeira und den Kanaren weit verbreitet und häufig, auf Porto Santo und den Azoren selten. Der intensive Einsatz von Pestiziden kann die Vorkommen möglicherweise beeinträchtigen.

OFFENE FRAGEN

- Gibt es auf La Gomera eine weitere *Pipistrellus*-Art, die dem von Skiba [allg. Lit. 128] beschriebenen hohen Ruftyp zuzuordnen ist, oder ruft dort die Madeira-Fledermaus anders?
- Wie unterscheiden sich Weißrandfledermaus und Madeira-Fledermaus auf den Kanaren in ihrer Morphologie und Echoortung, sind sie reproduktiv getrennt und wie weit sind beide mit den Weißrandfledermäusen Nordafrikas und der Iberischen Halbinsel verwandt?

SPEZIELLE LITERATUR

1. Da Luz Mathias, M. (1988): An annotated list of the mammals recorded from the Madeira Islands. – Bol. Mus. Mun. Funchal **40**: 111–137.
2. Fajardo, S. & J. Benzal (2002): Datos sobre la distribución de quirópteros en Canarias (Mammalia: Chiroptera). – Vieracea **30**: 213–230.
3. Pestano, J., R. P. Brown, N. M. Suarez & S. Fajardo (2003): Phylogeography of pipistrelle-like bats within the Canary Islands, based on mtDNA sequences. – Mol. Phyl. Evol. **26**: 56–63.
4. Rainho, A., T. J. Marques, P. Salgueiro & J. M. Palmeirim (2004): Bats of the Atlantic archipelagos of Azores and Madeira: status and habitat use. – Abstracts of the 13th International Bat Research Conference: **50**; Warszawa.
5. Skiba, R. (1996): Nachweis einer Zwergfledermaus, *Pipistrellus pipistrellus*, auf der Azoreninsel Flores (Portugal). – Myotis **34**: 81–84.
6. Trujillo, D. & R. Barone (1991): La Fauna de Quiropteros del Archipielago Canario. – In: Benzal & de Paz (Eds.): Los Murciélagos de España y Portugal: 95–111.

Bild 467. Porträt der Madeira-Fledermaus. Foto: C. Dietz

Rüppells Zwergfledermaus
Vansonia rueppellii
(FISCHER, 1829)

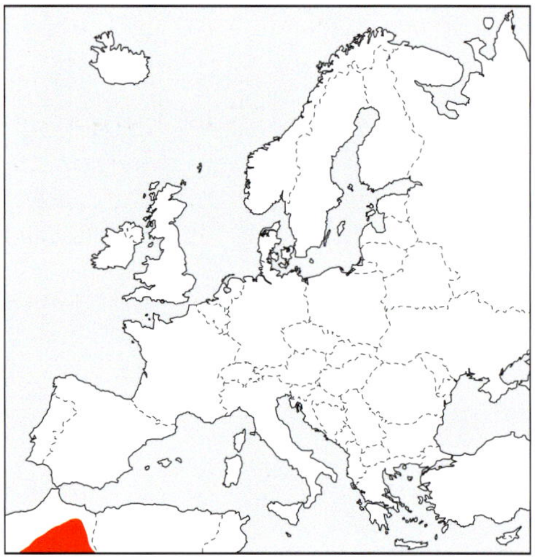

NAMEN

GB: Rüppell's Pipistrelle Bat
F: Pipistrelle de Rüppell
NL: Rüppell-vleermuis

Maße

Unterarm	30,7–34,4 mm
Fünfter Finger	42–45 mm
Dritter Finger	57–62 mm
Normalgewicht	4–7 g
CBL	12,7–13,3 mm
CM^3	4,6–4,9 mm

KENNZEICHEN

Kleine, sehr kontrastreich gefärbte Fledermaus mit schwarzbraunem Gesicht und Ohren, feinem dichten Fell und fahl graubrauner Rücken- und schneeweißer Bauchfärbung. Im Gegensatz zu den *Pipistrellus*-Arten ohne Epiblema am Sporn.

Ähnliche Arten

Im Bearbeitungsgebiet unverwechselbar.

ORTUNGSLAUTE

Typische Zwergfledermaus-Laute, die im freien Luftraum nahezu frequenzkonstant sind, Endfrequenz in Marokko 54–57 kHz [eigene Daten], in Israel 49–53 kHz [SCHNITZLER, DENZINGER, TSOAR mündlich], in Kenia 33–35 kHz [7] und in Zimbabwe 40 kHz [4].

VERBREITUNG

Afrotropische Verbreitung rund um die Sahara bis zum Sudan und Senegal; im Süden bis Angola und Botswana. Weitere Vorkommen im Mittleren Osten und auf der Arabischen Halbinsel. In Nordwestafrika vor allem südlich der Atlas-Gebirge, in Nordost-Marokko jedoch auch weiter nach Norden [allg. Lit. 10]. Nachweise der Art beschränken sich nahezu überall auf Einzeltiere. Im Norden der Verbreitung treten Tiere v.a. im Winter auf, was als Hinweis für (lokale?) Wanderungen gewertet werden kann.

Bild 468. Im Porträt fallen bei Rüppells Zwergfledermaus die großen Augen auf. Foto: C. DIETZ

Unterarten und geographische Variabilität

Mehrere Unterarten: in Nordafrika und Israel *P. r. rueppellii*, im Irak *P. r. coxi*. Teilweise werden die nordwest-afrikanischen Tiere auch zu *P. r. senegalensis* gestellt [2]. Die großen Unterschiede in der Echoortung könnten entweder als Anpassungen an Beute, als Reaktion auf andere sympatrisch vorkommende Arten oder als Hinweis auf mehrere kryptische Arten gewertet werden.

LEBENSRAUM

Rüppells Zwergfledermaus meidet die zentrale Sahara und kommt in halbwüstenartigen Randbereichen sowie in Wadis und Oasen vor.

Quartiere

Es sind kaum Quartierfunde bekannt, meist handelt sich dabei um Einzeltiere in Gebäuden [allg. Lit. 46]. Lediglich im Sudan wurden Gruppen von einem Dutzend und mehr Tieren in Dächern schilfgedeckter Häuser gefunden. Vermutlich stellen Felsspalten das natürliche Quartier dar.

NAHRUNGSERWERB UND NAHRUNG

Die Beute wird im Flug gefangen und umfasst kleinere fliegende Insekten, meist Nachtfalter [8, 9], aber auch Köcherfliegen, Zweiflügler und Käfer [3]. Kommt zum Trinken an Brunnen, Teiche und Bachläufe, hier wurden die meisten Nachweise der Art erbracht.

GEFÄHRDUNG

Weitgehend unbekannt. Rote Liste der IUCN 2008: LC (Least Concern).

OFFENE FRAGEN

- Welche Art von Quartieren bezieht die Art in Nordwest-Afrika?
- Wie weit ist die Art in Afrika tatsächlich verbreitet?

SPEZIELLE LITERATUR

1. Arlettaz, R. & S. Aulagnier (1988): Statut de trois espèces de chiroptères rares au Maroc: *Nycteris thebaica*, *Hipposideros caffer* et *Pipistrellus rueppelli*. – Z. Säugetierk. **53**: 321–324.
2. Benda, P., V. Hanák, M. Andreas, A. Reitter & M. Uhrin (2004): Two new species of bats (Chiroptera) for the fauna of Libya: *Rhinopoma hardwickii* and *Pipistrellus rueppellii*. – Myotis **41/42**: 109–124.
3. Feldman, R., J. O. Whitaker & Y. Yom-Tov (2000): Dietary composition and habitat use in a desert insectivorous bat community in Israel. – Acta Chiropterologica **2**: 15–22.
4. Fenton, M. B. & G. P. Bell (1981): Recognition of species of insectivorous bats by their echolocation calls. – J. Mammal. **62**: 233–243.
5. Padial, J. M. & C. Ibáñez (2005): New records and comments for the Mauritanian mammal fauna. – Mammalia **69**: 239–243.
6. Qumsiyeh, M. B. & D. A. Schlitter (1981): Bat records from Mauritania, Africa (Mammalia: Chiroptera). – Ann. Carn. Mus. **50**: 345–351.
7. Taylor, P. J., C. Geiselman, P. Kabochi, B. Agwnda & S. Turner (2005): Intraspecific variation in the calls of some African bats (Order Chiroptera). – Durban Mus. Novit. **30**: 24–37.
8. Van Cakenberghe, V., A. Herrel & L. F. Aguire (2002): Evolutionary relationships between cranial shape and diet in bats (Mammalia: Chiroptera). – In: P. Aerts, K. D'Aout, A. Herrel & R. Van Damme (Eds.) – Topics in Functional and Ecological Vertebrate Morphology: 205–236.
9. Whitaker, J. O., B. Shalmon & T. H. Kunz (1994): Food and feeding habits of insectivorous bats from Israel. – Z. Säugetierk. **59**: 74–81.

Bild 469. Rüppells Zwergfledermaus ist auffallend kontrastreich gefärbt. Foto: C. Dietz

Bild 470. Typischer Lebensraum von Rüppells Zwergfledermaus in Marokko. Die Tiere jagen vor allem in Halbwüsten und in Wadis, zum Trinken suchen sie Wasserstellen auf. Foto: C. Dietz

Alpenfledermaus
Hypsugo savii
(BONAPARTE, 1837)

Maße

Unterarm	31,4–37,9 mm
Fünfter Finger	38–47 mm
Dritter Finger	52–63 mm
Normalgewicht	5–9 g
CBL	12,4–13,4 mm
CM^3	4,4–4,9 mm

NAMEN

GB: Savi's Pipistrelle Bat
F: Vespère de Savi
E: Murciélago montañero
I: Pipistrello di Savi
NL: Savi's dwergvleermuis
S: Alpfladdermus
PL: Karlik Saviego

KENNZEICHEN

Eine kleine und auffällig bunt gefärbte Fledermaus. Bei den meisten Individuen weist das lange dunkelbraune Rückenfell einen intensiv goldenen oder gelblichen Überflug auf, die Unterseite ist dazu kontrastierend abgesetzt, weiß oder gelblichweiß. Auf dem Rücken einheitlich braun bis braungrau gefärbte Tiere haben meist eine schmutzig grauweiße Unterseite. Die Ohren sind kurz, breit und meist schwarz glänzend gefärbt. Der Tragus verbreitert sich leicht zur Spitze und ist insgesamt deutlich breiter als bei Zwerg- oder Breitflügelfledermäusen. Gesicht und Flughäute dunkel braunschwarz. Sehr variable Form des Epiblema von nahezu fehlend bis breit, jedoch ohne Knorpelsteg. Der Penis ist charakteristisch, in seinem Mittelteil rechtwinklig in Richtung Schwanz gebeugt und weist lange dunkle Haare auf. In der oberen Zahnreihe berühren sich der Eckzahn (C^1) und der große Prämolar (P^4), während der obere kleine Prämolar (P^3) von außen nicht sichtbar ist, da er nach innen gerückt ist oder fehlt.

Ähnliche Arten

Nur mit der größeren Nordfledermaus (Unterarm > 37 mm) und den Zwergfledermaus-Arten (Gebissmerkmale und Penis beachten) zu verwechseln.

ORTUNGSLAUTE

Bis zu 16 ms lange, im Anfangsbereich frequenzmodulierte und im Endteil nahezu frequenzkonstante Laute mit einer Endfrequenz von 32–37 kHz. Rufe höher als bei der Nordfledermaus und niedriger als bei allen Zwergfledermaus-Arten, damit ist meist eine eindeutige Zuordnung möglich. Allerdings gibt es eine leichte Überlappung in der Frequenzverteilung mit Weißrand- und Rauhhautfledermaus.

VERBREITUNG

Von der Iberischen Halbinsel durch den ganzen europäischen Mittelmeerraum und den Balkan bis Kleinasien und den Nahen Osten verbreitet. Auf allen Mittelmeerinseln einschließlich Zypern. Im Norden bis zum französischen Zentralmassiv, in die südliche Schweiz, die bayrischen Alpen (verschollen [8]), Österreich, Ungarn, ganz Bulgarien und die Krim. Über den Kaukasus bis Kasachstan, Turkmenistan, Usbekistan, Kirgisien, Tadschikistan, Afghanistan, das nördliche Indien und Myanmar vorkommend. In Nordafrika in Marokko, Algerien und Tunesien. Auf den Kanaren (Teneriffa, La Gomera, El Hierro, Gran Canaria) und Kapverdischen Inseln.

In Europa gibt es Einzelfunde weit nördlich der eigentlichen Verbreitungsgrenze bis England, Schottland, Jersey und Norddeutschland [3, 6, 10]. Diese gehen jedoch vermutlich größtenteils auf verfrachtete Tiere zurück. Der Totfund-Nachweis vom Sommer 1947 aus der Fränkischen Schweiz, Landkreis Bayreuth [7] und eines am 14. 09. 2006 tot unter einer Windkraftanlage aufgefundenen Weibchens bei Domnitz, Landkreis Saalkreis [LEHMANN, OHLENDORF schriftlich] gehen allerdings mit

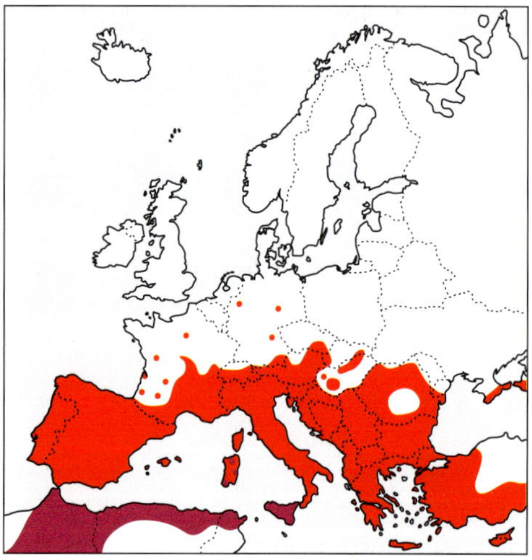

Bild 471. Porträt einer braun gefärbten Alpenfledermaus. Vermutlich handelt es sich bei dieser Farbvariante um jüngere Tiere, dies ist bislang aber noch nicht eindeutig belegt. Foto: C. DIETZ

ziemlicher Sicherheit auf aus eigener Kraft dahingelangte Tiere zurück, was das weite Umherschweifen von Einzeltieren eindrücklich belegt.

Unterarten und geographische Variabilität

Traditionell wurde die Alpenfledermaus zur Gattung *Pipistrellus* gestellt. Zahlreiche morphologische Merkmale, allen voran die Penismorphologie, aber auch biochemische, karyologische und genetische Befunde bestätigen die Eigenständigkeit der Gattung *Hypsugo* [4, 13, allg. Lit. 77]. Im Bearbeitungsgebiet drei anerkannte Unterarten: *H. s. ochromixtus* auf der Iberischen Halbinsel, *H. s. savii* im Mittelmeerraum und Kleinasien, *H. s. caucasicus* auf der Krim und ostwärts. *H. s. ochromixtus* soll größer als *H. s. savii* sein [u.a. 6], stimmt aber in seiner Größe mit eigenem griechischem Material weitestgehend überein. Genetische Studien zeigen, dass Tiere aus Marokko und von den Kanaren so stark verschieden sind, dass ihnen Artstatus zukommen dürfte [12, allg. Lit. 77]. Ein möglicher Name für diese neue Art könnte *darwini* sein, da TOMES 1859 die Alpenfledermäuse der Kanaren *Scotophilus darwini* benannte. Zuvor wurde bereits *H. alaschanicus* als eigenständige Art abgetrennt [allg. Lit. 55, 77], was sich durch genetische Studien ebenfalls bestätigt. *H. s. caucasicus* ist bislang noch nicht ausreichend untersucht. Ein Großteil der asiatischen Formen östlich des Kaukasus dürfte ebenfalls zu anderen als der Nominatart gehören [6].

LEBENSRAUM

Mediterrane Lebensräume von der Küste bis in Hochgebirge von 3300 m Höhe [6], meist in Karstgebieten mit extensiver mosaikartiger Kulturlandschaft und einem hohen Anteil mediterraner Gebüschformen wie Macchia oder Garrigue. In großen geschlossenen Waldgebieten relativ selten, in Griechenland aber auch in lichten Kiefernwäldern. Regelmäßig über Gewässern und Auen, in der Schweiz und Österreich über Almen, Wiesen und in Siedlungen jagend, im gesamten Verbreitungsgebiet häufig in felsigem Gelände und vor Felswänden. In Italien und in den Küstengebieten der Balkanhalbinsel scheint sich die Art gut an ur-

Bild 472. Eine adulte Alpenfledermaus in einer engen Felsspalte über einem Höhleneingang. Foto: C. Dietz

bane Räume angepasst zu haben und jagt auch innerhalb von Großstädten. So ist sie in Florenz [16] und Sofia [eigene Daten] eine der häufigsten Fledermausarten. Die Fähigkeit, Städte zu besiedeln, ist vermutlich auch der Grund für eine Ausbreitung nach Norden in den letzten Jahrzehnten [14]. In Nordafrika meist im Gebirge, aber auch in Halbwüsten und im Bereich von Oasen in Wüstengebieten.

Quartiere

Es werden nahezu ausschließlich Felsspalten oder Mauerritzen besiedelt. Wochenstuben wurden in Bulgarien nahe der Nordgrenze der Verbreitung sowohl hinter horizontalen Felsabschuppungen als auch in vertikalen Spalten gefunden, in den Rhodopen auch in Mauerspalten von Gebäuden in 2 m Höhe über dem Boden [eigene Daten]. Es werden auch Spalten im Eingangsbereich von Höhlen genutzt. In Italien und an der dalmatinischen Küste finden sich Wochenstuben auch häufig unter Dachziegeln oder in Mauerfugen an Gebäuden [6, 16], aber auch in Fertigungsfugen an Hochhäusern. Einzeltiere können in Brücken oder Gewölben angetroffen werden. In Nordafrika hinter Baumrinde oder in Felsspalten.

VERHALTEN

Bulgarische Wochenstuben in Felsspalten und Mauerritzen umfassen oft nur wenige, bis zu 15 Weibchen [eigene Daten], die größten Kolonien in Kroatien und Italien umfassen 40–70 Tiere [1]. Der Ausflug erfolgt im Hochsommer schon recht früh, zum Teil vor Sonnenuntergang. Teilweise auch am Nachmittag jagend.

FORTPFLANZUNG

Die Angaben zum Geburtszeitraum streuen weit, von Anfang Juni bis Ende Juli [1, 6], in Nordgriechenland und Bulgarien werden die meisten Jungen Anfang bis Mitte Juni geboren [eigene Daten], meist zwei Junge [6, 16].

NAHRUNGSERWERB

Beute wird ausschließlich im Flug gefangen, dabei jagen Alpenfledermäuse allein oder 2–5 Tiere entlang von Felswänden, über den Baumkronen oder schütter bewachsenen Flächen oder um und über Straßenlampen, nur selten in geringer Höhe über dem Boden. Alpenfledermäuse können in Flughöhen von über 100 m über Karsttälern, Wäldern und Gebüschland beobachtet werden. Jagende Tiere fliegen höher, schneller und geradliniger als die Zwergfledermaus-Arten, mit weniger abrupten Richtungsänderungen. Bei der Jagd an Straßenlampen werden meist längere Bahnen beflogen als von Zwergfledermaus-Arten. Insbesondere in Karstgebieten kommen Alpenfledermäuse abends in großer Zahl zu Trinkstellen an Bächen, Wasserbecken und Löschteichen.

NAHRUNG

Die Nahrung besteht aus schwärmenden Kleininsekten, je nach Beuteverfügbarkeit dominieren Nachtfalter, Wanzen, Zikaden, Hautflügler, Blattläuse oder Zweiflügler. So können am Anfang der Nacht über Wiesen schwärmende Zikaden und Wanzen einen hohen Anteil der Nahrung ausmachen [6]. In Dalmatien waren im September zahlreiche Alpenfledermäuse am Spätnachmittag bei der Jagd auf schwärmende Insekten in Höhen bis zu 100 m zu beobachten, Kotproben von an einer nahe gelegenen Trinkstelle gefangenen Tieren enthielten ausschließlich Reste von Ameisen [eigene Daten]. Auch konnten bei Nacht zwei Alpenfledermäuse beobachtet werden, die in 2–3 m Höhe über einem Ameisenbau kreisten und abfliegende Ameisen direkt über dem Boden abfingen [eigene Daten].

HÖCHSTALTER, ORTSWECHSEL UND WANDERUNGEN

Es liegen keine Ergebnisse von Beringungsstudien aus Europa vor. Ein häufig zitierter Überflug von 250 km kann auf kein Originalzitat zurückgeführt werden.

GEFÄHRDUNG

Rote Liste der IUCN 2008: LC (Least Concern), FFH-Anhang IV, Rote Liste BRD: D (Daten defizitär). Im Mittelmeerraum ist keine direkte Gefährdung erkennbar. Gebäudesanierungen und der Einsatz von Pestiziden, die auch in großen Mengen ins Wasser gelangen, stellen aber mögliche Beeinträchtigungen dar.

OFFENE FRAGEN

- Stellen die Alpenfledermäuse Nordafrikas und der atlantischen Inseln tatsächlich eine eigene Art dar?
- Ist die Form *caucasicus* als Unterart oder als eigene Art einzustufen?
- Ist eine Nordausbreitung der Art zu beobachten?

Bild 473. Alpenfledermäuse sind sehr variabel gefärbt, hier drei Tiere aus Griechenland. Der scheinbare Größenunterschied geht auf die unterschiedliche Körperhaltung zurück. Foto: C. Dietz

Bild 474. Die Alpenfledermäuse Nordafrikas unterscheiden sich genetisch so deutlich von den europäischen Tieren, dass sie vermutlich eine eigene Art, *Hypsugo darwini* darstellen. Hier ein Tier aus dem südlichen Marokko. Foto: C. DIETZ

- Gibt es Vorkommen in den deutschen Alpentälern?
- Finden saisonale Wanderungen statt und bis in welche Entfernungen wandern die Tiere?

SPEZIELLE LITERATUR

1. ĐULIĆ, B. (1958): Über die Ökologie der Alpenfledermaus, *Pipistrellus savii*, auf der Insel Mljet (Meleda) in Süddalmatien. – Säugetierk. Mitt. **6**: 10–11.
2. ĐULIĆ, B. & M. MRAKOVČIČ (1984): Morphological characteristics of a population of *Pipistrellus savii* from some Adriatic islands. – Myotis **21/22**: 37–40.
3. FISHER, C. (1998): Savi's pipistrelle *Pipistrellus savii* in Britain. – Myotis **36**: 77–81.
4. HORÁČEK, I. & V. HANÁK (1986): Generic status of *Pipistrellus savii* and comments on classification of the genus *Pipistrellus*. – Myotis **23/24**: 9–16.
5. HORÁČEK, I. (2004): *Hypsugo*. – In: F. KRAPP (Hrsg.): HB Säugetiere Europas, **4-II**: 909–910; Aula Verlag.
6. HORÁČEK, I. (2004): *Hypsugo savii* – Alpenfledermaus. – In: F. KRAPP (Hrsg.): HB Säugetiere Europas, **4-II**: 911–941; Aula Verlag.
7. ISSEL, B., W. ISSEL & M. MASTALLER (1977): Zur Verbreitung und Lebensweise der Fledermäuse in Bayern. – Myotis **15**: 19–97.
8. KAHMANN, H. (1958): Die Alpenfledermaus *Pipistrellus savii* in den Bayrischen Alpen, und biometrische Mitteilungen über die Art. – Zool. Anz. **160**: 87–94.
9. KATZENSTEIN, H. (2000): Nachweis einer Alpenfledermaus *(Hypsugo savii)* in Ostholstein. – Nyctalus (N.F.) **7**: 453–454.
10. OHLENDORF, B., H. VIERHAUS, M. HEDDERGOTT & F. BODINO (2000): Korrektur: Fund einer Nordfledermaus *(Eptesicus nilssonii)* in Hamburg (Nyctalus (N.F.) **5**: 220) betraf eine Alpenfledermaus *(Hypsugo savii)*. – Nyctalus (N.F.) **7**: 454.
11. PANOUSE, J. B. (1955): Contribution à l'étude des chauves-souris du Maroc: *Pipistrellus savii* et *Barbastella barbastellus*. – Bulletin de la Société des Sciences Naturelles et Physiques du Maroc **35**: 259–263.
12. PESTANO, J., R. P. BROWN, N. M. SUAREZ & S. FAJARDO (2003): Phylogeography of pipistrelle-like bats within the Canary Islands, based on mtDNA sequences. – Mol. Phyl. Evol. **26**: 56–63.
13. RUEDI, M. & R. ARLETTAZ (1991): Biochemical systematics of the Savi's bat *(Hypsugo savii)* (Chiroptera: Vespertilionidae). – Z. Zool. Syst. Evol. **29**: 115–122.
14. SPITZENBERGER, F. (1997): Distribution and range expansion of Savi's bat *(Hypsugo savii)* in Austria. – Z. Säugetierk. **62**: 179–181.
15. VERGARI, S. & G. DONDINI (1997): The influence of body weight on the quantity of food ingested in *Pipistrellus kuhlii* and *Pipistrellus savii*. – Z. Säugetierk. **62**: 203–208.
16. VERGARI, S. & G. DONDINI (1998): Causes of death in two species of bats (*Pipistrellus kuhli* and *Hypsugo savii*) in urban areas of north-central Italy. – Myotis **36**: 159–166.
17. ZINGG, P. E. (1988): Search calls of echolocating *Nyctalus leisleri* and *Pipistrellus savii* recorded in Switzerland. – Z. Säugetierk. **53**: 281–293.

Zweifarbfledermaus
Vespertilio murinus
LINNAEUS, 1758

NAMEN

GB: Parti-coloured Bat
F: Vespertilion bicolore
E: Murciélago bicolor
I: Serotino bicolore
NL: Tweekleurige vleermuis
S: Gråskimlig fladdermus
PL: Mroczek posrebrzany

KENNZEICHEN

Eine mittelgroße, robuste und kräftige Fledermaus mit langem und auf schwarzbraunem Grund auffällig silbern-weißlich bereiftem Rückenfell. Die Unterseite ist variabel [1] weißlich-beige oder einheitlich bräunlich-gelblich, jedoch meist deutlich und scharf von der Rückenfärbung abgesetzt. Häufig gelbliche Fellpartien rund um die Ohren. Die kurzen kräftigen Ohren mit breitem kurzem Tragus setzen mit einer Hautfalte fast am Mundwinkel an. Gesicht schwärzlichbraun, die Flughäute grau, die Flügel schmal und spitz. Der Penis ist dünn und lang, Weibchen haben vier Zitzen, was sonst nur beim Wüsten-Großohr, den nordamerikanischen *Lasiurus* und ausnahmsweise auch bei der Breitflügelfledermaus vorkommt [15, 24].

Ähnliche Arten

Aufgrund der charakteristischen Färbung unverwechselbar. Breitflügelfledermäuse sind größer, Nordfledermäuse haben goldene Haarspitzen, die nicht bis auf die Stirn reichen, Alpenfledermäuse sind kleiner.

ORTUNGSLAUTE

Bis zu 20 ms lange, am Lautanfang frequenzmodulierte und am Ende nahezu frequenzkonstante Laute mit einer Endfrequenz zwischen 22 und 25 kHz [19]. Mit Kleinabendsegler, Breitflügelfledermaus (kleinerer Lautabstand) und Nordfledermaus (höhere Endfrequenz) zu verwechseln. Sichere Zuordnung nur durch Analyse von Lautaufnahmen oder in Kombination mit guten Sichtbeobachtungen möglich.

VERBREITUNG

In Europa von Zentralfrankreich und dem Alpenraum sowie in geringer Dichte über die Balkanhalbinsel nach Norden verbreitet. Im Norden verläuft die Verbreitungsgrenze durch die Niederlande, Dänemark, entlang 60° N durch das südliche Skandinavien, über Russland nach Sibirien. Ostwärts über den Kaukasus und Iran bis in die Mongolei, Nordost-China, Korea, Afghanistan und das nördliche Pakistan vorkommend. In Mittel- und Südosteuropa durch das saisonale Auftreten wandernder Tiere und lokale Vorkommen von Fortpflanzungskolonien kompliziertes Verbreitungsmuster. Wochenstuben und große Männchenkolonien wurden im Westen

Maße

Unterarm	40,8–50,3 mm
Fünfter Finger	48–54 mm
Dritter Finger	69–76 mm
Normalgewicht	10–15 g
CBL	14,1–15,6 mm
CM^3	5,8–6,4 mm

Bild 475. Ein subadultes Männchen der Zweifarbfledermaus. Foto: C. DIETZ

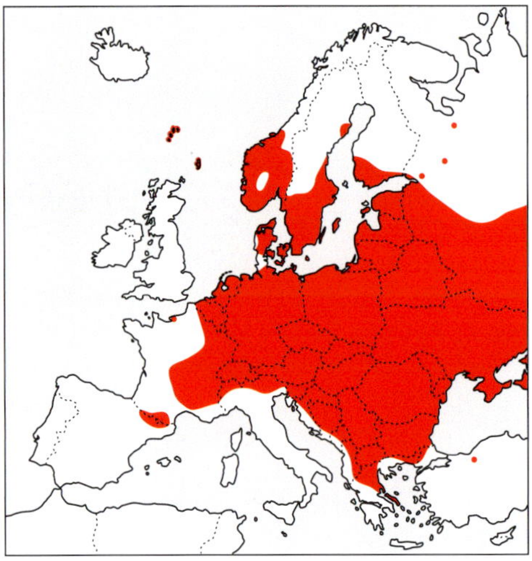

und Süden des Verbreitungsgebietes nur lokal gefunden, so in der Schweiz, Bayern und Österreich [3, 5, 20, 21]. Umherstreifende bzw. wandernde Tiere können bis Finnland, Norwegen, Belgien, Großbritannien, auf Ölbohrinseln in der Nordsee und auf die Färöer-Inseln gelangen.

Unterarten und geographische Variabilität

Im Untersuchungsgebiet nur eine Unterart, *V. m. murinus*. In Sibirien, dem nördlichen China und Korea *V. m. ussuriensis*. Die Benennung und die Zuordnung zu der von Linné beschriebenen Art führte zu einem in der Wirbeltiersystematik einmaligen Chaos [1], das auch heute noch hin und wieder für Verwirrung sorgt [7]. In der älteren Literatur wird oft die wissenschaftliche Bezeichnung *Vespertilio discolor* verwendet.

LEBENSRAUM

Jagdgebiete liegen über Gewässern, Uferzonen, offenen Agrarflächen, Wiesen und in Siedlungen [1, 18]. In der Schweiz telemetrierte weibliche Zweifarbfledermäuse jagten vor allem über Gewässern und Siedlungen [9, 18], während Männchen vor allem über Offenland und Wäldern jagten [18]. In Südosteuropa stammen viele Nachweise aus Gebirgen [14, eigene Daten].

Quartiere

Wochenstuben und Einzelquartiere werden in Spalten, Rollladenkästen und Zwischendächern an niedrigen Wohnhäusern, Scheunen und Berghütten [6, 24], aber auch an hohen Gebäuden und in Felsspalten gefunden [1]. Nachweise in Baumhöhlen und Fledermauskästen stammen vor allem aus dem Osten des Verbreitungsgebietes [1, 12]. Zur Überwinterung werden ebenfalls Gebäude, hier aber bevorzugt Hochhäuser

Bild 476. Zweifarbfledermäuse haben ausgeprägte Alterskleider, hier ein mehrjähriges Tier. Foto: C. Dietz

Bild 477. Stroboskopaufnahme einer fliegenden Zweifarbfledermaus. Foto: D. NILL

und andere hohe Gebäude wie Kirchtürme, aber auch Felswände aufgesucht. Bei einem starken Absinken der Temperatur in den Quartierspalten weichen die Tiere ins Innere von Gebäuden aus und werden dann oft aufgefunden.

VERHALTEN

Wochenstuben werden von Mai bis August belegt und umfassen meist 20–60, aber auch bis zu 200 Weibchen. In dieser Zeit bilden sich Männchenkolonien von über 300 Tieren auch in Gebieten, die fernab der Wochenstuben liegen [1, 24]. Männchen nutzen bis zu sieben Quartiere im Verbund, entsprechend stark fluktuieren die Bestandszahlen an einzelnen Quartieren [18]. Im Spätherbst (Oktober und November) balzen die Männchen sehr auffällig und mit dem bloßen Ohr hörbar in der Umgebung hoher Gebäude (Münster, Hochhäuser), an Steinbrüchen und Felswänden. Statt an Felswänden können ausgedehnte Balzflüge auch über Waldgebieten stattfinden [22, 23].

FORTPFLANZUNG

Die Paarung erfolgt während der spätherbstlichen Balzzeit. Die Jungen werden hauptsächlich ab Ende Mai geboren, der Geburtszeitraum erstreckt sich jedoch von Ende April bis Mitte Juni. Am häufigsten werden Zwillinge, nur selten ein und ausnahmsweise auch drei Junge geboren. Neugeborene haben ein Gewicht von 2–2,5 g und eine Unterarmlänge von etwa 14,9 mm, nach sieben Tagen um 23,3 mm, nach 14 Tagen um 35,0 mm, nach 21 Tagen um 41 mm und nach 28 Tagen um 42,2 mm [11].

NAHRUNGSERWERB

Die Nahrung wird in sehr schnellem und geradlinigem Flug, ähnlich wie bei Abendseglern, in 10–40 m Flughöhe erbeutet. Die abpatrouillierten Bereiche liegen meist im freien Luftraum über Gewässern und Offenland, seltener über Wald. Insbesondere im Herbst werden allerdings auch Straßenlampen in relativ engen Flugbahnen umflogen. Ruhepausen während der Nacht können an Bäumen hängend verbracht werden [10]. Die Jagdgebiete einzelner Tiere überlappen sich stark [18].

NAHRUNG

Es werden kleine Zweiflügler (Zuckmücken) und Blattläuse gefangen, die den Großteil der Nahrung ausmachen [2, 4, 16], daneben spielen Köcherfliegen und Nachtfalter eine Rolle [4, 16]. Häufig werden Insektenschwärme ausgebeutet, was eine gewisse Bevorzugung von Wasserflächen erklärt [8, 9].

HÖCHSTALTER

Das Höchstalter beträgt 14 Jahre und 6 Monate und ist damit relativ gering und wie bei den Abendseglern typisch für eine wandernde Art, deren Weibchen in der Regel zwei Junge pro Jahr großziehen.

ORTSWECHSEL UND WANDERUNGEN

Während einige europäische Populationen wie in Dänemark und im Böhmerwald weitgehend standorttreu zu sein scheinen, wandern die osteuropäischen Populationen. Die weitesten bislang dokumentierten Wanderungen waren 1440 km von Estland nach Österreich [13] und 1787 km von Ry-

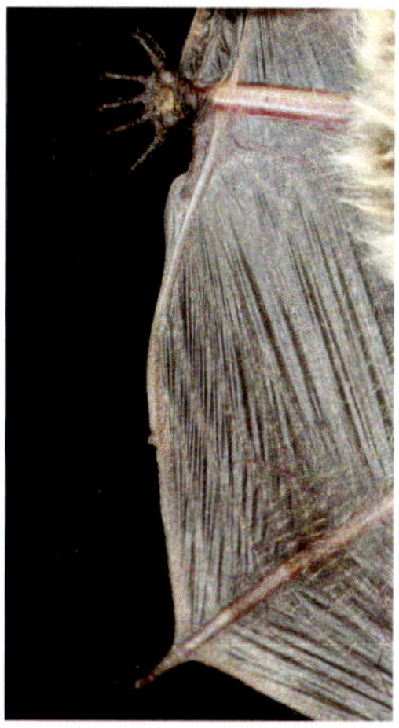

Bild 478. Schwanzflughautrand der Zweifarbfledermaus mit Sporn und Epiblema. Foto: C. DIETZ

Bild 479. Zweifarbfledermäuse können relativ enge Spalten als Quartier nutzen, hier befindet sich eine Wochenstubenkolonie hinter einer Holzverkleidung. In der Mitte das Alttier, beidseitig die Jungtiere. Foto: D. NILL

bachy (Russland) nach Frankreich [12]. Wanderungen erfolgen im Herbst nach Südwesten, aus Weißrussland und Russland auch nach Südosten.

Raumnutzung

Die Raumnutzung scheint sich zwischen den Geschlechtern stark zu unterscheiden [18]. Jagdgebiete der Männchen sind im Mittel mit 87 km² wesentlich größer als die gemittelte Jagdgebietsgröße der Weibchen mit 16 km² [8, 18]. So sind auch die Jagdgebiete bei den Männchen im Mittel 5,7 km und bis zu 20,5 km vom Quartier entfernt, die der Weibchen liegen mit im Mittel 2,4 km und bis zu 6,2 km Entfernung wesentlich näher [18].

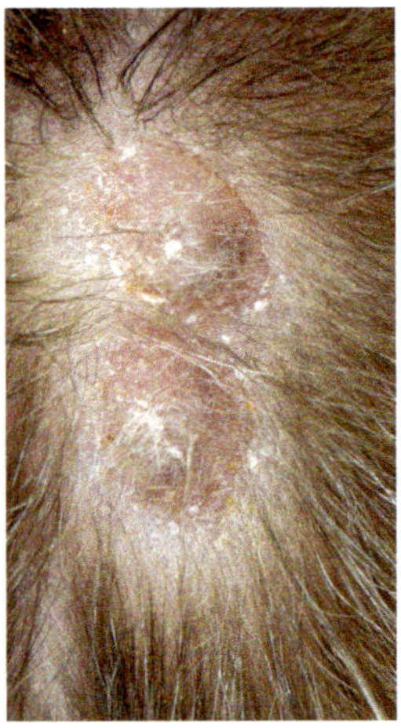

Bild 480. Die Zweifarbfledermaus ist die einzige europäische Art bei der die Weibchen beidseitig zwei Zitzen haben, hier ein nullipares Weibchen. Foto: C. DIETZ

GEFÄHRDUNG

Rote Liste der IUCN 2008: LC (Least Concern), FFH-Anhang IV, Rote Liste BRD: D (Daten defizitär). Die Verteilung in Europa ist sehr ungleichmäßig. Während die Art in Dänemark ausgesprochen häufig ist [1], sind im westlichen und südlichen Europa insbesondere Fortpflanzungskolonien sehr dünn gesät und bedürfen daher besonderen Schutzes. Besonders bei Sanierungen von Gebäudefassaden können Hangplätze verloren gehen. Auf dem Zug stellen Windkraftanlagen und Straßen eine ernst zu nehmende Bedrohung dar.

SCHUTZMASSNAHMEN

Erhalt der Kolonien insbesondere bei Sanierungsarbeiten. Erhalt von Zugwegen.

OFFENE FRAGEN

- Wie verlaufen die Wanderwege der Zweifarbfledermaus und wandern alle Populationen?
- Wie sieht die Verbreitung in West- und Südeuropa im Detail aus?
- In welchen Gegenden kommen Wochenstuben und wo Männchenquartiere vor?
- Lassen sich die in der Schweiz gefundenen Unterschiede in der Ausdehnung der Jagdgebiete zwischen Männchen und Weibchen auch in anderen Gebieten bestätigen?

SPEZIELLE LITERATUR

1. BAAGØE, H. J. (2001): *Vespertilio murinus*, Zweifarbfledermaus. – In: F. KRAPP (Hrsg.): HB Säugetiere Europas **4-I**: 473–514; Aula Verlag.
2. BAUEROVÁ, Z. & A. L. RUPRECHT (1989): Contribution to the knowledge of the trophic ecology of the parti-coloured bat, *Vespertilio murinus*. – Folia Zool. **38**: 227–232.
3. BLANT, J. D. & C. JABERG (1995): Confirmation of the reproduction of *Vespertilio murinus* in Switzerland. – Myotis **32/33**: 203–208.
4. BURGER, F. (1999): Zum Nahrungsspektrum der Zweifarbfledermaus (*Vespertilio murinus*) im Land Brandenburg. – Nyctalus (N.F.) **7**: 17–28.
5. FREITAG, B. (1993): Erster Fortpflanzungsnachweis der Zweifarbfledermaus *Vespertilio murinus* in Österreich und neue Funde in der Steiermark. – Mitt. naturwiss. Ver. Steiermark **123**: 219–221.

6. HERMANNS, U., H. POMMERANZ & H. SCHÜTT (2001): Erste Ergebnisse einer systematischen Erfassung der Zweifarbfledermaus, *Vespertilio murinus*, in Mecklenburg-Vorpommern im Vergleich zu Untersuchungen in Ostpolen. – Nyctalus (N.F.) **7**: 532–554.
7. HINKEL, A. (2003): Ein Beitrag über die wissenschaftliche Umbenennung der Zweifarbfledermaus – Nyctalus (N.F.) **9**: 51–56.
8. JABERG, C. (1998): Influence de la distribution des ressources alimentaires sur le comportement de chasse et la sélection de l'habitat d'une chauve-souris insectivore aérienne, *Vespertilio murinus*. – Le Rhinolophe **13**: 1–15.
9. JABERG, C., C. LEUTHOLD & J.-D. BLANT (1998): Foraging habitats and feeding strategy of the parti-coloured bat *Vespertilio murinus* in western Switzerland. – Myotis **36**: 51–61.
10. JABERG, C. & J.-D. BLANT (2003): Spatio-temporal utilisation of roosts by the parti-coloured bat *Vespertilio murinus* in Switzerland. – Mamm. Biol. **68**: 341–350.
11. KOZHURINA, E. I. (1999): Early postnatal ontogeny and main periods of the development in parti-coloured bats *Vespertilio murinus*. – Folia Zool. **48**: 33–48.
12. MARKOVETS, M. J., N. P. ZELENOVA & A. P. SHAPOVAL (2004): Beringung von Fledermäusen in der Biologischen Station Rybachy, 1957–2001. – Nyctalus (N.F.) **9**: 259–268.
13. MASING, M. (1989): A long-distance flight of *Vespertilio murinus* from Estonia. – Myotis **27**: 147–150.
14. PAVLINIĆ, I. & N. TVRTKOVIĆ (2003): The presence of *Eptesicus nilssonii* and *Vespertilio murinus* in the Croatian bat fauna confirmed. – Nat. Croat. **12**: 55–62.
15. RUPRECHT, A. L. (2005): Über das Auftreten zusätzlicher Saugwarzen bei einer Breitflügelfledermaus, *Eptesicus serotinus*, aus Polen – Nyctalus (N.F.) **9**: 577–580.
16. RYDELL, J. (1992): The diet of the parti-coloured bat *Vespertilio murinus* in Sweden. – Ecography **15**: 195–198.
17. RYDELL, J. & H. J. BAAGØE (1994): *Vespertilio murinus*. – Mammalian Species **467**: 1–6.
18. SAFI, K. (2006): Die Zweifarbfledermaus in der Schweiz. Status und Grundlagen für den Schutz, 100 S.; Haupt Verlag.
19. SCHAUB, A. & H.-U. SCHNITZLER (2006): Echolocation behavior of the bat *Vespertilio murinus* reveals the border between the habitat types „edge“ and „open space“. – Behav. Ecol. Sociobiol. DOI 10.1007/s00265-006-0279-9.
20. SPITZENBERGER, F. (1984): Die Zweifarbfledermaus *(Vespertilio murinus)* in Österreich, Mammalia austriaca 7. – Die Höhle **35**: 263–276.
21. STUTZ, H.-P. & M. HAFFNER (1984): Summer colonies of *Vespertilio murinus* in Switzerland. – Myotis **21/22**: 109–112.
22. WEID, R. (1988): Occurrence of the particoloured bat *Vespertilio murinus* in Greece and some observations on its display behaviour. – Myotis **26**: 117–128.
23. ZAGMAJSTER, M. (2003): Display song of parti-coloured bat *Vespertilio murinus* (Chiroptera, Mammalia) in southern Slowenia and preliminary study of its variability. – Natura Sloveniae **5**: 27–41.
24. ZÖLLICK, H., E. GRIMMBERGER & A. HINKEL (1989): Erstnachweis einer Wochenstube der Zweifarbfledermaus, *Vespertilio murinus*, in der DDR und Betrachtungen zur Fortpflanzungsbiologie. – Nyctalus (N.F.) **2**: 485–492.

Bild 481. Porträt der Zweifarbfledermaus. Foto: C. DIETZ

Breitflügelfledermaus
Eptesicus serotinus (SCHREBER, 1774)

NAMEN

GB: Serotine Bat
F: Sérotine commune
E: Murciélago de huerta
I: Serotino comune
NL: Laatvlieger
S: Sydfladdermus
PL: Mroczek późny

Maße

Unterarm	48,0–58,0 mm
Fünfter Finger	59–69 mm
Dritter Finger	84–92 mm
Normalgewicht	18–25 g
CBL	18,4–21,8 mm
CM^3	7,2–7,9 mm

ALLGEMEINES – FLEDERMAUSTOLLWUT

Die Fledermaustollwut kommt in Europa nahezu ausschließlich bei der Breitflügelfledermaus und der Isabellfledermaus vor, 95% der Tollwutnachweise bei Fledermäusen entfallen auf diese beiden Arten [11, 22, allg. Lit. 86]. Es handelt sich dabei um ein 1985 entdecktes Virus, das als European Bat Lyssavirus 1 (EBL 1) bezeichnet wird. Die meisten Nachweise von EBL 1 konzentrieren sich dabei auf die Küstengebiete im nördlichen Deutschland, Dänemark, der Niederlande und Polen. Einzelfälle wurden aber in ganz Europa und der Türkei gefunden. In Dänemark wurden 160 von 663 in den 1980er-Jahren untersuchten Breitflügelfledermäusen positiv getestet, auch in angrenzenden Populationen waren bis zu 20% der Tiere infiziert [1]. Die meisten Breitflügelfledermäuse erholen sich von einer Infektion, tragen den Virus aber weiter in sich [16, 22]. Schwer erkrankte Fledermäuse sind geschwächt und können flugunfähig aufgefunden werden. Sie verhalten sich meist abnorm, schreien bei leichtesten Berührungen, krampfen, bewegen sich langsam und unkoordiniert bzw. sind teilweise paralysiert, verweigern Nahrung und Wasser. Eine erhöhte Bissigkeit ist nur selten festzustellen [2, 11].

Es besteht sicher kein Grund zu übermäßiger Besorgnis oder gar Panik. Eine Übertragung kann nur durch Bisse erfolgen, einfache Vorsichtsmaßnahmen wie das Tragen von Handschuhen beim Fang oder Fund der Tiere reichen vollkommen aus. Menschen, die häufig mit Fledermäusen in Berührung kommen, sollten eine Tollwutimpfung durchführen lassen, die zuverlässig vor einer Ansteckung schützt [allg. Lit. 86]. Für die Bewohner von Gebäuden mit Breitflügelfledermaus-Kolonien besteht kein Risiko, solange keine Fledermäuse in die Hand genommen werden.

KENNZEICHEN

Eine große, robuste Fledermaus mit breiter Schnauze. Das lange Fell ist farblich variabel, meist mittel- bis dunkelbraun, besonders im östlichen Mittelmeergebiet mit gelb-goldenen Spitzen. Es treten auch schwarzbraune, graubraune und rotbraune Tiere auf. Die Unterseite ist wenig abgesetzt heller braun bis gelblich-braun. Die Gesichtspartie ist meist schwarzbraun gefärbt, die Ohren sind mittellang, derbhäutig und am Ende abgerundet. Die Flügel machen im Vergleich zu den Abendseglern einen breiten Eindruck.

Ähnliche Arten

Die in Mittel- und Nordeuropa mit der Breitflügelfledermaus gemeinsam vorkommende Nordfledermaus ist deutlich kleiner. Im südlichen Mittelmeergebiet besteht Verwechslungsgefahr mit der Isabell- und der Küstenfledermaus. Die Isabellfledermaus ist etwas kleiner und die Männchen haben eine abweichende Penismorphologie und die Küstenfledermaus hat einen kürzeren fünften Finger (< 60 mm) und eine kürzere obere Zahnreihe (< 7,0 mm).

ORTUNGSLAUTE

Bis 23 ms lange frequenzmodulierte Laute mit einem nahezu frequenzkonstanten Endteil bei 23–27 kHz.

VERBREITUNG

Ganz Europa, im Norden bis 55° N und damit bis Süd-England, die südlichsten Bereiche Schwedens und Lettlands. Fehlt in Irland, Norwegen, Finnland und Estland. Es gibt Hinweise, dass sich die Art langsam nach Norden ausbreitet [1]. Im Mittelmeergebiet weit verbreitet, bislang liegen aber keine Nachweise von den Kanaren und aus Nordafrika vor (die bisherigen Angaben betreffen die Isabellfledermaus). Außerhalb Europas in der Türkei, über den Nahen Osten und den Kaukasus nach Zentral-Asien,

Bild 482. Kolonie der Breitflügelfledermaus noch vor der Geburt der Jungen. Foto: C. DIETZ

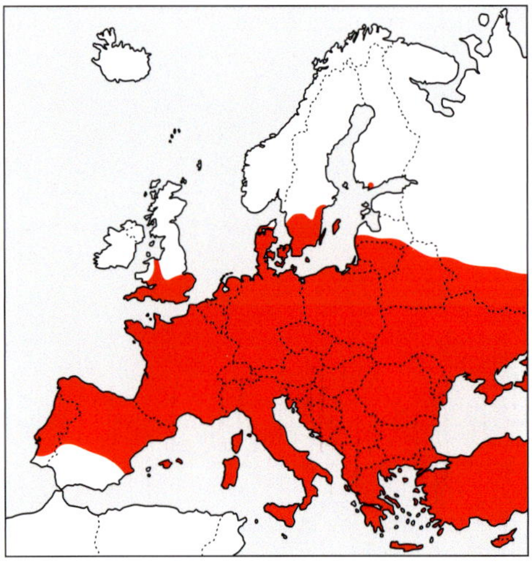

China, Taiwan bis in die nördliche Indomalayische Region vorkommend. Fernöstliche Populationen könnten jedoch auch eigenständige Arten darstellen.

Unterarten und geographische Variabilität

In Europa nur die Nominatform *E. s. serotinus*. Die lange Zeit als nordafrikanische Unterart betrachtete *E. isabellinus* stellt eine eigene Art dar [allg. Lit. 77], ähnlich könnte es sich mit den Unterarten *shirazensis* (Iran) und *pallens* (Korea, China) und weiteren Formen verhalten. Dagegen stellt die als eigene Art beschriebene *E. sodalis* lediglich eine kleinwüchsige Form der Breitflügelfledermaus dar [21]. Genetische Daten zeigen deutlich, dass die europäische Breitflügelfledermaus nicht, wie öfter vermutet, mit der nordamerikanischen *E. fuscus* synonym ist [Mayer mündlich]. Mit mitochondriellen Markern ist eine Unterscheidung von *E. serotinus* und *E. nilssonii* nicht möglich [allg. Lit. 79].

Bild 483. Eine Breitflügelfledermaus vom südlichen Kaukasus. Foto: C. Dietz

LEBENSRAUM

Besiedelt das ganze Spektrum mitteleuropäischer und mediterraner Lebensräume und ist kaum auf Wald angewiesen. Als Jagdgebiete dienen ausgeräumte landwirtschaftliche Flächen ebenso wie strukturreiche Siedlungsränder, Parks, Streuobstwiesen, Viehweiden, Waldränder, Gewässer, aber auch das Innere von Dörfern, Städten und Großstädten. Wälder werden meist nur entlang von Schneisen und Wegen beflogen. Die höchste Dichte jagender Tiere kann über Viehweiden, Streuobstwiesen, Parks mit Einzelbäumen und an Gewässerrändern beobachtet werden. Wichtig scheint ein lockerer Bewuchs mit Laubbäumen zu sein. In Mitteleuropa liegen Wochenstuben selten über 800 m Höhe, Einzeltiere und Männchen kommen jedoch auch regelmäßig in höheren Lagen vor. Die Häufigkeit ist im norddeutschen Tiefland und den benachbarten Gegenden sehr viel größer als im südlichen Mitteleuropa.

QUARTIERE

In Mitteleuropa finden sich Wochenstuben fast ausschließlich in Gebäuden. Einzeltiere können neben Baumhöhlen und Fledermauskästen eine Vielzahl von Quartieren an Gebäuden annehmen: hinter Schalbrettern, Verkleidungen und Dachrinnen oder in Mauerritzen und Bohrlöchern. Wochenstuben sind meist in Spalträumen im Inneren ungenutzter Dachstühle oder aber in großräumigen Spalten hinter Fassadenverkleidungen, in Zwischendächern, größeren Lüftungsschächten und Fertigungsfugen großer Hochhäuser anzutreffen. Im Mittelmeerraum werden neben Gebäuden und Brücken auch Spalten in Felswänden und im Eingangsbereich großer Höhlen besiedelt. Den Winter verbringt wohl ein Großteil der Tiere in Gebäuden in Zwischendecken [7] und auch im Inneren isolierter Wände [1] sowie in Felsspalten. In Höhlen werden einzelne Tiere und selten kleinere Gruppen an trockenen und kalten Stellen in Spalten und im Bodengeröll gefunden.

VERHALTEN

Wochenstuben bestehen aus 10–60 adulten Weibchen, in Einzelfällen aus bis zu 300 Tieren. Die Kolonien bauen sich ab Anfang Mai auf, sie werden normalerweise den ganzen Sommer über beibehalten und werden im August wieder verlassen. Im Quartier sind einzelne Männchen mit einer Vielzahl anderer Arten vergesellschaftet, die Wochenstubenkolonien sind zwar teilweise im gleichen Gebäude wie andere Fledermausarten, in der Regel aber von diesen räumlich getrennt. Männchen können Kolonien mit bis zu 20 Tieren bilden.

FORTPFLANZUNG

Die Paarung findet im September und Oktober statt, die Geburt des meist einzelnen Jungen erfolgt in Mitteleuropa etwa Mitte Juni, Zwillinge sind selten. Es gibt allerdings auch späte Geburten bis in den August [1]. Auch im Mittelmeerraum können einzelne trächtige Weibchen noch im August gefangen werden. Der relativ hohe Anteil von nicht reproduzierenden, aber ausgewachsenen Weibchen in manchen Wochenstuben und bei Netzfängen spricht für ein Eintreten der Geschlechtsreife im zweiten Jahr. Jungtiere werden mit einer Unterarmlänge von etwa 22 mm und einem Gewicht von 5,8 g geboren, die Augen öffnen sich nach 5–7 Tagen, am Ende der ersten Woche sind die Tiere voll behaart. Mit 14 Tagen erreichen sie 13 g. Ab etwa dem 17. Tag fangen die Jungtiere an ihre Flügel zu strecken und beginnen, in Mitteleuropa, am Ende der dritten Woche zu fliegen. Der Ausflug aus dem Quartier erfolgt mit 4–5 Wochen, die Jungen werden wenig später entwöhnt [1, 14].

NAHRUNGSERWERB

Die Beute wird in wendigem und raschem Flug entlang von Vegetationskanten, beim Umkreisen von Einzelbäumen oder im freien Luftraum erbeutet. Oft werden einzelne Straßenlampen über längere Zeiträume abpatrouilliert. Suchflüge erfolgen auf langen gleichmäßigen Bahnen, aus denen beim Entdecken einer Beute ausgebrochen wird. Ein Absammeln der Beute direkt vom Boden (frisch gemähte Wiesen) oder vom Kronendach der Bäume (Maikäfer) kommt ebenfalls vor [11]. Auch große Beutetiere wie Maikäfer werden im Flug verzehrt, die Fledermäuse fliegen dann meist auf gleichmäßigen Bahnen im offenen Luftraum. An manchen Stellen können kurzfristig bis zu 20 Breitflügelfledermäuse gleichzeitig auf engem Raum angetroffen werden. In solchen Fällen werden vermutlich Insektenschwärme ausgebeutet [11, 20].

NAHRUNG

Breitflügelfledermäuse reagieren flexibel auf die Verfügbarkeit von Beute. Zu den jeweiligen Flugzeiten bilden Dung-, Juni- und Maikäfer die Hauptbeute [11, 17]. Daneben werden auch Nachtfalter und eine Vielzahl anderer Insekten, besonders Schlupfwespen [1, 4, 5, 11, 17] und Wanzen erbeutet. Im Frühjahr spielen Zweiflügler eine große Rolle. Die Beute unterscheidet sich allerdings lokal stark und ist nicht nur auf Fluginsekten beschränkt. Bei Massenauftreten von Maulwurfsgrillen oder von schlüpfenden Mai- und Junikäfern können diese auch am Boden gefangen werden [1, 18].

HÖCHSTALTER

Das nachgewiesene Höchstalter liegt bei knapp 24 Jahren [20, allg. Lit. 139].

ORTSWECHSEL UND WANDERUNGEN

Breitflügelfledermäuse sind meist standorttreu und die Entfernungen zwischen Sommer- und Winterquartieren gering. Der Großteil der Winterfunde liegt innerhalb eines 50 km-Radius um die Sommerquartiere. Einzelne weite Überflüge von bis 330 km [13] gehen vermutlich auf Fernansiedlungen und Dispersionsbewegungen zurück.

Raumnutzung

Auch während der Wochenstubenzeit können einzelne Weibchen für eine Nacht in bis zu 10 km entfernte Ausweichquar-

Bild 484. Breitflügelfledermaus im Flug. Foto: D. Nill

Bild 485. Jungtiere der Breitflügelfledermaus haben oft eine sehr dunkle Fellfärbung. Foto: C. DIETZ

tiere wechseln [5]. Weibchen jagen meist innerhalb eines 4,5 km-Radius um das Quartier, in Einzelfällen in bis zu 12 km Entfernung [5, 11, 18]. Es werden 2–10 verschiedene Teiljagdgebiete aufgesucht, die meist über Leitlinien wie Hecken, Gewässer oder Wege miteinander in Verbindung stehen [11, 17]. Transferflüge sind schnell und erfolgen in 10–15 m Höhe. Einzelindividuen können so ein Jagdgebiet von im Mittel 4,6 km^2 und im Extrem von bis zu 48 km^2 befliegen [11, 15, 17, 18].

GEFÄHRDUNG

Rote Liste der IUCN 2008: LC (Least Concern), FFH-Anhang IV, Rote Liste BRD: G (Gefährdung unbekannten Ausmaßes). Lokale Gefährdung durch Gebäudesanierungen oder Pestizideinsätze. Langfristig kann insbesondere der Verlust von beweidetem und extensiv genutztem Grünland und von Streuobstwiesen in der Umgebung der Quartiere die Nahrungsgrundlage vernichten.

SCHUTZMASSNAHMEN

Erhalt von artenreichen Wiesen und Dauergrünland, extensiven Viehweiden, Streuobstwiesen und strukturreichen Siedlungsrändern. Verzicht auf Pestizideinsätze.

OFFENE FRAGEN

- Wo verläuft die Sympatriezone mit der Isabellfledermaus in Spanien?
- Wo überwintern Breitflügelfledermäuse?
- Welche Auswirkungen hat das Tollwutvirus auf betroffene Kolonien?
- Ist der Ausbruch einer Tollwuterkrankung bei Breitflügelfledermäusen vom Ernährungszustand, der Individuendichte oder von einer genetisch bedingten Resistenzschwäche abhängig?

SPEZIELLE LITERATUR

1. BAAGØE, H. J. (2001): *Eptesicus serotinus*, Breitflügelfledermaus. – In: F. KRAPP (Hrsg.): HB Säugetiere Europas **4-I**: 519–559; Aula Verlag.
2. BECKER, U. & K.-H. BECKER (1991): Beobachtungen an einer an Tollwut erkrankten Breitflügelfledermaus *Eptesicus serotinus*. – Naturschutz und Landschaftspflege in Niedersachsen **26**: 159.
3. CATTO, C., A. M. HUTSON & P. A. RACEY (1994): The diet of *Eptesicus serotinus* in southern England. – Folia Zool. **43**: 307–314.
4. CATTO, C. M. C., P. A. RACEY & P. J. STEPHENSON (1995): Activity patterns of the serotine bat *(Eptesicus serotinus)* at a roost in southern Eng-

Bild 486. Portrait einer mitteleuropäischen Breitflügelfledermaus. Foto: C. DIETZ

land. – J. Zool. **235**: 635–644.
5. CATTO, C. M. C., A. M. HUTSON, P. A. RACEY & P. J. STEPHENSON (1996): Foraging behaviour and habitat use of the serotine bat *(Eptesicus serotinus)* in southern England. – J. Zool. **238**: 623–633.
6. DEGN, H. J. (1983): Field activity of a colony of serotine bats *(Eptesicus serotinus)*. – Nyctalus (N.F.) **1**: 521–530.
7. DINGER, G. (1991): Winternachweise von Breitflügelfledermäusen *(Eptesicus serotinus)* in Kirchen. – Nyctalus (N.F.) **7**: 614–616.
8. GAJDOŠIK, M. & J. GAISLER (2004): Diet of two *Eptesicus* bat species in Moravia (Czech Republic). – Folia Zool. **53**: 7–16.
9. GERBER, E., M. HAFFNER & V. ZISWILER (1996): Vergleichende Nahrungsanalyse bei der Breitflügelfledermaus *Eptesicus serotinus* in verschiedenen Regionen der Schweiz. – Myotis **34**: 35–43.
10. HAENSEL, J. (1994): Zum Eintritt der Geschlechtsreife bei der Breitflügelfledermaus *(Eptesicus serotinus)* und zum Aufenthalt adulter Männchen in ihren Wochenstubengesellschaften. – Nyctalus (N.F.) **5**: 181–184.
11. HARBUSCH, C. (2003): Aspects of the ecology of Serotine bats *(Eptesicus serotinus)* in contrasting landscapes in southwest Germany and Luxembourg. – PhD-thesis, University of Aberdeen, 217 S.
12. HARBUSCH, C. & P. A. RACEY (2006): The sessile serotine: the influence of roost temperature on philopatry and reproductive phenology of *Eptesicus serotinus* (Mammalia: Chiroptera). – Acta Chiropterologica **8**: 213–229.
13. HAVEKOST, H. (1960): Die Beringung der Breitflügelfledermaus *(Eptesicus serotinus)* im Oldenburger Land. – Bonn. Zool. Beitr., Sonderheft **11**: 222–233.
14. KLEIMAN, D. G. (1969): Maternal care, growth rate, and development in the noctule *(Nyctalus noctula)*, pipistrelle *(Pipistrellus pipistrellus)*, and serotine *(Eptesicus serotinus)* bats. – J. Zool. **157**: 187–211.
15. PÉREZ, J. L. & C. IBÁÑEZ (1991): Preliminary results on activity rythms and space use optained by radio-tracking a colony of *Eptesicus serotinus*. – Myotis **29**: 61–66.
16. PÉREZ, J. L., J. R. BOYERO & C. IBÁÑEZ (1991): Epidemiologia de la Rabia en Quiropteros – In: BENZAL & DE PAZ (Eds.): Los Murcielagos de España y Portugal: 237–252.
17. ROBINSON, M. F. & R. E. STEBBINGS (1993): Food of the serotine bat, *Eptesicus serotinus* – is fecal analysis a valid qualitative and quantitative technique? – J. Zool. **231**: 239–248.
18. ROBINSON, M. F. & R. E. STEBBINGS (1997): Homerange and habitat use by the serotine bat, *Eptesicus serotinus*, in England. – J. Zool. **243**: 117–136.
19. ROSENAU, S. (2001): Untersuchungen zur Quartiernutzung und Habitatnutzung der Breitflügelfledermaus *Eptesicus serotinus* im Berliner Stadtgebiet (Bezirk Spandau). – Diplomarbeit an der Freien Universität Berlin.
20. RUDOLPH, B.-U. (2004): Breitflügelfledermaus, *Eptesicus serotinus*. – In: A. MESCHEDE & B.-U. RUDOLPH (eds.): Fledermäuse in Bayern: 305–313. Ulmer Verlag.
21. RUPRECHT, A. L. (1990): Zur Variabilität der Breitflügelfledermäuse und zum Problem um *Eptesicus sodalis* in Polen. – Nyctalus (N.F.) **3**: 129–143.
22. SERRA-COBO, J., B. AMENGUAL, C. ABELLAN & H. BOURHY (2002): European bat *Lyssavirus* infection in Spanish Bat Populations. – Emerging Infectious Diseases **8**: 413–420.

Bild 487. Im Mittelmeergebiet treten häufig Breitflügelfledermäuse mit goldblond gefärbten Spitzen des Rückenfells auf. Foto: C. DIETZ

Nordfledermaus
Eptesicus nilssonii
(Keyserling & Blasius, 1839)

Maße

Unterarm	37,1–44,2 mm
Fünfter Finger	45–56 mm
Dritter Finger	62–68 mm
Normalgewicht	9–13 g
CBL	14,5–15,4 mm
CM3	5,1–5,8 mm

NAMEN

GB: Northern Bat
F: Sérotine de Nilsson
E: Murciélago de huerta norteño
I: Serotino di Nilsson
NL: Noordse vleermuis
S: Nordisk fladdermus
PL: Mroczek pozłicisty

KENNZEICHEN

Eine mittelgroße Fledermaus mit langem dunkelbraunem bis braunschwarzem Fell auf der Oberseite, mit goldgelben Spitzen auf dem Rücken und im Nacken. Das Fell am Innenrand der Ohren weist typischerweise dichte gelbliche Haarbüschel auf. Die Unterseite ist gelblich braun oder beige gefärbt und bildet am Hals eine im Vergleich zu den anderen Arten der Gattung scharfe Grenze zur Oberseite aus. Die Ohren sind breit gerundet und wie alle Hautpartien dunkelbraun gefärbt. Die letzten Schwanzwirbel stehen bis zu 4 mm über den Rand der Schwanzflughaut hervor.

Ähnliche Arten

Nur mit der deutlich größeren Breitflügelfledermaus (Unterarmlänge 48–58 mm) sowie der Zweifarb- und der Alpenfledermaus zu verwechseln. Die Zweifarbfledermaus weist silberne Haarspitzen auf, die bis auf die Stirn reichen, hat ein breites Epiblema, Weibchen beiderseits zwei Zitzen und Männchen einen dünnen Penis (im Gegensatz zum breit ovalen Penis der Nordfledermaus). Die Alpenfledermaus ist meist kleiner (Unterarmlänge < 37,9 mm), hat eine weiße Unterseite und der Tragus verbreitert sich zur Spitze.

ORTUNGSLAUTE

Bis zu 20 ms lange frequenzmodulierte Laute mit nahezu frequenzkonstantem Endteil zwischen 26 und 29 kHz [3]. Die Breitflügelfledermaus ruft bei gleicher Ortungssituation 2–4 kHz tiefer und die Lautabstände sind länger. So liegen bei 15 ms langen Lauten die Endfrequenzen der Nordfledermaus bei 27 kHz, die der Breitflügelfledermaus bei 23 kHz [3].

Bild 488. Die Nordfledermaus ist durch ein dichtes und langes Fell und einen kompakten Körperbau an ein Leben in hohen Breiten angepasst. Foto: C. Dietz

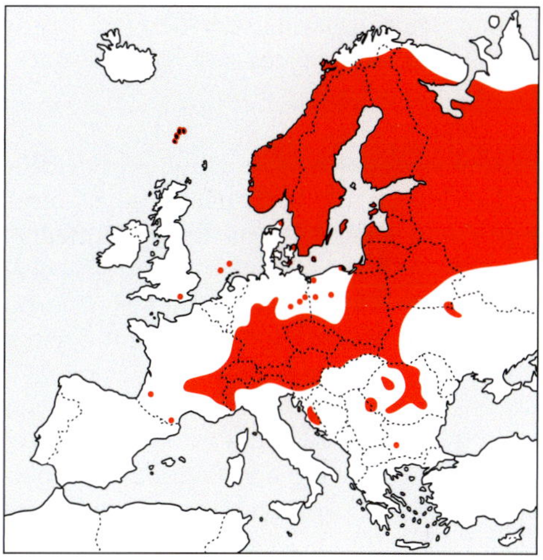

Bild 489. Jungtier der Nordfledermaus wenige Tage vor dem Flüggewerden. Foto: C. DIETZ

VERBREITUNG

Mittel- und Osteuropa, im Westen bis Zentralfrankreich [2] und die Schweiz, im Süden bis Norditalien. Als einzige Fledermausart reicht die Verbreitungsgrenze mit 70°N bis nördlich des Polarkreises [6, 17]. Im Osten bis zur nördlichen Ukraine und dem Kaukasus. Außerhalb des mehr oder weniger geschlossenen Verbreitungsgebiets liegen Einzelnachweise in England [7], den Färöer Inseln, in den Rumänischen Karpaten [14] und im bulgarischen Rila-Gebirge [8]. Inwieweit sich auf dem Balkan in den Gebirgen ansässige Populationen befinden, wie dies durch neue Funde in Kroatien [13] angedeutet wird, ist bislang unklar. Die Nachsuche in Bulgarien erbrachte bislang keine Hinweise auf dauerhafte Vorkommen. Außerhalb Europas in Sibirien, der Mongolei, Nordwest-China, Irak, Iran, Korea, Japan und Sachalin vorkommend.

Unterarten und geographische Variabilität

In Europa nur die Nominatform *E. n. nilssonii*. Die vielen asiatischen Unterarten sind schlecht voneinander abgegrenzt oder könnten teilweise eigene Arten darstellen. Die Art sollte einer gründlichen Revision unterzogen werden.

LEBENSRAUM

Eine typische Fledermaus borealer beziehungsweise montaner Waldgebiete. Entsprechend kommt sie in Nordeuropa auch in den Tieflagen vor, während sie im südlichen Mitteleuropa und Südosteuropa fast ausschließlich vom Hügelland bis in die Hochgebirge in über 2000 m Höhe vorkommt. In der Umgebung der Wochenstuben dominieren für gewöhnlich gewässerreiche Nadel- und Laubwälder. Jagdgebiete liegen häufig im Bereich von Seen und Bächen, aber auch über Hochmoorflächen, Wiesen, entlang von Waldrändern, in Wäldern und in Siedlungen.

Quartiere

Wochenstuben befinden sich zum Großteil in Zwischendächern und Wandverkleidungen von Häusern [6], ausnahmsweise auch in Baumhöhlen [10]. Im Norden des Verbreitungsgebietes häufig an Wärmequellen wie Kaminen, oder hinter Steinverkleidungen die sich durch die Sonne rasch erwärmen. Einzeltiere können in einer Vielzahl von Quartieren wie Brücken, Baumhöhlen, aber auch im Inneren von Blockhalden [22] gefunden werden. Im Winter meist einzeln oder in kleinen Gruppen in ausgesprochen kühlen Bergwerken, Bunkern und Höhlen. Entweder im Eingangsbereich bei Temperaturen knapp über dem Gefrierpunkt oder in nach unten abfallenden Quartieren, in denen sich Kaltluftseen bilden. Bei niedrigen Temperaturen eng in Spalten eingezwängt, auch im Bodengeröll. Einzeltiere wurden im Nordschwarzwald mehrfach in Brennholzstapeln gefunden, vermutlich überwintern Nordfledermäuse vor allem in oberirdischen Quartieren an Gebäuden, in Felsspalten und Blockhalden. So erklärt sich auch, dass die höchsten Individuenzahlen in Stollen während der tiefsten Außentemperaturen (< –20 °C) oder während durchziehender Orkane gefunden werden [eigene Daten].

VERHALTEN

Wochenstuben umfassen meist 20–50, in Einzelfällen jedoch auch bis zu 150 Weibchen [11, 18] und werden bereits im April, spätestens im Mai bezogen. Die Wochenstuben lösen sich schon recht früh im Jahr (Ende Juli) auf, können aber auch bis Ende August am Quartier verbleiben. Quartiere werden manchmal kleinräumig gewechselt. In Südwest-Deutschland häufig mit anderen Arten wie Breitflügelfledermaus,

Bild 490. Die winterschlafende Nordfledermaus ist leicht an den gelblichen Haarbüscheln vor den Ohren zu erkennen. Foto: C. Dietz

Bartfledermaus und Zwergfledermaus vergesellschaftet. Im Jagdgebiet ausgesprochen territorial, selbst Weibchen des gleichen Wochenstubenverbandes werden vertrieben [16]. Die kleinen Jagdgebiete werden regelmäßig aufgesucht [16, 18]. Eine besondere Anpassung der weltweit einzigen nördlich des Polarkreises reproduzierenden Art [17] ist die Fähigkeit, bei schlechter Witterung auch im Sommer in Torpor zu fallen und damit den Geburtstermin um bis zu einen Monat hinauszuzögern. Männchen verbringen den Sommer solitär, treten jedoch ab Mitte Juli bis in den Spätherbst an Schwärmquartieren an Höhlen und Bergwerken auf.

FORTPFLANZUNG

Es werden 1–2 Junge je Weibchen mit einer Unterarmlänge von 12,5–14 mm geboren. Geburten erfolgen je nach geographischer Breite und Meereshöhe von Mitte Juni (Süddeutschland) bis Ende Juli (Nordeuropa) [18]. Die Jungen wachsen sehr schnell heran und beginnen bereits mit drei Wochen erste selbstständige Jagdflüge [18]. Die jungen Männchen verlassen das Wochenstubengebiet bereits im Herbst, die jungen Weibchen kehren zu ihrer Geburtswochenstube zurück. Die Paarung findet vermutlich ab Spätsommer am Schwärmquartier und im Winterquartier statt.

NAHRUNGSERWERB

Die Nahrung wird meist in raschem und wendigem Flug entlang von Vegetationskanten, aber auch im freien Luftraum bis in 50 m Höhe und an Straßenlampen erbeutet [6, 15]. Größere Insektenschwärme werden umkreist und die Insekten im Sturzflug erbeutet. An Straßenlampen verfolgt die Nordfledermaus tympanate Falter, die sich nach dem Registrieren der Echoortungslaute fallen lassen, in rasanten Sturzflügen bis knapp über den Boden. Zur Balzzeit von Hopfen-Wurzelbohrern *(Hepialus)* werden die Männchen bevorzugt erbeutet und in niedrigem Flug über Wiesen gejagt. Da sich die Hopfen-Wurzelbohrer meist im Bereich der Grasspitzen und damit im Echoclutter aufhalten, kann die Beute mit Echoortungslauten kaum detektiert werden. Neue Untersuchungen zeigen, dass Nordfledermäuse große und hell gefärbte Beute optisch erkennen können [allg. Lit. 32, 108].

NAHRUNG

Die Nahrung besteht zur Hälfte aus kleinen Zweiflüglern, meist Nematoceren, die andere Hälfte machen Käfer, Falter wie der Hopfen-Wurzelbohrer, lokal auch Wanzen aus [5, 15, 17]. Es werden vor allem fliegende Insekten erbeutet, meist Arten, die in Schwärmen auftreten. Zur Flugzeit von Junikäfern und Hopfen-Wurzelbohrern werden diese bevorzugt.

HÖCHSTALTER

Das nachgewiesene Höchstalter liegt bei 21 Jahren und neun Monaten [11, allg. Lit. 139].

ORTSWECHSEL UND WANDERUNGEN

Nach den wenigen Ringwiederfunden meist ortstreue Art. Es sind aber auch vier Überflüge von über 100 bis zu 450 km bekannt geworden [21]. Mehrere Nachweise auf Ölplattformen in der Nordsee und auf den Färöer Inseln deuten ebenfalls auf zumindest gelegentliches Migrationsverhalten hin. Ob die Funde auf gerichtete Wanderungsbewegungen oder auf ein mehr oder weniger zufälliges Umherstreifen zurückgehen, ist unklar. Allerdings verfügte ein im Nordschwarzwald im Spätherbst in Haltung genommenes Tier über die erstaunliche Fähigkeit, sich bei Orientierungsversuchen eindeutig nach Südwesten auszurichten [eigene Daten], was nur durch eine Ausrichtung am Erdmagnetfeld erklärbar ist und zur Orientierung bei Wanderungen dienen könnte.

Raumnutzung

Je nach Jahreszeit sind die individuellen Jagdgebiete mit etwa 20 ha relativ klein, können bis in den Herbst mit bis zu 66 km^2 ausgesprochen groß werden [4]. In einer niedersächsischen Kolonie betrugen sie im Mittel 524 und maximal 732 ha [9]. Während der Wochenstubenzeit liegen die Jagdgebiete mit etwa 800 m nahe an den Wochenstuben [6], können aber auch durchaus bis zu 10 km [20] und mehr entfernt liegen [9]. Nach der Säugezeit werden von adulten Tieren Distanzen von bis zu 30 km zurückgelegt [4]. So erklärt sich auch, dass erst mit dem Auflösen der Wochenstuben Nordfledermäuse in großer Zahl in siedlungsfreien Hochlagen des Nordschwarzwaldes auftauchen [eigene Daten]. Die bis zu acht Teiljagdgebiete [20] sind oft sehr klein und können nur wenige Hundert Quadratmeter umfassen, manchmal auch nur eine einzige Straßenlampe. Sinkt die Dichte verfügbarer Insekten, wird das Teiljagdgebiet gewechselt.

GEFÄHRDUNG

Rote Liste der IUCN 2008: LC (Least Concern), FFH-Anhang IV, Rote Liste BRD: 2 (stark gefährdet). G (Gefährdung unbekannten Ausmaßes) In Nordeuropa großflächig die häufigste Art [6]. Von Gebäudesanierungen abgesehen, scheint sie keinen direkten Gefährdungen ausgesetzt zu sein.

Bild 491. Nordfledermäuse suchen zur Jagd häufig auch Nadelwälder auf. Foto: D. Nill

OFFENE FRAGEN

- Stehen die mitteleuropäischen Populationen untereinander in Verbindung?
- Gibt es eigenständige Populationen in den Karpaten, dem Balkangebirge und dem Dinarischen Gebirge?
- Wie sind die Verwandtschaftsverhältnisse zu anderen, vor allem asiatischen *Eptesicus*-Formen?
- Welche artspezifischen Anpassungen ermöglichen der Nordfledermaus das Vorkommen und Leben in hohen Breiten?

SPEZIELLE LITERATUR

1. ARLETTAZ, R. & F. CATZEFLIS (1990): Reprise in natura d'une Sérotine boréale, *Eptesicus nilssoni*, agée d'au moins quinze ans. – Le Rhinolophe **7**: 37.
2. BARATAUD, M., C. JOULOT & D. DEMONTOUX (1998): Synthèse des données sur la répartition en France d'*Eptesicus nilssoni* et de *Vespertilio murinus*. – Le Rhinolophe **13**: 23–28.
3. BAUMANN, S. (2006): Inter- und Intraspezifischer Vergleich des Echoortungsverhaltens der Breitflügel-*(Eptesicus serotinus)* und Nordfledermaus *(Eptesicus nilssonii)*. – Diplomarbeit der Fakultät für Biologie, Universität Tübingen.
4. DE JONG, J. (1994): Habitat use, home-range and activity pattern of the northern bat, *Eptesicus nilssoni*, in a hemiboreal coniferous forest. – Mammalia **58**: 535–548.
5. GAJDOSIK, M. & J. GAISLER (2004): Diet of two *Eptesicus* bat species in Moravia (Czech Republic). – Folia Zool. **53**: 7–16.
6. GERELL, R. & J. RYDELL (2001): *Eptesicus nilssonii*, Nordfledermaus. – In: F. KRAPP (Hrsg.): HB Säugetiere Europas **4-I**: 519–559; Aula Verlag.
7. GREENAWAY, F. & J. E. HILL (1988): First British

Bild 492. Die Nordfledermaus pflanzt sich als einzige Fledermausart nördlich des Polarkreises fort, hier in Nordschweden. Foto: C. DIETZ

Bild 493. Das Portrait der Nordfledermaus zeigt die charakteristische Schwarzfärbung der Hautpartien. Foto: C. Dietz

record of the northern bat (*Eptesicus nilssonii*). – J. Zool. **215**: 357–388.

8. Hanák, V. & I. Horáček (1986): Zur Südgrenze des Areals von *Eptesicus nilssoni*. – Ann. Nat. hist. Mus. Wien **88/89** B: 377–388.
9. Haupt, M., S. Menzler & S. Schmidt (2006): Flexibility of habitat use in *Eptesicus nilssonii*: Does the species profit from anthropogenically altered habitats? – J. Mammal. **87**: 351–361.
10. Markovets, M. J., N. P. Zelenova & A. P. Shapoval (2004): Beringung von Fledermäusen in der Biologischen Station Rybachy, 1957–2001. – Nyctalus (N.F.) **9**: 259–268.
11. Morgenroth, S. (2004): Nordfledermaus, *Eptesicus nilssonii*. – In: A. Meschede & B.-U. Rudolph (eds.): Fledermäuse in Bayern: 314–321. Ulmer Verlag.
12. Ohlendorf, B. (2001): Quartiere der Nordfledermaus *Eptesicus nilssonii* im Harz. – Abh. Ber. Mus. Heineaneum **5**: 125–133.
13. Pavlinić, I. & N. Tvrtković (2003): The presence of *Eptesicus nilssonii* and *Vespertilio murinus* in the Croatian bat fauna confirmed. – Nat. Croat. **12**: 55–62.
14. Rauschert, K. (1963): Zur Säugetierfauna der rumänischen Karpaten – Säugetierk. Mitt. **11**: 97–101.
15. Rydell, J. (1986): Foraging and diet of the northern bat *Eptesicus nilssoni* in Sweden. – Holarctic Ecology **9**: 272–276.
16. Rydell, J. (1986): Feeding territoriality in female northern bats, *Eptesicus nilssoni*. – Ethology **72**: 329–337.
17. Rydell, J. (1989): Occurence of bats in northernmost Sweden (65° N) and their feeding ecology in summer. – J. Zool. **227**: 517–529.
18. Rydell, J. (1993): *Eptesicus nilssonii*. – Mammalian Species No. **430**: 1–7.
19. Skiba, R. (1989): Die Verbreitung der Nordfledermaus, *Eptesicus nilssoni*, in der Bundesrepublik Deutschland und der Deutschen Demokratischen Republik. – Myotis **27**: 81–98.
20. Steinhauser, D. (1999): Erstnachweis einer Wochenstube der Nordfledermaus (*Eptesicus nilssonii*) im Land Brandenburg mit Hinweisen zur Ökologie dieser Fledermausart. – Nyctalus (N.F.) **7**: 208–211.
21. Tress, C. (1994): Zum Wanderverhalten der Nordfledermaus (*Eptesicus nilssoni*). – Naturschutzreport **7**: 367–372.
22. van der Kooij, J. (1999): Northern bat *Eptesicus nilssonii* found in a scree. – Fauna **52**: 208–211.

Isabellfledermaus
Eptesicus isabellinus (Temminck, 1840)

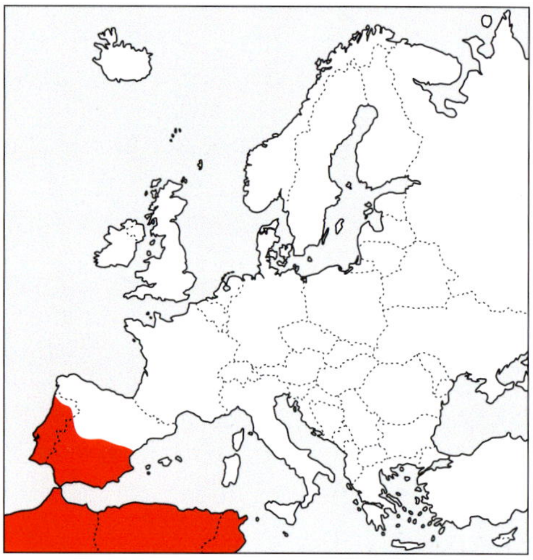

NAMEN

GB: Isabelline Serotine Bat
F: Sérotine isabelle

ALLGEMEINES

Ursprünglich a aus Libyen beschrieben und von zahlreichen Autoren als Art betrachtet [3, 7], wurde sie von Harrison (1963) als Unterart zur Breitflügelfledermaus gestellt [5]. Benda et al. (2004) führen die Isabellfledermaus erneut als eigene Art [allg. Lit. 10]. Genetische Vergleiche mit anderen *Eptesicus*-Formen Europas und des Nahen Ostens bestätigen die Eigenständigkeit als Art [allg. Lit. 77].

Maße

Unterarm	44,2–50,8 mm
Fünfter Finger	53–63 mm
Dritter Finger	75–89 mm
Normalgewicht	13–16 g
CBL	17,6–19,5 mm
CM^3	6,9–7,6 mm

KENNZEICHEN

Der europäischen Breitflügelfledermaus sehr ähnlich, aber kleiner und fahler gefärbt. Das Rückenfell ist hell sandfarben bis goldblond, die Unterseite hell cremefarben bis gelblich. Gesicht und Ohren sind bräunlich im Gegensatz zur schwarzen Färbung bei *E. serotinus*. Die obere Zahnreihe (CM^3) ist meist kürzer als 7,4 mm, bei *E. serotinus* meist länger. Die Männchen haben einen charakteristischen Wulst an der Penisspitze.

VERBREITUNG

Auf Nordwest-Afrika nördlich der Sahara beschränkt, von Marokko bis Libyen vorkommend. Die südlichsten Nachweise liegen hier in den Atlas-Gebirgen. Auch auf den Kanaren (Lanzarote) nachgewiesen [allg. Lit. 143]. Auf der Iberischen Halbinsel reicht die Verbreitung bis Zentralspanien.

LEBENSRAUM

Der Lebensraum umfasst neben mediterranen Bereichen der südlichen Iberi-

Bild 494. Die Isabellfledermaus jagt bevorzugt über Kulturland oder in Oasen und Wadis. Foto: T. Pröhl

schen Halbinsel und der nordafrikanischen Küste mit offener Kulturlandschaft und Wäldern auch alle Übergänge bis hin zu den Randbereichen der Sahara. In Halbwüstenbereichen an Gewässer und Oasen mit dichter Vegetation gebunden.

Quartiere

Vermutlich Felsspaltenbewohner. Quartiere in Gebäuden [1], Felsspalten, Brücken, Höhlen oder in Gewölbespalten von Ruinen und römischen Wasserleitungen. Eine Wochenstube von mindestens 30 Tieren wurde in Algerien in einer hohlen Dattelpalme gefunden [6].

VERHALTEN, FORTPFLANZUNG UND NAHRUNGSBIOLOGIE

Zu der Art ist sehr wenig bekannt, die meisten Nachweise beziehen sich auf Netzfänge in Jagdhabitaten und an Trinkstellen. Trächtige Weibchen wurden in Algerien bis Mitte Juni gefangen und trugen meist zwei Embryonen [6]. Jagdflug wendig um Bäume und Felsen [2].

GEFÄHRDUNG

Bislang nicht als eigenständige Art evaluiert. FFH-Anhang IV. In Marokko und Nord-Algerien weit verbreitet, jedoch nirgends häufig.

OFFENE FRAGEN

- Wo liegen die Verbreitungsgrenzen der Isabellfledermaus, insbesondere auf der Iberischen Halbinsel?
- Gibt es ökologische Unterschiede zur Breitflügelfledermaus?

Bild 495. Die Isabellfledermaus ähnelt der Breitflügelfledermaus, ist aber wesentlich fahler gefärbt. Foto: C. Dietz

SPEZIELLE LITERATUR

1. Aulagnier, S. & M. Thevenot (1986): Catalogue des mammifères sauvages du Maroc. – Travaux de l'Institut Scientifique, Série Zoologie **41**: 1–163.
2. Brosset, A. (1955): Observations sur la biologie des chiroptères du Maroc oriental. – Bulletin de la Société des Sciences Naturelles et Physiques du Maroc **35**: 295–306.
3. Dorst, J. & J. B. Panouse (1957): Note sur la distribution d'*Eptesicus isabellinus* au Maroc. – Comptes Rendus Mensuels des séances de la Société des Sciences Naturelles et Physiques du Maroc **23**: 68–69.
4. Hanák, V. & A. Elgadi (1984): On the bat fauna (Chiroptera) of Libya. – Vestnik Ceskoslovenske Spolecnosti Zoologicke **48**: 165–184.
5. Harrison, D. L. (1963): Observations on the north African serotine bat, *Eptesicus serotinus isabellinus* (Mammalia: Chiroptera). – Zoologische Mededelingen, Rijksmuseum van Natuurlijke Historie te Leiden **38**: 207–212.
6. Kowalski, K. & B. Rzebik-Kowalska (1991): Mammals of Algeria, 370 S.; Polish Academy of Sciences.
7. Panouse, J. B. (1951): Les chauves-souris du Maroc. – Travaux de l'Institut Scientifique Chérifien **1**: 1–120.

Küstenfledermaus
Eptesicus anatolicus
FELTEN, 1971

NAMEN
GB: Anatolian Serotine Bat
F: Sérotine d'Anatolie

ALLGEMEINES
FELTEN beschrieb 1971 anhand des ersten aus der Türkei bekannten Individuums eine neue Art: *Eptesicus anatolicus* [3]. Diese wurde in der Folge als Unterart zu Bottas Fledermaus *(E. bottae)* gestellt. Neben Überlegungen, ob eine Verwandtschaft zur Isabellfledermaus bestehen könnte [5], führten die großen Unterschiede zu den Wüstenformen von Bottas Fledermaus *hingstoni* und *taftanimontis* HANÁK et al. im Jahr 2001 dazu, die Küstenfledermaus erneut als eigene Art zu betrachten [4]. Genetische Vergleiche mit der Isabellfledermaus und der Unterart *innesi* von Bottas Fledermaus zeigen, dass es sich bei der Küstenfledermaus tatsächlich um eine eigenständige Art handelt [allg. Lit. 77].

Maße

Unterarm	43,3–52,1 mm
Fünfter Finger	54–58 mm
Dritter Finger	72–80 mm
Normalgewicht	14–21 g
CBL	17,0–18,3 mm
CM³	6,1–7,0 mm

KENNZEICHEN
Sehr ähnlich den südosteuropäischen Breitflügelfledermäusen, aber kleiner. Kurze Schnauze und schmaler Tragus. Gesicht, Ohren und Flughäute sind tiefschwarz und kontrastieren zu dem hell sandfarbenen bis blonden Rückenfell und der weißlichgrauen Unterseite. Die Haare am Rücken sind zweifarbig mit braunem Grund und honigfarbenen bis blonden Spitzen. Jungtiere sind dunkler mit mehr Grautönen und weniger stark kontrastierender Färbung der Unterseite. Das Rückenfell ist kürzer als bei der Breitflügelfledermaus und wirkt dichter und seidiger.

Bild 496. Küstenfledermäuse haben ein seidig weiches Fell das zur Hautfärbung stark kontrastiert. Foto: C. DIETZ

Ähnliche Arten
Im Bearbeitungsgebiet nur mit der größeren Breitflügelfledermaus zu verwechseln, von dieser durch die Länge des Unterarms und vor allem des fünften Fingers zu unterscheiden. Der Penis ist überdies deutlich von allen anderen *Eptesicus*-Arten Europas, Nordafrikas und des Nahen Ostens unterschieden: er ist zum Ende deutlich verbreitert und trägt teilweise eine charakteristische dachförmige Querfurche, die bei allen anderen Arten fehlt [5].

ORTUNGSLAUTE
Im freien Luftraum nahezu frequenzkonstante Laute mit reduziertem frequenzmoduliertem Anfangsteil und einer Endfrequenz von 28 kHz bei Lautdauern von ca. 14 ms. Die Lautstruktur ist sehr ähnlich zur Nordfledermaus [5].

VERBREITUNG
In Anatolien in einem Küstenstreifen von der mittleren Ägäisküste entlang der

ganzen Südküste [6] bis nach Syrien [1]. Die östliche Verbreitungsgrenze ist unklar. In Europa nur auf Zypern und Rhodos nachgewiesen [5]. Möglicherweise auch auf weiteren küstennahen Inseln wie Samos.

Unterarten und geographische Variabilität

Bislang ist lediglich die Nominatform bekannt. Die verwandtschaftlichen Beziehungen zu den zahlreichen zu Bottas Fledermaus gestellten Formen wie *taftanimontis, ognevi* und der Nominatform *E. b. bottae* sind nur ungenügend geklärt.

LEBENSRAUM

Auf Rhodos liegen die Jagdgebiete in kaum oder mit mediterranen Gebüschformen bewachsenen Küstenregionen, an Karsthängen und trockenen Bachläufen. Dagegen fehlt die Art in Waldgebieten und in den gebirgigen Zonen der Insel [5]. Desgleichen wird in der Türkei ein schmaler Streifen entlang der Küste in niedrigen Lagen und bis 50 km ins Landesinnere besiedelt [6]. In Syrien ebenfalls in küstennahen Bereichen [1].

Quartiere

Quartiernachweise in Mauerspalten antiker Ruinen oder unter Brücken. Vermutlich ursprünglich Felsspaltenbewohner.

VERHALTEN

Wochenstuben mit flugfähigen Jungtieren umfassten in der Türkei einzelne Weibchen mit ihrem Jungen oder Kleingruppen von bis zu elf Tieren [6].

NAHRUNGSERWERB

Im offenen Luftraum, aber auch um Straßenlampen und im halboffenen Luftraum entlang von Felsen und Vegetation. Die Flügel sind etwas schmaler als bei der Breitflügelfledermaus und der Flug entsprechend rascher und ähnlich den Abendseglern [5].

NAHRUNG

Zur Ernährung liegen keine Angaben vor. Vermutlich werden ähnlich wie bei Bottas Fledermaus Ameisen, Schlupfwespen, Schmetterlinge, Käfer und andere flugfähige Insekten erbeutet [2].

Bild 497. Die Küstenfledermaus kommt vor allem in küstennahem mediterranen Kulturland vor und sucht ihre Quartiere häufig in Ruinen. Foto: C. DIETZ

GEFÄHRDUNG

Bislang nicht eigenständig erfasst. FFH-Anhang IV. Eine Gefährdung kann aus den wenigen Daten nicht abgeleitet werden. Auf Rhodos relativ häufige Art. Einzelne Quartiere sind möglicherweise durch Sanierung von antiken Ruinen bedroht.

OFFENE FRAGEN

- Welche Ansprüche an den Lebensraum und an die Nahrung stellt die Art?
- Wie ist die Küstenfledermaus mit den anderen asiatischen *Eptesicus*-Arten und Unterarten verwandt?
- Wo verläuft die östliche Verbreitungsgrenze?
- Mit welchen anderen *Eptesicus*-Arten kommt die Art sympatrisch vor und wie unterscheiden sie sich hinsichtlich ihrer ökologischen Ansprüche?

SPEZIELLE LITERATUR

1. BENDA, P., M. ANDREAS & M. UHRIN (1999): The bat fauna of Syria. – Abstracts of the VIIIth European Bat Research Symposium.
2. FELDMAN, R., J. O. WHITAKER & Y. YOM-TOV (2000): Dietary composition and habitat use in a desert insectivorous bat community in Israel. – Acta Chiropterologica **2**: 15–22.
3. FELTEN, H. (1971): Eine neue Art der Fledermaus-Gattung *Eptesicus* aus Kleinasien. – Senckenb. Biol. **52**: 371–376.
4. HANÁK, V., P. BENDA, M. RUEDI, I. HORÁČEK & T.S. SOFIANIDOU (2001): Bats (Mammalia: Chiroptera) of the Eastern Mediterranean, Part 2. New records and review of distribution of bats in Greece. – Acta Soc. Zool. Bohem. **65**: 279–346.
5. HELVERSEN, O. VON (1998): *Eptesicus bottae* (Mammalia, Chiroptera) auf der Insel Rhodos. – Bonn. Zool. Beitr. **48**: 113–121.
6. SPITZENBERGER, F. (1994): The genus *Eptesicus* (Mammalia, Chiroptera) in southern Anatolia. – Folia Zool. **43**: 437–454.

Bild 498. Das Fell der Küstenfledermaus ist fahl gefärbt. Foto: C. DIETZ

Eisgraue Fledermaus
Lasiurus cinereus
(Palisot de Beauvois, 1796)

Namen

GB: Hoary Bat
F: Chauve-souris cendrée
E: Murciélago escarchado
I: Pipistrello cenerino
NL: Grijze vleermuis
S: Grå fladdermus

Maße	
Unterarm	50,7–56,8 mm (L. c. cinereus)
Gewicht	20–38 g

Kennzeichen

Eine große kräftige Fledermaus, mit kurzer Schnauze und kurzen abgerundeten Ohren. Der Rücken ist hellbraun gefärbt, durch die hellen Spitzen am Rückenfell silbergrau bereift wirkend. An der Kehle, auf der Schnauze und vor den Ohren gelblichbraun mit leichtem orangefarbenem Stich. Die Ohren sind innen und an ihrem Hinterrand zum nackten schwarzen Ohrrand kontrastierend dicht beige behaart. Die Brust ist silbergrau überhaucht, der Bauch hellgrau. Lange schmale Flügel, die entlang des Unterarms und des fünften Fingers vor allem auf der Unterseite kräftig hell behaart sind. Die Schwanzflughaut ist auf der Oberseite stark behaart. Nur ein Paar unterer Schneidezähne. Weibchen haben 4 Zitzen.

Von der Südhälfte Kanadas über die ganzen Vereinigten Staaten bis Zentral-Argentinien vorkommend, auch auf Hawaii und den Galapagos-Inseln. In Nordamerika *L. c. cinereus*.

Ein Nachweis auf den Orkney Inseln (South Ronaldsay) im September 1847 [1], vier Nachweise an der Südwestküste Islands im Oktober 1943, Oktober und Dezember 1957 und Oktober 1964 [3]. Bereits 1784 listet Pennant Fledermäuse für Island auf [2], Belegtiere aus dieser Zeit gibt es allerdings keine. Wie auch zahlreiche nordamerikanische Zugvögel scheint die Eisgraue Fledermaus vereinzelt mit den starken Westwinden im September/Oktober nach Island und den Orkneys verdriftet worden zu sein. Ein weiteres Tier wurde im August 1981 tot an Bord eines aus Nordamerika stammenden Schiffes im Hafen von Reykjavik gefunden [3].

Eisgraue Fledermäuse sind sehr gute und schnelle Flieger und führen weite saisonale Wanderungen durch. Sie können sehr hoch fliegen, ein Anprall an ein Militärflugzeug wurde in 2438 Metern über Grund registriert [4]. Lebensräume sind Laub- und Nadelwälder, die Tiere hängen einzeln frei in den Bäumen bzw. im Laub. Im Juni werden zwei Junge geboren. Fluginsekten (Nachtfalter) stellen die Hauptbeute dar [5].

Spezielle Literatur

1. Hill, J. E. & D. W. Yalden (1990): The status of the hoary bat, *Lasiurus cinereus*, as a British species. – J. Zool. **222**: 694–697.
2. Pennant, T. (1784): Supplement to the Arctic Zoology, Vol. 1; London.
3. Petersen, A. (1994): The occurrence of bats (Order Chiroptera) in Iceland. – Natturufraedingurinn **64**: 3–12.
4. Peurach, S. C. (2003): High-altitude collision between an airplane and a hoary bat, *Lasiurus cinereus*. – Bat Research News **44**: 2–3.
5. Shump, K. A. & A. U. Shump (1982): *Lasiurus cinereus*. – Mammalian Species **185**: 1–5.

Bild 499. Die Eisgraue Fledermaus ist eine Ausnahmeerscheinung aus Nordamerika auf Island und den Orkney-Inseln. Sie bezieht keine geschützten Quartiere, sondern hängt frei in Bäumen. Foto: B. Fenton

Mopsfledermaus
Barbastella barbastellus (Schreber, 1774)

NAMEN

GB: Western Barbastelle Bat
F: Barbastelle d'Europe
E: Murciélago de bosque
I: Barbastello
NL: Mopsvleermuis
S: Barbastelle
PL: Mopek

KENNZEICHEN

Mittelgroße Fledermaus mit kurzer gedrungener Schnauze. Das Fell ist dicht und seidig, dunkel schwarzbraun gefärbt. Die Haarspitzen haben vor allem auf dem Rücken weißliche Spitzen, wodurch ein bereifter Eindruck entsteht. Die Hautpartien sind dunkel schwarzbraun. Die breiten, trapezförmigen, nach vorne gerichteten und miteinander verbundenen Ohren haben bei einem Teil der Tiere am Außenrand einen knopfartigen kleinen Lappen. Der Tragus verjüngt sich auf halber Länge sehr stark und ist dann in eine lange Spitze ausgezogen. Kleine Mundspalte und zartes Gebiss.

Ähnliche Arten

Nur mit der vom Kaukasus ostwärts vorkommenden *B. darjelingensis* und der im Mittleren Osten vorkommenden *B. leucomelas* zu verwechseln, beide kommen im Bearbeitungsgebiet nach derzeitigem Kenntnisstand nicht vor, sichere morphologische Unterschiede sind nicht bekannt.

ORTUNGSLAUTE

Es werden zwei Ruftypen alternierend ausgestoßen [2]. Typ 1 ist ein 2–3 ms langer frequenzmodulierter Laut, der von ca. 36 auf ca. 28 kHz abfällt. Typ 2 weist eine geringe Intensität auf, dauert 3–6 ms, ist frequenzmoduliert und fällt von ca. 45 kHz auf 30–35 kHz ab. Im Sonagramm ist der Typ 2 flach konvex gebogen. Denzinger et al. vermuten, dass Typ 1 nach unten orientiert ist, während der schwächere Typ 2 horizontal nach vorne ausgestoßen wird, und halten eine rasche Kopfbewegung zwischen den Rufen für die Ursache [2]. Dahingegen zeigen eigene Untersuchungen an der europäischen und der Sinai-Mopsfledermaus, dass der Ruftyp 2 aus den Nasenlöchern und Ruftyp 1 durch das Maul ausgestoßen wird [eigene Daten aus Abfluguntersuchungen]. Das „Umschalten" geschieht vermutlich entweder durch eine Verschiebung des Kehlkopfes oder des Gaumensegels. In der dichten Vegetation und beim Abflug werden ausschließlich sehr kurze Rufe vom Typ 2 bei geschlossenem Maul abgegeben [eigene Daten].

VERBREITUNG

In ganz Europa bis etwa 58°–60° N, damit verläuft die nördliche Verbreitungsgrenze durch Schottland und Schweden. . Auf den Balearen, Korsika, Sardinien, den Kanaren (Teneriffa, La Gomera [7, 19]) und in Marokko (Mittlerer Atlas [4]) vorkommend. Die Art wurde im südlichen Zentralspanien, auf Sizilien, Kreta und Zypern sowie in weiten Teilen der Türkei bislang

Maße

Unterarm	36,5–43,5 mm
Fünfter Finger	47–54 mm
Dritter Finger	63–71 mm
Normalgewicht	7–10 g
CBL	12,0–14,8 mm
CM3	4,5–4,8 mm

Bild 500. Mopsfledermäuse jagen oft nahe unter oder über den Baumkronen. Foto: D. Nill

nicht nachgewiesen. Die Ostgrenze der Verbreitung liegt in der Osttürkei und im Kaukasus.

Unterarten und geographische Variabilität

Nur die Nominatform *B. b. barbastellus* und auf den Kanaren eine mehr bräunlich gefärbte Unterart ohne silbrige Fellspitzen: *B. b. guanchae* [19]. Die teilweise als Unterarten aufgeführten Formen *leucomelas* (Sinaihalbinsel) und *darjelingensis* (Asien) stellen eigenständige Arten dar [allg. Lit. 77, eigene Daten]. Der Anteil von Tieren mit einem kleinen Hautlappen am Außenrand des Ohres schwankt in verschiedenen Populationen. Insbesondere im östlichen Mitteleuropa (Tschechien) ist Teilalbinismus relativ häufig (1,2% der Tiere [12]).

LEBENSRAUM

Weitgehend auf Wälder aller Art beschränkt, aber auch in waldnahen Gärten und Heckengebieten. Im Norden des Verbreitungsgebietes auch in Tieflagen, im südlichen Mittelmeergebiet und in Marokko in montanen bis hochmontanen Wäldern bis in über 2000 m Höhe vorkommend. In der Schweiz in reich strukturierten produktiven Wäldern [16]. Die Baumarten-Zu-

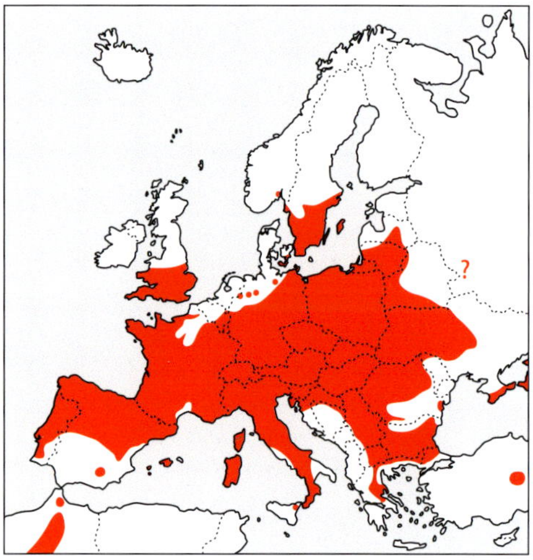

sammensetzung scheint eine geringe Bedeutung zu haben, wichtig ist dagegen ein hoher Strukturreichtum mit verschiedenen Altersklassen und Saumstrukturen.

Quartiere

Sommerquartiere in Wäldern hinter abstehender Rinde, in Stammanrissen und in Fledermauskästen (Flachkästen) [10, 18]. An Gebäuden hinter Fensterläden und Holzverkleidungen. In Südeuropa auch im Sommer in Felsspalten. Winterquartiere ebenfalls hinter Baumrinde, aber auch in

Bild 501. Im Portrait der Mopsfledermaus sind die Details der breiten Ohren und die komplizierte geformte Nasenöffnung sichtbar. Foto: C. Dietz

Höhlen, Stollen, ehemaligen Eisenbahntunnels, Steinhaufen, Felsspalten und Ruinen. Als kälteharte Art oft im Eingangsbereich der unterirdischen Quartiere in kalten Bereichen. Einzeltiere findet man meist in enge Spalten eingezwängt, Gruppen bilden frei hängende Cluster, die im nördlichen Mitteleuropa bis zu 1000 Tiere umfassen können [20].

VERHALTEN

Gebäudewochenstuben können bis zu 100 und mehr Weibchen umfassen, in Baumquartieren in der Regel 10–20 Weibchen. Die Baumquartiere werden häufig, oft täglich gewechselt, während Gebäudequartiere über das ganze Sommerhalbjahr besiedelt werden [10, 18]. Massenwinterquartiere in der Slowakei und in Polen können bis zu 8000 Tiere umfassen [20]. Früher auch große Winteransammlungen in Baden-Württemberg (Sontheimer Höhle) und Bayern (Silberbergwerk Bodenmais) mit bis zu 3000 Tieren; die Bestände brachen bis in die 1970er-Jahre ein und haben sich in der Sontheimer Höhle gar nicht und in Bayern erst geringfügig erholt [5, 9]. In Winterquartieren oft mit anderen Arten vergesellschaftet, auch im selben Cluster, im Sommerquartier meist die einzige Art. Das Körpergewicht geht während des Winterschlafes um 29–37% zurück. Im Spätsommer suchen Mopsfledermäuse Höhlen zum Schwärmen auf, auf der Fränkischen Alb konnten markierte Tiere über Jahre hinweg am selben Schwärmquartier wiedergefangen werden [9].

FORTPFLANZUNG

Bereits im ersten Jahr geschlechtsreif, Paarungen finden im Spätsommer in Paarungsquartieren, beim Schwärmen und im Winterquartier statt. Paarungsgruppen können von einem Männchen mit bis zu vier Weibchen gebildet werden [18]. Ab Mitte Juni werden 1–2 Junge geboren und bis zu sechs Wochen gesäugt.

NAHRUNGSERWERB

Bereits in der Dämmerung ausfliegend und vegetationsnah, häufig dicht über den Baumkronen jagend, aber auch unter dem Kronendach, oder entlang von Vegetationskanten [14, 16, 18]. Sehr wendiger Flug, meist schnell und dicht an der Vegetation. Bei über den Baumkronen jagenden Tieren sind rasche Sturzflüge bis nahe an die Äste zu beobachten [16].

NAHRUNG

Die Nahrung besteht nahezu ausschließlich aus Kleinschmetterlingen wie Zünslern und Flechtenbären, zu einem geringen Anteil aber auch aus Zweiflüglern, kleinen Käfern und anderen Fluginsekten [11, 14, 15, 16].

HÖCHSTALTER

Die mittlere Lebenserwartung liegt zwischen 5,5 und 10 Jahren, das nachgewiesene Höchstalter bei 22 Jahren [1].

ORTSWECHSEL UND WANDERUNGEN

Weitgehend ortstreue Art, Sommer- und Winterquartiere liegen nahe beieinander, meist unter 40 km Entfernung [5]. Weite Überflüge wurden unter mehr als 15000 beringten Tieren relativ selten nachgewiesen, nur vier Funde über 100 km, der weiteste mit 290 km.

Bild 502. Im Winter sind Mopsfledermäuse oft in Spalten versteckt. Foto: C. Dietz

Bild 503. Mopsfledermäuse fliegen im Gegensatz zu den meisten anderen Glattnasenfledermäusen mit geschlossenem Maul ab, da sie die Ultraschalllaute für die Orientierung durch die Nase ausstoßen können. Foto: C. Dietz

Bild 504. Mopsfledermäuse nutzen enge Spalten z.B. hinter der Borke als Sommerquartier. Foto: C. DIETZ

Raumnutzung

Die Jagdgebiete liegen meist nah an den Wochenstuben in Entfernungen von bis zu 4,5 km, Jungtiere und Männchen jagen im Durchschnitt näher an ihren Quartieren als adulte Weibchen [18]. Die Jagdgebietsgröße liegt bei 8,8 ha [16]. Einzeltiere jagen je Nacht in bis zu 10 verschiedenen Teiljagdgebieten [18]. Ein Wochenstubenverband kann über eine Vielzahl von Quartieren auf einer Fläche von mindestens 64 ha verfügen [18].

GEFÄHRDUNG

Rote Liste der IUCN 2008: NT (Near Threatened), Rote Liste der EU: VU (Vulnerable), FFH-Anhang II & IV, Rote Liste BRD: 2 (stark gefährdet). Gewaltige Bestandseinbrüche in den 1950–1970er-Jahren in denen die Winterpopulationen in den ehemaligen Massenquartieren zusammenbrachen. Vermutlich gingen diese Bestandseinbrüche, von denen sich die Art bis heute erst ansatzweise erholt hat, auf massive Pestizideinsätze in Wäldern und damit auf den Zusammenbruch der Nahrungsgrundlage für die hoch spezialisierte Art zurück. Umso bedenklicher stimmt, dass heute wieder vermehrt mit Insektiziden in Waldökosysteme eingegriffen wird. Eine intensive Waldwirtschaft mit geringen Alt- und Totholzanteilen stellt ebenfalls eine Gefährdungsursache dar.

SCHUTZMASSNAHMEN

Verzicht jeglicher Insekten-Bekämpfungsmaßnahmen in Wäldern, naturnahe Waldwirtschaft mit hohem Alt- und Totholzanteil. Schutz der Massenwinterquartiere und Gebäude-Wochenstuben. Erhalt bzw. Wiederherstellung großräumig zusammenhängender und unzerschnittener Waldbiotope.

OFFENE FRAGEN

- Wo liegt die östliche Verbreitungsgrenze der Art und wie sind die Populationen des östlichen Kaukasus und des östlichen Anatoliens artlich einzuordnen?
- Wie entwickeln sich die Populationen der Mopsfledermaus in Mitteleuropa in verschiedenen Gebieten in Abhängigkeit von der Waldbewirtschaftung?
- Wie wirkt sich der Einsatz von Pestiziden und Häutungshemmern gegen sogenannte Schadinsekten (Waldmaikäfer, Nonne, Schwammspinner) im Wald auf das verfügbare Nahrungsangebot der Mopsfledermaus aus?
- Welche Vorteile bietet das ungewöhnliche Echoortungssystem bei Beutefang und Raumorientierung?

SPEZIELLE LITERATUR

1. ABEL, G. (1970): Zum Höchstalter der Mopsfledermaus *(Barbastella barbastellus)*. – Myotis **8**: 38.
2. DENZINGER, A., B. M. SIEMERS, A. SCHAUB & H.-U. SCHNITZLER (2001): Echolocation by

Bild 505. Koloniehangplätze der Mopsfledermaus befinden sich meist in Spaltenquartieren hinter Baumrinde oder Fensterläden oder wie hier in einem Flachkasten. Foto: T. PRÖHL

Bild 506. Jagdgebiet der Mopsfledermaus über den Kronen eines Kiefernwaldes. Foto: D. Nill

the barbastelle bat, *Barbastella barbastellus*. – J. Comp. Physiol. A **187**: 521–528.

3. Dolch, D. & D. Arnold (1989): Beobachtungen an einer Wochenstube von *Barbastella barbastellus*. – In: D. Heidecke & M. Stubbe (Hrsg.): Populationsökologie von Fledermausarten; Martin-Luther-Universität Halle-Wittenberg: 115–118.
4. Fonderflick, J., M. Grosselet & P. Pade (1998): Capture méridionale de la barbastelle d`Europe *(Barbastella barbastellus)* et de la pipistrelle commune *(Pipistrellus pipistrellus)* au Maroc. – Mammalia **62**: 610–611.
5. Frank, H. (1960): Beobachtungen an Fledermäusen in Höhlen der Schwäbischen Alb unter besonderer Berücksichtigung der Mopsfledermaus *(Barbastella barbastellus)*. – Bonn. Zool. Beitr., Sonderheft **11**/1960: 143–149.
6. Gombkötö, P. (2003): Die Sommerlebensräume der Mopsfledermaus *(Barbastella barbastellus)* im Bükkgebirge (Nordungarn). – Nyctalus (N.F.) **8**: 544–547.
7. Juste, J., C. Ibáñez, D. Trujillo, J. Munoz & M. Ruedi (2003): Phylogeography of barbastelle bats *(Barbastella barbastellus)* in the Western Mediterranean and the Canary Islands. – Acta Chiropterologica **5**: 165–175.
8. Paunović, M., R. Pandurska, T. Ivanova & B. Karapanda (2003): Present knowledge of distribution and status of *Barbastella barbastellus* on the Balkan Peninsula. – Nyctalus (N.F.) **8**: 633–638.
9. Rudolph, B.-U., M. Hammer & A. Zahn (2003): Die Mopsfledermaus *(Barbastella barbastellus)* in Bayern. – Nyctalus (N.F.) **8**: 564–580.
10. Russo, D., L. Cistrone, G. Jones & S. Mazzoleni (2004): Roost selection by barbastelle bats *(Barbastella barbastellus)* in beech woodlands of central Italy: consequences for conservation. – Biol. Conserv. **117**: 73–81.
11. Rydell, J., G. Natuschke, A. Theiler & P.E. Zingg (1996): Food habits of the barbastelle bat *(Barbastella barbastellus)*. – Ecography **19**: 62–66.
12. Rydell, J. & W. Bogdanowicz (1997): *Barbastella barbastellus*. – Mammalian Species **557**: 1–8.
13. Schober, W. (2004): *Barbastella barbastellus* – Mopsfledermaus. – In: F. Krapp (Hrsg.): HB Säugetiere Europas **4-II**: 1071–1091; Aula Verlag.
14. Sierro, A. & R. Arlettaz (1997): Barbastelle bats (*Barbastella* spp.) specialize in the predation of moths: implications for foraging tactics and conservation. – Acta Oecologica **18**: 91–106.
15. Sierro, A. (1999): Habitat selection by barbastelle bats *(Barbastella barbastellus)* in the Swiss Alps (Valais). – J. Zool. **248**: 429–432.
16. Sierro, A. (2003): Habitat use, diet and food availability in a population of *Barbastella barbastellus* in a Swiss alpine valley. – Nyctalus (N.F.) **8**: 670–673.
17. Spitzenberger, F. (1993): Die Mopsfledermaus *(Barbastella barbastellus)* in Österreich, Mammalia Austriaca 20. – Myotis **31**: 111–153.
18. Steinhauser, D. (2002): Untersuchungen zur Ökologie der Mopsfledermaus, *Barbastella barbastellus* und der Bechsteinfledermaus, *Myotis bechsteinii* im Süden des Landes Brandenburg. – Schriftenreihe für Landschaftspflege und Naturschutz **71**: 81–98.
19. Trujillo, D., C. Ibáñez & J. Juste (2002): A new subspecies of *Barbastella barbastellus* (Mammalia: Chiroptera: Vespertilionidae) from the Canary Islands. – Rev. Suisse Zool. **109**: 543–550.
20. Uhrin, M. (1995): The finding of a mass winter colony of *Barbastella barbastellus* and *Pipistrellus pipistrellus* in Slovakia. – Myotis **32/33**: 131–133.
21. Urbanczyk, Z. (1991): Hibernation of *Myotis daubentoni* and *Barbastella barbastellus* in Nietoperek Bat Reserve. – Myotis **29**: 115–120.

Bild 507. In großen und kalten Quartieren wie in ehemaligen Eisenbahntunneln können Mopsfledermäuse große Winterkolonien bilden. Foto: C. Dietz

Wüsten-Großohr

Otonycteris hemprichii

PETERS, 1859

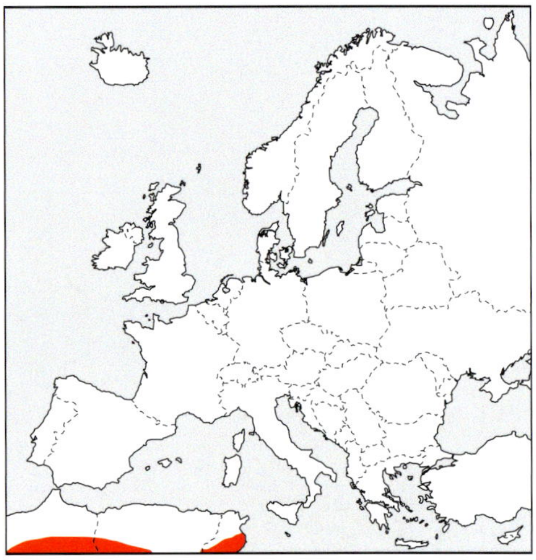

Maße

Unterarm	55,1–66,4 mm
Fünfter Finger	64–79 mm
Dritter Finger	83–109 mm
Normalgewicht	19–24 g
CBL	21,9–26,9 mm
CM^3	7,4–9,4 mm

NAMEN

GB: Hemprich's Long-eared Bat
F: Oreillard d'Hemprich

KENNZEICHEN

Die größte langohrige Fledermaus im behandelten Raum. Das lockere Fell ist auf der Oberseite hellgrau bis bräunlich, auf der Unterseite weiß. Der Tragus ist lang und gerade und die Nasenlöcher im Gegensatz zu den Langohr-Fledermäusen einfacher geformt. Die Flughäute sind dick und derb. Die Weibchen haben beiderseits zwei Zitzen, der Penis der Männchen ist ungewöhnlich und kompliziert gebaut mit zweiästigem und gekrümmtem Glans Penis.

Ähnliche Arten

Unverwechselbar durch Größe und helle Hautfärbung, zudem sind die Ohren im Gegensatz zu denen der Langohren nicht durch eine Hautfalte verbunden.

ORTUNGSLAUTE

Frequenzmodulierte Laute mit zwei Harmonischen, die untere von etwa 40 auf etwa 18 kHz abfallend, maximale Energie um 30–32 kHz [4].

VERBREITUNG

Typische Fledermaus von Wüsten und Halbwüsten, in ganz Nordafrika entlang der Sahara, im Süden bis Zentral-Niger und Süd-Sudan, über die Arabische Halbinsel bis nach Pakistan, Kaschmir und Tadschikistan verbreitet.

Unterarten und geographische Variabilität

Mehrere kaum voneinander unterscheidbare Unterarten wurden beschrieben. Die Nominatform *O. h. hemprichii* kommt in Nordafrika vor.

LEBENSRAUM

Das Wüsten-Großohr ist durch die Fähigkeit, seinen Wasserbedarf aus der Nahrung zu decken, und ein weites Spektrum bodenlebender Beutetiere an aride Gebiete wie Wüsten und Halbwüsten angepasst [6]. Es bewohnt Wadis und Gebirgsregionen, in deren Umgebung Felsen zu finden sind. Die kargen Lebensräume erlauben keine großen Kolonien und erklären so die geringe Populationsdichte der Art.

Quartiere

Als Quartiere werden Felsspalten und in Einzelfällen Spalten an Gebäuden angegeben [3, 4].

VERHALTEN

Die Wochenstuben sind klein und umfassen 3–18 Weibchen [4, 5]. Die Quartiere werden zumindest außerhalb der Laktationsperiode alle 1–2 Tage gewechselt [3]. Der abendliche Ausflug aus dem Quartier erfolgt spät, Jagdgebiete und Trinkstellen liegen nahe an den Quartieren [3]. Gefangene Tiere sind sehr zahm und beißen nicht, in der Hand gehalten vibrieren sie stark und geben ein hummelartiges Brummen von sich.

FORTPFLANZUNG

Zur Fortpflanzung ist wenig bekannt, nach den wenigen Angaben werden im Juni zwei Junge geboren.

NAHRUNGSERWERB

Typischer Bodengleaner, der mit langohrartigem Flug nahe am Boden oder entlang von Felsen fliegt. Wenig bewachsene

Bild 508. Das Wüsten-Großohr ist eine sehr große und fahl gefärbte Fledermausart. Foto: C. DIETZ

Gebiete werden kontinuierlich in weiten Bahnen langsam abgeflogen [5]. Die Beute kann im Rüttelflug geortet und vom Boden abgesammelt werden. Vermutlich lokalisieren Wüsten-Großohren die Beute teilweise oder weitgehend anhand der Raschelgeräusche. Gefangene Tiere reagieren sofort auf Raschelgeräusche und stürzen sich auf die Beute. Wartenjagd scheint bei dieser Art nicht vorzukommen [3]. Die Flugmorphologie ist der teilweise fleischfressenden nordamerikanischen Art *Antrozous pallidus* sehr ähnlich, damit bringt sie die nötigen Voraussetzungen zur Jagd auf kleine Reptilien und Säugetiere mit [7]. Zum Trinken werden Gewässer, Brunnen und Viehtränken aufgesucht.

NAHRUNG

Es wird ein breites Spektrum großer bodenlebender Gliedertiere erbeutet, je nach Region und Jahreszeit Schwarz- und Blatthornkäfer, Heuschrecken, Zikaden und Wanzen oder aber Skorpione, Hundertfüßer, Spinnen und Geißelspinnen [3, 4, 5, 8]. Fliegende Beute wie Nachtfalter spielen eine untergeordnete Rolle. In Gefangenschaft werden auch Wirbeltiere wie Geckos gefressen [4], was bislang im Freiland aber nicht bestätigt werden konnte.

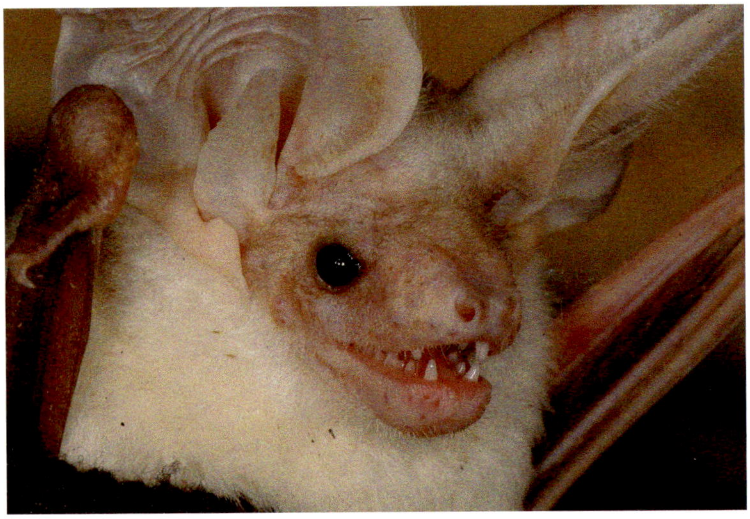

Bild 509. Beim Wüsten-Großohr sind die Ohren nicht durch eine Hautfalte verbunden, und die kräftige Schnauze erinnert eher an ein Mausohr als an die nah verwandten Langohren. Foto: C. Dietz

GEFÄHRDUNG

Weitgehend unbekannt. Rote Liste der IUCN 2008: LC (Least Concern). Die Art kommt nirgends häufig vor, dies kann allerdings als Anpassung an den kargen Lebensraum gewertet werden.

OFFENE FRAGEN

- Gibt es innerhalb des Verbreitungsgebietes der Art verschiedene Unterarten oder sogar kryptische Arten?
- Gehören Wirbeltiere zur regulären Beute des Wüsten-Großohrs?
- Welche Beutefangstrategie wird beim Fang giftiger Beute angewandt?
- Ist die Art gegen Giftstoffe teilweise resistent?

SPEZIELLE LITERATUR

1. Arlettaz, R., G. Dändliker, E. Kasybekov, J.-M. Pillet, S. Rybin & J. Zima (1995): Feeding habits of the long-eared desert bat, *Otonycteris hemprichii*. – J. Mammal. **76**: 873–876.
2. Aulagnier, S. & P. Mein (1985): Note sur la présence d'*Otonycteris hemprichi* au Maroc. – Mammalia **49**: 582–584.
3. Fenton, M. B., B. Shalmon & D. Makin (1999): Roost switching, foraging behavior, and diet of the vespertilionid bat, *Otonycteris hemprichii*. – Israel J. Zool. **45**: 501–506.
4. Gharaibeh, B. M. & M. B. Qumsiyeh (1995): *Otonycteris hemprichii*. – Mammalian Species **514**: 1–4.
5. Horáček, I. (1991): Enigma of *Otonycteris*: ecology, relationship, classification. – Myotis **29**: 17–30.
6. Marom, S., C. Korine, M. S. Woiciechowski, C. R. Tracy & B. Pinshow (2006): Energy metabolism and evaporative water loss in the European free-tailed bat and Hemprich's long-eared bat (Microchiroptera): species sympatric in the Negev desert. – Phys. Biochem. Zool. **79**: 944–956.
7. Norberg, U. M. & M. B. Fenton (1988): Carnivorous bats? – Biol. J. Linn. Soc. **33**: 383–394.
8. Whitaker, J. O., B. Shalmon & T. H. Kunz (1994): Food and feeding habits of insectivorous bats from Israel. – Z. Säugetierk. **59**: 74–81.

Bild 510. Das Wüsten-Großohr kommt in Halbwüsten- und Wüstengebieten Nordafrikas vor. Foto: C. Dietz

Braunes Langohr
Plecotus auritus (LINNAEUS, 1758)

NAMEN

GB: Brown Long-eared Bat
F: Oreillard roux
E: Murciélago orejudo dorado
I: Orecchione comune
NL: Grootoorvleermuis
S: Långörad fladdermus
PL: Gacek brunatny

KENNZEICHEN

Mittelgroße Fledermaus mit sehr langen, zarten Ohren, die wie bei den anderen Arten der Gattung im Winterschlaf und in Tageslethargie nach hinten unter die Flügel gelegt werden. Der gerade lanzettförmige Tragus bleibt allerdings in seiner normalen Position und steht daher bei zusammengefalteten Ohren nach vorne. Das lange und lockere Rückenfell ist braun, oft mit rötlichem Stich, und geht allmählich in die cremefarbene bis gelblichgraue Unterseitenfärbung über. Das Gesicht ist meist hellbraun, durch das aufgetriebene Drüsenfeldpaar am Nasenrücken wirkt es kurz. Die Ohren und der Tragus sind wenig pigmentiert. Die Augen sind auffallend groß. Daumen, Daumenkralle und Hinterfüße sind groß und die Zehen stark borstenartig behaart. Der Penis verjüngt sich gleichmäßig zur Spitze. Die Flügel sind breit mit kurzem rundem Handflügel.

Ähnliche Arten

Sehr ähnlich dem Grauen Langohr, aber schlanker und meist kleiner. Durch einen langen Daumen (meist über 6,5 mm), eine lange Daumenkralle (> 2 mm), große Füße (> 8 mm) mit langen abstehenden Haaren, ein halbkreis- bis bananenförmiges Feld am Kinn (nicht dreieckig wie beim Alpen-Langohr) und einen konisch zulaufenden Penis von allen anderen Langohr-Arten zu unterscheiden.

ORTUNGSLAUTE

Die frequenzmodulierten Laute bestehen aus zwei Harmonischen. Die untere fällt von ca. 55 auf 25–20 kHz, die obere von über 80 auf 40 kHz ab. Damit überlappen sich die Harmonischen in der Frequenz, was beim Grauen Langohr in der Regel nicht der Fall ist. Die Rufe sind sehr leise und werden vor allem zur Raumorientierung eingesetzt, die Nahrung wird

Maße	
Unterarm	35,5–42,8 mm
Fünfter Finger	47–54 mm
Dritter Finger	63–67 mm
Daumen	6,2–8,2 mm
Unterschenkel	19,5–21,8 mm
Hinterfuß	8,2–9,7 mm
Traguslänge	14,0–16,7 mm
Tragusbreite	4,4–5,5 mm
Normalgewicht	6–9 g
CBL	14,3–15,6 mm
CM^3	5,0–5,8 mm

Bild 511. Porträt eines Braunen Langohrs. Der Tragus ist im basalen Bereich nur wenig pigmentiert. Foto: C. DIETZ

zumindest teilweise anhand der Raschelgeräusche der Beute lokalisiert. Die Ortungslaute können durch das Maul oder durch die Nase ausgestoßen werden [allg. Lit. 68].

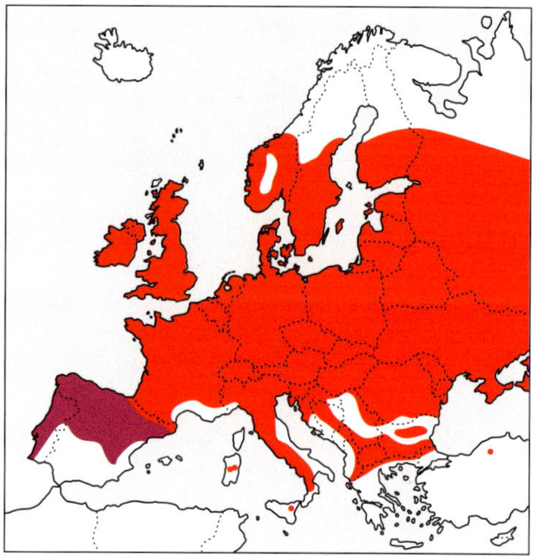

VERBREITUNG

Über ganz Europa, nach Norden bis 63–64° N. Im südlichen Verbreitungsgebiet lückenhaft, meist in bewaldeten Gebirgsregionen. Im Mittelmeerraum gibt es bislang keine Nachweise im Südosten der Iberischen Halbinsel, in Südgriechenland, Nordafrika, dem Nahen Osten und auf den meisten Inseln [15]. Nur auf Sardinien eindeutig belegt. Das Braune Langohr ist nach neuesten Erkenntnissen ein rein west-paläarktisches Faunenelement mit einer östlichen Verbreitungsgrenze im Ural und Kaukasus. Alle bislang zu der Art gezählten Formen aus Asien bis zur Sachalin-Halbinsel, Korea, Japan, Nord-China, Indien und Nepal stellen eigene Arten dar [allg. Lit. 138].

Bild 512. In Gebäuden hängen Braune Langohren meist sehr versteckt und selten so frei wie diese beiden Weibchen mit ihren Jungtieren. Foto: C. Dietz

Unterarten und geographische Variabilität

Die auf der iberischen Halbinsel vorkommenden Braunen Langohren stellen vermutlich eine eigene Art dar, das Iberische Langohr *Plecotus begognae*. Sie ist im Durchschnitt größer (Unterarmlänge: 38,3–43,5 mm, Daumenlänge: 5,9–7,7 mm, Hinterfußlänge: 7,7–9,6 mm, Traguslänge: 12,6–17,1 mm, Tragusbreite: 4,4–5,8 mm) und genetisch deutlich vom Braunen Langohr im Rest Europas [6, 11, allg. Lit. 77, 159]. Zur Klärung wäre eine detaillierte Studie im Pyrenäen-Raum notwendig, um mögliche sympatrische Vorkommen beider Formen zu finden. Innerhalb von *P. a. auritus* gibt es zwei Linien, eine östliche und eine westliche, die vermutlich den jeweiligen Glazialrefugien zuzuordnen sind [allg. Lit. 137, 138]. Die bisher als Unterarten geführten asiatischen Formen wie *P. a. homochrous*, *P. a. sacrimontis* oder *P. a. uenoi* stellen eigenständige Arten dar [allg. Lit. 138].

LEBENSRAUM

Eine typische Waldart. Jagdgebiete liegen nach telemetrischen Studien in Deutschland und Schottland [7, 12] im Wald, aber auch an isolierten Bäumen in Parks und Gärten. Es wird eine breite Palette an Waldarten von borealen Nadelmischwäldern, Fichtenforsten bis hin zu Buchenbeständen besiedelt. Dahingegen scheint sie in Kiefernforsten im Tiefland eher selten zu sein [7]. In Nordeuropa von Tieflagen bis in die Gebirge, in Mitteleuropa von 200 m bis über 2000 m Höhe vorkommend. In Südeuropa in Bergwäldern, ein Großteil der griechischen und bulgarischen Vorkommen liegt über 1000 m Höhe.

Bild 513. Das Braune Langohr nimmt als Ersatz für Baumhöhlen auch gerne Fledermauskästen als Quartier an. Foto: T. PRÖHL

Quartiere

Es gibt zwei vorherrschende Sommerquartier-Typen in Europa: Baum- und Gebäudequartiere. Im Winter in einer Vielzahl unterirdischer Quartiere von Höhlen bis hin zu Felsspalten, aber auch in Baumhöhlen. Es scheint, als ob die westlichen Braunen Langohren im Sommer Gebäudequartiere und im Winter unterirdische Quartiere bevorzugen (Westeuropa bis Mitteleuropa), während die östlichen im Sommer wie im Winter vor allem Bäume als Quartiere nutzen (Mitteleuropa bis zur russischen Tiefebene). Auf den Britischen Inseln ist der Synanthropie-Grad am höchsten (es werden nahezu ausschließlich Gebäude bewohnt), während in Osteuropa und Russland Baumquartiere deutlich dominieren [8, 15]. Möglicherweise entsprechen diese beiden verschiedenen Verhaltensweisen bei der Quartierwahl den zwei genetischen Linien [KIEFER mündlich, 23, allg. Lit. 138]. An Bäumen werden alle Spalträume von abstehender Rinde bis hin zu Fäulnis- und Spechthöhlen besiedelt [13]. Die Baumpopulation nimmt auch gerne Nist- und Fledermauskästen an. In Dachräumen sitzen die Tiere meist zwischen Ziegeln, Lattung und Gebälk, aber auch in Zapfenlöchern oder hinter Verkleidungen. In der Übergangszeit im Frühjahr und Herbst kann die Art in allen nur denkbaren (und undenkbaren) Quartieren von Orgelpfeifen bis hin zu Toilettenpapierhalterungen und Radkästen abgestellter Autos gefunden werden. In unterirdischen Winterquartieren bei Temperaturen zwischen 3–7 °C. In Höhlen und Bergwerken kommen die Tiere einzeln vor und Männchen dominieren. Starke Fluktuationen im Quartier, Einzelfunde in Geröll, Blockhalden, Holzstapeln und sogar in einem Dachsbau deuten auf alternative Überwinterungsplätze hin: Vermutlich spielen Baumhöhlen eine zentrale Rolle [15]. Das Braune Langohr ist die in Mitteleuropa in Kleinquartieren wie kleinen Bergkellern, Kleinhöhlen und Brunnenschächten am häufigsten gefundene Art.

VERHALTEN

Wochenstubenkolonien umfassen 5–50 Weibchen, am Nordrand der Verbreitung bis über 80 Weibchen, und sind ab April bis in den September hinein belegt. Gebäudewochenstuben sind oft über das ganze Sommerhalbjahr stabil (innerhalb des Dachstockes wird allerdings häufig gewechselt), während Baum- und Kastenquartiere regelmäßig alle 1–5 Tage in einem Umkreis von wenigen hundert Metern gewechselt werden [12]. Beim morgendlichen Rückflug ans Quartier schwärmen

Bild 514. Die Tiere der iberischen Halbinsel stellen vermutlich einen eigene Art, das Iberische Langohr, dar. Foto: C. DIETZ

Bild 515. Braunes Langohr beim Anflug an einen Nachtfalter, dabei werden die großen Ohren auf die Beute ausgerichtet. Foto: D. Nill

die Koloniemitglieder bis zu einer halben Stunde vor dem Quartiereingang. Die Männchen sind den Sommer über solitär, einzelne Männchen halten sich aber auch in den Wochenstuben auf [9, 23]. Die ersten Paarungsgruppen bilden sich in der Regel ab Anfang August. In dieser Zeit und bis in den Oktober hinein findet ein ausgeprägtes Schwärmen vor und in Höhlen statt, eine schwächere zweite Schwärmperiode tritt im Frühjahr (Februar bis April) auf. In den Schwärmpopulationen dominieren, wie bei den *Myotis*-Arten, die Männchen. Im Winter hängen Braune Langohren meist einzeln, selten in Kleingruppen von bis zu fünf Individuen und selten direkt mit anderen Arten zusammen. Häufig werden kaum einsehbare Spalten aufgesucht. Die Wochenstuben bestehen aus eng miteinander verwandten Weibchen [2, 23], die ein kleines Territorium von etwa 1 km² über Jahrzehnte hinweg bewohnen können [14, 15]. Die Mitglieder eines Wochenstubenverbandes erkennen sich vermutlich ähnlich der Bechsteinfledermaus am Geruch. Während die jungen Weibchen ihrer Geburtswochenstube treu bleiben und sich hier auch fortpflanzen, verlässt zumindest ein Teil der jungen Männchen das Territorium der Kolonie, die verbleibenden siedeln sich nahe oder sogar in der Geburtswochenstube an [2, 10]. Unter Umständen spielt das Schwärmen an Höhlen wie bei anderen Arten auch eine große Rolle für die Paarung und sorgt für eine genetische Durchmischung – bei Paarungen in der Nähe der Wochenstuben wäre das Inzuchtrisiko deutlich höher [2, 3, 23]. Am direkten Hangplatz der Wochenstube gibt es Vergesellschaftungen mit dem Grauen Langohr, im gleichen Dachboden können auch Breitflügelfledermaus, Mausohr, Kleine Hufeisennase oder Fransenfledermaus vorkommen.

FORTPFLANZUNG

Die Geschlechtsreife tritt zumindest bei einem geringen Teil der Jungtiere (5–10%) bereits im ersten Herbst ein, bei den meisten erst im zweiten Jahr [9, 20]. Die ersten Paarungen können in Schwärmquartieren im August beobachtet werden, die letzten im Winterquartier im April, vermutlich liegt die Hauptpaarungszeit im Spätherbst. Die Tragzeit dauert etwa 60–70 Tage, die

Jungen werden 40–50 Tage lang gesäugt [15]. Es wird meist nur ein Junges geboren, im Norden und bei älteren Weibchen jedoch auch Zwillinge. Je nach Gebiet erfolgt die Geburt in den drei letzten Juni- (Mitteleuropa) oder den ersten drei Juli-Wochen (Region Moskau) [15]. Jungtiere werden mit einer Unterarmlänge von 14,5–16 mm und einem Gewicht von etwa 2,5 g geboren [5]. Das Anfangsgewicht verdoppelt sich innerhalb der ersten zehn Tage auf rund 5 g. Der Unterarm wächst in dieser Zeit auf 25–30 mm, die Augen öffnen sich am 5.–6. Tag und die Behaarung beginnt zu wachsen. In der zweiten Lebenswoche ist der Körper mit dichtem Haarflaum bedeckt, mit 15 Tagen liegt das Gewicht bei über 6 g und der Unterarm bei etwa 35 mm. Erst in der 4.–5. Lebenswoche erlangen die Ohren ihre volle Beweglichkeit und können dann auch langohrtypisch unter die Flügel eingefaltet werden. Die Jungen fangen schon ab der 4. Woche an, ihre Flugmuskeln regelmäßig zu dehnen und zu trainieren und machen auch ihre ersten Flugversuche. Im Alter von etwa sechs Wochen sind die Jungtiere voll flugfähig [5, 19]. Der Energieverbrauch der Weibchen während der Trächtigkeit und Jungenaufzucht wurde im Detail untersucht [16–19, 21]. Demnach ist der Energieverbrauch für ein reproduzierendes Weibchen am Ende der Trächtigkeit und am Ende der Säugezeit am höchsten. Ein Teil wird aus körpereigenen Reserven oder durch Änderungen im Verhalten (Torpor) gedeckt. Insbesondere hochträchtige Weibchen haben einen enorm erhöhten Energiebedarf bei gleichzeitig abnehmender Manövrierfähigkeit [19].

NAHRUNGSERWERB

Der Ausflug erfolgt meist erst bei vollständiger Dunkelheit. Es sind zwei hauptsächliche Beutefang-Strategien zu beobachten: der Fang fliegender Insekten in der Luft (unter Zuhilfenahme der Flügel oder des Schwanzes als Kescher) und Absammeln von Oberflächen, meist von der Vegetation (foliage gleaning). Dabei wird die Beute im langsamen gaukelnden Suchflug nahe an der Vegetation anhand der Raschelgeräusche [1] oder optisch [allg. Lit. 31] lokalisiert und dann im Rüttelflug abgelesen. Auf dem Untergrund sitzende Beute kann nur wahrgenommen werden, wenn sie sich bewegt, d.h. Geräusche produziert [1], oder wenn die Lichtintensität bei über 4 Lux liegt [allg. Lit. 31]. Als Anpassung an die Beutedetektion anhand der Raschelgeräusche liegt die höchste Empfindlichkeit des Gehörs für Fledermäuse ungewöhnlich tief bei 8–18 kHz [4], Anpassungen an den langsamen Flug und das Rütteln sind die breiten Flügel mit kurzen breiten Handflügelbereichen. Beutefänge finden vom Boden bis in die Kronenbereiche hoher Bäume statt. Größere Beute wird zu Fraßplätzen getragen.

Bild 516. Wie auch die anderen Arten der Gattung schlagen die Braunen Langohren im Winterschlaf die Ohren unter die Flügel. Foto: C. Dietz

NAHRUNG

Unter den an Fraßplätzen aufgesammelten Beuteresten dominieren Nachtfalter; neben Zweiflüglern, Heuschrecken und Wanzen gehören auch viele nicht fliegende Gliedertiere wie Spinnen, Weberknechte, Ohrwürmer und Raupen ins Beutespektrum, vor allem im Frühjahr und Herbst [22]. Entgegen der Ansicht, dass Braune Langohren opportunistisch jagen, kommen große Nachtfalter, Zweiflügler und Käfer in der Nahrung überproportional zur lokalen Beute-Verfügbarkeit (ermittelt über Lichtfänge) vor. Innerhalb der Nachtfalter werden mittelgroße Eulenfalter und Hopfenspinner bevorzugt, wohingegen Bärenspinner und Spanner gemieden werden. Beim Braunen Langohr sind die Flüssigkeitsverluste über die Flughäute und Ohren sehr hoch, entsprechend werden pro Tag 2–5 g Wasser aufgenommen [24, 25], meist wird im Flug direkt von Wasseroberflächen getrunken.

HÖCHSTALTER

Die jährliche Überlebensrate liegt bei 50–78% und die mittlere Lebenserwartung bei 4,0 Jahren. Das nachgewiesene Höchstalter eines Weibchens lag bei über 30 Jahren [15].

ORTSWECHSEL UND WANDERUNGEN

Sehr ortsgebundene Art, bei über 30 000 markierten Tieren in Europa wurden kaum Wanderungen über 30 km beobachtet, sie betreffen meist auswandernde Jung-Männchen. Den „Rekord" hält ein Weibchen in Deutschland mit 90 km [allg. Lit. 139]. In der Regel kleinräumig mit Überflügen von unter 10 km.

Raumnutzung

Typisch sind kleine Kolonien mit meist nur 20 Weibchen und nahe bei den Wochenstuben gelegene Jagdgebiete [8]. Die Populationsdichte kann regional sehr hoch sein und liegt zwischen 0,2 Individuen/ha in Schottland, 0,4 Individuen/ha in mitteleuropäischen Laubwäldern und 1 Individuum/ha in quartierreichen Kastengebieten in mitteleuropäischen Wäldern [15]. Jagdgebiete liegen im Sommer in wenigen Hundert Metern Entfernung oder bis zu 2,2 km vom Quartier, im Herbst auch bis zu 3,3 km entfernt [12, 22]. Die meiste Zeit verbringen die Tiere jedoch im 500 m-Umkreis um das Quartier [7, 12, 22]. Jagdgebiete sind überwiegend bis 4 ha, selten bis 11 ha groß, die Kernjagdgebiete in der Regel kleiner als 1 ha, in manchen Fällen werden lediglich einzelne Baumgruppen bejagt.

Bild 517. Im Winterschlaf hängen Braune Langohren meisten einzeln oder in Kleingruppen, sie bilden keine großen Cluster. Foto: T. Pröhl

GEFÄHRDUNG

Rote Liste der IUCN 2008: LC (Least Concern), FFH-Anhang IV, Rote Liste BRD: V (Art der Vorwarnliste). Die Art ist insbesondere in Mittel- und Nordeuropa häufig. Durch intensive forstliche Nutzung, Entnahme von Altholz, Sanierungen von Dachstühlen und deren Vergitterungen (z.B. gegen Tauben) beeinträchtigt. Auch der Straßenverkehr stellt eine Gefährdungsursache dar: Langohren sind durch den niedrigen langsamen Flug die häufigsten Verkehrsopfer unter Fledermäusen.

SCHUTZMASSNAHMEN

Naturnahe Waldwirtschaft mit Belassen eines hohen Alt- und Totholzanteiles und Erhalt großräumig zusammenhängender und nicht durch Verkehrswege zerschnittener Lebensräume. Verzicht auf Pestizidanwendung in Wäldern. Bestandssicherung von Wochenstuben und Winterquartieren. Insbesondere für die Gebäudewochenstuben stellen vegetationsreiche Ortsränder und Streuobstbereiche (die nur zu oft Neubaugebieten weichen müssen) wichtige Jagdgebiete dar und sollten erhalten werden.

OFFENE FRAGEN

- Gibt es in den Pyrenäen sympatrische Vorkommen mit dem Iberischen Langohr und stellt dieses eine eigene Art dar?
- Unterscheiden sich die Ost- und Westform des Braunen Langohres tatsächlich in ihrer Quartierwahl und auch in weiteren ökologischen Ansprüchen?

Bild 518. Frei hängende Braune Langohren bedecken ihren Bauch im Winterschlaf mit den Flügeln und dem Schwanz. Möglicherweise schützt dies die Weibchen vor Begattungsversuchen aktiver Männchen. Foto: C. DIETZ

SPEZIELLE LITERATUR

1. ANDERSON, M. E. & P. A. RACEY (1993): Discrimination between fluttering and non-fluttering moths by brown long-eared bats, *Plecotus auritus*. – Anim. Behav. **46**: 1151–1155.
2. BURLAND, T. M., E. M. BARRATT, M. A. BEAUMONT & P. A. RACEY (1999): Population genetic structure and gene flow in a gleaning bat, *Plecotus auritus*. – Proc. R. Soc. Lond. B **266**: 975–980.
3. BURLAND, T. M., E. M. BARRATT, R. A. NICHOLS & P. A. RACEY (2001): Mating patterns, relatedness and the basis of natal philopatry in the brown long-eared bat, *Plecotus auritus*. – Mol. Ecol. **10**: 1309–1321.
4. COLE, R. B., A. GUPPY, M. E. ANDERSON & P. SCHLEGEL (1989): Frequency sensitivity and directional hearing in the gleanig bat, *Plecotus auritus*. – J. Comp. Physiol. A **165**: 269–280.
5. DE FANIS E. & G. JONES (1995): Post-natal growth, mother-infant interactions and development of vocalizations in the vespertilionid bat *Plecotus auritus* – J. Zool. **235**: 85–97.
6. DE PAZ, O. (1994): Systematic position of *Plecotus* from the Iberian Peninsula. – Mammalia **58**: 423–432.
7. ENTWISTLE, A. C., P. A. RACEY & J. R. SPEAKMAN (1996): Habitat exploitation by a gleaning bat, *Plecotus auritus*. – Phil. Trans. R. Soc. Lond. B **351**: 921–931.
8. ENTWISTLE, A. C., P. A. RACEY & J. R. SPEAKMAN (1997): Roost selection by the brown long-eared bat *Plecotus auritus*. – J. Appl. Ecol. **34**: 399–408.
9. ENTWISTLE, A. C., P. A. RACEY & J. R. SPEAKMAN (1998): The reproductive cycle and determinati-

Bild 519. Stroboskop-Aufnahme eines vom Kastenquartier abfliegenden Braunen Langohrs. Foto: D. Nill

on of sexual maturity in male brown long-eared bats *(Plecotus auritus)*. – J. Zool. **244**: 63–70.

10. Entwistle, A. C., P. A. Racey & J. R. Speakman (2000): Social and population structure of a gleaning bat, *Plecotus auritus*. – J. Zool. **252**: 11–17.
11. Felten, H. & G. Storch (1970): Kleinsäuger von den italienischen Mittelmeer-Inseln Pantelleria und Lampedusa. – Senckenb. Biol. **51**: 159–173.
12. Fuhrmann, M. & A. Seitz (1992): Nocturnal activity of the brown long-eared bat *(Plecotus auritus)*: data from radio-tracking in the Lenneberg forest near Mainz (Germany). – In: G. Priede & S.M. Swift (eds.): Wildlife Telemetry: remote Monitoring and Tracking of Animals: 538–548.
13. Fuhrmann, M. & O. Godmann (1994): Baumhöhlenquartiere vom Braunen Langohr und von der Bechsteinfledermaus. Ergebnisse einer telemetrischen Untersuchung – In: AGFH (Hrsg.): Die Fledermäuse Hessens: 181–186; Manfred Hennecke Verlag.
14. Heise, G. & A. Schmidt (1988): Beiträge zur sozialen Organisation und Ökologie des Braunen Langohrs *(Plecotus auritus)*. – Nyctalus (N.F.) **2**: 445–465.
15. Horáček, I. & B. Đulić (2004): *Plecotus auritus* – Braunes Langohr. – In: F. Krapp (Hrsg.): HB Säugetiere Europas **4-II**: 953–999; Aula Verlag.
16. McLean, J. A. & J. R. Speakman (1996): Suckling behaviour in the brown long-eared bat *(Plecotus auritus)*. – J. Zool. **239**: 411–416.
17. McLean, J. A. & J. R. Speakman (1997): Non-nutritional maternal support in the brown long-eared bat. – Anim. Behav. **54**: 1193–1204.
18. McLean, J. A. & J. R. Speakman (1999): Energy budgets of lactating and non-reproductive brown long-eared bats *(Plecotus auritus)* suggest females use compensation in lactation. – Funct. Ecol. **13**: 360–372.
19. McLean, J. A. & J. R. Speakman (2000): Morphological changes during postnatal growth and reproduction in the brown long-eared bat *Plecotus auritus*: implications for wing loading and predicted flight performance. – J. Nat. Hist. **34**: 773–791.
20. Speakman, J. R. & P. A. Racey (1986): The influence of body condition on sexual development of male brown long-eared bats *(Plecotus auritus)* in the wild. – J. Zool. **210**: 515–525.
21. Speakman, J. R. & P. A. Racey (1987): The energetics of pregnancy and lactation in the brown long-eared bat, *Plecotus auritus*. – In: M. B. Fenton, P. Racey & J. M. V. Rayner (eds.): Recent advances in the study of bats: 367–393; Cambridge University Press.
22. Swift, S. M. (1998): Long-eared bats, 182 S.; Poyser Ltd., London.
23. Veith, M., N. Beer, A. Kiefer, J. Johannesen & A. Seitz (2004): The role of swarming sites for maintaining gene flow in the brown long-eared bat *(Plecotus auritus)*. Heredity **93**: 342–349.
24. Webb, P. I., J. R. Speakman & P. A. Racey (1993): Defecation, apparent absorption efficiency, and the importance of water obtained in the food for water balance in captive brown long-eared *(Plecotus auritus)* and Daubenton's *(Myotis daubentoni)* bats. – J. Zool. **230**: 619–628.
25. Webb, P., J. R. Speakman & P. A. Racey (1995): Evaporative water loss in two sympatric species of vespertilionid bat, *Plecotus auritus* and *Myotis daubentoni*: relation to foraging mode and implications for roost site selection. – J. Zool. **235**: 269–278.

Alpen-Langohr
Plecotus macrobullaris
Kuzjakin, 1965

NAMEN

GB: Alpine Long-eared Bat
F: Oreillard montagnard
I: Orecchione alpino
NL: Alpengrootoorvleermuis

ALLGEMEINES

Seit der Trennung von Braunem und Grauem Langohr gab es Schwierigkeiten, einen Teil der alpinen Langohren eindeutig zuzuordnen [4, 11]. Erst genetische Untersuchungen erbrachten, dass es sich dabei um eine weitere Art handelt, die nahezu zeitgleich im Jahr 2002 von Kiefer et al. als *P. alpinus* und von Spitzenberger et al. als *P. microdontus* beschrieben wurde [7, 13]. Aufgrund des früheren Publikationsdatums hatte der Name *P. alpinus* Priorität [10]. Allerdings konnten Spitzenberger et al. in der Folge zeigen, dass das Alpen-Langohr morphologisch und genetisch mit der von Kuzjakin 1965 für den Kaukasus beschriebenen Unterart des Braunen Langohrs *macrobullaris* übereinstimmt. Seither gilt der wissenschaftliche Name *P. macrobullaris* für das Alpen-Langohr [14]. Verschiedene europäische Populationen des Alpen-Langohrs (eine westliche und eine östliche) unterscheiden sich allerdings genetisch so deutlich [14, allg. Lit. 138], dass es sich dabei möglicherweise um zwei kryptische Arten handelt [allg. Lit. 77].

KENNZEICHEN

Mittelgroßes bis großes Langohr. Das Rückenfell ist dicht und lang. Auf dem Rücken verschiedene meist helle Grautöne, die Unterseite hell, oft nahezu rein weiß. Das Gesicht ist bei älteren Tieren gering pigmentiert und hell. An der Unterlippe befindet sich ein hartes lederartiges, dreieckiges Feld, das zumindest bei jüngeren Tieren dunkel pigmentiert ist. Daumen, Daumenkralle und Hinterfuß sind mittellang, der Tragus ist lang. Auf den Zehen befinden sich lange abstehende Haare. Der Penis ist auf nahezu seiner gesamten Länge gleich breit (parallel begrenzt) und verjüngt sich nur an der Spitze.

Ähnliche Arten

Den anderen Langohrarten sehr ähnlich, kommt zusammen mit dem Braunen und Grauen, im Süden auch mit dem Balkan-Langohr vor. Der charakteristische dreieckige Kinnfleck und bei den Männchen die Penisform ermöglichen zusammen mit einer Kombination an Messwerten eine sichere Artzuordnung.

ORTUNGSLAUTE

Typische frequenzmodulierte Langohrlaute mit zwei Harmonischen, bei kurzen Lauten bis zu 4 ms Länge überlappen sich die beiden Harmonischen nicht, bei längeren Lauten schon [3]. Bei kurzen Lauten beginnt die erste Harmonische bei etwa 46 kHz und endet etwa bei 23 kHz, längere Laute beginnen bei 42 kHz und enden bei 15 kHz [3].

VERBREITUNG

Die Verbreitung ist erst ungenügend bekannt. Nachweise stammen aus den Pyrenäen [5, 6, 9], von Korsika [9], dem gesamten Alpenbogen von Frankreich, der Schweiz, Liechtenstein, Italien und Österreich bis Slowenien [9, 13, 15]. Im Dinarischen Gebirge in Kroatien, Bosnien-Herzegowina und Albanien [12, 13, 16]. In Griechenland im Pindos-Gebirge [9] und auf Kreta [6].

Maße

Unterarm	37,3–46,0 mm
Fünfter Finger	49–55 mm
Dritter Finger	63–69 mm
Daumen	6,5–8,2 mm
Unterschenkel	19,5–22,9 mm
Hinterfuß	8,1–9,2 mm
Traguslänge	16–19 mm
Tragusbreite	5–6 mm
Normalgewicht	6–10 g
CBL	15,2–16,9 mm
CM^3	5,3–5,9 mm

Bild 520. Das Alpenlangohr weist als einzige europäische Langohr-Art ein dreieckiges glattes Feld an der Unterlippe auf, das bei jüngeren Tieren dunkel pigmentiert ist. Foto: C. Dietz

Bild 521. Muttertier des Alpenlangohrs mit Jungem. Auch aus größerer Distanz ist der dunkel pigmentierte Unterlippenfleck gut zu erkennen und ermöglich eine Artbestimmung. Foto: D. Nill

In der Türkei im mittleren Taurus-Gebirge [allg. Lit. 138], nach Osten setzt sich die Verbreitung bis zum Kaukasus (Georgien, Armenien, Aserbeidschan, nördliche Kaukasus-Republiken) [allg. Lit. 138] und in den nahen Osten (Iran und Syrien) fort [6, 9, allg. Lit. 138]. In Europa sind Vorkommen im Balkan-Gebirge und im Karpaten-Bogen zu vermuten, bislang jedoch nicht nachgewiesen.

Unterarten und geographische Variabilität

Zwei mögliche Unterarten: *P. m. alpinus* im Westen (Pyrenäen, Korsika, Alpenraum) und *P. m. macrobullaris* im Osten. In Europa ist die östliche Unterart bislang in Griechenland und Italien (Udine, Friaul) nachgewiesen. Beide Formen unterscheiden sich genetisch so deutlich [9, 14, allg. Lit. 77, 138], dass es sich auch um zwei junge Arten handeln könnte. Eine Klärung könnten Studien im sympatrischen Verbreitungsgebiet beider Formen erbringen.

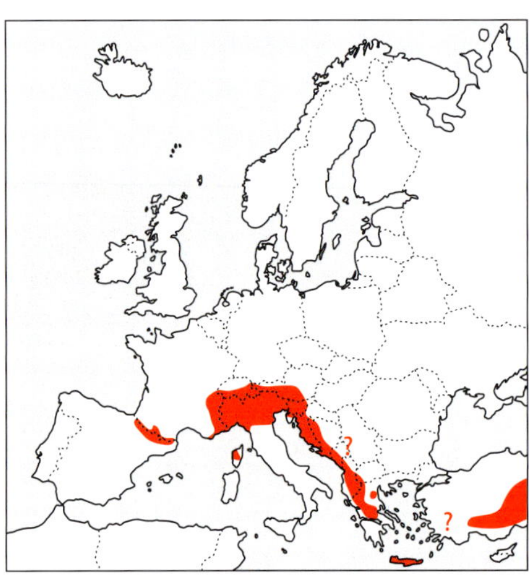

LEBENSRAUM

Die meisten Funde stammen aus montanen und alpinen Lebensräumen oberhalb von 800 m Höhe [9]. In Slowenien und Istrien liegen Wochenstuben jedoch durchaus auch in niedrigeren Lagen [16], die sechs slowenischen Wochenstuben zwischen 300 und 660 m Höhe [allg. Lit. 96] inmitten einer submediterranen mosaikartig bewirtschafteten Kulturlandschaft (Wein-, Obstanbau und Wälder). In Tirol befinden sich 16 Wochenstubenquartiere in Höhenlagen von 500–1400 m [17]. Netzfänge in den Pyrenäen erfolgten über Bergwiesen und schütter bewachsenen Felsflächen bis in Höhen von über 2800 m [5].

Quartiere

Alle bekannten Sommerquartiere, sowohl Wochenstuben als auch Männchenquartiere, befinden sich in schiefer-, stein-, holzschindel- oder metallgedeckten Dachböden, oft von Kirchen [9, 17]. Einzelne Winternachweise in Höhlen [allg. Lit. 96].

VERHALTEN, NAHRUNG UND REPRODUKTION

Zur Ökologie der Art ist bislang sehr wenig bekannt. In Österreich werden die Jungen in Wochenstuben von bis zu 30 Weibchen im Juni geboren. Die durchschnittliche Größe von Wochenstuben beträgt in Tirol 13 Tiere, im Gegensatz zu den Kolonien des Braunen Langohrs werden kaum adulte Männchen in diesen Kolonien angetroffen [17].

GEFÄHRDUNG

Rote Liste IUCN 2008: LC (Least Concern), FFH-Anhang IV. Eine Bedrohung durch Quartierverlust im Zuge von Gebäudesanierungen ist wahrscheinlich.

OFFENE FRAGEN

- Welche Ansprüche stellt die Art an den Lebensraum und wie sieht das Beute-

Bild 522. Die helle Unterseite sind für das Alpenlangohr charakteristisch, hier ein Tier aus dem Kaukasus. Foto: C. Dietz

spektrum aus?
- Wie unterscheiden sich die ökologischen Ansprüche der Art von anderen sympatrisch vorkommenden *Plecotus*-Arten?
- Gibt es Vorkommen in den deutschen Alpen?
- Kommt die Art auch im Balkangebirge, den Karpaten und auf Zypern vor?

SPEZIELLE LITERATUR

1. Benda, P. & T. Ivanova (2003): Long-eared bats, genus *Plecotus* (Mammalia: Chiroptera), in Bulgaria: a revision of systematic and distributional status. – J. Nat. Mus., Nat. Hist. Ser. **172**: 157–172.
2. Benda, P., A. Kiefer, V. Hanák & M. Veith (2004): Systematic status of African populations of long-eared bats, Genus *Plecotus* (Mammalia: Chiroptera). – Folia Zool. **53**, Monograph **1**: 1–47.
3. Dietrich, S., D. P. Szameitat, A. Kiefer, H.-U. Schnitzler & A. Denzinger (2006): Echolocation signals of the plecotine bat, *Plecotus macrobullaris* Kuzyakin, 1965. – Acta Chiropterologica **8**: 465–475.
4. Đulić, B. (1980): Morphological characteristics and distribution of *Plecotus auritus* and *Plecotus austriacus* in some regions of Yugoslavia. – In: Wilson, D. E. & Gardner, A. L. (eds.): Proceedings Fifth International Bat Research Conference: 151–161; Texas Tech Press.
5. Garin, I., J. L. Garcia-Mudarra, J. R. Aihartza, U. Goiti & J. Juste (2003): Presence of *Plecotus macrobullaris* (Chiroptera: Vespertilionidae) in the Pyrenees. – Acta Chiropterologica **5**: 243–250.
6. Juste, J., C. Ibáñez, J. Munoz, D. Trujillo, P. Benda, A. Karataş & M. Ruedi (2004): Mitochondrial phylogeography of the long-eared bats *(Plecotus)* in the mediterranean Palearctic and the Atlantic Islands. – Mol. Phyl. Evol. **31**: 1114–1126.
7. Kiefer, A. & M. Veith (2001): A new species of long-eared bat from Europe (Chiroptera: Vespertilionidae). – Myotis **39**: 5–16.
8. Kiefer, A., F. Mayer, J. Kosuch, O. von Helversen & M. Veith (2002): Conflicting molecular phylogenies of European long-eared bats *(Plecotus)* can be explained by cryptic diversity. – Mol. Phyl. Evol. **25**: 557–566.
9. Kiefer, A. & O. von Helversen (2004): *Plecotus macrobullaris* – Alpenlangohr. – In: F. Krapp (Hrsg.): HB Säugetiere Europas, **4-II**: 1051–1058; Aula Verlag.
10. Kock, D. (2002): The publication dates of *Plecotus alpinus* Kiefer and Veith, 2002 and of *Plecotus microdontus* Spitzenberger, 2002 – Acta Chiropterologica **4**: 219–220.
11. Martino, V. & E. Martino (1949): Preliminary notes on five new mammals from Yugoslavia. – Ann. Mag. Nat. Hist. **5**: 493–498.
12. Sachanowicz, K. & M. Ciechanowski (2006): *Plecotus macrobullaris* Kuzyakin, 1965 (Chiroptera: Vespertilionidae) – new for Albanian bat fauna. – Lynx (n. s.) **37**: 241–246.
13. Spitzenberger, F., E. Haring & N. Tvrtković (2002): *Plecotus microdontus* (Mammalia, Vespertilionidae), a new bat species from Austria. – Nat. Croat. **11**: 1–18.
14. Spitzenberger, F., P. Strelkov & E. Haring (2003): Morphology and mitochondrial DNA sequences show that *Plecotus alpinus* Kiefer & Veith, 2002 and *Plecotus microdontus* Spitzenberger, 2002 are synonyms of *Plecotus macrobullaris* Kuzjakin, 1965. – Nat. Croat. **12**: 39–53.
15. Trizio, I., E. Patriarca, P. Debernardi, D. Preatoni, G. Tosi & A. Martinoli (2003): The Alpine long-eared bat *(Plecotus alpinus)* is present also in Piedmont region: first record revealed by DNA analysis. – Hystrix (n.s.) **14**: 113–115.
16. Tvrtković, N., I. Pavlinić & E. Haring (2005): Four species of long-eared bats (*Plecotus*; Mammalia, Vespertilionidae) in Croatia: field identification and distribution. – Folia Zool. **54**: 75–88.
17. Wohlfahrt, S. (2003): Morphologie und Verbreitung der Schwesternarten Braunes Langohr, *Plecotus auritus* und Alpenlangohr, *Plecotus alpinus* (Chiroptera, Vespertilionidae) in Tirol. Diplomarbeit an der Universität Innsbruck, 71 S.

Bild 523. Dicht gedrängter Cluster in einer Wochenstube des Alpenlangohrs im Dachstuhl einer Kirche in Österreich. Foto: D. Nill

Sardisches Langohr
Plecotus sardus
MUCEDDA, KIEFER, PIDINCHEDDA & VEITH, 2002

NAMEN
GB: Sardinian Long-eared Bat
F: Oreillard sarde
I: Orecchione sardo
NL: Sardijnse grootoorvleermuis

ALLGEMEINES
Erst 2002 im Zuge einer morphologischen und genetischen Bearbeitung der Langohrfledermäuse Sardiniens durch MUCEDDA ET AL. beschrieben [2].

KENNZEICHEN
Mittelgroße Langohrart mit bräunlich-grauem Rückenfell und scharf abgesetzter, hellerer cremefarbiger Unterseite. Ältere Tiere mit wenig pigmentiertem Gesicht.

Ähnliche Arten
Den anderen Langohrarten ähnlich, auf Sardinien kommen auch das Graue und das Braune Langohr vor. Von beiden an einer Merkmalskombination mit langem Tragus, mittellangem Daumen und Fuß und parallelseitigem Penis zu unterscheiden (Penis beim Grauen Langohr eiförmig, beim Braunen Langohr konisch zugespitzt).

VERBREITUNG
Endemische Art auf Sardinien, bislang nur in drei eng begrenzten Gebieten Zentral-Sardiniens nachgewiesen [1, 2].

Maße

Unterarm	40,9–42,3 mm
Fünfter Finger	54–56 mm
Dritter Finger	67–72 mm
Daumen	6,0–6,5 mm
Unterschenkel	> 20 mm
Hinterfuß	6,7–7,7 mm
Tragusbreite	6,0–6,5 mm
Traguslänge	18,0–19,8 mm
Normalgewicht ♂ im Herbst:	7–8 g
CBL	~ 15,9 mm
CM3	~ 5,7 mm

Bild 524. Sardisches Langohr im Flug. Foto: D. NILL

Bild 525. Kolonie des Sardischen Langohrs im Flachdach eines Gebäudes. Foto: A. KIEFER

LEBENSRAUM

In der Umgebung der Quartiere dominieren Olivenhaine, Stein- und Korkeichenwälder.

Quartiere

Bislang nachgewiesene Quartiere liegen auf Dachböden sowie in Karsthöhlen, Straßenbrücken, Tunnels und im Inneren von Staudämmen. Eine Wochenstube in einem Dachboden umfasst etwa ein Dutzend Tiere, eine weitere etwa 200 Tiere [KIEFER, MUCEDDA schriftlich].

VERHALTEN, FORTPFLANZUNG UND NAHRUNG

Bislang liegen keine Erkenntnisse zur Ökologie der Art vor.

GEFÄHRDUNG

Rote Liste der IUCN 2008: VU (Vulnerable), FFH-Anhang IV. Derzeit kann eine Gefährdung kaum eingeschätzt werden, eine Bedrohung erscheint jedoch durch die wenigen Vorkommen wahrscheinlich.

OFFENE FRAGEN

- Welche ökologischen Ansprüche charakterisieren die Art und können sie die Seltenheit erklären?
- Wie unterscheiden sich die ökologischen Ansprüche der Art von sympatrisch vorkommenden Braunen und Grauen Langohren?
- Wie groß ist die sardische Population und wie weit ist sie auf der Insel verbreitet?

SPEZIELLE LITERATUR

1. KIEFER, A. & M. MUCEDDA (2004): *Plecotus sardus* – Sardisches Langohr. – In: F. KRAPP (Hrsg.): HB Säugetiere Europas **4-II**: 1067–1070; Aula Verlag.
2. MUCEDDA, M., A. KIEFER, E. PIDINCHEDDA & M. VEITH (2002): A new species of long-eared bat (Chiroptera, Vespertilionidae) from Sardinia (Italy). – Acta Chiropterologica **4**: 121–135.

Bild 526. Das Sardische Langohr hat den längsten Tragus aller Arten der Gattung. Foto: D. NILL

Graues Langohr
Plecotus austriacus (FISCHER, 1829)

NAMEN

GB: Grey Long-eared Bat
F: Oreillard gris
E: Murciélago orejudo gris
I: Orecchione meridionale
NL: Grijze grootoorvleermuis
S: Grå långörad fladdermus
PL: Gacek szary

Maße

Unterarm	36,5–43,5 mm
Fünfter Finger	48–55 mm
Dritter Finger	64–71 mm
Daumen	5,0–6,4 mm
Unterschenkel	18,3–21,0 mm
Hinterfuß	7,0–8,8 mm
Traguslänge	14,0–17,8 mm
Tragusbreite	5,2–6,6 mm
Normalgewicht	6–10 g
CBL	15,2–17,1 mm
CM^3	5,4–6,5 mm

KENNZEICHEN

Mittelgroße Fledermaus mit langen Ohren. Die Schnauze ist im Gegensatz zum Braunen Langohr etwas länger und meist dunkelgrau pigmentiert. Das lange Fell ist am Rücken grau, nur manchmal mit leichten Brauntönen (vor allem im östlichen Mittelmeergebiet). Die Unterseite ist dazu scharf abgesetzt hellgrau bis weißlich. Der relativ breite Tragus ist nahezu durchgehend dunkel pigmentiert. Kurze Daumen, Daumenkralle und Hinterfüße, diese nur schwach behaart. Der Penis verbreitert sich zur Spitze hin und ist breit keulenförmig.

Ähnliche Arten

Den anderen Langohrarten sehr ähnlich. Vom Braunen und Alpenlangohr durch einen im Durchschnitt breiteren Tragus (in Mitteleuropa > 5,5 mm, in Südosteuropa jedoch auch schmaler), im Mittel kürzeren Daumen (< 6,5 mm), kürzere Daumenkralle (< 2,5 mm) und Hinterfüße (meist < 8,5 mm) unterschieden. Oberkiefer (CM^3 meist > 5,5 mm) länger und Tragus (TL > 14 mm) als bei dem insgesamt kleineren Balkan-Langohr.

ORTUNGSLAUTE

Die frequenzmodulierten Ortungslaute bestehen aus zwei Harmonischen, die je nachdem, ob die Laute durch Mund oder Nase ausgesendet werden, unterschiedlich betont werden. Im Durchschnitt fällt die erste Harmonische von 35 auf 20 kHz ab, die zweite von 70 auf 38 kHz. Damit überlappen sich die Harmonischen in der Regel nicht in der Frequenz.

VERBREITUNG

Im ganzen Mittelmeerraum und auf den Balearen, Sardinien, Korsika und Sizilien vorkommend, jedoch keine Nachweise in Nordafrika, auf Malta, Pantelleria, Kreta, Zypern und im Nahen Osten. Das Vorkommen auf Madeira geht möglicherweise auf durch den Menschen verschleppte Tiere zurück. Im Norden erreicht die Art etwa 53° N und damit Südengland, aber nicht die Ostseeküste. Außerhalb der geschlossenen Verbreitung im Norden Nachweise aus Schonen (Schweden). Da vermutlich alle asiatischen Formen andere Arten darstellen [allg. Lit. 138], liegt die derzeit unklare Ostgrenze der Verbreitung in der Ukraine und der Türkei (s. Unterarten).

Unterarten und geographische Variabilität

Zwei für Europa beschriebene Unterarten: *P. a. meridionalis* (Slowenien) und *P. a. hispanicus* (Iberische Halbinsel) sind mit der Nominatform synonym, diese ist in ganz Europa sehr einheitlich. Alle anderen ursprünglich als Unterarten beschriebenen Formen: *teneriffae* (Kanaren), *kolombatovici* (Adria), *christii* (Nordafrika, Naher Osten), *macrobullaris* (Kaukasus), *wardi* (Indien,

Bild 527. Die sehr versteckten Hangplätze des Grauen Langohrs wie hier in einem Kirchendach erschweren oft die Bestimmung. Foto: C. DIETZ

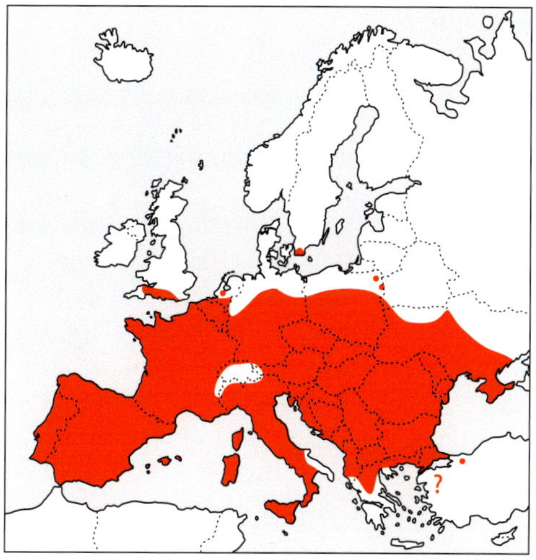

Pakistan, Nepal), *turkmenicus* (Turkmenien, Kasachstan) und vermutlich auch *ariel* (China) stellen eigenständige Arten dar [allg. Lit. 138].

LEBENSRAUM

In Mitteleuropa eine typische Dorffledermaus, ansonsten eine Art der mediterranen mosaikartig bewirtschafteten Kulturlandschaft [8]. In Mitteleuropa liegen Jagdgebiete entsprechend in warmen Tallagen und in menschlichen Siedlungen, Gärten und extensiv bewirtschaftetem Agrarland. In größeren Waldgebieten wird die Art kaum gefunden, eine Besiedlung scheint nur im Verbund mit Offenland zu erfolgen. Dies spiegelt sich auch in der Höhenverteilung wider: Obschon es Nachweise bis auf über 1000 m Höhe gibt, liegen die meisten Wochenstuben in Mitteleuropa unter 550 m. In Südeuropa viel weniger an menschliche Siedlungen gebunden, hier auch im Bereich geeigneter Felsquartiere und einer Vielzahl von Sukzessionsstadien des Offenlandes.

Quartiere

Die im nördlichen Teil des Verbreitungsgebietes bekannten Sommerquartiere liegen in Gebäuden, oft in Dachstühlen. Im Mittelmeerraum befinden sich Wochenstuben dagegen häufig in Felsspalten oder Spalten im Eingangsbereich von Höhlen. Sommerquartiere werden regelmäßig gewechselt. Männchen können in einer Vielzahl von Quartieren, so auch in Dehnungsfugen von Brücken angetroffen werden, nur ausnahmsweise in Vogel- oder Fledermauskästen. Im Winter sehr kältehart, Quartiere in Höhlen, Kellern und Felsspalten, oft nahe am Eingang. Regelmäßig werden überwinternde Tiere in im Sommer bewohnten Dachräumen angetroffen [8].

VERHALTEN

Wochenstuben umfassen meist nur 10–30 [8], in Bulgarien oftmals nur um fünf Weibchen [eigene Daten]. In Gebäuden ausnahmsweise Kolonien mit über 100 Tieren. Bei hohen Temperaturen teilen sich die Kolonien innerhalb des Quartiers auf und hängen in Kleingruppen weit verstreut. Im Quartier störungsanfällig. Im Gegensatz zum Braunen Langohr kann das Graue Langohr in Mitteleuropa nur an wenigen Höhlen beim Schwärmen beobachtet werden, meist werden nur vereinzelt (zufällig?) Tiere gefangen. Dagegen gehört die Art auf der Balkan-Halbinsel zu den während der Schwärmzeit regelmäßig an Höhlen anzutreffenden Arten [eigene Daten].

FORTPFLANZUNG

Mitte bis Ende Juni wird meist ein Junges geboren. Neugeborene haben eine Unterarmlänge von etwa 15 mm und ein Gewicht von knapp über 2 g [8]. Paarungen erfolgen bereits im Juli, im Gegensatz zum Braunen Langohr sind keine Frühjahrspaarungen bekannt [8].

Bild 528. Graue Langohren jagen meist im Offenland. Foto: D. Nill

Bild 529. Graue Langohren überwintern sehr versteckt, oft in Mauerritzen. Foto: C. Dietz

NAHRUNGSERWERB

Der Anteil von fliegenden Insekten ist weitaus höher als beim Braunen Langohr, es kann aber auch Beute von Blättern ablesen. Insekten werden in langsamem Flug dicht an der Vegetation von knapp über dem Boden bis in Höhen über zehn Meter (meist 2–5 m) erbeutet. Wie wahrscheinlich bei allen Langohrarten können Ultraschalllaute alternativ durch Mund oder Nase ausgesendet werden.

NAHRUNG

Der Anteil von Nachtfaltern in der Beute ist höher als beim Braunen Langohr, sie machen 70–100% der Beute aus [2, 8, 12]. Unter den Faltern dominieren bei den Fraßresten Eulenfalter. Bei Massenauftreten werden auch Blatthornkäfer bis zur Größe von Maikäfern gefressen. Im Herbst werden auch Kohlschnaken und andere Zweiflügler erbeutet. Im Gegensatz zum Braunen Langohr fehlen Nachweise flugunfähiger Beutetiere nahezu vollständig.

HÖCHSTALTER

Die Lebenserwartung liegt zwischen fünf und neun Jahren, das Höchstalter bei über 25 Jahren [8].

ORTSWECHSEL UND WANDERUNGEN

Sehr standorttreue Art, Wiederfänge meist nur wenige Kilometer vom Fundort. Die weiteste Wanderung wurde mit 62 km nachgewiesen.

Raumnutzung

Ähnlich kleinräumig wie das Braune Langohr, Jagdgebiete sind allerdings in bis zu 5,5 km Entfernung vom Quartier nachweisbar und können mit bis zu 75 ha sehr

Bild 530. Wochenstubencluster des Grauen Langohrs mit fast ausgewachsenen Jungtieren, diese sind an den zarten und hellen Ohren zu erkennen. Foto: C. Dietz

groß sein [9]. Innerhalb der Jagdgebiete wird jedoch kleinräumig gejagt und die Teiljagdgebiete häufig gewechselt (über 10 Wechsel pro Nacht möglich) [9]. Auch die Quartiere können in Entfernungen von bis zu 4 km gewechselt werden [8].

GEFÄHRDUNG

Rote Liste der IUCN 2008: LC (Least Concern), FFH-Anhang IV, Rote Liste BRD: 2 (stark gefährdet). Da im Norden des Verbreitungsgebietes Wochenstuben fast nur in Dachstühlen vorkommen, ist die Art durch Quartiersanierungen (auch Holzschutzmaßnahmen) besonders betroffen. Der Pestizideinsatz im Gartenbau und der Landwirtschaft trifft diese Art wahrscheinlich stärker als das Braune Langohr.

SCHUTZMASSNAHMEN

Schutz der Kolonien, Einsatz fledermausfreundlicher Holzschutzmittel, Erhalt von Einflugmöglichkeiten in Gebäude, Verzicht auf Pestizideinsätze, Erhalt von Obstbaumgürteln und extensiv genutztem Grünland wie z.B. artenreichen Mähwiesen.

OFFENE FRAGEN

- Wie unterscheiden sich sympatrische Vorkommen von Braunen und Grauen Langohren in ihren ökologischen Ansprüchen?
- Wie sieht die Raumnutzung von Grauen Langohren aus und wie ist das Sozialsystem der Art strukturiert?
- Wo findet die Überwinterung hauptsächlich statt?

SPEZIELLE LITERATUR

1. Barataud, M. (1990): Eléments sur le comportement alimentaire des Oreillards brun et gris *Plecotus auritus* et *Plecotus austriacus*. – Le Rhinolophe **7**: 3–10.
2. Bauerová, Z. (1982): Contribution to the trophic ecology of the grey long-eared bat, *Plecotus austriacus*. – Folia Zool. **31**: 113–122.
3. Benda, P. & T. Ivanova (2003): Long-eared bats, genus *Plecotus* (Mammalia: Chiroptera), in Bulgaria: a revision of systematic and distributional status. – J. Nat. Mus., Nat. Hist. Ser. **172**: 157–172.
4. Benda, P., A. Kiefer, V. Hanák & M. Veith (2004): Systematic status of African populations of long-eared bats, Genus *Plecotus* (Mammalia: Chiroptera). – Folia Zool. **53**, Monograph **1**: 1–47.

Bild 531. Im östlichen Mittelmeergebiet haben die Grauen Langohren manchmal ein braunes Rückenfell. Foto: C. Dietz

5. Berg, J. (1989): Beobachtungen zur Ökologie und Quartierverhalten des Grauen Langohrs *Plecotus austriacus* außerhalb der Wochenstube. – In: D. Heidecke & M. Stubbe (Hrsg.): Populationsökologie von Fledermausarten; Martin-Luther-Universität Halle-Wittenberg **1989/20**: 223–232.
6. Flückiger, P. F. & A. Beck (1995): Observations on the habitat use for hunting by *Plecotus austriacus*. – Myotis **32/33**: 121–122.
7. Haensel, J. (1998): Hohes Alter eines in den Rüdersdorfer Kalkstollen überwinternden Grauen Langohrs *(Plecotus austriacus)* – Nyctalus (N.F.) **6**: 638.
8. Horáček, I., W. Bogdanowicz, & B. Đulić (2004): *Plecotus austriacus* – Graues Langohr. – In: F. Krapp (Hrsg.): HB Säugetiere Europas **4-II**: 1001–1049; Aula Verlag.
9. Kiefer, A. & M. Veith (1998): Untersuchungen zum Raumbedarf und Interaktion von Populationen des Grauen Langohrs, *Plecotus austriacus*, im Nahegebiet – Nyctalus (N.F.) **6**: 531.
10. Ševčík, M. (2003): Does wing morphology reflect different foraging strategies in sibling bat species *Plecotus auritus* and *P. austriacus*? – Folia Zool. **52**: 121–126.
11. Stebbings, R. E. (1970): A comparative study of *Plecotus auritus* and *P. austriacus* inhabiting one roost. – Bijdragen tot de Dierkunde **40**: 91–94.
12. Swift, S. M. (1998): Long-eared bats, 182 S.; Poyser Ltd., London.
13. Tvrtković, N., I. Pavlinić & E. Haring (2005): Four species of long-eared bats (*Plecotus*; Mammalia, Vespertilionidae) in Croatia: field identification and distribution. – Folia Zool. **54**: 75–88.

Balkan-Langohr
Plecotus kolombatovici ĐULIĆ, 1980

NAMEN

GB: Balkan Long-eared Bat
F: Oreillard des Balkans
NL: Balkangrootoorvleermuis

ALLGEMEINES

Das Balkan-Langohr wurde von ĐULIĆ im Jahr 1980 als Unterart des Grauen Langohres für die Adriatischen Inseln und die kroatische Küste beschrieben. Erst neuere genetische Untersuchungen konnten die Eigenständigkeit der Art belegen [6, allg. Lit. 79], wobei zunächst irrtümlicherweise auch noch das Alpenlangohr mit dem Balkan-Langohr zusammengefasst wurde [allg. Lit. 137]. Die Verwandtschaftsbeziehungen zum Libyschen Langohr und dem Kanaren-Langohr sind noch nicht mit Sicherheit geklärt [2, allg. Lit. 138]. Je nach Interpretation neuer morphologischer und genetischer Daten wurde das Balkan-Langohr, wie auch das Libysche Langohr, als Unterart zum Kanaren-Langohr gestellt [2] oder als eigenständige Art betrachtet (jedoch unter Einbeziehung des Libyschen Langohrs) [allg. Lit. 138]. Bis zur endgültigen Klärung der taxonomischen Fragen werden hier die in Europa und Kleinasien vorkommenden Populationen des Balkan-Langohres als Art angesehen [s. auch allg. Lit. 77].

KENNZEICHEN

Das Balkan-Langohr ist die kleinste Langohrfledermaus in Europa. In den meisten Merkmalen dem Grauen Langohr sehr ähnlich, so hat es wie dieses einen deutlich zum Ende hin verdickten Penis. Im Durchschnitt geringere Maße des Unterarms, Daumens, Unterschenkels und Hinterfußes trennen es jedoch recht gut von ihm. Das Rückenfell ist braungrau gefärbt. Durch den kurzen Tragus (meist < 14 mm), der zu den langen Ohren kontrastiert, ist es von allen anderen Langohrarten zu unterscheiden. Die Behaarung der Zehen ist schütter mit sehr kurzen Haaren.

Maße

Unterarm	36,1–39,3 mm
Fünfter Finger	46–51 mm
Dritter Finger	61–66 mm
Daumen	5,4–6,4 mm
Unterschenkel	15,2–18,3 mm
Hinterfuß	< 7,0 mm
Tragusbreite	< 5,2 mm
Traguslänge	meist < 14,0 mm
Normalgewicht	6–9 g
CBL	14,1–15,4 mm
CM^3	5,1–5,6 mm

Ähnliche Arten

Den anderen Langohr-Fledermäusen sehr ähnlich, in Europa am leichtesten mit dem Grauen Langohr zu verwechseln, von diesem jedoch durch meist kürzeren Tragus, Unterschenkel und obere Zahnreihe (CM^3) verschieden. Die bräunliche Rückenfarbe kann bei Nichtbeachtung der Maße zur Verwechslung mit dem Braunen Langohr führen.

ORTUNGSLAUTE

Die Ortungslaute sind wenig bekannt, nach den wenigen Aufnahmen [eigene Daten] ähnlich dem Grauen Langohr. Meist keine Überlappung der beiden Harmonischen (Endfrequenz der zweiten Harmonischen liegt über der Anfangsfrequenz der ersten Harmonischen).

Bild 532. Das Balkan-Langohr ist dem Grauen Langohr sehr ähnlich, in den meisten Maßen aber deutlich kleiner. Foto: C. DIETZ

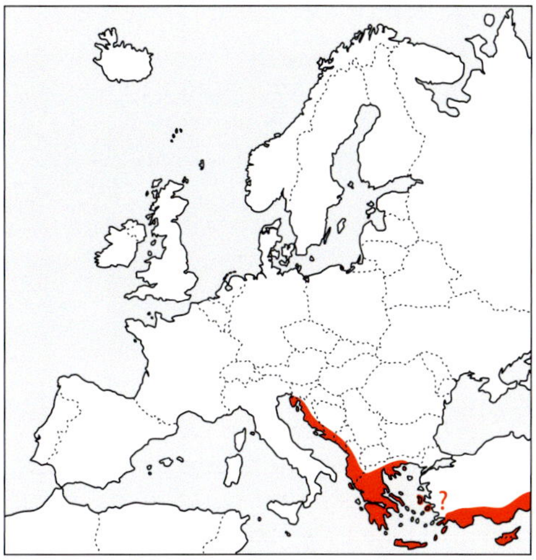

VERBREITUNG

Von Istrien über die Adria-Inseln (Typuslokalität auf der Insel Korčula) und einem schmalen Küstensaum entlang der Adria, weiten Teilen des küstennahen Griechenlands, einigen Inseln in der Ägäis und entlang der West- und Südküste der Türkei bis nahe an die syrische Grenze vorkommend. Auch auf Kreta, Rhodos und Zypern. Vielleicht gehört ein Teil der Tiere auf den Inseln Pantelleria und Malta ebenfalls zum Balkan-Langohr. Sollte sich dies bestätigen, wäre auf mögliche Vorkommen in italienischen Küstengebieten zu achten. Die Verbreitung ist insgesamt erst lückenhaft bekannt.

LEBENSRAUM

Trockene, nach den bisherigen Nachweisen nahezu ausschließlich küstennahe mediterrane Karstgebiete des (östlichen) Mittelmeerraumes, meist in niedrigen Lagen [4, 7, 8]. Oft auf Inseln, nahe der Küste oder in Flusstälern, höchster Nachweis an einem Schwärmquartier in Griechenland auf 1300 m Höhe. Jagdgebiete in Steineichen-Wäldern mit Steinblöcken oder Olivenhainen [3], über Buschland und auf Waldlichtungen [8], in Griechenland an macchiaartig bewachsenen Hängen [7].

Quartiere

Einzeltiere in Felsspalten, Mauerritzen, Gewölben (z.B. unter Brücken) und Höhlen. Wochenstuben wurden bislang in einem Kirchturm auf Hvar [3, Koselj schriftlich], einem Kirchendach in Istrien [8] und einem ehemaligen Eisenbahntunnel auf der Peloponnes [7] nachgewiesen.

VERHALTEN UND FORTPFLANZUNG

Wochenstuben umfassen 15–20 [3] und bis zu 90 Tiere [7]. Die Geburt erfolgt vermutlich Ende Juni [7]. Im Spätsommer schwärmen die Männchen vor Höhleneingängen [7]. In einer Wochenstube Istriens fand man die Art vergesellschaftet mit dem Alpen-Langohr [8].

NAHRUNGSERWERB UND NAHRUNG

Wie die anderen Langohr-Arten teilweise in der dichten Vegetation, aber auch entlang von Vegetationskanten fliegend. In Gefangenschaft sehr kleinräumige Flugmanöver und fängt sofort Falter. In 10 Kotpellets von der Insel Hvar fanden sich ausschließlich Reste von Nachtschmetterlingen [eigene Daten]. Kommt zum Trinken an Teiche, Brunnen und Zisternen.

GEFÄHRDUNG

Rote Liste IUCN 2008: LC (Least Concern), FFH-Anhang IV.

Bild 533. Meist beziehen Balkan-Langohren sehr versteckte Quartiere in engen Spalten. Foto: C. Dietz

Bild 534. Kolonie des Balkan-Langohrs in einem Eisenbahntunnel im südlichen Griechenland. Foto: C. Dietz

OFFENE FRAGEN

- Wie grenzt sich die Art hinsichtlich ihrer ökologischen Ansprüche, insbesondere der Nahrungsökologie von anderen sympatrischen *Plecotus*-Arten ab?
- Wie weit reicht die Verbreitung der Art nach Nordwesten?
- Gibt es Vorkommen auf Pantelleria und Malta?
- Wie sind die Verwandtschaftsbeziehungen zum Libyschen und zum Kanaren-Langohr und gibt es Reproduktionsbarrieren?
- Erfolgt ein Winterschlaf und werden dazu Höhlen aufgesucht?

SPEZIELLE LITERATUR

1. Benda, P. & T. Ivanova (2003): Long-eared bats, genus *Plecotus* (Mammalia: Chiroptera), in Bulgaria: a revision of systematic and distributional status. – J. Nat. Mus., Nat. Hist. Ser. **172**: 157–172.
2. Benda, P., A. Kiefer, V. Hanák & M. Veith (2004): Systematic status of African populations of long-eared bats, Genus *Plecotus* (Mammalia: Chiroptera). – Folia Zool. 53, Monograph 1: 1–47.
3. Đulić, B. & N. Tvrtković (1970): The distribution of bats on the Adriatic islands. – Bijdragen tot de Dierkunde **40**: 17–20.
4. Đulić, B. & N. Tvrtković (1979): On some mammals from the Centraladriatic and Southadriatic Islands. – Acta Biologica **43**: 15–35.
5. Đulić, B. (1980): Morphological characteristics and distribution of *Plecotus auritus* and *Plecotus austriacus* in some regions of Yugoslavia. – In: D. E. Wilson & A. L. Gardner (eds.): Proceedings Fifth International Bat Research Conference: 151–161; Texas Tech Press.
6. Kiefer, A., F. Mayer, J. Kosuch, O. von Helversen & M. Veith (2002): Conflicting molecular phylogenies of European long-eared bats (*Plecotus*) can be explained by cryptic diversity. – Mol. Phyl. Evol. **25**: 557–566.
7. Kiefer, A. & O. von Helversen (2004): *Plecotus kolombatovici* – Balkanlangohr. – In: Krapp, F. (Hrsg.): HB Säugetiere Europas **4-II**: 1059–1066; Aula Verlag.
8. Tvrtković, N., I. Pavlinić & E. Haring (2005): Four species of long-eared bats (*Plecotus*; Mammalia, Vespertilionidae) in Croatia: field identification and distribution. – Folia Zool. **54**: 75–88.

Kanaren-Langohr
Plecotus teneriffae
BARRETT-HAMILTON, 1907

NAMEN
GB: Canary Long-eared Bat
F: Oreillard de Tenerife
E: Murciélago orejudo canario
I: Orecchione di Tenerife
PL: Gacek kanaryjski

ALLGEMEINES
Zunächst als Unterart des Grauen Langohrs angesehen, wurde der Artstatus durch IBÁÑEZ & FERNÁNDEZ 1985 bestätigt [2]. Das Balkan-Langohr der Adriaregion und das Libysche Langohr Nordwest-Afrikas wurden aufgrund ihrer genetischen Nähe teilweise als Unterarten zum Kanaren-Langohr gestellt [1, 3], aber auch als eigenständige Linie gewertet [allg. Lit. 138]. Wir führen hier der Übersichtlichkeit halber das Kanaren-Langohr, das Libysche Langohr und das Balkan-Langohr jeweils als eigene Art.

KENNZEICHEN
Eine große Langohrfledermaus mit sehr dunkel grau-braunem Rückenfell, das deutlich zu der hell weißlichgrauen Unterseite kontrastiert. Ohren und Tragus sind auf ganzer Länge bis auf den basalen Teil gleichmäßig grau pigmentiert.

Ähnliche Arten
Die einzige bekannte Langohr-Art auf den Kanaren. Aufgrund der Größe und dunkler Rückenfärbung in starkem Kontrast zur Bauchfärbung unverwechselbar.

VERBREITUNG
Endemische Art der Kanaren. Bislang auf Teneriffa, La Palma und El Hierro nachgewiesen [4, 5, allg. Lit. 143]

Unterarten und geographische Variabilität
Innerhalb des kleinen Verbreitungsgebietes bestehen keine morphologischen Unterschiede. Allerdings deuten Unterschiede in Sequenzen der mitochondriellen DNA auf einen sehr geringen Austausch zwischen den drei Inselpopulationen des Kanaren-Langohrs hin [4].

LEBENSRAUM
Es wird ein breites Habitatspektrum von den Lorbeerwäldern über Kiefernwälder bis hin zu Zwergstrauchheiden angenommen. Kommt in allen Höhenlagen bis auf 2300 m Höhe vor [allg. Lit. 143].

Quartiere
Die wenigen bislang gefundenen Quartiere liegen in Vulkanhöhlen und Felsspalten, aber auch in Gebäuden [allg. Lit. 143].

VERHALTEN UND FORTPFLANZUNG
Bislang wurden nur kleine Wochenstuben mit bis zu 37 Weibchen in Vulkanhöhlen auf La Palma und Teneriffa [allg. Lit. 143] gefunden, Junge werden vermutlich im Juni geboren. Bei einer untersuchten Wochenstube hatten etwa ²⁄₃ der Weibchen je ein Junges. Ab September sind die Männchen in Paarungskondition [allg. Lit. 143].

NAHRUNGSERWERB UND NAHRUNG
Die Beute wird für Langohren typisch im Flug erbeutet oder von der Vegetation abgesammelt. Es werden Eulenfalter, aber auch andere Nachtfalter und ausnahmswei-

Maße

Unterarm	40,1–46,0 mm
Fünfter Finger	?
Dritter Finger	?
Daumenlänge	5,3–7,0 mm
Gewicht	?
CBL	16,0–16,9 mm
CM^3	5,8–6,2 mm

Bild 535. Beim Kanaren-Langohr ist die Unterseite deutlich von der dunklen Oberseite abgesetzt. Foto: D. TRUJILLO

Bild 536. Kanaren-Langohr im Flug. Foto: D. Trujillo

se Bockkäfer erbeutet [allg. Lit. 143].

GEFÄHRDUNG

Rote Liste der IUCN 2008: EN (Endangered), FFH-Anhang IV. Möglicherweise durch Habitatverlust und Störungen in den Quartieren bedroht.

SCHUTZMASSNAHMEN

Schutz der Quartierhöhlen vor Störungen. Verhindern einer Einschleppung anderer Fledermausarten auf die Kanaren.

OFFENE FRAGEN

- Wie sind Kanaren-Langohr, Libysches Langohr und Balkan-Langohr miteinander verwandt und stellen sie eigenständige Arten dar?
- Welche Habitate werden für die Jagd bevorzugt?

SPEZIELLE LITERATUR

1. Benda, P., A. Kiefer, V. Hanák & M. Veith (2004): Systematic status of African populations of long-eared bats, Genus *Plecotus* (Mammalia: Chiroptera). – Folia Zool. **53**, Monograph **1**: 1–47.
2. Ibáñez, C. & R. Fernández (1985): Systematic status of the long-eared bat *Plecotus teneriffae*. – Säugetierk. Mitt. **32**: 143–149.
3. Juste, J., C. Ibáñez, J. Munoz, D. Trujillo, P. Benda, A. Karataş & M. Ruedi (2004): Mitochondrial phylogeography of the long-eared bats *(Plecotus)* in the mediterranean Palearctic and the Atlantic Islands. – Mol. Phyl. Evol. **31**: 1114–1126.
4. Pestano, J., R. P. Brown, N.M. Suarez, J. Benzal & S. Fajardo (2003): Intraspecific evolution of Canary Island plecotine bats, based on mtDNA sequences. – Heredity **90**: 302–307.
5. Trujillo, D. & R. Barone (1991): La Fauna de Quiropteros del Archipielago Canario. – In: Benzal & de Paz (Eds.): Los Murciélagos de España y Portugal: 95–111.

Libysches Langohr

Plecotus gaisleri

BENDA, KIEFER, HANÁK & VEITH, 2004

NAMEN

GB: Gaislers's Long-eared Bat
F: Oreillard du Maghreb

ALLGEMEINES

Die nordafrikanischen Langohren wurden lange Zeit zum Grauen Langohr *(P. austriacus)* gezählt. Erst genetische und morphologische Studien ergaben, dass in Afrika zwei vom Grauen Langohr verschiedene Arten vorkommen: *P. christii* in Nordost-Afrika von der westlichen Libyschen Wüste über Ägypten bis in den Nahen Osten und eine weitere Art in Nordwest-Afrika. Aufgrund genetischer Ähnlichkeit wurde diese Form als Unterart des Kanaren-Langohres: *Plecotus teneriffae gaisleri* beschrieben [1]. Kurz darauf wurde das Kanaren-Langohr wieder als eigenständige Art angesehen und die Libyschen Langohren zum Balkan-Langohr gestellt [allg. Lit. 138]. Neue genetische Daten und die geographisch isolierten Vorkommen deuten jedoch auf eine Eigenständigkeit der Langohren Nordwest-Afrikas hin [allg. Lit. 77]. Auch innerhalb der nordwest-afrikanischen Verbreitung lassen sich getrennte Linien im Maghreb und in Libyen ausmachen. Wir führen die nordwest-afrikanischen Linien als eine eigene Art, wohl wissend, dass die Datengrundlage dafür ungenügend ist.

KENNZEICHEN

Das Libysche Langohr ist bräunlich-fahl gefärbt, mit heller gelblichbrauner Unterseite. Auch die Hautpartien sind fahl-bräunlich. Tiere aus den mediterranen Bereichen im Norden des Verbreitungsgebietes sind dunkler gefärbt als die sehr fahlen Tiere vom Nordrand der Sahara [1]. Der Penis ist wie beim Grauen Langohr oder dem Balkan-Langohr keulenförmig.

Ähnliche Arten

Eine sichere Unterscheidung vom Balkan- und Kanaren-Langohr ist derzeit nur anhand genetischer Vergleiche oder am Schädel möglich. Allerdings ist das Libysche Langohr bislang nur mit dem Wüsten-Langohr *(P. christii)* in Libyen sympatrisch nachgewiesen, dieses ist viel fahler gefärbt. Möglicherweise kommt das Libysche Langohr auf der Insel Pantelleria zusammen mit dem Balkan-Langohr vor. Deutlich kleiner, brauneres Rückenfell und mit helleren Hautpartien als das Kanaren-Langohr.

Maße

Unterarm	36,9–42,4 mm
Fünfter Finger	49–53 mm
Dritter Finger	64–70 mm
Daumen	5,2–6,8 mm
Unterschenkel	14,7–18,2 mm
Hinterfuß	6,5–7,0 mm
Tragusbreite	5,3–5,4 mm
Traguslänge	14,6–15,6 mm
Normalgewicht ♂ (April):	5–6 g
CBL	15,2–16,5 mm
CM3	5,5–6,0 mm

Bild 537. Porträt des Libyschen Langohrs. Foto: C. DIETZ

Bild 538. Das Libysche Langohr ist besonders in Wüstengebieten fahl gefärbt. Foto: C. Dietz

VERBREITUNG

Ganz Nordwest-Afrika von Marokko bis Nordost-Libyen. Vom Nordrand der Sahara (Anti-Atlas und Sahara-Atlas) bis an die Atlantik- und Mittelmeerküste. Möglicherweise auch auf Pantelleria und Malta.

LEBENSRAUM

Vor allem im vom Mittelmeer beeinflussten Bereich Nordafrikas, erreicht aber entlang von Wasserläufen und Oasen auch Halbwüsten und Wüstenbereiche. Im Hohen Atlas bis auf 2600 m Höhe nachgewiesen.

Quartiere

Einzeltiere in Felsspalten, Höhlen, Kellern, Ruinen und in Gewölbespalten. Bislang wurde nur eine kleine Wochenstube mit einem Dutzend Tiere in einem Höhleneingang gefunden. Im Winter ebenfalls in Höhlen [3].

VERHALTEN UND NAHRUNGSERWERB

Wie auch bei den anderen Langohrarten werden die Ohren in Ruhe unter die Flügel geschlagen. Der Jagdflug gleicht dem anderer Langohren und erfolgt nahe an der Vegetation oder knapp über dem Boden. Zur Paarungszeit etablieren Männchen Harems in Höhlen [allg. Lit. 10].

NAHRUNG

In Marokko wurden im April Reste großer Schmetterlinge (Eulenfalter) an einem Nachtruheplatz gefunden [eigene Daten].

GEFÄHRDUNG

Bislang nicht eigenständig erfasst.

OFFENE FRAGEN

- Stellt das Libysche Langohr tatsächlich eine eigene Art dar und gibt es sympatrische Vorkommen mit dem Balkan-Langohr auf Pantelleria?
- Wie stellen sich die Verwandtschaftsbeziehungen innerhalb des Libyschen Langohrs dar und gibt es weitere separierte Linien?
- Gehen die Färbungsunterschiede innerhalb der nordafrikanischen Tiere auf eine Anpassung an den Lebensraum zurück oder gibt es andere Erklärungen?

SPEZIELLE LITERATUR

1. Benda, P., A. Kiefer, V. Hanák & M. Veith (2004): Systematic status of African populations of long-eared bats, Genus *Plecotus* (Mammalia: Chiroptera). – Folia Zool. **53**, Monograph **1**: 1–47.
2. Juste, J., C. Ibáñez, J. Muñoz, D. Trujillo, P. Benda, A. Karataş & M. Ruedi (2004): Mitochondrial phylogeography of the long-eared bats (*Plecotus*) in the Mediterranean Palaearctic and Atlantic Islands. – Mol. Phyl. Evol. **31**: 1114–1126.
3. Kowalski, K. & B. Rzebik-Kowalska (1991): Mammals of Algeria, 370 S; Polish Academy of Sciences.

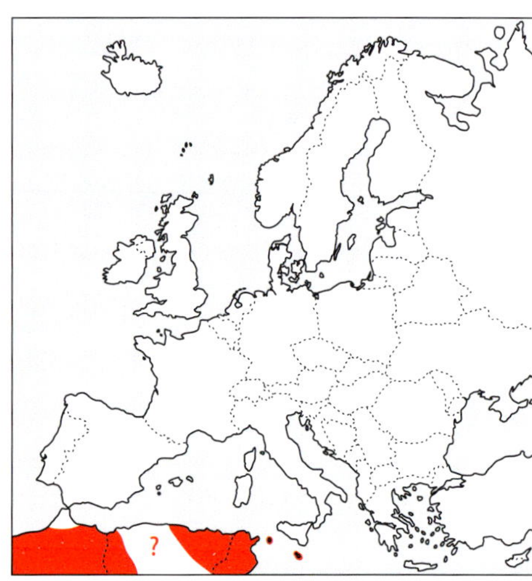

Langflügelfledermäuse Miniopteridae

Traditionell als Unterfamilie zu den Glattnasenfledermäusen (Vespertilionidae) gerechnet. Morphologische und reproduktionsbiologische Merkmale zeigen jedoch viele Unterschiede [10], und genetische Befunde belegen, dass die Langflügelfledermäuse eine eigene Familie darstellen [2, allg. Lit. 54].

Mittelgroße insektenfressende Fledermäuse der Alten Welt, die morphologisch relativ einheitlich sind: kurze weit auseinander stehende Ohren, die das Fell auf dem Scheitel nicht überragen, und lange, im Spitzenbereich schmale Flügel, die in Ruhe an der Spitze eingeklappt werden. Langer Schwanz und breite Schwanzflughaut. Der Schädel ist hoch aufgewölbt und bildet eine steile Stirn. Ein Baculum fehlt. Alle Arten sind Höhlenbewohner, die riesige Kolonien ausbilden können. Im Gegensatz zu den Glattnasenfledermäusen wird die Eizelle sofort nach der Begattung befruchtet, in den gemäßigten Breiten wird die Einnistung bis ins Frühjahr verzögert.

Nur eine Gattung *Miniopterus* mit mindestens 21 Arten in Afrika, Südeuropa, Asien und Australien. Da sich jedoch unter den zu der Art *M. schreibersii* gerechneten Formen weitere kryptische Arten befinden [2, allg. Lit. 54], dürfte die Artenzahl höher liegen.

Langflügelfledermaus *Miniopterus schreibersii* (Kuhl, 1817)

NAMEN

GB: Schreibers's Bent-winged Bat
F: Minioptère de Schreibers
E: Murciélago troglodita
I: Miniottero
NL: Schreibers' vleermuis
S: Schreibers fladdermus
PL: Podkasaniec Schreibersa

KENNZEICHEN

Mittelgroße schlanke Fledermaus mit kurzer Schnauze und kurzen dreieckigen Ohren, die weit auseinander stehen und das Scheitelfell nicht überragen. Kurzer gebogener Tragus. Durch die stark gewölbte Stirn und die kurze aufrechte Behaarung auf dem Kopf gleichmäßig abgerundeter Übergang der Behaarung vom Rücken bis zur Schnauze. Zweites Glied am dritten Finger dreimal so lang wie das erste Glied. Die Flügelspitze wird in Ruhe zwischen dem ersten und zweiten Fingerglied des 3. und 4. Fingers eingeklappt. Graubraune bis dunkelgraue Rückenfärbung, Unterseite leicht heller. Vereinzelt gibt es schokoladenbraune oder fahlgraue Tiere. Bulgarische und rumänische Langflügelfledermäuse haben im Sommer einen ausgeprägten zimtfarbenen Kehlfleck. Flughäute variabel graubraun.

Ähnliche Arten

In Europa anhand der kurzen und typisch geformten Ohren, der kurzen Schnauze, aufgewölbter Stirn und der Art und Weise, wie die Flügelspitze eingeklappt wird, eindeutig zu erkennen.

Maße	
Unterarm	42,4–48,0 mm
Fünfter Finger	48–56 mm
Dritter Finger	78–89 mm
Normalgewicht	10–14 g
CBL	14,2–15,5 mm
CM3	5,3–6,2 mm

Bild 539. Porträt der Langflügelfledermaus: Die kurzen Ohren überragen den Scheitel nicht. Foto: C. Dietz

Bild 540. Ausschnitt aus einem Cluster winterschlafender Langflügelfledermäuse. Foto: C. DIETZ

ORTUNGSLAUTE

Bis 15 ms lange Laute, die am Anfang einen frequenzmodulierten und am Ende einen nahezu frequenzkonstanten Verlauf aufweisen. Die Hauptenergie liegt bei 49–53 kHz. Der Lautanfang liegt situationsabhängig bei 110–55 kHz und das Lautende bei 48–52 kHz. In der Suchflugphase sind die Lautabstände variabel zwischen 65 und 140 ms.

VERBREITUNG

In Europa im gesamten Mittelmeergebiet inklusive aller großen Mittelmeerinseln; nördliche Verbreitungsgrenze durch Zentralfrankreich, Südwestdeutschland (Kaiserstuhl, hier ausgestorben), die Westschweiz, Norditalien, Slowenien, das südöstliche Österreich (geringe Bestandsgröße), Slowakei, Rumänien und Ukraine. In der Türkei und am Südrand des Kaukasus grenzt die Verbreitung der Langflügelfledermaus an die Westgrenze der Steppen-Langflügelfledermaus (*M. pallidus*), die vom östlichen Anatolien über den Nahen und Mittleren Osten vorkommt. In Nordafrika kommt die Langflügelfledermaus v.a. in den mediterranen Küstennahen Gebieten vor, in Richtung Sahara schließt die Verbreitung der Nordafrikanischen Langflügelfledermaus (*M. maghrebensis*) an.

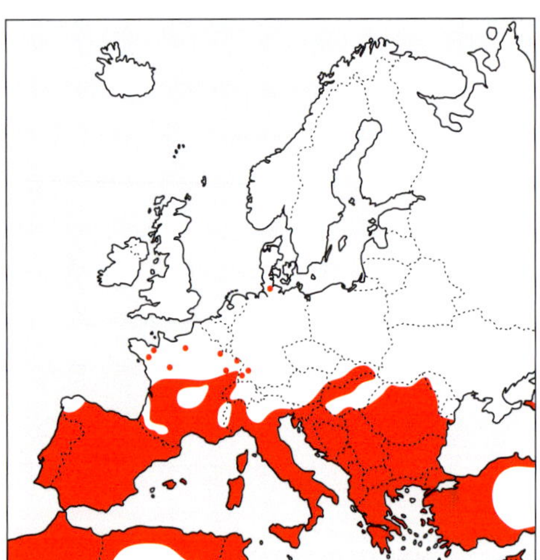

Unterarten und geographische Variabilität

Im Bearbeitungsgebiet gehören alle Populationen zu der morphologisch und genetisch einheitlichen *M. s. schreibersii*. Rumänische und bulgarische Tiere haben teilweise einen zimtfarbenen Kehlfleck und wurden als *M. s. inexpectatus* beschrieben. Allerdings handelt es sich bei diesem Merkmal eher um ein Fellwechsel-Phänomen und dürfte keinen separaten Unterartstatus rechtfertigen. *M. pallidus* aus dem östlichen Mittelmeergebiet und *M. maghrebensis* aus Nordwestafrika stellen eigene Arten dar. [1, 5]. Zahlreiche weitere der mindestens 15 beschriebenen Unterarten, vor allem des südlichen Afrikas und Asiens, stellen vermutlich ebenfalls eigene Arten dar [2], hier sind umfangreiche taxonomische Studien notwendig, um eine Klärung herbeizuführen.

LEBENSRAUM

Lebensräume umfassen das gesamte Spektrum mediterraner Landschaften, insgesamt scheint jedoch eine Bevorzugung laubwaldreicher Gebiete vorzuliegen. Wochenstuben bis über 1200 m Höhe, Einzeltiere und Kolonien nicht reproduzierender Tiere auch wesentlich höher.

Quartiere

Hauptsächlich in Karsthöhlen, die ganzjährig besiedelt werden, aber auch in Bergwerken, Kellern und anderen unterirdischen Räumen. Oft in den größten Hallen eines Quartiers, im Winter auch in kleineren Seitengängen. Kleingruppen oder Einzeltiere können in zahlreichen anderen Quartiertypen wie Dehnungsfugen von Brücken, Gewölbespalten und Dachböden gefunden werden. An der Nordgrenze der Verbreitung in Slowenien [allg. Lit. 96], Österreich [15] und Ungarn [6] einzelne Wochenstuben in Dachräumen. Das nördlichste Quartier Europas liegt in einem nicht fertig gestellten Eisenbahntunnel des Muráň-Plateaus in der Slowakei [16].

VERHALTEN

Wochenstubenkolonien umfassen meist nur reproduktive Weibchen und ihre Jungen. Nicht reproduktive Weibchen und Männchen bilden in der gleichen Höhle oder aber in benachbarten Höhlen separierte Kolonien aus. Wochenstubenkolonien können einige Hundert bis viele Tausend Tiere umfassen. Die größten Wochenstuben sind aus Portugal mit etwa 20 000 Tieren [7] und aus Bulgarien bekannt. In Nordbulgarien liegen entlang des Flusses Osam mehrere miteinander in Verbindung stehende Sommerkolonien, die zusammen mindestens 30 000 Tiere umfassen, in manchen Jahren in einer der Höhlen sogar bis zu 60 000 Individuen, wohingegen in anderen Jahren nur wenige Hundert Tiere anwesend sind [4, eigene Daten]. Dies widerspricht den Befunden aus Portugal, hier kehren insbesondere die Weibchen jedes Jahr zur Jungenaufzucht in ihre Geburtswochenstuben zurück, sind also streng philopatrisch (geburtsorttreu) [8]. Manche großen Höhlen werden ganzjährig als Quartier genutzt [4, allg. Lit. 96], andere nur saisonal. Auch im Winter sind zwischen

Bild 541. Die Winterkolonien der Langflügelfledermaus benötigen ganz bestimmte Klimabedingungen. In sehr wenigen aber besonders geeigneten Höhlen können zehntausende Tiere überwintern. Foto: C. Dietz

Bild 542. Der Fellwechsel erfolgt bei der Langflügelfledermaus im Spätsommer und Frühherbst. Das Tier hat am Rücken bereits das frische Fell, an Kopf und Kehle noch die ausgebleichten alten Haare. Foto: C. Dietz

November und März große Ansammlungen möglich: in Nordbulgarien bilden sich in manchen Jahren Kolonien von 52 000 bzw. 65 000 Tieren in zwei Höhlen, in denen in anderen Jahren jedoch „nur“ wenige Tausend Tiere überwintern [4]. Ein ähnliches Bild zeigt sich in einer Höhle der Westlichen Rhodopen mit 12 000–41 000 Tieren [4]. In den Pyrenäen wurden Winterkolonien mit bis 70 000 Tieren bekannt [13]. Die Winterkolonien haben ein großes Einzugsgebiet und scheinen zumindest in Bulgarien nicht jedes Jahr aufgesucht zu werden. Langflügelfledermäuse hängen im Quartier in der Regel frei, dabei bilden sie sowohl im Sommer als auch im Winter dichte Cluster, die an Wandteppiche erinnern. Langflügelfledermäuse findet man praktisch nie allein, sie sind meist mit dem gesamten Spektrum anderer frei hängender Höhlenfledermäuse vergesellschaftet. Flugstraßen zum Jagdgebiet folgen häufig Wegen oder Schneisen, die Tiere fliegen dabei teilweise mit 1–2 m niedrig über dem Boden mit einem Seitenabstand von etwa zwei Metern zur Vegetation.

FORTPFLANZUNG

Nach der Begattung im Herbst wird das Ei sofort befruchtet, die Blastozyste nistet sich aber erst nach dem Winterschlaf ein. Die Geburt findet von Mitte Juni bis Anfang Juli statt. Die Jungen werden nachts im Quartier zurückgelassen und bilden dann auffällige Cluster. Auch tagsüber können die Jungen in großen ungestörten Höhlen getrennt von den Müttern als große Cluster innerhalb der Kolonie abgehängt werden. Der hohe Anteil nicht reproduzierender Weibchen in der Population spricht dafür, dass diese erst im zweiten Lebensjahr oder später geschlechtsreif werden.

NAHRUNGSERWERB

Langflügelfledermäuse können manövrierfähig um Straßenlampen oder unterhalb des Kronendaches von Laubwäldern, über Bächen und Gewässern sowie nahe an der Vegetation jagen [eigene Daten, 9]. Die breite Schwanzflughaut ermöglicht einen für die schmalen Flügel ungewöhnlich manövrierfähigen Flug. Dichte Vegetation wird gemieden bzw. entlang geradliniger Strukturen oder der Oberkante zum freien Luftraum umflogen.

Bild 543. Die Kolonien der Langflügelfledermaus hängen meist dicht gedrängt und können in ihren Höhlenquartieren einen regelrechten Wandteppich bilden. Foto: D. Nill

Bild 544. Langflügelfledermäuse nutzen nahezu ausschließlich Höhlen als Quartiere. Foto: D. NILL

NAHRUNG

Aufgrund des zarten Gebisses, der kurzen Zahnreihe und der Schädelmorphologie dürften hauptsächlich kleine Insekten zum Beutespektrum gehören. In Slowenien besteht die Nahrung vor allem aus Nachtfaltern (79%), gefolgt von Netzflüglern (Florfliegen) und Zweiflüglern [9]. Andere Insekten spielen eine untergeordnete Rolle.

HÖCHSTALTER

Mindestens 16 Jahre [15].

ORTSWECHSEL UND WANDERUNGEN

Die Art führt regelmäßige Saisonwanderungen zwischen Sommer- und Winterquartieren mit Entfernungen von durchschnittlich 40–100 km durch. Die längsten Überflüge wurden mit 422, 524 und 833 km in Frankreich und Spanien nachgewiesen. So war auch die bis in die 1960er-Jahre zu beobachtende Winterkolonie im Kaiserstuhl Teil eines bis zu 200 km südwestlich im französischen Jura liegenden Wochenstubenverbandes [allg. Lit. 116]. Auf dem Balkan erfolgte ein Ortswechsel über 225 km in nur vier Tagen [11].

Raumnutzung

Die Ausbildung riesiger Sommer- und Winterkolonien führt dazu, dass bei begrenzter Verfügbarkeit von Nahrung sehr weite Strecken zu den Jagdgebieten zurückgelegt werden müssen, so werden jede Nacht Entfernungen von über 20 km und bis zu 40 km überwunden.

GEFÄHRDUNG

Rote Liste der IUCN 2008: NT (Near Threatened), Rote Liste der EU: NT (Near Threatened), FFH-Anhang II & IV, Rote Liste BRD: 0 (ausgestorben). Europäische Populationen durch Habitatverlust, Pestizideinsatz und Quartierverlust gefährdet. Insbesondere im nördlichen Verbreitungsgebiet starker Rückgang der Art, so in Süddeutschland (ausgestorben), der Schweiz, Frankreich, Österreich, Ungarn und Rumänien [15, allg. Lit. 136]. Neben der Störung im Quartier, Massenberingungen [allg. Lit. 116] und ungeeigneten Sicherungsmaßnahmen am Quartier war dafür vermutlich der massive Einsatz von Insektenvernichtungsmitteln wie DDT gegen Frostspanner in der Oberrheinebene [6, allg. Lit. 51], Begiftungen von Eichenwäldern in der Slowakei [15] und Schnakenbekämpfungen in den 1950–60er Jahren verantwortlich.

Bild 545. Langflügelfledermäuse sind rasante Flieger und können große Distanzen überwinden. Foto: C. DIETZ

SCHUTZMASSNAHMEN

Schutz der Koloniehöhlen vor Störungen, dabei sind allerdings Vergitterungen problematisch, da sie ungern durchflogen

Bild 546. Innerhalb der riesigen Wochenstubenkolonien der Langflügelfledermaus hängen die Jungtiere oft getrennt von ihren Müttern. Foto: C. DIETZ

werden. Erhalt von Laubwaldgebieten und Verzicht auf großräumigen Pestizideinsatz. Erhalt von Wanderrouten zwischen Teillebensräumen.

OFFENE FRAGEN

- Welche Art der Quartiersicherung ist effektiv und beeinträchtigt die anwesenden Fledermäuse nicht?
- Wie groß sind Jagdgebiete der Langflügelfledermaus und wie weit sind sie vom Quartier entfernt? Nimmt die Entfernung mit steigender Koloniegröße zu?
- Wie sieht das Nahrungsspektrum im Jahresverlauf aus?
- Wie viele Arten Langflügelfledermäuse gibt es und wie sind sie miteinander verwandt?
- Wo liegen die Verbreitungsgrenzen der Art *Miniopterus schreibersii* in Afrika und Asien?
- Welches Sozialsystem herrscht innerhalb der riesigen Cluster verschiedener Zusammensetzung und wie wird der Ortswechsel ganzer Kolonien geregelt?

SPEZIELLE LITERATUR

1. ALBAYRAK, I. & S. COŞKUN (2000): Geographic variations and taxonomic status of *Miniopterus schreibersii* (KUHL, 1819) in Turkey (Chiroptera: Vespertilionidae). – Turkish J. Zool. **24**: 125–133.
2. APPLETON, B. R., J. A. MCKENZIE & L. CHRISTIDIS (2004): Molecular systematics and biogeography of the bent-wing bat complex *Miniopterus schreibersii* (Chiroptera: Vespertilionidae). – Mol. Phyl. Evol. **31**: 431–439.
3. BALCELLS, E. (1964): Ergebnisse der Fledermaus-Beringung in Nordspanien. – Bonn. Zool. Beitr. **15**: 36–44.
4. BENDA, P., T. IVANOVA, I. HORÁČEK, V. HANÁK, J. ČERVENÝ, J. GAISLER, A. GUEORGUIEVA, B. PETROV & V. VOHRALÍK (2003): Bats (Mammalia: Chiroptera) of the Eastern Mediterranean. Part 3. Review of bat distribution in Bulgaria. – Acta Soc. Zool. Bohem. **67**: 245–357.
5. BILGIN, R., A. KARATAŞ, E. ÇORAMAN, I. PANDURSKI, E. PAPADATOU & J. C. MORALES (2006): Molecular taxonomy and phylogeography of *Miniopterus schreibersii* (Chiroptera: Vespertilionidae), in the Eurasian transition. – Biol. J. Linn. Soc. **87**: 577–582.
6. BOYE, P. (2004): *Miniopterus schreibersii* – Langflügelfledermaus. – In: KRAPP, F. (Hrsg.): HB Säugetiere Europas **4-II**: 1093–1122; Aula Verlag.
7. PALMEIRIM, J. M. (1989): Status of bats in Portugal. – In: V. HANÁK, I. HORÁČEK & J. GAISLER (eds.): European Bat Research 1987: 373–379; Charles Univ. Press Praha.
8. PALMEIRIM, J. M. & L. RODRIGUES (1995): Dispersal and philopatry in colonial animals: the case of *Miniopterus schreibersii*. – Symp. Zool. Soc. Lond. **67**: 219–231.
9. PRESETNIK, P. (2002): Diet and biology of Schreiber's bat *(Miniopterus schreibersii)* at castle Grad na Goričkem (NE Slovenia). – Diplomarbeit, Universität Ljubljana, 56 S.
10. MEIN, P. & Y. TUPINIER (1977): Formule dentaire et position systématique du Minioptère. – Mammalia **41**: 207–211.
11. MIRIĆ, D. (1960): Die Fledermäuse (Chiroptera) der unterirdischen Gänge der Festung Petrovaradin. – Bull. Mus. Hist. Nat. Belgrad **16**: 163–175.
12. SERRA-COBO, J. (1989): Primary results of the study on *Miniopterus schreibersi* growth. – In: V. HANÁK, I. HORÁČEK & J. GAISLER (eds.): European Bat Research 1987: 169–173; Charles Univ. Press Praha:.
13. SERRA-COBO, J., V. SANZ-TRULLÉN & J. P. MARTÍNEZ-RICA (1998): Migratory movements of *Miniopterus schreibersii* in the north-east of Spain. – Acta Theriol. **43**: 271–283.
14. SERRA-COBO, J., M. LOPEZ-ROIG, T. MARQUES-BONET & E. LAHUERTA (2000): Rivers as possible landmarks in the orientation flight of *Miniopterus schreibersii*. – Acta Theriol. **45**: 347–352.
15. SPITZENBERGER, F. (1981): Die Langflügelfledermaus *(Miniopterus schreibersi)* in Österreich. Mammalia austriaca 5. – Mitt. Abt. Zool. Landesmus. Joanneu **10**: 139–156.
16. UHRIN, M. (1994): Further occurrence of the longwinged bat, *Miniopterus schreibersii* (Mammalia, Chiroptera) in the Murán plateau. – Biologia Bratislava **49**: 287–288.

Steppen-Langflügelfledermaus
Miniopterus pallidus
THOMAS, 1907

NAMEN

GB: Anatolian Bent-winged Bat
F: Minioptère pâle

ALLGEMEINES

Die größeren und fahleren Langflügelfledermäuse Ostanatoliens wurden lange als Unterart der Langflügelfledermaus angesehen, deren Verbreitung ursprünglich von Westeuropa bis Australien reichte. Mit der Abspaltung nahezu aller zuvor beschrieben Unterarten aus Asien und Australien von den europäischen Langflügelfledermäusen wurde auch die Steppen-Langflügelfledermaus genauer untersucht [1, 4-8, 10]. Als schließlich gezeigt werden konnte, dass *M. schreibersii* und *M. pallidus* gemeinsam vorkommen, genetisch aber deutlich getrennt sind, wurde letztere als Art abgegrenzt [3].

KENNZEICHEN

Der Langflügelfledermaus sehr ähnliche Art, aber etwas größer. Insgesamt etwas fahler gefärbt als die dunklere Langflügelfledermaus, der Rücken ist grau, die Unterseite wenig heller gefärbt. Gesicht und Ohren adulter Tiere sind weniger pigmentiert und daher heller. Die Männchen haben v.a. im Herbst eine zum restlichen Fell deutlich kontrastierende Braunfärbung (rostbraun bis orangebraun) auf dem Kopf, hinter den Ohren, im Nacken und bis auf die Kehle. Weibchen sind tendenziell etwas größer als die Männchen.

Bild 547. Steppenlangflügelfledermäuse sind etwas größer und vor allem fahler gefärbt als die Langflügelfledermaus und bei den adulten Männchen kontrastiert die Kopffärbung zum Rückenfell. Foto: C. DIETZ

Maße

Unterarm	45,1–48,6 mm
Fünfter Finger	52–56 mm
Dritter Finger	83–88 mm
Normalgewicht	13–16 g

Ähnliche Arten

Sehr ähnlich zu *M. schreibersii*. Männchen sind zur Paarungszeit anhand ihrer Nacken- und Kopffärbung gut zu erkennen. Ansonsten sind Messreihen von mindestens 20 Tieren hilfreich, die Unterarmlänge von *M. pallidus* liegt bei 47,2 +/- 0,7 mm während sie bei *M. schreibersii* bei 45,5 +/- 0,8 mm beträgt [3].

ORTUNGSLAUTE

Bestfrequenzen von 46,4 – 49,5 kHz bei Lautlängen von bis zu 6 ms, vermutlich im freien Luftraum wesentlich längere Ortungslaute.

VERBREITUNG

Hochland und Steppengebiete Inneranatoliens, östliche Mittelmeerküste der Türkei, östlicher Transkaukasus (Armenien, Aserbaidschan), Iran und Teile Jordaniens. Insgesamt v.a. im östlichen Bereich erst ungenügend bekannt, vermutlich auch in Syrien und bis ins östliche Afghanistan.

LEBENSRAUM

V.a. semiaride Steppengebiete, aber auch mediterrane Lebensräume. Im Gegensatz zu *M. schreibersii* weniger auf laubwaldähnliche Lebensräume angewiesen.

Quartiere

Es werden nahezu ausschließlich Höhlen und andere größere unterirdische Hohlräume als Quartier genutzt.

VERHALTEN UND FORTPFLANZUNG

Gemischte Kolonien mit anderen Höhlenfledermäusen die aus Dutzenden bis Hunderten Steppen-Langflügelfledermäusen bestehen. Im Herbst Paarungsgruppen in Höhlen.

Bild 548. Kleiner Cluster der Steppen-Langflügelfledermaus. Die Verfärbungen an der Höhlendecke zeigen, dass es ein langjähriger Koloniehangplatz ist. Foto: C. Dietz

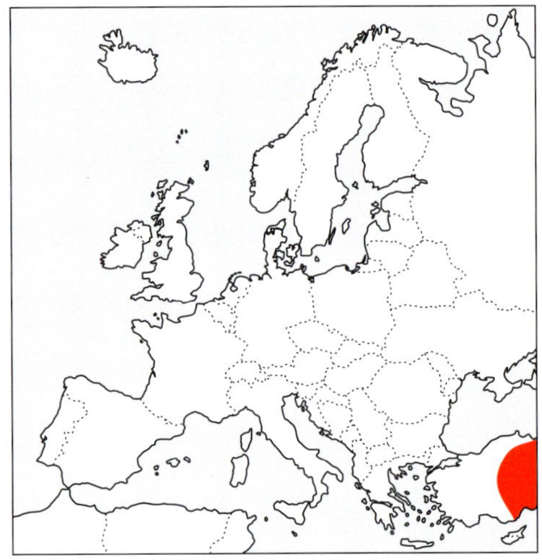

NAHRUNGSERWERB UND NAHRUNG

Schneller und wendiger Flug im offenen Luftraum aber auch nahe über der Steppe. Die Nahrung besteht v.a. aus Nachtfaltern. Die Raumnutzung ist nicht bekannt, vermutlich werden wie bei der Langflügelfledermaus großräumige Jagdgebiete aufgesucht.

GEFÄHRDUNG

Derzeit nicht bekannt, von der IUCN noch nicht bewertet.

OFFENE FRAGEN

- Wie überwintern Steppen-Langflügelfledermäuse?
- Werden Saisonwanderungen ausgeführt?
- Welche Isolationsmechanismen wirken bei gemischten Kolonien beider *Miniopterus*-Arten?

Bild 549. Da eine sichere Bestimmung nur in der Hand erfolgen kann ist für eine Erfassung der Verbreitung der Abfang von Tieren erforderlich, hier aus einem gemischten Cluster mit Mausohren. Foto: C. Dietz

SPEZIELLE LITERATUR

1. Albayrak, I. & S. Coşkun (2000): Geographic variations and taxonomic status of *Miniopterus schreibersii* (Kuhl, 1819) in Turkey (Chiroptera: Vespertilionidae). – Turkish J. Zool. 24: 125-133.
2. Benda, P., R. K. Lucan, J. Obuch, A. Reiter, M. Andreas, P. Backor, T. Bohenstengel, E. K. Eid, M. Sevcik, P. Vallo & Z. A. Amr (2010): Bats of the Eastern Mediterranean and Middle East. Part 8. Bats of Jordan: fauna, ecology, echolocation, ectoparasites. – Acta Soc. Zool. Bohem. 74: 185-353.
3. Bilgin, R., K. Gürün, Ö. Maraci, A. Furman, P. Hulva, E. Coraman, R. K. Lucan, T. Bartonicka & I. Horacek (2012): Syntopic ocurrence in Turkey supports separate species status for *Miniopterus schreibersii schreibersii* and *M. schreibersii pallidus*. – Acta Chiropterologica 14: 279-289.
4. Bilgin, R., A. Karatas, E. Coraman, T. Disotell & J. C. Morales (2008): Regionally and climatically restricted patterns of distribution of genetic diversity in a migratory bat species, *Miniopterus schreibersii*. – BMC Evolutionary Biology 8: 209: 1-14.
5. Bilgin, R., A. Karata□, E. Çoraman, I. Pandurski, E. Papadatou & J. C. Morales (2006): Molecular taxonomy and phylogeography of *Miniopterus schreibersii* (Chiroptera: Vespertilionidae), in the Eurasian transition. – Biol. J. Linn. Soc. 87: 577-582.
6. Furman, A., T. Öztunc & E. Coraman (2010): On the phylogeny of *Miniopterus schreibersii schreibersii* and *Miniopterus schreibersii pallidus* from Asia Minor in reference to other *Miniopterus taxa*. – Acta Chiropterologica 12: 61-72.
7. Furman, A., T. Öztunc, T. Postawa & E. Coraman (2010): Shallow genetic differentiation in Miniopterus schreibersii indicates a relatively recent re-colonization of Europe from a single glacial refugium. – Acta Chiropterologica 12: 51-59.
8. Furman, A., T. Postawa, T. Öztunc & E. Coraman (2010): Cryptic diversity of the bent-winged bat, *Miniopterus schreibersii*, in Asia Minor. – BMC Evolutionary Biology 10: 121: 1-12.
9. Sharifi, M. & S. Vaissi (2013): Postnatal growth in the long-fingered bat, *Miniopterus schreibersii pallidus*, in Iran. – Zoology in the Middle East 59: 1-5.
10. Sramek, J., V. Gvozdik & P. Benda (2013): Hidden diversity in bent-winged bats of the Western Palaearctic and adjacents regions: implications for taxonomy. – Zoological Journal of the Linnean Society 167: 165-190.

Nordafrikanische Langflügelfledermaus

Miniopterus maghrebensis

PUECHMAILLE, ALLEGRINI, BENDA, BILGIN, IBAÑEZ & JUSTE, 2014

NAMEN

GB: Maghrebian Bent-winged Bat
F: Minioptère du Maghreb

ALLGEMEINES

Im Zuge einer kompletten taxonomischen Überarbeitung der westpaläarktischen Langflügelfledermäuse konnten die südlich der mediterranen Küstenbereiche Nordwestafrikas vorkommenden Langflügelfledermäuse nach morphologischen und vor allem genetischen Merkmalen abgetrennt werden [2]. Da sie in einem schmalen Band sympatrisch mit der Langflügelfledermaus vorkommen ist ein eigener Artstatus gerechtfertigt [1].

KENNZEICHEN

Der Langflügelfledermaus sehr ähnliche Art, im Durchschnitt minimal kleiner als die Langflügelfledermaus, die Maße überlappen aber weitestgehend. Insgesamt etwas fahler gefärbt als die dunklere Langflügelfledermaus, der Rücken ist braun bis braungrau, die Unterseite wenig heller gefärbt. Gesicht und Ohren adulter Tiere sind weniger pigmentiert und daher heller als die der Langflügelfledermaus, insbesondere der Tragus und die unteren Ohrbereiche sind nahezu unpigmentiert.

Bild 550. Die Nordafrikanische Langflügelfledermaus ist der europäischen Zwillingsart sehr ähnlich, aber etwas heller gefärbt. Foto: C. DIETZ

Ähnliche Arten

Sehr ähnlich zu *M. schreibersii*. Die Tiere sind fahler gefärbt. Sicher Bestimmungsmerkmale finden sich am Schädel und in mitochondriellen Genabschnitten und Mikrosatelliten.

Maße	
Unterarm	44,1–46,8 mm
Fünfter Finger	50–54 mm
Dritter Finger	80–85 mm
Normalgewicht	11–14 g

ORTUNGSLAUTE

Bestfrequenzen von 51-55 kHz bei Lautlängen von bis zu 6 ms, vermutlich im freien Luftraum wesentlich längere Ortungslaute.

VERBREITUNG

In Marokko vom Norden bis südlich des Hohen Atlas und damit an die Randbereiche der Sahara. Dabei wird der mediterrane Küstensaum nicht besiedelt, hier kommt die Langflügelfledermaus vor. Ähnlich gestaltet sich die Verbreitung in Algerien und Tunesien, in beiden Ländern bis an die Sahara vorkommend.

LEBENSRAUM

Vor allem Halbwüstenbereiche und Oasen am Rand der Wüste. Im Norden der Verbreitung z.B. in Marokko werden aber auch savannenartige Lebensräume besiedelt, hier kommt die Art gemeinsam mit der Langflügelfledermaus vor. Im Gegensatz zu *M. schreibersii* weniger auf laubwaldähnliche Lebensräume angewiesen und damit stärker an Halbwüsten angepasst.

Quartiere

Es werden nahezu ausschließlich Höhlen als Quartier genutzt.

VERHALTEN UND FORTPFLANZUNG

Gemischte Kolonien mit anderen Höhlenfledermäusen (Punisches Mausohr, Hufeisennasen) die aus Dutzenden bis

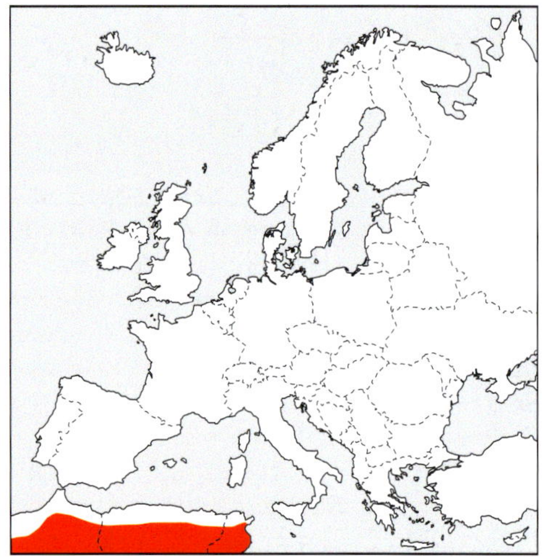

Bild 551. Im Portrait der Nordafrikanischen Langflügelfledermaus ist der unpigmentierte Tragus gut zu erkennen. Foto: C. DIETZ

vielen Hundert Nordafrikanischen Langflügelfledermäusen bestehen.

NAHRUNGSERWERB UND NAHRUNG

Schneller und wendiger Flug im offenen Luftraum, teilweise über Oasen und an gewässerbegleitender Vegetation, aber auch über der Halbwüste und vor Felswänden. Die Nahrung von im Mai gefangenen Tieren bestand v.a. aus Nachtfaltern (eigene Daten). Die Raumnutzung ist nicht bekannt, vermutlich werden wie bei der Langflügelfledermaus großräumige Jagdgebiete aufgesucht.

GEFÄHRDUNG

Derzeit nicht bekannt, von der IUCN noch nicht bewertet.

OFFENE FRAGEN

- Halten Nordafrikanische Langflügelfledermäuse Winterschlaf?
- Werden Saisonwanderungen ausgeführt?
- Welche Isolationsmechanismen wirken bei gemischten Kolonien beider Miniopterus-Arten?

SPEZIELLE LITERATUR

1. PUECHMAILLE, S.J., B. ALLEGRINI, P. BENDA, K. GÜRÜN, J. ŠRÁMEK, C. IBAÑEZ, J. JUSTE & R. BILGIN (2014): A new species of the *Miniopterus schreibersii* species complex from the Maghreb region, North Africa. – Zootaxa 3794: 108-124.
2. ŠRÁMEK, J., V. GVOZDIK & P. BENDA (2013): Hidden diversity in bent-winged bats of the Western Palaearctic and adjacents regions: implications for taxonomy. – Zoological Journal of the Linnean Society 167: 165-190.

Bild 552. Jagdlebensraum der Nordafrikanischen Langflügelfledermaus unweit der Typuslokalität im Osten Marokkos. Foto: C. DIETZ

Bulldoggfledermäuse
Molossidae

Kleine bis große insektivore Fledermäuse. Charakteristisch sind sehr lange schmale Flügel und ein Schwanz, dessen größter Teil aus der schmalen Schwanzflughaut hervorsteht. Die Füße sind mit langen borstenartigen Haaren besetzt. Die Lippen sind faltig und können weit gedehnt werden. Die meisten Arten sind Jäger im offenen Luftraum. Die Schädelmorphologie spiegelt die vorherrschende Nahrung wider: Arten, die große hartschalige Käfer erbeuten, weisen massive muskelbepackte Schädel auf, Jäger zarter Schmetterlinge haben wesentlich leichter gebaute Schädel. Bei etlichen Arten stehen die Ohren waagrecht, was möglicherweise das Krabbeln in engen Spaltenquartieren erleichtert, andererseits für zusätzlichen Auftrieb für den relativ schweren Kopf sorgt [16].

Weltweit 16 Gattungen mit 100 Arten in den Tropen und Subtropen der Alten und Neuen Welt. Im Bearbeitungsgebiet nur eine Gattung und Art *Tadarida teniotis*. Neun weitere Arten der Gattung kommen in Afrika, Asien, Australien, Nord- und Südamerika vor.

Europäische Bulldoggfledermaus
Tadarida teniotis (Rafinesque, 1814)

NAMEN

GB: European Free-tailed Bat
F: Molosse de Cestoni
E: Murciélago rabudo
I: Molosso del Cestoni
NL: Bulvleermuis
S: Veckläppad fladdermus
PL: Molos europejski

KENNZEICHEN

Eine große und robuste Fledermaus mit großen Ohren und sehr langen Flügeln. Das Fell ist kurz mit dünnen Haaren, sehr dicht und maulwurfsartig ohne Strich. Die Fellfärbung ist schwarzgrau, hell silbergrau, oder graubraun, die Unterseite ist nur unwesentlich heller als die Oberseite. Entgegen früheren Ansichten kommen in Europa sowohl warm braun gefärbte als auch die für den Nahen Osten oder Nordafrika typischen grauen Tiere vor. Hautpartien graubraun. Die großen abgerundeten Ohren berühren sich an der Basis und überragen die Schnauze. Aktive Tiere stellen die Ohren nahezu senkrecht, beim Hineinkrabbeln in Spalten werden sie waagrecht gestellt. Die Augen sind groß und die Oberlippe weist meist fünf Falten auf und ist sehr dehnbar. Der Schwanz ragt etwa zur Hälfte frei aus der schmalen Schwanzflughaut und ist am

Bild 553. Durch die faltigen Lippen, die großen eiförmigen Ohren und den freien Schwanz unterscheiden sich Bulldoggfledermäuse eindeutig von allen anderen europäischen Fledermaus-Arten. Foto: D. Nill

Maße

Unterarm	54,7–69,9 mm
Fünfter Finger	55–60 mm
Dritter Finger	102–115 mm
Normalgewicht	20–30 g
CBL	21,9–23,6 mm
CM^3	8,3–8,8 mm

Ende mit vielen Borsten versehen. Er erfüllt eine Tastfunktion beim rückwärts gerichteten Kriechen in Spalten. Typischer Geruch nach Maggi oder Fenchel.

Ähnliche Arten

Im Bearbeitungsgebiet unverwechselbar, am Nordrand der Sahara kommt die kleinere *T. aegyptiaca* vor: Unterarmlänge meist < 55 mm und nur zwei untere Schneidezähne (drei bei *T. teniotis*).

ORTUNGSLAUTE

Bis zu 27 ms lange, im freien Luftraum nahezu frequenzkonstante Laute. Die Hauptenergie liegt bei 10–14 kHz und damit im für den Menschen hörbaren Bereich. Es treten zwei Ruftypen mit unterschiedlichen Endfrequenzen von 9–11 bzw. 13–15 kHz auf [8, 15]. Die Rufabstände liegen meist zwischen 450 und 550 ms, aber auch bei bis zu 900 ms.

VERBREITUNG

Von den Kanaren (La Palma, La Gomera, Teneriffa und El Hierro) [6] und Madeira über den gesamten Mittelmeerraum, Kleinasien, Kaukasus und den Nahen Osten bis Indien, das südliche China und Indonesien verbreitet. In Europa im Norden bis Südfrankreich, die südliche Schweiz, Kroatien, Bosnien-Herzegowina, Serbien und Bulgarien. Einzeltiere auch weiter nördlich bis in die Nordschweiz, Süddeutschland (1992 in Stuttgart, 2007 Seewiesen und 2014 Landshut) und die Kanalinsel Jersey. In Nordafrika bis an den Nordrand der Sahara; auf der Arabischen Halbinsel im Süden fehlend.

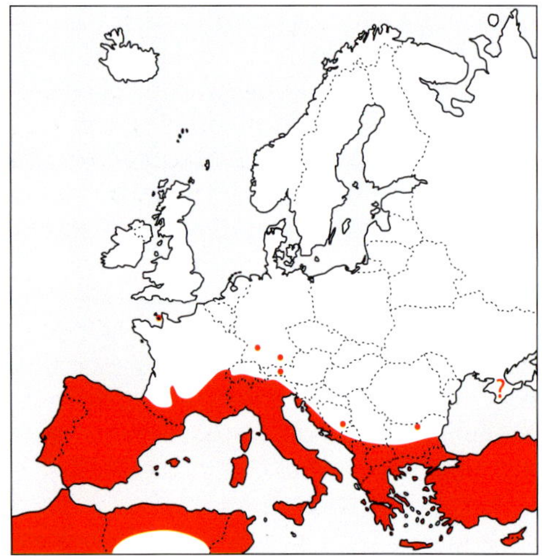

Bild 554. Quartiere der Bulldoggfledermaus liegen in engen Spalten hoch aufragender Felswände. Im Quartier werden die Ohren waagrecht zur Seite gelegt. Foto: D. NILL

Unterarten und geographische Variabilität

Die europäischen Populationen werden zu *T. t. teniotis* gerechnet, diejenigen Nordafrikas und des Nahen Ostens zu *T. t. rueppellii*, eine Unterart die kaum von *teniotis* unterscheidbar ist und vermutlich mit der Nominatform synonym ist [11, allg. Lit. 55]. Mehrere fernöstliche Unterarten werden mittlerweile als eigene Arten angesehen, wie *T. insignis* und *T. latouchei*.

LEBENSRAUM

In mediterranen Gebieten in allen Höhenlagen vom Meeresspiegel bis weit über 2000 m Höhe. Meist in gebirgigen Landschaften oder an Küsten, die geeignete Quartiere bieten. Jagdgebiete vor allem über Wald, Plantagen oder Olivenhainen [13], aber auch über Gewässern, Städten und Kulturlandschaft. In Halbwüsten oft entlang von Gewässern und über Oasen.

Quartiere

Typischer Felsspaltenbewohner. Meist in hohen unzugänglichen Felswänden in Gebirgen, Schluchten oder Steilküsten in schmalen, etwas über daumenbreiten Spalten in 20–40 Metern über Grund, die einen freien Abflug erlauben. Oft auch in vertikalen Spalten. Auch in Spalten hoher Höhlendecken, Dehnungsfugen hoher Brücken und Fassadenspalten hoher Gebäude (Wassertürme, Kirchen, Hochhäuser). In Einzelfällen auch in Anrissen freistehender hoher Bäume.

VERHALTEN

Wochenstuben umfassen 5–50 Tiere, in Einzelfällen bis zu 400 Tiere [8]. Außerhalb der Fortpflanzungszeit gemischte Kolonien, zur Wochenstubenzeit hängen Männchen meist einzeln. In der Regel werden keine Cluster gebildet, die Tiere hängen einzeln oder nebeneinander in den Spalten. An der Nordgrenze der Verbreitung in der Schweiz dauern Winterschlaf-Phasen nur wenige bis zu acht Tage, die Körpertemperatur wird auf minimal 7,5 °C abgesenkt. Sinkt die Umgebungstemperatur unter 7,5 °C, heizen sich die Tiere auf. Bulldoggfledermäuse fliegen auch bei niedrigen Temperaturen aus [4]. In der Morgen- und Abenddämmerung können sich die Tiere optisch orientieren und verzichten auf die Echoortung [2].

FORTPFLANZUNG

Weibchen sind nach einem Jahr geschlechtsreif, nur ein Junges pro Wurf, das 6–7 Wochen gesäugt wird. Die Hauptgeburtsperiode liegt von Ende Juni bis Anfang Juli, es treten aber auch Geburten bis Ende August auf. Entsprechend können laktierende Weibchen noch im Oktober gefangen werden. Balz und Paarung erfolgen im Herbst und im April, es ist unklar, ob wie bei anderen europäischen Arten eine verzögerte Befruchtung oder Einnistung stattfindet. Es wurden Harems aus einem Männchen und bis zu neun Weibchen beobachtet, das Männchen „singt" auffällig, vor allem in den Abendstunden, und verhält sich zur Paarungszeit aggressiv gegen andere Männchen.

NAHRUNGSERWERB

Der Quartierausflug erfolgt in der späten Dämmerung. Ein sehr kräftiger und schneller Flieger, der mindestens 65 km/h erreichen kann und im freien Luftraum in Höhen von 10–300 Metern über einem sehr breiten Habitatspektrum in geradlinigem Flug jagt. Neben naturnahen Gebieten

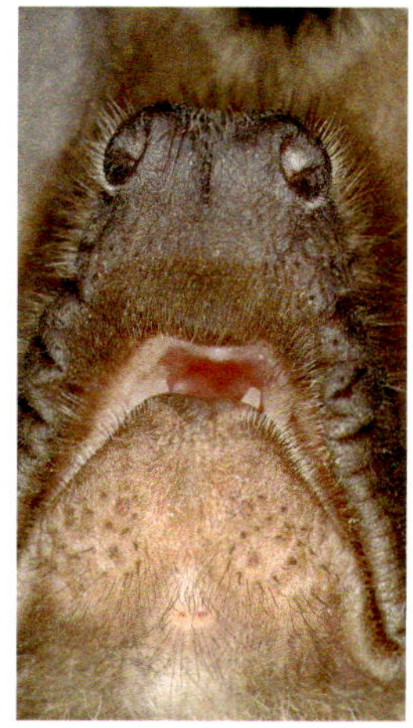

Bild 555. Maul und Schnauze der Bulldoggfledermäuse unterscheiden sich deutlich von anderen Arten. Foto: C. Dietz

Bild 556. Bulldoggfledermäuse haben große Augen und eine dehnbare faltige Oberlippe. Foto: C. Dietz

Bild 557. Bulldoggfledermäuse gehören zu den schnellsten Fliegern unter den Fledermäusen und legen jede Nacht Entfernungen von bis zu 200 km zurück. Foto: R. VERLINDE

werden auch Großstädte aufgesucht, die Jagd kann um Hochhäuser und frei stehende Straßenlampen stattfinden. Bei hohen Insektendichten können bis zu 25 Tiere an den gleichen Stellen jagen. Wenn mehrere Tiere zusammen jagen, nutzen sie einen von zwei möglichen Ruftypen. Ob es sich dabei jedoch um eine individuelle Kennung zur Vermeidung von Echoüberlappungen handelt [15], ist unklar. Die niedrigen Echoortungsfrequenzen stellen eine Anpassung an den Lebensraum (niedrigfrequenter Schall trägt weiter) und vermutlich an die Beute dar (Frequenzen liegen unter dem Hörbereich der Tympanalorgane von Nachtfaltern und Netzflüglern) [14]. Durch die weit reichende Echoortung und die hohe Fluggeschwindigkeit kann ein sehr großes Luftvolumen nach Beute abgesucht werden.

NAHRUNG

Die Nahrung besteht nahezu ausschließlich aus fliegenden Insekten, 65–90% der Beute machen Nachtfalter aus [14], dabei werden auch sehr große Falter, wie Schwärmer, gefangen. Zweiflügler spielen saisonal eine Rolle als Beute, andere Beutegruppen sind Käfer, Netzflügler und Hautflügler.

HÖCHSTALTER

Mindestens 13 Jahre [7].

ORTSWECHSEL UND WANDERUNGEN

Entgegen älteren Angaben quartiertreu und stationär, markierte Tiere in Spanien und der Schweiz wurden ganzjährig am Quartier gefunden [8].

Raumnutzung

Quartiere werden bis in Entfernungen von über 30 km gewechselt [4]. Die Jagdgebiete sind über 100 ha groß und liegen im Sommer bis zu 100 km und im Winter bis zu 20 km vom Quartier entfernt (2, 13).

GEFÄHRDUNG

Rote Liste der IUCN 2008: LC (Least Concern), FFH-Anhang IV. In manchen Mittelmeerländern lokal häufig. Auf Madeira nur Einzelnachweise.

SCHUTZMASSNAHMEN

Verzicht auf großflächige Landwirtschaft und Pestizideinsatz. Schutz der Koloniefelsen vor Abbau durch Steinbrüche, Erhalt der Gebäudekolonien.

OFFENE FRAGEN

– Sind wirklich alle Populationen ortstreu oder finden teilweise Wanderungen statt?

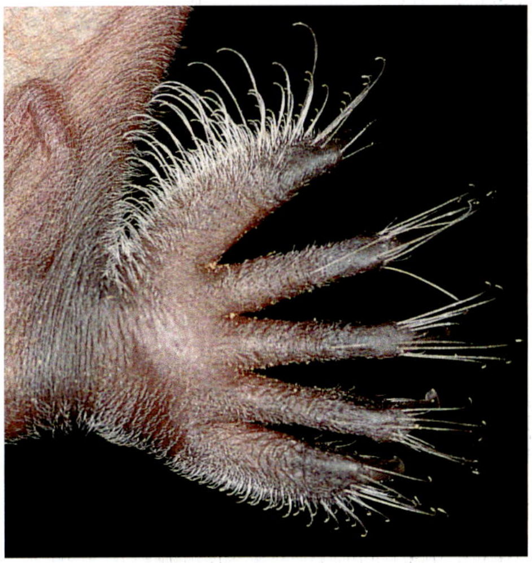

Bild 558. Die Bulldoggfledermaus hat wie viele andere Arten der Familie Molossidae kräftige Borsten an den Füßen, die als Putzkamm dienen. Foto: C. Dietz

- Findet eine Reproduktion an der nördlichen Verbreitungsgrenze statt?
- Welche Rolle spielt die dehnbare Oberlippe und wie ist das Maul beim ungestörten Jagdflug geformt?
- Welche Rolle spielt die Form und Ausrichtung der Ohrmuschel bei der Echoortung?

SPEZIELLE LITERATUR

1. Aellen, V. (1966): Notes sur *Tadarida teniotis* (Mammalia, Chiroptera) – I. Systematique, paléontologie et peuplement, répartition géographique. – Rev. Suisse Zool. **73**: 119–159.
2. Arlettaz, R. (1990): Contribution à l'éco-éthologie du Molosse de Cestoni, *Tadarida teniotis*, dans les Alpes valaisannes (sud-ouest de la Suisse). – Z. Säugetierk. **55**: 28–42.
3. Arlettaz, R. (1993): *Tadarida teniotis* tail. – Myotis **31**: 155–162.
4. Arlettaz, R., C. Ruchet, J. Aeschimann, E. Brun, M. Genoud & P. Vogel (2000): Physiological traits affecting the distribution and wintering strategy of the bat *Tadarida teniotis*. – Ecology **81**: 1004–1014.
5. Červený, J. & B. Kryštufek (1988): A contribution to the knowledge of the bats of Central and Southern Dalmatia, Yugoslavia (Chiroptera, Mammalia). – Biol. Vestn. **36**: 17–30.
6. Hutterer, R. (1989): Distribution of *Tadarida teniotis* in the Canary Islands. – Myotis **27**: 157–160.
7. Ibáñez, C. & J. L. Perez-Jorda (1998): Longevity in the European free-tailed bat *(Tadarida teniotis)*. – J. Zool. **245**: 213–214.
8. Ibáñez, C. & J. L. Perez-Jorda (2004): *Tadarida teniotis* – Europäische Bulldoggfledermaus. – In: F. Krapp (Hrsg.): HB Säugetiere Europas **4-II**: 1125–1143; Aula Verlag.
9. Kalpakis, S., E. Papadatou & O. von Helversen (2005): Balcony of an urban building: an unintended trap for free-tailed bats *(Tadarida teniotis)* in the city of Thessaloniki. – Nyctalus (N.F.) **10**: 79–81.
10. Kock, D. (1977): Körper-Vibrissen bei Bulldogg-Fledermäusen, eine Anpassung an das Tagesquartier. – Natur und Museum **107**: 274–279.
11. Kock, D. (1987): *Tadarida teniotis*: Zweiter Nachweis für Marokko, w-paläarktische Arealgrenzen und taxonomische Anmerkung (Chiroptera: Molossidae). – Z. Säugetierk. **52**: 194–196.
12. Paolillo, G. (1992): A colony of European free-tailed bat *(Tadarida teniotis)* discovered in Calabria. – Hystrix (n.s.) **4**: 73–74.
13. Rainho, A., T. Marques, M. Carapuco, P. Oliveira & J. M. Palmeirim (2002): Foraging paterns of the European free-tailed bat *Tadarida teniotis* studied by radio-tracking. – Bat Research News **43**: 104.
14. Rydell, J. & R. Arlettaz (1994): Low-frequency echolocation enables the bat *Tadarida teniotis* to feed on tympanate insects. – Proc. R. Soc. Lond. B **257**: 175–178.
15. Ulanovsky, N., M. B. Fenton, A. Tsoar & C. Korine (2004): Dynamics of jamming avoidance in echolocating bats. – Proc. R. Soc. Lond. B **271**: 1467–1475.
16. Vaughan, T. A. (1966): Morphology and flight characteristics of molossid bats. – J. Mammal. **47**: 249–260.
17. Zbinden, K. & P. E. Zingg (1986): Search and hunting signals of echolocating European free-tailed bats, *Tadarida teniotis*, in southern Switzerland. – Mammalia **50**: 9–25.

Bild 559. Eine braun gefärbte Bulldoggfledermaus aus Marokko. Foto: C. Dietz

Seite 392/393:
Bild 560. Alpenlangohr *(Plecotus macrobullaris)* beim Durchfliegen eines Fensters. Foto: D. Nill,

Zu diesem Buch

Die ersten Ideen zu diesem Buch gehen auf das Jahr 1999 zurück, aber erst ab 2004 haben wir das Projekt systematisch in Angriff genommen. Damals nahmen wir uns vor alle europäischen und nordafrikanischen Arten darzustellen. Mit der Entdeckung neuer Arten durch die Anwendung molekulargenetischer Methoden stieg die Artenzahl jedoch beinahe schneller an, als wir die Arten abarbeiten konnten. Wir hatten schließlich den Anspruch auch die neuen Arten mit ihren Merkmalen, ihren Maßen, ihrer Verbreitung und mit möglichst natürlichen Fotos darzustellen. Gerade für die neuen Arten war zunächst oft weder klar wo es sie überhaupt gibt oder wie man sie in der Hand überhaupt erkennt und ökologische Parameter waren gänzlich unbekannt. Dass es bis zum Jahr 2007 dann überhaupt geklappt hat 51 Arten in der ersten Ausgabe des Buches darzustellen, verdanken wir der unglaublichen Hilfsbereitschaft zahlreicher Kollegen im In- und vor allem auch im Ausland. Fledermausforscher aus fast allen europäischen Ländern haben bereitwillig ihre neuesten

▾ Bild 561. Zur Verfeinerung von Verbreitungsdaten wurden viele Quartiere auf ihren Status geprüft, hier im Jahr 2003 eine Brücke mit Abendseglern in Griechenland. Von links: Torsten Pröhl und Christian Dietz. Foto: I. Dietz

▴▴ Bild 562. Bei zahlreichen Exkursionen wurden Fledermäuse gefangen, vermessen, DNA-Proben genommen und die Tiere fotografiert. Meist wurde direkt an vielversprechenden Netzfangstellen gecampt, hier in einem Bachbett in Griechenland im Jahr 2002. Von links Dietmar Nill, Klaus Echle, Dagmar von Helversen (†) und Otto von Helversen (†). Foto: C. Dietz

▴ Bild 563. Von den wenig bekannten Arten wurden möglichst viele Tiere gefangen um Messwerte aufnehmen und die Variationsbreite erfassen zu können. Hier vermessen Domingo Trujillo und Christian Dietz im Jahr 2012 gefangene Fledermäuse am Teide auf Teneriffa, Isabel Dietz macht von den freigelassenen Tieren Lautaufnahmen. Foto: R. Barone.

◂ Bild 564. Bestimmungsmerkmale von den neu entdeckten Arten eindeutig festzulegen erwies sich teilweise als sehr schwierig, da nur wenige Individuen gefangen werden konnten. Hier diskutiert Otto von Helversen (†) mit Eleni Papadatou im Jahr 2002 mögliche Merkmale des Balkan-Langohrs. Foto: C. Dietz

▾◂ Bild 565. Fotos und Filmaufnahmen von Fledermäusen erfolgten teilweise in Haltung oder mit Flugkanälen. Manche Tiere wurden dressiert um bestimmte Verhaltensweisen zeigen zu können. Von links: Karlheinz Baumann und Dietmar Nill im Jahr 2009 in Bulgarien. Foto: C. Dietz

▾ Bild 566. Manche Arten sind trotz großen Aufwands bis heute nicht vollständig verstanden. An dieser Brücke in Bulgarien wurden von Christian Dietz in den Jahren 2000-2015, hier im Jahr 2012, insgesamt über 100 Bartfledermäuse gefangen, beringt, Messwerte erhoben und DNA-Proben gesammelt. Dennoch ist noch nicht klar, ob die dortige Population der Steppen-Bartfledermaus oder der Bartfledermaus angehört. Foto: I. Dietz

Erkenntnisse mitgeteilt, uns geholfen seltene Arten zu finden und zu fangen oder geholfen die erforderlichen Genehmigungen zu bekommen

Bereits während der Drucklegung der ersten Ausgabe wurden weitere Arten beschrieben, so dass das Buch bei seinem Erscheinen bereits in Teilen überholt war. Mit dieser zweiten Auflage, die auf Wunsch des Verlages im bestehenden Layout möglichst „minimalinvasiv" zu erfolgen hatte, wird versucht zumindest die wichtigsten Lücken zu schließen: die vier neu entdeckten Arten Iberische Fransenfledermaus, Hanaks Zwergfledermaus, Steppen-Langflügelfledermaus und die Nordafrikanische Langflügelfledermaus wurden in den Bestimmungsschlüsseln und in den Artkapiteln ergänzt. In den allgemeinen Kapiteln wurden Fehler korrigiert und einige Grafiken neu erstellt. In den Artkapiteln wurden ebenfalls Fehler korrigiert, neue Artnamen übernommen, an einigen Stellen aktuelle Erkenntnisse ergänzt und die Verbreitungskarten ausgetauscht. Die größten Änderungen betreffen die Fotos, hier wurden viele der ehemals als Dias erstellten Abbildungen durch Digitalfotos ersetzt.

Glossar

Akustische Fovea: Wenn ein überproportionaler Anteil des Gehörsystems auf einen spezifischen Frequenzbereich ausgerichtet ist, der um bei der Echoortung vorrangig genutzte Frequenzen angeordnet ist. Hufeisennasen sind durch sie in der Lage, selbst kleinste Frequenzänderungen (glints) zu analysieren.

Allopatrische Verbreitung: Zwei oder mehr verwandte Arten, deren geographische Verbreitung sich nicht überlappt, d.h. sie kommen nirgends gemeinsam vor.

Anhang II der FFH-Richtlinie: S. FFH.

Anhang IV der FFH-Richtlinie: S. FFH.

Antitragus: Hautfalte am unteren Ohrrand bei Fledermäusen.

Aspect ratio = Flügelstreckung: Ein abgeleiteter Wert zur Beschreibung der Flügelform, der sich aus der quadrierten Flügelspanne dividiert durch die Flügelfläche ergibt.

Baculum: Kleine Verknöcherung an der Spitze des Schwellkörpers im Penis der Fledermäuse = Penisknochen.

Bat-Detektor: Ein Gerät, um Ultraschalllaute für das menschliche Gehör hörbar zu machen.

Buccaldrüse: Auffälliges Drüsenpolster innen an den Wangen bzw. im Mundwinkel der Fledermäuse.

Calcar = Sporn: Eine lange und dünne Knorpelspange am Fuß der Fledermaus, die den Rand der Schwanzflughaut abstützt.

Caninus (C): Eckzahn. S. auch Zahnformel.

CBL = Condylobasallänge: Länge des Schädels von der Vorderkante des Eckzahnes bis zum Hinterhauptshöcker.

Cf: Abkürzung für constant-frequency. S. frequenzkonstant.

Cingulum: Umlaufende Zahnschmelzfalte an der Zahnbasis, diese kann zu einem Höcker ausgezogen sein.

Cluster: Zusammenballung von Fledermäusen im Quartier zu einem dichten Klumpen.

Clutter: S. Echoclutter.

CM3 = obere Zahnreihenlänge: Länge von der Vorderkante des oberen Eckzahnes (C^1) bis an die Hinterkante des letzten oberen Backenzahnes (M3).

Cochlea: Schneckenförmige Struktur im Innenohr der Säugetiere, die auf die Schallerkennung und -Unterscheidung verschiedener Frequenzen spezialisiert ist.

Data Deficient (DD): Kategorie der IUCN: ungenügende Datenlage zur Beurteilung einer möglichen Gefährdung.

Doppler-Shift: Eine Verschiebung in der Schall-Frequenz aufgrund der Bewegung der Schallquelle in Relation zum Schallempfänger.

Duty cycle = Tastrate: Anteil der Zeit, die für die Aussendung von Schall verwendet wird.

Echoortung: Orientierung und Navigation in der Umwelt und Detektion von Beute durch Interpretation von Echos zuvor ausgesandter Laute.

Echoclutter = Echorauschen: Vielzahl von

Echos vom Hintergrund (z.B. von Blättern, dem Erdboden oder anderen Oberflächen), die das Echo z.B. eines Beutetieres überdecken können.

Endemisch: Eine Art oder Unterart, die natürlicherweise nur in einem bestimmten und begrenzten Gebiet vorkommt.

Epiblema: Schmaler Hautsaum oder Hautlappen am Sporn = Calcar mancher Fledermausarten.

Feeding buzz: Erhöhung der Aussenderate von Echoortungslauten während der Annäherungsphase an die Beute. Nach dem charakteristischen im Bat-Detektor hörbaren „buzz" benannt.

FFH: Abkürzung für die europäische Flora-Fauna-Habitatrichtlinie. Sie hat die Schaffung eines europäischen Schutzgebietssystems (Natura-2000) zum Ziel und enthält Listen ausgewählter Lebensräume und Arten, die geschützt werden sollen. Der Anhang II listet europaweit stark gefährdete Tier- und Pflanzenarten auf, deren Lebensräume zu schützen sind. Im Anhang IV werden streng zu schützende Arten von gemeinschaftlichem Interesse aufgelistet.

Frequenz: Die Zahl der durch Schall ausgelösten Luftvibrationen pro Sekunde, gemessen in Hz (Hertz).

Frequenzkonstant (cf): Eine typische für die Echoortung genutzte Lautstruktur, bei der die Frequenz während der Lautaussendung (weitgehend) konstant bleibt, d.h. es werden reine Töne ausgesandt.

Frequenzmoduliert (fm): Eine typische für die Echoortung genutzte Lautstruktur, bei der sich die Frequenz während der Schallaussendung ändert. Meist beginnt der Laut bei der hohen Frequenz und fällt rasch und kontinuierlich zur niedrigen Frequenz ab.

Frugivor: Fruchtfressend.

Gleaning = Ablesen: Fachbegriff für den Fang stationärer Beutetiere vom Boden, Blättern oder anderen Oberflächen.

Glint = Glanzlicht: Interferenzmuster, das durch die Amplitudenmodulation des Echos entsteht, wenn Schall auf sich rhythmisch bewegende Flächen, z.B. einen Insektenflügel trifft. Glints können von den Hufeisennasen zur Unterscheidung fliegender Beutetiere genutzt werden.

Grundschwingung: Der tiefste natürliche Frequenzanteil eines Lautes.

Habitat: Lebensraum bzw. das standortbedingte Vorkommen eines Lebewesens.

Harmonische: Ganzzahlige Vielfache einer Grundschwingung.

Incisivus (I): Schneidezahn. S. auch Zahnformel.

Insektivor: Insekten fressend.

IUCN: International Union for the Conservation of Nature and Natural Resources = World Conservation Union.

Karnivor: Fleischfressend.

Karyologie: Lehre vom Zellkern und der Chromosomen.

kHz = Kilohertz = 1000 Hz: Zahl der Schwingungen pro Sekunde: Maßeinheit der Frequenz.

Kline: Fließender bzw. kontinuierlicher Übergang.

Kryptische Arten = Zwillingsarten: Ein Artenpaar, das sich morphologisch so stark ähnelt, dass sie bislang nicht als eigenständige Arten erkannt wurden.

Laktation: Die Milchproduktion und das Säugen eines Jungtieres.

Lanzette: Dreieckig zulaufende vertikale Hautausstülpung an der Oberkante des Hufeisens der Hufeisennasen.

Least Concern (LC): Kategorie der IUCN: weit verbreitete und häufige Art.

MCP = minimum-convex-polygon: Konvexe Fläche die alle Punkte, z.B. Aufenthaltspunkte eines besenderten Tieres, umschließt.

Molar (M): Backenzahn. S. auch Zahnformel.

Near Threatened (NT): Kategorie der IUCN: in naher Zukunft ist eine Gefährdung anzunehmen.

Nominatform: Die höherstehende namensgebende systematische Einheit.

Paraconuli: Kleine Schmelzhöcker auf den Molaren bei manchen Fledermausarten.

Philopatrie = Geburtsortstreue: Philopatrische Arten siedeln sich in der Umgebung des Geburtsortes an, Weibchen oft in der Geburtswochenstube.

Prämolar (P): Vorbackenzahn. S. auch Zahnformel.

Schwärmen: 1. Zusammenkunft einer größeren Anzahl von Fledermäusen im Spätsommer und Herbst im Eingangsbereich unterirdischer Winterquartiere. 2. Umkreisen eines Quartiers oder dessen Einganges beim morgendlichen Rückflug nach der Jagd.

Sella = Sattel: über dem Hufeisen der Hufeisennasen stehende vertikale Hautausstülpung.

Sonagramm: Grafische Darstellung von Lauten durch Auftragen der Frequenz und Intensität über die Zeit.

Sporn: S. Calcar.

Sympatrische Verbreitung: Die Verbreitung von zwei oder mehr Arten überlappt sich geographisch, d.h. sie kommen gemeinsam vor.

Synanthropie: Kulturfolge, Ansiedlung im Gefolge einer menschlichen Besiedlung.

Syntopes Vorkommen: Zwei oder mehr Arten, die nicht nur sympatrisch verbreitet sind, sondern auch im gleichen Lebensraum gemeinsam auftreten.

Taxon: Abgegrenzte Gruppe von Lebewesen als Einheit innerhalb der biologischen Systematik.

Telemetrie: Peilung eines Tieres durch das zeitweilige Anbringen eines Radiosenders, um das Verhalten zu studieren.

Torpor = Tageslethargie: Physiologischer Prozess, bei dem durch ein Herunterregulieren der Körpertemperatur Energie gespart wird.

Tragus = Ohrdeckel: Häutige Ausstülpung vor der Ohröffnung vieler Fledermausarten.

Tympanalorgan: Hörorgan der Insekten. Insekten mit einem Hörorgan werden als tympanat bezeichnet.

Ultraschall: Hohe Frequenzen, die über 20 kHz und damit über dem Gehörbereich des Menschen liegen.

Vulnerable (VU): Kategorie der IUCN: hohes Aussterberisiko in freier Wildbahn.

Wing loading = Flügelbelastung: Verhältnis von Körpergewicht zur Flügelfläche. Hat einen großen Einfluss auf das Flugverhalten und die Flugleistung.

Wochenstube: Ort, an dem sich Fledermausweibchen zur Geburt und Aufzucht der Jungen aufhalten.

Zahnformel: Die Zahlen bezeichnen die jeweilige Stellung der vier Zahnarten: Schneidezähne I (Incisivi), Eckzähne C (Canini), Vorbackenzähne P (Prämolaren) und Backenzähne M (Molaren) im Gebiss. Hochgestellte Zahlen bezeichnen Zähne im Oberkiefer, tiefgestellte Zahlen Zähne im Unterkiefer.

Adressen

Organisationen und Verbände für Fledermauskunde und -schutz:

Belgien
Natagora, Plecotus.
www.natagora.be

Bulgarien
Bat Research and Conservation Centre.
www.nmnhs.com/bat-research-and-conservation-centre-en.html

Deutschland
Länderübergreifender Verband
Bundesverband für Fledermauskunde Deutschland.
www.bvfledermaus.de

Meldestellen für Ringfunde
Beringungszentrale Bonn.
https://www.zfmk.de/de/forschung/forschungszentren-und-gruppen/fledermaus-beringungszentrale
Beringungszentrale Dresden.
http://www.umwelt.sachsen.de/umwelt/natur/8484.htm

Baden-Württemberg
Arbeitsgemeinschaft Fledermausschutz Baden-Württemberg.
www.agf-bw.de und www.flederhaus.de

Bayern
Koordinationsstelle für Fledermausschutz.
www.lfu.bayern.de/natur/artenhilfsprogramme_zoologie/fledermaeuse/koordinationsstellen/index.htm

Berlin und Brandenburg
Landesfachausschuss Säugetierkunde Brandenburg-Berlin.
www.lfa-säugetiere.de

Hessen
Arbeitsgemeinschaft Fledermausschutz in Hessen. www.fledermausschutz-suedhessen.de oder www.fledermausschutz-fulda.de

Mecklenburg-Vorpommern
Landesfachausschuss für Fledermausschutz und Forschung in MV.
www.lfa-fledermausschutz-mv.de

Nordrhein-Westfalen
Landesfachausschuss Fledermausschutz NRW. www.fledermausschutz.de

Rheinland-Pfalz
Arbeitskreis Fledermausschutz Rheinland-Pfalz. www.fledermausschutz-rlp.de

Sachsen
Sächsischer Verband für Fledermausforschung und -schutz. www.fledermausverband.de

Sachsen-Anhalt
Arbeitskreis Fledermäuse Sachsen-Anhalt.
www.fledermaus-aksa.de

Schleswig-Holstein
Arbeitsgemeinschaft Fledermausschutz und Fledermausforschung Schleswig-Holstein (AGF) und NABU Landesstelle für Fledermausschutz und -forschung.
www.schleswig-holstein.nabu.de/tiere-und-pflanzen/saeugetiere/fledermaeuse/

Thüringen
Interessengemeinschaft für Fledermausschutz und -forschung Thüringen. www.fmthuer.de

Estland
Eptesicus. www.hot.ee/eptesicus

Finnland
Chiropterological Society of Finland. www.lepakko.fi

Frankreich
Muséum d'Histoire Naturelle à Bourges. www.museum-bourges.net
Le Groupe Chiroptères de la SFEPM. www.sfepm.org/groupeChiropteres.htm

Großbritannien
The Bat Conservation Trust. www.bats.org.uk

International
Eurobats. www.eurobats.org
Bat Conservation International. www.batcon.org

Irland
Bat Conservation Ireland. www.batconservationireland.org

Italien
The Italian Chiroptera Research Group. http://www.pipistrelli.net
Italian Bat Research Group. www.pipistrelli.it

Niederlande
Dutch Bat Working Group. www.vleermuis.net

Norwegen
Norwegian Chiroptera Information Centre (NIFF). www.flaggermus.no
Bat Group of the Norwegian Zoological Society. http://www.zoologi.no/flaggermus/

Österreich
Koordinationsstelle für Fledermausschutz und -forschung. www.fledermausschutz.at

Polen
Salamandra. www.salamandra.org.pl/nietoperze.html

Rumänien
Romanian Bat Protection Association. www.aplr.ro

Russland
The Russian Bat Research Group. www.zmmu.msu.ru/bats

Schweden
Fledermäuse in Schweden. www.chiroptera.se

Schweiz
SSF-Stiftung zum Schutze unserer Fledermäuse in der Schweiz. www.fledermausschutz.ch

Slowakische Republik
Slovak Bat Conservation Group. www.netopiere.sk

Slowenien
Slovenian Association for Bat Research and Conservation. www.sdpvn-drustvo.si

Spanien
Spanish Society for the Study and Conservation of Bats (SECEMU). www.secemu.org

Tschechische Republik
Czech Bat Conservation Trust Society. http://www.ceson.org

Ukraine
Ukrainian Centre for Bat protection. www.kazhan.org.ua

Ungarn
Bats and bat conservation in Hungary. www.hunbat.hu

Bild 567. Blasius-Hufeisennasen beim morgendlichen Rückflug in ihre Quartierhöhle. Foto: C. DIETZ

Allgemeine Literatur

1. ABELENCEV, W. I., I. G. PIDOPLITSCHKO & B. M. POPOV (1956): Fauna Ucraini (Mammalia, Insectivora – Chiroptera), 445 S.; Kiev.
2. AIHARTZA, J. R., U. GOITI, D. ALMENAR & I. GARIN (2003): Evidences of piscivory by *Myotis capaccinii* in Southern Iberian Peninsula. – Acta Chiropterologica **5**: 193–198.
3. ALTRINGHAM, J. (2003): British Bats, 218 S.; The New Naturalist, HarperCollins Publishers, London.
4. ARLETTAZ, R. (1996): Feeding behaviour and foraging strategy of free-living *Myotis myotis* and *Myotis blythii*. – Anim. Behav. **51**: 1–11.
5. ARLETTAZ, R., G. JONES & P.A. RACEY (2001): Effect of acoustic clutter on prey detection by bats. – Nature **414**: 742–745.
6. BATTERSBY, J. (2005): UK Mammals: Species Status and Population trends. First report by the Tracking Mammals Partnership; Peterborough.
7. BAUER, K. (1960): Die Säugetiere des Neusiedlersee-Gebietes (Österreich). – Bonn. Zool. Beitr. **7**: 296–319.
8. BECK, A. (1995): Fecal analyses of European bat species. – Myotis **32–33**: 109–119.
9. BENDA, P. & K. A. TSYTSULINA (2000): Taxonomic revision of *Myotis mystacinus* group in the western Palearctic. – Acta Soc. Zool. Bohem. **64**: 331–398.
10. BENDA, P., M. RUEDI & S. AULAGNIER (2004): New data on the distribution of bats (Chiroptera) in Morocco. – Vespertilio **8**: 13–44.
11. BEZZEL, E. (1993): Kompendium der Vögel Mitteleuropas: Passeres – Singvögel. 766. S.; Aula Verlag, Wiesbaden.
12. BERTHOLD, P. (1990): Vogelzug. Eine kurze aktuelle Gesamtübersicht. 252 S.; Wissenschaftliche Buchgesellschaft, Darmstadt.
13. BOETTGER, C. R. (1962): Schalen juveniler Wurmschnecken (Fam. Vermetidae) in einer Höhle der Insel Kreta. – Arch. Moll. **91**: 57–59.
14. BOETTGER, C. R. (1963): Die als Schalen juveniler Wurmschnecken (Fam. Vermetidae) angesprochenen Funde aus einer Höhle der Insel Kreta. – Arch. Moll. **92**: 77–78.
15. BOONMAN, A. & H.-U. SCHNITZLER (2005): Frequency modulation patterns in the echolocation signals of two vespertilionid bats. – J. Comp. Physiol. **A 191**: 13–21.
16. BRAUN, M. & F. DIETERLEN (2003): Die Säugetiere Baden-Württembergs, Band 1: Allgemeiner Teil, Fledermäuse (Chiroptera); Ulmer Verlag.
17. BRAUN, M. & F. WEICK (1994): Fledermäuse brauchen Freunde. – Führer zu Ausstellungen, 12, 48 S.; Museum am Friedrichsplatz Karlsruhe.
18. BRINKMANN, R. (2005): Positionspapier: Querungshilfen für Fledermäuse – Schadensbegrenzung bei der Lebensraumzerschneidung durch Verkehrsprojekte. – Nyctalus (N. F.) **10**: 76–78.
19. BRINKMANN, R., H. SCHAUER-WEISSHAHN & F. BONTADINA (2006): Untersuchungen zu möglichen betriebsbedingten Auswirkungen von Windkraftanlagen auf Fledermäuse im Regierungspräsidium Freiburg. – Der Flattermann **18**: 12–14.
20. BROSSET, A., L. BARBE, J.-C. BEAUCOURNU, C. FAUGIER, H. SALVAYRE & Y. TUPINIER (1985): La raréfaction du rhinolophe euryale *(Rhinolophus euryale)* en France. Recherche d'une explication. – Mammalia **52**: 101–122.
21. BRUDERER, B. & A. G. POPA-LISSEANU (2005): Radar data on wing-beat frequencies and flight speeds of two bat species. – Acta Chiropterologica **7**: 73–82.
22. CSORBA, G., P. UJHELYI & N. THOMAS (2003): Horseshoe bats of the world (Chiroptera: Rhinolophidae), 160 S.; Alana Books.
23. DAVIS, R. (1966): Homing performance and homing ability in bats. – Ecological Monographs **36**: 201–237.
24. DIETZ, C. (2005): Identification key to the bats of Egypt – electronical publication, version 1.0, 36 S.; Tübingen. www.uni-tuebingen.de/tierphys/Kontakt/mitarbeiter_seiten/dietz.htm.
25. DIETZ, C. (2005): Fledermäuse schützen. Berücksichtigung des Fledermausschutzes bei der Sanierung von Natursteinbrücken und Wasserdurchlässen. – Erfahrungsbericht aus der Straßenbauverwaltung, 39 S.; Innenministerium Baden-Württemberg.
26. DIETZ, C., I. DIETZ, T. IVANOVA & B. M. SIEMERS (2006): Effects of forearm bands on horseshoe bats (Chiroptera: Rhinolophidae). – Acta Chiropterologica **8**: 523–535.
27. DIETZ, C. & O. VON HELVERSEN (2004): Identification key to the bats of Europe. – Electronical publication, version 1.0, 72 S.; Tübingen & Erlangen. www.uni-tuebingen.de/tierphys/Kontakt/mitarbeiter_seiten/dietz.htm.
28. DOBAT, K. (1985): Blüten und Fledermäuse, 370 S.; Kramer Verlag, Frankfurt.
29. DÜRR, T. (2002): Fledermäuse als Opfer von Windkraftanlagen in Deutschland. – Nyctalus (N.F.) **8**: 115–118.
30. EGSBAEK, W., K. KIRK & H. ROER (1971): Beringungsergebnisse der Wasserfledermaus

(Myotis daubentoni) und der Teichfledermaus *(Myotis dasycneme)* in Jütland. – Decheniana-Beihefte **18**: 51–55.
31. Eklöf, J. & G. Jones (2003): Use of vision in prey detection by brown long-eared bats, *Plecotus auritus*. – Animal Behaviour **66**: 949–953.
32. Eklöf, J., A. M. Svensson & J. Rydell (2002): Northern bats, *Eptesicus nilssonii*, use vision but not flutter-detection when searching for prey in clutter. – Oikos **99**: 347–351.
33. Ellerman, J. R. & T. C. S. Morrison-Scott (1951): Checklist of Palaearctic and Indian mammals 1758 to 1946. 810 S.; Trustees of the British Museum (Natural History), London.
34. Evans, L. B., H. E. Bass & L. C. Sutherland (1972): Atmospheric absorption of sound: Theoretical predictions. – Journal of the Acoustic Society of America **51**: 1565–1575.
35. Fenton, M. B. (1972): The structure of aerial-feeding bat faunas as indicated by ears and wing elements. – Can. J. Zool. **50**: 287–296.
36. Fiedler, W. (1998): Paaren – Pennen – Pendelzug: Die Rauhhautfledermaus *(Pipistrellus nathusii)* am Bodensee. – Nyctalus (N.F.) **6**: 517–523.
37. Gauckler, A. & M. Kraus (1970): Kennzeichen und Verbreitung von *Myotis brandti*. – Z. Säugetierk. **35**: 113–124.
38. Gebhard, J. (1983): Die Fledermäuse in der Region Basel (Mammalia: Chiroptera). – Verhandlungen der Naturforschenden Gesellschaft in Basel **94**: 1–41.
39. Gebhard, J. (1997): Fledermäuse, 378 Seiten; Birkhäuser-Verlag Basel.
40. Gerell-Lundberg, K. & R. Gerell (1994): The mating behaviour of the pipistrelle and the Nathusius' pipistrelle (Chiroptera), a comparison. – Folia Zool. **43**: 315–324.
41. Gleich, A. (2002): Großräumige Analysen mittels GIS zum Vorkommen von Wald und Fledermäusen in Bayern. – Schriftenreihe für Landschaftspflege und Naturschutz **71**: 7–18.
42. Gruppo Italiano Ricerca Chirotteri (2004): The Italian bat roost project: a preliminary inventory of sites and conservation perspectives. – Hystrix (n.s.) **15**: 55–68.
43. Haensel, J. & W. Rackow (1996): Fledermäuse als Verkehrsopfer – ein neuer Report. – Nyctalus (N.F.) **6**: 29–47.
44. Haensel, J. (2003): Zur Reproduktions-Lebensleistung von Mausohren *(Myotis myotis)*. – Nyctalus (N.F.) **8**: 456–464.
45. Harbusch, C., E. Engel, & J. B. Pir (2002): Die Fledermäuse Luxemburgs. – Ferrantia, Travaux scientifiques du Musée national d'histoire naturelle Luxembourg **33**: 7–149.
46. Harrison, D. L. & P. J. J. Bates (1991): The mammals of Arabia, 2nd edition; Harrison Zoological Museum Publication.
47. Harrje, C. (1999): Etho-ökologische Untersuchungen an winterschlafenden Wasserfledermäusen *(Myotis daubentoni)*. – Nyctalus (N.F.) **7**: 78–86.
48. Heise, G. & T. Blohm (2003): Zur Altersstruktur weiblicher Abendsegler *(Nyctalus noctula)* in der Uckermark. – Nyctalus (N.F.) **9**: 3–13.
49. Heller, K.-G. & O. von Helversen (1989): Resource partitioning of sonar frequency bands in rhinolophid bats. – Oecologia **80**: 178–186.
50. Helversen, O. von (1989): Bestimmungsschlüssel für die europäischen Fledermäuse nach äußeren Merkmalen. – Myotis **27**: 41–60.
51. Helversen, O. von, M. Esche, F. Kretzschmar & M. Boschert (1987): Die Fledermäuse Südbadens. – Mitt. bad. Landesver. Naturkunde u. Naturschutz **14**: 409- 475; Freiburg.
52. Helversen, O. von, K.-G. Heller, F. Mayer, A. Nemeth, M. Volleth & P. Gombkötö (2001): Cryptic mammalian species: a new species of whiskered bat *(Myotis alcathoe* n. sp.) in Europe. – Naturwissenschaften **88**: 217–223.
53. Hoch, S. (1997): Die Fledermäuse im Fürstentum Liechtenstein. – Bergheimat, Jahresschrift des Liechtensteiner Alpenvereins 1997: 27–62.
54. Hoofer, S. R. & R. A. Van den Bussche (2003): Molecular phylogenetics of the chiropteran family Vespertilionidae. – Acta Chiropterologica **5**, Supplement: 1–63.
55. Horáček, I., V. Hanák & J. Gaisler (2000): Bats of the Palearctic region: a taxonomic and biogeographic review. – In: B. W. Woloszyn (ed.): Proceedings of the VIIIth EBRS **1**: 11–157; Krakow.
56. Hötker, H., K.-M. Thomsen & H. Jeromin (2006): Impacts on biodiversity of exploitation of renewable energy sources: the example of birds and bats. 66 S.; Books on Demand, Norderstedt.
57. Hutterer, R., T. Ivanova, C. Meyer-Cords & L. Rodrigues (2005): Bat Migrations in Europe, a review of banding data and literature. – Naturschutz und Biologische Vielfalt **28**: 1–162.
58. Hůrka, L. (1988): Die Zwergfledermaus *(Pipistrellus pipistrellus)* (Mammalia: Chiroptera) in Westböhmen. – Folia Musei Rerum Naturalium Bohemiae Occidentalis **27**: 1–31.
59. Irwin, N. R. & J. R. Speakman (2003): Azorean bats *Nyctalus azoreum*, cluster as they emerge from roosts, despite the lack of avian predators. – Acta Chiropterologica **5**: 185–192.
60. Jarzembowski, T. (2003): Migration of the Nathusius' pipistrelle *Pipistrellus nathusii* (Vespertilionidae) along the Vistula Split. – Acta Theriologica **48**: 301–308.
61. Jones, K. E., J. D. Altringham & R. Deaton (1991): Distribution and population densities of seven species of bats in northern England. – J. Zool. Lond. **240**: 788–798.
62. Kalko, E. & H.-U. Schnitzler (1993): Plasticity in echolocation signals of European pipistrelle bats in search flight: implications for habitat use and prey detection. – Behav. Ecol. Sociobiol. **33**: 415–428.
63. Kerth, G., F. Mayer & B. König (2000): Mitochondrial DNA (mtDNA) reveals that female Bechstein's bats live in closed societies. – Molecular Ecology **9**: 793–800.
64. Kerth, G., F. Mayer & E. Petit (2002): Ext-

reme sex-biased dispersal in the communally breeding, nonmigratory Bechstein's bat *(Myotis bechsteinii)*. – Mol. Ecol. **11**: 1491–1498.

65. Kerth, G., K. Weissmann & B. König (2001): Day roost selection in female Bechstein's bats *(Myotis bechsteinii)*: a field experiment to determine the influence of roost temperature. – Oecologia **126**: 1–9.

66. Khritankov, A. M. & N. D. Ovodov (2001): Longevity of Brandt's bats *(Myotis brandtii)* in Central Sibiria. – Plecotus et al. **4**: 20–24.

67. Kiefer, A., H. Merz, W. Rackow, H. Roer & D. Schlegel (1995): Bats as traffic casualties in Germany. – Myotis **32/33**: 215–220.

68. Kolb, A. (1965): Über die Orientierung einheimischer Fledermäuse während des Fressens. – Zeitschrift für vergleichende Physiologie **49**: 412–419.

69. Krapp, F. (2001): Handbuch der Säugetiere Europas, Band 4: Fledertiere I, 602 S.; Aula Verlag.

70. Krapp, F. (2004): Handbuch der Säugetiere Europas, Fledertiere II, 581 S.; Aula Verlag.

71. Kronwitter, F. (1988): Population structure, habitat use and activity patterns of the noctule bat, *Nyctalus noctula*, revealed by radio-tracking. – Myotis **26**: 23–85.

72. Kulzer, E. (1994): Methoden zur Prüfung von Holzschutzmitteln auf Verträglichkeit bei Fledermäusen. – Nyctalus (N.F.) **5**: 149–168.

73. Kulzer, E. (2005): Chiroptera, Vol. 3: Biologie. – Handbuch der Zoologie VIII (Mammalia); 250 S.; de Gruyter, Berlin.

74. Kunz, T. H. & M. B. Fenton (2003): Bat ecology, 779 S.; The University of Chicago Press.

75. Lancaster, W. C., S. C. Thomson & J. R. Speakman (1997): Wing temperature in flying bats measured by infrared thermography. – J. therm. Biol. **22**: 109–116.

76. Leeuwangh, P. & A. M. Voûte (1985): Bats and woodpreservatives. Pesticide residues in the Dutch pond bat *(Myotis dasycneme)* and its implications. – Mammalia **49**: 517–524.

77. Mayer, F., C. Dietz & A. Kiefer (2007): Molecular species identification boosts bat diversity. – Frontiers in Zoology **4**: 4.

78. Mayer, F. & O. von Helversen (2001): Sympatric distribution of two cryptic bat species across Europe. – Biol. J. Linn. Soc. **74**: 365–374.

79. Mayer, F. & O. von Helversen (2001): Cryptic diversity in European bats. – Proc. R. Soc. Lond. B **268**: 1825–1832.

80. Mayer, F., E. Petit & O. von Helversen (2002): Genetische Strukturierung von Populationen des Abendseglers *(Nyctalus noctula)* in Europa. – Schriftenreihe für Landschaftspflege und Naturschutz **71**: 267–278.

81. Menu, H. & J.-B. Popelard (1987): Utilisation de caractères dentaires pour la détermination des Vespertilionines de l'Ouest Europeen. – Le Rhinolophe **4**: 1–88.

82. Merz, H. (1993): Fledermäuse als Opfer des Straßenverkehrs in Baden-Württemberg. – Beih. Veröff. Naturschutz Landschaftspflege Bad.-Württ. **75**: 151–157; Karlsruhe.

83. Meschede, A. & B.-U. Rudolph (2004): Fledermäuse in Bayern, 411 S.; Eugen Ulmer.

84. Mitchell-Jones, A. J., G. Amori, W. Bogdanowicz, B. Kryštufek, P. J. H. Reijnders, F. Spitzenberger, M. Stubbe, J. B. M. Thissen, V. Vohralik & J. Zima (1999): The atlas of European mammals, 484 S.; Poyser Natural History.

85. Mitchell-Jones, A. J. & A. P. McLeish (2004): Bat workers' manual, 3rd edition, 178 S.; Joint Nature Conservation Committee.

86. Müller, T. & C. Freuling (2006): Zu Fragen der Fledermaustollwut. – Nyctalus (N.F.) **11**: 190–197.

87. Neuweiler, G. (1993): Biologie der Fledermäuse: 350 S.; Thieme-Verlag, Stuttgart.

88. Norberg, U. M. (1987): Wing form and flight mode in bats. – In: M.B. Fenton, P. Racey & J. M. V. Rayner (eds.): Recent advances in the study of bats: 43–56; Cambridge University Press.

89. Norberg, U. M. & J. M. V. Rayner (1987): Ecological morphology and flight in bats: wing adaptations, flight performance, foraging strategy and echolocation. – Phil. Trans. R. Soc. Lond. B **316**: 335–427.

90. Norberg, U. M. & M. B. Fenton (1988): Carnivorous bats? – Biol. J. Linn. Soc. **33**: 383–394.

91. Pennycuick, C. J. (1968): Power requirements for horizontal flight in the pigeon *Columba livia*. – J. Exp. Biol. **49**: 527–555.

92. Pennycuick, C. J. (1972): Animal flight. – Studies in Biology 33: 68 S.; Arnold, London.

93. Pfalzer, G. (2002): Inter- und intraspezifische Variabilität der Soziallaute heimischer Fledermausarten (Chiroptera: Vespertilionidae). – Dissertation an der Universität Kaiserslautern, 251 S.; Mensch und Buch Verlag, Berlin.

94. Pfalzer, G. & J. Kusch (2003): Structure and variability of bat social calls: implications for specifity and individual recognition. – J. Zool. **261**: 21–33.

95. Podlutsky, A. J., A. M. Khritankov, N. D. Ovodov & S. N. Austad (2005): A new field record for bat longevity. – J. Gerontol. A Biol. Sci. Med. Sci. **60**: 1366–1368.

96. Presetnik, P., K. Koselj, M. Zagmajster, N. Aupič Zupančič, K. Jazbec, U. Žibrat, A. Petrinjak & A. Hudolkin (im Druck): Atlas of bats (Chiroptera) of Slovenia. Atlas faunae et florae Sloveniae 2; Centre for Catrography of Fauna and Flora; Ljubljana.

97. Rackow, W. & D. Schlegel (1994): Fledermäuse (Chiroptera) als Verkehrsopfer in Niedersachsen. – Nyctalus (N.F.) **5**: 11–18.

98. Reiter, G. & A. Zahn (2006): Leitfaden zur Sanierung von Fledermausquartieren im Alpenraum. – Interreg IIIB-Projekt Lebensraumvernetzung; 150 S.; www.livingspacentework.bayern.de.

99. Richarz, K. (2004): Fledermäuse beobachten, erkennen und schützen, 126 S.; Franckh-Kosmos.

100. Richarz, K. & A. Limbrunner (1992): Fledermäuse: fliegende Kobolde der Nacht, 192 S.; Frankh-Kosmos.

101. Roer, H. (1988): Field experiments about the homing behaviour of the common pipistrelle *(Pipistrellus pipistrellus)*. – In: Hanák, V., I. Horáček & J. Gaisler (eds.): European Bat Research 1987: 551–558; Charles Univ. Press, Praha.

102. Rudolph, B.-U., A. Zahn & A. Liegl (2004): Mausohr – *Myotis myotis*. – In: A. Meschede & B.-U. Rudolph (Hrsg.): Fledermäuse in Bayern: 203–231; Ulmer Verlag.

103. Rudolph, B.-U., A. Liegl & A. Karataş, (2005): The bat fauna of the caves near Havran in Western Turkey and their importance for bat conservation. – Zoology in the Middle East **36**: 11–20.

104. Ruedi, M. & F. Mayer (2001): Molecular Systematics of bats of the genus *Myotis* (Vespertilionidae) suggests deterministic ecomorphological convergences. – Mol. Phyl. Evol. **21**: 436–448.

105. Russo, D. & G. Jones (2002): Identification of twenty-two bat species (Mammalia: Chiroptera) from Italy by analysis of time-expanded recordings of echolocation calls. – J. Zool. **258**: 91–103.

106. Russo, D., G. Jones & M. Mucedda (2001): Influence of age, sex and body size on echolocation calls of Mediterranean and Mehely's horseshoe bats, *Rhinolophus euryale* and *R. mehelyi* (Chiroptera: Rhinolophidae). – Mammalia **65**: 429–436.

107. Ryberg, O. (1947): Studies on bats and bat parasites, 330 S.; Bokförlaget Svensk Natur, Stockholm.

108. Rydell, J. & J. Eklöf (2003): Vision complements echolocation in an aerial-hawking bat. – Naturwissenschaften **90**: 481–483.

109. Rydell, J. & J. R. Speakman (1995): Evolution of nocturnality in bats: Potential competitors and predators during their early history. – Biol. J. Linn. Soc. **56**: 183–191.

110. Sachanowicz, K., Ciechanowski, M. & K. Piksa (2006): Distribution patterns, species richness and status of bats in Poland. – Vespertilio **9/10 : 151-173**.

111. Sachanowicz, K., A. Wower, A.-T. Bashta (2006): Further range extension of *Pipistrellus kuhlii* in central and eastern Europe. – Acta Chiropterologica **8**: 543–548.

112. Saint Girons, M.-C. (1981): Notes sur les mammifères de France. XV. Les Pipistrelles et la circulation routière. – Mammalia **45**: 131.

113. Schmidt, A. (1994): Phänologisches Verhalten und Populationseigenschaften der Rauhhautfledermaus, *Pipistrellus nathusii*, in Ostbrandenburg (Teil 1) – Nyctalus (N.F.) **5**: 77–100.

114. Schmidt, A. (1994): Phänologisches Verhalten und Populationseigenschaften der Rauhhautfledermaus, *Pipistrellus nathusii*, in Ostbrandenburg (Teil 2). – Nyctalus (N.F.) **5**: 123–148.

115. Schmidt, A. (2004): Beitrag zum Ortsverhalten der Rauhhautfledermaus *(Pipistrellus nathusii)* nach Beringungs- und Wiederfundergebnissen aus Nordost-Deutschland. – Nyctalus (N.F.) **9**: 269–294.

116. Schnetter, W. (1960): Beringungsergebnisse an der Langflügelfledermaus *(Miniopterus schreibersii)* im Kaiserstuhl. – Bonner zool. Beitr., Sonderheft **11**: 150–165.

117. Schnitzler, H.-U. (1968): Die Ultraschall-Ortungslaute der Hufeisen-Fledermäuse (Chiroptera, Rhinolophidae) in verschiedenen Orientierungssituationen. Z. Vergl. Physiol. **57**: 376–408.

118. Schnitzler, H.-U., C. F. Moss & A. Denzinger (2003): From spatial orientation to food acquisition in echolocating bats. – Trends in Ecology and Evolution **18**: 386–394.

119. Schober, W. & E. Grimmberger (1998): Die Fledermäuse Europas; Kosmos-Naturführer, 265 Seiten; Stuttgart.

120. Sendor, T. & M. Simon (2003): Population dynamics of the pipistrelle bat: effects of sex, age and winter weather on seasonal survival. – J. Anim. Ecol. **72**: 308–320.

121. Siemers, B. M., E. Baur & H.-U. Schnitzler (2005): Acoustic mirror effect increases prey detection distance in trawling bats. – Naturwissenschaften **92**: 272–276.

122. Siemers, B. M., C. Dietz, D. Nill & H.-U. Schnitzler (2001): *Myotis daubentonii* is able to catch small fish. – Acta Chiropterologica **3**: 71–75.

123. Siemers, B. M. & R. Güttinger (2006): Prey conspicousness can explain apparent prey selectivity. – Current Biology **16**: 157–159.

124. Siemers, B. & D. Nill (2000): Fledermäuse. Das Praxisbuch, 127 S.; BLV Verlagsgesellschaft.

125. Siemers, B. M. & H.-U. Schnitzler (2004): Echolocation signals reflect niche differentiation in five sympatric congeneric bat species. – Nature **429**: 657–661.

126. Simmons, N. B. (2005): Order Chiroptera. – In: D.E. Wilson & D.M. Reeder (eds.): Mammal species of the world. A taxonomic and geographic reference, 312–529.; John Hopkins University Press.

127. Simmons, N. B. (2005): An Eocene big bang for bats. – Science **307**: 527–528.

128. Skiba, R. (2003): Europäische Fledermäuse. – Die Neue Brehm-Bücherei **648**: 212 S.; Westarp Wissenschaften.

129. Skiba, R. (2004): Möglichkeiten und Grenzen der Artbestimmung von Fledermäusen mit Hilfe von Kot. – Nyctalus (N.F.) **9**: 477–488.

130. Sluiter, J. W., P. F. van Heerdt & J.J. Bezem (1956): Population statistics of the bat *Myotis mystacinus*, based on the marking-recapture method. – Archives néerlandaises de zoologie **12**: 63–88.

131. Sluiter, J. W., P. F. van Heerdt & A. M. Voûte (1971): Contribution to the population biology of the pond bat, *Myotis dasycneme*. – Decheniana-Beihefte **18**: 1–44.

132. Speakman, J. R. & G. C. Hays (1992): Albedo and transmittance of short-wave radiation for bat wings. – J. therm. Biol. **17**: 317–321.

133. Speakman, J. R., P. A. Racey, C. M. C. Catto, P. I. Webb, S. M. Swift & A. M. Burnett

(1991): Minimum summer populations and densities of bats in N.E. Scotland, near the northern borders of their distributions. – J. Zool. **225**: 327–345.

134. SPEAKMAN, J. R & A. ROWLAND (1999): Preparing for inactivity: how insectivorous bats deposit a fat store for hibernation. – Proceedings of the Nutrition Society **58**: 123–131.

135. SPEAKMAN, J. R. & D. W. THOMAS (2003): Physiological ecology and energetics of bats. – In T. H. KUNZ & M. B. FENTON (eds.): Bat ecology: 430–490; The University of Chicago Press.

136. SPITZENBERGER, F. (2001): Die Säugetierfauna Österreichs, 895 S.; Graz.

137. SPITZENBERGER, F., J. PIALEK & E. HARING (2001): Systematics of the genus *Plecotus* (Mammalia, Vespertilionidae) in Austria based on morphometric and molecular investigations. – Folia Zool. **50**: 161–172.

138. SPITZENBERGER, F., P. P. STRELKOV, H. WINKLER & E. HARING (2006): A preliminary revision of the genus *Plecotus* (Chiroptera, Vespertilionidae) based on genetic and morphological results. – Zoologica Scripta **35**: 187–230.

139. STEFFENS, R., U. ZÖPHEL & D. BROCKMANN (2005): 40 Jahre Fledermausmarkierungszentrale Dresden – methodische Hinweise und Ergebnisübersicht. – Materialien zu Naturschutz und Landschaftspflege, 126 S.; Sächsisches Landesamt für Umwelt und Geologie.

140. STRELKOV, P. P. (1969): Migratory and stationary bats of the European part of the Soviet Union. – Acta Zoologica Cracoviensia **16**: 393–439.

141. TEELING, E. C., M. S. SPRINGER, O. MADSEN, P. BATES, S. J. O'BRIEN & W.J. MURPHY (2005): A molecular phylogeny for bats illuminates biogeography and the fossil record. – Science **307**: 580–584.

142. TOSCHI A. & B. LANZA (1959): Fauna d'Italia Vol. IV Mammalia: Generalita – Insectivora – Chiroptera, 485 S.; Edizioni Calderini, Bologna.

143. TRUJILLO, D. (1991): Murciélagos de las Islas Canarias, 167 S.; Coleccion Tecnica, Instituto Nacional para la Conservacion de la Naturaleza, Icona.

144. VOIGT, C. C. & Y. WINTER (1999): Energetic cost of hovering flight in nectar feeding bats (Phyllostomidae: Glossophaginae) and its scaling in moths, birds and bats. – J. Comp. Physiol. B **169**: 38–48.

145. WEID, R. & O. VON HELVERSEN (1987): Ortungsrufe europäischer Fledermäuse beim Jagdflug im Freiland. – Myotis **25**: 5–27.

146. WILLIG, M. R. & K. W. SELCER (1989): Bat species density gradients in the New World: a statistical assessment. – Journal of Biogeography **16**: 189–195.

147. WILLIS, C. K. R. & R. M. BRIGHAM (2005): Physiological and ecological aspects of roost selection by reproductive female hoary bats *(Lasiurus cinereus)*. – J. Mammal. **86**: 85–94.

148. WINTER, Y. & O. VON HELVERSEN (1998): The energy cost of flight: do small bats fly more cheaply than birds? – J. Comp. Physiol. B **168**: 105–111.

149. WOLZ, I. (1993): Untersuchungen zur Nachweisbarkeit von Beutetierfragmenten im Kot von *Myotis bechsteini*. – Myotis **31**: 5–25.

150. WOLZ, I. (1993): Das Beutespektrum der Bechsteinfledermaus *Myotis bechsteini* ermittelt aus Kotanalysen. – Myotis **31**: 27–68.

Internet-Quellen

151. Rote Liste der IUCN: www.iucnredlist.org

152. Rote Liste der Europäischen Union: www.eunis.eea.europa.eu

153. Natura 2000 Kategorien und FFH-Anhänge II und IV: www.ec.europa.eu

154. Rote Liste der Bundesrepublik Deutschland: www.bfn.de

Für Kinder

155. CANNON, J. (1994): Stellaluna; Carlsen Verlag, Hamburg.

156. KÖPKE, D. (2006): Mimi & Toni, das Jahr der Wasserfledermaus. Ein Malbuch für kleine Künstler und große Entdecker; Arbeitskreis Fledermäuse Sachsen-Anhalt e.V.: www.fledermaus.aksa.de

157. KUCERA, B. (1993): Lilli – Braunes Mausohr. Aus dem Leben einer Fledermaus, 128 S.; Oberlausitzer Verlag, Waltersdorf.

158. SCHULD, K. M. (2005): Michel und die kleine Fledermaus; Ravensburger Buchverlag, Ravensburg.

Nachtrag

159. IBÁÑEZ, C., J. L. GARCÍA-MUDARRA, M. RUEDI, B. STADELMANN & J. JUSTE (2006): The Iberian contribution to cryptic diversity in European bats. – Acta Chiropterologica **8**: 277–297.

160. HOLLAND, R. A., K. THORUP, M. J. VONHOF, W. W. COCHRAN & M. WIKELSKI (2006): Bat orientation using Earth's magnetic field. – Nature **444**: 702.

Register

Halbfett gedruckte Seiten verweisen auf die Artkapitel.
Kursiv gedruckte Seiten verweisen auf Bilder im allgemeinen Teil

NABU
NABU
Macht Spaß. Macht Sinn.
Die Natur schützen mit dem
NABU. Mach mit!
www.NABU.de/aktiv

Umschlaggestaltung von Peter Schmidt Group GmbH, Hamburg, unter Verwendung eines Fotos von Dietmar Nill. Es zeigt eine Fransenfledermaus. Foto auf der Umschlagrückseite von Dietmar Nill. Es zeigt ein Braunes Langohr.

Mit 479 Farbfotos Christian Dietz (321), Dietmar Nill (111), Otto von Helversen (8), Torsten Pröhl (10), I. Wolz (10), D. Trujillo (4), R. Verlinde (4), R.Simon (3), I. Dietz (2) R. Barone (1), J. Fahr (1), B. Fenton (1), Andreas Kiefer (1), E. Levin (1), B. M. Siemers (1).

Mit 90 Grafiken von M. Bauer, (26), C. Dietz (2), B. Fenton (1), O. von Helversen (2), R. Hutterer (2), W. Lang (3), F. Mayer (1), G. Neuweiler (3), R. Roesler (37), H.-U. Schnitzler (1), B.M. Siemers (1), F. Weick (1), M. R. Willig (1), C. K. R. Willis (1), Y. Winter (2), I. Wolz (3). Aktualisierung: Annette Wrobel

Mit 47 farbigen Verbreitungskarten von Melanie Waigand-Brauner, aktualisiert von Annette Wrobel 1 Verbreitungskarte von Annette Wrobel

Unser gesamtes lieferbares Programm und viele weitere Informationen zu unseren Büchern, Spielen, Experimentierkästen, DVDs, Autoren und Aktivitäten finden Sie unter www.kosmos.de

FSC www.fsc.org MIX Papier aus verantwortungsvollen Quellen FSC® C004592

Gedruckt auf chlorfrei gebleichtem Papier

ISBN 978-3-440-14600-2
Redaktion der 1. Auflage: Rainer Gerstle
Redaktion dieser Auflage: Monika Weymann
Layout: eStudio Calamar
Gestaltung und Satz: Populärgrafik Stuttgart
Produktion: Markus Schärtlein
Printed in Germany / Imprimé en Allemagne

Die aktuelle Literatur zu besonderen Themen und den einzelnen Arten finden Sie unter folgendem Link:
http://kosmos.de/literatur/handbuch-fledermaeuse